I0032136

NOUVEAU COURS

COMPLET

D'AGRICULTURE

THÉORIQUE ET PRATIQUE.

LIC = MYR.

———

TOME HUITIÈME.

NOMS DES AUTEURS.

MESSIEURS :

THOUIN, Professeur d'Agriculture au Muséum d'Histoire Naturelle.

PARMENTIER, Inspecteur général du Service de Santé.

TESSIER, Inspecteur des Établissemens ruraux appartenant au Gouvernement.

HUZARD, Inspecteur des Écoles Vétérinaires de France.

SILVESTRE, Chef du Bureau d'Agriculture au Ministère de l'Intérieur.

BOSC, Inspecteur des Pépinières Impériales et de celles du Gouvernement.

} Composant la Section d'Agriculture de l'Institut de France.

CHASSIRON, Président de la Société d'Agriculture de Paris.

CHAPTAL, Membre de la Section de Chimie de l'Institut.

LACROIX, Membre de la Section de Géométrie de l'Institut.

DE PERTHUIS, Membre de la Société d'Agriculture de Paris.

YVART, Professeur d'Agriculture et d'Économie rurale à l'École Impériale d'Alfort; Membre de la Société d'Agriculture; etc.

DECANDOLLE, Professeur de Botanique et Membre de la Société d'Agriculture.

DU TOUR, Propriétaire-Cultivateur à Saint-Domingue, et l'un des auteurs du Nouveau Dictionnaire d'Histoire Naturelle.

Les articles signés (R.) sont de ROZIER.

DE L'IMPRIMERIE DE MAME FRÈRES.

Cet Ouvrage se trouve aussi,

A PARIS, chez LE NORMANT, libraire, rue des Prêtres Saint-Germain-l'Auxerrois, n° 17.

A BRESLAU, chez G. THÉOPHILE KORN, imprimeur-libraire.

A BRUXELLES, chez { LECHARLIER, libraire. P. J. DE MAT, libraire.

A LIÈGE, chez DESOER, imprimeur-libraire.

A LYON, chez YVERNAULT et CABIN, libraires.

A MANHEIM, chez FONTAINE, libraire.

NOUVEAU COURS

COMPLET

D'AGRICULTURE

THÉORIQUE ET PRATIQUE,

Contenant la grande et la petite Culture, l'Économie Rurale
et Domestique, la Médecine vétérinaire, etc. ;

OU

DICTIONNAIRE RAISONNÉ

ET UNIVERSEL

D'AGRICULTURE.

Ouvrage rédigé sur le plan de celui de feu l'abbé ROZIER, duquel on a conservé
tous les articles dont la bonté a été prouvée par l'expérience ;

PAR LES MEMBRES DE LA SECTION D'AGRICULTURE
DE L'INSTITUT DE FRANCE, etc.

AVEC DES FIGURES EN TAILLE-DOUCE.

A PARIS,

CHEZ DETERVILLE, LIBRAIRE ET ÉDITEUR,
RUE HAUTEFEUILLE, N° 8.

M. DCCC. IX.

NOUVEAU
COURS COMPLET
D'AGRICULTURE.

L I C

LICHEN, *Lichen*. Genre de plantes de la cryptogamie et de la famille des algues, qui renferme plus de trois cents espèces intéressantes en général par la singularité de leur croissance, leur influence sur la formation de la terre végétale, et parmi lesquelles plusieurs sont importantes à connoître, soit parcequ'on croit qu'elles nuisent aux arbres, soit parcequ'on peut s'en nourrir et en nourrir divers animaux, soit enfin parcequ'elles fournissent des remèdes à la médecine, des couleurs à la teinture, etc.

Les formes des lichens varient si fort qu'elles ont pu servir à Achard pour les diviser en vingt-huit genres. En effet, les uns présentent des expansions crustacées, étendues et par-tout adhérentes aux corps qui les soutiennent ; d'autres sont coriaces, comme foliacées et rampantes, mais ne tenant à la terre ou autres supports que par des espèces de racines; d'autres sont droites, ramifiées, c'est-à-dire fruticuleuses ou filamenteuses. Leurs qualités ne varient pas moins; mais la saveur de la plupart, saveur analogue à celle des champignons, les rapproche des genres de cette famille, dont ils diffèrent tant par leurs formes.

Beaucoup de lichens croissent sur la terre; mais la plupart naissent sur les arbres et sur les pierres. On ne peut pas regarder ceux qui se trouvent sur les arbres comme parasites, quoiqu'on leur donne généralement cette épithète, parcequ'ils ne s'implantent point dans l'écorce de ces arbres pour vivre aux dépens de la sève qui y circule, mais seulement pour résister aux efforts des vents, des pluies et autres causes extérieures. Il est prouvé par l'expérience que tous vivent de l'humidité qui est répandue dans l'air, et des gaz qui y circulent. Aussi c'est principalement à la fin de l'automne et au commencement du printemps que leur végétation se développe ; aussi est-ce sur les hautes montagnes et dans les pays du nord qu'on en trouve le plus. En été ils sont crispés et sans vie apparente ; mais alors il ne faut qu'une petite pluie pour les ranimer.

Lorsqu'on parcourt les montagnes, qu'on jette des regards observateurs sur les rochers, on les voit presque par-tout couverts de lichens ; mais ceux de ces rochers qui ont été nouvellement séparés de la masse n'en offrent que de crustacés, tandis que ceux qui sont le plus anciennement exposés aux injures de l'air en portent des coriaces, des foliacés, etc. Il y a cependant des variations résultant de la nature de la pierre, car Bory Saint-Vincent a remarqué que sur les rochers volcaniques de l'île Bourbon c'étoient les lichens fruticuleux qui paroissoient les premiers.

Il résulte de ces faits que, comme je l'ai déjà dit, les lichens sont les premiers agens de la nature pour former la terre végétale. En effet, les lichens crustacés, en se décomposant, fournissent un peu d'humus qui permet aux lichens coriaces d'implanter leurs radicules, qu'on ne peut pas encore appeler racines ; à ceux-là succèdent les lichens plus composés, puis des jungermanes, des mousses, et enfin des petites plantes. Il faut des siècles pour que sur cette roche il puisse croître un groseillier, encore plus pour qu'il y végète un chêne ; mais que fait le temps à la nature ! Elle l'a tout entier à sa disposition ; sa marche n'est pas arrêtée par le besoin de se presser.

A ce grand moyen d'utilité générale il convient d'ajouter que quelques lichens servent dans le nord de nourriture aux rennes, et quelquefois aux hommes ; que beaucoup sont employés dans la teinture et y donnent, sinon des couleurs solides, au moins des nuances brillantes. La plus commune de ces nuances est la violette, et se retire des *lichens roccelle* et *parelle* qui croissent sur les rochers volcaniques ; mais il en est de rouges, de jaunes, de bleus, etc.

Les procédés en usage pour développer la couleur violette dans ces deux plantes, qui sont naturellement grises, consistent à les faire macérer pendant un nombre de jours plus ou moins long, selon la chaleur de la saison, avec de la chaux et de l'urine putréfiée. Le résultat en est desséché, mis en pain, et répandu dans le commerce sous le nom d'*orseille*.

Les lichens qui vivent sur les arbres, souvent en si grande abondance qu'ils en couvrent toute l'écorce, passent, chez le plus grand nombre des agriculteurs, pour leur faire beaucoup de mal ; mais il n'est pas encore prouvé, à mon avis, que cette opinion soit fondée. Ce n'est pas, ainsi que je l'ai déjà remarqué, en pompant la sève qu'ils peuvent produire cet effet; ce n'est pas non plus, comme on l'a dit, en s'opposant à leur transpiration, puisqu'ils ne forment pas une croûte continue, et que la transpiration des arbres a principalement lieu par leurs feuilles. Reste l'humidité qu'ils conservent plus long-temps sur l'écorce, et la fraîcheur qui en est la suite; mais cette humidité n'est jamais assez considérable ni assez durable pour occasionner la pourriture, seul effet apparent qu'elle peut produire : elle est plutôt un bien qu'un mal, puisqu'elle favorise la dilatation de cette écorce, et par conséquent le grossissement du tronc.

Tous les agriculteurs observateurs ont remarqué, ainsi que moi, que les lichens naissoient principalement sur les arbres plantés dans des sols arides, c'est-à-dire sur ceux dont la crois-sance est très ralentie par le défaut de sève, ainsi que sur ceux qui sont très vieux ou malades. Ne pourroit-on pas en conclure qu'ils leur ont été donnés par la nature pour les pro-téger contre les hâles trop desséchans? Ainsi, loin de les en-lever, il faudroit en augmenter le nombre si cela étoit pos-sible; mais ils produisent un effet désagréable à l'œil, et le préjugé fait croire qu'ils annoncent la négligence du jardinier. J'abandonne ces considérations aux méditations des scrutateurs de la nature.

Comme quelques personnes tiennent à ce qu'ils soient en-levés, et que cela n'a aucun inconvénient, je dirai que les deux moyens les plus certains sont de les gratter avec un couteau ou de les imbiber de lait de chaux récente. *Voyez* Chaux.

Les lichens qui croissent sur la terre, qu'ils soient foliacés ou fruticuleux, indiquent toujours un mauvais sol par excès de sécheresse. Le plus grand nombre, en effet, vient dans les sables arides, et les autres dans les argiles desséchées : il y a très peu d'exceptions à cet égard. Ainsi ils peuvent encore être ici regardés comme fournissant à ces sables et à ces argiles l'humus propre à les rendre fertiles; ainsi ils peuvent toujours servir d'indication aux cultivateurs qui veulent faire des acqui-sitions de fonds.

Il seroit trop long de mentionner tous les lichens qui se trouvent communément en France; en conséquence je me bornerai à ceux qui ont quelque utilité.

Le lichen parelle. Il est crustacé, blanc, et ses cupules sont encore plus blanches. On le trouve abondamment sur les rochers, principalement sur ceux qui sont volcaniques, et on l'emploie à la teinture, comme je l'ai déjà dit.

Le lichen des murs est crustacé, jaune, a les bords lobés et les cupules rousses. Il est excessivement commun sur les murs, les pierres et les arbres. On l'emploie comme tonique contre la diarrhée. Les Suédois en tirent une couleur jaune et une couleur rougeâtre. Les chèvres le mangent souvent. Comme il croît également sur les pierres et sur les arbres, il prouve que ce n'est pas aux dépens de ces derniers qu'il se nourrit.

Le LICHEN CILIÉ est gris, foliacé; ses decoupures sont linéaires et ciliées; ses cupules pédonculées et crenelées. Il est extrêmement commun sur les arbres, et principalement les arbres fruitiers plantés dans un sol ingrat. Il est un de ceux dont se plaignent le plus les jardiniers.

Le LICHEN D'ISLANDE est brun et foliacé; ses découpures sont relevées, ciliées en leurs bords, et ses cupules presque terminales. Il croît, dans le nord de l'Europe, sur les arbres. Il est amer et passe pour antiseptique, antiscorbutique, vulnéraire et béchique. Les habitans de l'Islande en mangent fréquemment en bouillie au lait, ce qui adoucit son amertume et diminue sa faculté légèrement purgative. On l'emploie aussi pour engraisser les bœufs, les vaches, les cochons, et pour teindre la laine en jaune. Cette utile plante ne se trouve en France que dans les plus hautes montagnes; mais elle peut être remplacée par plusieurs autres de son genre, sur-tout pour la nourriture des cochons.

Le LICHEN DU PRUNELIER est foliacé et d'un brun verdâtre; ses découpures sont relevées et lacuneuses. Il croît sur le prunelier. On en obtient une belle couleur rouge. Il sert en médecine comme astringent, forme la base de la poudre de Chypre, et est employé en Egypte, au rapport de Forskal, pour faire lever le pain et la bière, effet dont je ne conçois pas la cause.

Le LICHEN FARINEUX a les découpures relevées, rameuses; les cupules marginales et farineuses.

Le LICHEN CALICAIRE a les découpures droites, linéaires, rameuses, lacuneuses, mucronées, et les cupules placées au sommet.

Le LICHEN A GRANDES LANIÈRES, *Lichen fraxineus*, Lin., a les découpures droites, comprimées, rameuses, un peu déchirées, lacuneuses; les cupules marginales et farineuses.

Ces trois espèces sont également communes sur les arbres, et sur-tout sur les arbres fruitiers. Je les cite sous ce seul rapport, quoiqu'elles fournissent aussi une couleur rouge.

Le LICHEN PULMONAIRE a les découpures obtuses, lacuneuses en dessus et velues en dessous. Il croît dans les grands bois, principalement sur le chêne, d'où le nom de *pulmonaire du chêne* qu'il porte vulgairement. On lui attribue un grand nombre de vertus médicales, c'est-à-dire qu'il passe pour apéritif, dessiccatif, dépuratif, détersif, pectoral et antivénérien. Il donne une teinture brune, peut être substitué au houblon dans la fabrication de la bière, et au tan dans la préparation des cuirs.

Le LICHEN CONTRERAGE, *Lichen caninus*, Lin., est coriace, rampant ; a les lobes obtus, aplatis, et le dessous veiné et velu. Il croît très abondamment dans les bois sablonneux, sur la terre, dont il couvre quelquefois des espaces considérables. Jadis on le regardoit comme un spécifique contre la rage ; mais l'expérience a prouvé qu'il n'étoit d'aucun effet dans ce cas.

Cette espèce embrasse souvent dans sa croissance, comme plusieurs champignons, les plantes qu'elle rencontre. Ce phénomène est digne de remarque.

Le LICHEN AUX APHTES est coriace, rampant, plane, lobé, verruceux en dessus et velu en dessous ; ses cupules sont marginales et d'un rouge brun. Il se trouve dans les bois des hautes montagnes. Il est drastique et émétique. Willemet l'a employé avec le plus grand succès contre les vers. On guérit les aphtes des enfans par son seul moyen.

Le LICHEN EN ENTONNOIR, *Lichen pixidatus*, Lin., a la tige droite, creuse, évasée à son sommet, simple ou prolifère ; ses tubercules sont brunes. Il croit parmi les bruyères, sur les sables les plus arides. On peut le considérer comme le signe certain d'un terrain impropre à la culture. Il est excessivement abondant. On le regarde comme spécifique contre la coqueluche et la gravelle. Le LICHEN COCCIFÈRE s'en rapproche beaucoup, mais a les tubercules rouges.

Le LICHEN DES RENNES a les tiges blanchâtres, très rameuses, et leur extrémité recourbée. Il se trouve dans les mêmes lieux que le précédent, et couvre quelquefois presque exclusivement des espaces considérables. Son aspect est agréable par la délicatesse de ses parties. Il entre dans la poudre de Chypre. Les chèvres, les cerfs et autres animaux de leur ordre le mangent avec avidité. Les rennes sur-tout s'en nourrissent exclusivement une partie de l'hiver. Dans le nord on en engraisse les bestiaux, principalement les cochons. Les hommes en mangent aussi dans les années de disette. J'en ai essayé, soit cru, soit cuit avec du lait, pendant ma retraite dans la forêt de Montmorency, du temps de Robespierre, époque où je craignois de manquer de subsistances, et j'ai trouvé qu'il étoit presque aussi bon que les champignons, lorsqu'on le préparoit comme eux. Or, cette observation devoit me tranquilliser pour l'avenir ; car ce qu'il y avoit de ce lichen dans les environs de ma demeure suffisoit pour la nourriture de moi et des miens pendant un siècle, lors même qu'il ne se seroit pas annuellement renouvelé. Il est à regretter qu'on n'en fasse aucun usage en France. Seulement appliqué à la nourriture des cochons il produiroit des avantages inappréciables. C'est positivement dans les plus mauvais sols , dans ceux qui fournissent le moins de ressources, qu'il est le plus abondant. Sa récolte est extrêmement facile et peut se faire en tout temps, soit à la main , soit au râteau. Le plus grand inconvénient qu'il présente, sur-tout ramassé par cette dernière manière, c'est d'emporter toujours du sable avec lui, sable dont il n'est pas facile de le débarrasser. Aussi , quand j'en ai mangé, ai-je dû n'employer que les sommités de chaque pied, encore n'en étoient-elles pas exemptes.

Les LICHENS CORNU, FOURCHU, GLOBIFÈRE et PASCHAL , se rapprochent beaucoup du précédent , se trouvent dans les mêmes lieux, et peuvent servir aux mêmes usages.

Le LICHEN ROCCELLE a les tiges peu rameuses , solides , sans écailles, et les tubercules alternes. Il croît dans les parties méridionales de l'Europe, sur les rochers, et principalement sur ceux qui sont volcaniques. C'est lui qui fournit la meilleure couleur, ainsi que je l'ai déjà dit. Sa récolte, aux îles Canaries et au cap Vert, faisoit, il n'y a pas encore long-temps, l'objet d'un produit considérable ; aujourd'hui il est un peu moins employé, parcequ'on sait faire la nuance violette qu'il donne d'une manière plus solide.

Le LICHEN ENTRELACÉ, *Lichen plicatus*, Lin., est composé de filamens entrelacés extrêmement longs et pendans. Ses écussons sont radiés et latéraux. Il croît sur les branches des vieux arbres, dans les grandes forêts. Il est fort employé en médecine, comme astringent , sous le nom d'*usnée*.

Cette espèce sert encore à faire des matelas, à nourrir les bestiaux , et à teindre en jaune ou en vert. Elle exhale une odeur agréable, ce qui fait qu'on l'emploie dans la poudre de Chypre.

C'est à elle qu'on doit rapporter cette fameuse *usnée humaine* qu'on recueilloit sur le crâne des hommes attachés depuis long-temps au gibet, et qu'on payoit jusqu'à 1000 fr. l'once, à raison des prodigieuses vertus qu'on lui attribuoit. La raison a fait justice des absurdes préjugés sur lesquels étoient fondées ces vertus. Aujourd'hui on ne recherche plus ce lichen. (B.)

LICIET, *lycium*. Genre de plantes de la pentandrie monogynie, et de la famille des solanées, qui renferme une vingtaine d'espèces. Ce sont des arbrisseaux, la plupart sarmenteux et épineux par l'extrémité de leurs rameaux , dont les feuilles sont alternes, entières ; les fleurs solitaires ou géminées dans les aisselles des feuilles supérieures. Les plus communs entre eux sont,

Le LICIET D'EUROPE, qui a les feuilles lancéolées, obliques, un peu charnues, et les fleurs petites, blanchâtres. Il croît parmi les rochers dans les parties méridionales de l'Europe. Ses rameaux sont blancs, fort épineux, et droits. On en fait d'excellentes haies ; mais il est moins agréable dans les bosquets que les deux suivans. Il ne craint point les gelées du climat de Paris, et s'élève à six ou huit pieds.

Le LICIET DE LA CHINE a les feuilles ovales, pointues, molles; les rameaux anguleux, longs, flexibles, rougeâtres; les fleurs d'un rouge vineux, velues en leurs bords. Il croît naturellement à la Chine. Sa hauteur surpasse quelquefois douze pieds.

Le LICIET A FEUILLES ÉTROITES, *licium barbarum*, vulgairement le *jasminoïde*, a les feuilles lancéolées ; les rameaux longs, pendans, les fleurs rougeâtres et les calices trifides. Il est originaire d'Afrique, et se confond souvent avec le précédent, dont il diffère en effet fort peu.

Ces deux dernières espèces se cultivent très fréquemment et très anciennement dans les jardins, où elles se font remarquer par leurs nombreuses fleurs qui se succèdent tout l'été, et par leurs fruits d'un rouge vif. La seconde, qui s'élève moins facilement en arbre, forme des buissons, ou mieux, des masses, lorsqu'elle est abandonnée à elle-même. On en fait des palissades, des berceaux ; on en garnit les rochers, le dessus des terrasses, les sauts de loups, parceque leurs rameaux pendans font un très bel effet. Il ne faut cependant pas la multiplier outre mesure, comme on le fait dans quelques jardins, parcequ'elle amène la monotonie.

Les liciets viennent dans tous les terrains, ne craignent point les gelées, et se multiplient très facilement de semences, de rejetons, de marcottes, de racines et de boutures. La seconde de ces manières est la plus employée et suffit ordinairement aux besoins. Lorsqu'il y a nécessité pressante d'accélérer leur multiplication, le déchirement des vieux pieds y satisfait. Tel de ces vieux pieds peut en donner plus d'un cent de nouveaux. Les semences doivent être mises en terre en automne, les boutures au printemps. Peu de ces dernières manquent lorsque le sol est frais et léger.

La faculté qu'ont ces arbustes de croître dans les plus mauvais sols, et de se multiplier par toutes les voies, doit les rendre précieux pour la grande agriculture. En effet, lors même qu'ils ne fourniroient tous les trois ou quatre ans que du fagottage propre à chauffer le four, ce seroit déjà beaucoup ; mais il est probable qu'ils rendroient encore d'autres services. Ils ont éminemment la faculté, comme les ronces et autres plantes sarmenteuses, de favoriser, par la fraîcheur qu'ils conservent à la terre, la germination et la croissance des chênes et autres grands arbres dans les terres sablonneuses, où tous les semis manqueroient sans leur ombrage tutélaire. Je ne doute pas qu'ils n'améliorent les terres par les débris de leurs nom-

breuses feuilles, et qu'ils ne soient par conséquent un bien meilleur moyen de repos que les jachères prolongées auxquelles
on les soumet dans tant de lieux. Je conseillerai donc aux
propriétaires des pays de bruyère, des pays de graviers, des
pays calcaires, comme la Sologne, la Crau, la Champagne
pouilleuse, etc., de planter des liciets. Je conseillerai encore à
ceux dont les champs sont parsemés de tas de pierres qui en
out été enlevées, et le nombre en est considérable, de planter
ces arbustes au milieu de ces tas de pierres, ou sur leur pourtour, pour, en dirigeant leurs rameaux dessus, ne pas perdre
entièrement le terrain qu'ils recouvrent. Bientôt on les verra
pousser des interstices du milieu, même de ces pierres, par
la disposition traçante de leurs racines.

Cette même disposition rend les liciets très utiles pour soutenir ces terres très en pente, celles qui sont exposées à être
entraînées par les inondations, ou par les pluies. On doit
donc en garnir les ravines, le bord des ruisseaux et des rivières, la berge des fossés, etc. J'ai vu sur cela, soit en Espagne avec le liciet d'Europe, soit en France avec lui et les
deux autres, des essais qui m'ont paru convaincans.

Quant aux autres liciets, ils sont d'orangerie ou de serre, et
ne sont pas dans le cas d'être mentionnés ici. Celui d'entre eux
qui peut devenir de quelque importance un jour pour les départemens méridionaux, où il feroit de superbes palissades et
d'excellentes haies, est le LICIET GLAUQUE qui a les feuilles
ovales, pointues et blanchâtres. Il est originaire du Pérou, et
toujours vert. A une bonne exposition il passe en pleine terre
les hivers ordinaires du climat de Paris, mais il n'est pas encore très commun. (B.)

LIE. Sédiment qui se précipite de la plupart des liqueurs.
Les deux plus connues et les deux seules utiles sont la LIE DU
VIN et la LIE DE L'HUILE. *Voyez* aux mots VIN et HUILE.

Les cultivateurs laissent le plus souvent perdre les lies des
vins; cependant ils en pourroient tirer un parti avantageux, soit
en les vendant aux chapeliers et autres manufacturiers qui en
font usage, soit en les desséchant pour en tirer le tartre, dont
on fait un assez grand usage dans les arts et dans la médecine,
soit enfin en les brûlant pour en obtenir la potasse, si rare et
si chère relativement au besoin du commerce. Chaque tonneau
ne produit en effet qu'une bien petite quantité de lie; mais le
produit de toute une récolte peut déjà être d'une certaine valeur. D'ailleurs il en coûte si peu de réserver un vieux tonneau
pour rassembler toute celle qu'on est dans le cas d'ôter des
autres!

Je ne parle pas de la lie comme employée à la fabrication du

LIE

vinaigre et de l'eau-de-vie, parceque ce n'est pas elle qui y sert, mais le vin qu'elle contient et qu'on auroit pu en extraire si on l'eût voulu. (B.)

LIEGE. Espèce de chêne, dont l'écorce épaisse, molle, élastique, légère, etc., sert à un grand nombre d'usages écomiques et à plusieurs arts.

Cette écorce porte aussi, et même plus généralement, le nom de liège. *Voyez* au mot CHÊNE. (B.)

LIERRE, *Hedera*. Arbrisseau d'Europe, qui forme avec trois autres espèces un genre dans la pentandrie monogynie et dans la famille les caprifoliacées, et qui, après avoir rampé quelques années sur terre, s'élève contre la tige des arbres, contre les rochers, les murailles, et s'y attache par le moyen d'une immense quantité de vrilles radiciformes, rameuses, qui sortent de ses branches uniquement du côté où cela est nécessaire. Il a des feuilles alternes, longuement pétiolées, coriaces, luisantes, d'un vert noir, et persistantes, les unes ovales entières, les autres plus ou moins trilobées. Ses fleurs sont verdâtres, disposées en ombelles globuleuses à l'extrémité des rameaux, et ses fruits noirs.

Cet arbrisseau croît dans les bois et autres lieux ombragés. Il se plaît principalement à l'exposition du nord et dans les terrains un peu humides; ses fleurs se développent au milieu de l'été, et ses fruits ne mûrissent qu'après l'hiver suivant.

Quelquefois le lierre perd son appui et devient un petit arbre. On en a vu qui avoient plus d'un demi-pied de diamètre. Son bois est tendre et poreux. On peut dans quelques cas le substituer au liège. Autrefois il étoit employé à faire des vases à boire, qu'on supposoit avoir la vertu d'empêcher l'ivresse et l'action des poisons. Aujourd'hui on ne s'en sert (principalement celui des racines) que pour recevoir l'émeri imprégné d'huile avec lesquels on veut polir les métaux.

Dans les pays chauds, le lierre donne naturellement ou par incision une résine qu'on appelle mal à propos *gomme de lierre*, et qu'on emploie en médecine comme résolutive et astringente. Elle a une saveur âcre et aromatique, et lorsqu'on la brûle elle répand une odeur des plus suaves. On l'emploie aussi pour fabriquer des vernis.

En France on fait un grand usage des feuilles de lierre pour appliquer sur les cautères et les tenir frais. Il est tel pied de cet arbre, aux environs de Paris, qui rapporte plus à son propriétaire qu'un arpent de blé. On s'en sert encore en décoction pour déterger les vieux ulcères, et faire mourir les poux.

Les fruits ont un goût acidule, et purgent violemment par haut et par bas. On en fait peu d'usage.

Il en est de même des racines, qui passent, comme la résine et les feuilles, pour détersives et résolutives.

On peut tirer un grand parti du lierre dans les jardins paysagers, soit pour couvrir le sol des massifs, ordinairement nu, d'une verdure perpétuelle, soit pour décorer les rochers, les masures, cacher les murs, etc. Il est bon aussi d'en garnir le tronc de quelques arbres. Une fois planté il ne faut plus s'en occuper, car il n'aime point à être tourmenté par la serpette. Il se multiplie très facilement de graines semées sur place aussitôt qu'elles sont mûres, de drageons, qu'on va arracher dans les bois, ou de marcottes. Ces dernières prennent racine dans la même année.

La facilité d'avoir de ce plant fait qu'on ne cultive dans les pépinières que des variétés, tels que le *lierre à fruit jaune*, ou *lierre de Bacchus*, qui croît en Grèce, le *lierre stérile*, le *lierre à feuilles panachées de blanc ou de jaune*. On les multiplie de marcottes, ou on les greffe sur le commun. Les deux dernières font un brillant effet, lorsqu'on sait les placer convenablement.

On croit communément que le lierre épuise les arbres sur lesquels il grimpe, mais c'est une erreur. Il ne vit pas à leurs dépens, puisque ses vrilles n'entrent pas dans leur écorce, et qu'il périt lorsqu'on l'isole de la terre en le coupant par le pied. S'il fait fréquemment mourir les arbres, c'est qu'il les empêche de grossir, les étouffe, si on peut employer ce terme, en les entourant de ses rameaux, qui se soudent (se greffent par approche) les uns aux autres.

Dans beaucoup de campagnes on plante ou sème du lierre au pied des murs pour les soutenir. Cette pratique produit en effet le résultat désiré, tant que les pieds ne sont pas arrivés à une certaine grosseur; mais presque toujours elle amène en définitif la chute de ces murs. (B.)

LIERRE TERRESTRE. *Voyez* TERRETTE.

LIEUE. Ancienne mesure de longueur. *Voyez* MESURE.

LIÈVRE. Quadrupède de l'ordre des rongeurs, qui se trouve dans toute l'Europe, dont les cultivateurs ont souvent à se plaindre, qui est le but le plus commun de la chasse, et dont on peut tirer un parti utile dans quelques localités à raison de sa chair fort recherchée de beaucoup de personnes, de sa peau estimée comme fourrure, et de son poil d'un grand usage dans la chapellerie.

La nourriture des lièvres consiste en plantes, en racines, en feuilles et écorce des arbres. Il n'est pas vrai qu'ils mangent le serpolet et autres plantes de la famille des labiées. Ils ne boivent jamais. Leurs amours ont principalement lieu en hiver. Les femelles, qu'on nomme *hases* dans beaucoup de cantons, portent trente jours, produisent trois à quatre petits qu'elles allaitent pendant vingt jours; souvent elles sont déjà pleines bien avant de les avoir sevrées. Les petits s'appellent *levrauts*, jusqu'à un an, époque où ils deviennent aptes à la reproduction. On les reconnoît à leur taille et à leur pelage plus foncé.

Les longues oreilles des lièvres leur donnent une grande finesse dans le sens de l'ouïe. Ils ne sont pas moins bien partagés dans celui de l'odorat. Celui de la vue seul paroît obtus chez eux. La position latérale de leurs yeux s'oppose à ce qu'ils voient devant eux. La timidité est leur partage ; la fuite leur seule ressource. On ne peut cependant se dissimuler qu'ils montrent souvent beaucoup d'instinct dans les moyens qu'ils emploient pour échapper aux chasseurs. Le nombre de leurs ennemis, outre l'homme, est si considérable, qu'il est rare qu'un individu soit dans le cas de mourir de vieillesse, quoique le terme de leur vie ne soit que de huit à dix ans. Solitaires et silencieux, ils ne se recherchent qu'au temps de l'accouplement, et ne crient que lorsqu'ils sont blessés. On peut les apprivoiser jusqu'à un certain point.

La nature des alimens influe beaucoup sur la qualité de la chair de lièvre; et comme la nature du sol détermine celle des plantes qui y croissent, les lièvres des coteaux et des plaines sont plus estimés que ceux des bois et des marais.

J'ai développé au mot CHASSE les motifs qui doivent faire redouter aux cultivateurs de se livrer avec trop de passion au plaisir qu'elle procure ; c'est pour ne pas me rendre coupable de favoriser les dispositions de quelques uns à cet égard que j'ai été court dans tous les articles qui concernent les animaux qui portent le nom de gibier. Je ne m'écarterai par conséquent pas de mon plan pour celui de ces animaux qui se trouve le plus fréquemment dans le cas d'être l'objet de leurs amusemens. Cependant il est très certain, comme on ne l'a que trop vu avant la révolution, que les lièvres peuvent devenir par leur grande muliplication le fléau de l'agriculture; il faut donc détruire chaque année une partie de ceux qui naissent. Or, on ne le peut que par la chasse ou par des pièges. Les cultivateurs doivent donc connoître les moyens à employer pour arriver à ce but.

En Espagne, où je l'ai vu pratiquer, les bergers tuent les lièvres au gîte avec un bâton. Pour cela ils se font conduire sur eux par leurs chiens qu'ils tiennent en laisse, et lorsqu'ils sont arrivés à une douzaine de pas d'un d'eux ils tournent autour de lui, laissant leur chien devant ses yeux, et en continuant de marcher, s'en rapprochent assez pour, par derrière, le frapper entre les deux oreilles.

En France, pendant la neige, on fait quelquefois la même manœuvre à l'égard des lièvres qui gitent dans les bois, et auprès desquels on parvient sans bruit, en suivant la trace de leurs pas.

On obtient un semblable résultat en se promenant avec un lévrier dans les plaines, et le faisant courir après les lièvres qui s'y font voir. La rapidité supérieure de la course de cette espèce de chien lui fait toujours prendre ceux qui sont trop éloignés des buissons ou des bois pour pouvoir s'y réfugier. *Voyez* au mot CHIEN.

L'affût est une chasse qui procure beaucoup de lièvres. Pour la pratiquer on se poste, quelques instans avant le coucher ou le lever du soleil, sur le bord d'un bois, dans un lieu où on a reconnu qu'ils sortent pour aller pâturer dans les champs, ou rentrent pour se cacher pendant le jour. On juge facilement des endroits par où ils passent quand on a un peu d'habitude. Un chien peut d'ailleurs toujours indiquer où il est rentré et d'où il est sorti. Si on s'est trouvé trop éloigné de ce lieu, on revient le lendemain, bien sûr qu'il y passera encore, car il n'aime pas à changer de route. Il faut toujours se mettre sous le vent, à moins qu'on ne soit monté sur un arbre, car le lièvre, dont l'odorat est extrêmement fin, comme je l'ai observé, ne sortiroit pas. Lorsque le lièvre court, on l'arrête en pipant légèrement, et c'est alors qu'on le tire. L'affût n'est fructueux que depuis le milieu d'avril jusqu'au milieu de septembre. Cette sorte de chasse est principalement celle des braconniers.

Une autre, peu compliquée, est de parcourir les plaines ou les coteaux garnis de buissons, un fusil à la main, et de tirer ceux qui se lèvent à portée d'être tués. Lorsqu'on est plusieurs, et qu'on se dirige avec intelligence, cette chasse ne laisse pas que d'être productive. Elle l'est encore plus quand on se fait accompagner d'un chien qui guette le gibier, et ou le fait lever, ou, en l'arrêtant, indique exactement le lieu où il est gîté. Les premiers de ces chiens s'appellent des chiens braques, et les seconds des chiens couchans. *Voyez* au mot CHIEN.

Dans cette sorte de chasse, l'habitude donne encore des avantages. Ainsi un chasseur sait qu'au printemps et en automne il faut chercher les lièvres sur les coteaux exposés au soleil levant; en été sur ceux exposés au nord; en hiver sur ceux exposés au midi; que, lorsque les blés sont verts, ils y vont paître; que, lorsque la moisson les chasse des champs, ils se réfugient de préférence dans les vignes, et que ce n'est qu'à la dernière extrémité que ceux qui ne sont pas nés dans les grands bois s'y établissent à demeure. Souvent, pendant l'hiver, on peut reconnoître un lièvre au gîte, à deux portées de fusil, à une vapeur qui s'élève de son corps.

Lorsqu'il y a beaucoup de tireurs, et qu'on veut faire une sûre et bonne chasse, on les fait rabattre, c'est-à-dire que beaucoup d'hommes, après avoir pris un grand détour et s'être mis en ligne, s'avancent lentement vers les tireurs, en faisant fuir tous les lièvres devant eux. Il faut une certaine habitude du pays pour exécuter cette manœuvre avec beaucoup de succès, parceque les lièvres ont des retraites de prédilection, et que c'est sur le chemin de ces retraites qu'il faut savoir se porter.

On chasse le lièvre avec des chiens courans, et on l'attend sur son passage pour le tuer avec un fusil. Les chasseurs de profession jugent, par l'aspect du canton et par la manière dont il a été lancé, de la marche qu'il doit suivre, et se postent presque toujours sur son passage. Règle générale, un lièvre du canton, sur-tout un levraut, revient toujours à son gîte, lorsqu'il a été chassé pendant quelque temps; ainsi il suffit, pour le tirer, de juger du chemin qu'il doit prendre et de savoir l'attendre. Les vieux lièvres, principalement les mâles, qu'on nomme *bouquins*, sont devenus si rusés par suite de leur expérience, qu'ils ne se prêtent pas de même aux combinaisons de cette espèce; aussi les reconnoît-on d'abord à la manière dont ils se font chasser.

Autrefois on chassoit beaucoup les lièvres avec des oiseaux de proie; mais cette manière, qui d'ailleurs est hors de la portée des cultivateurs, est complètement tombée en désuétude. Il n'est peut-être pas en ce moment un seul faucon dressé en France pour cette chasse.

Les manières habituelles de prendre les lièvres avec des pièges se réduisent à trois. Les lacets, les assommoirs et les panneaux.

Les lacets sont de laiton fin. On les tend dans les passées des lièvres, passées qui, comme je l'ai déjà observé, se reconnoissent souvent avec une grande facilité, sur-tout quand les blés commencent à monter en épi. Un homme exercé en prend beaucoup ainsi. Les braconniers connoissent encore mieux ce moyen que l'affût, parcequ'il a moins de danger pour eux.

L'assommoir consiste en une grosse bûche placée entre quatre piquets, et soutenue à un pied de terre par la pression d'un de ses côtés contre deux de ces piquets, et par un petit bâton aplati (liquette) attaché par sa partie supérieure à une ficelle fixée au haut d'un piquet intermédiaire à ceux contre lesquels pose la bûche, et par sa partie inférieure entrant dans une entaille faite à la partie antérieure d'une petite planchette, qui est également fixée avec une très courte ficelle au bas du piquet intermédiaire. On tend cet appareil dans les passées de lièvres, qui, en marchant sur la planchette, la séparent de la liquette, séparation dont la suite est la chute de la bûche, et la mort du lièvre qui se trouve dessous.

Les panneaux sont de longs filets peu élevés et à mailles assez larges pour qu'un lièvre puisse y passer la tête, mais pas assez pour qu'il puisse y passer le corps. Il y en a de simples et de contre-maillés. On les tend le long des champs, dans les lieux que les lièvres fréquentent, en les attachant, en fixant foiblement en terre les piquets qui les tiennent droits. Les lièvres en se jetant dedans les font tomber et s'y trouvent embarrassés au point de ne pouvoir en sortir avant l'arrivée des chasseurs cachés dans le voisinage.

Les ennemis des lièvres sont les renards, les loups, les fouines, les belettes, les milans, les faucons, etc.

Le haut prix des lièvres, comme je l'ai déjà observé, rend leur multiplication, en lieu clos, très fructueuse pour les cultivateurs; mais ils ne se prêtent pas à la domesticité aussi facilement que les lapins. Ce n'est que dans des enclos d'une certaine étendue qu'on peut espérer d'en élever en quantité, et d'une manière économique. Là ils seront mis à l'abri des attaques des ennemis ci-dessus indiqués, et de celles des braconniers par une active surveillance. On sèmera à leur intention de l'avoine dans quelques endroits, parcequ'ils aiment beaucoup les feuilles de cette plante, et que sa graine les engraisse. On y sèmera aussi quelque peu de luzerne, de sainfoin, et surtout de pimprenelle, pour qu'ils aient à pâturer en abondance dès les premiers jours du printemps, époque où la plupart des mères sont nourrices. Pendant les neiges on leur donnera du foin, afin qu'ils ne nuisent pas trop aux arbres, et qu'ils s'entretiennent en bon état. On ne les tuera pas à coups de fusil; mais on les prendra dans des panneaux qui permettront de choisir ceux qu'il sera préférable d'envoyer au marché, lesquels ne seront jamais les jeunes femelles. Un seul mâle pourra suffire pour quinze à vingt femelles.

Comme c'est pendant l'hiver que la peau des lièvres a le plus de valeur et que leur chair est le plus estimée; comme c'est encore pendant cette saison qu'on peut les envoyer le plus loin, on n'en prendra que depuis septembre jusqu'en mars, à moins que des demandes particulières et l'offre d'un plus haut prix ne déterminent à agir différemment. (B.)

LIGATURE DES BRANCHES. Les jardiniers et les pépiniéristes font assez fréquemment cette opération, qui n'étoit pas connue de nos pères. Les premiers, pour assurer la noueure de leurs fruits, augmenter leur grosseur et leur précocité; les seconds, pour faire pousser plus promptement des racines à leurs marcottes ou boutures.

La théorie de la ligature est développée aux mots BOURRELET, SÈVE, INCISION ANNULAIRE, TORSION DES BRANCHES, etc. Ici je ne parlerai donc que de la manière de la faire et des matériaux qu'on y emploie.

Comme la force d'ascension et de descension de la sève est très considérable, puisqu'une seule racine, introduite petite dans la fente d'un rocher, suffit pour écarter des masses énormes par l'effet de son grossissement, il est bon de faire, dans certains cas, plus d'une ligature, afin qu'elles se soutiennent réciproquement. Une ligature en spirale a des avantages sur les autres, en ce qu'elle dérange moins brusquement la marche de la sève qui se dévie un peu en pressant et peut-être brisant les vaisseaux latéraux. Un écartement d'un pouce suffit le plus souvent aux plus grosses branches, et deux ou trois lignes aux plus petites. Jamais, en les faisant, il ne faut entamer l'épiderme en serrant trop fort, parcequ'il en résulteroit une déperdition de sève qui nuiroit aux résultats désirés. Quelquefois même il est bon de diminuer la compression en desserrant au bout de quelques jours.

Un arbre dont l'écorce est épaisse et molle demande à être moins serré que celui qui l'a mince et sèche.

C'est à la fin de l'hiver ou au milieu de l'été qu'on fait les ligatures, soit qu'elles aient pour but la production du fruit ou la formation des racines, ou pour mieux dire on peut les faire en toutes saisons.

Toutes matières propres à être contournées peuvent être employées à faire des ligatures ; mais les unes sont trop foibles ou se pourrissent trop rapidement, les autres sont sujettes à d'autres inconvéniens. On préfère les petites lanières d'écorce de tilleul pour celles de ces ligatures qui ne doivent pas durer plus d'une saison, et le fil de laiton pour les autres, sur-tout lorsqu'elles sont dans la terre. Le fil de fer se rouille trop promptement. Des lanières de plomb seroient encore bonnes, mais elles ne sont pas en usage. Un point essentiel, c'est de lier les bouts de ces ligatures de manière qu'ils ne se défassent pas. Il faut un double nœud pour les ficelles, et un double contournement pour les fils métalliques. (TH.)

LIGATURE DES GREFFES. Quelque bien posée que soit une greffe, elle risqueroit presque toujours de manquer si elle n'étoit assujettie par une ligature jusqu'au moment où elle s'est soudée avec le sujet. Savoir lier les greffes est donc d'une grande importance, mais un jour de pratique en apprend plus qu'un volume de préceptes ; en conséquence cet article sera fort court.

Le plus à considérer lorsqu'on fait la ligature d'une greffe, c'est de serrer assez pour qu'il ne puisse se faire d'écartement, et cependant d'éviter l'étranglement. Toujours, sur-tout dans les greffes en écusson, il est nécessaire de desserrer les ligatures lorsque les progrès de la végétation ont grossi le sujet. Les arbres jeunes et d'une pousse vigoureuse, les érables syco-mores, les marronniers, par exemple, sont principalement dans ce cas. C'est cette considération qui détermine les pépi-niéristes à préférer la laine filée à toute autre matière pour faire les ligatures, parcequ'elle se prête, jusqu'à un certain point, au grossissement du sujet ; c'est cette même considéra-tion qui avoit engagé mon camarade Dupont à employer de petites bandes de plomb pour fixer la greffe sur ses rosiers, parceque ces bandes plus ou moins épaisses, selon la force du sujet, et fixées par un simple reploiement de leurs extrémités, se desserroient d'elles-mêmes selon les progrès de l'accroisse-ment des branches où elles étoient fixées.

Un greffeur habile doit placer ses ligatures de manière qu'elles puissent être ôtées avec la plus grande facilité. J'entends ici les ligatures en laine, car celles qu'on fait avec des feuilles de ru-banier (*sparganium*), de massette (*typha*), de jonc, etc., se déchirent d'elles-mêmes, et ne peuvent servir deux fois. Il en est de même des ligatures faites avec de l'osier dans les greffes en fentes, sur-tout dans celles placées en terre.

La pire de toutes les matières qu'on emploie ordinairement pour faire des ligatures de greffe est le chanvre, parceque, loin de se prêter au grossissement après qu'il a été placé, l'hu-midité le fait se resserrer davantage. On peut juger du peu de connoissance d'un greffeur à l'usage qu'il fait de cette subs-tance.

La laine employée aux ligatures doit être en suin pour du-rer plus long-temps et moins coûter. On en trouve de telle chez tous les marchands. La même peut servir trois années de suite lorsqu'on la conserve avec précaution.

Voyez, pour le surplus, au mot GREFFE. (B.)

LIGNE. Ancienne mesure de longueur. *Voyez* MESURE.

LIGNEUX. On appelle plantes ligneuses celles qui ont du bois sous leur écorce. Tous les arbres, les arbrisseaux et les arbustes sont donc ligneux ; cependant on ne leur applique pas ordinairement ce nom, on le réserve pour les tiges des plantes qui sont moins solides que celles des arbustes, et plus dures que celles de la plus grande partie des autres.

Les fibres ligneuses sont l'agrégation des séries de vésicules parenchymateuses qui constituent les couches du Bois. *Voyez* ce mot et les mots AUBIER, COUCHES LIGNEUSES, COUCHES COR-TICALES et PARENCHYME. (B.)

LILAS, *Syringa*. Genre de plantes de la diandrie monogynie et de la famille des lilacées, qui renferme quatre espèces, dont trois se cultivent dans nos jardins.

Le LILAS COMMUN s'élève à quinze pieds et plus. Ses rameaux sont opposés et grisâtres ; ses feuilles opposées, pétiolées, en cœur, pointues, très entières, luisantes ; ses fleurs violettes, odorantes, nombreuses, disposées en panicule terminale ou axillaire. Il est originaire du Levant, et se trouve naturalisé dans plusieurs endroits de l'Europe, où il a été apporté en 1562. Il fleurit en mai. Peu d'arbustes peuvent lui disputer la prééminence. Tout en lui est flatteur, la fraîcheur de son feuillage, l'agréable couleur et la douce odeur de ses fleurs. Aussi, quoiqu'il soit excessivement multiplié dans nos jardins, ne le paroît-il jamais assez. Tous les terrains, toutes les expositions lui conviennent ; mais il préfère ceux qui sont légers et substantiels en même temps, et celles qui sont chaudes et aérées. Il produit également de bons effets, soit qu'il soit isolé, soit qu'il soit en massif. Ordinairement il forme buisson ; mais on peut facilement, sur-tout quand il est provenu de semences et qu'on lui a conservé son pivot, en faire un arbre de tige. Il est facile de l'assujettir à la taille comme la charmille, d'en faire des palissades, des boules, etc. ; mais alors il faut renoncer à ses fleurs. Il n'est jamais plus beau, plus garni de fleurs que lorsqu'on l'abandonne à lui-même ; aussi, aujourd'hui que le mauvais goût a disparu de nos jardins, ne lui fait-on plus sentir le tranchant du croissant, et rarement celui de la serpette. Cependant, comme, quand ses tiges deviennent vieilles, ses fleurs sont moins larges et moins nombreuses, il convient, lorsqu'il est en buisson, de le recéper tous les dix à douze ans au moins, et, lorsqu'il est sur une seule tige, de rapprocher les branches aux mêmes époques. Cette opération est d'ailleurs indiquée par sa disposition à pousser de nouvelles tiges chaque année, et, de plus, souvent commandée par l'irrégularité que prennent les branches lorsqu'on est dans l'usage de casser leurs rameaux pour emporter les fleurs qu'elles supportent.

On multiplie le lilas de toutes les manières, c'est-à-dire par le semis de ses graines, par déchirement des vieux pieds, par rejetons, par boutures des branches et des racines. Ordinairement on emploie la voie des rejetons, car il en pousse tant qu'ils suffisent aux besoins du commerce, et il faut bien s'en débarrasser. C'est le seul inconvénient de cet arbuste ; inconvénient qu'on peut diminuer en n'employant que des pieds provenus de graines et encore pourvus de leur pivot.

La graine de lilas se sème au printemps dans une terre légère et bien labourée. Elle lève promptement. Les plants qui en proviennent sont ordinairement laissés deux ans en place, après quoi on les repique en pépinière à douze à quinze pouces. Ils ne commencent à fleurir que la quatrième ou cinquième année, et ce n'est qu'alors qu'il faut les planter définitivement. La troisième année on doit mettre sur un brin ceux dont on désire former des tiges, et veiller les années suivantes à ce qu'ils ne poussent pas de rejetons. C'est aussi pendant ces premières années qu'on le greffe.

Comme le lilas pousse de très bonne heure au printemps, il faut, autant que possible, le transplanter avant l'hiver. Qu'il soit vieux, qu'il soit jeune, il pousse foiblement la première année de sa transplantation ; mais il est rare qu'il meure par suite de cette opération, si elle est faite avec les précautions convenables. Il pousse très peu à la sève d'août.

On cultive dans les jardins des environs de Paris plusieurs variétés de lilas, dont les principales sont le *lilas blanc* qui a les fleurs blanches et le bois moins foncé en couleur. On l'obtient souvent de semences ; mais en général on le multiplie par les rejetons. Le *lilas de Marly* a les feuilles et les fleurs beaucoup plus grandes que le commun. On le multiplie par les rejetons, les marcottes, les boutures ou la greffe. Le *lilas à feuilles panachées en blanc ou en jaune*. Il est rare et ne produit pas un bel effet. Je ne parle pas des nuances plus ou moins foncées du lilas commun ; elles varient depuis le violet très pâle jusqu'au pourpre foncé. On peut dire qu'il n'y a pas deux pieds provenant de semences qui aient la même couleur.

Le bois du lilas est gris, très dur, et d'un grain analogue à celui du buis. On en feroit, au rapport de Varennes de Fenilles, de très beaux ouvrages, s'il n'avoit pas le défaut de se tourmenter et de se fendre. Il pèse environ soixante-dix livres par pied cube. On fait des tuyaux de pipe avec ses rameaux vides de leur moelle.

Jusqu'à présent on n'a pas ou presque pas employé le lilas dans la grande agriculture ; cependant il peut y rendre des services importans. Il forme des haies qui, si elles sont de peu de défense contre les hommes, suffisent à arrêter les animaux les plus gros comme les plus petits, parcequ'elles sont toujours bien garnies du pied, et qu'on peut facilement en greffer les rameaux par approche. Ses nombreuses racines, leur disposition à s'étendre, et la quantité de rejetons qu'elles fournissent, le rendent propre à arrêter la fureur des torrens, à être planté sur la berge des fossés, sur le bord des rivières, etc. La faculté dont il jouit de croître dans les plus mauvais terrains le rend précieux pour utiliser les sols sablonneux ou pierreux, qui ne produisent rien. Il y fournira au moins des fagots tous les trois ou quatre ans.

Le LILAS DE PERSE a les feuilles opposées, pétiolées, lancéolées ; les fleurs disposées comme celles des précédens, mais plus petites, moins nombreuses, et d'un pourpre clair. Il est originaire de Perse, s'élève de cinq à six pieds au plus, fleurit en juin et est sujet à geler quelquefois dans le climat de Paris. Il craint les terres fortes et humides et se multiplie moins facilement que le commun, quoique des mêmes manières. Sa délicatesse le rend plus propre à être placé dans les parterres, qu'il orne beaucoup. On peut le soumettre à la taille pour lui former une tête régulière, mais non à celle du ciseau ou du croissant, comme on ne le fait que trop souvent ; car dans ce cas il ne porte pas ou presque pas de fleurs. Il suffit de couper avec la serpette les branches qui s'écartent le plus des autres. Il fournit une variété à *fleurs blanches* et une à feuilles *pinnatifides*. Cette dernière, très jolie, très pittoresque même, est encore plus délicate que son espèce, est fort recherchée, principalement pour la faire fleurir pendant l'hiver dans des pots, et en orner les consoles ou les cheminées des riches.

Le LILAS VARIN est encore une variété de lilas de Perse ; il a les fleurs plus grandes, d'une odeur un peu différente, et d'un violet pâle. Ses rameaux sont plus grêles. Il a été trouvé par Varin, célèbre cultivateur de Rouen, dans un semis ; et je ne sais sur quelle autorité Wildenow lui donne la Chine pour patrie. C'est une très agréable variété, qu'avec raison on recherche beaucoup en ce moment. Ses panicules sont presque toujours courbées sous le poids de leurs fleurs, qui durent plus long-temps épanouies que celles du précédent. Cette disposition des fleurs fait qu'il produit un meilleur effet lorsqu'il a une tige que quand il forme buisson. On le multiplie comme le précédent, et on le greffe fréquemment sur lui ou sur le troëne. (B.)

LILIACÉES. Famille de plantes qui présente pour caractère général une corolle (calice Jussieu) de six pétales ou divisée en six parties, six étamines insérées sur la corolle, un ovaire supérieur à stigmate ordinairement trifide, une capsule triloculaire, trivalve et polysperme.

Les plantes de cette famille ont le plus souvent une racine bulbeuse, une tige scapiforme, des feuilles alternes, souvent engainantes lorsqu'elles sont radicales, des fleurs nues ou spathacées et toujours hermaphrodites.

Elles intéressent l'agriculture soit comme plantes condimenteuses, soit comme plantes médicinales, soit comme plantes à fleurs agréables ; mais leur presque totalité est repoussée par les bestiaux.

Ceux des genres de cette famille dont on cultive le plus communément les espèces sont, l'AIL, la TULIPE, le LIS, l'IMPÉRIALE, la FRITILLAIRE, la JACINTHE, l'ALOÈS, l'HÉMÉROCALLE, le YUCCA, l'ANTHÉRIC, l'ASPHODELLE, l'ORNITOGALE. *Voyez* ces mots. (B.)

LIMACE, LIMAÇON, *Limax.* Genre de ver mollusque nu, qui se trouve abondamment dans les bois, les champs, les jardins, qui vit de végétaux, et qui cause quelquefois de grands dommages aux cultivateurs.

L'organisation des limaces, à la coquille près, diffère peu de celle des HÉLICES, auxquelles on donne souvent leurs noms, principalement celui de limaçon. Elles se nourrissent, s'accouplent et pondent comme elles. Je renvoie donc au mot HÉLICE pour apprendre tout ce qu'il est nécessaire à un cultivateur de savoir à cet égard, afin de ne parler ici que des moyens de les détruire.

Les limaces mangent la plupart des plantes que l'homme cultive, presque tous les fruits qu'il préfère. C'est principalement dans les semis qu'elles font de grands ravages, parceque les herbes tendres leur plaisent davantage, et que chaque coup de dent est la perte d'un pied. Dans certains cantons et dans certaines années elles sont un véritable fléau.

On peut suivre les limaces à la trace argentée que laisse sur leur passage la matière gluante qui transsude continuellement de leur corps, et les aller attaquer jusque dans leur retraite. Elles se retirent pendant le jour sous les feuilles sèches, les pierres, dans les trous de mur, les haies, etc., et ne sortent que la nuit, ou lorsqu'il tombe de la pluie. Ainsi c'est le soir et le matin, ou dans ce dernier cas, qu'il faut leur faire la chasse pour les tuer, ou les donner aux volailles ou aux cochons qui en sont très friands. On peut encore leur fournir des moyens de retraite en mettant sur la terre des planches inclinées d'un côté sous lesquelles elles se retirent, et où on va les écraser tous les matins. Pour les empêcher de parvenir sur un semis il suffit de l'entourer de sable fin, de chaux, de cendre, dès qu'elles sentent ces matières qui s'empâtent avec leur gluten et dont elles ne peuvent se débarrasser qu'à la longue, elles retournent sur leurs pas; mais il faut que ces matières soient toujours pulvérulentes et sèches.

Dans les campagnes les limaces ont un grand nombre d'ennemis; mais il est des années qui leur sont si favorables qu'ils ne suffisent pas pour les détruire. Elles mangent le blé, le colsat, la navette, à mesure qu'ils lèvent, l'écorce des jeunes plants d'une pépinière, etc., et anéantissent ainsi l'espérance d'une récolte. Dans ce cas un troupeau de dindes est le meilleur remède à employer. Je les ai vues disparoître en peu de jours d'une ferme qui en étoit infestée, par l'acquisition que fit le propriétaire d'un troupeau de ces animaux. Les poules, les canards rendent aussi le même service, mais il est plus difficile de les conduire. Au reste, il est rare que les limaces (je veux dire les jeunes, car les vieilles ne sont jamais très nombreuses) soient communes deux années de suite. Un été sec et chaud, un hiver très froid leur sont également funestes. Elles périssent alors par millions. Un hiver très doux ne leur est guère plus avantageux, parcequ'alors elles sortent de leurs retraites et que les corbeaux, les plus dangereux de tous leurs ennemis, en font une grande déconfiture.

On ne mange point les limaces, quoiqu'elles soient aussi bonnes que les hélices, ainsi que j'en ai fait l'expérience, mais on les emploie dans les bouillons rafraîchissans et pectoraux.

Les espèces les plus communes sont,

La LIMACE NOIRE, qui est noire et chagrinée.

La LIMACE ROUGE, qui est rouge et rugueuse en dessus.

La LIMACE CENDRÉE, qui est toute grise, ou grise avec des taches noires.

La LIMACE AGRESTE, qui est blanchâtre, et dont les cornes sont noires. Cette dernière fait plus de ravage dans les champs qu'aucune des autres. (B.)

LIMBE. On donne ce nom en botanique aux bords des PÉTALES. *Voyez* ce mot.

LIMIER. *Voyez* CHIEN.

LIMITE. Terminaison d'une propriété. Quelquefois c'est la borne qui fixe cette terminaison.

Il est très important que les propriétaires, que tous leurs voisins connoissent exactement leurs limites, et, lorsqu'elles ne sont pas indiquées d'une manière permanente, qu'ils les fassent fixer par un commun accord, ou, si quelqu'un d'eux s'y refuse, par autorité de justice. Le défaut de soin à cet égard est la source la plus abondante des procès parmi les habitans de la campagne. Les pays cadastrés, où tous les champs ont été mesurés par l'autorité publique, sont avantagés sous ce rapport, parcequ'il suffit de vérifier la contenance des champs et de la comparer avec les registres du cadastre pour décider le fait contesté ; mais malheureusement tous les pays ne sont pas cadastrés. Les graves inconvéniens de l'incertitude des limites ont été sentis de tout temps. Les Romains les mettoient sous la protection des dieux. Par-tout elles sont soumises à l'empire de la loi. Comme les clôtures de toutes espèces et surtout en murs et en haies vives les annoncent d'une manière patente et permanente, et que leur utilité sous d'autres rapports est également incontestable, on doit, toutes les fois

qu'on le peut , en établir autour de ses propriétés. Ce moyen
est plus difficile à employer dans les cantons où la subdivision
des propriétés est extrême, et c'est un des principaux motifs
qu'on puisse faire valoir contre cette subdivision. Dans quelques parties de l'Espagne, les propriétés sont toutes séparées
par une petite lisière de terrain en friche, d'un à deux pieds,
qui fournit un pâturage lorsque les récoltes sont levées. Je
n'approuve cependant pas ce mode de bornage qui jette dans
les champs une surabondance de semences de plantes nuisibles
aux moissons. Dans d'autres , ainsi que dans quelques cantons
de la France , on les sépare chaque année par des pierres plates
plantées de champ. Une grande route , une rivière sont d'excellentes limites) mais les inconvéniens qui les accompagnent
sont si nombreux, que le plus souvent celles-là ne sont pas désirables.

Toutes les fois qu'on achète un bien , il faut en vérifier les
limites en présence de tous les propriétaires voisins ou de leurs
fondés de pouvoir , et y appeler les autorités civiles du canton , soit par invitation de bienveillance, soit par acte judi-
ciaire , et faire dresser procès-verbal du résultat de la visite.
Par ce moyen simple et peu coûteux on évite des procès , on
opère sa tranquillité.

Voyez pour le surplus au mot BORNE. (B.)

LIMON. Dépôt formé par les eaux et produit par le lavage
des terres de toute espèce. Il est donc composé, tantôt d'argile,
tantôt de terre calcaire, tantôt de terre végétale, selon que
les eaux pluviales auront passé sur l'une ou l'autre de ces
terres; mais en général il est formé du mélange de toutes ces
terres avec des débris de végétaux et d'animaux entraînés avec
elles. Toute eau courante qui est trouble doit déposer plus tôt
ou plus tard du limon; aussi toutes les grandes rivières en
laissent sur leurs fonds, et en forment à leur embouchure dans
la mer des bancs d'une étendue considérable. C'est au limon
du Nil que l'Egypte doit sa fertilité; c'est au limon du Nil
que le Delta doit sa formation. Il suffit d'avoir voyagé sur le
bord des autres grands fleuves pour savoir que tout s'y passe
positivement comme en Egypte. *Voyez* ÉLÉVATION DU SOL.

Tous les limons sont fertiles, mais ceux où la terre végétale
domine le sont plus que les autres. Heureux le cultivateur qui
possède des terres limoneuses !

Le limon qu'entraînent les pluies dans les fossés, les trous, etc.
doit être soigneusement enlevé et porté sur les terres. C'est le
meilleur engrais qu'on puisse donner à la plupart; surtout à
celles qui sont sablonneuses et arides. *Voyez* CANAL.

On appelle aussi limon la boue qui se trouve au fond des
étangs, des mares et autres eaux où il y a des plantes aqua-

tiques; cependant cette boue, quoique souvent mêlée de limon, n'en est pas; c'est une véritable tourbe imparfaite. Aussi, lorsqu'on la tire pour en répandre sur les terres, trouve-t-on qu'elle est infertile. Ce n'est qu'après une année d'exposition à l'air qu'elle devient propre à la végétation en absorbant du carbone ou en perdant de l'azote.

Les boues de la mer s'appellent vases; elles deviennent également très fertiles lorsqu'elles ont été exposées un ou deux ans à l'air, parcequ'elles contiennent, outre les varecs et autres plantes en décomposition, une grande quantité de matières animales produite par la destruction des poissons et des mollusques.

Il n'est pas toujours facile de décider si un terrain d'alluvion formé à l'embouchure d'une rivière est dû au limon charrié par cette rivière ou à la vase accumulée par la mer. Probablement ces deux causes y concourent.

Dans le Cheshire le limon déposé à l'extrémité des marais salans passe pour l'engrais le plus actif et le plus durable qui se trouve en Angleterre.

A l'embouchure de l'Humber on a pratiqué des canaux pour répandre sur les terres voisines le limon qu'il charrie ou que la mer y introduit, et on a créé par ce moyen des champs de la plus grande fertilité. *Voyez* Annales d'agriculture, par Arthur Young.

Fait-on quelque part en France des opérations de ce genre? Je l'ignore, mais je puis dire n'en avoir vu pratiquer nulle part. Avec de l'intelligence, de l'argent et du temps on peut changer la surface de bien des localités pour la plus grande prospérité des peuples. (B).

LIMON. Espèce du genre de l'ORANGER. *Voyez* ce mot.

LIN, *Linum*. Genre de plantes de la pentandrie pentagynie, et de la famille des caryophillées, qui renferme une trentaine d'espèces, dont deux ou trois ont quelqu'intérêt sous le point de vue agricole, mais dont une sur-tout est cultivée de toute ancienneté, et tient un rang distingué parmi les végétaux qui peuvent enrichir un pays.

Cette espèce est le LIN COMMUN, *Linum usitatissimum*, Lin. Plante annuelle originaire du plateau de la Haute-Asie, ainsi que l'a reconnu Olivier, membre de l'Institut, dans son voyage en Perse, d'où il en a rapporté des graines cueillies dans l'état sauvage. Sa tige est droite, cylindrique, grêle, glabre, rameuse à son sommet, haute d'un à deux pieds. Ses feuilles sont épaisses, sessiles, linéaires, d'un vert foncé, glabres, longues d'un pouce. Ses fleurs sont bleues, assez grandes, solitaires sur des pédoncules terminaux ou axillaires.

On cultive le lin pour la filasse que fournissent ses tiges, filasse avec laquelle on fait les plus belles toiles connues, et pour sa graine qui donne une huile propre à un grand nombre d'usages

Dans le premier de ces cas, l'objet principal est d'avoir ou des tiges très hautes, afin que la filasse soit très longue, ou des tiges très grêles, afin que la filasse soit plus fine.

Dans le second de ces cas, le but doit être d'avoir le plus grand nombre de capsules possible.

Ces circonstances déterminent trois modes particuliers de cultiver le lin, et indiquent les variétés qu'il faut préférer.

On distingue généralement trois variétés de lin dans les pays où l'on cultive le plus cette plante.

Le *lin froid*, ou *le grand lin*, a les tiges très élevées, peu garnies de graines. Sa végétation est d'abord lente et ensuite très rapide. Il mûrit le plus tard. C'est avec lui qu'on fabrique ces belles batistes, ces superbes dentelles qui enrichissent la Flandre.

Le *lin chaud*, ou le *têtard*, a les tiges peu élevées, rameuses, très garnies de graines. Sa végétation est d'abord très rapide, mais elle s'arrête bientôt. Il mûrit de très bonne heure. C'est lui qu'on devroit cultiver exclusivement lorsqu'on veut obtenir de la graine; mais comme la filasse qu'il fournit est très courte, il est peu d'endroits où on le préfère.

On appelle *lin moyen* celui qu'on doit regarder comme le type de l'espèce, car il se rapproche infiniment de celui provenu des graines que m'a remis Olivier. Il tient le milieu entre les deux précédens. C'est lui qu'on cultive le plus fréquemment dans le midi de la France et même par-tout, hors quelques cantons.

En Irlande, où on cultive beaucoup de lin pour alimenter les nombreuses fabriques de toiles qui y existent, on divise différemment les variétés du lin. La meilleure de toutes est appelée *argent pâle*; ensuite le *lin de Hollande pâle* et le *lin de Hollande blanc*, puis le *Pétersbourg à douze têtes*, le *Mariembourg*, enfin le *Nerva* qui donne une filasse grossière.

Une terre légère, mais cependant très fertile et un peu fraîche, est la seule qui convienne au grand lin lorsqu'on veut qu'à la longueur il joigne la finesse.

Une terre substantielle est celle qui convient au lin moyen et au lin têtard dans le plus grand nombre de cas.

Lorsqu'on sème ces trois sortes de lin dans une terre légère et sèche la tige s'élève peu, mais la filasse est fine.

Lorsqu'on sème très serré ces trois sortes de lin, on a de la filasse plus fine, mais plus cassante et peu de graines.

Le défaut et l'excès de l'eau sont également à redouter dans la culture de cette plante; voilà pourquoi elle manque si souvent, et qu'il est des pays où on ne peut l'entreprendre avec succès; voilà pourquoi il faut toujours élever la terre au moyen des ados et creuser des sillons de décharge dans les terrains qui retiennent l'eau.

On fait mieux encore dans le nord. Les planches sont tenues fort étroites et élevées par la terre de fossés de deux ou trois pieds de profondeur qu'on creuse à l'entour. Ces fossés donnent l'écoulement aux eaux quand elles sont trop abondantes, et les retiennent, au moyen du comblement de leur décharge, lorsque la sécheresse commence. Par-là le lin se trouve toujours dans une humidité égale et très favorable à sa végétation. Cette excellente pratique mérite d'être imitée, mais toutes les localités ne s'y prêtent pas.

Dans quelque nature de terre, et sous quelque climat que ce soit, on ne peut trop multiplier les engrais végétaux ou animaux, car leur excès est toujours avantageux à l'abondance des produits et ne nuit jamais à la qualité. L'excès de la dépense doit seule arrêter dans cette opération. Le fumier le plus consommé est le meilleur dans les terres légères, et celui à moitié consommé dans les terres fortes.

Des labours multipliés et croisés sont indispensables dans les terres fortes, car plus la terre sera divisée ou ameublie et plus le lin y sera beau. Dans les terres légères ces labours sont moins nécessaires; mais il en faudra toujours au moins deux, dont le second enterrera le fumier. Le premier de ces labours sera profond, pour ramener à la surface la terre inférieure qui amende toujours, par son mélange, celle de la surface, à moins que ce ne soit un tuf ou un sable manifestement infertile.

Dans quelques parties de la Flandre on sème dans des terrains sablonneux du lin qui vient très bien quoique sans emploi d'engrais, mais ces terrains sont défoncés de deux pieds; ainsi c'est dans une terre presque neuve qu'il végète. On sème en même temps que lui des carottes. C'est en mai que se font ces semis.

Au rapport de François de Neufchâteau, on redoute, dans ces contrées, d'employer le fumier de cheval et les débris animaux à l'engrais des terres à lin. Je ne connois pas les motifs de cette proscription.

En Irlande on regarde les terres argileuses comme les plus convenables pour semer la graine de lin qu'on tire de Hollande, et les terres sablonneuses comme les meilleures pour celle qu'on tire d'Amérique. Il seroit difficile de rendre raison de cette pratique. Là on le sème ou sur un seul labour après une récolte de pommes de terre ou d'orge, ou sur trois labours après une jachère. On a remarqué une augmentation de produit après les pommes de terre, ce qui rentre dans les principes qui guident les Flamands.

Les agriculteurs sont divisés sur l'époque la plus convenable pour semer le lin. Les uns le mettent en terre avant l'hiver, c'est-à-dire en septembre et en octobre, c'est le *lin d'hiver* ; les autres au printemps, c'est-à-dire depuis mars jusqu'en juin, c'est le *lin d'été*. Dans ces deux cas, au reste, il faut choisir un jour où la terre n'est pas trop humide, afin que la herse la divise mieux, que le rouleau et les pieds des chevaux ne la compriment pas trop. Il seroit difficile de dire laquelle de ces deux époques est généralement la plus avantageuse, car le climat et la nature du sol doivent en décider. Je dirois même les circonstances atmosphériques s'il étoit donné à l'homme de les connoître d'avance.

En effet, dans un climat sec et chaud, dans les parties méridionales de la France par exemple, ou dans une terre très légère, il doit être avantageux de semer avant l'hiver, afin que la plante profite des pluies de cette saison et ait acquis assez de force pour aller chercher profondément l'humidité qui lui est nécessaire, tandis que dans un climat froid et humide, dans une terre argileuse, il faut attendre que l'eau surabondante se soit évaporée ou infiltrée, puisque, ainsi que je l'ai observé plus haut, cette eau nuiroit à la végétation de la jeune plante. Il est cependant bon d'observer que l'expérience a prouvé que plus le lin restoit en terre et plus sa filasse étoit abondante et bonne, et plus ses graines étoient nombreuses et huileuses, et que dès que les grandes chaleurs sont venues le lin cesse de croître en hauteur, qu'il ne fait plus que perfectionner sa tige et sa graine. C'est aux esprits réfléchis à tirer de ces deux observations le parti qui conviendra et à la situation et à la nature de la terre qu'ils veulent cultiver en lin.

Quelquefois le plus beau semis de lin, fait avant l'hiver, se détruit entièrement pendant cette saison, et il faut par conséquent le recommencer au printemps. Deux causes concourent ensemble ou séparément à cet accident. La première, ce sont les gelées très fortes lorsque la terre n'est pas couverte de neige. La seconde est l'alternative du gel et du dégel, alternative qui déchausse le pied de la plante, l'arrache même complètement. Il y a dans les propriétés de ma famille, aux environs de Langres, des terres où il a toujours été impossible de cultiver du lin d'hiver par cette dernière cause, quelques précautions qu'on ait prises. Je crois que cette cause agit bien plus fréquemment que la première. Ces circonstances font que dans le nord, en Flandre par exemple, on sème rarement, ou mieux, jamais le lin avant l'hiver.

Le choix de la semence est un article de première importance dans la sorte de culture dont il est ici question. D'abord on voit qu'il ne faut pas que les différentes variétés de lin soient mélangées, puisqu'ils mûrissent à des époques et s'élèvent à des hauteurs différentes. Ensuite on sent que le lin têtard ne rempliroit pas l'objet d'un fabricant de dentelles, ni du lin froid celui d'un marchand d'huile. On est généralement dans l'opinion, et cette opinion est fondée sur l'expérience, que la graine de lin dégénère lorsqu'on la sème plusieurs fois de suite dans le même climat. Voilà pourquoi les cultivateurs de Flandre, qui veulent avoir le lin le plus haut et le plus fin possible, tirent toutes les années de la nouvelle graine du nord de l'Europe, principalement de Riga, dont les environs passent pour fournir la meilleure, c'est-à-dire la plus appropriée au but de ces cultivateurs. Chez eux on appelle *lin de fin* celui provenant du semis de cette graine importée, et *lin de gros* celui qui résulte du semis de la graine produite dans le pays. Les plus rigoureux de ces cultivateurs livrent même, dit-on, aux fabricateurs d'huile la graine de la seconde génération, pour ne pas altérer la finesse de leur filasse et conserver la réputation de leurs cultures.

Je n'entreprendrai pas de combattre un système de culture basé sur l'expérience d'un siècle ; mais il est cependant permis de croire que la véritable cause de la dégénérescence de la graine du lin ne tient qu'à la culture contre nature à laquelle on a soumis la plante dont elle provient (1).

Pour éviter une grande exportation d'argent, on a conseillé, dans plusieurs écrits, aux cultivateurs flamands de renouveler leurs semences en les tirant du midi de la France, où cependant je n'ai jamais vu cultiver le grand lin ; mais moi je leur dirai : Semez de la graine de cette variété assez clair pour que les pieds qui en proviendront jouissent de toutes les influences de l'atmosphère, puissent produire des semences aussi développées que possible, car je ne crois aux bons effets de la substitution des semences qu'autant que les semences substituées sont plus grosses, plus fermes, plus lourdes, etc., etc., que les plus belles, nées dans le pays. On sait, au reste, que les Hollandais, qui sont en possession de fournir ces cultivateurs de semences de lin de Riga, leur vendent la plupart

---

(1) Lorsque j'écrivois ceci, je n'avois pas connoissance d'un excellent mémoire de M. Tessier sur le lin, inséré dans le quatrième volume des Annales d'agriculture. Il a fait, pour résoudre la question ci-dessus, un grand nombre d'expériences desquelles il résulte que la graine de Riga ne donne pas, dans le climat de Paris, de plus beau lin que celle de beaucoup de cantons de la France et des parties méridionales de l'Europe.

du temps de la semence récoltée dans la Zélande, et qu'on ne s'aperçoit pas ou peu de la différence.

Un observateur, qui a écrit sur le culture du lin en Hollande, prétend que pour avoir de la bonne graine il faut semer le lin dans une terre argileuse. Il a sans doute entendu dire dans une terre forte, c'est-à-dire une terre qui contient un quart ou un cinquième d'argile.

Il résulte de ce que je viens d'observer que lorsqu'on veut avoir du beau lin, dans les trois variétés ci-dessus énoncées, il faut choisir la plus belle semence de chacune de ces variétés. Comme cette semence rancit facilement, il faut de plus n'employer que celle de l'année; cependant des expériences positives prouvent qu'elle peut se conserver trois ou quatre ans, lorsqu'elle est tenue dans un lieu sec et aéré, et encore mieux dans les capsules. L'habitude ne permet pas de se tromper sur ses qualités à ceux qui en font commerce; ainsi il ne s'agit que de s'adresser à un marchand honnête pour en avoir de celle qu'on désire.

La quantité de graine de lin qu'il convient de confier à la terre dépend de sa qualité, de la nature du sol et du but qu'on se propose. Ainsi, supposé qu'elle soit excellente, on en répandra moins sur une terre maigre, et lorsqu'on veut tirer parti de la graine de la récolte. On compte que vingt-cinq livres, terme moyen, suffisent pour dix mille pieds carrés dans la culture ordinaire, tandis qu'il en faut le double pour faire du lin de fin en Flandre.

On sème la graine de lin positivement comme le blé, c'est-à-dire à la volée, sur des planches plus ou moins larges, mais toujours un peu bombées dans le milieu. On la recouvre avec la herse, et on brise au maillet les plus grosses mottes qui se montrent à la surface. En Flandre on fait les planches plus étroites, plus plates, et on en travaille la surface au râteau pour la rendre plus meuble et plus unie. Dans quelques lieux on répand sur ces planches de la menue paille, des branches d'arbres, etc., tant pour garantir la semence de la voracité des quadrupèdes ou des oiseaux qui la recherchent, que pour abriter le germe de l'ardeur du soleil, et le défendre des effets des pluies violentes. On doit faire en sorte que la semence soit toute enterrée, mais très peu, car lorsqu'elle l'est de plus d'un demi-pouce elle ne lève pas.

La graine de lin, lorsqu'elle est semée un peu avant la pluie ou sur une terre humide (et on doit faire en sorte qu'elle le soit) ne tarde pas à lever. Le plant qui en provient est sarclé une ou deux fois, selon le besoin, dans sa première jeunesse; mais lorsqu'il a acquis six pouces de haut on ne peut plus faire cette opération sans inconvénient. A cette époque il est quelque-

fois infesté de cuscute (*angure de lin*) qui en fait périr de
grandes quantités. Le seul remède, c'est d'arracher tout le
plant attaqué dès qu'on peut le distinguer ; car lorsqu'on laisse
cette plante parasite s'étendre, elle est dans le cas de faire
perdre la récolte d'un champ entier.

Quelquefois, sur-tout dans les pays chauds, le lin, au sortir
de terre, est coupé par un insecte que je n'ai pas pu prendre
sur le fait et par-là reconnoître. Olivier de Serres recommande de semer de la cendre sur le sol pour mettre obstacle
à ses ravages, et j'ajouterai que la suie de cheminée produiroit encore mieux cet effet.

Une sécheresse prolongée, peu après que le lin est levé, le
fait souvent complètement périr ; d'autres fois ce n'est que
par place. On appelle cet accident *flambe* dans quelques
endroits.

Lorsqu'on cultive le lin têtard ou le lin moyen dans une
terre médiocre, encore lorsque ce dernier, quoique dans un
bon sol, est semé clair, il n'y a plus rien à faire jusqu'à la
récolte ; mais quand on a du lin froid, qu'on sème toujours
très épais en Flandre, ou du lin moyen semé de même dans
un excellent terrain, il faut encore suppléer à la foiblesse
des tiges (qui s'élèvent beaucoup relativement à leur grosseur) contre les effets des vents ou des grosses pluies, par le
moyen de perches parallèles, perches fixées à dix-huit ou vingt
pouces de terre au moyen de piquets placés autour des planches à un ou deux pieds de distance, plus ou moins selon la
hauteur présumée que devra acquérir le plant. Ces perches,
d'un bois léger, ordinairement de saule, sont attachées aux
piquets, par leurs extrémités, avec du jonc ou de l'osier, et
ne s'enlèvent qu'après la récolte du lin.

S'il y a possibilité d'arroser le lin, par irrigation, pendant
les sécheresses, on devra en profiter, mais non quand il est
en fleur, parceque cela empêcheroit la graine de nouer. Cependant lorsqu'on ne cherche que la finesse de la filasse, il
est souvent avantageux de l'arroser dans cette circonstance, les
tiges profitant de la sève qui devoit servir à la formation et à
la nourriture de la graine.

L'époque de la maturité du lin dépend des climats, des
années, de la nature du sol, du temps des semis, etc. On
ne peut donc jamais l'indiquer d'une manière précise. Ordinairement cette maturité est annoncée par le changement
de couleur de la tige, la chute d'une partie des feuilles, l'ouverture naturelle d'une partie des capsules ; cependant ces
caractères ne sont pas tellement rigoureux qu'ils ne puissent
induire à erreur.

En général, chaque localité offre, à cet égard, un usage

fondé sur l'expérience, de sorte que si on en consultoit plusieurs on seroit embarrassé pour choisir. Voici les principes :

Plus la graine est grosse et pesante, et plus elle vaut pour faire de l'huile et pour être semée. Or elle acquiert de la grosseur et de la pesanteur tant qu'elle reste attachée à son placenta; et elle y reste attachée tant que la capsule n'est pas ouverte. Il faut donc ne récolter le lin principalement semé pour la graine que lorsque la moitié de ses capsules commencent à s'ouvrir.

Il en est de même quand on cultive le lin uniquement pour la filasse. C'est par un préjugé fondé sur une fausse théorie qu'on agit différemment. En effet, la filasse non mûre n'est pas plus fine que celle qui l'est complètement, et elle est plus cassante. C'est un fait prouvé par l'expérience.

Comme on sème souvent, ainsi que je l'ai déjà observé, le lin froid, le lin moyen et le lin têtard ensemble, qu'ils arrivent à maturité à des époques différentes, et qu'ils sont d'inégales hauteurs, il est quelquefois nécessaire de les cueillir séparément, ce qui entraîne un grand emploi de main-d'œuvre et une grande perte de matière. Cette considération seule devroit empêcher ce mélange si nuisible encore sous les rapports de la qualité de la filasse.

Je ne connois aucun lieu où on coupe le lin arrivé au point de maturité convenable ; par-tout on l'arrache, avant cette époque, par poignée, qu'on couche sur le sol, ou qu'on réunit en petites bottes, pour, en les écartant en trois parties, les faire tenir droites sur le même sol. Ces deux dernières opérations ont le même but, c'est-à-dire de compléter la maturité, ou si on veut le dessèchement des tiges et des graines, et de faire tomber les feuilles encore attachées aux premières. Dans quelques endroits, où la culture de cette plante n'a pas une très grande étendue, on préfère l'apporter de suite à la maison pour la faire sécher dans les cours et dans les jardins, même dans des granges, sous des hangars, etc., et pouvoir plus facilement la garantir des coups de vents, des pluies violentes, des voleurs, etc.

Dès que la plante est suffisamment desséchée, on bat sa graine, soit dans le champ même, sur de grands draps étendus sur le sol, soit dans la grange où on l'a apportée dans des voitures garnies de draps. Le plus souvent les instrumens employés à cette opération sont le banc sur lequel la famille s'asseoit à table, et le battoir dont la ménagère se sert pour laver son linge. Une femme prend de la main gauche une poignée de lin du côté des racines, en place les têtes sur le banc, et frappe, de la droite, sur elles avec le battoir. Les capsules se brisent, les graines tombent pêle mêle, avec leurs débris, sur le drap. Elle remet sa poignée à une autre femme qui, la réunissant avec d'autres, égalisant la hauteur des tiges du côté des racines, en forme de petites bottes prêtes à être portées au rouissoir. L'important dans ce travail, outre l'exacte séparation des semences, est de ne pas déranger le parallélisme des tiges, parcequ'il en résulteroit un plus grand déchet lors du sérançage. Cette dernière considération doit toujours être présente à l'esprit de ceux qui touchent au lin depuis le moment où on l'arrache jusqu'à celui où on le broie.

Dans quelques endroits on fait passer l'extrémité des tiges à travers les dents d'un peigne de fer attaché sur un banc ou une table, et les capsules en sont séparées par l'effet de la main, et l'obstacle que ces dents apportent à leur passage. Ce peigne s'appelle *gruge*, et a une, deux ou trois rangées de dents longues de deux pouces. Cette méthode a l'inconvénient de casser souvent l'extrémité des tiges et d'obliger à une seconde opération pour obtenir la graine, beaucoup de capsules restant entières.

On trouve dans le Journal des Arts, n° 94, une machine pour battre le chanvre et le lin. C'est un treuil à quatre branches, à l'extrémité desquelles sont deux fléaux accouplés, qui jouent sur une tablette où on place les objets à battre. Cette machine, qui peut battre en un jour tout le chanvre que donne un acre de terre, a été approuvée par la société d'encouragement de Londres. Elle m'a paru fort simple.

L'opération de l'égrainage, ou la journée finie, on vanne la graine afin de la séparer des débris des capsules, et on la porte au grenier où elle achève de se dessécher. Là il faut la remuer souvent, pendant les premiers jours, et quelquefois pendant les premiers mois, pour l'empêcher de moisir ou de s'échauffer. Il faut aussi la garantir des souris, qui en sont très friandes. Lorsqu'on juge qu'elle est suffisamment sèche, on la met dans des sacs ou dans des tonneaux jusqu'au moment de l'emploi ou de la vente.

Quelques cultivateurs entassent leur lin dans des greniers, à l'instar du blé, et n'en battent la graine que long-temps après la récolte. Cette pratique, quoique favorable à la conservation de la graine, ne peut être tolérée que lorsqu'on y est forcé par des circonstances majeures, attendu qu'il y a toujours, dans ce cas, un grand déchet dans la graine et dans la filasse, soit par le fait des souris, soit par l'emmêlement des tiges, supposé encore que le lin a été rentré très sec, qu'il n'a pas moisi, qu'il ne s'est pas échauffé, deux causes qui peuvent occasionner sa perte en tout ou en partie.

La graine de lin, comme toutes les graines huileuses, ne donne pas autant d'huile, lorsqu'on la presse au moulin peu après sa récolte, que lorsqu'on attend deux ou trois mois pour le faire. Cela tient à ce qu'une partie du mucilage s'évapore sous forme aqueuse, et une autre se transforme en huile. Si cependant on croyoit, par ce motif, utile d'attendre plus long-temps, on pourroit se tromper ; car, d'un côté, une partie de l'huile s'évaporeroit elle-même ; et, de l'autre , quelques grains ranciroient, ce qui altéreroit la qualité du tout.

Pendant long-temps les Hollandais ont eu la fabrication exclusive des huiles de lin de toute l'Europe. Nulle part on ne pouvoit en livrer au commerce au même prix qu'eux. Il a été reconnu que cela tenoit à la perfection de leurs moulins, qui tiroient de la même quantité de graines un tiers plus d'huile que les nôtres. Depuis quelques années on a établi en France un grand nombre de moulins semblables à ceux des Hollandais ; mais il s'en faut beaucoup qu'il y en ait assez, sur-tout dans les départemens du milieu et du midi. *Voyez* aux mots MOULIN A HUILE et HUILE.

La graine de lin est fréquemment employée en médecine, soit en décoction à l'intérieur comme adoucissante et émolliente, soit en cataplasme à l'extérieur sous les mêmes indications.

L'huile de lin a les vertus des autres huiles, soit à l'intérieur, soit à l'extérieur, et, de plus, passe pour faire mourir les vers intestinaux.

Il est bon de porter le lin au rouissoir aussitôt qu'on en a séparé la graine, parceque plus il est desséché et moins le rouissage s'opère rapidement. On trouvera aux mots ROUIR, ROUISSAGE et ROUTOIRS l'exposé des principes sur lesquels repose cette opération, ainsi que l'indication de la pratique qu'il est le plus avantageux de suivre. J'y renvoie le lecteur.

Lorsque le lin est roui et séché, il ne s'agit plus que de séparer la filasse de la chènevotte ; pour cela on se sert de différens instrumens.

Les plus simples sont encore ceux dont on a fait usage pour briser les capsules et faire tomber les graines , je veux dire un banc et un battoir. Un ouvrier donc prend une poignée de lin roui et sèché , la pose sur le banc , la frappe , avec son battoir , sur sa moitié supérieure , la retourne pour la frapper également sur sa moitié inférieure. Ensuite, lorsque la chènevotte est convenablement brisée , il prend sa poignée des deux mains et la passe et repasse avec force sur l'angle du banc, pour faire tomber les fragmens de chènevottes qui adhèrent à la filasse , et enfin la secoue en ne la tenant que d'une main.

Un autre instrument fort simple, et d'un usage fort répandu en France, c'est la *broie*, ou *broye*, ou *mache*, ou *sérançoir*,

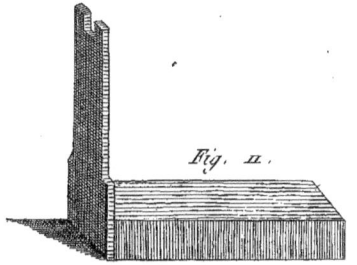

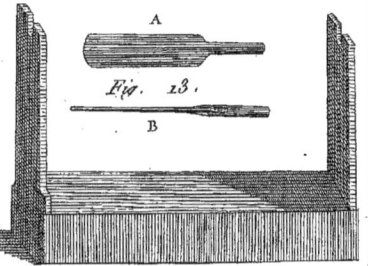

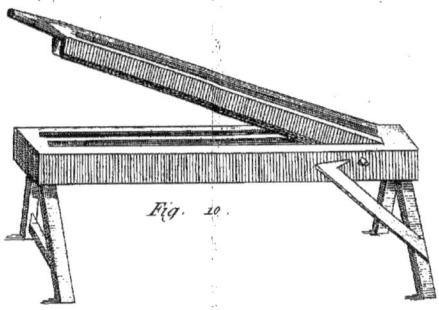

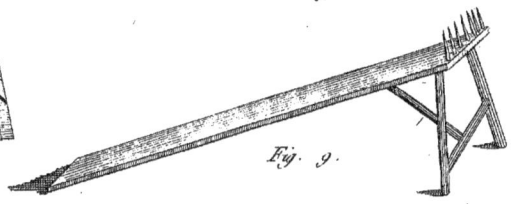

Pl. I. Tom. 8. Page 33.

Fig. 3
Fig. 5
Fig. 1
Fig. 7
Fig. 4
Fig. 11
Fig. 6
A
Fig. 13
B
Fig. 10
Fig. 12
Fig. 9

dont il y a plusieurs modifications. Dans quelques endroits on
fait passer le lin sous la meule d'une sorte de moulin qu'on
appelle RIBE, et qui brise ses tiges avec plus de rapidité et
d'égalité. *Voyez* ce mot.

La planche 2 représente l'atelier des espadeurs, dont le mur
du fond est supposé abattu, pour laisser voir dans le lointain
les premières préparations.

Fig. 1. *Routoir* où l'on a mis le lin. Plusieurs hommes sont
    occupés à le couvrir de planches et à charger ces
    planches de pierres, pour tenir le lin au fond de
    l'eau et l'empêcher de surnager.

Fig. 2. Ouvrier qui passe le lin sur l'égrugeoir, pour détacher
    le grain qui y reste attaché.

Fig. 3. *Le haloir.* C'est une espèce de cabane où l'on fait
    sécher le lin en le posant sur des bâtons au-dessus
    d'un feu de chènevottes. Comme la blancheur du
    lin est un de ses principaux mérites, on doit préférer
    le haloir à l'air libre.

Fig. 4. Une femme qui teille du lin, c'est-à-dire qui, en rom-
    pant le brin, sépare l'écorce du bois.

Fig. 5. Ouvrier qui rompt la chènevotte avec les deux mâ-
    choires de la broie.

Fig. 6. Ouvrier qui espade, c'est-à-dire qui frappe avec l'es-
    padon sur la poignée de lin, qu'il tient dans l'en-
    taille demi-circulaire de la planche verticale du
    chevalet.

Fig. 7. Ouvrier qui, pour faire tomber les chènevottes, secoue
    contre la planche du chevalet la poignée de lin qui
    a été espadée.

Fig. 8. Autre espadeur qui fait la même opération sur l'autre
    planche verticale du chevalet.

Fig. 9. *Bas de la planche.* L'égrugeoir dont se sert l'ouvrier
    de la fig. 2; l'extrémité de cet instrument, qui pose
    à terre, est chargée de pierres pour l'empêcher de
    se renverser.

Fig. 10. La broie toute montée; la mâchoire supérieure est
    retenue dans l'inférieure par une cheville qui tra-
    verse tous les tranchans.

Fig. 11. Chevalet simple.

Fig. 12. Chevalet double.

Fig. 13. Elévation et profil d'un espadon vu de face en A et de
    côté en B.

Le commerce du lin en filasse et de la graine de lin est une
source de richesses pour les parties septentrionales de la France.

Quoique les terres du centre et du midi y soient moins propres
en général, si on l'y cultive peu, c'est uniquement par ignorance des moyens d'en tirer tout le parti possible. J'en ai vu
dans beaucoup de lieux, principalement dans la ci-devant
Bourgogne, qu'on semoit dans des champs qui n'avoient
reçu d'autres préparations que celles usitées pour le blé. Ce
n'est, je le répète, qu'à force de labours, à force d'engrais
et dans des terres fraîches et légères qu'on peut espérer des
récoltes fructueuses. Le lin vient également bien dans les pays
chauds et dans les pays froids lorsqu'on le place dans les circonstances convenables. On l'a de tout temps cultivé avec
succès en Egypte, en Syrie et autres contrées du Levant, et
aujourd'hui on le cultive également avec succès dans le voisinage du cercle polaire.

On est dans l'opinion dans quelques endroits qu'il est bon de
semer deux ou trois années de suite le lin sur le même sol, pour
profiter des bonnes façons qu'on a données à la terre et des engrais dont on l'a surchargée; mais c'est une grave erreur.
Comme toutes les plantes en général, et principalement comme
plante fournissant une graine huileuse, le lin a besoin d'alterner, parcequ'il épuise beaucoup la terre. Cinq à six ans ne sont
pas de trop pour le faire reparoître dans un local qui en a porté.
Le système d'assolement qui lui convient n'est pas encore rigoureusement fixé en France, et par conséquent varie beaucoup dans la pratique parmi les cultivateurs qui en reconnoissent l'utilité comme ceux de Flandre; mais il semble qu'on peut
déduire de quelques observations qu'il fait mieux sur une
prairie artificielle défoncée, et qui vient de donner une récolte d'avoine ou de pommes de terre, que dans toute autre
circonstance. Olivier de Serres est de cet avis, et son témoignage doit être de poids pour tous ceux qui savent l'apprécier.

Voici le système d'assolement qu'Arthur Young propose
pour cette culture en Irlande.

Terres légères, 1° turneps; 2° lin; 3° trèfle; 4° froment; ou,
1° pomme de terre; 2 lin; 3° trèfle; 4° froment.

Terres fortes, 1° fèves; 2° lin; 3 trèfle; 4° froment.

Cette rotation paroît pouvoir être appliquée à toute la partie
septentrionale de la France.

Elle peut être également usitée dans les parties méridionales,
car en Italie, aux environs de Brescia, on pratique de temps
immémorial l'assolement suivant, 1° trèfle; 2 lin; 3° froment;
4° maïs. On arrose toutes les fois qu'on en a la facilité. J'ai
entendu dire à Brescia même que la culture de cette plante
étoit une des richesses du pays.

En Zélande, où les terres sont fortes et où on cultive et beaucoup de lin et beaucoup de garance, ou met ordinairement le

premier à la suite de la dernière, parceque la terre a été bien nettoyée des mauvaises herbes pendant les trois années que la garance est restée en terre, et qu'elle a été bien ameublie par le défoncement à la pioche que nécessite l'arrachis de ses racines. Cet ordre d'assolement est parfaitement bon, mais il ne peut être employé que dans peu de localités, la culture de la garance étant fort circonscrite.

Les cultivateurs flamands laissent assez généralement leurs terres en jachères un an avant d'y semer du lin, et pendant ce temps ils n'y ménagent pas les labours. C'est un reste de l'ancienne routine.

Le lin se récolte d'assez bonne heure, même dans les pays du nord, pour qu'on puisse immédiatement après labourer le champ, et y semer des navets ou autres articles.

La pratique de semer du foin avec le lin est des plus vicieuses, et peut au plus être tolérée lorsqu'on ne veut que de la graine et qu'on le répand en conséquence très clair. On est par ce moyen payé des frais d'ensemencement de ce foin et on tire un revenu d'une terre qui n'en auroit pas donné cette année.

Le LIN VIVACE, OU LIN DE SIBÉRIE, *Linum perenne*, Lin., a les racines vivaces et les tiges deux fois plus élevées que le lin commun auquel il ressemble d'ailleurs complètement. Il est originaire de Sibérie et contrées voisines. On le cultive dans quelques jardins pour l'ornement. Son aspect semble indiquer qu'il doit être de beaucoup préférable au lin commun pour être cultivé sous les rapports de la filasse et de la graine ; cependant je ne sache pas qu'en France, malgré la quantité de graines qui a été distribuée par Thouin, il soit encore sorti des jardins. Selon Miller il ne peut donner que trois récoltes, et sa filasse est plus grossière que celle du lin commun, ce qui explique le peu d'ardeur avec laquelle on s'est livré à sa culture. Je n'en crois pas moins qu'il seroit bon de tenter de nouveaux essais, par exemple, de le mettre en rangées écartées de deux ou trois pieds, et de planter dans l'intervalle des légumes ou autres articles. Cette remarque est fondée sur l'observation de pieds isolés qui ont subsisté plus de trois ans, et qui ont constamment donné plus de tiges que ceux réunis en planches. J'ajouterai que j'en ai vu de très beaux pieds dans des sables argileux d'une très médiocre fertilité. On rapporte qu'il se cultive en Suède et en Allemagne avec avantage dans des terrains de cette nature, et que les procédés qu'on emploie dans ces pays ne diffèrent que très peu de ce qu'on pratique dans le nôtre pour le lin commun.

Le LIN CAMPANULÉ a les racines vivaces, les feuilles spatulées et les fleurs jaunes. Il est originaire des montagnes

arides des parties méridionales de la France. On le cultive
dans quelques jardins, à raison de la grandeur et de la belle
couleur de ses fleurs. Il s'élève rarement à un pied. Sa culture, ainsi que celle de la précédente espèce, ne consiste
qu'en des binages et des sarclages, et à l'enlèvement des
tiges aux approches de l'hiver. On ne les multiplie que de
semences. (B.)

LIN DE LA NOUVELLE ZÉLANDE. Plante de la famille
des liliacées, dont les feuilles, de la forme de celle des iris,
contiennent des fibres d'une grande finesse avec lesquelles on
peut fabriquer des toiles, des cordes, etc. *Voyez* au mot
PHORMION.

LINAIRE, *Linaria.* Genre de plantes que Linnæus a réuni
aux MUFLIERS, mais que Desfontaines croit posséder des caractères suffisans pour être conservé. Il renferme une soixan-
taine d'espèces, dont plusieurs, extrêmement communes dans
les campagnes, doivent être connues des cultivateurs, quoiqu'elles leur soient peu utiles.

La LINAIRE CYMBALAIRE, qui a des tiges nombreuses, rampantes; des feuilles alternes, pétiolées, en cœur et a cinq
lobes; des fleurs solitaires et axillaires, de couleur bleue avec
le palais jaune. Elle est vivace et croît à l'exposition du nord,
sur les vieux murs, les rochers et fleurit toute l'année. Elle
forme quelquefois de si agréables effets, qu'elle fait désirer la
voir placer exprès et avec intelligence dans les jardins paysagers, où elle croît souvent spontanément sans utilité.

La LINAIRE VELVOTTE, *Antirhinum elatine*, Lin., a les tiges
foibles, couchées, rameuses; les feuilles opposées, hastées,
velues, très entières, les supérieures auriculées et alternes; les
fleurs jaunes avec le palais noirâtre, solitaires et axillaires.
Elle est annuelle, et croît dans les champs argileux avec une
telle abondance, qu'elle en couvre quelquefois le sol à la fin
de l'automne. Elle fleurit en août, et passe pour vulnéraire,
détersive et résolutive. On l'ordonne en infusion sous le nom
de *véronique femelle*.

La LINAIRE COUCHÉE a les tiges grêles; les feuilles sessiles,
linéaires, lancéolées, les inférieures verticillées; les fleurs
jaunes avec deux taches violettes sur leur palais, et disposées
en épi court. Elle est annuelle et se trouve dans les champs
sablonneux, sur-tout dans ceux des parties méridionales de
l'Europe. Elle s'élève à quatre à cinq pouces.

La LINAIRE DES CHAMPS a les tiges droites, hautes d'un pied;
les feuilles étroites, linéaires, les inférieures quaternées; les
fleurs jaunâtres avec un éperon blanc, disposées en épi terminal. Elle est annuelle, se trouve fréquemment dans les blés,
et fleurit au milieu de l'été.

La LINAIRE COMMUNE, *Antirrhinum linaria*, Lin., a les tiges droites, simples, hautes d'un pied et demi ; les feuilles alternes, linéaires ; les fleurs jaunes avec le palais plus foncé, et disposées en épis terminaux. Elle est vivace, croît sur le bord des fossés, dans tous les terrains incultes et gras, et fleurit en été. C'est une fort jolie plante qu'on place avec avantage dans les parterres et sur le bord des gazons, dans les jardins paysagers. Son odeur est fétide, et sa saveur légèrement salée et amère. Elle passe pour résolutive et émolliente.

Les bestiaux ne mangent point les linaires, ainsi on ne peut en tirer parti que pour faire de la litière. (B.)

LINAIGRETTE, *Eriophorum*. Plante vivace des lieux marécageux, qui forme dans la triandrie monogynie et dans la famille des cypéroïdes un genre qui se rapproche infiniment des SCIRPES, et qui se fait remarquer, lorsqu'elle est en fruit, par les houppes de soie blanche qui pendent au haut de sa tige. Ses tiges sont cylindriques, hautes d'un pied, et pourvues de deux ou trois feuilles planes ; ses fleurs sont disposées sur trois ou quatre épillets terminaux. Elle fleurit en mars. Ses houppes blanches sont dans tout leur éclat en juillet, et y restent jusqu'en septembre. Je ne la cite ici que parcequ'elle est extrêmement commune dans les lieux qui lui conviennent ; que tous ceux qui la voient sont frappés de son élégance et de l'éclat de ses épis, et qu'on doit la faire entrer dans la composition des jardins paysagers lorsque le local le permet. Les bestiaux en mangent les feuilles sans les rechercher.

Les autres espèces du même genre, au nombre de cinq à six, sont rares et moins remarquables. (B.)

LIONDENT, *Leontodon*. Genre de plantes qui faisoit autrefois partie des PISSENLITS. Il n'en diffère que parceque les écailles du calice ne sont pas réfléchies, et que les aigrettes ne sont pas stipitées. *Voyez* au mot PISSENLIT.

Les trois espèces les plus communes des huit à dix qui composent ce genre sont,

Le LIONDENT HISPIDE, qui a les feuilles toutes radicales, étalées sur la terre, découpées, dentées, ondulées et couvertes de poils fourchus ; la tige nue et ordinairement à une seule fleur. Il est vivace, se trouve abondamment dans les prés, les pâturages argileux, et fleurit au commencement de l'automne.

Le LIONDENT AUTOMNAL a les feuilles lancéolées, rongées, pinnées, presque glabres ; ses tiges portent plusieurs fleurs. Il est vivace, croît abondamment dans les mêmes lieux que le précédent, et fleurit à la même époque.

Le LIONDENT SAXATILE a les feuilles lancéolées, sinuées, chargées de poils simples, et les tiges peu chargées de fleurs.

Il se trouve dans les lieux incultes et pierreux, et fleurit en été.

Je parle de ces trois plantes, parcequ'elles sont si communes dans quelques endroits, qu'elles couvrent le terrain, nuisent beaucoup au pâturage des bestiaux, qui ne les mangent que malgré eux. Elles se distinguent facilement à leurs fleurs jaunes et à peine élevées de cinq à six pouces. Le seul moyen de s'en débarrasser est de labourer le sol et d'y semer des céréales ou autres plantes annuelles, d'y introduire surtout un système d'ASSOLEMENT régulier. (*Voyez* ce mot.) On en voit peu dans les cantons bien cultivés, dans ceux dont la terre est fertile. La suppression si désirée des communaux et autres pâtures vagues en feroit périr bien des milliards de pieds, car c'est là principalement qu'elles foisonnent. (B.)

LIQUIDAMBAR, *Liquidambar.* Genre de plantes de la monœcie polyandrie et de la famille des amentacées, qui renferme deux arbres que l'on peut cultiver en pleine terre dans le climat de Paris, et qui donnent des produits utiles à la médecine.

Le premier, le LIQUIDAMBAR D'AMÉRIQUE, est un très bel arbre qui s'élève à plus de quarante pieds, et croît dans les lieux inondés de presque toute l'Amérique. Ses feuilles sont alternes, pétiolées, luisantes, a cinq lobes écartés et finement dentés ; ses fleurs sont disposées en grappes terminales, les mâles au-dessus des femelles. Il fleurit au printemps avant le développement des feuilles. Toutes ses parties froissées ou brûlées exhalent une odeur agréable. Il découle naturellement des plaies faites à son écorce une résine qui a la même odeur et qu'on appelle *baume de Copalme.*

J'ai observé en Amérique d'immenses quantités de liquidambar, et je puis dire que si c'est un bel arbre d'ornement, c'est un arbre bien peu utile ; car par-tout, quoiqu'il soit l'indice d'une bonne terre, j'ai entendu les propriétaires se plaindre de son abondance. En effet, son bois n'est pas bon à brûler, parcequ'il ne donne pas de flamme, est trop tendre pour être employé à des ouvrages exposés aux injures de l'air, trop cassant pour fournir de la charpente, trop susceptible de retraite pour servir à la menuiserie : aussi le laisse-t-on presque toujours pourrir sur place, seulement quelques nègres en font des baquets ou des planches à leur usage.

Dans l'Amérique méridionale, on ramasse la résine du liquidambar pour l'usage de la médecine ; mais en Caroline, il n'en fournit pas assez pour payer les frais de la récolte : là on se contente de faire bouillir ses jeunes rameaux dans de grandes chaudières pleines d'eau, et de prendre la liqueur huileuse qui surnage par suite de cette opération. Elle possède à un moindre degré les mêmes vertus que le baume.

En Europe on multiplie le liquidambar d'Amérique par ses graines tirées de ce pays, graines qu'on sème dans des terrines remplies de terre de bruyère, et qu'on place, au printemps, sur couche et sous châssis. On arrose largement ces terrines. Le plant ne tarde pas à lever, et au printemps suivant on le repique dans une plate-bande de terre de bruyère, à l'exposition du nord et à la distance de huit à dix pouces. Deux ans après on le transplante encore en l'espaçant à deux pieds. Ces plants demandent des arrosemens fréquens en été, et d'être garantis des fortes gelées par de la fougère ou de la litière. Il faut les mettre en place définitive dans un sol chaud et humide à cinq à six ans au plus tard. C'est sans doute à la difficulté de rencontrer des terrains de cette sorte aux environs de Paris qu'il faut attribuer la rareté des liquidambars, qui s'y trouvent malgré la grande quantité de bonnes graines que Michaux a envoyées à différentes époques.

Je dois prévenir les cultivateurs que les graines de cet arbre sont allongées, très plates et fort brunes, et qu'elles se trouvent entourées dans leur capsule de grains fauves et irréguliers qu'on est tenté de prendre pour elles.

On multiplie aussi cet arbre par marcottes ; elles prennent racine la première année, ou tout au plus tard la seconde, et peuvent être levées et mises en pépinière à deux pieds de distance au printemps suivant.

Le LIQUIDAMBAR D'ORIENT diffère du précédent par ses feuilles plus courtes et plus sinuées, ainsi que par ses fruits plus petits. Il est originaire du Levant. On croit que c'est lui qui fournit le *styrax* ou *storax calamite* des boutiques, un des plus exquis parfums. On le cultive dans quelques jardins, où on le multiplie de marcottes. Les gelées l'affectent moins que le précédent.

Le LIQUIDAMBAR A FEUILLES DE CÉTÉRACH forme aujourd'hui le genre COMPTONIE. *Voyez* ce mot. (B.)

LIS, *Lilium*. Genre de plantes de l'hexandrie monogynie, et de la famille des liliacées, qui se fait remarquer par la beauté des fleurs de presque toutes les espèces qui le composent, et par l'excellente odeur d'une d'entre elles. Comme ces espèces sont très recherchées, leur culture demande à être indiquée avec quelques détails.

Le LIS BLANC ou *lis commun* a une bulbe jaune, écailleuse, de la grosseur du poing ; une tige simple, haute de trois ou quatre pieds ; des feuilles alternes, sessiles, oblongues, lisses ; des fleurs grandes, blanches, et disposées en grappe terminale peu garnie. Il est originaire du Levant, et se cultive en Europe depuis le quinzième siècle. C'est un des plus beaux ornemens de nos jardins, tant par sa taille et par son port que par la grandeur, l'éclatante blancheur et l'odeur suave de ses fleurs. Il brille sur-tout dans les grands parterres, entouré des richesses d'une savante architecture. Il produit des effets imposans dans les jardins paysagers ; mais par-tout il faut le ménager si on ne veut pas affoiblir les jouissances qu'il procure, parceque son aspect est monotone, et qu'il finit par fatiguer. Sous ce rapport seul il cède à la rose, à laquelle on l'oppose si souvent en poésie ; car on peut multiplier cette dernière outre mesure sans que jamais l'œil s'en plaigne.

Il faut au lisblanc une terre légère et en même temps substantielle. Les sols argileux et trop humides, comme ceux qui sont sablonneux et secs, lui sont contraires. Les expositions qui lui conviennent sont celles du levant et du midi. Les gelées ne lui nuisent pas. Il fleurit en été.

On peut multiplier le lis de graines qu'on sème sur couche ou en pleine terre aussitôt après qu'elles sont mûres ; mais on emploie très rarement ce moyen ; on préfère, et avec raison, celui des caïeux qui se forment tous les ans autour de l'oignon, et qu'on enlève pour les planter séparément. En général, il est bon de lever les oignons de lis tous les trois ou quatre ans au plus tard pour les changer de place, car ils épuisent beaucoup la terre, et c'est alors qu'on sépare les caïeux ; souvent dans ce cas on trouve l'oignon principal pourri. Ordinairement les caïeux fleurissent la seconde année après leur transplantation. Quelques personnes ne veulent qu'une seule tige à leurs lis, ce qui rend cette opération encore plus nécessaire ; car les caïeux, quoique non séparés, en poussent souvent à trois ans. C'est à la fin de l'été, lorsque la tige du lis est fanée, qu'il faut faire cette opération. Plus tard on nuiroit à sa végétation, qui recommence en automne et s'accélère dès la fin de l'hiver. On enfonce les oignons ou les caïeux de six pouces en terre, parcequ'ils ont une tendance à remonter.

On connoît trois variétés du lis blanc ; celle dont les fleurs sont doubles ; celle dont les fleurs sont rayées ou panachées de pourpre ; celle à feuilles bordées de jaune. La première s'ouvre rarement d'une manière complète, et est bien moins agréable par conséquent que l'espèce simple. Les autres sont plus recherchées, mais elles sont rares. On les multiplie comme l'espèce simple.

Un insecte, le criocère du lis, et encore plus sa larve, dévorent les feuilles du lis blanc, et, dans certains jardins, certaines années, ils empêchent tous les pieds de fleurir. J'ai indiqué au mot CRIOCÈRE les moyens de le détruire. J'y renvoie le lecteur.

Les lis mis en place ne demandent que les soins ordinaires

à tout jardin, c'est-à-dire un labour d'hiver, deux ou trois sarclages ou binages d'été.

Les fleurs du lis, malgré leur suave odeur, sont dangereuses dans un lieu fermé, parcequ'elles vicient l'air très promptement : on ne doit jamais sur-tout les laisser dans une chambre à coucher pendant la nuit. On en prépare une huile odoriférente qu'on dit anodine ; on en tire une eau distillée, regardée comme cosmétique. Son oignon, qui est mucilagineux à un haut degré, s'emploie fréquemment comme émollient et suppuratif à l'extérieur, et comme diurétique à l'intérieur.

Le LIS BULBIFÈRE, ou *lis rouge*, a la tige droite, légèrement rameuse, haute de trois ou quatre pieds ; les feuilles presque linéaires, et portant souvent de petites bulbes dans leur aisselle ; les fleurs droites, grandes, d'un rouge obscur, et parsemées de points noirs. Il croît dans les parties méridionales de l'Europe, fleurit en juin, et se cultive dans les jardins à raison de la beauté de ses fleurs, qui sont sans odeur. Il aime l'ombre, et se place en conséquence avec plus d'avantage dans les jardins paysagers que le précédent. On le multiplie comme lui, et de plus, au moyen des bulbes que portent ses feuilles ; ces bulbes s'enlèvent lorsque la tige commence à se dessécher, c'est-à-dire à la fin de l'été, et se mettent tout de suite en terre à cinq à six pouces l'une de l'autre. On les laisse deux ans dans le même lieu, après quoi on les transplante autre part à une plus grande distance. Ce n'est guère qu'à la quatrième ou cinquième année qu'ils commencent à donner des fleurs. Ils ne poussent pas pendant l'hiver.

Cette espèce fournit deux variétés, qui sont peut-être deux espèces. La première est le *lis oranger*, qui est plus grand et ne porte pas de bulbes ; l'autre n'a qu'une fleur au sommet de la tige.

Le LIS DE PHILADELPHIE a les bulbes écailleuses, blanches et très petites ; sa tige est haute d'un à deux pieds ; ses feuilles sont lancéolées et verticillées ; ses fleurs sont droites, onguiculées, d'un rouge vif, tachées dans le fond, et au nombre de deux seulement. Il est originaire de l'Amérique septentrionale. On le cultive dans nos jardins, mais il y est rare parceque sa multiplication n'est pas facile, et que d'ailleurs il n'y produit pas un grand effet. Il fleurit au milieu de l'été.

Le LIS DU KAMTCHATKA a la tige haute d'un pied ; les feuilles lancéolées, striées, verticillées ; la fleur rouge, terminale, sans onglets et striée. On le trouve dans le nord-est de l'Asie. Sa bulbe, sous le nom de *serenna*, sert de nourriture aux habitans du Kamtchatka. Elle a un petit goût aigre fort agréable et est fort nourrissante. On la mange grillée sous la cendre, ou cuite avec des viandes et des poissons. C'est une ressource précieuse pour les malheureux habitans de ces contrées, où on ne peut établir de culture à cause de la longueur des hivers et du peu de chaleur des étés ; mais il ne faudroit pas penser à le multiplier en Europe dans le même but : car à peine peut-on renouveler les pieds qui y ont été apportés il y a une vingtaine d'années, ses bulbes fournissant fort rarement des caïeux.

Le LIS SUPERBE, ou le *grand martagon jaune*, a une tige de quatre à cinq pieds ; des feuilles lancéolées, presque linéaires, verticillées dans le bas, et alternes dans le haut ; des fleurs grandes, pendantes, disposées en panicule terminale, jaunâtres, et ponctuées de noir dans le fond, d'un rouge orangé à leurs pointes, qui sont recourbées en dehors. Il croît dans l'Amérique septentrionale, et fleurit au milieu de l'été. C'est une magnifique espèce, mais ses fleurs ont une odeur désagréable. Ses panicules en portent quelquefois jusqu'à cinquante, qui s'épanouissent successivement et durent assez long-temps.

Le LIS DU CANADA, vulgairement *martagon du Canada*, a les bulbes allongées ; les tiges hautes de trois ou quatre pieds ; les feuilles oblongues et verticillées ; les fleurs disposées en panicule terminale, grandes, jaunes, tachées de noir et recourbées en dehors à leurs pointes. Il est originaire du même pays que le précédent, et, quoique moins beau, est extrêmement propre à orner les jardins.

Le LIS DE POMPONE, ou le *turban*. Il s'élève d'un à deux pieds. Ses feuilles sont linéaires, éparses et très nombreuses dans le bas ; ses fleurs sont pendantes, disposées en panicule terminale, de couleur rouge très vive ; leurs divisions sont recourbées en dehors. Il est originaire des parties méridionales de l'Europe, et fleurit au milieu de l'été. Il offre une variété (qui fait probablement espèce) dont les fleurs sont jaunâtres, tachées de pourpre dans l'intérieur.

Le LIS DE CALCÉDOINE, ou *martagon écarlate*, se rapproche beaucoup du précédent. Sa tige est haute de deux ou trois pieds ; ses feuilles sont lancéolées, éparses, bordées de blanc ; ses fleurs disposées en panicule terminale, d'un rouge très éclatant. Leurs divisions sont recourbées en dehors. Il est originaire du Levant.

Le LIS MARTAGON, ou *martagon commun*, a les tige de deux ou trois pieds de haut ; les feuilles ovales, lancéolées, verticillées ; les fleurs paniculées, pendantes, d'un rouge safrané, avec des points noirs. Leurs divisions sont recourbées en dehors. Il se trouve sur les hautes montagnes de l'intérieur de la France, et fleurit au milieu de l'été.

Ces cinq dernières espèces sont d'une élégance et d'un éclat qui les rend l'ornement des jardins : elles font sur-tout prodi-

gieusement d'effet dans les jardins paysagers, lorsqu'elles y sont
placées avec intelligence. Une terre très légère (celle de bruyère
principalement) leur est indispensable. Il leur faut de l'ombre
et de la fraîcheur en été. Celle du pays est une des plus re-
belles à la culture. Leurs racines peuvent être conservées deux
mois hors de terre sans inconvénient, mais jamais on ne doit
les relever lorsqu'elles commencent à pousser; car, dans ce
cas, on les fait certainement périr. Quelques unes d'elles, et
principalement la première, outre les moyens indiqués pour
le lis blanc, peuvent se multiplier par la séparation des écailles de leurs bulbes, écailles que l'on met en terre dans les
plates-bandes de terre de bruyère à l'ombre, et qu'on arrose
légèrement de temps en temps. Plusieurs de ces écailles pourrissent, mais le plus grand nombre prend racine et forme de
nouveaux bulbes. (B.)

LIS ASPHODÈLE. *Voyez* ASPHODÈLE.

LIS D'ÉTANG. *Voyez* NÉNUPHAR BLANC.

LIS JAUNE. *Voyez* HÉMÉROCALLE.

LIS ORANGER. *Voyez* HÉMÉROCALLE.

LIS DE SAINT BRUNO. C'est la PHALANGÈRE.

LIS DE SAINT-JACQUES. C'est L'AMARILLIS A FLEURS EN CROIX.

LIS DES VALLÉES. C'est le MUGUET.

LISERON, *Convolvulus*. Genre de plantes de la pentandrie
monogynie et de la famille des convolvulacées, qui renferme
plus de cent espèces, dont quelques unes ont des fleurs très
agréables, d'autres des racines très utiles comme article de
nourriture, ou comme médicament, et qui par conséquent
doit être considéré ici avec quelques détails.

Tous les liserons ont les feuilles alternes et les fleurs axillaires; mais les uns ont la tige droite, les autres la tige grimpante; et parmi les uns et les autres il en est de frutescens et
d'herbacés. Les espèces les plus importantes à connoître pour
les cultivateurs sont,

Le LISERON DES HAIES, tiges grimpantes; feuilles sagittées,
à lobes postérieurs tronqués; fleurs solitaires, grandes, blanches, portées sur des pédoncules axillaires et quadrangulaires.
Il est annuel, s'élève à dix ou douze pieds, fleurit pendant tout
l'été, et croît abondamment dans les bois, les haies, les buissons, aux lieux gras et frais. C'est une très belle plante dont
on ne doit pas manquer de placer quelques pieds dans les
jardins paysagers. Les chevaux l'aiment beaucoup: mais les
vaches n'y touchent point. Ses feuilles sont purgatives, vulnéraires et détersives.

Le LISERON DES CHAMPS, tiges grimpantes ou rampantes;
feuilles sagittées, à lobes pointus; fleurs médiocres, ou roses,

ou blanches, ou panachées, solitaires sur des pédoncules axillaires et cylindriques. Il est vivace, et croît dans les champs, les jardins, le long des chemins, même dans les sables arides. C'est une plante des plus agréables par le nombre et la couleur de ses fleurs. C'est dommage qu'elles ne durent que quelques heures épanouies, encore seulement quand le soleil brille. Tous les bestiaux la mangent; les bœufs et les chevaux surtout l'aiment beaucoup. C'est un très bon vulnéraire.

Mais si le liseron des champs embellit les lieux où il se trouve, et s'il est utile sous quelques rapports, il nuit beaucoup aux cultivateurs dans les lieux où il est abondant, en s'entortillant autour des blés et autres plantes cultivées, et en étouffant les semis tardifs. Il fait le désespoir des jardiniers qui ne savent comment le détruire dans leurs plates-bandes et leurs allées. Ses racines sont si profondément enterrées, qu'on ne peut en trouver le bout, et elles sont si vivaces, que chaque morceau qu'on en coupe en labourant suffit pour donner naissance à un nouveau pied. On a proposé de le faire périr en épuisant ses racines par le retranchement des tiges; cependant l'aspect de certains jardins, dans les allées desquels on ne souffre pas que ces dernières se montrent, et où cependant il est très multiplié, prouve que ce remède est insuffisant. Je n'en connois point dans ce cas; mais il est facile de s'en débarrasser, dans la grande culture, par la substitution d'un système d'assolement régulier. *Voyez* ASSOLEMENT. Les prairies artificielles, sur-tout la luzerne qui pousse bien avant le liseron, l'étouffent.

Le LISERON TRICOLOR, tiges couchées, velues, d'un à deux pieds de haut; feuilles sessiles, lancéolées, glabres; fleurs grandes, d'un beau bleu sur le bord, blanches au milieu et jaunes au centre, solitaires dans les aisselles des feuilles supérieures. Il est annuel et propre aux parties méridionales de l'Europe. On le cultive fréquemment dans les parterres, sous le nom de BELLE DE JOUR, et il le mérite par l'éclat de ses fleurs, quoique, comme celles des précédens, elles aient le grave inconvénient de ne durer que quelques heures, et de ne pas s'épanouir lorsque le ciel est couvert de nuages. On le multiplie de graines qu'on sème sur place, les unes en automne, pour avoir des fleurs hâtives, et les autres au printemps, pour en avoir de tardives. Il aime un terrain gras et une exposition chaude, mais du reste s'accommode de ce qu'on lui donne. On en fait des touffes ou des bordures qui subsistent au moins deux mois dans leur beauté.

Le LISERON SOLDANELLE, tiges rampantes; feuilles réniformes, glabres, un peu épaisses; fleurs grandes, pourpres, axillaires et solitaires. Il est vivace, et croît dans les sables des bords de la mer. On le connoît sur nos côtes sous le nom de *chou marin.* Lorsqu'on le blesse, il laisse fluer un suc laiteux, âcre et amer. Ses feuilles sont un purgatif très violent qu'on emploie dans les cas extrêmes. C'est une assez belle plante, mais qui ne subsiste pas long-temps dans nos jardins.

Le LISERON ARGENTÉ, *Convolvulus cneorum*, Lin., tige frutescente, droite, très rameuse, haute de deux pieds; feuilles presque linéaires, soyeuses, blanches; fleurs blanches, disposées en corymbe terminal. Il croît naturellement sur les rochers les plus arides de l'Espagne, où je l'ai observé, est toujours vert, et fleurit pendant une partie de l'été. Les gelées du climat de Paris permettent difficilement de l'y cultiver en pleine terre; cependant, dans une bonne exposition, il y peut passer les hivers qui ne sont pas trop rigoureux. C'est dommage, car ses feuilles font un très bel effet, et contrastent avantageusement avec celles de la plupart des autres arbustes.

Le LISERON BLEU, *Convolvulus nil*, tige voluble, très longue; feuilles cordiformes, trilobées; fleurs grandes, bleues ou violettes, solitaires et axillaires. Il est annuel et originaire d'Amérique. On le cultive dans beaucoup de jardins pour la beauté de ses fleurs. Il demande une terre fertile et une exposition chaude. Les effets qu'il produit sur les buissons des jardins paysagers, lorsqu'on sait l'y placer à propos, sont très agréables. Il orne également les tonnelles et les berceaux sur lesquels on le fait monter. Il fleurit depuis le milieu de l'été jusqu'aux gelées. On le multiplie en semant au printemps ses graines en place, lorsqu'il n'y a plus de gelées à craindre, ou mieux, en les semant dans des pots sur couche et sous châssis, pour mettre la potée entière en place. Je dis la potée entière, parceque, lorsqu'on met ses racines au jour, il reprend difficilement, et ne pousse jamais avec vigueur.

Le LISERON PATATE, tige voluble, traînante; feuilles cordiformes, hastées; fleurs petites, bleuâtres, géminées ou ternées, sur des pétioles axillaires; racine tubéreuse. La culture de cette précieuse plante, dont la racine sert de nourriture à tous les peuples situés entre les tropiques pendant la moitié de l'année, sera convenablement traitée au mot PATATE.

Le LISERON SCAMONÉE. Racine épaisse, laiteuse, tige voluble, un peu velue; feuilles hastées; fleurs grandes, d'un bleu foncé, et géminées dans les aisselles des feuilles. Il est vivace, et croît dans le Levant. C'est de sa racine qu'on tire, par incision, la résine purgative qu'on appelle *scamonée d'Alep* ou *véritable scamonée des boutiques.* Il passe l'hiver en pleine terre dans le climat de Paris, et a assez de beauté pour y être cultivé; cependant on ne le voit pas dans nos jardins. Un ami de l'agriculture doit faire des vœux pour qu'on le transporte dans ceux des parties méridionales de la France où il pourroit donner sa résine au commerce, et par conséquent empêcher la sortie de l'argent qu'on envoie en Turquie pour l'acheter.

Le LISERON TURBITH, racines grosses, laiteuses; tiges volubles, à quatre ailes; feuilles en cœur, anguleuses, dentées; fleurs grandes, blanches ou incarnates, et réunies en bouquets sur des pédoncules axillaires. Il est vivace, et croît dans l'île de Ceylan. C'est sa racine desséchée qu'on emploie en médecine comme purgatif drastique, sous le nom de *turbith* ou *turpetum*. Il demanderoit la serre chaude dans le climat de Paris.

Le LISERON JALAP, racine très grosse et laiteuse; tige voluble; feuilles en cœur, obtuses, ridées, velues; fleurs d'un blanc jaunâtre, grandes, solitaires dans les aisselles des feuilles. Il croît naturellement dans le Mexique et contrées voisines. J'en ai cultivé des pieds en Caroline, dont les racines avoient quinze à dix-huit pouces de diamètre. Les pieds qui se voient dans les serres du Muséum d'histoire naturelle proviennent de graines que j'ai rapportées d'Amérique. Ses racines desséchées sont le véritable jalap des boutiques avec lequel on purge si fréquemment dans les maladies qui exigent qu'on donne de fortes secousses au corps. Je ne doute pas qu'on ne puisse cultiver avec profit cette plante dans les parties méridionales de la France.

Le LISERON A BOUQUET croît à Saint-Domingue. C'est un arbuste dont le bois est odorant, et se vend dans le commerce sous le nom de *bois de Rhodes*.

Quelques botanistes ont réuni les QUAMOCLITS aux liserons. *Voyez* ce mot. (B.)

LISETTE. On donne ce nom aux larves des ATTELABES, des GRIBOURIS et autres insectes qui dévorent les bourgeons des arbres fruitiers. *Voyez* ces deux mots. (B.)

LISETTE. Ce sont les ATTELABES VERT et CRAMOISI.

LISIÈRE. C'est le bord des bois et des champs. Les arbres de lisières sont ceux qui croissent au bord d'un bois. Ils fournissent le meilleur bois et des graines en abondance.

LISIMACHIE, *Lysimachia*. Genre de plantes de la pentandrie monogynie, et de la famille des primulacées, qui renferme une quinzaine de plantes, dont deux ou trois sont très communes et d'usage en médecine, ou dans le cas d'être cultivées dans les jardins pour l'ornement.

Ces espèces sont,

La LISIMACHIE VULGAIRE, dont les tiges sont droites; les feuilles opposées ou ternées, presque sessiles, velues; les fleurs jaunes, de six à huit lignes de diamètre, et disposées en corymbe terminal. Elle est vivace, croît dans les bois humides, les marais, sur le bord des ruisseaux, s'élève à deux ou trois pieds, et fleurit au milieu de l'été. C'est une très belle plante, qu'on ne doit pas négliger de placer dans les jardins paysagers, lorsque la nature de leur terrain le comporte. Elle jouit de l'avantage de venir fort bien à l'ombre, et de tracer au point qu'un seul pied suffit pour peupler un grand espace. On la regarde comme astringente et vulnéraire. Sa réputation étoit plus grande autrefois qu'aujourd'hui. Ses noms vulgaires sont *chasse-bosse* et *perce-bosse*. Les bestiaux la mangent rarement, et il est des lieux où elle est excessivement abondante. Il ne faut pas la souffrir dans les prairies, auxquelles elle nuit beaucoup. On peut en faire de la litière ou en chauffer le four.

La LISIMACHIE A FEUILLES DE SAULE, *Lysimachia ephemerum*, Lin., a les tiges droites; les feuilles sessiles, opposées, lancéolées, glabres et glauques; les fleurs blanches, disposées en grappes ramassées au sommet des tiges. Elle est vivace, originaire d'Espagne, s'élève à un ou deux pieds, et fleurit en été. On la cultive fréquemment dans les jardins, où elle se fait remarquer par son élégance et l'abondance de ses fleurs. Elle aime une terre chaude, légère et cependant substantielle. On la multiplie de graines qu'on sème au printemps dans une plate-bande bien préparée, et qu'on repique en place l'année suivante. On la multiplie aussi par le déchirement des vieux pieds. Ses racines tracent un peu moins que celles de la précédente, mais n'en déplaisent pas moins quelquefois dans les parterres bien peignés aux jardiniers paresseux.

Elle produit de très bons effets dans les jardins paysagers, où on peut l'abandonner à elle-même sans inconvénient.

La LISIMACHIE NOMMULAIRE a la tige rampante; les feuilles opposées, légèrement pétiolées, rondes et glabres; les fleurs jaunes, solitaires et axillaires. Elle est vivace, croît dans les bois humides, les prés marécageux, le long des haies, fleurit pendant tout l'été et est excessivement commune. On la connoît vulgairement sous les noms de *monoyère* ou *herbe aux écus*, et on l'emploie en médecine comme astringente, détersive et vulnéraire. Les bestiaux la mangent tous. Quoique rampante elle se fait remarquer par ses fleurs, et on doit d'autant plus l'introduire dans les jardins paysagers qui sont plus susceptibles de la recevoir, qu'elle vient parfaitement à l'ombre, et peut couvrir par conséquent le sol des massifs, souvent si désagréable à la vue par sa nudité. (B.)

LIT. En agriculture ce mot signifie une épaisseur quelconque. On dit un lit de fumier, un lit d'argile, etc.

LITCHI, *Euphoria*. Arbre de la famille des SAVONNIERS, qui croît en abondance à la Chine et à la Cochinchine, et qu'on y cultive, ainsi que dans toute l'Inde, pour l'excellence de son fruit, qui passe pour un des meilleurs de ces contrées.

Il y a deux principales espèces de litchi ; savoir, le LITCHI PONCEAU et le LITCHI LONGANIER. Le premier s'élève à quinze ou dix-huit pieds ; le second parvient à une plus grande hauteur. Dans l'une et l'autre espèce les feuilles sont alternes, ailées sans impaire, et les fleurs petites et disposées en panicules lâches aux aisselles des feuilles et à l'extrémité des rameaux. Chaque fleur a un calice monophylle découpé en cinq parties, une corolle à cinq pétales, huit étamines et un seul pistil. Le fruit est une baie sphérique ne contenant qu'une semence.

Le litchi ponceau a été ainsi nommé parceque ses fruits ont cette couleur ; ils sont gros comme une pomme, et contiennent une pulpe dont le goût peut être comparé à celui du meilleur raisin muscat. On les sèche au four pour les conserver et les exporter.

Dans le litchi longanier les fruits sont plus petits et moins délicats que ceux du précédent ; ce sont des baies rondes et jaunâtres qui ont un goût vineux. Leur semence ou noyau présente une tache d'un beau noir, ce qui a fait donner à cette espèce le nom vulgaire d'*œil de dragon*.

M. Labillardière a fait connoître une troisième espèce de litchi, qu'il nomme *ramboutan aké*, qu'on cultive dans les îles Moluques, et dont le fruit est aussi agréable que celui du litchi ponceau ; son amande a un goût de noisette, et donne par expression une huile qui égale en bonté l'huile d'olive.

L'illustre Poivre a enrichi l'île de France du litchi ponceau, qui de là a été transporté à la Jamaïque, et à Cayenne, où M. Martin le cultive depuis quelques années avec succès. On le multiplie de graines ou de marcottes : comme sa croissance est rapide, la voie des marcottes est préférable, parcequ'on peut le transplanter au bout de trois à quatre mois, et que les arbres qui en sont provenus fructifient à l'âge de trois ou quatre ans, tandis qu'il en faut huit et neuf aux litchis venus de graines pour produire du fruit. (D.)

LITHARGE. Oxide de plomb contenant plus d'oxygène que le blanc de plomb et moins que le minium.

On emploie souvent la litharge dans la médecine vétérinaire pour composer les onguens et les emplâtres, dans les arts, comme facilitant la dessiccation de la peinture à l'huile. C'est un poison très dangereux à l'intérieur, aussi la loi punit-elle de mort ceux qui en mettent dans les vins et les cidres pour les rendre plus agréables au goût. *V.* au mot PLOMB. (B.)

LITIÈRE. Paille qu'on étend dans les écuries sous les les animaux domestiques, pour qu'ils puissent se coucher plus mollement, plus proprement, et pour qu'après avoir reçu leurs excrémens, leurs urines, et même la matière de leur transpiration, on puisse en composer les FUMIERS. *Voyez* ce mot.

Non seulement on emploie la paille pour litière, mais des rameaux d'arbres, des feuilles sèches, des grandes plantes impropres à la nourriture des bestiaux, des fourrages altérés, des herbes de marais, etc. On pourroit aussi la faire avec de la terre, du sable, etc.

Il semble que la formation de la litière est une chose facile et que les principes de cette formation devroient être généralement connus; cependant rarement on la sait bien disposer dans les campagnes et on varie dans chaque localité sur la manière de la faire.

Presque par-tout on ne réserve que la quantité de paille justement nécessaire à la nourriture des animaux et à la formation de la litière, sans considérer que la vente du surplus de cette paille, loin d'être un gain, est une véritable perte, puisque la masse des récoltes est toujours proportionnelle, année commune, à celle des engrais. C'est donc plutôt avec excès qu'avec économie qu'on doit faire la litière dans une exploitation rurale bien conduite.

Cette abondance de la litière est encore commandée par le bien-être des animaux, qui sont plus mollement et plus sèchement couchés sur une couche épaisse de paille que sur une couche mince, et par l'immense utilité des fumiers dont on ne peut jamais avoir assez.

Comme ce sont les excrémens des animaux qui font la bonté des fumiers, on doit disposer la litière de manière à ce qu'il s'en perde le moins possible; ainsi on en mettra davantage sous leurs pieds de derrière que sous leurs pieds de devant, et on n'en mettra point du tout sous le râtelier et dans les passages. Cette disposition est de plus commandée par la manière de se coucher des animaux, qui, dans ce cas, s'appuient beaucoup plus sur leurs parties postérieures.

Cette observation ne s'applique pas cependant aux moutons et aux cochons, puisqu'ils restent libres dans les bergeries ou sous les toits, et qu'ils se couchent où ils veulent. Pour eux il faut couvrir entièrement le sol de litière.

Pour *faire de la litière neuve* (c'est le mot), on disperse d'abord la paille également dans toute la partie qui en doit être couverte, au moyen d'une fourche qui la prend dans le tas qu'on a apporté; ensuite on fortifie le bord extérieur par une seconde dispersion. Il ne doit pas y en avoir moins de six pouces d'épaisseur dans ce bord, qu'on relève, pour la propreté, au moyen du manche de la fourche. C'est dans les écuries des chevaux de luxe de Paris qu'il faut entrer pour apprendre à bien faire la litière. Sans doute on ne peut pas exiger la même perfection dans les écuries et les étables de campagne , mais on peut, sans un plus grand emploi de temps, en approcher suffisamment. C'est cette approximation vers laquelle je voudrois que les cultivateurs tendissent davantage.

Il est des lieux où on enlève tous les jours la partie de la litière qui est salie par les excrémens et mouillée par les urines des animaux. Cette pratique est très louable pour la santé des animaux , mais elle a quelques inconvéniens pour la bonté des fumiers. Il en est d'autres où au contraire on la laisse , sans en mettre de nouvelle , jusqu'à ce qu'elle soit presque complètement pourrie. Enfin il en est d'autres où on en remet tous les jours , tous les deux ou trois jours , toutes les semaines , et où on ne l'ôte que tous les mois , tous les six mois , même tous les ans.

Aux articles Fumier, Etable, Ecurie, Bergerie, Cheval, Bœuf, Vache, Mouton, Brebis, Cochon, Poule, Pigeon, etc., il a été prouvé par des raisonnemens et par des faits que ces deux derniers modes de conduite étoient aussi nuisibles à la propreté qu'à la santé des animaux, et que, loin de faire gagner quelque chose sous les rapports de l'engrais, ils occasionnoient la perte de beaucoup plus de matières excrémentielles. Je ne répéterai pas ce qui se trouve dans ces articles, mais je conjurerai de nouveau les cultivateurs de faire attention aux principes qui y sont établis et d'en adopter les résultats dans leur pratique. C'est leur intérêt, rien que leur intérêt que j'ai en vue.

Cependant, diront certaines personnes attachées aux usages, c'est ainsi qu'a toujours fait mon père, c'est ainsi que je fais depuis trente ans, et mes chevaux, mes vaches, mes brebis ne sont pas toutes mortes. Non , elles ne sont pas toutes mortes; mais n'en est-il pas plus mort que si vous aviez pris les précautions requises, mais sont-elles aussi fortes qu'elles l'eussent été, mais leurs petits ont-ils été aussi bien constitués , mais leur lait n'a-t-il jamais été altéré? Parcequ'un homme qui est tombé dans une rivière ne s'est pas noyé , faut-il ne pas craindre d'y tomber?

En m'élevant contre l'habitude de laisser la litière s'accumuler et se pourrir sous les animaux, je n'exigerai pas qu'on l'enlève dans les campagnes aussi souvent qu'on le fait dans les villes, mais je voudrois que tous les deux ou trois jours on en remît de la nouvelle sur l'ancienne , et que tous les huit, dix, douze ou quinze jours au plus tard, on enlevât la totalité.

On se dispute quelquefois pour savoir quelle est la paille qui est la meilleure pour faire de la litière. Les uns tiennent pour celle de froment, les autres pour celle d'avoine ou de seigle. On convient assez généralement que celle d'orge est la plus mauvaise. On doit employer celle qu'on a sous la main. Si on recourt aux principes on trouvera que, soit pour la commodité des animaux, soit pour la bonté du fumier, la litière la plus convenable est celle faite avec du foin de bas prés, 1° parcequ'elle est d'un coucher plus doux, parcequ'elle fournit, d'après les analyses de Th. de Saussure, une plus grande abondance de carbone, puisqu'elle a été coupée avant la maturité des graines des plantes qui la composent.

J'ai toujours été étonné que les cultivateurs fissent aussi peu souvent usage pour litière des mousses qui sont si abondantes dans certains lieux et qui remplissent si complètement toutes les données désirables. Il est possible que ce soit la dépense de leur récolte qui les arrête ; mais cette raison ne me paroît pas suffisamment valable. J'engage ceux qui liront cet article et qui se trouveront dans le voisinage des grands bois ou des marais d'en faire l'essai. (B.)

LITRON. Ancienne mesure de capacité. *Voyez* au mot MESURE.

LIVRE. Ancienne mesure de pesanteur. *Voyez* MESURE.

LIVRELAS. C'est la même chose que la poignée. *Voyez* MESURE.

LOAM. Mot anglais, qui n'a pas d'équivalent dans notre langue, mais qui indique une terre qui tient le milieu entre les sablonneuses et les argileuses. Les loams sont très estimés, parcequ'ils sont propres à toutes sortes de cultures et généralement fertiles ou susceptibles d'être fertilisés. (B.)

LOBE. On donne ce nom en botanique aux divisions des graines, des fleurs et des feuilles. *Voyez* PLANTE.

LOBELIE, *Lobelia*. Genre de plantes de la pentandrie monogynie et de la famille des campanulacées, qui réunit une cinquantaine d'espèces la plupart étrangères à l'Europe, mais dont on cultive deux en pleine terre, dans le climat de Paris, à raison de la beauté de leurs fleurs.

La LOBÉLIE SYPHILLITIQUE a une tige droite, simple ; des feuilles alternes, sessiles, lancéolées, légèrement dentées ; des fleurs bleues disposées en un long épi terminal. Elle est vivace et croît dans les bois humides de l'Amérique septentrionale, où j'en ai vu de grandes quantités. Sa hauteur est souvent de deux pieds. On l'emploie, dans le pays, à la guérison des maladies vénériennes. Comme elle produit un bel effet lorsqu'elle est en fleur, on la cultive dans les jardins sous le nom de *cardinale bleue*.

La LOBÉLIE CARDINALE a la tige droite ; les feuilles alternes, ovales, pointues, dentées, velues ; les fleurs d'un rouge vif et disposées en un long épi terminal. Elle croît dans les mêmes endroits que la précédente, qu'elle surpasse en hauteur et en éclat. Aussi la cultive-t-on de préférence.

Ces deux plantes ne craignent point les hivers ordinaires du climat de Paris; mais cependant elles sont sensibles aux gelées humides du printemps. Elles demandent un sol léger et chaud, de l'ombre et de fréquens arrosemens en été. On les multiplie de graines qu'on sème dans des terrines sur couche et sous châssis, et par le déchirement des vieux pieds. On peut aussi en faire des boutures. En général elles ne sont pas aussi communes qu'elles mériteroient de l'être, probablement parcequ'elles se conservent difficilement. (B.)

LOCHE. Poisson. *Voyez* Cobite.

LOGEMENT. *Voyez* Constructions rurales.

LOIR, *Myoxus glis.* Quadrupède fort semblable à un écureuil, mais dont le dos est gris et le ventre blanc. Il se trouve dans les forêts, où il vit de glands, de noisettes et autres fruits. Rarement il vient dans les vergers, à moins qu'ils ne soient très voisins de sa retraite. Il est généralement peu commun en France. Les dommages qu'il cause aux cultivateurs sont presque nuls. C'est le lerot qui, sous son nom, est, presque partout, le fléau des amateurs de fruits, sur-tout des pêches et des abricots; c'est donc à lui que les jardiniers doivent faire la guerre. *Voyez* au mot Lerot. (B).

LOMBRIC, *Lombricus.* Animal très connu des cultivateurs, sous les noms *de ver de terre*, d'*achée*, qu'on trouve en grande abondance dans la terre, presque par tout l'univers.

Cet animal est rougeâtre, demi-transparent, et toujours enduit d'une humeur visqueuse. Sa plus grande longueur ne surpasse pas un demi-pied, et son plus grand diamètre trois lignes. Sa bouche est composée de deux lèvres, dont la supérieure est pointue et propre à faire l'office de tarière. L'anus est à son extrémité postérieure, et les organes de sa génération su le côté d'un anneau plus gros que les autres, qu'on remarque au tiers de la longueur de ceux qui sont adultes. Il est hermaphrodite, c'est-à-dire qu'il agit en même temps comme mâle et comme femelle. Son accouplement se fait toujours hors de terre, pendant la nuit, au printemps, et son résultat est une grande quantité d'œufs qui sortent par l'anus.

Pendant l'hiver les lombrics s'enfoncent dans la terre; mais dès que le printemps ramène la chaleur ils remontent à la surface, la sillonnent dans tous les sens, s'élèvent au-dessus pendant la nuit pour s'accoupler, et nuisent alors, comme on l'a vu au mot Achée, aux jardiniers et aux pépiniéristes, en même temps qu'ils se rendent très utiles à la végétation en général, en favorisant la germination des graines abandonnées à la nature.

C'est dans les sols humides que se trouvent le plus communément les vers de terre, parceque c'est là où ils peuvent percer le plus facilement la terre, et en avaler de petites portions pour s'en nourrir en absorbant l'humus qui s'y trouve. Ainsi leurs excrémens, qu'on voit si souvent à la surface de la terre, doivent être infertiles. Cependant il est à croire que l'effet que produisent ces animaux, quelque nombreux qu'ils soient dans un terrain, ne nuit point sensiblement à ses productions; qu'au contraire il les rend plus perméables à l'eau et à l'air, qui, comme on sait, sont les deux principaux agens de la végétation.

Il n'est point d'agriculteur qui ne sache que les vers de terre ont la vie très dure. La bêche les coupe souvent en plusieurs morceaux sans qu'ils semblent en souffrir. On croit généralement que chaque morceau devient un ver parfait, qui prend une bouche, un anus, des organes de la génération ; mais il paroît constaté par des observations positives, dont quelques unes me sont propres, qu'il n'y a que la portion où est la tête et les organes de la génération qui survive, s'allonge et prenne un anus.

Les vers de terre servent de nourriture aux taupes, aux hérissous et autres petits quadrupèdes, à un grand nombre d'oiseaux, à un grand nombre de poissons, d'insectes, et même, dans certaines contrées de l'Asie, aux hommes. On en fait partout un grand usage pour la pêche à la ligne des petits poissons; et dans quelques endroits on la donne à la jeune volaille, sur-tout aux canards, qu'ils fortifient rapidement. Pour les ramasser on les laboure à la bêche ou à la charrue, ou on fouille dans les jardins humides, sur-tout dans les cours des fermes autour des fumiers. Lorsque ces moyens n'en fournissent pas suffisamment on enfonce un gros pieu dans différentes places, et lorsqu'il est arrivé à un pied de profondeur on le tourne, on le fait agir de côté et d'autre en le tirant à soi. Les vers, pour échapper à la compression que cause ce pieu, viennent en foule à la surface, où on les prend facilement.

Lorsqu'on emploie les vers de terre pour la pêche à la ligne, il est très important de les attacher à l'hameçon de manière à ce qu'ils puissent vivre long-temps et se remuer même avec le plus de facilité possible, et pour cela ne pas blesser la partie de corps qui est en avant des organes de la génération. On a indiqué un grand nombre de recettes pour les rendre plus propres à attirer les poissons. Une d'elles, que j'ai éprouvée avec succès, c'est de les mettre quelques jours à l'avance dans de la terre mêlée par moitié avec le résidu de la fabrication de l'huile de chènevis, résidu qu'on appelle *pain de chènevis*.

Les lombrics, dit Thouin, « font souvent beaucoup de tort aux semis de toute espèce. En creusant leurs galeries, en venant à la surface déposer leurs excrémens, ils détruisent non seulement les plantules qui se trouvent sur leur passage, mais encore font périr celles qui se trouvent dans le voisinage, en établissant des conduits qui détournent l'eau de sa destination et rendent nul l'effet des arrosemens qu'on leur donne. Il est donc utile de connoître les moyens de les détruire. »

1° On visite la nuit, à la lumière d'une lanterne, les nouveaux semis, et on prend les lombrics qui se promènent alors sur la surface de la terre. Il est bon d'observer qu'ils ne sortent pas lorsque la terre est sèche ou qu'il fait du vent, et que le plus petit bruit les fait rentrer.

2° On frappe sur la paroi extérieure de la caisse ou du pot où se trouvent les semis. Les vers sortent et on les tire. Ce moyen rentre dans celui indiqué plus haut pour prendre les lombrics pour la pêche, moyen qu'on peut aussi employer, mais qui est sujet à inconvéniens.

3° On fait une forte décoction de brou de noix ou de feuilles de noyer, de tabac, de chanvre, et on la répand au moyen d'un arrosoir sur les semis. L'amertume de ces décoctions fait sortir les lombrics en fort peu de temps.

4° Quelques personnes recommandent de faire tremper les graines dans une eau chargée de vert-de-gris ; mais ce moyen n'est pas sans dangers.

5° On met les graines dans une forte eau de chaux. J'observe que les résultats de ce dernier moyen doivent être nuls, la chaux cessant d'être caustique dès qu'elle est très divisée et en contact avec la terre. (B.)

LOQUE, LOQUETTE. Morceau d'étoffe avec lequel on fixe chaque branche, chaque bourgeon d'un arbre contre un mur, en retenant la loque à l'aide d'un clou qu'on plante dans le mur.

Quoique cette manière de disposer les branches et les bourgeons soit, sans contredit, la plus avantageuse et la plus commode, puisqu'on les place dans la direction qu'on désire, elle n'est cependant pas praticable par-tout ; elle exige des murs construits en PLÂTRE ou en PISÉ (*voyez* ces mots), et dans plus des trois quarts de l'empire le plâtre est très cher et très rare ; en le supposant même commun, il deviendroit inutile pour les murs *extérieurs* dans les provinces maritimes, parceque l'acide marin y décompose bientôt le plâtre. Dans les murs à chaux, à mortiers et à pierres, on n'est pas le maître de choisir la place du clou ; il ne reste donc plus que la ressource des treillages appliqués contre les murs, et, avec un peu d'industrie de la part du jardinier, ces treillages permettent de bien palisser les bourgeons, sur-tout si on a eu le soin d'éloigner peu les bois c'est-à-dire d'en former de petits carreaux.

Les clous entrent à volonté dans les murs de pisé ; mais comme ils sont construits en terre, et qu'on est obligé de les revêtir à l'extérieur d'une couche de mortier à chaux et à sable, ces clous détachent une partie de cette couche, et peu à peu dégradent complètement le mur. Il faut donc, pour les murs en pierres ou en pisé, recourir également aux treillages.

La loque a l'avantage de ne point étrangler la branche ou le bourgeon à mesure qu'il grossit, au lieu que l'osier ne prête pas ; il établit une forte compression, s'implante dans l'écorce, y forme un BOURRELET (*voyez* ce mot), enfin dérange et nuit beaucoup à la végétation de l'arbre. (R.)

LOTE ou LOTTE. Seul poisson de rivière qui appartienne au genre des gades. Il se reconnoît à son corps presque cylindrique, à sa tête comprimée, à ses yeux éloignés, à ses deux mâchoires égales, à son barbillon au menton, à sa nageoire de la queue arrondie, aux marbrures jaunes et brunes de son dos. Sa grandeur surpasse rarement un pied.

Ce poisson est recherché à raison de l'excellent goût et la facile digestion de sa chair par les palais délicats et par les estomacs foibles. Il se trouve dans les eaux claires et s'y cache sous les pierres, dans les trous des rivages, etc., où il vit d'insectes, de vers, etc. Ce n'est que la nuit qu'il sort de sa retraite. On le prend à la main, à la ligne de fond, dans les nasses, etc. Toujours on doit tenter d'en mettre dans les étangs dont le fond est sablonneux, les eaux pures ; mais il n'est jamais certain qu'il s'y multiplie, malgré sa prodigieuse fécondité, parcequ'il se prête difficilement au changement.

On donne quelquefois le nom de BARBOTTE et de MOUTELLE à ce poisson, mais mal à propos. (B.)

LOTIER, *Lotus*. Genre de plantes de la diadelphie décandrie et de la famille des légumineuses, qui renferme une quarantaine d'espèces dont quelques unes doivent être connues des cultivateurs, soit à raison de leur abondance dans certains endroits, soit parcequ'elles peuvent servir à l'ornement des jardins.

Tous les lotiers sont herbacés. Leurs feuilles sont ternées, pétiolées et accompagnées de stipules. Leurs fleurs sont ou solitaires ou paniculées, et dans ces deux cas axillaires ou terminales.

Le LOTIER SILIQUEUX a les tiges couchées à leur base ; les

feuilles velues ; les bractées lancéolées ; les légumes pourvus
de quatre ailes membraneuses. Il est vivace et croît abondamment dans les pâturages argileux et humides. Il fleurit au milieu de l'été. Les bestiaux paroissent ne pas s'en soucier. On
le remarque à son abondance, à la grandeur de ses fleurs
jaunes et à la singulière forme de ses fruits. Rarement il
s'élève à un pied de haut. Il annonce par sa présence que les
prés où il se trouve doivent être labourés et cultivés en céréales pendant quelques années.

Le LOTIER COMESTIBLE a les tiges rampantes ; les fleurs solitaires, jaunes, et les légumes recourbés et canaliculés. Il est
annuel et croît en Italie et en Egypte. Dans ce dernier pays
on en mange les gousses, qui, avant leur maturité, sont remplies d'une pulpe douce analogue à celle des petits pois. J'en ai
mangé. Je crois que cette plante, qui fructifie fort bien dans
le climat de Paris, devroit être cultivée en grand pour la nourriture des bestiaux et sur-tout des cochons. Ses tiges ont plus
d'un pied de long et portent une assez grande quantité de légumes. On couperoit sa fane avant la maturité des graines.

Le LOTIER CORNICULÉ a la tige rampante ou grimpante, haute
de deux ou trois pieds ; les fleurs jaunes réunies en têtes comprimées sur de longs pédoncules axillaires. Il est vivace, croît abondamment dans les bois, les prés, les pâturages, et fleurit pendant tout l'été. On le regarde comme vulnéraire, apéritif et
détersif. Les bestiaux et sur-tout les chevaux le recherchent.
On le cultive dans quelques endroits de l'Angleterre pour servir
de nourriture aux moutons. L'abondance de son fourrage fait
croire qu'on en doit tirer bon parti sous ce rapport. Il est assez
beau en fleur pour mériter d'être placé dans les jardins paysagers contre les buissons des derniers rangs.

Le LOTIER DE SAINT-JACQUES a la tige droite, rameuse, haute
de deux à trois pieds ; les feuilles velues, blanchâtres ; les
fleurs brunes et réunies plusieurs ensemble au sommet de
pédoncules assez longs et axillaires. Il est vivace, originaire
de l'île de Madère, fleurit presque tout l'été, et reste toujours
vert. On le cultive fréquemment dans les jardins des environs
de Paris ; mais il craint les gelées du climat de cette ville, et
il faut le rentrer dans l'orangerie pendant l'hiver. La singulière couleur de ses fleurs fait son principal mérite; mais ce
mérite est rare. On le multiplie de graines et plus communément par séparation des racines. Comme il vient beaucoup plus
beau en pleine terre, quelques amateurs en sacrifient des pieds
qu'ils y placent au printemps, à une bonne exposition. Quelquefois ils ne les conservent qu'en les faisant couvrir de paille
à l'approche des gelées.

Le LOTIER HÉMORRHOIDAL, *Lotus hirsutus*, Lin., a la tige

droite, très rameuse; les feuilles velues; les fleurs rougeâtres et disposées en tête sur de courts pédoncules axillaires. Il est bisannuel, croît dans les parties méridionales de l'Europe, et fleurit tout l'été. On le cultive dans quelques jardins, où il se fait remarquer par ses touffes très grosses et très chargées de fleurs. C'est contre les rochers, les fabriques, des jardins paysagers, c'est-à-dire dans les parties les plus chaudes, qu'il doit être placé. On peut le rendre vivace en coupant ses tiges immédiatement après la floraison. Il vient même de boutures, ainsi que le hasard me l'a prouvé. On le multiplie par ses graines qu'on sème en place au printemps. Son nom de *lotier hemorrhoïdal* est dû à ce que ses semences sont tachées de rouge.

Le LOTIER DIGITÉ, *Lotus dorycnium*, Lin., a les tiges très rameuses; les feuilles à cinq folioles étroites; les fleurs blanchâtres, très petites, disposées en têtes portées sur des pédoncules axillaires. Il croît naturellement dans les parties méridionales de l'Europe, aux lieux arides, exposés au soleil, et fleurit à la fin de l'été. C'est encore une plante bisannuelle qu'on peut cultiver dans les jardins paysagers pour l'ornement. Tout ce que j'ai dit de la précédente lui convient.

Le LOTIER CULTIVÉ, *Lotus tetragonolobus*, Lin., a les fleurs grandes, rouges, solitaires; les gousses à quatre angles membraneux; la tige couchée. Il est annuel et originaire de Sicile. C'est une belle plante qu'on cultive depuis quelques années en Allemagne pour l'ornement, et pour employer ses graines en place de café. De là le nom de *pois café* qu'elle porte quelquefois. Il y a peu de temps qu'elle a été introduite dans les jardins des environs de Paris, cependant elle y est déjà fort répandue. On l'y sème en avril en pleine terre, en rayon ou en touffes. Elle craint beaucoup plus les gelées que le pois et le haricot. Du reste sa culture est la même.

On dit ses semences très bonnes à manger en vert, mais je ne sache pas qu'on ait encore pensé à en tirer parti sous ce rapport. (B.)

LOUCET. Nom de la bêche dans le département des Ardennes.

LOUCHE. Écuelle emmanchée à un long bâton et qui sert, aux environs de Lille, à répandre les EXCRÉMENS HUMAINS liquides sur les terres. *Voyez* ce mot.

LOUCHET ou LUCHET. Sorte de bêche de fer longue et étroite dont on se sert en certains endroits. *Voyez* au mot BÈCHE. B.)

LOUP. Quadrupède du genre du chien, et qui se rapproche si fort de ce dernier qu'on ne trouve en lui de caractère véritablement distinctif que sa queue courbée en bas et ses yeux obliques. Sa longueur moyenne, y compris la queue, est de cinq pieds.

Qui ne connoît pas le loup, au moins de`nom, dans les campagnes? Qui n'a pas entendu parler des dommages qu'il cause aux cultivateurs, en tuant les bestiaux de toutes espèces, principalement les moutons? de telle ou telle circonstance où il a attaqué des enfans et même des hommes? de telle autre où, affecté de la rage, il a mordu tout ce qu'il a rencontré, hommes et animaux, et leur a communiqué cette cruelle maladie? Aussi le loup est-il l'objet de la haine, je dirois même de la terreur des cultivateurs. C'est lui dont on présente l'idée aux enfans lorsqu'on veut leur inspirer de la frayeur. Il est l'objet de beaucoup de dictons populaires plus ou moins vrais.

Tous les animaux propres à l'Europe peuvent devenir la proie du loup, tant il est fort, agile et rusé en même temps. Les cornes du taureau, les jambes du cerf, la timidité du lapin, l'intelligence du chien, ne les empêchent pas de tomber sous sa dent meurtrière. Ses sens sont excellens et lui fournissent et les moyens de suivre sa proie et d'éviter les dangers. Dans l'état ordinaire il fuit l'homme; ce n'est que par l'effet d'un impérieux besoin qu'il ose l'attaquer, ou lorsqu'il est malade de la rage. Sans doute il y a eu des loups qui, par circonstance, ont pris assez de confiance en leurs forces et assez de goût pour la chair humaine pour préférer faire leur nourriture de cette dernière; mais ils ne se sont montrés que de loin en loin. Ce n'est pas le caractère habituel de l'espèce. Ils sont assez nuisibles, par la guerre perpétuelle qu'ils font aux bestiaux, pour qu'il ne soit pas nécessaire d'exagérer les motifs de celle qu'on leur fait également.

C'est pendant la nuit que les loups cherchent leur nourriture. Souvent ils se réunissent plusieurs pour chasser un animal sauvage ou pour attaquer un troupeau. Ils hurlent principalement pendant l'hiver lorsqu'ils sont en chaleur. Les plus vieilles femelles sont les premières en cet état, vers la fin de décembre, et les plus jeunes les dernières, au commencement de mars. La portée est de soixante-trois jours et de cinq à six petits, quelquefois de huit à dix. Ils sont en état d'engendrer à deux ans, et en vivent quinze à vingt. La louve devient terrible quand il s'agit de défendre sa progéniture.

L'histoire naturelle du loup intéressant bien moins les cultivateurs que la connoissance des moyens employés pour le détruire, je passe de suite à l'énumération des principaux de ces moyens.

On a fait en Angleterre une si rude chasse aux loups, que depuis l'année 800 il ne s'y en trouve plus. La position de la

France ne permet pas d'espérer arriver jamais à ce point ; mais par une guerre perpétuelle on peut arrêter leur multiplication de manière que leurs ravages soient à peine sensibles. Comme ils sont un fléau pour tous les cultivateurs, l'autorité est fondée à réclamer l'assistance de tous pour arriver à ce but. Aussi, dès le commencement du quinzième siècle, François premier érigea-t-il des officiers sous le nom de louvetiers, avec la fonction de faire la chasse aux loups, et avec l'autorité de requérir les habitans des communes voisines des forêts pour les aider. Aussi plusieurs fois a-t-on imposé des taxes générales, dont le produit devoit être appliqué à des récompenses pour ceux qui tueroient les loups. La louvèterie, après avoir été supprimée et rétablie plusieurs fois, existe encore. Il en est de même des récompenses. Ces dernières sont plus fortes pour les louves que pour les loups, et devoient l'être, on sent bien pourquoi.

On chasse le loup à force ouverte, c'est-à-dire en le poursuivant en renouvelant les chiens) jusqu'à ce qu'il tombe de fatigue. Cette chasse, très dispendieuse, ne convient qu'aux personnages riches, et produit très peu souvent des résultats utiles, les loups entraînant souvent la meute à des dix, vingt, trente lieues et plus du point du lancé. Elle est d'ailleurs dangereuse pour les chiens, sur lesquels le loup se jette dès qu'il ne les voit plus soutenus par des hommes.

Les chasses aux loups les plus à la portée des simples cultivateurs sont les suivantes,

1 Lorsqu'on sait qu'un loup est dans telle partie d'un bois coupé de routes, une troupe de tireurs armés de fusils chargés à balle l'entoureut. Un d'eux accompagné d'un limier entre dans ce bois et fait lever l'animal, qui est tiré à sa sortie.

2 Dans le même cas, au lieu de faire guetter le loup par un limier, on le fait chasser du côté des tireurs par une troupe d'hommes, qui, rangés sur une seule ligne, parcourent la totalité du bois en jetant des cris et en frappant les arbres avec leur bâton. C'est cette chasse qu'on appelle une *battue*, un *traque*, et pour laquelle les louvetiers et en général tous les officiers de police rurale peuvent requérir, de force, le concours des cultivateurs. Aucune manière de détruire le loup ne lui est supérieure quand elle est bien dirigée ; mais elle l'est rarement, ainsi que je le sais par expérience. Ne devroit-on pas y employer les soldats en temps de paix ? Une ou deux compagnies bien commandées produiroient plus d'effets, par la régularité de leurs manœuvres, que des multitudes de cultivateurs qui ne savent pas agir avec ensemble.

3° En toute saison, mais principalement en temps de neige, un homme monté sur un cheval traîne une charogne dans les routes et sur la lisière des bois où on sait qu'il y a des loups, et la dépose dans un lieu à portée d'un arbre ou d'un bâtiment. Attirés par l'odeur, ils accourent quelquefois la première, plus ordinairement seulement la seconde nuit, pour la dévorer. Un tireur caché sur l'arbre ou dans le bâtiment peut ainsi les tuer facilement.

On dit qu'il est possible d'attirer le loup à portée du chasseur à l'affût en contrefaisant son hurlement dans un sabot. Si cela est, il faut que le chasseur soit bien exercé, car le loup a l'oreille fine et le caractère méfiant au dernier degré.

Lorsqu'au printemps le hasard fait rencontrer des louveteaux encore à la mamelle, on est sûr en traînant l'un d'eux dans les environs, de faire venir la mère dans l'endroit où l'attend un tireur à l'affût.

L'affût simple à portée des parcs où sont renfermés les moutons pendant la nuit, ou des charognes déjà entamées par le loup, réussit quelquefois, mais il change toutes les nuits l'heure de son arrivée, et il faut avoir beaucoup de patience.

Un grand nombre de pièges ont été indiqués pour tuer ou prendre les loups. Les plus dans le cas d'être cités sont,

1° L'HAMEÇON On attache au moyen d'une petite corde un fort hameçon à un arbre, et on le garnit de viande. Le loup, avalant la viande sans la mâcher, se prend, et les efforts qu'il fait pour s'échapper accélèrent sa mort. Il faut tendre beaucoup d'appâts de ce genre dans les bois fréquentés par les loups. L'hiver est la saison la plus favorable.

2° Le HAUSSE PIED. On ébranche un baliveau de chêne de la grosseur du bras et on attache à son sommet une petite corde terminée par un nœud coulant. Ensuite on fixe en terre, à à trois ou quatre pieds de distance, deux pieux à crochets, qu'on enfonce fortement et également en terre. Contre ces crochets on place deux billots de la grosseur du pouce, et à quelque distance l'un de l'autre. Autour on fait passer la corde, après avoir courbé le baliveau. A un point convenable de cette corde est attaché un petit morceau de bois plat qu'on introduit entre et contre les deux traverses, ce qui tient le piège tendu. On pose ensuite sur le bord de la traverse du bas quatre ou cinq petits bâtons un peu enfoncés en terre, et on étend dessus le nœud coulant ouvert aussi régulièrement que possible. Le tout est caché par des feuilles sèches. Le loup en passant marche sur un des petits bâtons qui font distendre le petit morceau de bois plat, qui fait tomber les deux billots, qui font relever l'arbre; le loup se prend par la pate, et reste suspendu en l'air.

On tend aussi des lacets perpendiculaires à la manière ordinaire ; mais ils sont de peu d'effet.

Le TRAQUE-RENARD. Il y en a de deux sortes assez généralement usitées. Tous deux sont des demi-cercles de fer, qui, ouverts, forment un cercle complet, qu'on étend sur la terre, même qu'on enterre un peu pour le cacher, et qui, par le moyen d'un ressort, se rapprochent et saisissent l'animal. Le ressort de l'une des sortes se détend par la chute d'une planche sur laquelle marche le loup. Celui de l'autre par une ficelle qu'il tire en emportant une proie qui y est attachée. Je ne ferai pas la description de ces pièges, que les cultivateurs ne peuvent construire eux-mêmes, et qui se vendent dans les villes.

Pour obtenir des succès certains dans cette sorte de chasse, il faut traîner une charogne autour des bois, et placer les pièges dans le passage de cette charogne et autour d'elle avec quelque appât particulier si le piège est de la seconde sorte. On indique aussi de se procurer une matrice de louve en chaleur, de la faire dessécher pour pouvoir la conserver, et lorsqu'on veut tendre le ou les pièges, on en frotte la semelle de ses souliers, et on fait une longue promenade autour des bois où il y a des loups. Ce moyen doit être excellent pendant l'hiver ; mais ce n'est que le hasard qui peut procurer une matrice de louve en chaleur, les femelles n'y étant que pendant une quinzaine de jours au plus, et sortant rarement des fourrées pendant ce temps.

4° Le PIÈGE DE FER. C'est un instrument assez compliqué, dont la partie principale est formée de quatre crochets qui se réunissent par l'effet d'un ressort, qu'une détente lâche pour peu qu'on tire la corde qui y est attachée. On enfonce ce piège dans un trou qui a exactement sa largeur, et on fixe au milieu de ses crochets un morceau de charogne. Le loup en voulant emporter ce morceau détend le ressort et se trouve pris par le museau.

5° La FOSSE. On fait une fosse de six à huit pieds de largeur, et de huit à dix de profondeur dans un chemin écarté, et on la couvre de petites baguettes surmontées de mousse et de feuilles sèches, ou d'une planche en équilibre sur un bâton transversal. Les loups qui passent tombent dans cette fosse où on les trouve le lendemain matin. On peut encore diriger leurs pas vers elle par le moyen de la charogne déjà citée. On peut attacher cette charogne, ou portion de cette charogne, à un poteau fixé au milieu de la fosse, lorsque ce n'est pas une trappe, ou sur la ligne de mouvement de la trappe. Un mouton, un chien, ou une oie vivante, produisent également de bons effets, parcequ'ils attirent le loup par leurs cris continuels.

Quatre bâtons mis en traverse sur quatre autres, à quelque distance de la fosse, et à trois ou quatre pieds de terre suffisent pour empêcher les hommes qui n'auroient pas connoissance de la fosse de tomber dedans.

6° La GALERIE. On creuse une fosse de six pieds de diamètre et de huit à dix de profondeur. Autour de cette fosse on forme avec des pieux de trois à quatre pieds de longueur, et écartés de deux à trois pouces, une double enceinte de deux pieds de large, enceinte rendue solide par une traverse, et recouverte d'une claie fortement attachée à cette traverse. On met un chien ou un mouton dans cette galerie, qui attire le loup par ses cris; après avoir tourné autour de la galerie, pensant pouvoir saisir sa proie de l'autre côté, il saute par dessus et tombe dans la fosse. On en peut prendre ainsi plusieurs de suite et à la fois.

7° La CHAMBRE. Avec des pieux de quatre à cinq pouces de diamètre et de huit à dix pieds de haut, liés fortement entre eux par plusieurs traverses écartées comme précédemment, on forme une enceinte de huit à neuf pieds de diamètre au milieu d'un bois, dans une clairière, une place à charbon, etc., à laquelle on laisse une ouverture propre à recevoir une porte qui reste à moitié ouverte au moyen d'un bâton transversal. À ce bâton est attachée une ficelle qui correspond à un, deux, ou trois pieds de hauteur, parallèlement à la porte dans le milieu de l'enceinte. Au fond de cette enceinte, c'est-à-dire du côté opposé à la porte, on attache ou un chien, ou un mouton, ou une oie, qui par ses cris attirent le loup. Celui-ci entre dans l'enceinte, et, rencontrant les ficelles transversales, fait tomber le bâton et fermer la porte.

8° La DOUBLE ENCEINTE. La manière la plus curieuse et peut-être la plus simple de prendre les loups, manière qu'on emploie dans la Camargue, en Suisse et ailleurs, est celle-ci. On fait une double enceinte circulaire de pieux de la hauteur, grosseur et écartement indiqués plus haut. Les pieux sont liés en haut seulement, et du côté extérieur, avec des traverses qui en fortifient la masse. Le diamètre intérieur de ces enceintes doit être de huit à dix pieds, et la distance qui les sépare rigoureusement de quatorze à quinze pouces. À l'enceinte extérieure on réserve une ouverture, où on adapte une porte disposée de manière à rester toujours ouverte. On produit cet effet par le moyen d'un ressort en bois ou d'un contre-poids, ou seulement en écartant, en dedans, le pivot inférieur de la perpendiculaire. Dans l'enceinte intérieure on met des moutons, ou des chiens, ou des oies, qui, comme dans les autres pièges, attirent les loups par leurs cris. Le premier arrivé trouvant la porte ouverte enfile l'entre-deux des palissades, qui ne lui laisse juste que ce qu'il faut pour passer, et dans lequel il ne peut se retourner ; arrivé à la porte il la pousse, et lorsqu'il est passé elle reprend sa position première, de manière qu'il peut tourner toujours, et cependant ne jamais s'échapper. Ceux qui viennent ensuite encouragés par la présence du premier enfilent le même chemin, et y restent également engagés.

On emploie encore les poisons contre les loups. Il paroît que nos ancêtres faisoient usage des racines de colchique et d'aconit ; mais aujourd'hui on préfère la noix vomique. Pour cela on fait des trous avec un couteau dans la chair d'une charogne, dans chacun d'eux on met une pincée de la poudre de cette drogue ; et après avoir traîné cette charogne dans les chemins et sur la lisière des bois, on la dépose dans un lieu solitaire. Un chien est préférable, parceque les autres chiens ne le mangent pas. L'hiver est plus favorable, sur-tout les temps de neige, parceque les loups sont plus affamés, et par suite plus hardis. Peu après que l'un d'eux a avalé un morceau (les loups, comme les chiens, mâchent rarement ce qu'ils mangent) il ressent une soif dévorante, et plus il boit et plus le poison agit violemment. Il est mort plus ou moins promptement selon qu'il en a mangé.

L'arsenic ne doit pas être employé dans ce cas, non seulement à cause de son plus grand danger, mais parceque le loup l'évente plus facilement.

Quelquefois au lieu de poison on met dans la charogne des aiguilles liées en croix au moyen d'un crin. Ces aiguilles percent les intestins et font mourir l'animal. Ce moyen doit être peu certain.

Quoiqu'il ne faille considérer le loup que comme l'ennemi des cultivateurs, cependant il leur rend quelque service en mettant à mort les fouines, les belettes, les rats, les campagnols, les mulots et autres quadrupèdes nuisibles. Comme le renard, il détruit même les hannetons, ainsi que j'ai eu occasion de le voir par l'ouverture de l'estomac d'un d'eux tué pendant la saison de ces insectes. La peau du loup forme une bonne fourrure. Son poil entre dans la confection des chapeaux, et ses dents servent à polir l'or et l'argent. (B.)

LOUPE. On appelle ainsi des grosseurs couvertes d'écorce qui se forment sur la tige ou les branches des arbres. Ce sont de véritables exostoses qui reconnoissent différentes causes, dont la plupart nous sont inconnues.

Je vais d'abord copier Duhamel, et ensuite je parlerai de quelques autres sortes de loupes dont il ne fait pas mention.

« Quelquefois on aperçoit sur de grands arbres de grosses tumeurs qui sont recouvertes d'écorce comme le reste de l'arbre ; mais quand on examine l'intérieur, on voit qu'elles sont formées d'un bois très dur, dont les fibres ont des directions très bizarres. Ces excroissances ligneuses changent la direction régulière des fibres de l'écorce qui les recouvre, et elles ne paroissent provenir que d'un développement de la partie ligneuse qui s'est fait avec plus d'abondance dans ces endroits qu'ailleurs. Nous n'avons pu découvrir quelle peut être la cause de cet accident, quoique nous ayons inutilement tenté divers moyens d'occasionner artificiellement de pareilles tumeurs. Au reste, cet accident ne porte aucun dommage à l'arbre : le bois qui se trouve sous ces espèces d'exostoses est ordinairement de bonne qualité.

« On aperçoit encore plus fréquemment des exostoses d'une autre espèce : ces accidens, au lieu de former une grosseur qu'on pourroit comparer à une loupe, occasionnent des éminences qui suivent la direction du tronc dans toute sa longueur et qui défigurent sa forme. J'ai vu quelquefois que la plus grande partie des arbres d'une avenue étoit affectée de ce défaut ; et comme le renflement se trouvoit être placé sur un même côté de tous les arbres de cette avenue, il y a lieu de présumer qu'il avoit été produit par une cause commune à tous. Ce sera peut-être l'effet d'un coup de soleil vif, ou d'une forte gelée, qui aura altéré les couches ligneuses nouvellement formées, et l'effort que l'arbre aura fait pour réparer cette altération aura occasionné le boursouflement local dont il s'agit. J'ai examiné l'intérieur de quelques-uns de ces arbres, et j'ai trouvé, dans les couches ligneuses, des défauts qui m'ont fait soupçonner les causes que je viens d'indiquer. J'ai occasionné des exostoses assez semblables en faisant avec la pointe d'une serpette des incisions longitudinales qui traversoient toute l'épaisseur de l'écorce, et qui pénétroient un peu dans le bois. »

L'explication que donne Duhamel de cette seconde sorte d'exostose auroit dû le mettre sur la voie pour reconnoître la cause d'une partie de celles dont il a déjà parlé. En effet, dans l'un et l'autre cas, c'est véritablement un épanchement de sève occasionné par l'affoiblissement de l'écorce ou une blessure. La rareté des loupes sur les arbres des forêts et leur fréquence sur ceux des grandes routes, des promenades et autres lieux très fréquentés, annoncent que l'homme influe beaucoup sur leur formation dans quelques cas. Il n'y a pas de doute pour moi, d'après plusieurs observations qui me sont propres, que des coups (je ne dis pas tous les coups), peuvent les procurer. On doit le préjuger d'ailleurs en observant que la plupart des loupes de ces arbres des routes ou autres lieux où ils sont exposés à être frappés par les voitures, se trouvent en majeure partie dans la partie inférieure de ces arbres.

Il faut donc considérer ces sortes de loupes comme des bourrelets d'une nature particulière et très circonscrites. Il y en a de toutes les formes et de toutes les grosseurs.

On voit très fréquemment une loupe au point où a été placée une greffe, parcequ'il s'y forme un bourrelet, soit à raison de la plus grande foiblesse de l'arbre greffé ou du sujet, soit par quelque autre cause de perturbation dans le mouvement de la sève.

Il est une autre sorte de loupe fort différente de celles dont il vient d'être question, et qu'on trouve fréquemment avec ou sans elles sur les arbres sujets à être mutilés; ce sont celles qui sont le résultat de la coupe répétée des jeunes branches. Les ormes, les érables, les saules, etc., qu'on élague tous les ans ou tous les deux ans pour avoir des feuilles pour fourrage ou des brindilles pour chauffer le four, y sont très sujets. Tout le monde peut en voir des exemples, principalement sur tous les saules têtards. Elles sont produites par l'accumulation et le recouvrement annuel des chicots. L'irrégularité de leur accroissement est visible dans leur intérieur, qui est varié par l'entrelacement des fibres ligneuses et par la différence de leur coloration. Ce sont ces sortes de loupes qui, sous le nom de *brouzin*, sont si recherchées par les tourneurs et les ébénistes, qui en font des boîtes, des meubles ou autres objets fort agréables. *Voyez* aux mots EXCROISSANCES, BROUZIN, ORME, ÉRABLE, BUIS et FRÊNE.

Les GALLES sont des excroissances d'une nature particulière, ainsi qu'on peut le voir à leur article. Beaucoup de loupes doivent leur origine à des blessures produites par des insectes. Il suffit de jeter un coup d'œil sur un taillis de peupliers existans dans un terrain sec pour en être convaincu. En effet, on trouvera des loupes sur les troncs comme sur les branches; et une de ces branches, de l'année précédente, fendue, fera voir une larve de la SAPERDE DU PEUPLIER. *Voyez* ce mot. Je pourrois beaucoup multiplier les citations de ce genre.

Des maladies sont aussi la cause de la formation de certaines loupes; mais elles sont trop peu connues pour que j'ose entreprendre d'en parler.

Quelques plantes parasites; peut-être même toutes les plantes parasites, donnent naissance à des loupes temporaires ou permanentes. On peut en voir la preuve dans les genevriers qui sont infestés de GYMNOSPORANGES, dans beaucoup d'autres plantes qui le sont de PUCCINIES. *Voyez* ces deux mots.

Rarement il est prudent d'extirper une loupe d'une certaine grosseur sur le tronc d'un arbre si on tient à conserver cet

arbre, parceque la plaie se ferme difficilement, ou se transforme en un ulcère incurable. Lorsqu'il s'en trouve sur des
branches, alors il est plus sûr de couper la branche même
que d'enlever la loupe. Au reste, il est rare que les loupes nuisent beaucoup à la croissance des arbres qu'elles défigurent le
plus; et souvent, sur-tout dans l'orme, elles améliorent la
qualité du bois. (B.)

LOUPE. Médecine vétérinaire. La loupe est une tumeur
charnue, graisseuse, formée non seulement par le séjour des
humeurs dans une partie, mais encore par l'accroissement et
la multiplication des fibres et des vaisseaux de cette partie.

On appelle Lipôme la loupe qui occupe le tissu graisseux,
tandis que celle qui dépend de l'engorgement des glandes porte
le nom de Squirre. *Voyez* ces mots.

La chirurgie vétérinaire nous offre plusieurs ressources pour
la guérison de ces sortes de tumeurs, la résolution, l'extirpation, la corrosion et l'amputation.

Ce dernier moyen nous paroît préférable à tous les autres,
et l'on procède à l'opération de la manière suivante. On prend
la loupe à pleine main pour la détacher le plus qu'il est possible du corps qu'elle occupe; et avec un bistouri on fait, à la
base de la tumeur, une section circulaire ou demi-circulaire;
on continue d'inciser entre la peau et les parties voisines, jusqu'à ce qu'on l'ait entièrement séparée, et on emporte la
loupe.

La tumeur emportée il ne reste qu'une plaie large et plate,
qu'il suffit de panser avec des étoupes cardées, que l'on contiendra par des cordons passés dans les bords de la peau. Le
lendemain de l'opération on pansera la plaie avec le digestif
animé, et on la cicatrisera comme un ulcère ordinaire. *Voyez*
Ulcère.

S'il survient quelque accident à la suite de l'amputation, tel
que l'hémorragie, on peut l'arrêter par la compression et par
tous les autres moyens indiqués à cet article. *Voyez* Hémorragie.

La loupe que l'on remarque assez souvent au coude du cheval vient de ce que cet animal se couche en vache, c'est-à-
dire lorsqu'étant couché le coude repose sur l'éponge du fer
en dedans, la compression continuelle de l'éponge sur le
coude y fait venir une loupe qui grossit toujours peu à peu, si
l'on n'y remédie dans le principe par les frictions résolutives
avec l'eau marinée, et par la ferrure courte. *Voyez* Ferrure.

Quant aux loupes qui arrivent au poitrail, et que les maréchaux de la campagne prennent très mal à propos pour un
Avant-cœur (*voyez* ce mot), on ne doit les regarder que

comme un véritable kiste, et les traiter à peu près de même. *Voyez* KISTE. (R.)

LOUTRE. Quadrupède qui a la tète plate, le museau fort large, la mâchoire du dessous plus étroite et moins longue que celle de dessus, le cou gros et court, les jambes courtes; la queue grosse à l'origine, pointue à l'extrémité; chaque côté du museau garni de moustaches formées par des poils rudes; le corps couvert de deux espèces de poils, les uns soyeux, de couleur grise blanchâtre, les autres de couleur brune et luisante; les doigts tiennent les uns aux autres par une membrane plus étendue dans les pieds de derrière : cinq doigts à chaque pied, ceux de derrière armés de petits ongles crochus.

Cet animal, plus avide de poisson que de chair, fréquente les bords des rivières, des lacs et des étangs, et finit par dépeupler ceux-ci des poissons qui s'y trouvent. Il mange également les écrevisses, les rats et les grenouilles. Avec sa peau on fait des fourrures; les chapeliers se servent de son poil pour fabriquer des chapeaux. Sa chair est un mauvais manger.

La loutre ne creuse point de terrier, mais elle se retire dans les trous formés par les racines, ou sous les racines des arbres qui bordent les rivières. Elle est fine et défiante, comme tous les animaux qui vivent de rapines.

On reconnoît la présence des loutres dans le voisinage des étangs par leurs excrémens remplis d'écailles, d'arêtes. Elles passent toujours dans le même endroit; et lorsqu'on a reconnu leurs *passées*, on tend un TRAQUENARD (*voyez* ce mot) sur son passage, et la chaîne du traquenard doit être fortement assujettie à un pieu ou à un arbre.

L'affût pendant la nuit est le second moyen qu'on emploie pour prendre cet animal. La loutre a pour habitude d'aller fienter sur une pierre blanche, lorsqu'elle en rencontre près de l'étang; si cette pierre manque, on peut en transporter une. Lorsque le chasseur connoît l'habitude contractée, il se poste près de la pierre, attend l'animal, et le tire de très près.

M. Jean Lots a donné un mémoire sur la manière avantageuse de dresser la loutre pour prendre du poisson. Il faut qu'elle soit jeune : on la nourrit pendant quelques jours avec du poisson et de l'eau; ensuite on mêle de plus en plus dans cette eau du lait, de la soupe, des choux et des herbes. Dès que l'on s'aperçoit que l'animal s'habitue à cette espèce d'aliment, on lui retranche successivement presque tout le poisson, et à sa place on substitue du pain dont elle se nourrit très bien. Enfin il ne faut plus lui donner ni poissons entiers ni intestins, mais seulement des têtes. On dresse ensuite l'animal à rapporter, comme on dresse un chien; lorsqu'il rapporte tout ce qu'on veut, on le mène sur le bord d'un ruisseau clair; on lui jette du poisson qu'il a bientôt joint et qu'on lui fait rapporter; la tête de ce poisson lui est donnée en récompense de sa docilité. Un homme de la Savoie, par le secours d'une loutre ainsi dressée, prenoit journellement autant de poissons qu'il lui en falloit pour nourrir toute sa famille. Cette méthode est fort ancienne en Suède. (R.)

LOUVET, ou LOVAT. Médecine vétérinaire. C'est ainsi qu'on appelle en Suisse une maladie inflammatoire, contagieuse, qui attaque communément les bœufs et les chevaux.

Aussitôt que l'animal en est atteint il perd ses forces; il tremble, il veut se tenir couché, il ne se lève que pour se rafraîchir et rechercher les lieux frais; il porte la tête basse et les oreilles pendantes; il est triste; ses yeux sont rouges et larmoyans; sa peau est fort chaude et sèche; sa respiration est fréquente et difficile. Lorsque le mal a fait beaucoup de progrès, la respiration est toujours suivie d'un battement de flancs; il tousse fréquemment; l'haleine est d'une odeur fétide. En appliquant la main le long des côtes, on sent que le cœur et les artères battent avec force; la langue et le palais sont arides et deviennent noirâtres; il perd l'appétit et cesse de ruminer; la soif est considérable; il urine très rarement et fort peu à la fois; les urines sont rougeâtres; les excrémens durs et noirâtres dans le commencement, quelquefois liquides et sanguinolens. Les vaches perdent leur lait. Dans les uns il se forme des tumeurs inflammatoires, tantôt vers le poitrail, tantôt aux vertèbres du cou et du ventre, tantôt aux mamelles et aux parties naturelles; dans les autres il paroît dans toute la superficie du corps des boutons, comme de la gale et des furoncles. Il est rare de voir tous les symptômes attaquer en même temps le même sujet; mais l'expérience prouve que, plus ils sont nombreux, plus promptement l'animal périt. Ordinairement il meurt ou guérit le quatrième jour, lorsque les symptômes sont violens. S'il passe le quatrième jour, et que le septième soit heureux, la guérison est certaine, quoique la convalescence n'arrive souvent que le quinzième jour.

L'abondance des urines troubles, déposant un sédiment blanchâtre; les excrémens plus abondans que dans l'état naturel, humectés et dépourvus de beaucoup d'odeur; la peau noire et lâche; les boutons pleins d'un pus blanchâtre; la soif supprimée; le retour de l'appétit; les jambes enflées; la rumination et la dessiccation, sont les signes avant-coureurs d'une parfaite guérison, tandis que la tuméfaction du ventre, les mugissemens, les défaillances, la débilité, les tremblemens, les convulsions, la rétention d'urine, la diarrhée et la dyssenterie n'annoncent rien que de fâcheux.

Cette maladie est plus fréquente en été qu'en hiver, et elle est moins meurtrière au printemps qu'en automne. Les cantons qui abondent en pâturages marécageux y sont beaucoup plus exposés que les autres.

M. Reynier admet pour cause prochaine de cette épizootie un alkali fixe, provenant, 1° de la mauvaise qualité des eaux dont le bétail est abreuvé; 2° du fourrage corrompu; 3· des fatigues excessives; 4' des écuries trop basses et mal aérées; 5 du défaut de boisson; 6° de l'intempérie de l'air.

L'existence de l'alkali fixe développé dans les humeurs de l'animal, sain ou malade, est, selon M. Vitet, une chimère qu'aucune expérience ne peut maintenir dans l'esprit d'un observateur exact.

Sans nous arrêter ici à toutes ces causes, nous nous bornerons seulement à décrire les indications générales que présente cette maladie. Elles se réduisent à prévenir l'inflammation et la putridité, à en arrêter les progrès, à les combattre, si les symptômes en sont déjà déclarés, et à empêcher la gangrène de se manifester dans les tumeurs inflammatoires.

Pour remplir la première indication, il faut d'abord chercher à abattre la violence de la fièvre, la chaleur, l'altération et les autres symptômes qui en sont les suites. Il semble au premier coup d'œil que la saignée devroit être indiquée; mais en faisant attention que dans la Suisse le bétail du paysan manque de sang plutôt que d'en avoir de surabondant, attendu la disette d'aliment dont il a fort souvent à souffrir, on verra clairement que la saignée ne corrigeroit en rien la nature du sang, et que son effet consisteroit uniquement à produire une révolution dans le cours des fluides. Il s'agit donc plutôt de combattre la mauvaise qualité des humeurs que la PLÉTHORE (*voyez* ce mot). Pour cet effet, ayez recours à l'eau pure, plutôt fraîche que tiède, au petit-lait, aux sucs de laitue, de berle, de blette, aux décoctions d'orge, de semences de courges ou concombres, administrées sous forme de breuvage ou de lavement; ajoutez-y, si le mal est urgent, du sel de nitre, du cristal minéral, etc. Le vinaigre mêlé avec suffisante quantité de miel, et étendu dans une décoction de feuilles de mauve ou de pariétaire, mérite la préférence sur tous les autres médicamens, soit qu'on le donne en breuvage, soit qu'on l'administre en lavement. Lorsque la diarrhée est considérable, et que la dyssenterie commence à paroître, diminuez la quantité du vinaigre, et ajoutez au petit-lait deux onces de quinquina ou quatre onces d'écorces de frêne en poudre. Si vous unissez les acides et le camphre avec le quinquina, vous le rendez plus efficace; de même que si vous délayez le quinquina pulvérisé dans l'eau, il agit mieux que la simple décoction de l'écorce de frêne. Passez un SÉTON (*voyez* ce mot) au poitrail ou au bas-ventre : c'est ordinairement dans ces parties que les tumeurs se forment; d'ailleurs ces endroits étant éloignés des articulations et des grands vaisseaux, on n'a rien à craindre dans l'opération. Parfumez les écuries et les animaux avec le vinaigre ; évitez les sudorifiques, les purgatifs et les diurétiques ; ils augmentent toujours les symptômes de la maladie.

Quant aux tumeurs inflammatoires qui se forment à l'extérieur, ouvrez-les avec un bistouri ou un rasoir ; scarifiez à l'entour ; ensuite appliquez sur toute l'étendue un cataplasme fait avec les feuilles d'absinthe, la rue, la menthe, la centaurée, la ciguë, l'écorce de quinquina, de frêne, le sel ammoniac et le vin ; changez-le dès qu'il commence à se sécher ; enfin pansez l'ulcère avec l'onguent égyptiac, après l'avoir recouvert du cataplasme précédent, et continuez ce pansement jusqu'à parfaite guérison. (R.)

LUCE (EAU DE). On donnoit autrefois ce nom à l'AMMONIAC liquide ou ALKALI VOLATIL FLUOR. *Voyez* ces deux mots.

LUCIE (BOIS DE SAINTE-). Nom vulgaire du CERISIER MAHALEB. *Voyez* ce mot.

LUMIÈRE. Beaucoup de personnes se croient très en état de dire ce que c'est que la lumière ; cependant il n'a pas encore été possible de la définir d'une manière satisfaisante, quoiqu'on ait écrit des volumes sans nombre pour expliquer sa nature. Nous en jouissons sans la connoître.

Les effets de la lumière peuvent être divisés en deux classes bien distinctes : son action physique et son action chimique. Je traiterai successivement de ces effets, et ensuite de ceux non moins importans qu'elle exerce sur les végétaux et même les minéraux.

Lorsque nous voyons la lumière devenir sensible par la présence du soleil, et disparoître avec lui, nous sommes déterminés à croire qu'elle émane immédiatement de lui ; mais une chandelle allumée, du bois en ignition en donnent aussi. Cette circonstance a fait naître l'opinion que la lumière est répandue dans tout l'espace, mais a besoin d'être mise en mouvement pour produire en nous la sensation qui nous fait *voir* ; cependant celle qui établit que le soleil est l'origine de la lumière prévaut, et c'est celle que j'adopterai. Cette dernière a été fortifiée depuis peu par les importantes observations d'Herschel sur les taches du soleil.

Ce n'est pas ici le lieu de développer les effets de la lumière sur l'œil, effets si merveilleux et si importans, qui constituent la vision, sans lesquels l'homme et les animaux auroient tant de peine à subsister, sur lesquels repose la plus grande partie de leur intelligence, etc., etc. Je renvoie aux ouvrages des anatomistes et des physiciens ceux qui voudroient apprendre à les connoître avec l'étendue convenable.

Sous beaucoup de rapports la lumière jouit des propriétés de la matière.

1° Elle est divisible, ainsi que le prouve le prisme qui la décompose en partageant sa couleur blanche, ou mieux, diaphane, en trois couleurs principales, qui sont le rouge, le jaune et le bleu. Le noir est l'absorption ou l'absence de toutes les couleurs. Le blanc est la réflexion ou la réunion de toutes les couleurs. Par le mélange des rayons rouges, jaunes et bleus, on imite toutes les couleurs du prisme. Par le mélange des substances colorées en rouge, en jaune, en bleu, en noir et en blanc, on obtient toutes les nuances de couleur qui existent dans la nature. *Voyez* COULEUR.

2° Elle est pesante, car elle change de direction lorsqu'elle est à la proximité de certains corps, et elle fait mouvoir une aiguille placée sur un pivot au foyer d'une lentille. Chacune de ses molécules est même d'une pesanteur différente, puisqu'il a été constaté que le rayon bleu est beaucoup plus léger que le rouge.

3° Elle est élastique, et sans doute le plus élastique de tous les corps de la nature, ce qu'on peut assurer, puisqu'elle se réfléchit exactement sous le même angle sous lequel elle a frappé un corps. C'est sa réflexion qui, se propageant jusqu'à notre œil, produit en nous la sensation de la vue des corps.

4° Elle se meut en ligne droite lorsqu'elle ne trouve point d'obstacles sur son passage.

5° Il est des corps d'une nature telle qu'elle les traverse; ce sont ceux qu'on appelle diaphanes ou transparens, comme l'eau, le verre, etc. Lorsque ces corps sont concaves ou convexes, les rayons se courbent, se réfractent, se dispersent ou se réunissent; mais cette réfraction n'est la même, ni dans chacun de ces corps, ni pour chacun de ces rayons. C'est sur ce fondement qu'est assise la théorie de la fabrication des lunettes, des télescopes, des microscopes, etc. C'est encore sur lui que repose celle de la décomposition de la lumière par le prisme, décomposition qui n'a lieu, comme je l'ai déjà observé plus haut, que parceque chaque rayon a une puissance réfrangible différente. Le soleil ne nous paroît rouge à l'horizon qu'à raison de ce que cette couleur est celle qui se réfracte le moins, et qui peut par conséquent surmonter le mieux les obstacles qu'opposent les vapeurs de la terre à leur arrivée. Le ciel paroît constamment bleu, parceque les rayons bleus sont ceux qui se dispersent le plus.

6° Elle est étroitement unie avec le calorique, au moins

dans les rayons solaires, comme le prouve et le phénomène des miroirs concaves ou de la lentille, et l'observation de ses effets sur les corps qui en absorbent le plus, les corps noirs, par exemple, qui s'échauffent bien davantage que les autres lorsqu'ils sont exposés au soleil. Elle se fixe dans les corps en nature de chaleur. Au reste, chaque sorte de corps a une capacité différente à cet égard. C'est sur ce fait qu'est fondée la pratique agricole des Hautes-Alpes, où on répand des terres noires sur la neige pour accélérer sa fonte, et celle de quelques jardiniers qui peignent leurs murs en noir pour obtenir une plus prompte maturité des fruits des arbres qu'ils y palissadent.

Je devrois peut-être entrer ici dans quelques détails sur l'immense chaleur qu'on obtient par le seul effet des rayons du soleil réunis en un point par des miroirs concaves, ou par une lentille d'un grand diamètre, chaleur telle que celle de nos plus ardens fourneaux de forge ne peut lui être comparée. On sait que la lentille de six pieds, qu'on voyoit il y a quelques années au jardin de l'Infante à Paris, brûloit le diamant, vaporisoit l'or en quelques secondes, et que l'impossibilité de trouver des matières qui puissent résister à la fusion a mis obstacle à l'exécution des projets d'expérience qui avoient déterminé sa construction.

Tous les rayons solaires n'offrent pas la même quantité de calorique. Les rouges sont ceux qui en contiennent le plus. Ainsi une serre vitrée en rouge seroit de beaucoup supérieure à une vitrée en blanc, pour tous les cas où un haut degré de chaleur est à désirer, comme pour faire des boutures forcées, pour provoquer la germination des vieilles graines, ou de celles provenant des pays très chauds, etc.

Il est des corps qui paroissent avoir une lumière propre sans chaleur sensible, telles sont les matières animales et végétales qui se pourrissent, certains insectes, beaucoup de vers marins. La plupart des corps peuvent devenir plus chauds, sans pour cela devenir lumineux. Cependant on ne doit pas en conclure que le calorique puisse être séparé de la lumière; car les matières animales et végétales s'enflamment quelquefois spontanément, et une masse de fer incandescente qui a cessé de paroître rouge au soleil le paroît de nouveau lorsqu'on la transporte à l'obscurité. C'est au peu de perfection de nos organes qu'il faut le plus souvent attribuer nos erreurs en ce genre.

La lumière se propage dans tous les sens. La plus petite étincelle lance donc des rayons lumineux; mais comme ces rayons divergent continuellement, leur éclat, qui étoit le résultat de leur réunion, s'affoiblit par leur écartement. Plus on s'éloigne d'une chandelle et moins elle éclaire. On ne la voit plus à la distance d'une lieue (peut-être moins) par exemple. C'est le même principe qui fait qu'en plein jour plus nous nous écartons d'un objet quelconque, et moins nous le distinguons. La grosseur du soleil, et son peu d'éloignement de la terre comparé à celui des étoiles fixes, qui sont aussi des soleils, rend cet effet peu sensible pour nous; mais nous l'éprouvons beaucoup pour les astres qui, comme la lune, ne nous envoient qu'une lumière réfléchie, sans éclat et sans chaleur.

La rapidité avec laquelle la lumière se transmet fait croire à quelques personnes que sa propagation est instantanée; mais les éclipses de soleil ont appris qu'elle mettoit huit minutes treize secondes à parcourir les trente-quatre millions de lieues de distance de cet astre à la terre.

Une des propriétés de la lumière qu'il ne faut pas oublier de noter ici à raison de sa grande influence, c'est la puissante affinité qu'elle a avec la plupart des corps, affinité telle qu'elle entre souvent pour beaucoup dans leur composition, et quelques uns peuvent s'en surcharger sans qu'elle y soit combinée. Son affinité avec l'oxygène et les substances inflammables a sur-tout des effets très remarquables, comme je le dirai plus bas.

Les anciens physiciens ont cru que les corps étoient colorés par eux-mêmes; mais aujourd'hui que l'observation nous a appris qu'on pouvoit changer instantanément leur couleur, en modifiant chimiquement la disposition de leurs principes, que les animaux, les végétaux et les minéraux passoient par toutes les couleurs au moyen d'une modification, souvent peu sensible sous d'autres rapports, des matières qui entrent dans leur composition, on n'attribue plus la coloration qu'à la faculté qu'a tel ou tel objet de réfléchir les rayons rouges, les rayons jaunes, les rayons bleus, ou point de rayon (le noir). Le blanc, ainsi que je l'ai déjà observé, est la réunion de tous les rayons réfléchis.

L'action chimique de la lumière sur les animaux n'a pas encore été suffisamment étudiée pour que je puisse entreprendre d'en traiter longuement. Cependant cette action est permanente. Point de doute que ceux qui sont exposés au soleil ne soient plus forts, moins souvent malades, ne donnent des productions d'une meilleure nature que ceux qui vivent à l'ombre; car quant à l'obscurité parfaite, aucun de ceux auxquels l'homme prend intérêt n'y restent constamment. Cette seule observation suffit pour apprécier à sa juste valeur l'opinion de ceux qui prétendent qu'il est avantageux d'élever les bestiaux à l'écurie. J'ai bu du lait de vaches, j'ai mangé des œufs de poule, ainsi tenues renfermées sans exercice et sans lumière, et j'ai pu, ainsi que tant d'autres personnes, juger de l'infériorité de leur saveur. Les lapins domestiques, sont d'autant meilleurs qu'ils sont laissés plus libres de jouir des bienfaits de la lumière ; ceci autorise à faire entrer la lumière comme un des élémens de la plus grande sapidité des animaux sauvages. Qui doute que cette même cause ne soit celle de la foiblesse de tempérament des habitans des villes, de tant d'ouvriers sur-tout que la nécessité de gagner leur pain retient toute la semaine dans des chambres obscures, et dont l'air est peu renouvelé. Il n'est qu'un cas où il soit reconnu utile de mettre les animaux domestiques dans un lieu obscur, c'est quand on les engraisse. Or, tout le monde sait que l'excès de graisse est une véritable maladie, presque toujours suivie de la mort dans quelques animaux, les moutons par exemple.

On doit à Sennebier de nombreux et importans travaux sur la lumière considérée comme agissant sur les végétaux. Je vais en présenter l'extrait.

Il est indubitable que la lumière colore les végétaux, puisque ceux qu'on élève dans un lieu obscur, ceux qu'on enveloppe d'une matière opaque, le centre de ceux qui pomment, ou dont on lie les feuilles extérieures, deviennent blancs. *Voyez* au mot ÉTIOLEMENT.

Le parenchyme est le siège de l'étiolement, et ce probablement parcequ'il est de la nature des résines, qui, comme je l'ai annoncé plus haut, ont une attraction très puissante pour la lumière.

L'influence de la lumière sur les plantes retarde leur accroissement, augmente leur vigueur, assure leur fécondité, donne de la saveur à toutes leurs parties. Quel est le cultivateur qui ne soit chaque année mille fois témoin des faits qui le prouvent? Elle agit même sur les racines, mais d'une manière indirecte, c'est-à-dire en donnant plus d'amplitude aux branches. Il faut ici se souvenir qu'il y a toujours un rapport nécessaire entre le nombre et la force des racines, et le nombre et la force des branches.

La lumière favorise la succion et la transpiration des plantes, probablement en stimulant leurs organes. Un grand nombre de phénomènes prouvent que c'est principalement comme stimulant qu'elle agit dans ce cas.

Qui ne sait que les plantes cherchent la lumière? Qui n'a mille fois observé que celles qu'on tient dans une chambre dirigent leurs sommets vers la fenêtre ; que les branches des espaliers s'éloignent des murs ; que les rameaux des arbres des forêts sont plus forts du côté des clairières que du côté du fourré?

Tessier a fait sur ce sujet des expériences curieuses, qu'on peut voir dans les Mémoires de l'Académie des sciences, pour 1783. Il en conclut que l'inclinaison des branches, dans ce cas, est en raison de leur jeunesse, de leur distance à la lumière, de la couleur des corps placés devant elles, de la facilité plus ou moins grande des tiges pour sortir de terre.

Un des plus importans effets de la lumière sur les plantes est certainement d'en tirer le gaz oxygène en décomposant l'acide carbonique. Je développerai au mot OXYGÈNE la théorie de ces effets, et indiquerai quelques unes de leurs conséquences; j'y renvoie le lecteur.

Tous ces résultats prouvent que les plantes doivent toujours jouir dans les orangeries, les serres, etc., des bienfaits de la lumière; que même celles qui aiment l'ombre ne doivent pas être trop ombragées; que dans tous les semis, dans toutes les plantations, il faut que l'écartement entre les pieds soit tel qu'ils ne se privent pas réciproquement des influences de la lumière. Il se perd peut-être chaque année cent millions de fois plus de produits agricoles en France, par la malheureuse habitude où on est de semer et de planter trop épais, que par la réunion de tous les fléaux qui pèsent sur l'agriculture.

Il faut que les amis de leur pays ne cessent de crier : Ne craignez pas de ménager votre semence, d'écarter vos légumes, vos arbres, etc, en proportion de la grandeur à laquelle ils doivent parvenir, afin que les cultivateurs se pénètrent de cette importante vérité, et s'y conforment dans leur pratique.

Mais la lumière, si nécessaire à la vie des plantes, ne l'est pas de même à la germination des graines. Il résulte des expériences de Sennebier, d'Ingenhouze et de Th. de Saussure, qu'il y a quelque chose à gagner à tenir les semis à l'obscurité. Il y a déjà long-temps que l'expérience a appris ce fait aux jardiniers, aussi sèment-ils de préférence à l'exposition du nord beaucoup de sortes de graines, couvrent-ils celles qu'ils ont placées au midi pendant la grande chaleur du jour avec des paillassons, des toiles, des claies, etc.

Un excès de lumière nuit aux plantes qu'on y expose après les avoir tirées de l'orangerie, de la serre, de la bache, etc. C'est pourquoi il faut, ou choisir un temps couvert pour faire l'opération de leur sortie, ou les placer à l'ombre.

« Dans l'obscurité, les plantes changeant en acide carbonique plus d'air qu'elles n'en peuvent digérer, elles en rejettent une grande quantité, et rendent d'autant moins propre à la respiration l'air avec lequel elles se trouvent en contact.

« Dans le jour, au contraire, elles absorbent, avec l'air de l'atmosphère, une si grande quantité de calorique fourni par

le soleil, que, ne pouvant le digérer en entier, elles en rejettent le superflu, qui, combiné avec l'oxygène, forme le gaz
oxygène qu'elles rendent alors en si grande abondance. » Ingenhouze, Annales d'agriculture, tom. 6.

En général, les effets de la lumière sur les plantes se confondent dans un si grand nombre de cas avec ceux de la chaleur, avec ceux de l'air, etc., qu'il est difficile de les distinguer. Je m'arrête en conséquence, me réservant, dans les articles où j'y serai conduit par le sujet, de m'étendre davantage
sur ce qui les concerne. *Voyez* GÉOGRAPHIE AGRICOLE. (B.)

LUNAIRE, *Lunaria.* Genre de plantes de la tétradynamie
siliculeuse, et de la famille des crucifères, qui ne comprend
que deux espèces que l'on cultive assez fréquemment dans les
jardins d'agrément, quoiqu'elles n'aient d'autre mérite que la
singulière apparence de la cloison de leurs silicules.

Les lunaires ont les feuilles alternes, cordiformes, dentées,
et les fleurs violettes, ou blanches, ou panachées de ces deux
couleurs, et disposées en panicules terminales. L'une, la LU-
NAIRE VIVACE, est vivace, haute de deux pieds, velue; toutes
ses feuilles sont pétiolées, et ses silicules oblongues; l'autre,
la LUNAIRE ANNUELLE, est annuelle ou bisannuelle; a les tiges
hautes de trois pieds, glabres, les feuilles supérieures sessiles;
les silicules presque orbiculaires. Toutes deux sont originaires
des parties méridionales de l'Europe, et fleurissent au milieu du
printemps, la seconde année de leur semis; toutes deux ont la
cloison des silicules d'un satin argenté très brillant. La dernière
est plus grande dans toutes ses parties que la première, et est
cultivée de préférence. On l'appelle vulgairement *satiné, satin
blanc, passe-satin, médaille* et *bulbonac.* On croit ses semences
incisives et diurétiques. Ses feuilles sont âcres et échauffantes.
On mange ses racines en salade comme celles de la raiponce.
On la multiplie par ses semences, qu'il faut mettre en terre
aussitôt qu'elles sont mûres. Il lui faut un bon sol, mais sec et
chaud. Ses cloisons sont moins blanches dans les sols humides
et ombragés. On coupe ses panicules dès que les semences sont
mûres, et on les conserve dans les appartemens pour jouir,
pendant l'hiver, de l'éclat de ces cloisons. (B.)

LUNATIQUE. Ce mot tire son origine du préjugé qui a
long-temps fait croire que la lune, dans son déclin, influoit
sur le caractère des animaux et sur plusieurs des maladies auxquelles ils sont assujettis.

Un cheval, ordinairement facile à conduire, devient-il re-
belle au mors, rue-t-il sous les coups de fouet, ou y est-il insensible dans quelques circonstances; est-il plus peureux dans
un temps que dans un autre, etc., on dit qu'il est lunatique.

Il est une sorte de FLUXION (*voyez* ce mot) qui affecte périodiquement les yeux des chevaux, et à laquelle on a aussi appliqué le même nom.

L'opinion relative à l'influence de la lune n'est plus aussi générale qu'autrefois dans les campagnes, mais elle y règne cependant encore. *Voyez* au mot LUNE. (B.)

LUNE. L'influence de cet astre sur les vicissitudes du temps est pour le moins très douteuse, malgré l'opinion généralement répandue dans les campagnes à ce sujet, et même les systèmes de quelques savans qui ont voulu la prouver par l'observation des faits ; c'est ce que je vais tâcher de montrer dans cet article.

Les différens météores produits dans l'atmosphère résultent en général des variations de température de l'air et de ses mouvemens qui sont les causes ou les conséquences des changemens que subissent sa densité et ses combinaisons avec les vapeurs aqueuses. Pour que la lune concourût à la production de ces météores, il faudroit donc qu'elle changeât la température de l'air ou qu'elle lui imprimât un mouvement. Des expériences directes prouvent que le premier de ces effets ne sauroit avoir lieu : les rayons de la pleine lune, réunis au foyer d'un grand miroir concave, n'ont pas fait monter sensiblement un thermomètre placé à ce foyer. A l'égard des mouvemens de l'air dus à l'action de la lune, ils doivent être analogues à ceux de l'Océan dans les marées, toutefois avec les différences qui tiennent à l'élasticité de l'air et à son peu de densité comparativement à l'eau. En calculant sur ce pied, par l'analyse mathématique, les marées de l'athmosphère, M. Laplace s'est assuré qu'elles produisent à peine une demi-ligne de variation sur la hauteur du mercure dans le baromètre, et sont par conséquent bien éloignées de répondre aux grands changemens que subit cette hauteur dans le cours de l'année.

Il faudroit donc attribuer à la lune une action tout-à-fait particulière sur quelque agent impondérable, dont l'effet direct ne seroit pas connu, ou ne sauroit être mesuré par aucun de nos instrumens, le fluide électrique, par exemple, pour établir une correspondance entre les mouvemens de la lune et les grands mouvemens de l'atmosphère ; mais avant d'être fondé à présenter avec quelque apparence de raison une pareille hypothèse, il faudroit montrer, par un grand nombre d'observations bien choisies et bien discutées, qu'il existe dans les derniers de ces mouvemens des périodes conformes à celles qui sont bien connues dans les autres. C'est ce qu'ont tenté de faire plusieurs savans, entre autres M. Toaldo, physicien de Padoue ; mais, pour procéder avec ordre dans cette recherche, il faut classer les phénomènes astronomiques dont on cherche à déterminer l'influence. Les uns, comme les phases, se rapportent à la position relative de la lune et du soleil ; les autres, comme le passage de la lune par son apogée, par son périgée, par son nœud, ses changemens de position à l'égard de l'équateur, sont particulièrement liés avec la révolution de la lune autour de la terre. Si, dans le relevé que l'on fait des changemens de temps, on ne distingue pas la nature de ceux qui répondent à chacun de ces phénomènes en particulier, on ne peut rien conclure de la coïncidence générale qui pourroit se trouver entre le plus grand nombre des changemens de temps et quelques uns de ces phénomènes. En effet, dans l'espace de vingt-neuf jours qui embrasse la révolution de la lune par rapport à l'équinoxe et par rapport au soleil, il y a nécessairement quatre phases de la lune, un passage par l'apogée et un par le périgée, deux par l'équateur, deux époques où elle cesse de s'éloigner de ce cercle pour s'en rapprocher, et qu'on nomme *lunistices* ; or, si l'on regarde comme appartenant à chacune de ces dix époques les changemens qui peuvent avoir lieu la veille ou le lendemain, il se trouvera que les points lunaires embrasseront plus de vingt jours dans le mois ; il n'est donc pas besoin d'une cause particulière pour faire arriver plus souvent les changemens de temps dans l'un de ces vingt jours que dans les dix restant. Quand on se restreindroit aux seules phases de la lune, comme le font ordinairement les gens de la campagne, et qu'on en étendroit l'influence au jour qui les précède et au jour qui les suit, on embrasseroit encore douze jours du mois, nombre assez grand pour comprendre très souvent des changemens de temps. Ainsi donc, tant qu'une longue suite d'observations n'aura pas prouvé que ces changemens se distribuent avec précision sur les époques des points lunaires, conformément à leur nature et à celle de ces points, on ne pourra rien affirmer sur l'influence de la lune dans les phénomènes météorologiques, et les raisons qu'on a pour la révoquer en doute subsisteront dans toute leur force. (L. C.)

LUPIN, *Lupinus*. Genre de plantes de la diadelphie décandrie et de la famille des légumineuses, qui renferme une vingtaine d'espèces, dont une est cultivée dans les parties méridionales de l'Europe pour la nourriture des hommes et des animaux, et plusieurs dans les jardins pour l'agrément de leurs fleurs.

Tous les lupins ont les racines ligneuses ; les tiges droites ; les feuilles alternes, composées de cinq ou sept folioles lancéolées, verticillées au sommet d'un long pétiole ; les fleurs grandes, disposées en épis à l'extrémité des tiges. Un seul est vivace.

Le LUPIN CULTIVÉ OU LUPIN BLANC, *Lupinus albus*, Lin. a la racine annuelle ; la tige rameuse, cylindrique, un peu

velue , haute d'environ deux pieds ; les feuilles velues et les
fleurs blanches. Olivier l'a trouvé en Perse dans l'état sauvage.
On le cultive dans tout le Levant et dans les parties méridionales de l'Europe comme aliment, comme engrais et comme
plante d'ornement. Il fleurit au milieu de l'été. Les anciens
l'ont connu. De tous les légumes , dit Columelle, le lupin
est celui qui mérite le plus d'attention , parcequ'il emploie
moins de journées, coûte très peu et fournit un excellent
engrais pour les terres maigres. On peut le semer ou dans le
mois de septembre, avant l'équinoxe , ou incontinent après
les calendes d'octobre , dans les terres qu'on laisse en jachère.
De quelque manière qu'on le traite il réussit toujours. Cependant il a besoin des chaleurs modérées de l'automne pour
prendre promptement de la force, car lorsqu'il n'a pas assez
de consistance avant l'hiver , les froids lui sont préjudiciables.
Il se plaît dans les terres maigres , principalement dans celles
qui sont rouges. Il craint l'argile et ne vient pas dans un sol
limoneux. « Col. liv. 2 , chap. 10. »

Tous les agriculteurs qui ont écrit sur le lupin depuis Columelle parlent de la même manière sur les avantages qui
résultent de sa culture. Non seulement son fruit fournit un
aliment très nourrissant pour les animaux , et que les hommes
mêmes mangent dans quelques endroits; mais la plante entière
enterrée avec la charrue pendant qu'elle est en fleur , engraisse
la terre aussi bien que le meilleur fumier. Aujourd'hui, comme
du temps de Columelle , on emploie le lupin sous ce rapport
et on s'en trouve bien; mais combien peu sa culture est étendue
relativement à ce qu'elle devroit être !

C'est dans les terrains légers et secs des parties méridionales
de la France , et ils sont malheureusement extrêmement communs , que l'on doit principalement cultiver le lupin , car il
craint autant l'humidité que la gelée , et son semis manque très
souvent dans le climat de Paris et autres plus septentrionaux.
L'époque des semailles indiquée par Columelle est celle qu'on
doit suivre.

On prétend qu'il faut de légers labours à la terre destinée
au lupin , et on n'en donne pas d'autres dans tous les lieux où
je l'ai vu cultiver. C'est une erreur , ainsi que le prouve l'expérience.

La culture du lupin ayant deux buts doit être soumise à
deux modes.

Lorsqu'on veut récolter la graine il faut semer sur deux
bons labours croisés. On emploie vingt-quatre à vingt-cinq
livres de graines pour cent toises carrées , qui rendent, terme
moyen , quinze pour un.

Lorsqu'on veut enterrer la fane on peut se contenter d'un

seul. Dans ce cas, et c'est toujours des pays chauds dont il est question, il faut faire le labour et le semis immédiatement après la récolte du blé, pour que le lupin puisse fleurir avant l'époque des semailles et être enfoui par un labour très profond et très serré. Les fanes, étant alors herbacées ne tardent pas à pourrir et à remplir leur destination.

C'est principalement parceque le lupin a une végétation rapide dans les pays chauds, qu'il est très précieux non seulement pour y faire disparaître les jachères, mais pour y obtenir deux récoltes en un an, ou au moins trois en deux ans. Il y remplace les raves que les sécheresses ne permettent pas toujours d'y cultiver avec fruit.

Un autre avantage du lupin c'est de détruire complètement les mauvaises herbes, qu'il surmonte par la vitesse de sa croissance et qu'il étouffe par l'ombre de ses larges feuilles. Sa graine se conserve sur pied dans sa gousse, sans se perdre, aussi long-temps qu'on le désire, après sa maturité achevée, de sorte qu'on peut choisir un moment opportun pour la récolter.

La tige desséchée du lupin fournit de la litière pour les animaux, et peut être employée à chauffer le four.

Si on étoit curieux de faire la comparaison de la somme nécessaire pour l'achat des engrais animaux capables de fumer un champ, et de ce que coûtent la graine et les petits frais de culture excédant la culture ordinaire, on verroit du premier coup d'œil que tout l'avantage est pour le lupin. On objectera que l'engrais animal sera plus actif et durera plus ; soit: mais quel est le particulier assez riche en engrais, dans les pays méridionaux, pour fumer tous ses champs ? Combien en est-il que les frais de transport empêchent de fumer ceux qui sont éloignés de leur maison ? Il n'en est pas moins vrai que l'engrais du lupin est excellent. Je ne connois aucune plante dont la culture soit moins coûteuse et plus avantageuse dans les pays pauvres, même dans les bons fonds qu'on est forcé de laisser en jachères.

On peut encore cultiver le lupin comme fourrage. Les bœufs et sur-tout les brebis l'aiment beaucoup. Il les engraisse et les fortifie. Cependant, quoiqu'on le fasse dans quelques endroits, j'ai lieu de croire qu'il est plus avantageux de le laisser venir en graine, parceque les graines sont toujours plus nourrissantes que les feuilles.

La bonne graine de lupin est blanchâtre, aplatie, orbiculaire, un peu anguleuse. Elle n'est mangeable que lorsqu'elle a perdu son amertume par la macération dans de l'eau. En Corse, où on en consomme beaucoup, on la fait tremper dans de l'eau de mer qu'on change deux ou trois fois. Dans d'autres endroits on les met dans de l'eau douce. Par-tout on devroit préférer des eaux alcalines, la lessive des cendres, car elle est plus propre à agir sur l'écorce, partie où réside l'amertume. Pourquoi ne pas enlever cette écorce par une mouture à meules fort écartées, comme on le fait en Angleterre pour les pois? C'est sans doute parceque les cantons où on mange des lupins sont habités par des hommes pauvres et ignorans. Sous tous ces rapports, même pour la nourriture des bestiaux, il seroit avantageux de moudre grossièrement les graines de lupin. Ordinairement on en fait par la cuisson une espèce de purée qu'on assaisonne avec du sel, du beurre ou de l'huile; c'est, si j'en juge par deux ou trois fois que j'en ai goûté en Espagne et en France, un fort mauvais manger que je n'ai pas de peine à croire venteux et difficile à digérer, comme on le dit. Les anciens, à ce qu'il paroît, en faisoient un grand usage principalement pour la nourriture de leurs esclaves. Aujourd'hui, je le répète, à part quelques contrées pauvres, on l'emploie seulement pour engraisser les bœufs, les cochons et les moutons. On le leur donne généralement bouilli dans l'eau.

Dans les environs de Paris on ne cultive guère le lupin que pour les usages médicinaux, car la farine de sa semence est une des plus éminemment résolutives; cependant des agronomes en sèment quelques parties dans les mêmes buts que ceux mentionnés plus haut. Là et encore plus dans les climats plus septentrionaux, on ne doit faire ces semis qu'au printemps, à raison de l'humidité ou du froid des hivers, et on ne remplit par conséquent pas toutes les données qu'il présente au midi. Cependant, soit qu'on l'y sème pour la graine, soit pour être enterré sur place, il doit utilement entrer pour une petite quantité dans les assolemens d'une ferme bien montée.

On peut faire figurer le lupin blanc dans les parterres; mais comme la couleur de sa fleur est moins remarquable que celle des autres, on l'y voit moins souvent. Dans ce cas on le sème sur place, lorsqu'il n'y a plus de gelées à craindre, dans de petites cavités qu'on remplit de terreau. Il faut placer cinq à six graines à peu de distance les unes des autres, parcequ'il fait un plus bel effet en petite touffe qu'isolé.

Le LUPIN BLEU, *Lupinus hirsutus*, Lin., a les racines annuelles, les tiges très velues, hautes d'un à deux pieds; les feuilles composées de neuf ou onze folioles également très velues; les fleurs bleues ou roses disposées en épis verticillés et terminaux. Il est originaire du Levant. On le cultive fréquemment dans les parterres, à raison de la beauté de ses fleurs. On le sème au printemps comme le précédent.

Le LUPIN JAUNE a la racine annuelle; la tige haute d'un pied, velue; les feuilles à sept ou neuf folioles obtuses et velues; les fleurs jaunes, odorantes et disposées en épis verticillés et terminaux. Il est originaire de Sicile. C'est l'espèce qu'on aime le plus à cultiver dans les parterres, quoique moins agréable que les autres, parceque ses fleurs exhalent une odeur très suave analogue à celle de la girofiée. On le sème comme les autres en groupes, au printemps, en plusieurs fois, et à huit jours de distance, pour que sa floraison se prolonge plus long-temps. Il fleurit aussi au milieu de l'été.

En général tous les lupins n'aiment point à être transplantés et craignent l'eau.

Il y a encore quelques espèces qu'on pourroit mettre dans les parterres, tels que le LUPIN VARIÉ et le LUPIN VIVACE, mais ils sont rares. (B.)

LUPULINE. Espèce de luzerne commune dans une partie de la France, et qui forme un excellent fourrage. *Voyez* au mot LUZERNE.

LUXATION. MÉDECINE VÉTÉRINAIRE. On appelle luxation le déplacement d'un ou de plusieurs os mobiles hors de leur cavité.

Il y a des luxations complètes et incomplètes. Elle est complète lorsque la surface d'un os est totalement séparée de celle d'un autre os, sur lequel il porte en avant, en arrière, ou sur les côtés. Elle est incomplète, lorsqu'il y a extension de ligamens, ou qu'un os se porte en dehors de la cavité, ou s'écarte du centre de l'os dont il est voisin. La luxation de la première espèce a rarement lieu dans les animaux, à moins qu'il n'y ait une rupture de ligamens et quelquefois des tendons.

Les causes des luxations sont les coups, les chutes, les efforts violens, les mouvemens extraordinaires, etc.

On connoît qu'il y a luxation dans une partie par la douleur vive qui se fait sentir à l'articulation, par la difficulté qu'a l'animal de mouvoir la partie, par la tumeur qui paroît à l'endroit où l'os s'est jeté, et par une dépression à l'endroit où l'os s'est séparé.

Si la luxation est complète, la réduction s'opère par l'extension, la contre-extension et la conduite de l'os en sa place; on applique ensuite sur la partie des compresses imbibées d'eau-de-vie camphrée, et on assujettit l'appareil avec un bandage fait de manière à contenir les os en situation. Au contraire, si elle est incomplète, il suffit de la traiter simplement par les embrocations avec les aromatiques et vulnéraires, tels que le vin aromatique, la lie de vin, etc. Le repos sur-tout contribue à la guérison de cette dernière espèce de luxation, qui arrive le plus souvent aux articulations du boulet avec le paturon.

Il est des cas où la luxation se trouve compliquée avec la fracture, et que l'inflammation, l'enflure et quelquefois l'hémorragie s'opposent à la réduction. Alors le parti qu'il y a

à prendre, si l'os est fracturé loin de l'articulation, c'est d'en
tenter la réduction; mais si la fracture est près de l'articulation, il faut attendre que les os soient soudés. On emploie
à cet effet les émolliens et les résolutifs; on a attention de
prévenir l'endurcissement des ligamens, et l'épanchement de
l'humeur synoviale dans l'articulation, et quand le cal se trouve
formé (*voyez* CALUS), on procède à la réduction. Elle se fait
de la manière indiquée au mot FRACTURE. *Voyez* ce mot. R.)

LUZERNA. C'est le sainfoin dans le département de la
Haute-Garonne.

LUZERNE, *Medicago.* Genre de plantes de la diadelphie
décandrie et de la famille des légumineuses, qui renferme une
quarantaine d'espèces toutes propres à la nourriture des bestiaux, et dont une est, dans les parties tempérées de l'Europe,
l'objet d'une des plus importantes cultures.

Toutes les luzernes ont les feuilles alternes, ternées et les
fleurs disposées en têtes ou en épis sur des pédoncules axillaires.

La LUZERNE CULTIVÉE étoit connue des anciens. Varron, Caton et Palladius parlent de son excellence et des avantages de
sa culture avec enthousiasme. Olivier de Serres, sous le nom de
sainfoin, nom qu'on lui donne encore dans beaucoup de localités, l'appelle la *merveille du ménage* et lui consacre un long
article rempli de sages préceptes. Depuis cette époque, la culture de cette plante s'est beaucoup étendue; mais elle ne l'est
pas encore autant que l'exigeroit l'intérêt de l'agriculture. Il
est encore beaucoup de cantons en France où on n'en voit
pas, quoique leur terrain lui soit aussi ou plus favorable
qu'ailleurs.

Comme plante des parties méridionales de l'Europe, la luzerne craint les gelées, et, par suite, ne peut pas être cultivée
dans le nord. Aux environs de Paris même, localité qui lui est
encore très favorable, elle en souffre quelquefois, sur-tout au
printemps, lorsqu'après être entrée en végétation il survient
des froids tardifs. La conséquence de ce fait, c'est qu'au nord
de ce climat il ne faut la semer que dans les lieux secs et
chauds.

« Non seulement, dit Gilbert, Traité des prairies artificielles, la luzerne ne vient pas sur tous les sols, mais ceux qui
lui conviennent le mieux ne sont nulle part les plus communs.
Les terrains légers et substantiels, ni trop secs ni trop humides,
d'une température moyenne, dont les molécules ont entre elles
peu d'aggrégation, qui, conséquemment, sont faciles à diviser;
une couche végétale profonde ou portant sur un lit assez ferme
pour retenir les principes fertilisans, et pourtant assez perméable pour laisser échapper l'eau superflue, voilà les caractères généraux de la terre dans laquelle elle se plaît. La lu-

zerne languit et ne subsiste pas long-temps dans les sables
arides, dans les terres froides, argileuses, où ses racines ne
peuvent pénétrer que très difficilement, et trouvent une humidité permanente qui la tue. Les craies, les marnes, les
tufs ne lui sont pas plus favorables. Quelquefois la luzerne
paroît prospérer dans ces sortes de terrains pendant les premières années, parceque la couche supérieure est de bonne
nature; mais lorsque ses racines sont parvenues à la mauvaise
terre elle dépérit avec rapidité. »

J'ajouterai que ce n'est que dans les très bonnes terres légères, profondes et substantielles en même temps, qu'il est
réellement profitable de semer la luzerne; car là seulement
ses racines peuvent parvenir à la longueur de plus de trois
pieds qu'on leur trouve quelquefois (Rozier dit même dix),
et que ses tiges peuvent s'élever à la même hauteur. Or, il
n'en coûte pas plus de frais pour obtenir une pareille luzerne,
qui donne des produits triples de celle semée en terrain de
nature différente. Ce n'est pas sur les montagnes que les botanistes trouvent cette plante dans l'état sauvage; c'est dans
les vallées, sur le bord des grandes rivières, dans les sols d'al-
luvions : elle doit donc se plaire le mieux, donner des récoltes plus abondantes dans ces dernières localités. Les indications de la nature ne trompent jamais le cultivateur. La
durée d'une luzernière dépend presque toujours de la qualité
du sol, aussi varie-t-elle entre vingt ans et trois ans. Dans
les terres trop légères et trop fraîches, il vaut mieux semer
du TRÈFLE, et dans celles qui sont trop arides et trop peu profondes, il est plus fructueux de semer du SAINFOIN. *Voyez* ces
deux mots.

Communément on ne cueille la graine que sur de vieilles
luzernes qu'on veut détruire, et même sur la troisième repousse de ces luzernes. Ce n'est pas ainsi qu'agit un agriculteur instruit, parcequ'il sait que de la bonté de la graine dépend la beauté des semis, et que c'est celle qui mûrit la première qui est la meilleure. Il est donc de l'intérêt de la culture
que la luzerne ne soit point fauchée en première coupe l'année
où on veut en recueillir la graine. Mais faut-il donc toujours
réserver pour la graine seulement les luzernières qu'on veut
rompre? Oui, dans le mode actuel de culture, répondrai-je,
parceque toute plante qu'on laisse grainer épuise bien plus
le terrain, s'affoiblit bien davantage que celle qu'on coupe
constamment au moment où elle entre en fleur.(*Voyez* GRAINE
et ASSOLEMENT.) Mais comme les graines des vieilles plantes
sont toujours moins nourries que celles d'un moyen âge, on
ne devroit pas le faire. On ne le pratique nulle part, que je
sache, cependant il n'en est pas moins vrai que pour avoir

toujours de la graine de luzerne de qualité supérieure, et abondamment, il faudroit la prendre sur des luzernières de trois à dix ans ; et, pour cela, en réserver une pièce, que, comme je l'ai déjà observé, on ne faucheroit jamais pour fourrage en première coupe.

J'ajouterai que la graine récoltée sur une luzernière à détruire ne peut manquer d'être mêlée avec celle des plantes qui y croissent toujours, et qu'il est fort difficile de les séparer. Or, on conçoit quels sont les inconvéniens qui sont la suite de cette circonstance.

Les gousses de la luzerne s'ouvrant difficilement, on n'a pas à craindre que ses graines se perdent en retardant la coupe de celle qui est mûre ; en conséquence il faut la laisser mûrir avec excès, et on peut choisir, sans inconvénient, le moment le plus opportun pour la faucher. Cependant il est bon de ne pas trop prolonger l'époque de cette opération, afin de tirer quelque profit du regain qu'on peut encore espérer.

La luzerne pour graine, coupée et séchée, se porte dans un grenier, et y reste jusqu'à ce que l'époque de la semer soit prête à arriver, parcequ'elle s'améliore d'abord et ensuite se conserve mieux dans sa gousse que dehors: Ce n'est pas une chose facile que de la battre de manière à n'en pas perdre, mais on y parvient avec du temps et de la persévérance.

La bonne graine de luzerne est luisante, brune et pesante. Elle peut se conserver cinq à six ans et plus, sur-tout si elle est laissée dans sa gousse ; cependant il est avantageux de préférer toujours la plus nouvelle; et on gagne dans le nord à en faire venir de loin en loin du midi.

Comme la durée moyenne de la luzerne dans un fonds médiocre est de douze ans, et que pendant ce temps elle ne recevra pas d'engrais, il est nécessaire que le terrain qu'on lui destine soit largement fumé. Ce terrain sera aussi profondément labouré que possible, parceque cette plante étant pivotante il est bon de favoriser sa disposition à s'enfoncer. Plus elle pourra la première année aller chercher bas sa nourriture, et plus elle profitera, et plus elle bravera la sécheresse. Ordinairement on la sème sur trois labours, mais deux peuvent suffire lorsqu'ils sont convenablement exécutés. *Voyez* LABOUR.

Immédiatement après le dernier labour on fera passer la herse, puis le rouleau, jusqu'à ce que le terrain soit aussi uni que possible. Si ce terrain est de nature forte et qu'il offre des mottes trop dures pour être brisées par les opérations, on les fera travailler avec le CASSE-MOTTE, encore mieux, avec la HOUE A CHEVAL a plusieurs rangs de fers. *Voyez* ces mots. On sent combien il est utile qu'une localité destinée à être fauchée soit de niveau.

Indiquer une époque fixe pour semer la luzerne seroit induire à erreur, cette époque dépendant du climat et de la saison. Dans le midi, qui, comme je l'ai déjà observé, est sa véritable patrie, on la sème en septembre ou en mars, un peu plus tôt ou un peu plus tard, selon les temps et les lieux. Les semailles faites en septembre font gagner une année, puisque dans la suivante on coupe cette luzerne comme les autres. Il faut cependant observer qu'elle fleurit plus tard et qu'ordinairement on a une coupe de moins. Dans le nord on doit semer dès qu'on ne craint plus l'effet des gelées, car une gelée un peu forte détruit complètement toute luzerne qui lève. Il est plus avantageux de semer la luzerne un peu clair que trop épais, parceque l'influence de la première année des plantes influe sur toute leur vie, c'est-à-dire que celles qui ont alors souffert ne sont jamais aussi belles que celles qui ont crû en liberté. La quantité de semence à répandre, dépendant de la nature du sol et de celle du climat, je ne l'indiquerai pas d'une manière rigoureuse. Aux environs de Paris c'est ordinairement entre quinze et vingt livres par arpent.

Généralement on sème à la volée avec de l'avoine ou de l'orge, qui abritent le jeune plant de la trop grande ardeur du soleil, ou des hâles trop desséchans et dont la récolte paye les frais de la culture et la rente de la terre : on s'en trouve bien. Cependant il paroît par les écrits d'Arthur Young que les semis en rangées qu'on peut biner à la charrue donnent des produits plus avantageux dans les terrains de médiocre qualité, ce qui n'est pas difficile à croire. *Voyez* RANGÉE.

Dès que la graine de luzerne est semée il faut l'enterrer avec une herse légère armée de rameaux d'épines, et de manière à perfectionner le nivellement déjà donné au sol. Elle craint d'être trop recouverte, mais veut l'être suffisamment, de sorte que cette opération ne doit être faite que par des hommes exercés.

Lorsque la terre est trempée et que le temps est chaud, la graine de luzerne ne tarde pas à lever. Le plant fait d'abord peu de progrès, cependant il ne faut pas s'en inquiéter. Quelques auteurs prescrivent de la sarcler, mais c'est une opération généralement superflue. Elle saura bien, l'année suivante, lorsqu'elle aura acquis de la force, étouffer toutes les plantes qui se trouveroient dans ses intervalles. Seulement s'il s'en présentoit de trop grandes, la bardane par exemple, il faudroit l'en débarrasser par le moyen de la houe.

L'avoine ou l'orge semée avec la luzerne se coupe à l'époque ordinaire et un peu haut, pour que les tiges de cette plante ne soient qu'étêtées.

Cette dernière observation paroîtra peut-être singulière à

certains cultivateurs qui croient ne pouvoir jamais assez promptement jouir des produits de leurs travaux, et qui sont persuadés que plus on coupe les plantes et plus elles tallent ; mais ils ne savent pas, ces cultivateurs, que les plantes vivent autant par leurs feuilles que par leurs racines, et que toutes les fois qu'on coupe la tige ou une partie de la tige d'une plante on retarde nécessairement sa végétation. Il résulte de cette remarque, qu'en fauchant la luzerne la première année ses pieds prennent moins de force, ce qui influe puissamment, comme je l'ai déjà observé plus haut, sur sa végétation, pendant les années suivantes. Il convient donc de ne pas la couper.

Pendant l'hiver on fera exactement enlever toutes les pierres qui se trouveront à la surface du champ. Dès la seconde année la luzerne peut déjà donner deux coupes, mais ce n'est qu'à la troisième qu'elle parvient à toute sa vigueur. Si alors les pieds sont moins gros ils sont plus nombreux, ce qui revient à peu près au même.

L'époque où il convient de couper les luzernes est lorsqu'elles commencent à entrer en fleur. Plus tôt elles sont trop aqueuses, noircissent et diminuent beaucoup au fanage, se cassent davantage dans les opérations du bottelage, du transport, etc., et enfin nourrissent moins les animaux. Plus tard elles laissent moins de temps pour la repousse, sont plus dures sous la dent des bestiaux, et s'affoiblissent d'autant plus qu'elles perfectionnent plus leurs semences. *Voyez* GRAINE.

En général il est bon de couper la luzerne peu après la pluie, afin que les racines profitent de l'humidité de la terre pour donner promptement naissance à de nouvelles tiges ; cependant il faut éviter de la rentrer humide, car elle perdroit dans ce cas beaucoup de ses qualités et pourroit même devenir impropre à la nourriture des bestiaux.

Un faucheur peut toujours couper dans sa journée le double de luzerne que de foin naturel.

En Espagne, en Italie, et même dans les parties méridionales de la France, la luzerne, dans les bons terrains susceptibles d'arrosemens, donne quelquefois jusqu'à huit récoltes par an. J'en ai vu de telles dans les vallées volcaniques du Vicentin. Ordinairement c'est cinq à six. Dans le milieu de la France on en fait souvent quatre, et aux environs de Paris presque toujours trois, dont la dernière est généralement très foible. Plus au nord ce nombre se réduit à deux et même à une.

Aucune plante cultivée ne donne donc des produits plus avantageux que la luzerne. Les calculs faits par Gilbert, ceux qu'on lit dans les ouvrages d'Arthur Young et autres écrivains, établissent cette vérité dans tout son jour. Tessier évalue qu'elle fournit quatre fois plus de fourrage dans la même éten-

due que le meilleur pré. Donner les résultats de ces calculs
seroit chose superflue , puisqu'ils changent selon les localités ,
selon les années , selon les temps politiques , et que la supériorité de cette plante n'est contestée par personne. Je ne puis
cependant me refuser au désir de rapporter que Duhamel, à
peu de distance de Paris et dans un sol médiocre, a obtenu
vingt mille livres de fourrage sec d'un arpent. Quels doivent
donc être les produits des luzernes en bons fonds arrosables
dans les pays cités plus haut? Ils sont, d'après M. de La Borde,
auteur de l'Itinéraire d'Espagne , aux environs de Malaga ,
au moyen des arrosemens , de quatorze récoltes dans une année , tant est active la végétation où la chaleur se trouve con-
corder avec l'humidité. Aussi je fais des vœux pour que sa culture continue à s'étendre dans les parties de la France où elle
n'est pas encore assez généralement connue.

Il faut dire ici que dans une vieille luzerne la première coupe
est la moins bonne , parcequ'elle contient beaucoup d'autres
espèces de plantes qui n'ont pas une végétation assez vigoureuse
pour repousser comme elle.

Plusieurs agriculteurs ont indiqué différens moyens plus ou
moins bons pour rajeunir les vieilles luzernes ; mais l'expérience prouve que rarement il y a un grand avantage à le faire.
Je préférerai donc conseiller leur destruction , conformément
au principe des Assolemens. *Voyez* ce mot et le mot Succession de culture. Ce que je viens de dire n'exclut pas les opérations propres à ranimer la végétation de celles qui seroient
languissantes, telles que des Terres végétales, de Marne, des
Cendres, de Chaux, du Fumier très consommé répandu pendant l'hiver , du Platre en poudre semé sur ses feuilles au
commencement de sa végétation , enfin des Arrosemens lors
de chaleurs ou des grandes sécheresses. *Voyez* tous ces mots.
On peut aussi utilement les herser avec une herse à dents de
fer immédiatement après qu'elles ont été coupées. De tout
cela, le plâtre est ce qui produit les effets les plus étonnans.
Des faits prouvent qu'il y a quelquefois double à gagner à en
faire usage, et la dépense dans certaines localités est très peu
de chose en comparaison de l'augmentation des produits.

« Les qualités alimentaires de la luzerne , dit Rozier, diminuent à mesure qu'elle s'éloigne du midi ; mais malgré cela
aucun fourrage ne peut lui être comparé pour la qualité ; aucun n'entretient les animaux dans une aussi bonne graisse,
n'augmente autant l'abondance du lait dans les vaches et autres
femelles qui nourrissent. »

Ces éloges, mérités à tous égards, exigent cependant des
restrictions. Sèche , elle échauffe beaucoup les animaux, et si
on ne modère la quantité qu'on leur en donne pendant les

chaleurs, et sur-tout dans les pays chauds, les bœufs ne tardent pas à pisser le sang par une sorte d'irritation générale; maladie qui se guérit facilement, il est vrai, par un régime rafraîchissant, mais qui, enfin, amène quelquefois des accidens graves. Verte, et en petite quantité, elle les relâche ou les purge, et par suite les affoiblit au point qu'on n'en peut plus exiger les mêmes services. Verte, et en grande quantité, elle cause des MÉTÉORISATIONS (*voyez* ce mot), qui conduisent souvent en peu d'instans les animaux, principalement les vaches et les brebis, à la mort. Jamais donc il ne faut permettre que les bestiaux, sur-tout au printemps, paissent en liberté dans les luzernes. L'intérêt du propriétaire, par rapport à la conservation même de cette plante, doit aussi l'y engager; car rien ne la ruine plus promptement que le piétinement des chevaux, des bœufs, des vaches, et que le broutement des moutons.

Il est toujours prudent de ne donner la luzerne aux bestiaux qu'après qu'elle aura eu le temps de perdre la surabondance de son eau de végétation, c'est-à-dire après vingt-quatre heures. Une bonne manière de leur faire manger cette plante, c'est de la stratifier fraîche avec de la paille, et de leur donner ensuite le tout exactement mélangé. Elle communique sa bonne odeur et sa saveur à la paille, et la rend par conséquent plus agréable pour eux.

Cette dernière considération et celle que les feuilles de la luzerne desséchée se séparent facilement des tiges et se perdent dans les transports et remuemens, déterminent beaucoup de cultivateurs à faire faire cette stratification, même pour leur grande récolte, et ils sont dignes d'être imités; car la petite dépense de main-d'œuvre que nécessite cette opération est de beaucoup couverte, non seulement par la conservation de la partie du fourrage qui se seroit perdue et l'augmentation de la qualité de la paille, mais encore par la certitude que la luzerne se conservera toujours saine, qu'on évitera la moisissure qui en résulte souvent, et l'inflammation qui est quelquefois la suite de son accumulation dans les greniers, lorsqu'elle n'est pas complètement sèche, ou qu'elle reçoit l'eau des pluies à travers le toit.

Plusieurs insectes nuisent à la luzerne. Les plus dangereux d'entre eux sont les larves de l'EUMOLPE OBSCUR et du HANNETON VULGAIRE. *Voyez* ces deux mots.

Il est une plante, la CUSCUTE, qui cause de grandes pertes à ceux qui cultivent la luzerne. J'ai donné dans l'article qui la concerne les moyens reconnus les plus certains pour la détruire.

Mais quelque avantageuse que soit la culture de la luzerne en elle-même, ses suites le sont peut-être encore plus. C'est en effet une des meilleures plantes qu'on puisse employer dans les assolemens, à raison de ce qu'elle reste long-temps dans le même lieu, qu'elle y laisse beaucoup de débris, qu'elle introduit dans la terre, par l'intermédiaire de ses nombreuses feuilles, les principes qu'elle soutire de l'atmosphère, enfin que ne portant pas graine, elle enlève moins de ces principes à la terre que beaucoup d'autres. Je ne m'étendrai pas sur cet important objet, parceque mon collaborateur Yvart doit le traiter dans les articles ASSOLEMENT et SUCCESSION DE CULTURE. *Voyez* ces deux mots.

Les autres espèces de luzerne qu'il convient de citer encore sont,

La LUZERNE EN ARBRE, qui a la tige frutescente; les feuilles couvertes de poils blancs, et les gousses recourbées. Elle est originaire des parties les plus chaudes de l'Europe, et ne peut se cultiver que dans l'orangerie dans le climat de Paris. J'en parle, parceque tous les bestiaux l'aiment avec passion, et qu'elle a été extrèmement vantée par les agriculteurs romains, sous le nom de CYTISE. Il ne paroît pas qu'elle soit nulle part cultivée, mais que par-tout où elle croît naturellement elle est appréciée à sa juste valeur par les propriétaires de bestiaux. La couleur de son feuillage et ses nombreux épis de fleurs la rendent propre à servir à l'ornement des jardins dans les climats où il n'y a pas à craindre les gelées pour elle. Son bois est dur et sert à faire des poignées de sabres, des manches de couteaux et autres petits meubles.

La LUZERNE FAUCILLE a les racines vivaces; les tiges grêles et hautes d'environ deux pieds; les feuilles oblongues, légèrement dentées, et les gousses recourbées et contournées. Elle croît dans les bois, les haies, les prés arides. Elle est beaucoup moins productive que la luzerne cultivée, cependant il peut être avantageux d'en faire aussi des prairies artificielles, parcequ'elle se plaît dans des sols où la première ne peut subsister. Je sais que quelques amis zélés de la prospérité agricole de la France en ont fait des semis, mais j'ignore quelles en ont été les suites. Je sollicite de nouveaux essais. Tous les bestiaux la recherchent avec passion, aussi ce n'est que lorsqu'elle est défendue par les buissons où elle se trouve qu'elle peut arriver à toute sa hauteur et amener ses graines à maturité.

La LUZERNE LUPULINE a les racines bisannuelles; les tiges grêles, hautes d'un pied; les folioles ovales; les gousses réniformes et monospermes. Elle est très commune dans les champs, les prés, le long des chemins. Les bestiaux en sont très friands. Haller dit qu'on l'a cultivée avec succès dans quelques parties de la Suisse. On commence à en voir des semis aux environs de Paris. Quoique bisannuelle elle peut durer plusieurs années , lorsqu'on la fauche avant sa floraison.

Je n'indiquerai pas les autres espèces, quoique plusieurs améliorent beaucoup les pâturages où elles croissent, parcequ'elles sont moins importantes que celles ci-dessus. B.)

LYCHNIDE, *Lychnis*. Genre de plantes de la décandrie pentagynie et de la famille des caryophillées, qui renferme une dixaine d'espèces, dont quatre sont généralement cultivées dans les jardins pour leurs fleurs d'un rouge de diverses nuances et toujours éclatant.

La LYCHNIDE DE CALCÉDOINE est vivace ; a des tiges droites, simples, noueuses, velues, des feuilles opposées, sessiles, lancéolées, dentées, velues, d'un vert jaune ; les fleurs d'un rouge écarlate et disposées en un corymbe terminal très serré. Elle est originaire du Levant et fleurit pendant tout l'été. On la cultive fréquemment dans les parterres sous les noms de *croix de Jerusalem* , *croix de Malte*, de *fleur de Constantinople*. Sa hauteur surpasse souvent deux pieds. Elle varie à *fleurs doubles*, à *fleurs safranées*, à *fleur couleur de chair* et à *fleurs blanches*. On en fait des touffes, des bordures ; on en couvre même des espaces d'une certaine étendue qui, lorsque le soleil brille, paroissent de loin être en feu. Elle produit moins d'effet dans les jardins paysagers ; cependant elle y trouve sa place contre les fabriques, au pied des rochers, etc. La simple a plus d'éclat, la double plus de durée. Ses variétés sont moins agreables selon moi, mais font contraste. Une terre substantielle et un peu fraîche, une exposition chaude lui conviennent le mieux. Elle ne craint cependant pas les gelées les plus rigoureuses. On la multiplie de graines, mais plus communément par le déchirement des vieux pieds, déchirement qui fournit beaucoup , dont les effets se réparent promptement, (car elle a beaucoup de propension à taller, qui a lieu dans le courant de l'hiver et qui ne manque jamais quand on l'a fait convenablement. On arrose , si besoin il y a, aussitôt qu'il est terminé. On multiplie aussi fréquemment cette plante de boutures.

La LYCHNIDE LACINIÉE a les racines vivaces ; les tiges grêles, rameuses, striées et velues ; les feuilles opposées, amplexicaules, linéaires ; les fleurs d'un rouge de sang, peu nombreuses et à pétales laciniés très profondément. Elle croît abondamment dans les prés humides, les bois marécageux, s'élève à deux ou trois pieds et fleurit au milieu de l'été. Elle est moins brillante, mais plus élégante que la précedente. J'ai vu des prés bas qui en étoient si remplis qu'ils étoient tout rouges, ce qui indiquoit la paresse ou l'ignorance des propriétaires, car, comme les bestiaux n'y touchent pas, elle leur étoit évidemment nuisible. Dans ce cas il n'y a pas d'autre remède que le labourage et la

culture, pendant quelques années, de plantes céréales ou de
plantes exigeant des binages d'été, telles que les fèves, les
pommes de terre, etc. On la cultive quelquefois dans les parterres, où elle varie à fleurs doubles et à fleurs blanches; on doit
sur-tout la multiplier dans les jardins paysagers dont le sol est
humide, sur le bord des pièces d'eau, parcequ'elle y produit
d'agréables effets et qu'elle ne demande aucune culture. On
la multiplie comme la précédente.

La LYCHNIDE VISQUEUSE, *Lychnis viscaria*, Lin., a les tiges
visqueuses à leur sommet; les feuilles opposées, lancéolées,
même linéaires et quelquefois rougeâtres; les fleurs purpurines
et disposées en panicule terminal. Elle est vivace, haute d'environ un pied, croît dans les parties moyennes et méridionales
de la France, et fleurit pendant une partie du printemps et de
l'été. Les moutons l'aiment beaucoup, mais les vaches n'y
touchent pas. On la cultive dans quelques jardins sous le nom
de *bourbonnaise* ou d'*attrape mouche*. Ce sont ses belles fleurs
qui la font remarquer. Sa multiplication s'opère comme celle
des précédentes. Il y en a une variété à fleurs doubles. On
l'appelle attrape mouche, parceque les mouches et autres petits
insectes s'engluent souvent dans la viscosité du sommet de ses
tiges et y périssent.

La LYCHNIDE DIOIQUE a la racine vivace; les tiges droites,
rougeâtres et velues; les feuilles opposées, sessiles, ovales,
oblongues, très velues; les fleurs rouges assez grandes et disposées en panicule terminal. Elle croît dans les prés, les
champs, le long des chemins, s'élève à deux ou trois pieds
et fleurit pendant une partie du printemps et de l'été. Tous
les bestiaux la mangent. On la cultive dans les jardins sous le
nom de *jacée*, de *passe-fleur sauvage*, de *compagnon blanc*.
Elle y double et y varie à fleurs blanches. Tout ce qui a été dit
pour les autres espèces lui convient, excepté que la nature du
terrain lui est plus indifférente. Les fleurs mâles sont sur des
pieds autres que les fleurs femelles, de sorte qu'il faut placer
les deux sexes à côté l'un de l'autre pour avoir des graines.
Une chose remarquable, c'est que les graines de la variété
blanche la rendent constamment.

Quelques auteurs ont placé les AGROSTÈMES et les GITHAGES
dans ce genre. *Voyez* ces mots. (B.)

LYCOPE, *Lycopus*. Plante vivace de la diandrie monogynie
et de la famille des labiées; à tiges quandrangulaires, hautes de
trois à quatre pieds; à feuilles opposées, ovales, lancéolées,
dentées; à fleurs blanchâtres, petites, nombreuses, disposées
en verticille dans les aisselles des feuilles supérieures, qui croît
dans les marais, sur le bord des étangs et des rivières, et qui
fleurit au milieu de l'été.

Cette plante, qu'on connoît vulgairement sous les noms de *pied-de-loup* ou *marrube aquatique*, est quelquefois si abondante dans les lieux qui lui conviennent, qu'il est avantageux de la couper pour faire de la litière et augmenter la masse des fumiers, ou pour chauffer le four, car elle ne peut être utile à aucune autre chose. Les bestiaux, excepté les chèvres et les moutons, n'y touchent point. Comme elle n'est pas sans élégance dans son port, on peut en placer quelques touffes sur le bord des eaux dans les jardins paysagers, touffes qui se conserveront long-temps sans culture. (B.)

LYCOPODE, *Lycopodium*. Genre de plantes cryptogame de la famille des mousses, qui renferme une cinquantaine d'espèces, dont une est dans le cas d'être citée ici à raison de l'utilité qu'on en retire sous plusieurs rapports.

Le LYCOPODE EN MASSUE est la plus grande des mousses d'Europe. Ses tiges sont rampantes, dichotomes de distance en distance et souvent longues de trois ou quatre pieds. Ses feuilles sont courtes, très nombreuses et terminées par un poil. Les pédoncules qui portent ses fleurs naissent à l'extrémité des rameaux latéraux, et sont hauts de trois à quatre pouces. Il croît dans les bois des montagnes, au pied des rochers, toujours à l'exposition du nord. Son abondance est extrême dans certains cantons.

La poussière fécondante de cette plante est si inflammable qu'il suffit d'en jeter une pincée sur un charbon pour remplir un appartement de feu qui passe instantanément, sans se communiquer aux meubles et sans laisser d'odeur. C'est elle qu'on emploie à l'opéra et dans les feux d'artifice sous le nom de *soufre végétal*. Elle est pour les habitans des Alpes l'objet d'une récolte de quelque importance. Ils l'effectuent à la fin de l'été en coupant les épis du lycopode qu'ils emportent dans des sacs et qu'ils mettent dans des tonneaux, où ils se dessèchent et laissent tomber leur poussière. Cette poussière est très légère, et ses particules ont tant d'affinité entre elles, qu'une pincée jetée dans un seau d'eau suffit pour qu'on puisse porter la main au fond sans la mouiller.

Les feuilles de la plante passent pour astringentes et diurétiques. (B.)

LYCOPSIDE, *Lycopsis*. Plante annuelle, à tige épaisse, rude, couchée, haute d'un à deux pieds; à feuilles alternes, sessiles, lancéolées, hérissées; à fleurs bleues, petites, insérées dans les aisselles des feuilles supérieures; qu'on trouve abondamment par toute l'Europe dans les champs, sur la berge des fossés, dans les jardins et autres lieux où la terre a été remuée. Elle forme, avec une douzaine d'autres, un genre dans la pentandrie monogynie et dans la famille des borraginées.

Tous les bestiaux mangent la LYCOPSIDE DES CHAMPS et les moutons la recherchent. C'est pour eux une nourriture très rafraîchissante au printemps, époque où elle commence à entrer en fleur et où ils quittent leur nourriture d'hiver. Sous ce rapport seul elle seroit dans le cas d'être cultivée ; mais elle mérite encore de l'être sous un autre. Comme elle croît dans les plus mauvais sols, dans les sables arides et les craies les plus infertiles, et que ses tiges et ses feuilles sont épaisses, après l'avoir fait brouter au printemps par les moutons, on pourroit la laisser repousser et l'enterrer en été avec la charrue pour servir à favoriser la germination des raves, des navettes d'hiver et autres plantes qu'on sème à la fin de cette saison. Cette observation m'a été suggérée par l'aspect de certains champs en jachère qui en étoient couverts. *Voyez* ASSOLE-MENT et ENGRAIS. Le difficile seroit peut-être d'en ramasser la graine, parcequ'elle mûrit successivement et tombe à mesure. J'abandonne cette idée à l'expérience, car je ne sache pas que nulle part on ait cultivé la lycopside. (B.)

LYMNÉE, *Lymnea*. Genre de coquille univalve qui renferme sept à huit espèces, toutes habitant les marais de la France, et dont quelques unes sont si abondantes dans certaines eaux, qu'il devient avantageux aux cultivateurs de les faire ramasser pour fumer les terres.

Les lymnées sont hermaphrodites ; mais elles ne peuvent se féconder réciproquement comme les HÉLICES, avec lesquels Linnæus les avoit cependant confondues ; elles sont alternativement fécondantes et fécondées ; de là vient les longs chapelets de ces animaux qu'on observe au printemps dans les eaux stagnantes, chapelets dont le premier individu agit comme mâle et le dernier comme femelle, et tous les autres sous ces deux rapports en même temps. C'est à cette époque qu'il convient de les pêcher avec de grandes troubles et de les répandre sur les champs, parceque plus tôt elles sont enfoncées dans la boue et plus tard elles sont dispersées au milieu des eaux. Je les ai vues quelquefois alors couvrir les rivages dans une distance de plusieurs pieds, de sorte qu'on pouvoit en prendre en peu de momens la charge d'un cheval. L'engrais qu'elles fournissent est très recherché en Angleterre. Il agit mécaniquement par la coquille dans les terres fortes, et chimiquement par l'animal. Il est donc propre aux terres fortes comme aux terres sablonneuses. *Voyez* au mot ENGRAIS.

Les canards, les dindes, les poules mangent les lymnées. On peut aussi les donner utilement aux cochons.

La plus grande des espèces est la LYMNÉE STAGNALE qui a plus d'un pouce de long.

La plus remarquable est la LYMNÉE RADIS dont l'ouverture est presque aussi ample que la coquille est grosse. (B.)

LYMPHE. Partie la plus aqueuse de la sève des plantes. Ce mot est un peu vague et se prend souvent pour la SÈVE même. *Voyez* ce mot.

LYSIMACHIE. *Voyez* LISIMACHIE.

M.

MABOLO, *Cavanillea*. Arbre des Philippines, qu'on cultive à l'Ile-de-France à cause de son fruit qui ressemble à un gros coin, et qu'on mange, quoique fort acide.

Cet arbre, dont les rameaux sont velus, les feuilles alternes, ovales, coriaces, glabres en dessus, velues et argentées en dessous, dont les fleurs sont blanches, argentées en dehors, et placées à l'extrémité des rameaux, forme seul un genre dans la polyandrie monogynie.

Le bois du Mabolo est noir, fort dur, et peut remplacer l'ébène. Son fruit est fort sain. (B.)

MACÉRATION. On fait macérer une plante en la mettant dans l'eau à la température habituelle de l'air, et en l'y laissant jusqu'à ce qu'elle soit plus ou moins désorganisée. Souvent les produits de la macération sont employés dans la médecine des animaux.

On pourroit appliquer le même mot à la décomposition naturelle des plantes dans les eaux où elles ont vécu, ou dans celles où elles ont été entraînées ; mais il n'est pas d'usage dans ce cas. *Voyez* INFUSION. (B.)

MACERON, *Smyrnium*. Genre de plantes de la pentandrie monogynie, et de la famille des ombellifères, qui renferme neuf à dix espèces, dont une étoit autrefois employée comme légume à la nourriture de l'homme et est encore d'usage en médecine.

Cette espèce est le MACERON COMMUN, *smyrnium olusatrum*, Lin., autrement appelé le *persil de Macédoine*, qui est bisannuel ; dont la racine est épaisse ; les tiges hautes de deux ou trois pieds ; les feuilles radicales composées, les caulinaires ternées et lanugineuses sur les bords de leur gaîne. Il croît dans les bois marécageux des parties méridionales de l'Europe, et fleurit en été. On regarde ses racines et ses semences comme apéritives, carminatives et diurétiques. On mangeoit jadis ses jeunes pousses en salade, après les avoir fait blanchir ; ses racines comme on mange encore celles de céleri, et ses feuilles en guise de persil. Aujourd'hui on a abandonné sa culture au point qu'on ne le trouve plus que dans les jardins de botanique. (B.)

MACHE , *Fedia*. Plante du genre des valérianes , dans les ouvrages de Linnæus, mais dont on a fait un genre particulier.

La racine de la mâche est annuelle ; ses feuilles opposées , spatulées ou linéaires, assez épaisses, molles, glabres, d'un vert foncé, sont d'abord toutes radicales, et forment une rosette plus ou moins large, étendue sur la terre, du centre de laquelle s'élève une tige haute d'un pied, cylindrique, striée, creuse, noueuse, dichotome et feuillée. Ses fleurs sont petites, blanches ou bleuâtres, et disposées en petites ombelles au sommet des rameaux, qui sont toujours nombreux.

Cette plante , qu'on appelle aussi *doucette* , *blanchette* , *poule grasse* , *salade de chanoine* , etc. , se trouve par toute l'Europe dans les champs et les vignes. Elle fleurit en avril. Ses feuilles ont une saveur douce , et passent pour rafraîchissantes. On la mange généralement en salade pendant l'hiver, et le commencement du printemps, c'est-à-dire avant qu'elle monte en fleur.

Dans les campagnes on se contente de celle qui croît naturellement ; mais autour des grandes villes on la cultive pour en avoir toujours à la disposition des consommateurs pendant la saison. Les soins qu'on en a pris lui ont fait produire plusieurs variétés, toutes à feuilles plus larges et plus tendres que celles des champs, mais du reste peu caractérisées, excepté celles à feuilles dentées. On la multiplie de graines, qu'on sème depuis la fin de l'été jusqu'au commencement de l'hiver de quinzaine en quinzaine, afin que sa durée soit la plus longue possible. La terre où on la place doit être bien préparée, mais non fumée, car les feuilles prennent très facilement le goût de fumier, ainsi que s'en aperçoivent souvent ceux qui vivent à Paris. Les premiers semis se feront au midi, afin que la chaleur du soleil fasse végéter le plant pendant l'hiver, et les derniers au nord, pour qu'il soit retardé au printemps. A peine faut-il enterrer la graine; puisque quand elle l'est d'un demi-pouce elle ne lève plus. Il n'y a pas de danger à la répandre dru, parceque lorsqu'on cueille le plant pour le manger, on choisit toujours les plus beaux, ce qui l'éclaircit ; cependant cela a nécessairement des bornes. Le plant s'arrose au besoin; car si la saison est sèche, celui qui ne l'a pas été reste petit et devient dur. On réserve toujours un petit coin pour la graine, cette plante n'aimant point à être transplantée. Comme elle fleurit successivement, les premières graines sont toujours tombées, que les dernières ne sont pas encore formées. Il faut qu'un jardinier soigneux veille sur l'époque où il y en a le plus de mûres, pour arracher tous les pieds et les suspendre dans une orangerie ou une salle basse, avec un linge dessous, afin qu'il s'en perde le moins possible. Il fera cette opération de bon matin. Je dis de les mettre dans un lieu frais, pour que les graines qui ne sont pas mûres puissent achever leur évolution au moyen de la sève qui est encore dans la tige, qui s'évaporeroit trop promptement si on les laissoit au soleil, comme on le fait souvent, ou qui occasionneroit leur pourriture, si on les entassoit dans un coin humide, ainsi que cela a lieu quelquefois. Lorsque toutes les bonnes graines sont tombées, on les nettoie et on les met dans des sacs de papier. Elles peuvent se conserver bonnes pendant plusieurs années.

Tous les bestiaux, et sur-tout les moutons, aiment cette plante, et ce ne seroit pas une mauvaise opération que d'en semer pour eux, après la récolte, dans les champs qu'on laisse en jachère. Elle se plaît dans un terrain frais; mais du reste elle est presque indifférente sur le sol. (B.)

MACHER. C'est dans le département des Deux-Sèvres le synonyme de BLOSSIR.

MACHINE HYDRAULIQUE. *Voyez* POMPE.

MACHINES. Dans l'agriculture et dans les arts, on appelle ainsi tout assemblage de pièces de bois, de fer ou d'autre matière, qui se lient et se rapportent les unes aux autres, et qui, étant mises en jeu ensemble ou séparément, produisent par leur mouvement un effet utile quelconque. Ainsi les moulins de toute espèce qui servent à moudre les grains, à exprimer les huiles, à hacher le tabac, à passer le coton, à écraser les cannes à sucre, à scier des arbres ou des madriers, sont des machines. Les pompes employées à tirer l'eau des puits ou des rivières, celles qui servent à dessécher les marais, à arroser les jardins et les plantations, les grues avec lesquelles on élève des fardeaux considérables, les chariots ou voitures sur lesquels on transporte les produits des champs, sont aussi des machines.

Toutes les machines ont pour premier moteur l'homme ou les animaux, l'air, l'eau ou le feu. Elles diffèrent des instrumens sous plusieurs rapports. Les instrumens sont simples et formés seulement de deux ou trois pièces; les machines sont composées de plusieurs pièces, ressorts et rouages. La plupart des instrumens sont mus et dirigés immédiatement par la main de l'homme; presque toutes les machines sont mises en mouvement par d'autres agens plus forts que lui. Les instrumens doublent ou triplent la force et l'adresse de l'ouvrier qui s'en sert, mais ils ne tiennent pas lieu de plusieurs ouvriers; les machines, au contraire, font l'office et le travail d'un grand nombre d'hommes, que sans elles on seroit obligé d'employer pour faire le même ouvrage. Sous ce rapport elles ont un grand avantage sur les instrumens; mais ceux-ci étant plus simples, d'un moindre prix, plus aisés par conséquent à faire et à réparer, étant d'ailleurs plus près de l'homme, et maniés par lui, sont par toutes ces raisons d'un usage plus général. Il n'y a aucun doute qu'ils ont été inventés avant les machines, qu'on peut regarder comme un composé d'instrumens de diverses sortes réunis les uns aux autres et agissant à la fois.

Tout ce que j'ai dit à l'article INSTRUMENS sur leur invention, et sur-tout sur leur utilité, s'applique de soi-même aux machines dont l'utilité n'est pas moins grande, et n'est plus aujourd'hui contestée. Il faut pourtant se défier des inventions nouvelles en ce genre; car l'homme industrieux qui a fait ou qui croit avoir fait une découverte utile est toujours très empressé de la vanter. Il vous montre son petit modèle en relief : il en fait jouer à merveilles les pièces et les rouages, et il en conclut, sans balancer, que la machine établie en grand produira l'effet promis et désiré. Il peut se tromper. Les dimensions de la machine n'étant plus les mêmes, il arrive souvent que les frottemens et les mouvemens des pièces qui la composent ne sont plus dans le même rapport entre eux; la force et l'élasticité relatives de ces pièces changent et présentent des différences qui en ralentissent ou en gênent tout-à-fait le jeu; de sorte que la prétendue merveilleuse machine, après avoir coûté beaucoup à construire, est reconnue imparfaite ou inutile, au grand étonnement de l'inventeur, qui comptoit sur son brevet d'invention et sur l'infaillibilité du rapport qui le lui avoit fait obtenir.

En agriculture, où il y a tant de dépenses indispensables, et où l'on n'a ni argent ni temps à perdre, on doit donc se tenir en garde contre les machines nouvelles. Un homme sage en laissera faire l'essai aux inventeurs, aux gens riches ou au gouvernement. Celles qui présenteront dans la pratique des avantages évidens seront bientôt connues et employées. Depuis long-temps a-t-on besoin d'encourager l'usage de la charrue ou de la herse? Au siècle de Pascal, pour faire adopter la brouette dont il est l'inventeur, fallut-il en préconiser l'utilité dans les journaux? Présentez au plus simple laboureur, et mettez en jeu devant lui une machine nouvelle qu'il puisse faire aller lui-même ou à l'aide d'un cheval, et qui ne soit pas d'un prix disproportionné à ses moyens, s'il a l'assurance qu'elle le soulagera dans son travail, et qu'elle accroîtra ses produits, vous le verrez bien vite en faire l'emplette et s'en servir. Des exemples, des faits, voilà ce qu'il faut au commun des cultivateurs, et non des discours académiques. Les faits sont démonstratifs, ils inspirent de la confiance; et les discours sont souvent vains et mensongers.

Je viens de dire que le prix d'une machine de nouvelle invention, même reconnue bonne, ne doit pas surpasser les facultés des cultivateurs auxquels on la propose. Si le contraire a lieu, on prêchera dans le désert en voulant en faire adopter l'usage. Cependant si les avantages considérables qu'on peut en retirer sont en rapport avec sa valeur, et compensent au-delà les avances qu'elle a exigées, il est alors de l'intérêt du cultivateur de l'acheter, pourvu qu'elle soit construite solidement, qu'elle soit durable, point trop compliquée, aisée à réparer dans le besoin, et pourvu que son possesseur ait aussi toujours à sa portée et à sa disposition les agens nécessaires pour la faire mouvoir. Toutes ces conditions, et la dernière sur-tout, sont de rigueur; car comment proposer une pompe à feu à l'habitant d'un canton qui manqueroit de charbon et de bois? Comment établir un moulin à eau ailleurs que sur une rivière ou un ruisseau? et si, pour faire aller la machine dont il s'agit, il suffit d'avoir des animaux, ne faut-il point alors faire entrer en compte le prix de leur achat, évaluer ce que coûtent les soins de leur conservation, et calculer même jusqu'aux pertes éventuelles auxquelles on doit s'attendre?

On voit que pour l'emploi des machines il faut beaucoup d'accessoires, tandis que l'usage d'un simple outil ou instrument n'en exige presque aucun. Voilà le plus grand obstacle à l'établissement des machines en agriculture. Il en est encore un autre. Dans les campagnes il se trouve peu d'hommes en état de les réparer. Le cultivateur ne l'ignore pas; par cette raison seule il les rejette souvent, ou néglige de se les procurer; il aime mieux se fier à ses propres forces, pour ses travaux, que d'être dépendant d'une machine qui, lui manquant tout à coup, les suspendroit nécessairement, et dont la réparation d'ailleurs seroit incertaine, ou lente, ou très coûteuse.

Dans l'agriculture européenne, on emploie avec succès beaucoup de machines, plus ou moins simples ou composées, plus ou moins ingénieuses, qui toutes atteignent le but que se sont proposé ceux qui les ont inventées ou perfectionnées. Nous avons décrit les plus utiles à leur lettre dans ce dictionnaire. Nous y renvoyons le lecteur, en le prévenant qu'on en a représenté et fait graver un assez grand nombre, principalement celles dont il eût été difficile de comprendre la description sans figures. *Voyez* les articles INSTRUMENS, OUTILS, USTENSILES D'AGRICULTURE. (D.)

MACIS. Seconde écorce de la MUSCADE.

MAÇONNERIES. ARCHITECTURE RURALE. Sous cette dénomination nous comprenons tous les ouvrages de la campagne qui sont exécutés par les maçons, construits en pierres ou en briques, etc., et liés avec des mortiers de chaux de l'espèce qui convient à chacun de ces ouvrages. *Voyez* MORTIERS. Les maçons de la campagne sont généralement si ignorans et si maladroits, que souvent avec les meilleurs matériaux disponibles ils ne peuvent parvenir à faire des constructions solides ; et cependant la solidité est la principale qualité qu'il faut procurer aux constructions.

Il est donc de la plus grande importance pour un propriétaire de connoître les détails de la meilleure construction des différens ouvrages de maçonnerie, afin de pouvoir guider lui-même ses maçons, ou au moins d'être en état d'en surveiller les travaux avec connoissance de cause.

SECTION Iʳᵉ. *Des maçonneries ordinaires.* Elles peuvent être regardées comme étant subdivisées en deux parties distinctes, à cause de la différence d'épaisseur qu'il est nécessaire de leur donner ; savoir, la *maçonnerie des fondations* et *la nette maçonnerie*, c'est-à-dire celle qui est élevée au-dessus du niveau du terrain environnant.

§. 1. *Maçonnerie des fondations.* Il faut les établir de niveau, ou par ressauts, si cela est nécessaire, sur un fond toujours assez solide pour pouvoir résister au poids de toute la maçonnerie qui doit être élevée au-dessus, ainsi qu'à celui des planchers, de la couverture et des autres objets que cette maçonnerie est destinée à supporter.

Si le fond du terrain ne se trouvoit pas d'une consistance assez grande pour remplir ce but, ou s'il falloit le creuser trop profondément pour trouver un sol suffisamment ferme, il seroit souvent plus économique d'y suppléer par des pilots, ou autres bâtis de charpente recouverts avec des madriers placés de niveau au-dessus, ou par des piliers de maçonnerie convenablement enfoncés en terre, et liés les uns aux autres par des arceaux également en maçonnerie.

Sur toute espèce de terrain, le roc excepté, il est nécessaire d'enfoncer les fondations d'une maçonnerie au moins à un demi-mètre au-dessous du niveau du rez-de-chaussée, ou de l'aire du souterrain de la construction.

On commencera la maçonnerie de la fondation par une première assise de grandes pierres, appelées *libages*, posées en *boutisses* serrées, arrangées les unes contre les autres, frappées du marteau, et garnies dans les joints avec d'autres pierres plus petites. Sur ces libages, ainsi consolidés entre eux et contre le terrain dans lequel la fondation a été creusée, on appliquera un lit de bon mortier de la première espèce, qu'on fera entrer exactement dans tous les joints. Ensuit on posera d'autres pierres, frappées aussi du marteau, en bain de mortier, jusqu'à ce qu'elles arrasent de niveau le dessus des plus hauts libages ; après quoi l'on appliquera une nouvelle couche de mortier, et on continuera d'élever la fondation en gros et petits moellons, ayant une bonne assiette, afin qu'ils siègent bien ;

on les frappera tous également du marteau, le mortier souf-
flant de tous côtés, et les vides entre les gros moellons garnis
avec de plus petits, en sorte qu'il n'y ait point de mortier
sans pierres, ni de pierres sans mortier.

Cette maçonnerie de fondation sera élevée d'aplomb, par
retraites si cela est nécessaire, terminée à chaque retraite par
les pierres les plus grandes posées en boutisses, et la dernière
retraite, c'est-à-dire la partie supérieure de la fondation, sera
arrasée avec soin et de niveau pour recevoir la nette maçonnerie à la hauteur qui aura été fixée.

Si l'on rencontroit des sources dans les fondations d'un bâtiment, il ne faudroit pas se contenter de les épuiser pour faciliter leur construction; car les eaux s'accumuleroient dans la
fosse, empêcheroient le mortier d'y prendre aucune consistance, et compromettroient ainsi la solidité de l'édifice. Dans
ce cas, il est absolument nécessaire de procurer à ces eaux
une issue extérieure, soit par des barbacanes, comme dans
les murs de terrasse, lorsque la pente naturelle du terrain le
permet, soit en les réunissant dans un puits, dont le voisinage
est toujours avantageux.

§. 2. *Maçonneries de parement*, ou *nette maçonnerie*. On
les établit en retraite sur la maçonnerie de fondation, afin
qu'elles y soient assises plus solidement. Cette retraite est d'environ un décimètre (deux à trois pouces) pour les murs des
bâtimens ordinaires; à cet effet on donne à la maçonnerie de
la fondation une sur-épaisseur équivalente, en sorte que l'é-
paisseur de la nette maçonnerie étant déterminée d'après la
nature des matériaux disponibles, l'élévation et la destination
du bâtiment, celle de la maçonnerie de fondation doit être
égale à l'épaisseur de la nette maçonnerie, augmentée des
sur-épaisseurs nécessaires pour ses retraites.

Dans les bâtimens composés de plusieurs étages, on peut
économiser quelque chose sur l'épaisseur de sa nette maçonnerie, en l'établissant par retraites intérieures d'étage en
étage.

Les nettes maçonneries doivent être élevées dans un aplomb
parfait, et conduites par nœuds, ou *plumées*, de trois assises
de hauteur, espacées, si la longueur du mur le requiert, de
douze à vingt mètres, et assujetties à des lambourdes pour en
régler la pose, au moyen d'un cordeau tendu d'une plumée à
l'autre. On commence par les angles, qui doivent être construits en pierres de taille, ou au moins avec les meilleurs
moellons. Le reste du parement se fait en gros moellons simplement épincés au marteau, posés sur leur lit de carrière,
bien dressés au cordeau assujetti aux angles, et placé de ni-

veau : les moellons ne doivent pas avoir moins d'un tiers de mètre de longueur de queue.

Dans la construction des murs de peu d'épaisseur, il faut avoir l'attention d'employer une cinquième partie de pierres boutisses de longueur suffisante pour faire parement des deux côtés, et de les placer en échiquier, afin de procurer à ces murs la plus grande solidité possible.

Toutes les maçonneries doivent d'ailleurs être faites à joints scrupuleusement recouverts, et en liaisons, et être fréquemment arrosées pendant les températures sèches et chaudes.

SECTION II. *Des murs de terrasses.* Les maçonneries destinées à soutenir des terres, ou de *soutènement*, seront faites avec les mêmes précautions que les autres, et d'une épaisseur relative à la masse de terre qu'elles doivent contenir. Il est seulement nécessaire de pratiquer dans leur épaisseur, et au niveau du terrain extérieur, de petites ouvertures d'un décimètre de largeur sur un demi-mètre de hauteur, pour l'écoulement des eaux d'infiltration de l'intérieur. Ces ouvertures s'appellent des *barbacanes.*

On est aujourd'hui dans l'usage de donner un talus extérieur à ces murs de soutènement, et cette pratique, due sans doute au désir d'économiser quelque chose sur l'épaisseur qu'ils doivent avoir pour résister à la poussée des terres, nous paroît très vicieuse.

D'abord, les joints du parement de la maçonnerie sont plus exposés aux dégradations des pluies que si elle avoit été élevée d'aplomb. En second lieu, les joints une fois dégradés servent de retraites aux semences volatiles des arbres ou des plantes que les vents y déposent; elles y germent, s'y développent, et les végétaux parviennent avec le temps à introduire leurs racines dans ces joints : enfin, à mesure que les racines grossissent elles pénètrent plus en avant dans le corps de la maçonnerie, en déplacent les pierres, et finissent par la détruire.

Nous avons eu plusieurs occasions d'examiner des murailles construites par les Romains, et même de faire démolir des tours fortifiées, dont la construction remontoit à peine à deux siècles, et nous avons reconnu que toutes avoient été construites intérieurement et extérieurement dans l'aplomb le plus parfait : aussi elles étoient dans le meilleur état de conservation ; tandis que des murs de fortification, édifiés par Vauban, mais avec des talus extérieurs, se trouvoient déjà assez dégradés pour être reconstruits. Cependant c'étoit dans la même localité et avec les mêmes matériaux. Nous avons donc dû attribuer à l'adoption des talus extérieurs la différence de solidité qui existoit dans ces constructions.

. Ces observations nous ont conduit à rechercher les moyens
de supprimer les talus extérieurs dans la construction des murs
de soutènement sans compromettre leur solidité, et nous
croyons avoir atteint ce but.

En effet, le principal objet de la construction des murs de
soutènement est de pouvoir résister à la poussée des terres
qu'ils doivent supporter. Cette poussée est représentée par le
poids de leur masse, qu'il est toujours facile de calculer ; et
la théorie apprend qu'elle exerce son action sur le mur de
soutènement dans la direction de la ligne, qui, au profil,
unit le centre de gravité du remblai avec celui de ce mur. Si
cette ligne, prolongée à travers le profil du mur de soutènement, porte à faux, c'est-à-dire, si son prolongement arrive
au-dessus de la fondation, le mur de soutènement n'aura pas
assez d'épaisseur pour résister à la poussée du remblai ; mais
si elle s'abaisse au-dessous du niveau supérieur de cette fondation, ou si sa direction aboutit seulement à ce niveau ; dans
le premier cas, la nette maçonnerie aura assez d'épaisseur pour
résister à la poussée des terres ; et, dans le second, pour lui
faire équilibre.

Cela posé, nous proposons, à l'exemple des anciens, de conserver aux paremens extérieurs des murs de fortification et de soutènement, et sauf le *fruit* nécessaire pour le coup d'œil lorsqu'ils
doivent être très élevés, cet aplomb parfait, si recommandé
par Vitruve pour procurer une *durée éternelle* aux différentes
constructions, et de reporter intérieurement les épaisseurs nécessaires pour que la ligne d'union des centres de gravité du
remblai et de la maçonnerie ne porte jamais à faux. D'ailleurs,
il seroit possible d'économiser encore sur les épaisseurs de ces
maçonneries, soit en adoptant pour les contre-forts la forme
trapézoïde au lieu de celle rectangulaire qui est en usage, soit
en diminuant graduellement leur épaisseur par retraites, depuis le bas jusqu'en haut.

Nous avons comparé la dépense qu'exigeroit une construction de ce genre dans une localité donnée, avec celle d'un
mur de soutènement ayant un talus extérieur, et nous nous
sommes assuré que la différence étoit trop foible pour pouvoir
en balancer les avantages.

. SECTION III. *Maçonneries hydrauliques.* Les maçonneries
destinées à être lavées, ou baignées par les eaux, seront faites
avec les mêmes précautions que les autres ; seulement on ne
doit employer dans leurs constructions que des mortiers de
ciment, ou de la quatrième espèce.

La construction des espèces de maçonneries dont nous venons de parler doit être conduite de *niveau* et avec *célérité* :
de niveau, afin que le tassement des murs se fasse en même

temps et également dans tout leur développement, et avec célérité, pour que ce tassement ait lieu pendant que les mortiers sont encore frais, et qu'ils puissent prendre consistance dans le même temps.

Toutes les maçonneries exigent, en pierres, un et un quart de leur volume, et, en mortiers, le cinquième de ce cube. *Voy.* MORTIER.

Ces préceptes généraux, qu'il faut suivre dans la conduite ou la surveillance des travaux de maçonnerie, sont également appilcables à celles en PLATRE, en PISÉ et en BÉTON. *Voyez* ces trois mots.

Si maintenant on les compare avec la manière dont les maçons de campagne exécutent leurs travaux, on ne sera plus surpris du défaut de solidité et de durée de ces maçonneries.

1° Les maçons de la campagne savent rarement distinguer le lit de carrière des pierres qu'ils mettent en œuvre; ils les posent au hasard, et sans s'embarrasser si elles siègeront bien ou mal.

2° Souvent ils ne connoissent pas les doses des substances qui doivent entrer dans la composition du mortier; et lorsqu'ils le trouvent trop dur, ils le délayent presque toujours avec de l'eau, au lieu de le battre jusqu'à ce qu'il ait repris l'état liquide qu'il doit avoir, ou au moins d'employer l'eau de chaux à cette opération.

3° Ils ont pour ainsi dire honte de se servir de plomb, de niveau, d'équerre, et c'est presque toujours à vue de nez qu'ils opèrent; en sorte que leurs maçonneries ne sont jamais élevées dans un aplomb parfait.

4° Ils emploient beaucoup trop de pierres dans la construction des murs, ou plutôt ils n'y mettent pas assez de mortier. A chaque assise ils se contentent d'établir un mince lit de mortier sur lequel ils posent les pierres du parement; lorsqu'elles sont placées ils en remplissent les vides avec de petites pierres *sans mortier;* ils les entassent autant qu'il en peut tenir, et c'est sur cette couche de pierres sèches qu'ils répandent un nouveau lit de mortier pour élever de la même manière une nouvelle assise, etc. C'est ainsi que les maçons de la campagne opèrent le plus ordinairement, et qu'avec les meilleurs matériaux disponibles leurs constructions manquent presque toujours de solidité.

SECTION IV. *Jointemens, crépis et enduits des maçonneries.* Les maçonneries de toute espèce doivent être jointoyées avec du mortier de la deuxième, troisième ou quatrième espèce, suivant la destination de l'ouvrage, bien serré dans les joints et sans bavure sur la pierre, au moyen d'une petite truelle étroite.

Ce jointoiement à pierres apparentes est le meilleur que l'on puisse adopter pour les paremens extérieurs des murs, lorsque les pierres en sont de bonne qualité et non gélisses ; autrement il vaut mieux les crépir en plein avec le mortier de la seconde espèce. On recouvre ensuite intérieurement ces murs avec un enduit de mortier doux et lissé.

Les rejointoiemens des vieilles maçonneries doivent se faire avec les mêmes précautions, après en avoir exactement arraché le vieux mortier jusqu'au vif ; et dans le cas où les joints seroient grands et délavés, il y sera coulé et fiché du mortier pour les remplir parfaitement.

Section V. *Pavemens.* Les pavés en briques de plat pour les rez-de-chaussée doivent être posés sur une forme ourdie de terre grasse, bien dressée et battue avec soin à mesure qu'elle se dessèche ; mais si l'on veut établir un semblable pavé dans les étages supérieurs, après avoir posé sur le plancher une couche de terre grasse un peu humide, battue et unie avec soin, on ourdira la forme pour recevoir le pavé avec mortier de chaux et sable, mêlé et corroyé avec du tan ou du mâchefer pulvérisé, que l'on unira à la truelle et qu'on laissera sécher sans le battre. Sur l'une ou l'autre de ces formes on étendra une couche de mortier fin sur laquelle on posera le pavé. On aura soin d'en garnir les joints avec attention, et même de les couler ensuite pour n'y laisser aucun vide. Les briques seront posées en liaison et suivant les compartimens adoptés.

Les carreaux de terre cuite se posent de la même manière et avec le même mortier fin, dans lequel on mêle un huitième de plâtre gâché pendant qu'on l'emploie.

Les pavemens pour les citernemens seront faits de plusieurs briques de plat posées les unes sur les autres en mortier de ciment ; le tout rejointoyé et tiré à plusieurs reprises, et recouvert, comme les murs de côté, d'un enduit en plein de même mortier, de treize à quatorze millimètres (six lignes) d'épaisseur, poli, lisse et serré à la truelle du plafonneur, arrosé et lavé plusieurs fois avec un coulis de ciment, jusqu'à ce que le tout étant parfaitement pris et sec, il n'y reste absolument aucune gerçure. (De-Per.)

MACRE, *Trapa.* Plante annuelle qui croît dans les eaux stagnantes, et dont le fruit, qui a le goût de la châtaigne, se mange dans beaucoup de lieux.

La racine de la macre, qu'on appelle encore *saligot, cornuelle, châtaigne d'eau, truffe d'eau,* est fibreuse ; sa tige est grêle et s'élève d'autant plus que l'eau est plus profonde. Elle a deux sortes de feuilles ; les unes, qui plongent dans l'eau, sont opposées, écartées, sessiles et pectinées ; les autres, qui s'étalent en manière de rosette à la surface, sont alternes, très rapprochées, rhomboïdales, dentées et portées sur un long pétiole renflé et vésiculeux en son milieu. Ses fleurs sont blanches, petites et solitaires dans les aisselles des feuilles supérieures ; elles paroissent au commencement de l'été, et les fruits sont mûrs au milieu de l'automne. Ces fruits un peu plus gros que le pouce, et armés de quatre cornes opposées à hauteur différente, tombent dans l'eau aussitôt qu'ils sont mûrs, de sorte qu'il faut connoître le moment de les cueillir, sinon on est exposé à les manger mauvais ou à n'en plus trouver. On se les procure, ou avec des bateaux, ou en entrant dans l'eau, ou en tirant à soi les pieds avec de longs râteaux. On peut les conserver, en les tenant dans l'eau, jusque bien après l'hiver. Il est quelques parties de la France où on en fait une grande consommation, tels que les environs de Nantes, de la Rochelle ; mais un ami de son pays a lieu de se plaindre qu'on ne la multiplie pas par-tout où cela est possible, qu'on n'imite pas les Chinois qui en font l'objet d'une culture réglée.

En effet, le fruit de la macre est agréable, fort sain, fort nourrissant, et se conserve tel pendant près de six mois ; il croît dans les eaux où on ne peut pas planter d'autres végétaux : que d'avantages ! Et quels sont les embarras de sa culture ? Dans les lieux qui en sont bien peuplés, il ne faut qu'en réserver quelques pieds ; dans ceux qui n'en ont point, il s'agit seulement d'y jeter quelques fruits aussitôt qu'ils sont mûrs. Les frais de la récolte sont les seuls à faire, et ce que j'ai dit plus haut peut faire préjuger combien peu ils sont considérables. Loin de nuire aux poissons, les macres leur sont utiles en les protégeant de leur ombre pendant les chaleurs de l'été ; loin de nuire aux hommes, elles leur sont précieuses en absorbant, par leurs feuilles, l'air infect des marais. Je vous invite donc, propriétaires d'étangs, riverains des marais, à regarder la macre comme un végétal de grande importance, et à le multiplier le plus qu'il vous sera possible, pour votre bien et celui de vos concitoyens. Je vous dirai cependant que les eaux qui ont moins d'un pied de profondeur, et celles qui en ont plus de trois y sont impropres ; qu'elles deviennent plus grosses dans les fonds limoneux que dans tous autres ; qu'elles fournissent plus de fruits dans les pays chauds que dans les pays froids. Aux environs de Paris, par exemple, j'ai rarement vu plus de deux fruits sur chaque pied, et dans les fossés de Mantoue j'en ai compté jusqu'à huit.

On mange les macres crues comme les noisettes, ou cuites sous la cendre ou dans l'eau comme les châtaignes. En les écrasant on en fait une bouillie très agréable. Elles peuvent être introduites en petite quantité dans le pain ; mais elles ne sont pas susceptibles de la fermentation panaire. Leurs feuilles sont fort du goût des bestiaux, et passent pour astringentes et résolutives. (B.)

MACUSSON. Un des noms de la GESSE TUBÉREUSE. *Voyez* ce mot.

MADELEINE. Variété de POIRE et de PÊCHE.

MADET. Dans le Médoc on donne ce nom à un vieux bœuf qu'on engraisse.

MAGNAN. C'est le ver-à-soie dans le département du Var.

MAGNANIÈRES, MAGNONIÈRES, COCONNIÈRES, etc.
ÉCONOMIE ET ARCHITECTURE RURALES. Cet article a été très bien traité par Rozier, et il ne laisseroit rien à désirer s'il se fût un peu plus étendu sur la construction d'établissemens aussi avantageux, et principalement sur les moyens de parvenir à en former avec succès sous les températures même qui sembloient devoir s'y refuser.

Les magnanières établies en Prusse sont un exemple qu'un assez grand nombre des départemens septentrionaux de la France pourroient aisément imiter ; car il suffit pour cela que le climat n'y soit pas trop rigoureux pour la végétation du mûrier, et que les combustibles n'y soient pas trop chers.

L'article, tel qu'il est rédigé, est donc incomplet, et, tout en conservant les excellens préceptes que Rozier y a répandus, nous nous voyons forcé de le refondre et d'y intercaler ceux que l'auteur de l'excellent Traité des bâtimens propres à loger les animaux nécessaires à l'économie rurale, imprimé à Leipsick, a donnés sur la construction des magnanières de la Prusse.

L'endroit destiné à l'éducation des vers-à-soie se nomme magnanière, magnonière, coconnière, etc., suivant les localités où l'on s'occupe de cette industrie.

Tous les emplacemens ne sont pas également bons pour établir une magnanière. Il faut éviter le voisinage des rivières, des ruisseaux, et sur-tout celui des eaux stagnantes. L'humidité, jointe à la chaleur qui est nécessaire aux vers-à-soie, accélère la putréfaction de toute substance animale et végétale, et toute putréfaction corrompt bientôt l'air que l'on respire.

Le voisinage des bois n'est pas moins dangereux pour ces précieux insectes. Outre la transpiration des plantes qui augmente l'humidité atmosphérique, elles attirent encore celle de l'air et la conservent fortement.

Il en est de même du voisinage des montagnes assez élevées pour empêcher la circulation de l'air, ou de celles qui sont humides ou qui sont garnies de rochers saillans capables de réfléchir les rayons du soleil sur les magnanières. Celles-ci occasionnent dans l'atelier une chaleur suffoquante dont les vers sont très incommodés.

L'emplacement le plus favorable pour un atelier de vers-à-soie est un monticule environné d'un grand courant d'air, que la plantation de peupliers ou d'autres arbres de même grandeur, et qui donneront aussi peu d'ombrage, entretiennent dans une agitation continuelle, et où la chaleur et la lumière parviennent librement et le plus long-temps possible.

Quant à l'exposition, la meilleure que l'on puisse procurer à cet atelier dépend souvent de la localité où elle est placée ; mais si rien n'y dérange les effets ordinaires des différens rumbs de vent dans notre climat, voici comment il faut disposer une magnanière pour assurer le succès d'une éducation de vers-à-soie.

1° Il faut choisir un emplacement exposé du levant au midi. Celui qui peut recevoir les premiers rayons du soleil, mais qui en est à l'abri depuis trois heures jusqu'au soir, et donner au bâtiment la direction du nord au sud, en observant que sa plus longue face soit au levant.

2° On percera ce bâtiment, sur toutes les faces, d'un nombre suffisant de fenêtres larges et élevées, afin d'avoir la facilité d'établir à volonté un courant d'air dans tous les sens, suivant le besoin, et pour pouvoir procurer beaucoup de lumière dans l'atelier. On a tort de croire que les vers se plaisent dans l'obscurité ; le fait est faux et démontré tel par l'expérience.

3° Chaque fenêtre sera garnie, 1° de son contrevent extérieur en bois double et bien fermant ; 2° de son châssis garni en vitres, ou en toile, ou en papier huilé : les vitres et le papier sont préférables à la toile. Suivant les climats, il est bon de se pourvoir de paillassons ou de toiles piquées pour boucher intérieurement les fenêtres du côté du nord ou du couchant, lorsque le besoin le commande.

4° L'atelier doit être composé de trois pièces ; savoir, 1° d'un rez-de-chaussée qui servira au dépôt des feuilles de mûriers à mesure qu'on les apportera des champs, lorsqu'elles ne seront point humides ; 2° d'un premier étage exactement carrelé, et dont les murs seront bien recrépis : ce sera l'atelier proprement dit ; 3° d'un grenier bien aéré pour y étendre les feuilles lorsqu'elles seront humides. Il ne faut pas craindre de multiplier les fenêtres dans ces trois pièces en les garnissant de contrevents, puisqu'on sera libre d'ouvrir les croisées et de les fermer lorsque les circonstances l'exigeront. On aura par conséquent la facilité de garantir les vers-à-soie du froid ou du chaud, selon qu'il sera nécessaire. L'expérience prouve qu'on est souvent dans le cas de n'avoir point assez de fenêtres pour renouveler assez promptement ou pour faire sécher les feuilles.

L'atelier doit être d'une grandeur proportionnée à la quan-

tité de vers-à-soie qu'on veut élever, et celle-ci au nombre de
mûriers qui doivent les nourrir. Il vaut mieux cependant que
l'atelier soit trop grand que s'il étoit trop petit, parceque rien
ne nuit plus aux progrès d'une éducation de vers-à-soie qu'un
emplacement où ils sont trop pressés et entassés les uns sur les
autres. D'ailleurs, on doit toujours compter sur un reste de
feuilles plutôt que d'être dans la nécessité d'en acheter. Il paroît que quatre décagrammes (une once) de graines de vers-à-
soie contiennent environ quarante mille œufs, qui produiroient
quarante mille vers si la couvée réussissoit parfaitement, et
qu'il faut vingt-cinq kilogrammes (cinquante livres) de feuilles
pour conduire à terme mille vers-à-soie.

Un atelier simple doit être composé de trois pièces : 1° d'une
chambre pour la première éducation, c'est-à-dire pour soigner
les vers depuis le moment où ils sortent de la coque jusqu'à
leur première mue; 5° de l'atelier proprement dit, de treize
mètres environ (quarante pieds) de longueur, sur six mètres
et demi (vingt pieds) de largeur, et quatre mètres au moins
(douze pieds) de hauteur sous plancher; 3° d'une infirmerie
pour loger les vers lorsqu'ils seront malades. Cette dernière
pièce peut être supprimée, parceque la première en tiendra
lieu.

L'atelier construit dans ces dimensions contiendra les vers-
à-soie de deux hectogrammes un tiers de graines (sept onces).

Dans un atelier de cette grandeur il faudra ménager dans
les planchers quatre ouvertures ou trappes placées près des
murs, et éloignées de trente-trois décimètres (dix pieds) les
unes des autres. Elles seront également établies et dans le plancher qui sépare le rez-de-chaussée de l'atelier, et dans celui
qui sépare l'atelier du grenier supérieur ; et on aura l'attention de ne pas les placer immédiatement les unes au-dessus
des autres, mais d'en alterner les positions respectives, afin
de pouvoir renouveler l'air plus promptement et sur une plus
grande superficie à la fois.

L'intérieur de l'atelier est garni de tablettes établies par
rangées, et disposées de la manière la plus convenable pour la
facilité et la commodité du service.

Lorsqu'on élève des vers-à-soie sous un climat naturellement
chaud, on a plus souvent besoin d'un air frais que de chaleur
dans l'atelier pour assurer le succès de leur éducation ; mais
dans ceux où la température ne donne pas habituellement une
chaleur de dix-neuf degrés dans l'atelier pendant l'éducation,
il est nécessaire de lui procurer ce degré de chaleur par des
moyens artificiels.

A cet effet, on se sert ordinairement de grandes *terrasses*
ou de *bassines* en cuivre ou en fer, dans lesquelles on met du

charbon allumé à l'air extérieur, et qu'on apporte ensuite dans l'atelier lorsque le charbon est bien enflammé. Cette précaution est indispensable, autrement les hommes et les vers périroient asphyxiés par la vapeur mortelle du charbon.

Mais, malgré cette précaution, le charbon allumé conserve encore une trop grande partie de son méphitisme, jusqu'à ce qu'il soit entièrement consumé, pour que cette pratique ne nuise point à la santé des hommes et des vers. D'ailleurs ces bassines ont l'inconvénient d'échauffer trop subitement l'intérieur de l'atelier, et le ver demande une chaleur douce et égale dans tous les temps. Il faut donc abandonner ce moyen artificiel de procurer aux magnanières le degré de chaleur qui leur est nécessaire, et le remplacer par des poêles convenablement disposés.

On en trouvera la disposition dans notre Traité d'architecture rurale, ainsi que le plan et l'élévation d'une magnanière construite dans les dimensions que nous venons de donner. Deux poêles placés au rez-de-chaussée suffisent pour échauffer convenablement toutes les pièces de l'établissement.

On sent tous les avantages de cette pratique, et combien elle est préférable à celle des bassins de charbon. En adoptant les poêles on obtiendra une grande économie de combustibles et une chaleur suffisante, douce et toujours égale, sans courir aucun danger pour la vie des hommes et des vers-à-soie. (DE PER.)

MAGNAUDERIE. Nom qu'on donne, dans quelques cantons, aux bâtimens où on élève des vers-à-soie.

La réussite en grand de l'éducation des vers-à-soie dépend beaucoup du mode de construction de ces bâtimens; ainsi les agriculteurs doivent y faire beaucoup d'attention. *Voyez* l'article précédent et le mot VER-A-SOIE. (B.)

MAGNÉSIE. Terre particulière. fort rapprochée en apparence de l'alumine, mais qui forme avec les acides des sels très différens. Le sel de seldlitz ou d'epsom, dont on fait un si fréquent usage en médecine, est l'union de cette terre avec l'acide sulfurique. Elle même s'emploie souvent pure à l'intérieur, comme absorbant, sous son nom propre.

Cette terre est rarement isolée dans la nature. On n'en connoît que quelques filons dans les Alpes, en Allemagne et en Angleterre, mais elle se trouve fréquemment combinée avec la terre argileuse dans les pierres quartzeuses, les schistes, les argiles primitives, etc. Elle a été observée même dans certains gypses, certaines pierres calcaires des pays à couches. Je la cite ici, parcequ'il vient d'être reconnu qu'elle porte l'infertilité sur toutes les terres où on répand, en état de calcination ou de décomposition naturelle, les pierres qui en contiennent plus de deux cinquièmes. Ce n'est qu'après qu'elle s'est complètement saturée d'acide carbonique que la terre où elle se trouve reprend sa faculté végétative.

Cette étonnante propriété de la magnésie a été constatée avec des *dolomies*, ou *chaux carbonatées lentes*, qui en contiennent près de la moitié de leur poids, en Angleterre, près de Doncartere, par le chimiste Smitson-Tennant, et dans les montagnes voisines du Saint-Gothard, par un agriculteur dont on m'a dit le nom à mon passage par cette montagne, mais dont j'ai perdu la mémoire.

On peut donc croire actuellement que toutes les fois qu'on s'est plaint des effets nuisibles de la chaux, de la marne, du schiste, du gypse, qu'on avoit employés comme amendemens en quantité convenable, c'est que ces pierres contenoient de la magnésie.

Il reste, au surplus, encore beaucoup à désirer sur cet objet. (B.)

MAGNOLIER, *Magnolia*. Genre de plantes de la polyandrie polygynie, et de la famille des tulipifères, dans lequel se trouvent réunis une douzaine d'arbres, la plupart originaires de l'Amérique septentrionale, tous susceptibles d'être cultivés, en pleine terre, dans les parties méridionales de la France, et tous remarquables par la grandeur et la beauté de leurs feuilles et de leurs fleurs.

Les espèces de ce genre ont les feuilles alternes, pétiolées, et les fleurs solitaires à l'extrémité des rameaux. Leurs graines, d'un rouge de corail, restent suspendues pendant quelque temps à leur capsule, après que leur maturité est complète, au moyen de longs filets blancs, ce qui leur fait produire un effet très pittoresque. Celles qui se cultivent dans les jardins des environs de Paris sont,

Le MAGNOLIER A GRANDES FLEURS. C'est un des plus beaux et des plus grands arbres de l'Amérique septentrionale; son tronc acquiert jusqu'à six pieds de diamètre et cent pieds de hauteur; ses feuilles sont ovales, lancéolées, grandes, épaisses, coriaces, très entières, persistantes, d'un vert luisant en dessus, couvertes de poils fauves en dessous; ses fleurs sont d'un beau blanc, très odorantes, de huit à dix pouces de diamètre; ses fruits sont de la grosseur du poing.

Il faut, comme moi, avoir vu cet arbre dans les antiques forêts de l'Amérique pour pouvoir apprécier tous ses avantages; car l'idée qu'on en prend dans nos jardins est bien au-dessous de la réalité. Tout en lui inspire l'enthousiasme. Sa grandeur, l'étendue et la régularité de sa cime, le luisant de ses feuilles, l'éclat, l'odeur et la largeur de ses fleurs sont propres à frapper les ames les plus apathiques. En effet, pendant presque tous les mois de mai et de juin il offre, chaque jour, une immense quantité de fleurs dans trois états différens; savoir, celles de la veille, fanées, jaunes et sans odeur; celles du jour, qui jouissent de tout leur éclat et versent, à une grande distance, des torrens de parfums; enfin celles du lendemain, qui forment des cônes blancs d'une grande élégance.

Un terrain gras et frais est celui qui convient le mieux au magnolier à grandes fleurs; aussi ne le trouve-t-on abondamment en Caroline que sur le bord des rivières et autour des marais.

Il y a près d'un siècle que le magnolier à grandes fleurs a été apporté en Europe pour la première fois, cependant il n'en existe pas, que je sache, de gros pieds nulle part. Cela vient sans doute de ce qu'il a été jusqu'à présent presque exclusivement cultivé aux environs de Paris et de Londres, villes dont le climat est trop froid pour lui. C'est dans les parties méridionales de la France seulement qu'on peut se flatter de le naturaliser. Déjà même plusieurs pieds y donnent de la bonne graine, ce qui est une preuve qu'ils s'y plaisent.

Lorsque dans les pays tempérés, aux environs de Paris par exemple, on veut cultiver des magnoliers à grandes fleurs, il faut nécessairement les mettre en caisse pour pouvoir les rentrer dans l'orangerie pendant l'hiver. Si on en place dans ce climat en pleine terre, sous des baches, ce sont des pieds destinés à la reproduction par marcottes, parceque là ils font des pousses plus vigoureuses et qui s'enracinent plus facilement lorsqu'on les a couchées.

Les pieds de magnolier à grande fleur, tenus en caisse, doivent être dans une bonne terre à oranger. Il faut, selon Dumont Courset, ne renouveler cette terre que lorsque les racines tapissent les parvis de la caisse, afin de forcer le pied à fleurir plus tôt. Cette pratique nuit nécessairement à la durée des arbres qu'on y assujettit; mais elle produit l'effet désiré. Dans son pays natal cet arbre ne commence à donner des fleurs que lorsqu'il a trente pieds de haut et un demi-pied de diamètre, grandeur que ne pourront jamais atteindre les individus cultivés en caisse.

Des arrosemens fréquens, mais peu abondans en été, rares et encore peu abondans en hiver, des binages tous les mois, et quelques pelletées de nouvelle terre tous les ans, sont ce que demandent les magnoliers en caisse. Du reste, on les rentre et on les sort de l'orangerie en même temps que les autres arbres. Comme ils conservent leurs feuilles pendant l'hiver, il faut les placer en face du jour.

On multiplie le magnolier à grandes fleurs par graines tirées d'Amérique, par celles recueillies en France, par marcottes, et quelquefois par rejetons.

Les graines perdent promptement leur faculté germinative lorsqu'on les conserve à l'air. Il faut donc se les faire envoyer stratifiées dans de la terrre, et les semer aussitôt leur arrivée, à quelque époque de l'année que ce soit, dans des terrines qu'on place au printemps sur une couche à châssis, et qu'on arrose comme il a été dit plus haut. Une partie d'entre elles lève la première, et le reste la seconde année. Le plant se repique au printemps suivant dans des pots séparés et encore laissés sous châssis pendant le reste de l'année. Ce plant à sa troisième année est déjà assez fort, quoiqu'il n'ait que six à huit pouces de hauteur, pour pouvoir rester tout l'été en plein air à une bonne exposition. Chaque année on le change de pot et on lui donne de la nouvelle terre. Du reste il se conduit comme les vieux pieds.

La multiplication par marcottes s'exécute de deux manières; savoir, ou au moyen des jeunes pousses des pieds plantés en pleine terre, dans une bache, comme je l'ai déjà annoncé, ou au moyen de pots ou de cornets au travers desquels on fait passer une jeune branche d'un gros pied.

Les premières de ces marcottes s'enracinent presque toujours dans le courant de la première année, sur-tout si on a couvert le sol de mousse, afin de lui conserver une humidité constante, tandis que les secondes restent quelquefois trois ou quatre ans sans pouvoir être sevrées, parcequ'il suffit qu'on ait oublié une seule fois de les arroser pour que leurs racines se sèchent, qu'elles sont souvent secouées et généralement faites sur du bois trop vieux. Aussi la méthode de mettre en pleine terre quelques pieds uniquement pour la reproduction doit-elle être employée par tous les pépiniéristes jaloux de leurs intérêts.

Les marcottes de magnolier peuvent être levées au printemps qui suit leur enracinement; mais il est prudent d'attendre, lorsqu'on le peut, la seconde année; car il arrive fréquemment qu'elles périssent à la transplantation, lorsqu'elles ne sont pas bien pourvues de chevelu.

Il est assez ordinaire que les pieds ainsi provenus de marcottes donnent des fleurs deux à trois ans après qu'elles ont été mises en caisse.

Quant aux rejetons, ils sont rares et se lèvent comme les marcottes.

Le magnolier à grandes fleurs présente quelques variétés peu saillantes dans la grandeur et la largeur de ses feuilles. Une de ces variétés n'a pas de poils roux dessous ses feuilles.

Le MAGNOLIER ACUMINÉ est un arbre aussi grand que le précédent, mais moins gros, et qui lui est inférieur sous tous les rapports. Ses feuilles sont ovales, oblongues, acuminées, entières, glabres, non coriaces, d'un vert glauque, et tombent tous les hivers. Ses fleurs verdâtres ou bleuâtres sont inodores et au plus de trois pouces de diamètre. Il croît naturellement dans les parties fertiles des forêts de l'Amérique septentrionale, et ne craint point les hivers les plus rigoureux du climat de Paris ; aussi l'y cultive-t-on en pleine terre, aussi l'appelle-t-on dans nos jardins le *magnolier rustique*. Une terre substantielle ni trop sèche, ni trop humide, est celle qu'il lui faut. L'exposition lui est indifférente. Quoiqu'il fleurisse fort bien dans nos jardins, il y donne rarement de bons fruits. C'est presque uniquement de graines venant d'Amérique qu'il se multiplie ; car ses marcottes s'enracinent fort difficilement. Sa culture ne présente rien de remarquable.

Toutes les parties de cet arbre sont amères et employées en Amérique pour guérir la fièvre. Son bois, de couleur orange et d'un grain fin, sert à faire des tables, des armoires, et s'emploie à un grand nombre d'autres usages analogues.

Le MAGNOLIER PARASOL, *Magnolia tripetala*, Lin., s'élève à vingt ou trente pieds au plus. Ses rameaux sont souvent étalés ; ses feuilles lancéolées, très entières, glabres, molles, ramassées au bout des branches, longues de quinze à vingt pouces, larges de cinq à six ; ses fleurs sont blanches, larges de quatre à cinq pouces, et d'une odeur désagréable. Il croît dans toute l'Amérique septentrionale, sur le bord des ruisseaux, dans les lieux où le sol est frais sans être humide.

La grandeur et la disposition des feuilles de cet arbre produisent un effet très pittoresque, ainsi que j'ai pu en juger en Caroline, où il est très commun. De plus il jouit de l'avantage de croître et fleurir sous l'ombre des autres arbres, ce qui le rend très précieux pour l'embellissement des jardins paysagers. Il brave les rigueurs du climat de Paris, et s'y cultive en conséquence en pleine terre ; mais il est rare, parcequ'il y a encore fort peu de pieds qui y donnent de la bonne graine, et que ses marcottes s'enracinent très difficilement. On est donc presque réduit aux pieds provenant des graines envoyées d'Amérique ; or ces graines, à moins qu'elles n'aient été stratifiées dans de la terre ou dans de la mousse, réussissent peu souvent, quoiqu'on les sème, comme on le doit, aussitôt leur arrivée, dans des pots placés sur couches à châssis.

L'exposition au nord me paroît, d'après la manière de végéter de cet arbre en Amérique, la meilleure qu'on puisse lui donner en France. Il perd ses feuilles pendant l'hiver. Son bois est mou.

Le MAGNOLIER AURICULÉ diffère peu du précédent pour la grandeur et ses autres qualités. Ses feuilles sont spathulées,

ovales, aiguës, en cœur, molles, d'un vert clair en dessus et
en dessous, longues de près d'un pied, et rapprochées au sommet des rameaux. Ses pétales sont blanchâtres, petits, ongui-
culés, et exhalent une mauvaise odeur. Il a été découvert par
Michaux, et ensuite par Frazer, sur les montagnes de la Caroline. Je l'ai cultivé dans le jardin de Charleston, d'où il a
été apporté à Paris par Michaux fils. C'est un très bel arbre,
mais qui cèdera toujours le pas au suivant, dont il se rapproche
beaucoup. Il est encore fort rare et par conséquent fort cher.
Cels en possède quelques pieds qui sont, à ma connoissance, les
seuls employés à la reproduction aux environs de Paris. Sa
culture ne diffère pas de celle du précédent.

Le MAGNOLIER A GRANDES FEUILLES est un arbre peu élevé,
dont les rameaux sont peu nombreux ; les feuilles ovales, aiguës, légèrement auriculées à leur base, glauques en dessous,
souvent longues de plus de deux pieds sur un de large ; ses
fleurs sont inodores, et offrent six pétales blancs à base purpurine. Il croît dans l'Amérique septentrionale sur les bords du
Ténassée, d'où Michaux père l'a fait passer à Charleston. J'ai
apporté les premiers pieds qui aient paru en Europe ; mais ils
ont péri. Depuis, Michaux fils les a remplacés. Sa culture doit
être la même que celle des précédens, avec lesquels il a beaucoup de rapport. Ils se greffent les uns sur les autres, ainsi que
je m'en suis assuré en Caroline. Cels multiplie chaque année
de marcottes les deux ou trois pieds qu'il possède, et qu'il a
mis en pleine terre dans une bache ; maisil n'en restera pas
moins encore long-temps extrêmement cher, parcequ'aucun
arbre, parmi ceux qu'on peut cultiver en France en pleine
terre, n'a d'aussi belles feuilles.

Le MAGNOLIER GLAUQUE acquiert rarement plus de vingt
pieds de haut et plus de quatre à cinq pouces de diamètre. Il
croît dans les marécages de presque toute l'Amérique septentrionale. Ses feuilles sont ovales, oblongues, coriaces, très
entières, d'un vert clair en dessus et glauques en dessous,
au plus longues de trois ou quatre pouces. Ses fleurs sont
d'un blanc éclatant, d'une odeur suave, mais foible, et d'environ trois pouces de diamètre. On l'appelle vulgairement en
Amérique *arbre de Castor*, parceque cet animal fait sa principale nourriture de son écorce. Cette écorce odorante et fort
amère est employée dans le pays comme fébrifuge et quelquefois même importée en Europe sous le nom de *faux kinkina*, ou de *kinkina de Virginie*.

J'ai observé d'immenses quantités de ce magnolier en Caroline, où il forme le plus communément de hauts buissons
d'un charmant aspect, lorsqu'ils sont en fleurs ou en fruit. Depuis déjà fort long-temps on le cultive dans les jardins de l'Eu-

rope; il y passe en pleine terre les hivers les plus rigoureux, y fleurit tous les ans, et y porte de bonnes graines; mais combien il y est dégénéré !

Cet arbrisseau devroit donc être aujourd'hui très commun, cependant il ne l'est pas, parcequ'on s'obstine à le tenir hors de l'eau et à le planter dans la terre de bruyère, tandis que c'est une terre humide et substantielle, sans être forte, qu'il demande, ainsi que j'ai pu m'en assurer en Amérique. Il ne peut être trop multiplié dans les jardins paysagers, car il s'accommode de toutes les expositions. C'est sur le bord des eaux, au premier rang des massifs, qu'il convient de le placer.

On reproduit le magnolier glauque de graines apportées d'Amérique ou nées en France. On les sème et on les traite comme celles des autres espèces. C'est ordinairement dans des terrines remplies de terre de bruyère et placées sur une couche à châssis qu'on les sème; cependant j'ai l'expérience qu'elles réussissent beaucoup mieux lorsqu'on les met en pleine terre sous une simple bache à l'exposition du levant. Elles lèvent en partie la première et en partie la seconde année. Le plant qu'elles ont produit se repique l'année suivante, ou seulement deux ans après au printemps dans des pots ou en pleine terre, à six ou huit pouces de distance. Deux ans après on les change de pots ou de place en les écartant du double. A cette époque ils doivent avoir environ deux pieds de haut et être vendables. Quelques uns donnent même déjà des fleurs et peuvent être mis définitivement en place.

Pendant tout ce temps le plant demande des binages, et pendant l'été des arrosemens fréquens. Jamais la serpette ne doit le toucher.

La multiplication du magnolier glauque par marcottes n'est pas plus difficile que celle du magnolier à grandes fleurs. Ces marcottes prennent ordinairement racines dans le courant de la même année lorsque le bois est jeune et le terrain humide. Il est bon cependant de ne les lever qu'à la fin de la seconde, pour leur donner le temps de se fortifier.

Quelques personnes ont dit avoir vu réussir des boutures de magnoliers, et cela n'est point hors de vraisemblance; cependant celles que j'ai tentées en Amérique et en France n'ont point réussi, quoique j'en ai varié le mode.

Michaux a mentionné un MAGNOLIER A FEUILLES EN CŒUR, mais il n'est pas encore cultivé dans nos jardins.

Les autres espèces connues sont originaires de la Chine et ne paroissent pas pouvoir supporter la pleine terre, même dans les parties méridionales de la France. On cultive dans les serres chaudes deux ou trois d'entre elles. (B.)

MAHALEB ou **BOIS DE SAINTE-LUCIE.** Espèce d'arbre

du genre des cerisiers qu'on cultive fréquemment dans les jardins d'agrément, et qu'on devroit cultiver plus généralement dans les mauvais terrains, qu'on utiliseroit par son moyen. *Voyez* CERISIER.

MAI. Ce mois, le plus beau de l'année, est celui qui influe le plus sur le succès d'une grande partie des cultures. Il exige des travaux assidus et multipliés de la part de tous les cultivateurs.

C'est pendant son cours que la nature achève de développer son action, que la plupart des plantes fleurissent, qu'on parvient à se fixer sur les espérances que peuvent donner la généralité des récoltes.

On commence alors les premiers labours dans les pays où on suit encore le système des jachères. On châtre les veaux, on tond les brebis. On achève les sarclages des champs. On sème les chanvres, les pois, les haricots et les fèves de plein champ dans les grandes exploitations rurales. On veille sur les ruches qui sont dans le cas de donner des essaims.

Dans les jardins on sème encore de tous les articles qu'on avoit semés en avril, afin, ou de remplacer ce que les gelées tardives auroient pu faire périr, ou de se procurer une jouissance plus longue des mêmes objets. C'est alors que se fait le grand semis des haricots, des concombres, des cornichons, le repiquage des citrouilles, des potirons, des melons, des choux-fleurs, des choux hâtifs, de la plupart des fleurs semées sur couche ou contre des abris, qu'on arrête les pois et les fèves de primeur qui commencent à fleurir, qu'on sarcle et bine tout ce qui en a besoin.

Comme beaucoup de plantes d'agrément entrent en fleur à cette époque, c'est le moment des plus grandes jouissances des amateurs; il faut en conséquence que les jardins soient plus soignés qu'à aucune autre, c'est-à-dire que les gazons soient tondus, les allées râtissées, les plates-bandes sarclées et même binées, les désordres de toutes espèces réparés.

Les arbres en espaliers demandent à être de temps en temps visités, tant pour donner forcément une direction convenable aux bourgeons qui poussent devant ou derrière les mères branches, et dont on a besoin pour regarnir les vides, que pour les débarrasser des chenilles, des cochenilles et des pucerons qui les dévorent.

On taille à la même époque les figuiers et les orangers. (B.)

MAILLE. Petites meules momentanées qu'on place à côté de l'aire des granges dans le département des Deux-Sèvres.

MAIN DÉCOUPÉE. Nom vulgaire du PLATANE D'ORIENT. *Voyez* ce mot.

MAINS. Nom vulgaire des vrilles avec lesquelles quelques plantes s'attachent à d'autres. *Voyez* VRILLES.

MAIS, *Zea*. Plante annuelle de la monœcie triandrie et de la famille des graminées, originaire de l'Amérique méridionale, et aujourd'hui cultivée dans la plus grande partie de l'univers, à raison de sa fécondité et de l'excellence de la nourriture qu'elle fournit aux hommes et aux animaux.

La racine du maïs, qu'on appelle aussi *blé de Turquie*, *blé d'Inde*, *blé d'Espagne*, est pivotante, articulée, garnie de fibrilles traçantes à chaque articulation. Sa tige est droite, solide, articulée, comprimée dans quelques unes de ses parties par la gaîne des feuilles et par les épis, rarement rameuse, haute de cinq à six pieds, et d'un pouce au plus de diamètre à sa base. Ses feuilles sont engaînantes, striées, rudes au toucher, d'un vert foncé, longues d'un pied et plus sur deux à trois pouces de large. Ses épis femelles ont communément, terme moyen, douze rangées de trente-six grains, ce qui, à deux épis par pied, aussi terme moyen, donne un produit de sept cent quatre-vingt-quatre pour un. Quelle source de richesses! Il paroît que la couleur naturelle de ces grains est la jaune.

C'est vers le commencement du seizième siècle que le maïs a été apporté en Europe, et aujourd'hui on l'y trouve cultivé par-tout où la chaleur du climat le permet. Dans beaucoup de lieux il a fait abandonner la culture du blé; mais il lui faut un sol profond, des engrais abondans, des labours fréquens, etc.; de sorte qu'il ne peut pas être cultivé par-tout et que sa manutention est coûteuse; aussi nulle part il n'est l'objet de ce qu'on appelle une grande culture, quoique des cantons entiers en soient complètement couverts.

C'est à l'estimable et savant Parmentier qu'on doit le premier écrit régulier qui ait été publié sur la culture du maïs. Ce sont les principes qu'il a développés qui servent de bases au travail que j'entreprends sur le même objet. Je profite de cette occasion pour renouveler l'expression de mes sentimens envers ce célèbre agronome à qui les sciences économiques ont tant d'obligations.

Comme plante cultivée depuis un temps immémorial au Pérou, au Mexique, dans les îles du golfe du Mexique et autres lieux de l'Amérique, le maïs présente plusieurs variétés dont quelques unes jouissent d'avantages particuliers.

Relativement au temps de la maturité, on distingue du maïs ordinaire le *maïs précoce*, ou *maïs de deux mois*, ou *quarantain*; c'est l'*onona* des Américains; le *maïs à poulet* de quelques cantons : il y en a de blanc et de jaune; toutes ses parties sont plus petites, mais il mûrit deux mois plus tôt et s'accommode d'une terre moins substantielle. Quoique connu dans quelques parties du midi de l'Europe, il n'y est pas encore aussi abondant qu'il devroit l'être; mais il est très commun en Amérique. Les avantages qu'il présente sont d'autant plus sensibles que le climat où il est planté est plus chaud. A Saint-Domingue il ne faut réellement que quarante jours pour lui faire parcourir toutes les phases de sa végétation. En Bresse il ne présente, d'après Varennes de Fenilles, qu'une précocité de quinze jours. Cet agriculteur ne le regarde pas moins comme très précieux pour ce pays, et il pense qu'il peut y devenir aussi productif que les deux autres variétés qu'on y cultive habituellement. Il recommande de le semer toujours loin de ces variétés, parcequ'il s'est assuré qu'il grossissoit par suite de la fécondation opérée par elles. Le peu de grosseur de ses grains permet de le donner à toute espèce de volaille. L'épi n'a qu'environ trois pouces de long et n'offre que huit à dix rangées.

Relativement à la couleur du grain on reconnoît beaucoup de variétés de maïs. Il en est de blanc, de brun noir, de bleuâtre, de violet, de roux, de rouge, de chiné, de marbré. On ne paroit rechercher ces variétés que par curiosité, n'ayant aucuns avantages réels les unes sur les autres. La seule de cette sorte qui mérite d'être mentionnée sous les rapports d'utilité est le maïs blanc, dont l'épi est plus long, plus gros; les grains, disposés sur huit rangées, sont plus larges, moins épais et d'un jaune beaucoup plus pâle. Ces grains fournissent un tiers plus de farine que le jaune ordinaire, et il mûrit douze à quinze jours plus tôt; mais sa farine m'a paru moins savoureuse que celle des grains de ce dernier. C'est lui qu'on cultive le plus généralement en Caroline, pour la nourriture des noirs et des chevaux, ainsi que je m'en suis assuré sur les lieux; je l'ai vu préférer au jaune dans les environs de Bordeaux et dans quelques endroits d'Espagne et d'Italie. Il paroît qu'il est d'autant plus rare dans les plantations qu'on s'éloigne le plus des tropiques. Sa couleur et sa forme se perpétuent exactement dans la série des générations, pendant que les nuances de couleur citées plus haut varient presque toujours d'une année à l'autre, ou qu'elles se montrent souvent ensemble sur le même épi.

On pourroit aussi distinguer les variétés de maïs d'après le nombre des rangées de graines qui existent sur leurs épis, car ce nombre est assez constant dans la même variété, quoique le sol et les circonstances, soit atmosphériques, soit de culture, influent sur lui. Ainsi on voit dans quelques parties du sud et de la France un maïs dont l'épi n'a que huit rangées de graines et qu'on appelle *maïs de Pradie*, et un autre qui en a seize et qu'on appelle *maïs de Gussac*, des lieux d'où on peut présumer qu'ils sont sortis ; mais en dernier résultat ils n'offrent aucun avantage, les produits ne différant pas sensiblement. En Amérique, il y en a encore d'autres relatives à la forme plus ou moins globuleuse, à la consistance plus ou moins dure des grains, à la grosseur et longueur du réceptacle qu'on appelle *rafle* dans certains lieux ; mais toutes ces variétés sont bientôt confondues lorsqu'on les cultive les unes à côté des autres. On ne peut cependant se dissimuler que quelques unes ont des avantages, soit relativement à leur précoce maturité, soit relativement à leur bonté, à l'abondance de leurs produits, etc.

Les cantons de la France propres à la culture du maïs sont presque tous au midi d'une ligne tirée depuis Bordeaux jusqu'à Strasbourg ; mais la chaîne des Cévennes et du Vivarais, à raison de son élévation, rétrécit beaucoup la zone que la nature lui a fixée. Les bords de la Saône sont le terme le plus septentrional où je l'ai vu donner des récoltes avantageuses. Quoique dans les années chaudes il amène quelquefois ses graines à parfaite maturité dans le climat de Paris, il ne pourra jamais y être regardé comme un objet de spéculation agricole.

Les variétés de maïs qu'on cultive aux environs de New-Yorck, semées le 20 avril 1807 aux environs de Paris, ont été récoltées ; savoir ,

Le maïs dit à poulet, qui est notre quarantain, le 20 juin ; semé de suite, il a donné une seconde récolte recueillie le premier octobre ;

Le maïs dit, à raison de la dureté de son grain, pierre à fusil, le jaune, le 15 août, le blanc, le 1ᵉʳ septembre.

Le maïs blanc, le 10 septembre ;

Le maïs blanc blanc, le 10 octobre ;

Le maïs à fleur de farine, le 15 octobre ;

Le maïs dix rangs, le 20 octobre ;

Le maïs douze rangs, le 1ᵉʳ novembre.

On voit par là combien il est avantageux de préférer les espèces hâtives ; car dans les pays froids leur récolte est plus assurée, et dans les pays chauds elles peuvent faire espérer deux récoltes sur le même terrain.

Cette note est extraite d'un ouvrage récent sur la culture du maïs, qui ne renferme rien autre chose dans le cas d'être cité. L'auteur, paroissant n'avoir aucune connoissance de ce qui a été publié avant lui sur le même sujet, donne comme le résultat de sa seule expérience ce qui se pratique généralement depuis un siècle en Europe et en Amérique.

Le bonheur du peuple étant toujours en raison de la masse des subsistances, et un champ de maïs fournissant plus de nourriture que tout autre champ de même étendue semé en

blé ou autres céréales, même en mil, millet, etc., on doit désirer voir la culture de cette plante s'étendre encore plus s'il
est possible dans le nord, et on peut l'espérer, d'après ce que
je viens de dire, en préférant les variétés les plus précoces,
principalement le quarantain dont il a déjà été parlé. J'ai par
devers moi, depuis plus de vingt ans, des preuves que ce dernier réussit fort bien auprès de Paris lorsqu'on le place à une
exposition abritée des vents du nord.

Toute terre, pourvu qu'elle soit profonde, bien travaillée
et suffisamment amendée, convient au maïs; cependant il
réussit mieux dans celle qui est légère et humide que dans les
autres. Je l'ai vu planter en Caroline dans des sables presque
purs, sur le bord de la Saône dans des argiles très compactes,
aux environs de la Corogne dans des fissures de rochers granitiques ou schisteux, et dans tous ces lieux donner de co-
pieuses récoltes. On dit que dans les terres vierges des états de
l'ouest de l'Amérique septentrionale il s'élève jusqu'à dix-huit
pieds, et j'en ai observé de la moitié de cette hauteur dans les
fertiles vallées volcaniques du Vicentin. On ne doit pas cependant désirer une aussi grande exubération, parcequ'elle n'a
lieu qu'aux dépens du grain qui manque souvent tout-à-fait
dans ce cas. Cette considération doit engager les cultivateurs
à ménager les amendemens, et encore plus les engrais, dans les
terres déjà naturellement très fertiles, quelque nécessaires
qu'ils soient dans les autres.

La culture du maïs épuise promptement le terrain, c'est
pourquoi il est bon de ne le faire paroître que de loin en
loin, par exemple, au plus tous les quatre, cinq ou six ans,
dans la rotation des assolemens des terres qui lui sont propres.
Elle peut succéder immédiatement au blé; cependant il est
mieux de le semer à la suite du défoncement des prairies
artificielles, ou après une culture de plantes qui exigent des
binages d'été, telle que celle des fèves, des haricots, des
pommes de terre. Au reste, nous manquons encore d'observations précises sur le meilleur mode du placement du maïs dans
le système des assolemens. La pratique des pays où j'ai observé
sa culture est des plus variables, c'est-à-dire ne repose sur
aucune base. Le principe est de ne la pas faire précéder ou
suivre de récoltes de graminées.

On est généralement dans l'usage de donner deux labours
aux terres destinées à recevoir une plantation de maïs, l'un
avant ou pendant l'hiver; l'autre au printemps, peu avant les
semailles. C'est au moment de faire ce dernier qu'on fume
autant que possible et avec du fumier bien consommé.

Il n'est pas indifférent de prendre toute espèce de graine
pour la semence. On doit, lors de la récolte, réserver les épis

les plus gros et les plus sains à cette intention, les conserver intactes dans un endroit sec et aéré, ne les égrainer qu'au moment de l'emploi, et rebuter les grains des extrémités comme moins parfaits. La graine de deux, et à plus forte raison de trois ans, est de beaucoup inférieure à la nouvelle, et ne sera par conséquent employée qu'au défaut de cette dernière.

Le maïs, ainsi que je le dirai plus bas, est sujet à trois sortes de charbon, ou peut-être de carie; il est donc bon, quoique je ne sache pas qu'on le fasse nulle part, de le chauler avant de le semer. *Voyez* au mot CHAULAGE et aux mots CARIE et CHARBON. Comme il est d'une nature cornée, c'est-à-dire très dur, il est encore bon, dans le cas où on ne le chauleroit pas, de le mettre tremper dans l'eau pendant vingt-quatre heures, afin de faciliter le développement du germe. On trouve de plus dans cette opération la facilité de distinguer les mauvais grains qui, comme plus légers, restent à la surface de l'eau, d'où on les enleve avec une écumoire pour les donner aux volailles.

C'est pour la France méridionale le commencement d'avril, et plus au nord les premiers jours de mai qu'il convient de choisir pour semer le maïs, car il craint beaucoup les gelées dans sa jeunesse. J'ai plusieurs fois vu, aux environs d'Auxonne, les semis entièrement perdus par cette cause. Cet accident arrivant, il faut recommencer le semis en entier, ce qui, outre la perte de la graine et de l'emploi du temps, retarde d'autant la récolte.

Dans la Haute-Garonne, où la culture du maïs est dans la plus grande faveur, on le sème depuis le 15 avril jusqu'au 15 mai. On dirige autant que possible les rangées du levant au couchant. Ces rangées sont écartées de deux pieds. Le maïs jaune s'y cultive de préférence comme fourrage, parcequ'on a reconnu qu'il s'élevoit davantage.

Il y a diverses pratiques employées pour répandre la semence du maïs sur la terre; la plus simple consiste à suivre la charrue et à jeter, à environ trois ou quatre pieds de distance, quatre à cinq graines de maïs que le rayon suivant recouvre. Le meilleur et le plus coûteux est de faire de petites fosses en quinconce, avec la houe, à la distance précitée, et d'y mettre le même nombre de grains qu'on recouvre en faisant la fosse suivante. Dans beaucoup de lieux, comme sur les bords de la Saône, où j'ai suivi sa culture dans ma jeunesse, on sème à la volée et on enterre avec la herse; mais cette méthode a le double inconvénient de ne pas espacer également les grains et de ne les pas enterrer assez profondément, inconvénient très grave. Je ne parlerai pas du semis au cordeau, du semis au plantoir et autres peu pratiqués.

Le maïs sort d'autant plus promptement de terre qu'il fait plus chaud et que la terre est plus humide. Lorsque la graine a été trempée dans l'eau, il ne faut souvent que cinq à six jours pour que le plantule se montre. On n'entre point dans le champ tant qu'il y a des gelées à craindre, mais dès que le jeune plant a acquis trois pouces de haut il faut l'éclaircir, c'est-à-dire arracher tous les pieds les plus foibles parmi ceux qui ne sont pas au moins à deux pieds les uns des autres; je dis au moins, car dans les sols très fertiles trois pieds ne sont pas souvent de trop. On calcule qu'un boisseau de graines suffit pour un arpent. Ils se trompent grossièrement les cultivateurs qui croient que plus ils auront de pieds et plus leur récolte sera abondante. Tous ceux de ces pieds qui n'auront pas assez d'espace pour étendre leurs racines latérales au loin, pour que l'air ne circule pas librement autour, pour que les rayons du soleil ne les frappent pas directement, donneront point ou peu d'épis, ou des épis petits et courts. Par-tout où j'ai vu cultiver du maïs, et j'en ai vu beaucoup en France, en Espagne, en Italie et en Amérique, j'ai pu remarquer ce fait; par-tout les pieds isolés donnoient trois, quatre ou cinq épis, tandis que ceux qui étoient pressés n'en offroient qu'un ou deux. Cependant il ne faut pas d'excès, car des pieds trop écartés obligent, lorsqu'on n'établit pas d'autres cultures dans leurs intervalles, à des labours inutiles, et des pieds raisonnablement rapprochés entretiennent une favorable humidité à la surface de la terre, se soutiennent contre les efforts des vents qui, sur-tout en Amérique, causent souvent de grands ravages dans les plantations.

En Caroline et dans les landes de Bordeaux, pays où une petite couche de sable repose immédiatement sur l'argile, on plante le maïs par rangées sur des ados d'un pied de large et écartés de trois pieds. Là les binages ne consistent qu'à amener la superficie de la terre de l'intervalle au sommet de l'ados. Cette méthode, très bien appropriée à la nature du sol de ces cantons (sol très aquatique après la pluie, et très sec dans tout autre temps), me paroît dans le cas d'être généralement employée par-tout, comme remplissant mieux l'objet des binages et les économisant. Elle permet aussi de planter les pieds un peu plus près les uns des autres dans la ligne, parcequ'ils sont plus écartés dans l'autre sens.

C'est à la même époque qu'on donne le premier binage. Il doit être peu profond et ménagé de manière que les pieds ne soient ni blessés avec la houe, ni écrasés par les pieds des ouvriers. Quelques agronomes ont proposé de donner ce binage, ainsi que les autres, avec la charrue, dans les plantations où les pieds sont placés en rangées régulières ou en quinconce ; mais toujours on apercevra , à la récolte , combien ce moyen , quoique plus économique en apparence , est peu avantageux. J'en dirai plus bas la raison. Ce premier binage , ainsi que tous les autres , doit être , autant que possible , fait dans un temps humide ou après la pluie. Son principal objet est de détruire les mauvaises herbes , d'ameublir la terre , de la rendre plus apte à recevoir et à communiquer aux racines les influences atmosphériques.

Dans quelques endroits, en faisant ce premier binage, on repique dans les places vagues les pieds arrachés dans les places trop garnies, et ce , en faisant un trou avec un plantoir; mais ces pieds, ainsi repiqués, viennent rarement aussi beaux que les autres, et leurs épis avortent souvent.

Le second binage a lieu lorsque la plante a acquis environ un pied de hauteur. Il ne diffère du premier qu'en ce qu'on rapproche la terre des pieds de maïs , on les *butte*, on les *chausse*, pour me servir des expressions techniques , c'est-à-dire qu'on élève un petit monticule autour de chacun d'eux.

La raison de cette pratique est que la tige du maïs est articulée, que ses articulations sont très rapprochées à la base, et qu'il sort de toutes ces articulations, lorsqu'on les met en terre , des nouvelles racines traçantes, qui augmentent d'autant plus la masse de la sève circulante qu'elles agissent dans une terre plus divisée et plus perméable à l'air. On ne sauroit donc faire les buttes trop élevées.

C'est parcequ'on ne peut pas aussi bien butter ou chausser les pieds avec la charrue que les binages qu'on fait avec elle sont inférieurs à ceux faits à la houe.

Le troisième binage s'exécute lorsque les fleurs sont prêtes à se développer. On perdroit à attendre qu'elles le fussent, et encore plus après qu'elles seroient passées. Ce binage n'a pas besoin d'être aussi profond que le précédent; il suffit de gratter la terre pour détruire les mauvaises herbes et d'élever, jusqu'à six à huit pouces, avec la terre de ce grattage, les buttes déjà existantes autour de chaque pied. Beaucoup de cultivateurs le négligent, mais bien à tort, ainsi qu'on peut s'en convaincre en lisant le mémoire déjà cité de Varennes de Fenilles. En effet, ce cultivateur a augmenté sa récolte d'un treizième en faisant entourer de terre une articulation de plus de la base de la tige de son maïs.

Cette belle observation avoit déjà été faite par Bonnet ; mais son application à l'économie rurale est entièrement due à mon malheureux ami.

J'ai oublié de dire que les buttes ne devoient pas être terminées en pointe, mais aplaties, même un peu excavées autour de la tige, afin de donner aux eaux pluviales les moyens d'abreuver toutes les racines.

Il convient de ne pas oublier de faire l'extirpation, pendant le second et le troisième binage, de toutes les pousses latérales qui se seroient développées sur les pieds, parceque ces pousses affameroient ces pieds et empêcheroient les épis de se former.

On se refuse assez généralement à un quatrième binage ; mais il n'est pas moins utile, pour augmenter le grossissement du grain et débarrasser le champ des mauvaises herbes, de le faire vers le milieu ou à la fin d'août selon le climat, c'est-à-dire avant l'époque où le grain commence à se solidifier.

Ce sont ces binages qui rendent la culture du maïs si chère, et qui en soutiennent le produit au taux où on le voit. Si on pouvoit les éviter, cette denrée n'auroit presque pas de valeur numérique

Pour diminuer les frais de ces binages et ne pas perdre de terrain, on place assez ordinairement d'autres plantes dans les intervalles qui se trouvent entre les pieds du maïs ; mais il faut et les choisir et ne pas trop les multiplier. J'ai vu des champs de maïs tellement encombrés avec ces plantes surnuméraires, etc., qu'on ne pouvoit plus les biner. Il faut principalement éviter les plantes qui grimpent, tels que certains pois et haricots ; celles qui occupent beaucoup d'espace, telles que les courges ; celles qui s'élèvent considérablement, comme les topinambours, le chanvre, etc. Je crois bon d'en mettre, surtout dans les terres sèches, mais meilleur d'en mettre peu. La méthode que j'ai vu pratiquer dans quelques cantons me paroît préférable à celle généralement usitée, parcequ'elle produit le même effet, et n'a aucun inconvénient. Elle consiste à donner un quatrième binage sur lequel on sème ou des raves, ou bien après lequel on plante des choux, soit pour l'usage de la cuisine, soit pour la nourriture des bestiaux. En Espagne on y sème souvent de la spargoute. En Caroline, où on ne donne que deux binages, il se produit, après le dernier, une si grande quantité de *syntherisma*, plante annuelle fort ressemblante au *panicum sanguinale*, qu'on en fait jusqu'à trois coupes avant l'hiver pour la nourriture des bestiaux, qui l'aiment beaucoup.

La graine de maïs est d'autant plus abondante sur les épis que la chaleur et l'humidité ont agi plus simultanément sur les pieds. Lorsque la première seule se fait sentir, les épis sont petits. Lorsque la seconde domine, toute la sève se portant dans les feuilles, il n'y a presque pas d'épis de produits. C'est surtout à l'époque de la floraison que les circonstances favorables

sont importantes. Un temps froid et humide, une pluie long-
temps prolongée, occasionnent l'avortement d'une partie plus
ou moins grande des grains. Il n'y a point d'industrie qui puisse
empêcher cet effet ; cependant les cultivateurs prudens, pour
diminuer les chances de cette nature, sèment leur maïs à trois
reprises différentes, c'est-à-dire à huit ou dix jours de distance, afin qu'il ne fleurisse pas à la même époque, et cette
pratique est très recommandable.

Dans beaucoup de lieux on coupe la sommité de la tige des
maïs peu après que la floraison est terminée, pour la donner en
vert aux bestiaux, et ce sous la fausse considération que ce retranchement facilite, ou mieux, accélère la maturité des grains.
On doit être fâché de voir Varennes de Fenilles partager cette
erreur, dont les suites sont nuisibles et au grossissement et
à la saveur du grain. En effet, d'abord on forme une très large
plaie dans la direction de la sève, plaie qui occasionne une
déperdition considérable de cette sève pendant plusieurs jours.
Ensuite on prive la plante du suc que lui devoient fournir les
deux ou trois feuilles supérieures. La théorie en conséquence
est très opposée à cette pratique, ainsi qu'à celle, bien plus
générale encore, d'arracher la plus grande partie des feuilles avant la maturité complète du grain. Je voudrois donc
qu'on retardât cette opération le plus possible, quoique ce
retard nuise nécessairement à la qualité des feuilles, qui deviennent plus dures et moins savoureuses à mesure qu'elles
approchent de la caducité. Lorsqu'on attend la récolte des
épis pour les enlever, et je ne prétends pas dire qu'il faille
l'attendre, elles ne valent pas la peine d'être séparées des tiges ;
aussi les y laisse-t-on ordinairement, soit pour brûler le tout
afin de tirer de la potasse de leurs cendres, soit pour chauffer
le four, soit pour faire cuire les alimens.

C'est ici le cas de parler de la culture du maïs comme fourrage, culture très avantageuse lorsqu'on sait la diriger convenablement.

Dans leur jeunesse, les feuilles, et sur-tout les tiges de maïs,
contiennent une si grande quantité de mucilage sucré, que
les hommes mêmes trouvent du plaisir à les sucer, et qu'on en
a retiré du véritable sucre par les procédés employés pour la
canne. Aussi, je le répète, tous les animaux herbivores les
aiment-ils avec passion ; aussi leur usage habituel les en-
graisse-t-il promptement, et leur donne-t-il une chair d'un
excellent goût ; aussi leur en faut-il moins que d'aucune autre
sorte de nourriture pour les entretenir en bon état. Par-tout,
et sur-tout dans les pays chauds, où les fourrages sont souvent
rares, on les nourrit une partie de l'année avec des feuilles et
des tiges de maïs. On en sème donc dans les parties méridio-

males de la France uniquement pour cet objet. L'important est de faire succéder cette culture à une précoce, afin que le terrain donne deux récoltes dans la même année. On peut attendre sans inconvénient jusqu'au 15 juillet dans les localités susceptibles d'irrigation, parcequ'un mois ou un mois et demi suffit pour faire arriver le maïs à la hauteur convenable. Dans les localités où l'irrigation n'est pas praticable, il faut semer avant les sécheresses, c'est-à-dire le plus tôt possible, sans quoi on risqueroit de perdre sa peine.

Le semis du maïs pour fourrage se fait sur un seul labour et à la volée. On répand huit ou neuf boisseaux de graines par arpent, car le plant peut être très dru sans inconvénient, pourvu qu'il n'y ait pas excès, et le semeur doit se diriger en conséquence. On coupe ordinairement au moment où les panicules des fleurs mâles sortent de leurs enveloppes, quelquefois cependant plus tôt ou plus tard selon les convenances. J'ai vu en Italie, dans les vallées volcaniques du Vicentin, faire encore un semis après cette récolte, de manière que le même champ fournissoit trois et quelquefois quatre récoltes différentes dans la même année; mais les terrains de cette nature ne sont pas communs. Le maïs, ainsi coupé, se dessèche comme le foin; seulement il faut un temps considérable, à raison de la grande épaisseur des tiges et du suc muqueux dont elles sont remplies. Celles de ces tiges qui sont trop dures sont écrasées avec un maillet au moment de la consommation. Ce fourrage se conserve bon pendant deux ou trois ans. Peu de plantes en fournissent autant sur la même étendue de terrain, ainsi que j'ai pu en juger un grand nombre de fois.

Dans les plantations destinées à la production du grain, il se trouve toujours des pieds échappés au premier éclairci, par conséquent trop voisins les uns des autres. Il en est d'autres, et malheureusement souvent en trop grand nombre, qui ne donnent pas d'épis. Il est bon de supprimer les uns et les autres, dès qu'on les reconnoît, pour augmenter la masse des fourrages et donner plus d'air à la plantation. Il en est de même des épis tardifs ou surabondans; mais ces épis, pouvant difficilement se dessécher, doivent être donnés en vert aux bestiaux, sur-tout aux vaches, dont ils augmentent considérablement le lait. Je m'apercevois toujours en Amérique, pendant l'hiver, au goût du lait, si mes vaches avoient été nourries tel jour de feuilles de maïs, tant, dans ce cas, il étoit plus savoureux.

Les épis de maïs, qui ne sont pas encore fécondés, se confisent dans le vinaigre à l'instar des cornichons; ceux dont le grain n'est pas encore consolidé se rôtissent sur les charbons, et leurs grains sont très agréables à manger. Les enfans font un grand dégât dans les plantations pour s'en procurer.

Les animaux qui nuisent au maïs en herbe se réduisent aux bestiaux, aux cerfs et autres pâturans ; mais quand il est en graine, le nombre de ses ennemis augmente considérablement. Les sangliers, les blaireaux, les écureuils, les rats de toutes espèces, se jettent dessus et dévorent ses épis. Une surveillance active peut seule l'en garantir. Je n'ai nulle part observé d'insectes qui lui fussent nuisibles dans les champs.

Aux dépens des diverses parties du maïs vivent trois sortes de champignons du genre des réticulaires de Bulliard (*uredo*), Persoon), et peut-être quatre ; car je crois qu'il est sujet à la rouille. Ces plantes parasites, analogues au charbon du froment, sont connues, mais n'ont pas encore été décrites d'une manière convenable ; du moins il m'a semblé que les expériences de M. Tillet n'étoient rien moins que concordantes avec les phénomènes observés ailleurs. Il en est de même de celles de M. Imhoff. *Voyez* les Mémoires de l'académie des sciences, 1760, et une thèse imprimée à Strasbourg en 1734. J'ai observé comme eux les trois espèces de charbon du maïs. Le premier attaque le grain par son intérieur, et le réduit en poussière noire. Le second s'observe dans les fleurs mâles ; sa poussière est également noire. Je la crois différente de la première. La troisième consiste en des fongosités irrégulièrement globuleuses, souvent plus grosses que le poing, qui naissent sur la tige, absorbent la plus grande partie de la sève, et empêchent les épis de paroître ou d'arriver à maturité. Il finit comme les autres par se décomposer en poussière noire. Toutes trois causent de grands dommages, certaines années et dans certains lieux, aux cultivateurs de maïs. J'avois pris à leur occasion, pendant mon voyage en Italie, où elles m'ont paru plus communes qu'en France, des notes et des dessins que j'ai perdus en route. J'invite les naturalistes à les observer et à écrire leur histoire. En attendant, je me crois autorisé, par l'analogie de ces plantes avec celles auxquelles je les ai comparées, à conseiller aux agriculteurs qui auront à se plaindre de leur présence, comme je l'ai déjà dit plus haut, de chauler le maïs positivement de la même manière que le blé. Je ne fais pas de doute que ce qui empêche ces plantes parasites de se multiplier en France autant qu'en Italie est l'usage où on est de séparer, au moment même de la récolte, les épis dont on destine les graines à la reproduction, et de les conserver dans un lieu à part, sans les ôter de leurs enveloppes.

La maturité du maïs se reconnoît à la dessiccation de la plus grande partie de ses feuilles, au déchirement d'une partie des enveloppes de l'épi, enfin à la couleur et à la dureté du grain.

Elle a généralement lieu quatre mois après les semailles. On gagne presque toujours à laisser l'épi le plus possible sur le pied, car le grain paroit arrivé à son dernier degré de perfection long-temps avant qu'il le soit en effet. On ne voit que trop, dans les marchés, du maïs cueilli avant cette époque, et qu'on reconnoît aux rides et aux excavations de ses côtés les plus larges, aux environs du point où il étoit attaché à son axe. Ces maïs donnent moins de farine, de la farine de plus mauvaise qualité, sont plus facilement attaqués par les insectes, et se conservent moins long-temps, ainsi que j'en ai l'expérience.

Cependant il est quelques cantons sur les bords de la Saône où, pour avoir un maïs plus sucré, on le cueille un peu avant sa maturité; cette pratique est même quelquefois commandée dans ce même pays, et sans doute ailleurs, par la précocité des froids, et alors elle doit être suivie d'une dessiccation au four, dessiccation qui, ainsi que je m'en suis assuré dans le pays, altère toujours la qualité de la graine.

Lors donc qu'à la vue, et par l'examen de grains pris sur différens épis, on juge que le maïs est arrivé au degré convenable de maturité, on cueille les épis en cassant leur pédicule, et on les apporte à la maison, où on les étend dans un endroit abrité pour les faire sécher. On doit les remuer assez souvent pour que les enveloppes ne se moisissent pas, ce qui altèreroit la qualité du grain en lui communiquant un mauvais goût. Après que ces enveloppes sont parfaitement desséchées, on les enlève à la main, et les épis sont conservés dans des greniers, ou sous des hangars, aussi long-temps garnis de leur grain que cela est possible; car on a remarqué que le grain se conservoit mieux ainsi que lorsqu'il étoit isolé. En faisant cette opération, on a soin de séparer des autres les épis les moins mûrs pour être mangés les premiers par les bestiaux ou la volaille, parceque leur grain pourroit s'altérer et favoriser l'altération des autres épis, et que d'ailleurs il n'est pas susceptible d'être moulu.

Dès que les épis de maïs sont rentrés, il faut s'occuper de couper ou arracher les tiges et les feuilles qui sont restées dans le champ, parceque plus ils y séjourneront et moins ils seront propres aux usages auxquels on peut les employer, usages que j'ai déjà énumérés. Les feuilles qui entouroient l'épi, ou la spathe, peuvent être données de suite aux bestiaux; mais ils les refusent, comme trop coriaces et trop insipides, lorsqu'elles sont desséchées. Dans quelques pays on en garnit les paillasses; dans d'autres on en chauffe le four; plus généralement on en fait de la litière. Les axes des épis, ou raffes, ne peuvent servir qu'à brûler, soit pour en tirer la potasse, soit pour faire bouillir la marmitte. Le feu qu'ils donnent est très peu ardent.

Il résulte des calculs de Varennes de Fenilles qu'en Bresse la culture du maïs rapporte souvent cinquante pour cent de bénéfice, et que ses produits sont d'autant plus considérables, que le buttage a été plus élevé. Dans ce pays on appelle *maïs de regain* celui qu'on a semé fort tard, c'est-à-dire à la fin de juin, et qui donne sa récolte à la fin d'octobre. Il est sujet à manquer par suite des sécheresses de l'été, et à ne pas parvenir à maturité lorsque l'automne est froid ou pluvieux.

Lorsqu'on veut consommer le grain du maïs on le détache généralement des épis avec la main, ce qu'on appelle *égrainer*. Cette opération est longue et fatigante. Dans quelques cantons on la facilite en faisant, au préalable, dessécher les épis au four. M. Parmentier, à qui l'économie rurale doit de si précieuses observations sur la conservation des grains, s'est assuré que cette dessiccation des grains sur l'épi valoit mieux que celle des mêmes grains isolés pour leur conservation et la facilité de la mouture. Je dois donc la recommander partout; cependant je n'aime point la bouillie faite avec de la farine de maïs séchée au four, attendu qu'elle a en partie perdu le goût qui lui est propre pour en prendre un de rissolé fort différent.

On peut aussi détacher les grains de maïs de leur axe en les frappant avec le fléau ou des bâtons, en marchant dessus avec des sabots ou des souliers ferrés, en les mettant sous une planche sur laquelle on s'assied, et qu'on fait mouvoir dans différens sens, en les frottant avec force contre une barre de fer fixée aux deux bords d'un tonneau défoncé, etc., etc.

M. Romand a publié, dans la Feuille du Cultivateur, vol. 7, pag. 83, une machine ingénieuse pour dépouiller l'axe de l'épi de son grain. Je renvoie à cette collection ceux qui voudroient la connoître.

Lorsque le maïs est égrainé on le vanne pour le débarrasser des pellicules de son axe et autres corps étrangers qui auroient pu s'y mêler, et on le met au grenier, soit en tas, soit dans des tonneaux défoncés, soit enfin dans des sacs isolés. Ce dernier moyen, conseillé par M. Parmentier, est certainement le meilleur, parcequ'il ne prive pas le grain du contact de l'air, et qu'il empêche les insectes de déposer leurs œufs sur sa surface.

Les insectes qui attaquent le blé attaquent aussi le maïs : parmi eux les deux plus dangereux sont le CHARANÇON et l'ALUCITE. *Voyez* ces mots. J'ai vu cette dernière si abondante en Caroline, dans le grenier où je conservois le maïs destiné à la nourriture de mes chevaux, que ma chandelle a été plusieurs fois éteinte par le grand nombre des individus qui se précipitoient à la fois sur elle lorsque j'en allois chercher la nuit. Il n'y auroit peut-être pas un grain qui échapperoit à leur voracité si on en laissoit une année entière sans y toucher. La perte qu'elle fait éprouver aux planteurs de ce pays est immense, quoiqu'elle ne mange que le quart des grains qu'elle attaque, et que le même grain ne soit jamais attaqué deux fois.

Il faut que la graine de maïs soit parfaitement sèche pour pouvoir être convertie en farine, parcequ'elle est de nature à graisser les meules et les bluteaux. Généralement on la concasse plutôt qu'on ne la moud pour l'usage des habitans des campagnes ; mais les riches, qui en mangent pour se régaler, la font passer une seconde fois au moulin après en avoir séparé le son. Ordinairement elle rend les trois quarts en farine.

La farine de maïs ne peut pas se conserver au-delà d'un an, ainsi que j'en ai fait plusieurs fois l'expérience (quelques précautions qu'on prenne), sans se détériorer relativement à son goût ; mais en la plaçant dans des sacs isolés elle se conservera saine bien au-delà de ce temps.

La matière glutineuse manque complètement dans la farine du maïs ; aussi ne peut-on pas la convertir en pain sans y ajouter une moitié ou au moins un tiers de farine de froment. Au reste, le pain qui résulte de ce mélange est agréable au goût et très sain.

La manière de manger le maïs dans la plus grande partie de l'Europe est en boulie au lait ou au beurre, avec un peu de sel. On appelle cette boulie *polenta* en Italie, *gaude* en Bourgogne, *millasse* dans les Cévennes. En Amérique, on en forme des espèces de gâteaux légèrement salés, et on les fait cuire dans une tourtière, ou, plus simplement, sur une planche devant le feu. Quoique compacte en apparence, cet aliment se digère facilement, ainsi que le prouve l'expérience de trois siècles, et ainsi que je l'ai éprouvé maintes fois moi-même.

Tous nos animaux domestiques, quadrupèdes ou bipèdes, aiment le maïs en grain avec passion. Ils préfèrent généralement le jaune au blanc. Il engraisse très promptement les bœufs, les cochons, les dindes, les oies, les poules, etc. En Amérique, il remplace l'avoine pour la nourriture des chevaux. On commence à en faire aussi usage, sous ce rapport, dans les parties méridionales de l'Europe. Lorsqu'on veut lui faire produire de plus rapides effets relativement à l'engrais des bestiaux, et encore plus des volailles, il faut le leur donner en farine délayée dans l'eau chaude. On reconnoît non seulement au goût, mais même à la vue, le lard des cochons, la graisse des volailles engraissées avec du maïs. C'est au maïs qu'est due la réputation, si méritée, des poulardes de Bresse. Il n'y a pas jusqu'aux carpes dont on améliore la chair avec du maïs lorsqu'on les en nourrit dans les réservoirs.

Il faut cependant dire que le maïs en grain, ainsi que je l'ai observé en Amérique, a un inconvénient grave pour les chevaux, c'est qu'il ne leur donne pas autant de courage au travail, et qu'il use et fait remuer leurs dents bien plus tôt que les autres grains, à raison de son extrême dureté. Le moyen de diminuer ce dernier inconvénient seroit sans doute de ne le leur donner qu'après vingt-quatre heures d'immersion dans l'eau.

Peut-être ne me blâmera-t-on pas 'd'ajouter que, dans le même pays, les chevaux, les vaches et les cochons sont laissés libres toute l'année dans les bois, et que c'est l'appât d'une poignée de maïs qui fait régulièrement revenir tous les soirs ces animaux au logis. Les cochons, dont on n'a pas si fréquemment besoin, n'ont ordinairement cette poignée que tous les samedis soir, et ce jour, à cinq heures précises, ils ne manquent jamais d'arriver en courant à la barrière, par-dessus laquelle on la leur jette, après les avoir comptés, si on n'a pas d'autre chose à leur demander, ou qu'on leur ouvre lorsqu'on a besoin d'en prendre. (B.)

MAISONS DE CAMPAGNE. Architecture rurale. On y appelle de ce nom l'habitation du propriétaire aisé : les anciens châteaux étoient des maisons de campagne.

En agriculture, les bons exemples sont presque toujours plus utiles que les meilleurs préceptes ; c'est une vérité reconnue par tous les bons esprits ; c'est aux grands capitaux que de riches propriétaires ont consacré à l'agriculture, et aux exemples de bonne culture qu'ils ont donnés, qu'il faut attribuer son perfectionnement dans la Belgique, dans les villes anséatiques, en Hollande, en France et en Angleterre. Eux seuls pouvoient lui faire faire de grands progrès ; car eux seuls réunissoient les trois conditions indispensables pour réussir dans la pratique de cet art qui doit tenir le premier rang dans un état essentiellement agricole, le *pouvoir*, le *vouloir* et le *savoir*.

Si donc les propriétaires aisés des différens départemens de la France vouloient s'adonner à l'agriculture, elle s'y élèveroit dans tous à un degré de perfection que l'on ne trouve que dans un nombre encore beaucoup trop petit.

En nous exprimant ainsi, nous n'entendons pas dire que tous seroient susceptibles des mêmes pratiques et des mêmes assolemens ; mais seulement que les essais et l'intelligence des propriétaires aisés finiroient par ouvrir les yeux aux cultivateurs les plus routiniers sur les avantages évidens d'une culture plus soignée et mieux appropriée aux besoins et aux ressources de la localité.

Après une révolution aussi terrible, pendant laquelle personne n'étoit assuré, ni de son existence, ni de sa fortune, l'homme est en quelque sorte dégagé des illusions de l'ambition et des richesses fictives; il contemple avec reconnoissance les biens plus réels que la divine Providence lui a sauvés du naufrage, une conscience pure et la demeure des auteurs de ses jours, et il regrette de n'avoir pas aperçu plus tôt dans ses propriétés foncières la source des avantages et des jouissances paisibles qu'elles lui auroient procurés, si, loin du tumulte des cours, il s'étoit d'abord occupé de leur amélioration.

Aussi, et malgré la gêne que la guerre fait éprouver à différentes branches de la prospérité publique, et particulièrement à l'agriculture, le goût pour cet art a gagné presque toutes les classes de propriétaires, et cette direction des esprits ne peut qu'être singulièrement favorable à ses progrès.

Mais ce goût, pour être convenablement cultivé, exige un séjour à la campagne beaucoup plus long qu'on ne le faisoit autrefois; et pour pouvoir s'y plaire, l'homme aisé veut y être commodément logé. Il est donc nécessaire qu'il connoisse les principes qu'il doit adopter dans la construction ou l'arrangement d'une maison de campagne, et qu'il se rende familières les différentes distributions dont elle peut être susceptible, tant pour l'agrément et la commodité que pour la facilité de la surveillance; car aujourd'hui une maison de campagne doit être composée de deux parties distinctes, et cependant subordonnées l'une à l'autre par leurs rapports continuels; savoir, l'habitation proprement dite, et les bâtimens d'exploitation sur lesquels le propriétaire doit avoir constamment les yeux ouverts.

Les maisons de campagne se construisent suivant les mêmes principes généraux que les autres constructions rurales, en ce qui concerne le placement, l'orientement, la distribution générale, le nombre et l'étendue des différens bâtimens d'exploitation dont elles doivent être composées; mais la grandeur de l'habitation ne doit pas y dépendre entièrement de l'aisance de leur propriétaire : la prudence veut que ce principe soit ici modifié par d'autres considérations. En effet, les constructions ont toujours été très dispendieuses, et trop souvent elles ont ruiné ceux qui s'y sont livrés avec imprudence. Aujourd'hui qu'elles coûtent encore davantage, on ne sauroit mettre trop de circonspection dans leur exécution.

D'un autre côté, la conservation des propriétés foncières

exige les visites fréquentes de leurs propriétaires ; mais toutes ne demandent pas la même continuité de surveillance.

Enfin, l'entretien d'une maison de campagne se prend nécessairement et vient en déduction sur le revenu des propriétés qui y sont attachées. Plus elle sera grande, et plus conséquemment le revenu doit diminuer. D'ailleurs, en cas de partage ou de vente de ces propriétés, on ne mettra de prix à la maison qu'en raison du besoin que l'on aura de l'habiter annuellement plus ou moins de temps ; et encore ne pourra-t-on l'évaluer qu'au capital que pourra représenter sa valeur locative intrinsèque, et abstraction faite des dépenses de sa construction.

Nous croyons donc que l'on doit proportionner l'étendue de l'habitation dans une maison de campagne à celle des propriétés qui y sont réunies, ou plutôt à la quotité du revenu qu'elles produisent, sauf à leur procurer ensuite les agrémens et les commodités convenables, lorsque l'on veut en faire sa demeure habituelle.

Heureux le propriétaire qui peut trouver un architecte sage et intelligent pour en faire le projet, et de bons ouvriers pour l'exécuter ! Malheureusement, plus on s'éloigne des grandes villes et moins on trouve de ressources de ce genre. (De Per.)

MAITRES. On donne ce nom à des sillons plus larges et plus profonds que les autres, qui les coupent dans tous les sens d'une manière irrégulière, et qui se dirigent hors du champ à sa partie la plus basse. Leur objet est de faciliter l'écoulement des eaux surabondantes qui pourroient nuire aux céréales semées dans ce champ. La confection des maîtres demande beaucoup d'intelligence, et il n'est pas donné à tous les valets de charrues de les bien faire. *Voyez* Égout des terres et Labour. (B.)

MAJAUFE. Nom provençal d'une sorte de fraise que j'ai cru devoir employer pour désigner la moins nombreuse section de la seconde série. *Voyez* Fraisier. (Duch.)

MAL D'ANE. Médecine vétérinaire. C'est une maladie semblable aux peignes, qui se manifeste par de petites crevasses autour de la couronne du sabot de l'âne et du cheval. L'animal boite continuellement ; la démangeaison qui a lieu presque toujours dans cette partie l'incite à y porter la dent, ce qui lui occasionne quelquefois non seulement un dégoût, mais une espèce de dartre et des ulcères à la langue et aux autres parties de la bouche (*voyez* Dartre); et quant au traitement de la maladie dont il s'agit, *consultez* les mots Arrête ou Queue de rat, Crevasse, Eaux aux jambes, Peignes, etc. (R.)

MAL DE BROU. Maladie grave à laquelle sont sujets les bestiaux qu'on mène au printemps dans les bois. *Voyez* Bois (Maladie de).

MAL DE CERF. Médecine vétérinaire. Le cheval qui est atteint de cette maladie éprouve une tension spasmodique dans les muscles de la mâchoire postérieure, dans ceux des yeux, des oreilles, dans ceux de l'encolure du corps, de la croupe, de la queue, et dans ceux des extrémités. Ce spasme n'est pas toujours général, il se borne quelquefois aux muscles de la mâchoire postérieure; pour lors on le nomme Tic de l'ours; d'autrefois il saisit les muscles du globe de l'œil, alors on lui donne le nom de Strabisme. *Voyez* ces mots.

Les signes qui caractérisent le mal de cerf, ou le spasme qui attaque généralement toutes les parties qui composent le cheval, s'annoncent par une roideur qui s'empare tout à coup des muscles du corps, et serre si fortement les mâchoires de cet animal, qu'il n'est presque pas possible de les ouvrir. Il élève d'abord sa tête et son nez vers le râtelier, ses oreilles sont droites, sa queue est retroussée, son regard est empressé comme celui d'un cheval qui a faim et auquel on donne du foin; l'encolure est si roide, qu'à peine peut-on la mouvoir; s'il vit quelques jours dans cet état, il s'élève des nœuds sur les parties tendineuses, tous les muscles de l'avant-main et de l'arrière-main éprouvent un spasme si violent, qu'on diroit, en voyant les jambes du cheval ouvertes et écartées, que ses pieds sont cloués au pavé; sa peau est si fortement collée sur toutes les parties de son corps, qu'il n'est presque pas possible de la pincer; les muscles de ses yeux sont si tendus, que si on ne regardoit qu'à l'immobilité de ses organes, on croiroit que l'animal est mort; mais il ronfle et il éternue souvent, ses flancs sont fort agités, sa respiration est très pénible.

Quant à l'évènement de cette maladie, elle cède ou fait mourir le cheval en peu de jours.

La cause immédiate du spasme, connu parmi les maréchaux sous le nom de *mal de cerf*, réside dans la crispation des nerfs, qui tend la fibre dont ils sont composés au point de les faire résister à l'action du sens intérieur; cette crispation est occasionnée par l'âcreté de quelques matières qui irritent le genre nerveux en général, ou qui, agissant sur une seule partie, communique l'irritation qu'elle y produit à toute la machine, parceque ses ressorts réagissant tous les uns sur les autres, l'un ne sauroit être vivement ébranlé sans que les autres y participent.

La blessure d'un tendon, et principalement celle de la dure-mère, peut produire un spasme qui roidit et rend immobile tout le corps de l'animal qui en est atteint, car l'expérience

nous apprend qu'en portant l'extrémité inférieure de la tête du
cheval au poitrail, si l'on plonge un poinçon de fer entre l'occi-
pital et la première vertèbre cervicale, sur-le-champ son corps
et ses membres deviennent roides, et il meurt dans un vrai état
de spasme, ce qui n'arrive point si on l'égorge, et qu'on le
laisse mourir par la perte de son sang; il périt alors dans des
mouvemens convulsifs, parceque l'affoiblissement successif de
ses forces rend ses organes incapables d'une action régulière;
tandis que dans le premier cas, la cause qui détruit l'animal
est violente et prompte, de sorte que le spasme est la suite de
la destruction subite des forces centrales, parceque celles de
la circonférence, n'éprouvant plus de leur part cette réaction
qui maintenoit leur équilibre, se développent autant qu'il est
en elles, ce qui donne à la fibre nerveuse une tension qui ne
lui permet plus aucun mouvement.

Nous concluons de ce qui vient d'être dit, que le spasme
universel, ou le *mal de cerf*, dépend de deux causes pro-
chaines; l'une de l'âcreté de quelques humeurs qui irritent
vivement le genre nerveux, et l'autre de la blessure de certaines parties tendineuses ou aponévrotiques, dont l'ébranle-
ment et l'irritation se communiquent à toute la machine.

L'indication que présente la première cause est d'adoucir
ou d'expulser l'humeur irritante; mais comme les accidens de
cette maladie menacent le sujet d'une mort prochaine, on est
souvent obligé de travailler à les calmer avant de s'occuper à
en détruire la cause. Les bains, les fomentations émollientes
sont pour cela le remède le plus prompt et le plus sûr qu'on
puisse employer; ils produisent un relâchement qui ne manque
jamais de soulager l'animal; et comme souvent le premier siège
de l'irritation se rencontre dans la région épigastrique, ou à
l'estomac, ou au diaphragme, et que d'ailleurs ces organes
sont le centre de toutes les forces animales, il est très intéressant d'en relâcher les ressorts, qui sont alors dans une très
grande tension. L'usage de l'huile d'olive, de celle de graine
de lin, des boissons émollientes, opère de très bons effets.

Les saignées, par le relâchement qu'elles procurent, les nar-
cotiques, par leur vertu d'engourdir le genre nerveux et de le
rendre moins irritable, sont aussi des remèdes qui doivent
être employés et réitérés suivant la nature et l'intensité des
accidens.

Quand on a calmé les symptômes les plus pressans, et que
le danger est devenu moins instant, on doit travailler à en détruire la cause; et pour cela il faut s'assurer de sa nature, afin
de la combattre par des remèdes convenables.

Si c'est une transpiration supprimée qui a occasionné le
spasme connu sous le nom de *mal de cerf*, il faut employer

les diaphorétiques, les sudorifiques, étriller, brosser, et bouchonner fortement l'animal pour le rétablir.

Si on a lieu de soupçonner que quelque humeur âcre irrite l'estomac et les intestins, telle qu'une bile érugineuse, et quelques substances vénéneuses prises avec les alimens, il faut avoir recours aux purgatifs et aux lavemens.

Quant à l'indication curative que présente la seconde cause, il faut avoir promptement recours à tous les moyens capables de détruire l'irritation que souffre la partie tendineuse ou aponévrotique blessée. Si elle est causée par le déchirement ou la section imparfaite de quelques nerfs, il faut dilater la plaie, et même couper en entier le tendon ou l'aponévrose, si une simple dilatation ne suffit pas.

Mais si l'importance ou la situation de la partie blessée demande des ménagemens dans les incisions qu'on voudroit faire, il faut avoir recours aux topiques émolliens et relâchans, et lorsqu'ils sont insuffisans, on emploie les dessiccatifs qui détruisent la sensibilité dans l'endroit blessé. L'huile de térébenthine réussit assez souvent à calmer les accidens de la blessure des tendons; si elle ne suffit pas, il faut se servir de l'huile bouillante, et même du cautère actuel ou potentiel.

Et s'il arrive que l'irritation soit entretenue par la présence d'un corps étranger, ou par l'âcreté de quelques humeurs, qui, n'ayant pas une issue facile, séjournent dans la partie blessée, et s'y corrompent; dans le premier cas, il faut, par tous les moyens qu'indique la chirurgie vétérinaire, faire l'extraction du corps étranger; dans le second, il faut donner issue à la matière, en dilatant la plaie et en en faisant, si le cas l'exige, des contre-ouvertures, et chercher en même temps à adoucir l'âcreté de l'humeur par des détersifs adoucissans, onctueux, mucilagineux, tels que le miel rosat, l'huile d'amande douce, l'onguent d'althæa, les mucilages de psillium, de mauve, etc. (R.)

MAL DE FEU, ou D'ESPAGNE. Médecine vétérinaire. En hippiatrique, nous désignons sous ce nom une maladie dans laquelle le cheval a un air triste, porte la tête basse, ne se couche que rarement, s'éloigne toujours de la mangeoire, avec fièvre et un battement de flancs considérable.

Comme l'expérience prouve que cette maladie n'est ordinairement qu'un symptôme d'une maladie essentielle, telle que la PLEURÉSIE, la PÉRIPNEUMONIE, etc., nous renvoyons le lecteur à ces articles, quant aux causes et au traitement.

Nous observerons seulement ici que les maréchaux sont dans l'erreur de prendre pour diagnostic la chute des crins, qui a lieu à la suite de cette maladie. Nous sommes bien aises de leur apprendre que les crins tombent presque toujours à la suite des maladies inflammatoires , et que ce phénomène n'est jamais le caractère du mal de feu. (R.)

MAL DE FEU DES BREBIS. *Voyez* Brulure.

MAL DE GARROT. Blessure faite au garrot du cheval par la selle , et qui devient quelquefois très grave , soit par son étendue , soit par l'effet de la disposition du sujet.

Lorsque la blessure est simple , le repos et quelques pansemens semblables à ceux indiqués au mot Blessure suffisent pour la guérir.

Quand elle s'est transformée en ulcère ou en fistule , on la traite comme il a été dit au mot Ulcère et Fistule au cou.

Enfin, s'il y a gangrène ou carie de l'os , il faut agir comme il a été dit aux mots Gangrène et Carie.

Il n'arrive que trop fréquemment que les chevaux sont affectés du mal de garrot, ce qui , lorsqu'on veut les guérir par le repos, les met souvent pour long-temps dans le cas de rester oisifs ; aussi beaucoup de personnes ne s'inquiètent-elles pas des souffrances de ces malheureux animaux et des suites que peut avoir pour elles-mêmes leur peu de sensibilité. Des coussinets , des emplâtres répercutifs propres à empêcher l'augmentation de la plaie ou à la fermer promptement leur paroissent préférables à tout autre moyen : aussi combien de chevaux sont victimes de ce mal !

Il est des chevaux qui par leur conformation , c'est-à-dire par la saillie de leurs apophises dorsales, sont plus exposés que d'autres au mal de garrot ; il faut donc toujours faire faire les selles pour chaque cheval et ne pas en changer indifféremment comme on le fait presque par-tout.

Les chevaux qui travaillent beaucoup , comme les bidets de poste, s'endurcissent la peau et sont moins sujets à ce mal que ceux de luxe. *Voyez* Cheval. (B.)

MAL DE ROGNON. Lorsque la partie postérieure de la selle ou un porte-manteau trop lourd entame la peau sur la croupe du cheval , on dit qu'il a attrapé un mal de rognon.

Cette maladie , ordinairement très légère , est dans certains cas susceptible de devenir grave. Elle se traite comme le Mal de garrot, dont elle ne diffère que par la position plus reculée de la plaie. *Voyez* l'article précédent. (B.)

MAL ROUGE. Médecine vétérinaire. Cette maladie épizootique, qui attaque tous les ans les bêtes à laine de plusieurs provinces, porte différens noms. On l'appelle mal rouge, maladie rouge, à cause du sang que quelques unes d'elles rendent particulièrement par la voie des urines. Dans le Bas-Languedoc on l'appelle maladie d'été , parcequ'elle exerce ses ravages après l'hiver ; et enfin, maladie de Sologne, parceque , d'après les observations de M. Tessier, c'est le pays où elle est le plus généralement répandue.

Il est difficile de s'apercevoir, dans les premiers instans, quand des bêtes à laine en sont attaquées, parcequ'elles sont mêlées à un grand nombre d'autres bêtes ; ce qui empêche de distinguer celles qui sont malades. On n'en est assuré que lorsque, dans la saison où règne l'épizootie, on les voit ralentir leur marche, s'écarter du troupeau, ne brouter que d'une manière languissante la pointe des herbes, au lieu de les dévorer jusqu'à la racine, revenir à la bergerie avec le ventre aplati, l'air triste, les oreilles basses et la queue pendante. Alors, si on les examine de près, on leur trouve l'œil terne, larmoyant et presque couvert ; le globe et les vaisseaux qui s'y distribuent, les lèvres, les gencives et la langue blanchâtres ou livides ; les naseaux sont remplis d'une humeur épaisse qui les bouche ; les urines sont ordinairement rares et coulent lentement ; la tête est souvent gonflée, ainsi que les jambes de devant. La foiblesse des bêtes malades est telle, qu'on les fait tomber facilement, si on applique la main sur leurs reins ; elles ne font aucune résistance lorsqu'on les saisit par une jambe de derrière ; la laine dont les filamens, à la tête sur-tout, sont dressés et hérissés, est d'une mollesse extrême, au point que les hommes qui tondent ces animaux jugent que ceux dans lesquels ils remarquent ces signes sont malades ou le deviendront bientôt. Lorsque les bêtes à laine sont attaquées de cette maladie, elles cherchent l'ombre, sans doute pour se garantir des mouches qui se jettent sur elles en grand nombre, sans qu'elles fassent aucun effort pour les chasser. Souvent il s'en perd au milieu des bruyères, où elles périssent et deviennent la proie des chiens et des oiseaux de proie. Le plus souvent elles restent auprès des métairies, parceque le berger ne peut les déterminer à suivre les autres. Quand le mal est dans sa force, elles portent la tête basse jusqu'à plonger le museau dans la terre ; l'épine du dos se courbe ; les quatre pieds se rapprochent ; elles restent immobiles, tantôt debout, tantôt couchées, battant du flanc et respirant avec peine. A cette époque on les fait suffoquer facilement, si, en leur examinant l'intérieur de la gueule, on la tient quelque temps ouverte. On ne peut guère juger de leur pouls ; car les bêtes à laine sont si timides, que même dans l'état de santé ses battemens en sont accélérés et irréguliers lorsqu'on les saisit pour leur tâter le cœur ou l'artère crurale. La maladie parvenue à son dernier terme, il sort de la gueule des bêtes une bave écumeuse ; leurs extrémités sont froides : on en voit beaucoup qui, avec leurs excrémens tantôt fluides, tantôt de consistance moyenne, rendent un sang peu foncé et en petite quantité, ou par le nez, ou par la voie des urines : circonstance d'où vraisemblablement la maladie a pris son nom. Quelques bêtes ont de longs frissons ; d'autres sont si altérées, qu'elles boivent abondamment quelque espèce de boisson qui se présente : peu de temps avant la mort il leur survient un flux extraordinaire d'urine. Aucune de celles qui bavent, ou qui rendent du sang, ou qui boivent abondamment, ne guérit de la maladie.

La durée de cette maladie est ordinairement de six, huit, dix ou douze jours, quelquefois plus ; mais rarement moins, à compter du moment où les bêtes à laine cessent de manger et de ruminer jusqu'à celui de leur mort. Si elles en reviennent quelquefois, leur rétablissement se fait lentement. Nous avons observé, ainsi que M. Tessier, que les bêtes les premières frappées de la maladie périssent plus promptement que les autres.

Causes. D'après les observations de M. Tessier, la maladie rouge ne paroissant pas contagieuse, ce savant a cru qu'il falloit en chercher la cause dans la manière dont on soignoit en Sologne les bêtes à laine et dans la qualité des pâturages. Voici ce que ses recherches lui ont appris.

Au mois de novembre on forme, dans chaque métairie, deux troupeaux, l'un de brebis pleines, et qui sont d'un âge plus ou moins avancé ; on y joint de jeunes femelles de l'année d'auparavant, parmi lesquelles quelques unes ont des agneaux au mois de mars suivant.

Le second troupeau est composé d'agneaux nés au mois de mars précédent.

Chacun est conduit séparément aux champs, quelque temps qu'il fasse, à l'exception des jours de très grandes pluies. On ne donne jamais rien aux bêtes à la bergerie, où il n'y a pas même des râteliers ; en sorte qu'elles ne vivent que de ce qu'elles trouvent aux champs. Si la terre n'est pas couverte de neige jusqu'à la mi-janvier ou jusqu'après les gelées, elle fournit assez de nourriture aux bêtes à laine ; mais elles en manquent en février. Lorsqu'il y a de la neige, on les conduit dans les lieux plantés de genêt, ou dans les plus hautes bruyères, ou le long des haies. C'est alors qu'elles souffrent encore la faim.

C'est à la fin de février et dans le courant de mars que les brebis font leurs agneaux. Elles seules, à cette époque, sont conduites dans les terres où l'on a récolté du seigle et où il y a de l'herbe qu'on leur a réservée.

Si la saison est favorable, l'herbe pousse au mois d'avril, et les troupeaux en trouvent abondamment.

Alors on expose dans les bergeries des agneaux de lait des branchages d'arbres garnis de feuilles et coupés au mois de septembre, afin de les accoutumer à brouter. Dès le commen-

-eement de mai, ils sont menés indistinctement dans toute espèce de pâturage, parceque les habitans de Sologne sont persuadés qu'un agneau, tant qu'il tette, ne peut jamais contracter la pourriture. Persuadés également que vers la fin du même mois ces jeunes animaux n'ont plus besoin de lait, ils traient les mères pour faire du beurre, et souvent ils commencent à les traire plus tôt.

Si les bergers écoutoient les ordres de leurs maîtres, ils écarteroient presque toujours les brebis et les moutons qu'on ne veut pas engraisser des pâturages humides qui leur sont funestes. Mais souvent, malgré les défenses, ils les y laissent aller, ou par négligence, ou dans le dessein de leur procurer une nourriture plus abondante.

Les brebis, les moutons et les agneaux paissent dans les chaumes du seigle, après la récolte qui s'en est faite en juillet; on ne les mène paître ailleurs qu'à la fin de septembre.

La Sologne, pays compris entre la Loire et le Cher, est presque perpétuellement abreuvée d'eau. Le sol en est composé de sable et d'argile qu'on trouve à deux pieds où deux pieds et demi de profondeur. Il n'y a nulle part un aussi grand nombre d'étangs. Presque par-tout on y voit des plantes aquatiques.

Les bergeries de Sologne, où l'on renferme les bêtes à laine, sont humides, mal closes et sans litière; souvent ces animaux sont aux champs par la pluie, et confiés à de jeunes filles incapables d'attention. Que résulte-t-il de toute cette conduite?

1° Que les brebis pleines souffrent de la faim pendant l'hiver, et sur-tout dans les derniers mois de leur gestation, temps où elles auroient besoin d'une nourriture plus substantielle et plus abondante que jamais;

2° Que les agneaux qui en proviennent sont foibles et languissans, et remplis d'obstructions;

3° Qu'ils se gorgent d'herbes humides dans les pâturages où on les conduit, et avec d'autant plus d'avidité, que leurs mères ont moins de lait;

4° Qu'étant déjà d'une constitution foible et lâche pendant la première année, ils ne peuvent supporter, dans l'hiver suivant, les effets de la faim, sans être exposés, au printemps, à une maladie occasionnée par le relâchement.

Plus le mois d'avril est pluvieux, plus la maladie rouge est considérable en Sologne (c'est une observation que nous n'avons point faite dans le Bas-Languedoc). Les ravages qu'elle exerce sont d'autant plus grands, que les pâturages sont plus humides.

Plus tôt on donne les beliers aux brebis, ou, ce qui est la même chose, plus tôt on fait naître les agneaux, plus la ma-

ladie rouge en enlève. Dans ce cas, la saison n'étant pas encore
assez avancée, les brebis ne trouvent pas d'herbes aux champs,
et ne peuvent fournir assez de lait à leurs agneaux pour leur
subsistance.

Cette maladie dépendant donc, comme on vient de le voir,
des soins qu'on a des bêtes à laine, sur-tout des brebis pleines,
et de l'humidité du sol, on doit bien comprendre pourquoi
elle attaque particulièrement les agneaux et les antenois;
pourquoi elle n'est pas aussi considérable tous les ans.

S'il arrive souvent de grandes mortalités qui détruisent la
moitié ou plus de la moitié des troupeaux, on doit chercher
la cause de ces ravages extraordinaires dans les troupeaux
achetés à des marchands, que l'on introduit dans les métairies, et qui viennent des lieux humides.

Quand il seroit possible de guérir facilement toutes les maladies des bestiaux chaque fois qu'elles reparoissent, il ne
seroit pas moins intéressant de leur chercher de sûrs préservatifs. La multiplicité des occupations des cultivateurs, le peu
d'habitude qu'ils ont d'appliquer des remèdes, les soins qu'il
faut pour les employer convenablement, tout doit faire craindre
que si on ne leur présentoit que des moyens de les guérir,
même assurés, ils ne perdissent encore un grand nombre de
leurs bestiaux. Mais ils sont bien plus en droit de désirer qu'on
leur enseigne des préservatifs pour une maladie qu'on n'ose
encore se flatter de combattre avec succès lorsqu'elle est déclarée; telle est la maladie rouge: on ne peut en indiquer de
ce genre que d'après l'examen des circonstances qui l'accompagnent, et d'après l'étude de ses symptômes et de ses effets.
Voici ceux qui ont paru à M. Tessier les moins douteux, non
pas pour éteindre entièrement la maladie, d'autant plus qu'elle
dépend en partie de la nature du sol de la Sologne, mais pour
en diminuer, autant qu'il est possible, les ravages.

Procurer un écoulement aux eaux stagnantes de la Sologne,
en creusant le lit des rivières et des ruisseaux, et en y prati-
quant des canaux, comme il y a lieu de croire qu'il y en avoit
autrefois, par les traces qu'on en rencontre dans beaucoup
d'endroits; ce seroit, sans doute, la manière la plus sûre de
donner à la fois, à cette province, et la salubrité et la fertilité
dont elle a le plus grand besoin. Ces terres étant alors moins
humides, et les récoltes plus abondantes, on préviendroit bien
des maux, et particulièrement la maladie rouge. Mais ce
sont là de grands moyens qu'on ne peut espérer de voir exécutés de long-temps, et que le gouvernement seul est en état
d'entreprendre.

Pour corriger le mal autant qu'il est au pouvoir des habitans du pays, il seroit à désirer, avant tout, que les métayers

de Sologne, en employant plus de soin et d'activité, veillassent davantage à la conservation de leur bétail.

Afin d'éviter les grandes mortalités, on n'introduira dans les métairies qu'on veut garnir de troupeaux que des bêtes à laine élevées dans des endroits connus et non suspects. Celles qu'on achètera dans le voisinage, ou dans une autre province dont le sol est plus sec, seront moins sujettes à cette maladie.

On diminuera les mortalités ordinaires, si l'on mène souvent les troupeaux dans les lieux plantés en genêt; si on ne les laisse point exposés à la rosée, à la pluie, et aux orages; si on les écarte des prairies humides; et enfin, si on ne les tond qu'après la mi-juillet.

On ne doit pas laisser la bête à laine de Sologne trop long-temps aux champs; elle a toujours l'œil plus ou moins gras, et par conséquent elle est habituellement menacée de pour-riture : il suffit qu'elle paisse deux fois par jour, pendant trois heures chaque fois.

Comme la principale source du mal est dans la manière dont on soigne les brebis pleines et les agneaux, on nourrira les brebis pleines à la bergerie, dans la saison rigoureuse, et sur-tout vers le temps qu'elles doivent bientôt mettre bas. On ne les traira jamais, parcequ'indépendamment de ce que le lait maternel est plus convenable à la foible constitution des agneaux, plus ceux-ci en tetteront, moins ils seront empres-sés de brouter les herbes dont les sucs trop humides leur causent des maladies.

On se gardera de mener les jeunes animaux dans les prai-ries, dont on écartera encore avec plus de soin leurs mères et les moutons, puisqu'ils sont également susceptibles d'en être incommodés. Ils seroient bien plus sûrement préservés de la maladie, si on leur donnoit à la bergerie quelques alimens, tels que du son, de l'avoine, etc.

Que l'hiver suivant on les entretienne de nourriture, quand ils n'en trouvent pas aux champs, et qu'au printemps on ne les laisse point brouter des herbes trop aqueuses; leur tempé-rament se fortifiera, et on aura des antenois bien sains et bien constitués que la maladie rouge épargnera.

Vers le temps ou ce fléau doit commencer à exercer ses ravages, on brûlera, plusieurs jours de suite, dans les berge-ries, des branches de bois aromatiques, tel que le genièvre, dont on fera avaler de la décoction aux bêtes les plus languis-santes. On se contentera de pendre, dans leurs bergeries, des sachets de sel marin qu'elles pourront lécher, puisqu'en So-logne la cherté de cette denrée, si utile pour les bestiaux, ne permet pas de leur en donner à manger. On peut au sel ordi-naire substituer de la potasse ou des cendres gravelées, ou du sel contenu dans de la cendre de bois le plus facile à obtenir en Sologne. Un gros de chacun de ces derniers sels, par pinte de boisson, est une dose suffisante.

Les bergeries seront placées dans les endroits les plus élevés des métairies; on en rendra le sol aussi sec qu'il sera possible, et on y fera de la litière, qu'il faudra renouveler de temps en temps; ces moyens garantiront les bêtes à laine de l'humidité. On donnera à ces habitations plus d'étendue qu'elle n'en ont dans beaucoup de métairies, afin que les animaux y soient à l'aise.

La fraîcheur des terres de la Sologne formera toujours un obstacle à l'établissement du parcage dans ce pays : il demande beaucoup de précautions de la part des personnes qui voudront le tenter. L'humidité, je le répète encore, est à redouter pour les bêtes à laine. On peut, dans les grandes chaleurs, les faire coucher en plein air; mais, dans ce cas, on aura soin de ne former le parc domestique que sur un endroit où l'eau ne séjourne pas, et sous des arbres qui garantissent les animaux de l'ardeur du soleil, quand au milieu du jour ils sont de retour des champs.

Parmi toutes ces précautions, il en est une qu'on regardera comme dispendieuse; c'est celle de nourrir à la bergerie les bêtes à laine pendant l'hiver; tandis qu'en ne leur donnant pas à manger, tout est profit pour les propriétaires. Il faut convenir qu'en Sologne, dans l'état où est actuellement la province, les habitans ont peu de ressources pour se procurer de quoi alimenter leurs bêtes à laine en hiver; le sol est si ingrat et si mal cultivé, qu'on n'y récolte presque que la quantité de seigle nécessaire pour les habitans, et du foin seulement pour la nourriture des bœufs employés aux travaux de l'agriculture.

Malgré ces obstacles apparens, il y a des moyens de donner des alimens aux bêtes à laine de Sologne, quand elles ne trouvent rien aux champs, et même d'en augmenter par-là le nombre, puisqu'il suffit de suppléer en hiver à ce que la terre ne fournit pas alors. On n'en peut être que convaincu, en adoptant les réflexions suivantes de M. Tessier.

On entretient, dit-il, trop de bœufs dans cette province, où ils ne deviennent jamais beaux, et où par conséquent ils produisent peu aux métayers lorsqu'ils les vendent. La culture des terres n'en exige pas une si grande quantité. Quatre ou six de ces animaux traîneroient sans peine une charrue, à laquelle on en attelle dix ordinairement. En en diminuant le nombre, une partie du foin qui leur est destinée pourroit être donnée aux bêtes à laine, la seule espèce de bétail sur laquelle on doive porter ses vues en Sologne , dont les pâturages ne conviennent pas aux autres bestiaux.

On doublera les récoltes de foin , si l'on a l'attention de soigner les prairies ,, soit en faisant des fossés tout autour pour les empêcher d'être inondées, soit en arrachant les plantes de mauvaise qualité, qui nuisent à l'accroissement de celles qui forment de bon foin.

La Sologne est couverte d'arbres; les métayers ont la permission d'en couper les branches ; il y en a très peu dont les feuilles ne conviennent aux bêtes à laine. On aura soin, dans le temps où la sève est encore en vigueur , d'en faire des provisions proportionnées aux besoins des troupeaux.

Dans plusieurs cantons de diverses provinces de la France , on donne aux bêtes à laine des galettes faites avec le marc de chanvre dont on a exprimé l'huile. En Sologne , où l'on cultive du chanvre , ne pourroit-on pas employer la graine à cet usage ? Ne pourroit-t-on pas encore y établir des cultures de pommes de terre , de carottes et de turneps, espèce de navets que les bêtes à laine mangent volontiers , même dans les champs , et dont on les nourrit pendant l'hiver dans toute l'Angleterre, où les troupeaux sont si multipliés ?

Pour guérir la maladie rouge , on a imaginé et employé jusqu'ici différens remèdes qui n'ont eu aucun succès, ou qui n'en ont eu que de très foibles. Parmi ces remèdes , les uns sont enveloppés du voile du mystère ; les autres, qu'on a moins de peine à pénétrer , sont des composés si bizarres et si peu convenables à la maladie, qu'il est inutile de les rapporter.

Quelques métayers de la Sologne ont employé avec succès la décoction de serpolet et d'autres plantes aromatiques. Il y en a qui prétendent avoir guéri des bêtes malades , en leur faisant avaler de la décoction de sureau , et en les exposant à des fumigations d'hièble. Ces moyens nous paroissent très bien indiqués, et méritent qu'on y ait confiance : ils prouvent d'ailleurs qu'il existe une analogie marquée entre la pourriture et la maladie rouge.

Malgré ces légers succès, on ne doit pas conclure qu'on puisse facilement guérir cette maladie. Il ne faut du moins pas l'espérer, lorsqu'elle est parvenue à un certain degré, comme lorsque le foie et le poumon sont déjà dans un état de putréfaction. Vraisemblablement les animaux guéris par M. Tessier n'étoient encore que foiblement attaqués. La médecine vétérinaire a des bornes qui limitent son pouvoir ; c'est à ceux qui l'exercent à les connoître, afin de ne pas employer inutilement pour les franchir un temps qu'on peut appliquer à des recherches capables de procurer de grands avantages.

Lorsque la maladie rouge est déclarée, on doit essayer, sur les bêtes qui ne sont pas dans un état désespéré, les remèdes que la connoissance des symptômes et l'ouverture des corps indiquent, c'est-à-dire des apéritifs, des diurétiques et des toniques, tels que ceux que nous allons indiquer.

On donnera chaque jour, et dans les premiers temps, aux bêtes à laine malades, plusieurs verres d'une décoction d'écorce moyenne de sureau, ou des baies d'alkekenge ou coqueret; on remplacera, quelques jours après, cette décoction par une autre faite avec la sauge, ou l'hysope, ou le pouliot, ou toute autre plante aromatique, en y joignant un gros de sel de nitre, ou deux gros de sel marin par pinte d'eau; on enfumera les bergeries avec des branches ou des baies de genièvre.

Il faut rejeter la saignée et les remèdes rafraîchissans.

La nourriture sera ou du seigle en gerbe, ou du genêt, ou des plantes sèches. Pour cette raison on éloignera les bêtes des prairies humides.

Nous ne conseillerons pas de faire usage de la thériaque, ni de l'orviétan, d'après notre expérience, celle de M. Vitet et de M. Daubenton.

On aura grand soin pendant tout le temps du traitement de n'exposer les troupeaux malades ni au froid ni à la pluie. (R.)

MAL DE TAUPE. Médecine vétérinaire. C'est une tumeur qui se manifeste sur le sommet de l'encolure du cheval, ou sur le sommet de sa tête même; elle est un peu molle, et de figure irrégulière; le pus qu'elle contient est blanc et épais comme de la bouillie : ce pus devient quelquefois si âcre, qu'il se creuse des sinus sous le cuir, et carie souvent le crâne. Comme la peau de la tête est épaisse, ferme, tendue, et près des os, la tumeur ne s'élève pas beaucoup, mais elle s'élargit à sa base. Elle reste ordinairement long-temps sans faire de grands progrès, parceque la lymphe qui la cause est visqueuse; mais quand cette humeur devient corrosive, elle ronge le kyste qui la renferme, et fait des sillons entre la peau et le péricrâne. Si elle perce cette dernière membrane, elle agit sur le crâne même; alors les suites en sont très dangereuses. On a donné à cette tumeur le nom latin de *talpa*, en français *taupe*, parcequ'elle ressemble aux taupières, ou à ces petites éminences de terre que la taupe pousse sur la surface de la terre en fouillant, et parceque la matière purulente qu'elle contient creuse et fait des trous sous la peau, comme cet animal en fait sous la terre.

La cause de cette tumeur est une lymphe visqueuse arrêtée dans quelqu'un de ses vaisseaux, qu'elle dilate insensiblement jusqu'à lui faire acquérir un volume considérable. La tunique qui enveloppe la matière de ces tumeurs n'est autre chose qu'un vaisseau lymphatique ou adipeux, élargi de la même manière que les vaisseaux sanguins se dilatent quand ils forment l'anévrisme et les varices. Lorsque la lymphe ou la graisse trouve quelque obstacle à son mouvement progressif, elle s'accumule peu à peu par le séjour qu'elle fait ; la sérosité qui en est exprimée abreuve les fibres du conduit obstrué, les ramollit et les rend propres à recevoir beaucoup plus de sucs nourriciers qu'auparavant, de sorte que le vaisseau lymphatique ou graisseux se dilate extrêmement, et forme un sac qui fait le kyste de la tumeur. La matière renfermée dans ce kyste s'épaissit de plus en plus, par la dissipation de ce qu'elle a de plus séreux et de plus subtil ; mais quoiqu'elle s'épaississe à force de croupir et d'éprouver les oscillations des fibres, et les battemens des artères voisines, il lui survient un mouvement intestin qui la fait dégénérer en une espèce de pus semblable à de la bouillie, ou à du suif, suivant qu'elle est plus chyleuse, plus douce, ou plus grasse, et suivant la différence des vaisseaux où elle s'arrête ; car c'est dans les vaisseaux lymphatiques, ou dans les vaisseaux adipeux que se forme le *talpa*. Ce mouvement intestin est beaucoup plus lent que celui qui se fait dans les tumeurs flegmoneuses. La lymphe et la graisse sont plus homogènes que le sang ; elles n'apportent pas tant d'obstacle au passage de la matière subtile, et ne se trouvent pas renfermées comme lui dans des artères qui le broient continuellement.

Les causes qui arrètent le cours progressif de la lymphe ou du suc adipeux sont leur propre viscosité qui les fait circuler lentement, ou l'obstruction de quelques glandes qui intercepte leur cours, ou une contusion, un coup, une chute qui comprime leurs vaisseaux, les rompt ou en change la direction.

Le *diagnostic*. On connoît que cette tumeur est enkystée, en ce que la peau roule et glisse dessus. Quand on l'ouvre, on voit que la matière est renfermée dans une membrane.

Le *posgnostic*. Le mal de taupe n'est dangereux que lorsqu'il se trouve placé sur les sutures du crâne, sur-tout quand il est adhérent : alors il a communication avec la dure-mère ; de sorte que si cette tumeur s'enflamme et suppure, elle communique son inflammation et sa corruption à cette membrane, ce qui met la vie de l'animal dans le plus grand danger.

L'indication curative doit se borner, 1° à diminuer l'abondance de la lymphe, et à la rendre plus fluide. Pour obtenir cet effet, on donnera peu à manger au cheval qui sera atteint du *mal de taupe*, et principalement le soir ; les fourrages provenant des prairies les plus sèches, l'avoine, les eaux les moins pesantes, l'écurie la plus sèche et tenue proprement, le pansement de la main, et la continuité du travail auquel il est habitué, tous ces soins rempliront la première indication. 2° On en aidera l'effet en atténuant les humeurs, et en enlevant les obstructions par l'usage des tisannes faites avec la salsepareille, la squine, le sassafras et les baies de genièvre, et par celui des tisannes faites avec les racines et les feuilles de chicorée sauvage, de pimprenelle, de cerfeuil, de laitue, etc.; les eaux minérales ferrugineuses, ou les eaux thermales conviennent encore beaucoup en pareil cas ; on purgera ensuite avec la confection hamec, le jalap, l'éthiops minéral et l'aloès succotrin : on ne doit point négliger ces précautions, parcequ'il survient très souvent après la guérison des métastases funestes, qui donnent la mort à l'animal lorsqu'on s'y attend le moins.

La cure particulière du *mal de taupe* s'exécute par la résolution, par la suppuration ou par l'extirpation ; si la tumeur est nouvelle et molle, elle peut se résoudre en y appliquant, après avoir rasé le poil, l'emplâtre de *vigo cum mercurio;* l'onguent de styrax, mêlé avec les fleurs de soufre, ou avec l'éthiops minéral, etc., peuvent en opérer la résolution.

Mais si la tumeur ne se résout point, et qu'au contraire elle soit disposée à suppurer, on peut en faciliter la suppuration par les cataplasmes émolliens, par l'onguent basilicum. La suppuration s'étant déclarée, il faut aussitôt ouvrir l'abcès; quand le pus en est sorti, on détergera l'ulcère, et l'on consumera les chairs superflues et le kyste au moyen de l'onguent égyptiac, de l'alun brûlé, du précipité rouge, du beurre d'antimoine ou de la pierre infernale. Il faut détruire jusqu'au bouton rouge qui se trouve ordinairement dans le fond ; sans cette précaution la tumeur se renouvelleroit.

Enfin, si la tumeur ne prend pas la voie de la suppuration, ou qu'on ne juge pas à propos de l'attendre, on en viendra à l'extirpation ; la cure sera plus prompte, pourvu que le cheval soit bien préparé. Pour faire cette opération, il faut d'abord ouvrir la tumeur, ou par une incision cruciale avec le bistouri, ou par une traînée de pierres à cautère, qu'on applique à travers un emplâtre fenêtré, et qu'on couvre d'un autre emplâtre. L'ouverture étant faite, on sépare par la dissection la tumeur d'avec les lèvres de la plaie et des parties voisines, et on l'emporte toute entière avec le kyste ; on la consume par le moyen des caustiques ci-dessus rapportés, ce qui prolonge la guérison. Il faut avoir l'attention de consumer aussi le bouton ou la racine de la tumeur; la pierre infernale ou le cautère actuel y réussiront promptement ; ensuite on incarnera et on cicatrisera la plaie à l'ordinaire, réprimant les chairs superflues avec l'alun brûlé ou quelque autre caustique.

MAL DE TÊTE DE CONTAGION. Médecine vétérinaire. Cette maladie épizootique et contagieuse règne quelquefois parmi les chevaux, et en fait périr un grand nombre. M. de La Guérinière l'a décrite dans son école de cavalerie.

Lorsqu'elle a lieu, la tête du cheval devient extrêmement grosse, les yeux sont enflammés, larmoyans et très saillans; il coule des naseaux une matière jaune et corrompue; elle se termine bientôt en bien ou en mal. La crise la plus heureuse est celle qui se fait par un transport d'humeurs sur les glandes de la ganache, dont le gonflement et la suppuration assurent la guérison de l'animal.

La couleur jaune des matières qui fluent par les naseaux distingue cette maladie de l'Étranguillon (*voyez* ce mot) dans lequel la matière est de couleur verdâtre; elle diffère de la Morve (*voyez* ce mot) par la fièvre aiguë et l'inflammation extrême qui l'accompagnent.

Tout l'espoir de guérison consistant dans le dépôt aux glandes de la ganache, c'est là aussi où l'on doit porter tous ses soins. Si la tumeur qui s'y forme perce d'elle-même, le cheval est bientôt guéri. On en accélère la suppuration avec des oignons de lis cuits sous la cendre, qu'on applique chaudement : si au bout de sept à huit jours la tumeur n'a pas percé, on l'ouvre avec un bistouri, et on la traite comme une plaie ordinaire. Lorsque cette maladie règne, on ne sauroit prendre trop de précaution pour en arrêter les progrès. *Voyez* Contagion. (R.)

MALADIE DES ANIMAUX DOMESTIQUES. Il ne paroît pas que dans l'état sauvage les animaux soient sujets à un aussi grand nombre de maladies que dans l'état domestique ; ce triste résultat de leur assujettissement ne peut être évité qu'en partie, et ce en les rapprochant autant que possible de la manière de vivre qu'ils suivent lorsqu'ils sont en liberté. *Voyez* au mot Hygiène vétérinaire.

Sans doute il est, dans les animaux comme dans l'homme, beaucoup de maladies qui peuvent se guérir sans remèdes, par le seul effet du repos et des efforts de la nature; mais il en est aussi beaucoup dont la terminaison seroit certainement fatale, si l'art ne venoit au secours de ceux de ces animaux qui en sont affectés; c'est pour en faciliter la guérison que les articles vétérinaires ont été rédigés dans cet ouvrage. Dans beaucoup de cas, les cultivateurs pourront en faire l'application ; mais dans ceux qui sont graves, ils ne devront pas se dispenser d'avoir recours à l'artiste vétérinaire de leur canton ; car l'expérience ne peut être suppléée. Une autre recommandation importante, c'est de ne pas attendre, comme on le fait presque par-tout, que la maladie ait fait des progrès pour commencer à y porter remède. Un retard de quelques jours, de quelques heures peut-être, suffit pour l'aggraver au point d'ôter tout espoir de guérison.

Toute bête malade, quels que soient les symptômes qu'elle offre, doit être d'abord séparée des autres, laissée en repos, nourrie plus délicatement et moins abondamment. Quand on sait quels sont les inconvéniens des maladies contagieuses, on ne doit pas se refuser à cette précaution. *Voyez* au mot EPIZOOTIE.

Une considération à avoir toutes les fois qu'une bête devient gravement malade, c'est le rapport de sa valeur avec la dépense qu'elle peut occasionner en remèdes. Il est beaucoup de cas où il vaut mieux la tuer que la guérir. (B.)

MALADIE DE BOIS. *Voyez* BOIS.

MALADIE CHARBONNEUSE. MÉDECINE VÉTÉRINAIRE. C'est une maladie dont les symptômes se développent avec une rapidité qu'on peut dire effrayante ; elle s'annonce par une ou plusieurs tumeurs accompagnées de douleurs vives et de chaleur brûlante : ces tumeurs sont petites dans leur principe, mais en très peu de temps elles acquièrent un volume considérable.

Cette maladie attaque tous les animaux domestiques ; elle n'épargne même pas les volailles, parmi lesquelles elle fait souvent de grands ravages ; elle est contagieuse, épizootique et quelquefois enzootique ; elle se manifeste indistinctement sur toutes les parties du corps.

Cependant dans le cheval, l'âne et le mulet, elle se montre constamment à la langue, à l'*avant-cœur* et à la face interne de la cuisse. Lorsqu'elle a son siège sur cette dernière partie, elle s'annonce par une tumeur dure très douloureuse, petite dans son commencement et qui devient très volumineuse en six, huit, dix et douze heures (l'animal attaqué périt quelquefois avant ce terme). M. Chabert regarde comme un vrai charbon *la soie* dans le cochon. *Voyez* SOIE, maladie des porcs.

Le charbon nous paroît être une tumeur inflammatoire qui passe très promptement à l'état gangreneux, et de là à celui de sphacèle ; ce dernier période se développe avec une extrême rapidité ; cela est très remarquable dans le charbon qu'on nomme *trousse galant* dans le cheval (charbon à la face interne de la cuisse).

Cette maladie a lieu spontanément ; on l'a vue être aussi la terminaison de quelqu'autre affection particulière (1).

_____

(1) M. Huzard a vu une légère enclouure donner lieu au développement du charbon.

Dans les bêtes à cornes les tumeurs sont plus volumineuses, moins douloureuses, et il s'en manifeste quelquefois plusieurs.

Le charbon a reçu différens noms ; sur la langue, on l'appelle glossanthrax, bouffle ou boussole, le louet, l'ampoule, le mal de langue, le chancre volant, etc., etc. Au poitrail, avant-cœur, anticœur, ancœur, averti-cœur, la nappe avant-couroix ; sur l'épine, on le nomme quartier ; sur les reins, pourriture sèche ; à la cuisse, araignée, noire cuisse, mal-noir, rouge cuisse, trousse-galant, mal de cuisse, musette, musaraigne ; ce dernier nom lui a été donné parcequ'on l'attribuoit à la morsure d'un petit animal qui porte ce nom. M. Lafosse a démontré la fausseté de cette idée dans un mémoire qu'il a lu à l'Académie royale des sciences le 23 décembre 1757.

Le charbon qui n'a point de siège déterminé a reçu beaucoup de noms, tels que l'araignée, la bosse, le trop de sang, l'enflure, la gamadure, le laron, l'anthrax, la poujolle, la peste rouge, la puce maligne, le violet, le mal fort, etc., etc.

Le charbon paroît aussi se porter sur les viscères ; c'est ce que M. Chabert appelle la fièvre charbonneuse. A l'ouverture des cadavres on trouve les parties lésées frappées des mêmes désordres que ceux que l'on remarque sur les parties externes qui en ont été le siège.

Le bas-ventre est plus particulièrement affecté de cette sorte de charbon ; les animaux qui en sont atteints meurent presque subitement après quelques heures de signes de maladie, et même souvent sans en avoir donné aucun.

Le charbon affecte les glandes, les membranes, le tissu cellulaire, les chairs et la peau.

Sur les glandes il est très douloureux et presque toujours mortel.

Dans le tissu cellulaire il le soulève promptement, il l'infiltre d'une sérosité roussâtre, il lui donne une teinte jaune et quelquefois verdâtre sur les membranes et sur les chairs ; il les rend noires, et le pus qui en découle est sanieux, sanguinolent et séreux.

La malignité du charbon, la célérité de sa marche dépendent beaucoup des parties sur lesquelles il se manifeste ; nous avons déjà fait remarquer que celui qui paroît à la face interne de la cuisse du cheval donnoit très promptement lieu à la mort (dans cette partie il est sur les glandes inguinales). La nature de ces organes, les fonctions qu'ils exercent dans l'économie animale, et la quantité de vaisseaux lymphatiques qui s'y réunissent, expliquent suffisamment ce fait : il en est de même du tissu cellulaire qui paroît favoriser singulièrement le développement de cette maladie ; la texture serrée des membranes, leur irritabilité concourent également à accélérer sa marche. Sur les chairs il est plus facile d'en borner les progrès.

L'extirpation des tumeurs lorsqu'elle est praticable, les scarifications et le feu ont été quelquefois suivis de succès.

Nous avons dit que le charbon étoit contagieux et épizootique ; rarement il a ce dernier caractère dans le cheval ; il le prend presque toujours dans les bêtes à cornes et généralement dans les animaux qui vivent en troupeaux.

Une multitude de faits prouve qu'il est contagieux ; il l'est des animaux à l'homme, et il se communique facilement d'une espèce à une autre ; nous pourrions rapporter à cette occasion une infinité de faits cités par les auteurs qui ont écrit sur cette maladie, nous nous bornerons à en faire connoître ici quelques uns.

M. Petit, artiste vétérinaire, qui traita une maladie charbonneuse dans les montagnes de l'Auvergne, cite les faits suivans :

François Mars fut chercher dans les montagnes des peaux d'animaux morts du charbon ; il jeta sa veste sur ces peaux ; il couvrit pendant la nuit avec ce vêtement les pieds de deux de ses filles ; dès le lendemain leur bouche devint noire et successivement le reste du corps ; elles s'écorchoient au moindre mouvement ; le fils, couchant avec son père, éprouva les mêmes accidens ; tous les trois moururent le soir même du jour de l'apparition du mal. M. Petit cite cinq observations du même genre. *Voyez* les Instructions et Observations sur les maladies des animaux domestiques, volume de 1791, p. 262 et suivantes.

Voici ce que j'ai eu occasion d'observer dans une maladie charbonneuse que j'ai traitée dans le Querci en 1786. M. Laurans, vétérinaire à Montauban, chargé de soigner, conjointement avec moi, les animaux malades, s'étant piqué le doigt indicateur de la main gauche en ouvrant une tumeur, éprouva le même soir du malaise, de l'anxiété, et il se manifesta sur l'endroit piqué une petite grosseur noire très douloureuse ; il la scarifia et cautérisa lui-même sur-le-champ ; par ce traitement il arrêta les progrès qu'auroit pu faire la maladie.

Les nommés Jean Laforgue et Pierre Létang éprouvèrent le même malaise et la même anxiété pour s'être piqués avec une côte en faisant des ouvertures ; ces accidens n'eurent pas de suites fâcheuses ; plusieurs poules sont mortes pour avoir avalé des graviers couverts du sang des bœufs malades ; des chiens ont aussi péri pour avoir mangé de la chair de ces animaux ; un taureau l'a fait naître dans une génisse pour l'avoir couverte une seule fois. *Voyez* le même volume des Instructions, pag. 276.

M. Peret, artiste vétérinaire à Angers, a ressenti deux fois les effets de cette funeste maladie ; il a succombé à la deuxième fois ; il est mort victime de son zèle. On peut voir beaucoup de faits semblables dans les Recherches historiques et physiques sur les maladies épizootiques par M. Paulet, dans le Traité du charbon par M. Chabert, et dans les ouvrages de M. Vicq-d'Azir.

D'après ces observations, il est bien constant que le charbon est contagieux par le contact ; il n'est pas aussi facile d'expliquer comment il peut l'être d'une autre manière, par exemple, lorsque plusieurs animaux sont affectés en même temps ; il est difficile d'expliquer le mode de contagion, surtout par rapport aux animaux qui sont les premiers affectés.

Au reste, il paroît que la difficulté de déterminer d'une manière posititive les différens modes de contagion a été sentie par les auteurs qui ont écrit sur les maladies contagieuses, si les symptômes de cette maladie sont les mêmes dans tous les animaux, et si elle est une dans ses résultats. Le praticien y remarque cependant des différences dans les diverses espèces d'animaux.

Par exemple, dans le cheval, l'âne et le mulet, le premier temps est marqué par des bâillemens, des anxiétés auxquels succèdent bientôt le brillant des yeux qui deviennent hagards et étincelans, et l'accélération de la circulation. Cet état ne tarde pas à être suivi de sueurs abondantes, de l'intermittence et de la lenteur du pouls qui se fait à peine reconnoître. Dans les bêtes à cornes, aux symptômes qui viennent d'être décrits, se joignent le hérissement du poil, la rigidité du tégument, la cessation de la rumination, et la suppression presque totale du lait dans les femelles.

Le charbon peut tenir à des causes éloignées ; une nourriture malsaine long-temps continuée, des travaux forcés qui donnent lieu à des déperditions que des alimens viciés ne peuvent réparer ; un long séjour dans des lieux et dans des étables peu ou point aérés, et les mauvaises qualités de l'air qui y circule.

Son développement a plus particulièrement lieu aux époques pendant lesquelles on remarque des variations fréquentes dans l'atmosphère, soit dans les grandes sécheresses, soit après ou lorsque les pluies deviennent très abondantes, enfin tout ce qui peut opérer un changement sensible et trop subit dans l'économie animale.

On peut prévenir cette maladie quand elle est due aux causes dont nous venons de parler.

Assainir les habitations, donner des fourrages de bonne qualité, ne point laisser boire aux animaux des eaux bourbeuses et croupissantes, et entretenir la transpiration insensible par le pansement de la main souvent répété ; telles sont les indications à remplir.

On peut encore ajouter à ces soins le placement d'un séton au poitrail ; quelques personnes conseillent la saignée ; je pense qu'elle ne peut être avantageuse que pour les animaux chez lesquels la pléthore sanguine paroît avoir lieu ; elle est nuisible pour ceux qui sont affoiblis par le travail et la mauvaise nourriture.

Il n'est pas aussi facile de guérir le charbon lorsqu'il se développe ; je ne ferai que rappeler ici la rapidité de sa marche, pour faire sentir le peu de succès qu'on peut espérer d'obtenir en pareil cas ; il ne faut cependant pas pour cela négliger les moyens curatifs, il en est dont l'usage a quelquefois été suivi de succès.

Les scarifications et l'ouverture des tumeurs par le feu, leur extirpation lorsqu'elle est praticable ; le feu mis autour de ces tumeurs et appliqué même sur les parties scarifiées, ou extirpées avec un cautère ou morceau de fer *chauffé à blanc*, avec lequel on cautérise ces parties jusqu'à ce qu'elles paroissent pour ainsi dire charbonnées, et l'application d'un large vésicatoire sur les tumeurs ; tel est le traitement externe qu'on peut employer. Le choix de ces moyens est subordonné aux différentes espèces d'animaux, à leur tempérament, et à la nature des parties sur lesquelles le charbon se manifeste ; il est impossible de prescrire quelque chose de positif à cet égard, et qui puisse être approprié à tous les cas qui se rencontrent dans cette cruelle maladie.

Le traitement interne porte sur l'usage des anti-gangreneux.

Les billots ou noucts d'assa fœtida, tenus dans la bouche : cette même substance à laquelle on a joint la gomme ammoniaque employée à la dose de 4 gros (16 grammes), délayées dans un litre de vin rouge, l'alkali volatil fluor (ammoniac) à la dose de 2 gros (8 grammes), dans une pinte d'infusion aromatique ; l'extrait de gentiane à la dose d'une once (32 grammes (dans un litre de vin rouge, ou incorporé avec 8 onces (236 grammes) de miel : cette même plante réduite en poudre ainsi que l'aulnée à la dose de deux onces (64 grammes) données dans le vin ou le miel.

Les doses indiquées ici sont pour le cheval, l'âne et le mulet ; elles peuvent être augmentées et même doublées pour le bœuf, et réduites au quart pour les petits animaux.

Le quinquina seroit aussi très bon ; mais son extrême cherté n'en permet pas l'usage dans la médecine vétérinaire.

Ou donnera pour boisson l'eau blanchie avec la farine d'orge et acidulée avec le vinaigre de vin, ou l'acide sulfurique, jusqu'à une agréable acidité.

Les étables doivent être tenues très propres ; on en renou-vellera souvent l'air, et on bouchonnera plusieurs fois par jour les animaux.

Cette maladie étant une de celles qui se communiquent le plus facilement, il faut que les personnes qui soignent les ani-maux qui en sont atteints s'abstiennent de les *fouiller* (1), comme cela se pratique quelquefois ; il en pourroit résulter pour elles des accidens fâcheux.

Les maladies contagieuses nécessitent des mesures adminis-tratives : le charbon est une de celles pour lesquelles les pro-priétaires doivent faire leur déclaration aux autorités, ainsi que les vétérinaires qui sont appelés pour traiter les animaux qui en sont affectés : c'est plus particulièrement lorsque le charbon se manifeste sur des animaux qui vivent en troupeau que ces déclarations sont indispensables. Dans ces circons-tances les propriétaires doivent suivre strictement ce qui leur est prescrit par les autorités.

Outre les formalités et les précautions qui sont relatives au bien public, il en est encore d'autres à prendre qui intéres-sent directement les propriétaires.

Toute communication avec les animaux malades doit être strictement interdite ; il faut bien prendre garde que les do-mestiques qui les soignent ne fréquentent les écuries où sont les animaux sains : pour cet effet, on fera sortir des étables ceux qui sont bien portans, pour n'y laisser que ceux chez les-quels la maladie s'est montrée.

Enfin, on évitera soigneusement tout ce qui peut contri-buer à propager la contagion, de rassembler, par exemple, un trop grand nombre d'animaux dans les écuries, qui, comme nous l'avons déjà dit, seront bien aérées et parfumées avec le parfum indiqué ci-après ; il faut que les animaux aient été sortis des étables avant que de procéder à cette opération, et on ne doit les y faire rentrer qu'une heure après.

Prenez, muriate de soude (sel marin) 5 hectogrammes ; oxide noir de manganèse en poudre, 128 grammes ; acide sul-furique affoibli à 55 degrés, 5 hectogrammes. Cette dose est déterminée pour une écurie de quarante à cinquante che-vaux ; on la diminue ou on l'augmente dans les mêmes pro-portions suivant l'étendue du local. Après avoir fait sortir les bestiaux, on place une grande terrine de grès vernissée ; on y met le muriate et l'oxide de manganèse mêlés ensemble ; on verse dessus l'acide sulfurique ; on ferme les portes, et on ne les ouvre que deux ou trois heures après.

On appelle *fouiller*, l'introduction de la main dans l'intestin rectum pour le vider des matières qui s'y accumulent.

Cette maladie est susceptible d'un plus grand développement ; mais dans un ouvrage de la nature de celui pour lequel cet article est fait, un traité *ex professo* auroit pu être déplacé ; nous avons cru devoir nous borner à l'exposé simple de la maladie, afin d'en faire reconnoître les caractères aux cultivateurs, et leur indiquer comment ils pouvoient la combattre et s'en préserver. D'après cette idée, nous n'avons fait aucune description anatomique ; nous avons, autant qu'il nous a été possible, éloigné le langage médical, pour ne parler que celui connu de tout le monde. Nous croyons devoir inviter les lecteurs à consulter les Instructions et Observations sur les maladies des animaux domestiques, années 1782 et 1790 ; le même ouvrage, année 1791 ; le Traité du charbon par M. Chabert ; les Recherches sur les maladies épizootiques par M. Paulet ; et l'Exposé des moyens curatifs et préservatifs des maladies des bêtes à cornes par Vicq-d'Azir ; on trouvera dans ces ouvrages, qu'il ne nous appartiendroit pas de vouloir rivaliser, des notions beaucoup plus étendues sur le charbon. (DESPLAS.)

MALADIE DES CHIENS. Maladie qui semble devenir de plus en plus commune parmi les chiens, et qui en emporte chaque année de grandes quantités. *Voyez* CHIEN.

Cette maladie commence par une espèce de catarrhe accompagné de tristesse et de dégoût. Des mouvemens convulsifs ne tardent pas à se développer dans les muscles de l'abdomen, ensuite dans tout le corps. Souvent elle s'aggrave avec tant de lenteur, que l'animal reste affecté pendant des années entières : rarement elle se guérit d'elle-même, et lorsque cela arrive, il y a toujours diminution dans une ou plusieurs de ses facultés.

Il paroit que, parmi les nombreux remèdes employés contre cette maladie, ceux qui ont le mieux rempli leur objet sont les purgatifs et les émétiques à forte dose et répétés, accompagnés d'émonctoirs, tels que le cautère actuel, le séton, etc.

Il est d'observation que les chiens de chasse, qui ne sont nourris que de pain, et ceux dont les pères et mères sont morts de cette maladie, y sont plus sujets que les autres.

Quelque important que soit pour les cultivateurs le sujet que je traite, je ne m'étendrai pas davantage, parceque la plus grande discordance règne parmi les vétérinaires sur les causes de la maladie des chiens et sur les moyens de l'empêcher de se développer. Si l'attachement pour un chien fait passer par-dessus la dépense et la longueur du traitement, c'est à un vétérinaire instruit qu'il faut s'adresser, mais cela au moment même de l'invasion des symptômes. Dans le cas contraire, le plus court est de tuer l'animal. (B.)

MALADIES DES VÉGÉTAUX. Les végétaux, comme les

animaux, passent par trois états différens dans le cours de leur vie; ils naissent, se développent, se soutiennent quelque temps en état parfait, décroissent et meurent. Cette succession a son principe dans l'organisation même des plantes. Il est impossible à l'homme de l'empêcher d'avoir lieu ; c'est une maladie continuelle à laquelle tous les êtres vivans sont soumis.

Mais il est quelques affections des plantes sur lesquelles l'art peut exercer plus ou moins d'influence ; ce sont ces affections qu'on appelle proprement les maladies des plantes.

De tout temps on s'est aperçu que les plantes étoient sujettes à des altérations organiques, que même plusieurs de ces altérations pouvoient être assimilées à celles propres aux animaux, mais on n'a pas encore cherché à les étudier d'une manière suivie. Duhamel seul peut-être en a observé un certain nombre. Les auteurs qui en ont le plus particulièrement traité, tels que Plenck et Ré, n'en ont parlé que d'après lui ou d'après quelques faits remarqués par d'autres. Il seroit bien à désirer qu'un agriculteur éclairé, pourvu de la patience et du loisir nécessaire, voulût bien consacrer quelques années de sa vie à vérifier tout ce qui a été écrit sur cet objet, et à chercher les causes de celles de ces altérations qui n'ont pas encore été expliquées. Quant à moi, quoique j'aie cherché à les étudier et que je les aie observées, je ne puis être encore que leur historien.

Les progrès de la science ont fait découvrir, dans ces derniers temps, que des altérations qu'on croyoit être des maladies étoient produites par des plantes parasites. Ainsi actuellement il ne faut plus classer parmi elles le BLANC, la ROUILLE, le CHARBON, la CARIE, la MORT DU SAFRAN, la MOISISSURE, etc., quoiqu'elles donnent lieu à de véritables maladies. *Voyez* ces mots.

Plenck, à qui on doit la meilleure pathologie végétale, divise les maladies des plantes en,

1º LÉSIONS EXTERNES, *plaie, fente, fracture, ulcération, défoliation ;*

2º ECOULEMENT, *hémorragie, pleurs des bourgeons, miélat ;*

3º DÉBILITÉ, *foiblesse, accroissement arrêté ;*

4º CACHEXIE, *chlorose* ou *étiolement, ictère, anasarque, taches, phthisie ;*

5º PUTRÉFACTION, *teigne des pins, nécrose* ou *brûlure, gangrène ;*

6º EXCROISSANCES, *squammation des bourgeons, verrucosités des feuilles, carcinome des arbres, lèpre des arbres ;*

7º MONSTRUOSITÉS, *fleurs doubles, fleurs mutilées naturellement, difformité ;*

8º STÉRILITÉ *par excès de nourriture, par défaut de nour-*

riture, par avortement *des organes sexuels produit par des causes accidentelles. Voyez* tous ces mots.

Les quadrupèdes, en mangeant les feuilles, en coupant les bourgeons, en rongeant l'écorce du tronc et des racines, causent aussi des maladies aux plantes.

Quelques oiseaux, tels que le gros bec, le bouvreuil, le pinçon, en coupant les bourgeons, leur font aussi souvent beaucoup de mal.

Parmi les vers, il n'y a guère que l'hélice, ou escargot, et la limace, qui nuisent aux plantes.

C'est parmi les insectes que se trouvent les plus nombreux et les plus puissans ennemis des plantes, la moitié au moins vivant à leurs dépens. Beaucoup de leurs maladies sont la suite de leur action sur elles. J'ai donné au mot INSECTE la liste des genres dont les cultivateurs ont le plus à se plaindre, et à chaque genre celle des espèces les plus communes : j'y renvoie le lecteur. (B.)

MALADIES DES VOLAILLES. Nous répèterons ici pour les maladies des oiseaux de basse-cour ce que nous avons exposé en parlant de celles qui affectent les animaux domestiques (*voyez* HYGIÈNE VÉTÉRINAIRE), qu'il est plus aisé de les conserver en santé que de les guérir.

Faisons connoître d'abord quelques préservatifs de leurs maladies et des ennemis qu'ils ont à combattre.

Préservatifs des maladies des volailles. C'est dans les années froides et humides qu'il périt un plus grand nombre de petits ; que leur éducation, par conséquent, devient plus difficile ; il s'agit alors dans ces années-là de les garantir, autant qu'il est possible, de l'influence de l'atmosphère en les tenant plus long-temps enfermés dans l'endroit où ils passent la première quinzaine de leur naissance ; en les nourrissant d'alimens propres à échauffer et à fortifier, tels que le chènevi, le sarrasin, l'avoine, la mie de pain trempée dans du vin, associée avec des œufs durcis. Si l'année pèche au contraire par une sécheresse jointe à de vives chaleurs, la volaille est exposée aux maladies inflammatoires ; il faut retrancher alors toute nourriture échauffante, donner une plus grande quantité de relâchans, comme racines, laitues, choux, poirée, son bouilli dans l'eau, lait pur ou caillé.

La bonne éducation des oiseaux de basse-cour prescrit *chaleur, manger, repos, propreté.* On voit en effet que dès que les nouveaux nés ont pris leur nourriture, ils couvent sous l'aile de leur mère, ils y dorment, et la chaleur qu'elle leur communique hâte la digestion ; c'est une véritable couvaison.

Lorsque les couvées sont tardives et que la saison ne favorise pas encore leur succès, les petits qui en naissent sont exposés à un plus grand nombre d'accidens ; les oies entre autres, et plus souvent les canards qui éclosent en juillet, sont sujets à avoir des crampes qui souvent les font périr, si on ne redouble pas d'attention pour rendre ces accidens moins funestes.

Mais en tenant les oiseaux dans un endroit chaud, il faut cependant prendre garde qu'il soit assez aéré, car on sait que le défaut d'air les rend galeux et les étouffe. On peut les garantir d'autres accidens en ne les laissant sortir que quand la saison est favorable, en les obligeant, par la nourriture qu'on leur jette de temps en temps près du gîte, à ne pas trop s'en écarter, en renouvelant souvent leur eau et leur administrant du sel qui leur peut être aussi utile qu'aux autres animaux domestiques. Au reste il y a dans la volaille des états particuliers qui, sans être regardés comme des maladies, ne demandent pas moins quelques soins pour en arrêter les suites. Si une jeune poule passe trop promptement à la graisse, il faut diminuer sa nourriture, la rendre moins substantielle, et y ajouter des coquilles d'œufs; celles qui gloussent trop souvent, mangent ou cassent leurs œufs, étouffent leurs petits, doivent être sur-le-champ engraissées et tuées; elles ne peuvent rapporter aucun profit à la maison.

Au reste, les maladies qui affectent les oiseaux de basse-cour sont à peu près les mêmes pour tous les individus, et les remèdes prescrits peuvent leur être appliqués avec un succès égal, quand on saura les varier et les modifier selon les circonstances; mais toutes les fois qu'il s'agit d'un traitement, la première chose à faire c'est de séparer les oiseaux malades et de les mettre sous des mues dans une chambre qu'on peut regarder comme l'infirmerie ; cette précaution est utile, non seulement pour empêcher la maladie de se communiquer, mais elle favorise encore l'administration du régime, sans quoi les remèdes ou la nourriture appropriée seroient pris par la volaille en santé.

Ennemis des volailles. Les plus redoutables sont les bêtes fauves, les animaux carnassiers et les oiseaux de proie. La plupart aiment de passion les œufs de la volaille et en détruisent autant, pour le moins, que nous en consommons; il faut donc faire en sorte d'attacher, autant qu'il est possible, les femelles à leurs demeures, en leur donnant toujours à manger dans le voisinage, afin qu'elles ne pondent pas à l'écart; ils sont aussi avides des poussins qui, jeunes et sans défense, deviennent facilement leur pâture, à moins qu'ils ne trouvent, comme dans la dinde, le courage nécessaire pour les éloigner et les repousser.

La fouine, le putois, qui ne s'écartent jamais des habitations, se jettent sur les poules dès qu'elles sont à leur portée; la belette sur-tout casse les œufs et les suce avec une incroyable avidité;

il faut employer les pièges et les appâts connus, boucher toutes
les issues du poulailler et les empêcher de grimper au colombier, et sur-tout les rats qui mangent les œufs et les pigeon-
neaux. Les destructeurs des pigeons une fois introduits dans
le colombier, ils cassent les œufs, mangent les petits dans les
nids, épouvantent ceux qui dorment, parcequ'ils n'exercent
leurs ravages que la nuit, en sorte que les pigeons, sans cesse
tourmentés, tracassés, finissent par déserter le colombier pour
aller s'établir dans un autre où ils trouvent plus de tranquillité
pour eux et plus de sûreté pour leurs petits.

Il faut prendre garde aussi aux limaces et aux sauterelles
dont les dindons sont fort avides, et qui, quand ils en mangent
à discrétion, leur causent le flux de ventre dont ils meurent.

Lorsqu'on remarque chez un oiseau un vice de conformation
ou de caractère, quelques bizarreries de la nature, il faut s'en
défaire plutôt que d'essayer à le corriger. C'est presque toujours un mal incurable : ainsi les poules qui ont de grands
ergots grattent et appellent à la manière des coqs; celles qui
sont acariâtres, farouches et se laissent difficilement cocher,
qui pondent rarement et couvent mal, ou abandonnent leurs
couvées, perdent, cassent ou mangent leurs œufs, doivent être
réformées, ainsi que les poules trop grasses et celles qui sont
vieilles; les premières, à raison de leur embonpoint, donnent
rarement des œufs, encore sont-ils sans coquille; les autres,
reconnoissables en ce qu'elles ont la crête et les pattes rudes
au toucher ne pondent plus. On soumettra la plupart à l'engrais. Les coqs muets et les poules bavardes ne sont pas non
plus dignes de figurer dans la basse-cour; il faut les réformer
après les avoir engraissés de la manière que nous l'avons déjà
proposé, comme aussi les poules qui chantent; elles ne coûtent
que des frais à la maison sans rapport.

Un fléau redoutable pour les oisons, ce sont de petits insectes
qui se mettent dans leurs oreilles, les naseaux, qui les fatiguent et les épuisent; alors ils marchent les ailes pendantes et
secouent la tête. Le secours proposé par tous les agronomes
c'est de présenter à ces oiseaux, au retour des champs, de l'orge
au fond d'un vase rempli d'eau claire; pour la manger ils sont
obligés de plonger la tête dans l'eau, ce qui force les insectes
de fuir et d'abandonner leur proie.

Les poux, les puces et d'autres insectes particuliers tourmentent les volailles au point de les empêcher d'élever leurs
petits et de les faire périr. Quand on laisse croupir les ordures dans leur demeure, ils sont souvent en si grande quantité, qu'on ne peut parvenir à leur destruction totale; il n'y
a pas d'autres moyens que de les changer d'habitation et de

nid, et de les plonger dans une forte décoction de tabac et de tanaisie, et d'autres plantes amères à un degré de chaleur qui ne puisse pas les incommoder.

On ne sauroit trop faire la chasse aux renards, aux incursions desquels les canards sont très exposés, parcequ'ils s'éloignent trop de l'habitation. Il faut les envoyer conduire à l'eau le matin et les ramener le soir, empêcher que les eaux où ils ont la liberté d'aller contiennent des sangsues, qui occasionnent la perte des cannetons en s'attachant à leurs pattes. On parvient à détruire ces sangsues au moyen des tanches et autres poissons qui en font leur pâture.

Il existe dans les alentours des habitations quelques plantes préjudiciables à la santé des oiseaux de basse-cour, et qui sont même pour eux un véritable poison, telles que la jusquiame, la grande digitale et la ciguë; l'oison est très avide de cette dernière. A peine en a-t-il avalé un brin, qu'il étend les ailes, entre en convulsions et meurt. La jusquiame est également pour lui, et pour les canards un poison. Ces plantes devroient être indiquées aux conducteurs de troupeaux pour les arracher par-tout où ils les mènent paître; elles ne sont pas assez multipliées pour qu'il soit si difficile d'en délivrer le canton pour le salut de toute la volaille.

On sait que l'instinct des poules les porte à avaler des petites pierres ou des petits cailloux pour hâter et préparer leur digestion; mais il arrive souvent que rencontrant du verre, des fragmens d'écaille, etc., elles les avalent comme corps durs. La faculté qu'ils ont d'irriter et de couper produit des effets funestes sur l'organisation de la volaille. Ces raisons doivent déterminer les cultivateurs à ne pas souffrir que parmi les débris de la cuisine qu'on jette sur le fumier il se trouve des matières de cette nature. On a vu dans les environs de Mondidier, département de la Somme, une maladie régner sur les pigeons, qui dépendoit en partie des cendres rouges vitrioliques, employées sur les terres en qualité d'engrais, et que cet oiseau avaloit par amour pour tout ce qui est salé.

La pluie est le plus mortel ennemi des poussins dindes; s'ils en ont été atteints, il faut les essuyer les uns après les autres, et leur souffler du vin chaud sur le dos et sur les ailes. Le grand soleil et les brouillards leur occasionnent d'autres accidens dont il convient de les préserver.

La vesce, les pois carrés, l'ers, sont un poison pour les poussins dindes; et si, dans leur potée, on fait entrer une surabondance de laitues, l'usage immodéré de cette plante les relâche; aucun remède ne les garantit de la mort. Il faut donc s'attacher à leur administrer de préférence des herbes aromatiques, plus propres à les échauffer qu'à les rafraîchir.

8. I I

Nous allons présenter le tableau des maladies qui affectent le plus fréquemment les volailles, et l'indication des remèdes à employer à leur traitement.

Mue. Cette crise périodique, commune à tous les oiseaux, leur est plus ou moins funeste : elle ne dure chez le canard qu'une nuit ; mais elle affecte particulièrement les poulets. Alors ils sont tristes, mornes ; les plumes se hérissent ; ils secouent souvent de côté et d'autre celles de leur ventre pour les faire tomber, et les tirent avec leur bec en se grattant la peau ; ils mangent peu ; quelques uns en meurent, principalement les tardifs. Elle est, pour le pigeon de volière qui ne peut se livrer à toute l'activité à laquelle la nature l'avoit destiné, une maladie aussi cruelle que l'est pour d'autres animaux la détention.

Si la mue survient dans la saison chaude, elle est moins préjudiciable que dans les temps froids. Il faut faire jucher de bonne heure les oiseaux qui en sont affectés, ne pas les laisser sortir trop matin, les tenir même renfermés dans un endroit chaud quand il pleut, les mieux nourrir qu'à l'ordinaire ; leur donner du chènevis, du sarrasin, de la mie de pain trempée dans du vin ; éviter sur-tout cette mauvaise pratique d'arroser leurs plumes avec du vin et de l'eau tiède, ou qu'on souffle sur eux, parceque c'est encore les refroidir et augmenter l'état humide auquel il convient plutôt de les soustraire.

Pepie. Cette maladie affecte les poules communes, les poules d'Inde et les pintades, mais plus fréquemment les premières. Le bout de la langue alors se durcit et forme cette espèce d'écaille qu'on nomme la *pepie*, pendant laquelle les volailles ne peuvent ni boire ni manger. Il en périt un grand nombre. Les canards, les oies et les pigeons n'y paroissent pas sujets. Quelques faits prouvent que cet état n'est dû ni à la privation de l'eau, ni à l'état corrompu de ce fluide, comme on le prétend. J'ai vu des poules communes et des dindes avoir la pepie, quoiqu'elles n'eussent jamais manqué d'eau, ou n'en être pas attaquées en buvant des eaux épaisses de mares, même dans une saison fort chaude.

Il est important d'observer à temps les oiseaux attaqués de la pepie, parcequ'alors le remède en est plus facile et plus certain. La fille de basse-cour doit prendre l'animal malade, en assujettissant le corps et les pattes, et appuyer le pouce gauche à un angle du bec et l'index à l'autre. Elle ouvre le bec par ce moyen, et gratte avec l'ongle ou une aiguille la pellicule racornie, qu'elle mouille ensuite avec du lait, après quoi elle enferme l'animal sous une mue, et ne lui permet l'usage des alimens et des boissons qu'une demi-heure après l'opération.

Goutte. Il est facile de juger que les poules ont cette maladie par leurs plumes hérissées, lorsque leurs pattes sont roides, quelquefois enflées, et qu'elles ne peuvent se soutenir sur les juchoirs. Si les dindons couchent dans un lieu froid ou trop humide, les articulations de leurs pattes s'engourdissent ; à peine peuvent-ils les plier. Dès que les dindonneaux se trouvent surpris par une pluie froide, ils restent sans mouvement.

Le remède à cette maladie est d'éloigner toutes les causes d'humidité du poulailler, de changer les goutteux de demeure, d'empêcher qu'ils ne marchent dans leur fiente, de frotter les cuisses de beurre frais, de laver les pattes et les doigts des dindonneaux avec du vin chaud ; d'ouvrir le bec de ceux qui sont immobiles, d'y souffler de l'air ; de les envelopper de linges chauds ; et lorsqu'ils reprennent des forces, de leur faire avaler un peu de vin. Les uns et les autres guérissent aisément dans tous ces cas.

Épilepsie, mal caduc, vertige. Le premier accès de cette maladie est quelquefois mortel ; le sang porte à la tête en trop grande abondance : elle rend les poules lourdes, immobiles, les maigrit extrêmement, et les jette souvent dans des convulsions violentes. Les oies sont aussi exposées à des vertiges qui les font tourner quelque temps sur elles-mêmes, et elles meurent, si elles ne sont pas secourues à temps. Le remède est de saigner l'oiseau avec une épingle ou une aiguille, en perçant une veine assez apparente située sous la peau qui sépare les ongles, ou à la veine de dessous l'aile. Un autre moyen proposé, c'est de leur rogner les ongles, de les arroser souvent de vin, et de bien se garder de les mettre à l'usage du chènevis, mais bien à celui de l'orge bouillie et de quelques plantes rafraîchissantes, comme la laitue et la bette. Quelques fermières prétendent que les grains trop nouveaux (le seigle par exemple), quoique parvenus à leur parfaite maturité, déterminent chez les volailles la pléthore sanguine, leur portent quelquefois à la tête, et leur donnent toutes les apparences de l'épilepsie.

Gale. Les couveuses y sont encore plus sujettes, parcequ'elles n'ont plus de quoi se vautrer. Il est facile de voir que les poules en sont affectées par le désordre de leurs plumes qui tombent hors le temps de la mue, et par leur état triste et languissant. Une dissolution de savon noir dans deux pintes d'eau, ou bien une forte décoction de camomille puante et de tabac, à laquelle on ajoute deux gros de sel, appliquée chaud à l'extérieur comme lotion ou comme bain, pendant quelques jours de suite, opèrent la guérison; mais il faut exposer l'oiseau devant le feu ou au soleil pour qu'il sèche.

Tumeurs. Les dindes, quoique de la famille des gallinacées, sont exposées à des affections particulières auxquelles leur constitution sanguine les assujettit à toutes les époques de la vie. Leur corps se couvre de boutons, qu'on a comparés au claveau des moutons; mais on a remarqué que cette maladie n'avoit aucun des caractères distinctifs qui appartiennent à cette éruption contagieuse. Comme elle est assez ordinairement meurtrière lorsque l'engorgement est à la tête, il faut sacrifier l'animal, en séparer la tête, le reste est bon à manger, en faire autant pour l'oie, qui y est également sujette. Ces boutons, semblables à ceux de la petite-vérole, sont si communs dans certaines parties de l'Italie, que dans une volière de mille pigeons à peine en trouve-t-on un centième qui n'en soit pas attaqué. Cette maladie donne rarement la mort à plus du vingtième. Lorsque les tumeurs sont à d'autres parties, il faut les brûler avec un fer rouge; et si elles sont dans l'intérieur de la bouche, les laver avec un pinceau trempé dans du vinaigre dans lequel on a fait dissoudre un peu de vitriol bleu (sulfate de cuivre), dont on se sert également pour les aphthes ou ulcères qui attaquent les bords du bec des poules. On frotte l'ulcère trois à quatre fois le jour, ce qui suffit pour déterminer la guérison. Quand celles-ci paroissent mélancoliques, regardez-les au croupion : s'il s'y forme à son extrémité une petite tumeur douloureuse qu'on ouvre avec un instrument tranchant, on favorise l'écoulement du pus en pressant la tumeur avec les doigts, et on lave la plaie avec de l'eau-de-vie et de l'eau tiède. Souvent il se trouve sur cette partie deux ou trois plumes dont le tuyau est rempli de sang; leur extraction rend bientôt à l'animal la force et la santé.

Constipation, diarrhée. Parfois les volailles sont constipées ou ont le dévoiement. Pour le dernier, c'est de les réchauffer par du vin dans un endroit abrité; pour la constipation, c'est de plumer le fondement et de frictionner le tour du croupion avec un peu d'huile.

La jeune volaille a encore trois maladies que l'on peut comparer à la dentition des enfans : la première, c'est lorsque les plumes de la queue commencent à pousser; la seconde, dès que la crête se montre; la troisième enfin, c'est la poussée du rouge aux dindonneaux. Ces maladies sont un effort que fait la nature pour perfectionner les organes et le sexe de l'animal. Les oiseaux sont tristes, languissans, mangent peu; c'est véritablement pour eux un temps critique à passer : les soins alors ne sauroient être trop multipliés.

Les oiseaux de basse-cour sont encore exposés à des ophtalmies qui leur font perdre la vue, à des catarrhes, à des fluxions, à la rupture des pattes, à la langueur, à la phthisie : ces différens états les réduisent à ne plus être d'une grande utilité. Ce seroit en vain qu'on les soumettroit aux traitemens curatifs indiqués dans tous les livres ; ils sont nuls : le seul parti qu'on doit prendre, c'est de porter à la cuisine ceux qui peuvent encore y être admis, et de ne les apprêter qu'après avoir séparé et lavé avec un peu de vinaigre la partie affectée. Au reste, le plus sûr moyen de prévenir et de diminuer les maladies de la volaille consiste, comme nous l'avons dit dans les notes du cinquième livre, à maintenir dans leur demeure une extrême propreté, à y renouveler l'air et la litière, à pourvoir à leurs besoins, sur-tout au moment où ils viennent de naître, et à les mettre en état de braver, dans les périodes de la vie, les accidens qui dérangent et détruisent leur organisation. (Par.)

MALANDRE. Médecine vétérinaire. La malandre est au pli du genou du cheval ce que la solandre est au pli du Jarret. Voyez ce mot. C'est une crevasse d'où il découle une humeur âcre qui corrode la peau. Le mal est long à guérir, à raison du mouvement de l'articulation qui l'irrite sans cesse, et qui empêche la réunion des parties. La guérison en est encore plus difficile, lorsqu'il est entretenu par une humeur galeuse. Voyez Gale. Mais si c'est une simple crevasse, de laquelle découle une sérosité noirâtre, il faut tondre la partie, ensuite la frotter jusqu'au sang avec une brosse rude, et y appliquer un petit plumasseau d'onguent égyptiac, par dessus lequel on met une bande en 8 de chiffre unie et serrée. On continuera ce pansement pendant quatre à cinq jours. Quelquefois la malandre est de si peu de conséquence, qu'elle se dissipe en la bassinant seulement avec l'eau d'alibour, dont voici la formule :

Prenez vitriol blanc, deux onces; vitriol de Chypre, une once ; safran, deux drachmes ; camphre, égale quantité ; faites dissoudre le camphre dans suffisante quantité d'esprit-de-vin, et mettez le tout dans environ quatre pintes d'eau, et conservez dans une bouteille pour l'usage. (R.)

MALÉFICE. Mal fait à un homme, soit sur sa personne, soit sur sa propriété, par la puissance des paroles, des gestes, et de certaines opérations, dites magiques, d'un autre homme.

Autrefois les cultivateurs croyoient beaucoup aux maléfices ; mais les progrès des lumières les mettent aujourd'hui sous ce rapport dans le cas de se moquer des fripons qui voudroient encore les épouvanter par leur moyen. Il n'est plus de sorciers, de revenans, de loups-garous, etc. Il est donc superflu de parler plus longuement des maléfices et autres sottises du même genre (B.)

MALLET. Petit cochon d'un an, qui dans le département des Vosges sert une année à féconder les truies, et qu'on tue ensuite. Cette détestable méthode est propre à abâtardir la race, et doit être proscrite de toute exploitation bien conduite. (B.)

MALVACÉES. Famille de plantes, dont les caractères consistent en un calice à cinq divisions et souvent double ; en une corolle régulière de cinq pétales, en un grand nombre d'étamines réunies par leur base ; en un ovaire supérieur, à style terminé par un stigmate lobé, en un fruit, ou multiloculaire, et à plusieurs valves ou uniloculaire, et rassemblé en verticille autour de la base du style.

Les plantes de cette famille ont les tiges cylindriques, le plus souvent rameuses ; les feuilles alternes, toujours garnies de stipules ; les fleurs axillaires ou terminales, et rarement monoïques ou dioïques. Beaucoup sont d'un aspect agréable et d'un grand emploi en médecine. Deux seules sont d'une culture de première importance, ce sont le COTONNIER et le CACAOYER. Celles de ces plantes qu'il est le plus utile que les cultivateurs connoissent sont renfermées dans les genres MAUVE, GUIMAUVE, ALCÉE, ABUTILON, KETMIE et MAUVISQUE. Voyez ces mots.

Les malvacées renferment toutes un mucilage abondant qui conserve l'eau pendant long-temps ; aussi les emploie-t-on très fréquemment en médecine, soit à l'intérieur, soit à l'extérieur, comme émollientes et adoucissantes. Un cultivateur ne peut se dispenser d'en avoir quelques pieds dans son jardin pour son usage et celui de ses bestiaux. Ordinairement c'est la mauve et la guimauve qu'on préfère pour cet objet. (B.)

MAMALS. Nom qu'on donne en Egypte aux fours dans lesquels on fait éclore des poulets.

Comme depuis Réaumur, qui le premier a tenté d'employer en France ce moyen de multiplication des volailles, personne n'a pu réussir à imiter les Egyptiens, il y a tout lieu de croire que notre climat est trop froid ou trop variable pour espérer d'arriver un jour à des résultats utiles par le même moyen qu'eux. Je me dispenserai en conséquence de donner les descriptions des mamals. Voyez au mot POULE. (B.)

MAMEI ou ABRICOTIER D'AMÉRIQUE. Arbre exotique de la première grandeur, qui croît dans l'Amérique espagnole et aux Antilles, où on le cultive pour ses fruits bons à à manger, auxquels on a donné le nom d'abricots à cause de la ressemblance qu'ils ont pour la couleur et la saveur avec les abricots d'Europe. Cet arbre, qui est de la polyandrie monogynie de Linnæus, et qui appartient à la famille des GUTTIFÈRES, s'élève jusqu'à soixante-dix et quatre-vingts pieds ; son tronc a quelquefois trois pieds de diamètre ; il est revêtu d'une écorce grise et écailleuse, et porte à son sommet un très grand nombre de branches qui, par leur disposition, forment une longue et large tête arrondie et pyramidale. C'est pour le port et l'élévation le plus bel arbre fruitier que je connoisse. Il est toujours vert. Il a des rameaux quadrangulaires dans leur jeunesse, et des feuilles épaisses et très entières, longues communément de sept à huit pouces, et larges de quatre à cinq ; elles sont opposées, ovales, obtuses, luisantes, veinées, avec de très courts pétioles ; leur surface supérieure est d'un vert foncé, l'inférieure d'un vert clair ; on y remarque à l'œil nu un grand nombre de petits points élevés qui correspondent à autant de vésicules transparentes.

Les fleurs de l'abricotier d'Amérique, portées par de courts pédoncules, viennent éparses sur les anciens rameaux ; elles sont grandes, blanches et d'une odeur suave. Leur calice est caduc et d'une seule pièce divisée jusqu'à la base en deux ou trois segmens coriaces et colorés. Leur corolle a quatre pétales larges arrondis, concaves et entièrement ouverts. Les étamines sont nombreuses, en forme d'alènes, et à anthères jaunes et oblongues. A leur centre est placé un pistil ou germe arrondi ayant un style épais à stigmate simple. Ce germe devient ensuite un très gros fruit jaunâtre, dont la forme est à peu près sphérique, avec un diamètre de trois à six pouces. Il contient une chair ferme, aromatique, de couleur jaune aussi, et d'une saveur douce et agréable ; mais cette chair est recouverte de deux écorces ou enveloppes qu'il faut enlever avec soin avant de manger le fruit. La première est une péllicule mince et raboteuse : la seconde est une matière spongieuse, filandreuse et blanchâtre, qui adhère assez fortement à la pulpe, et qui est d'une amertume considérable. Cette amertume n'est pas d'abord très sensible ; mais elle ne tarde pas à se manifester, et son impression se conserve même pendant deux ou trois jours, parceque la partie résineuse qu'elle contient s'attache aux dents, et ne se dissout pas aisément dans la salive. Ce fruit contient deux, trois ou quatre noyaux gros, ovales, convexes en dessus, aplatis du côté qu'ils se touchent, et composés de filamens posés en tous sens les uns sur les autres. Ils renferment chacun une amande de couleur brune, divisée en deux lobes, et d'un goût âcre.

L'abricot de l'Amérique se vend sur les marchés dans ce pays, et se sert sur toutes les tables. On le mange ordinairement cru, coupé par tranches et infusé dans du vin avec du sucre ; on en fait aussi une très bonne marmelade, et des conserves qui sont envoyées en Europe. On tire des fleurs de l'abricotier par la distillation une liqueur renommée, connue dans les Antilles sous le nom d'*eau créole*. Le bois de cet arbre est blanchâtre, gommeux et fendant. On l'exploite avec succès dans plusieurs cantons de Saint-Domingue, et sur-tout dans celui de *Jérémie* où il est fort commun. On en fait des essentes, du merrain, des chaises, des tables, des poutres et quantité d'autres ouvrages. Il transsude du corps de l'arbre, sur-tout quand on y a fait une incision, une gomme qui a la propriété de tuer les *chiques*, espèces d'insectes qui s'insinuent souvent dans la chair aux pieds et aux doigts, et y excitent des démangeaisons très douloureuses.

L'abricotier d'Amérique croît par-tout ; mais les plus beaux se trouvent ou dans les lieux élevés, ou dans les plaines riches et fertiles. On le multiplie par ses noyaux. Il demande quelques soins dans son enfance ; mais quand il est parvenu à une certaine hauteur, il n'en exige plus aucun et il prend de lui-même la belle forme qu'on lui connoît. Pour la lui conserver on n'a pas besoin de le tailler. Il suffit d'enlever les branches mortes quand il y en a, et de couper celles qui auroient pu être brisées par quelque ouragan ; car il faut un vent très violent pour endommager et ébranler cet arbre, qui a une constitution robuste et des racines pivotantes très profondes. Il figure très bien dans un verger, pourvu qu'on sache l'y placer convenablement, et de manière à ce qu'il n'écrase pas les autres arbres par sa force et sa hauteur.

En Europe on ne peut élever cet arbre que dans des serres. Ses noyaux ne germent point s'ils n'ont été apportés récemment de l'Amérique. On les met dans des pots remplis d'une terre fraîche et légère, et qu'on plonge dans une couche chaude de tan. Au bout d'un mois ou de six semaines les jeunes plantes commencent à se montrer ; on les arrose alors souvent ; on leur donne de l'air dans les temps chauds, et quand les racines remplissent les pots, on les transplante avec soin dans des pots plus grands, qu'on place comme les premiers. A l'entrée de l'hiver on met les plantes dans la couche de tan de la serre chaude, où elles doivent rester constamment. Il faut avoir soin de laver exactement leurs feuilles pour les débarrasser des ordures, dont elles sont sujettes à se couvrir dans la serre. Au printemps suivant on renouvelle leur terre, et si les pots sont trop petits, on leur en substitue d'autres, mais qui ne doivent pas être trop grands ; car ces plantes ne font de progrès qu'autant que leurs racines sont gênées. (D.)

MANCENILLIER, *Hyppomane mancinella*, Lin. Arbre très vénéneux de la famille des EUPHORBES, qui croît aux Antilles et dans l'Amérique méridionale sur les bords de la mer, et qui, par son port et son feuillage, a l'apparence d'un grand poirier. Il est assez élevé, d'une moyenne grosseur, et contient dans toutes ses parties une sève laiteuse très caustique. Son écorce est grisâtre, lisse et épaisse ; son bois dur et com-

pacte comme celui du noyer. Ses feuilles tombent toutes les
années. Elles ont un pétiole de douze à quinze lignes de longueur, sont alternes, crénelées dans leur contour, presque
rondes avec un diamètre d'environ deux pouces, et d'une consistance épaisse; leur surface supérieure est d'un vert foncé,
l'inférieure offre un vert pâle. Les fleurs sont petites, d'un
pourpre foncé, et unisexuelles. Les fleurs mâles et les fleurs
femelles naissent sur le même individu. Les premières viennent
à l'extrémité des branches sur de longs épis garnis, de distance en distance, de chatons arrondis contenant chacun
environ trente fleurs. Les secondes sont solitaires et placées au
milieu des épis mâles ; elles produisent un fruit sphérique de
la grosseur à peu près d'une pomme d'api, et n'ayant presque
point d'ombilic. Ce fruit est lisse, d'un vert jaunâtre et rougeâtre, et d'une odeur suave; cette apparence trompeuse invite
à le manger; mais sa chair spongieuse et mollasse contient
un suc perfide qui, d'abord d'un goût fade, brûle bientôt après
le palais, les lèvres et la langue.

Les feuilles, l'écorce et le bois de mancenillier sont pleins
du même suc, qui est un poison très âcre et mortel. Les Indiens y trempent leurs flèches quand ils se font la guerre. Autrefois quand on vouloit couper cet arbre, on commençoit par
faire tout autour un grand feu de bois sec pour lui enlever une
partie de sa sève laiteuse et malfaisante ; après cette opération,
pendant laquelle on évitoit avec soin la fumée, on y mettoit
la hache. Aujourd'hui les ouvriers prennent seulement la précaution de se couvrir le visage d'une gaze, afin de se garantir
de l'impression fâcheuse des gouttes de liqueur qui pourroient
arriver jusqu'à eux. Malgré ces propriétés dangereuses du mancenillier, on ne doit point ajouter foi à tout ce qu'on a dit de
l'influence maligne de son ombre et des vertus nuisibles de la
rosée ou de la pluie qui a touché son feuillage. Je me suis
reposé plusieurs fois sous ces arbres pendant plus de deux
heures et dans un temps de pluie, sans qu'il me soit arrivé le
moindre accident. Cependant je ne crois pas que l'air qui les
entoure soit pur et sain ; et je ne conseillerois à aucun voyageur de choisir cet abri pour y passer la nuit, ou même pour
y dormir une partie du jour.

Le bois du mancenillier dure très long-temps, a un beau
grain et prend aisément le poli. Il est d'un gris cendré, veiné
de brun, avec des nuances de jaune. On l'emploie en Amérique à faire des meubles et sur-tout de belles tables dont la
surface est très lisse et semble marbrée. A Saint-Domingue,
on donne aux fruits de cet arbre le nom de *pommes de mancenillier*. Les corps gras et huileux en sont le meilleur antidote.

On juge bien que le mancenillier n'est pas cultivé même

dans son pays natal, où il seroit au contraire prudent de le détruire. En Europe on le voit dans les jardins de quelques curieux; Miller prétend qu'il fait un assez bel effet en hiver dans
les serres à cause du vert brillant de ses feuilles. Mais comme
peu d'amateurs seront tentés d'élever un végétal aussi malfaisant, je ne dirai rien de sa culture artificielle. (D.)

MANCHETTE DE LA VIERGE. Nom vulgaire du Liseron
des haies. *Voyez* ce mot.

MANDER. C'est dans le département des Ardennes enlever
le fumier des écuries.

MANDRAGORE, *Mandragora*. Plante vivace à racine
pivotante; à feuilles grandes, ovales, rugueuses, étalées
sur la terre; à fleurs violâtres, solitaires sur des pédoncules
sortant immédiatement de la racine; qui est indigène des
parties méridionales de l'Europe, et célèbre par les qualités
merveilleuses que l'ignorance et le charlatanisme lui ont
attribuées.

Toutes les parties de la mandragore, et sur-tout ses fruits
qui sont jaunes et de près d'un pouce de diamètre, ont une
odeur forte et puante. A haute dose elles sont un véritable
poison. On les emploie en médecine à l'intérieur comme stupé-
fiantes et purgatives, et à l'extérieur comme atténuantes et
résolutives, mais rarement à cause du danger.

J'ai dit que l'ignorance et le charlatanisme avoient su tirer
parti de cette plante. Voici comment : ses racines sont souvent fourchues et souvent grosses comme le bras. Au moyen
de quelques coups de couteau, ou d'un moule approprié, on
peut facilement y ajouter l'image des organes extérieurs de la
génération des hommes et des femmes. De là la mandragore
mâle, de là la mandragore femelle qui font engendrer à volonté des garçons ou des filles, qui font accoucher heureusement, etc. etc. Aujourd'hui on ne fait plus que rire des sottises de cette espèce; mais malgré cela il faut encore les citer.

On multiplie la mandragore par le semis de ses graines,
semis qu'on effectue au printemps, lorsque les gelées ne sont
plus à craindre, car elle y est sensible dans le climat de Paris.
Il lui faut une terre sèche et légère et une bonne exposition.
Au reste, comme elle n'a aucun agrément et qu'elle est dangereuse, on ne la voit guère que dans les jardins de botanique. (B.)

MANE. Nom des grappes de la vigne avant la floraison.

MANETTE. Instrument de fer dont se servent les fleuristes
pour arracher les plants avec leur motte ou pour faire des trous
propres à recevoir ces mêmes plants. C'est un cylindre creux,
mince, ouvert des deux bouts, attaché à un de ces bouts, au
moyen d'une fourche de fer, à un court manche de bois,

coupant et un peu plus étroit à l'autre. Il varie beaucoup dans les extrêmes de deux à six pouces de diamètre et de quatre à huit pouces de haut. Cet instrument a des avantages réels, mais son service est lent et n'est pas toujours régulier. En conséquence on en fait aujourd'hui beaucoup moins d'usage qu'autrefois ; il est même devenu si rare, qu'il faut parcourir beaucoup de jardins des environs de Paris pour en trouver. (B.)

MANGLIER. Nom donné à des arbres ou arbrisseaux de divers genres, indigènes des contrées chaudes de l'Asie et de l'Amérique, et qui croissent le long des rivages de la mer, où ils sont le plus souvent baignés par ses flots. Leurs rameaux pendans s'enfoncent dans la terre, y prennent racine et deviennent de nouveaux arbres, lesquels se multiplient à leur tour de la même manière. Leur disposition et leurs entrelacemens forment sur le rivage comme une barrière impénétrable qui le défend, et qui sert en même temps de retraite aux poissons et sur-tout aux huîtres. Les huîtres déposent même leur frai sur les tiges et les branches, y croissent et y vivent. Aussi sur les bords des mers où se trouve cet arbre on les cueille au lieu de les pêcher ; le bois attaché à leurs écailles atteste le lieu où on les a prises.

Les mangliers n'étant cultivés nulle part, tout ce que je pourrois en dire encore seroit étranger à ce dictionnaire. (D.)

MANGOUSTAN, ou MANGOSTAN, *Garcinia mangostana*, Lin. Arbre fruitier exotique, originaire des Moluques, appartenant à un genre du même nom de la dodécandrie monogynie et de la famille des GUTTIFÈRES. Le mangoustan a de loin l'apparence d'un citronnier ; il s'élève à dix-huit ou vingt pieds, avec une tige droite et une tête égale et régulière. Son écorce est grisâtre et crevassée ; ses branches sont opposées et obliques l'une à l'autre ; ses feuilles sont entières, ovales, pointues, lisses et fermes ; leur longueur est de six à huit pouces ; leur pétiole est court et renflé ; leur surface offre beaucoup de nervures latérales et parallèles ; la surface supérieure est d'un vert luisant ; l'inférieure olivâtre. Les fleurs, de couleur jaune ou aurore, sont axillaires, presque solitaires, et viennent à l'extrémité des rameaux. Elles ont quatre pétales arrondis et concaves, seize étamines, et un pistil à stigmate plat et étoilé. Le fruit qui leur succède est gros comme une petite orange. Il est contenu dans une espèce de coque d'un demi-doigt d'épaisseur, dont l'épiderme est un peu semblable à celui de la grenade, mais moins amer. Cette enveloppe est grise ou d'un vert jaunâtre en dehors, et rouge en dedans ; elle contient un jus de couleur pourpre, et elle n'adhère point au fruit ou s'en détache aisément. La baie qu'elle renferme est légèrement sillonnée et divisée dans autant de segmens et de loges qu'il y a de rayons au stigmate. Ces segmens sont circonscrits d'une membrane comme ceux de l'orange, et remplis d'une pulpe blanche, succulente, un peu transparente, et d'une saveur délicieuse. Ils contiennent chacun une semence de la figure et de la grosseur d'une petite amande dépouillée de sa coque, et dont la substance approche beaucoup de celle de la châtaigne, pour la consistance, la couleur et la qualité astringente. Suivant Garcin peu de ces semences sont bonnes à planter, et la plupart avortent.

Dans les Grandes-Indes on cultive par-tout le mangoustan pour ses fruits qui sont réputés le meilleurs de l'Asie. Ils flattent également l'odorat et le goût, sont rafraîchissans, très sains, et n'incommodent jamais; on les donne aux malades; leur pulpe est laxative. Mais l'écorce de ces fruits est styptique et astringente; on en fait usage en décoction dans la dyssenterie, maladie commune dans l'Inde. Les Chinois emploient cette écorce dans la teinture en noir. Le bois du mangoustan n'est bon qu'à brûler.

Il y a d'autres espèces de mangoustan, qui toutes présentent quelque agrément ou quelque utilité. Mais comme elles ne sont point cultivées, il est inutile d'en parler. (D.)

MANGUIER, ARBRE DE MANGO, *Mangifera Indica*, Lin. Arbre fruitier exotique qu'on trouve aux Indes et au Brésil, et qu'on y cultive pour son fruit qui est savoureux, d'un très bon goût, et d'une odeur agréable. Ce fruit porte le nom de *mangue*; il a, selon Rumphe, une saveur délicieuse, qui ne le cède guère qu'à celle des fruits du mangoustan. Les mangues varient beaucoup pour la forme en général; elles sont comprimées sur les côtés, et un peu arquées; quelquefois elles ont une conformatison bizarre. On en voit de diverses couleurs sur un même arbre, les unes verdâtres, les autres rouges, jaunes ou noires. Il y en a qui n'excèdent pas la grosseur d'un œuf de poule; d'autres pèsent jusqu'à deux livres. Leur peau, quoique mince, est assez forte; leur pulpe est jaune, succulente, et plus ou moins filamenteuse; leur noyau, large et aplati, contient une amande très amère. Plus ce noyau est petit, plus les fruits sont recherchés; on préfère aussi les espèces ou variétés qui n'ont point de fibres ou qui en ont peu.

La mangue est bienfaisante et purifie le sang : on la coupe par morceaux, et on la mange crue ou macérée dans le vin. Les Indiens en font des gelées, des compotes, et les confisent aussi au vinaigre. On peut manger une grande quantité de mangues sans en être incommodé.

Le manguier appartient à un genre du même nom de la pentandrie monogynie de Linnæus, et de la famille des TÉRÉBINTHACÉES de Jussieu. C'est un arbre de la seconde grandeur, très gros, et qui, par le nombre et la disposition de ses branches, présente une cime ample et étalée. Son bois est cassant; son tronc revêtu d'une écorce épaisse et noirâtre. Ses feuilles sont simples, terminées en pointe et opposées; leur largeur est à peu près de deux pouces, et leur longueur de sept à huit. Les fleurs du manguier naissent en panicules lâches vers le sommet des branches. Elles ont un calice découpé en cinq parties, une corolle à cinq pétales, cinq étamines, dont une seule fertile, et un pistil à stigmate simple.

Le manguier est difficile à élever en Europe. On le cultive depuis quelque temps à Cayenne, où on espère l'acclimater. On en a obtenu du fruit au bout de cinq ans. Dans les Indes, il en porte deux fois par an, et depuis l'âge de six ou sept ans jusqu'à cent ans. (D.)

MANIOC, MAGNOC ou MANIHOT, *Jatropha manihot*, Lin., arbrisseau qui croît naturellement dans les pays situés sous la zone torride, et que l'on cultive en Afrique et en Amérique pour la fécule nourrissante que donne sa racine. Il appartient au genre *médecinier* et à la famille des EUPHORBES. Il s'élève ordinairement à la hauteur de six à sept pieds. Sa tige est ligneuse, noueuse, tendre, cassante, pleine de moelle, et revêtue d'une écorce lisse, verdâtre ou rougeâtre. Elle se partage, vers son extrémité, en rameaux fragiles, peu nombreux, garnis de feuilles profondément palmées et disposées alternativement. Ces feuilles ont de très longs pétioles; leur surface supérieure est d'un vert clair, l'inférieure blanchâtre et comme veloutée; leurs lobes ou segmens varient, pour le nombre, de trois à sept; ils sont lisses, un peu fermes, très entiers, pointus à la base et au sommet, et longs communément de quatre à cinq pouces.

Les fleurs du manioc sont unisexuelles, et croissent par bouquets au sommet de la tige ou des rameaux; les fleurs mâles et les femelles viennent sur le même pied. Les premières ont une corolle découpée jusqu'à moitié en cinq segmens, et dix étamines réunies en une colonne; les secondes ont les divisions de leur corolle prolongées jusqu'à la base, et un ovaire surmonté de trois styles à double stigmate. Le fruit est une capsule à peu près sphérique, lisse, légèrement ridée à sa surface, et composée de trois coques renfermant chacune une semence luisante, de la forme de celle du ricin, et d'un gris blanchâtre mêlé de petites taches un peu foncées.

Le manioc fait aux Antilles la base de la nourriture des noirs. Cette plante offre un assez grand nombre de variétés relatives à la couleur des tiges ou rameaux, des fleurs et des racines. En général, ses racines sont brunes, d'une forme oblongue, et revêtues d'une écorce qui se détache facilement; elles ont à peu près la grosseur du bras, sont terminées par quelques fibres chevelues, et contiennent une chair tendre, blanche, remplie d'un suc très caustique. Ce suc exprimé est un poison ; mais la partie sèche de la racine devient, par la cuisson et la torréfaction, un bon aliment qui n'incommode jamais. Nous ferons connoître tout à l'heure les procédés qu'on emploie pour convertir cette substance en une espèce de pain, qui diffère, il est vrai, entièrement du nôtre pour la forme, la consistance et le goût, mais qui n'est pas moins nourrissant et sain.

§. 1. *Culture du manioc ; avantages de cette culture.* Le manioc est précieux, non seulement par l'utilité, la grosseur et l'abondance de ses racines, mais encore par la facilité extrême avec laquelle on peut le multiplier. Comme il est plein de moelle il prend aisément de bouture ; d'ailleurs il croît promptement, et se plaît dans les terrains médiocres et secs, pourvu qu'ils soient bien aérés. Il faut préparer avec soin la terre où il doit être planté, la nettoyer de toutes mauvaises herbes, et sur-tout la bien ameublir, afin que sa racine puisse acquérir le développement necessaire. La distance entre les plants doit être de deux pieds et demi à quatre pieds, suivant la nature du sol. On pourroit faire cette plantation d'une manière régulière, en quinconce, par exemple ; mais dans nos colonies on n'est pas si recherché dans cette culture, et peut-être perdroit-on un temps précieux à y mettre cette régularité. Le coup d'œil exercé du cultivateur noir lui suffit pour planter aux distances convenables.

Lorsque la reprise des boutures est assurée, et quand les jeunes pieds commencent à développer leurs bourgeons, on leur donne une première sarclaison qui, dans le cours de leur croissance, doit être suivie de deux ou trois autres ; car la tige du manioc étant élancée, et son feuillage élevé et rare, le sol en est peu ombragé, et par cette raison les herbes parasites et étrangères sont difficilement étouffées ; il faut donc s'en débarrasser, mais c'est à ce soin seul que se borne la culture de cette plante jusqu'au moment de la récolte. Quelquefois de grosses chenilles attaquent ses feuilles et les dévorent entièrement, si on ne s'occupe pas de prévenir leurs dégâts. Le moyen le plus sûr et le plus simple pour les détruire est de secouer l'arbrisseau ou de frapper légèrement sur ses feuilles avec une petite baguette ; les chenilles tombent à terre, et on les fait manger par des dindes ou des cochons.

Les ressources alimentaires que cet arbrisseau procure aux habitans de l'Amérique équivalent à celles que les Européens et les Asiatiques trouvent dans le blé et le riz. Le manioc a même sur ces dernières plantes un grand avantage, en ce que la récolte de sa racine est beaucoup moins éventuelle que celle des deux grains dont je viens de parler, lesquels sont toujours exposés aux variations de l'atmosphère, et sujets à être renversés par des vents violens, ou gâtés par des pluies continuelles. Sa récolte est aussi plus considérable ; le plus beau champ de blé ou de riz ne nourrit point autant d'hommes qu'une surface égale de terrain planté en manioc. Enfin, les racines de cette plante mûrissant à diverses époques de l'année et à des termes différens, selon les espèces, laissent au cultivateur la faculté d'attendre pour les enlever le moment qui lui convient. Rarement récolte-t-on à la fois une pièce entière de manioc ; on se contente d'arracher la quantité de racines dont on a besoin pour la semaine ou pour le mois ; l'excédant reste en dépôt dans la terre et s'y conserve en bon état. Cependant on ne doit pas y laisser ces racines trop long-temps, parcequ'elles pourriroient ou deviendroient trop dures. Quand elles sont venues dans un sol de bonne qualité, et après une saison favorable, elles acquièrent quelquefois la grosseur de la cuisse, et une longueur d'un pied et demi à deux pieds.

§. 2. *Récolte du manioc. Préparation de la cassave et du couaque.* Quand le moment de la récolte est arrivé, on ébranche les tiges du manioc, et, sans beaucoup d'effort, on les enlève avec les racines qui sont peu adhérentes à la terre. Après avoir séparé ces racines de leurs tiges, on les transporte sous un hangar, on en racle l'écorce avec un couteau comme on ratisse les navets, puis on les lave et on les râpe : elles sont mises râpées dans des nattes ou des sacs de toile, et soumises en cet état, pendant plusieurs heures, à l'action d'une forte presse. Après avoir suffisamment exprimé le jus de cette râpure, on la passe au travers d'une espèce de crible un peu gros, et on l'apporte dans le lieu destiné à la faire cuire, pour en fabriquer de la cassave ou de la farine de manioc.

Pour faire la cassave, on se sert d'une platine de fer ronde ayant environ deux pieds de diamètre, épaisse de six à sept lignes, et élevée sur quatre pieds, entre lesquels on allume du feu. Quand cette platine commence à s'échauffer, on couvre toute la surface de farine de manioc jusqu'à l'épaisseur de deux doigts, ayant soin de l'étendre également par-tout, et de l'aplatir avec un large couteau de bois fait en spatule. On la laisse cuire sans la remuer. Les grains, au moyen de l'humidité qu'ils recèlent encore, s'attachent les uns aux autres, et ne forment bientôt qu'un seul corps qui diminue beaucoup d'épaisseur en cuisant ; on le retourne sur la platine pour donner aux surfaces un égal degré de cuisson : le tout forme alors une galette plate, fort mince, de couleur dorée, et qui a la même forme ronde et le même diamètre que la platine ; c'est cette galette qu'on appelle *cassave*. On la met refroidir à l'air, où elle achève de prendre une consistance sèche et ferme qui la rend très aisée à rompre par morceaux.

La farine de manioc préparée ne diffère de la cassave qu'en ce que les grains de râpure, au lieu d'être liés les uns aux autres, restent en petits grumeaux qui ressemblent à de la chapelure de pain, ou plutôt à du biscuit de mer grossièrement pilé. Pour faire une grande quantité de cette farine, on se sert d'une poêle de cuivre à fond plat, de quatre pieds environ de diamètre, et de sept à huit pouces de profondeur. Quand cette poêle est échauffée on y jette de la râpure de manioc, et sans perdre de temps on la remue en tout sens avec un rabot de bois. Ce mouvement empêche les grains de s'attacher les uns aux autres; ils perdent leur humidité, et cuisent également. Quand ils sont cuits, ce qu'on reconnoît à leur couleur un peu roussâtre et à leur odeur savoureuse, on les retire avec une pelle de bois; on étend cette farine sur des nappes de grosse toile, et lorsqu'elle est refroidie on l'enferme dans des barils, où elle se conserve long-temps.

Les cassaves s'appellent aussi *pains de cassave*, et la farine de manioc, préparée comme il vient d'être dit, porte dans beaucoup d'endroits le nom de *couaque*. Plus la cassave est mince, plus elle est délicate. On la mange rarement sèche et sans préparation secondaire, ainsi que la farine de manioc. Avant de s'en servir, on trempe légèrement l'une et l'autre dans de l'eau pure ou dans du bouillon. Alors ces substances renflent considérablement, et font une nourriture solide et saine, que quelques habitans des îles et les nègres préfèrent au pain. J'ai toujours trouvé cette nourriture fort peu savoureuse et même insipide.

La *cassave* et le *couaque* ont l'avantage de se conserver pendant quinze ans et plus sans altération. Aublet dit avoir gardé pendant tout ce temps-là, dans une boîte, du couaque, qui le dernier jour étoit aussi bon et aussi sain que le jour où il avoit été enfermé. Dix livres de cette substance, ajoute-t-il, suffisent à un voyageur pour le faire vivre quinze jours; ceux qui s'embarquent sur le fleuve des Amazones n'emportent pas d'autres provisions. En versant un peu d'eau, ou du bouillon chaud ou froid sur deux onces de couaque, il y a de quoi faire un bon repas. Cette farine gonfle prodigieusement.

§. 3. *Fécule de manioc. Boissons, rob qu'on obtient avec sa racine et son suc.* Le suc exprimé de la farine de manioc avant sa torréfaction entraîne avec lui une fécule extrêmement fine et du plus beau blanc, qui se dépose au fond du vase où ce suc est recueilli; quand on la froisse avec les doigts, elle craque comme l'amidon. Pour l'obtenir, on décante le suc après quelques heures de repos, et on lave à plusieurs eaux la matière qu'il recouvroit. Avec cette matière, qui est légère et très blanche, on prépare différens mets fort délicats, tels que des massepains, des échaudés, des galettes. Elle sert quelquefois à fabriquer de la poudre à poudrer ; pour cela on la fait sécher à l'ombre, on l'écrase, et on la passe à travers un tamis fin. Elle est aussi employée, en guise de farine, à frire le poisson, à donner de la liaison aux sauces, et à faire de bonne colle à coller le papier. Dans la Guiane française, cette fécule porte le nom de *cipipa*.

« Les naturels de cette partie de l'Amérique, dit Aublet, (*Histoire des plantes de la Guiane française*) savent encore tirer un grand parti de la racine de manioc, pour composer diverses boissons, qu'ils nomment *vicou, cachiri, paya, vouapaya.*

« Le *vicou* est une liqueur acide, rafraîchissante, agréable à boire et même nourrissante, qu'on fait en mêlant de l'eau avec une pâte en état de fermentation, composée de cassave et de patates râpées. On ajoute du sucre à cette boisson.

« Le *cachiri* est enivrant et a presque le goût du poiré. On prépare cette liqueur en faisant bouillir ensemble dans de l'eau la râpure fraîche d'une variété particulière (dite *cachiri*) de manioc, quelques patates, et souvent un peu de jus de canne à sucre, puis en laissant fermenter ce mélange durant environ quarante-huit heures. Cette boisson, prise avec modération, passe pour apéritive et diurétique.

« Le *paya* est une boisson fermentée que son goût rapproche du vin blanc ; on la compose avec des cassaves récemment cuites qu'on amoncelle pour qu'elles se moisissent, qu'on pétrit ensuite avec quelques patates, et auxquelles on ajoute une quantité d'eau suffisante. Il faut que ce mélange fermente pendant environ deux jours.

« Enfin, le *voua-paya* est une quatrième espèce de liqueur analogue aux précédentes. Pour la faire, on prépare la cassave plus épaisse qu'à l'ordinaire ; et quand cette cassave est cuite à moitié, l'on en forme des mottes qu'on empile les unes sur les autres, et qu'on laisse ainsi entassées jusqu'à ce qu'elles acquièrent un moisi de couleur purpurine. On pétrit quelques unes de ces mottes avec des patates ; puis on délaye la pâte dans de l'eau, et on laisse fermenter ce mélange pendant vingt-quatre heures. La liqueur qui en résulte est piquante comme le cidre. Plus elle vieillit, plus elle devient violente, et plus elle enivre. Souvent on se contente, ainsi que pour le *vicou*, de préparer la pâte et de la délayer dans de l'eau, quand on a besoin de se désaltérer. On peut faire provision de cette pâte pour un voyage de trois semaines.

« C'est le suc de manioc qui fait la base d'une sorte d'assaisonnement, qu'on connoît dans le même pays sous le nom de *cabiou*, et qu'on compose de la manière suivante. On prend la quantité qu'on veut de ce suc, après l'avoir séparé du *cipipa*; on le passe au travers d'un linge, on le fait ensuite bouillir dans un vase de terre ou de fer, on l'écume continuellement, et on y met quelques baies de piment. Lorsque la liqueur ne rend plus d'écume, c'est une preuve que toute la partie qui étoit le venin contenu dans le suc est séparée; on passe et l'on fait bouillir de nouveau cette liqueur jusqu'à ce qu'elle ait acquis la consistance du sirop, ou même celle du rob. On retire le suc du feu quand il est à ce degré d'évaporation; lorsqu'il est refroidi on le verse dans des bouteilles; alors il peut passer les mers et se conserver long-temps. Ce rob est excellent pour assaisonner les ragoûts, les rôtis, sur-tout les canards et les oies; il a un goût excellent et aiguise l'appétit.

§. 4. *Nature du suc vénéneux de manioc; moyens d'en arrêter les effets.* Quoique le suc fraîchement exprimé de la racine de manioc soit un violent poison, et quoique ce poison soit mêlé à une substance alimentaire, jamais la cassave, ni le couaque, ni les boissons préparées avec cette racine n'ont incommodé personne, ni causé aucun accident. Ainsi l'homme, et l'homme presque sauvage, par l'art le plus simple, a su trouver le moyen de séparer dans cette plante le venin de l'aliment. Ce moyen est le feu. Dans les diverses préparations dont nous avons parlé, on a vu que le feu étoit toujours le principal agent, ce qui fait soupçonner avec raison que le principe vénéneux du manioc réside dans une matière volatile, puisque cette racine ne devient tout-à-fait innocente qu'après avoir été soumise à l'action du feu. Le docteur Fermin a fait à Surinam plusieurs expériences sur le suc de manioc qui confirment cette conjecture; elles sont rapportées dans un mémoire lu à l'académie de Berlin en 1764. En voici le résultat.

Ce médecin ayant fait prendre une dose médiocre de suc de manioc à des chiens et à des chats, ces animaux ont péri en vingt-quatre minutes. Une once et demie a suffi pour tuer un chien de moyenne taille. Les symptômes qui précédoient une mort si prompte étoient des envies de vomir, des anxiétés, des mouvemens convulsifs, la salivation et une évacuation abondante d'urine et d'excrémens. Ayant ouvert le corps de ces animaux, Fermin trouva dans leur estomac la même quantité de suc qu'ils avoient avalée, sans aucun vestige d'inflammation, d'altération dans les viscères, ni de coagulation dans le sang, d'où il conclut que ce poison n'est point âcre ni corrosif, et qu'il n'agit que sur le genre nerveux. Il présente, à l'appui de cette opinion, l'expérience suivante.

Ayant distillé à un feu gradué cinquante livres de suc récent de manioc, la vertu du poison n'a passé que dans les trois premières onces de l'esprit qu'il a retiré, et dont l'odeur étoit insupportable. Il a eu occasion d'essayer sur un esclave empoisonneur la force terrible de cet esprit. Il en donna à ce malheureux trente-cinq gouttes, qui furent à peine descendues dans son estomac qu'il poussa des hurlemens affreux, et donna le spectacle des contorsions les plus violentes, ce qui fut suivi d'évacuations et de mouvemens convulsifs, dans lesquels il expira au bout de six minutes. Trois heures après, son cadavre fut ouvert; on n'y trouva aucune partie offensée ni enflammée; mais l'estomac s'étoit rétréci de moitié.

Le docteur Fermin dit avoir guéri un chat qu'il avoit empoisonné avec une petite quantité de suc de manioc, mais non distillé. On prétend que le suc de *rocou*, pourvu qu'on l'avale dans les premiers instans, est un antidote contre ce venin. (D.)

MANNE. Suc concret qui s'extravase naturellement ou par incision d'une grande quantité de végétaux, et qui est composé de sucre et de muco-sucré, uni à du mucilage et à une matière extractive particulière.

C'est principalement du frêne à feuilles rondes, du frêne à petites feuilles, et même du frêne à fleur, qu'on retire en Europe la manne du commerce, c'est-à-dire celle qu'on emploie si généralement en médecine comme purgatif.

Toutes les fois qu'il y a sécrétion surabondante de manne, l'arbre ou la plante qui la fournit souffre nécessairement; aussi est-ce dans les mauvais terrains et dans les années sèches qu'il s'en produit le plus, aussi le moyen à employer pour s'opposer à sa formation est-il le fumier et les arrosemens.

Au reste peu de végétaux cultivés en Europe fournissent-ils de la manne en certaine quantité. J'en ai observé sur les rosages (rhododendron).

Le MIELAT (*voyez* ce mot) est une véritable manne.

Je suis entré dans de grands détails sur la manne au mot FRÊNE, mot auquel je renvoie le lecteur.

Il découle du mélèze une manne que les Italiens viennent ramasser tous les ans dans les environs de Briançon, et qu'ils mettent dans le commerce. Il paroît qu'elle a les mêmes propriétés purgatives que celle du frêne; mais elle est peu connue. (B.)

MANNE. Espèce de panier plus long que large, fait communément d'osier, de lanières de chêne ou de tout autre bois léger, et qui sert au transport de plusieurs choses, particulièrement à celui des fruits et des légumes à la maison ou au marché. On fait usage des mannes pour recevoir les sarclages de gazons, et pour transporter, soit les terres préparées dans les serres, soit la tannée nécessaire à la construction des couches qu'on y forme.

Les mannes varient de forme et de grandeur; il est inutile par cette raison de les décrire. Elles doivent être en même temps solides et légères pour pouvoir contenir les différentes choses qu'on y place, et pour ne point trop surcharger en même temps celui qui les porte. Dans les momens où on ne s'en sert pas, on ne doit point les laisser à l'air, sur la terre ou le fumier, ni exposées aux yeux des enfans ou aux ordures des volailles. Il faut les serrer dans un lieu sec, propre à leur conservation. (D.)

MANNEQUIN. Sorte de panier fait d'osier, employé à divers usages. Il est tantôt plein, tantôt à claire-voie, et il y en a de différentes formes et grandeurs. Celui qui est long et étroit sert communément au transport des fruits ou de la marée au marché; il est propre aussi à recevoir momentanément les arbustes ou de jeunes arbres qu'on se propose de planter à contre-saison, ce qui leur fait donner le nom d'*arbre en mannequin*. Ils sont mis en terre avec l'osier même qui pourrit et fournit un humus propre à leur croissance. C'est ainsi qu'on dispose et qu'on fait voyager beaucoup d'arbres résineux. Le mannequin à huître est employé dans les jardins à couvrir en hiver les plantes délicates, pour les préserver de la gelée et de l'humidité. Après avoir butté de terre la plante qu'on veut garantir, et l'avoir recouverte de feuilles mortes, de fumier court, de litière ou de vieille tannée, on pose par-dessus ce mannequin, et on le couvre encore de terre qui puisse recevoir la pluie et l'empêcher de mouiller les matières sèches dont la butte est recouverte; alors l'humidité ne pénètre pas la plante, et le froid la pénètre plus difficilement. (D.)

MANNEQUIN (ARBRE EN). On donne ce nom dans les pépinières des environs de Paris à des arbres, qu'après avoir cultivé pendant deux ou trois ans en pot ou en pleine terre, on place dans un de ces paniers, ou mannequin à claire-voie, dans lesquels on apporte les huîtres au marché, et qu'on enterre ensuite, afin qu'une ou deux années après, lorsqu'on voudra les transplanter à demeure, on puisse les enlever avec la motte et par conséquent ne pas mettre à l'air la totalité ou au moins une partie de leurs racines. Ce sont presque exclusivement les arbres verts, résineux ou autres, tels que les pins, les sapins, le chêne vert, le liège, l'alaterne, qui se mettent ainsi dans des mannequins, parcequ'ils sont extrêmement difficiles à la reprise lorsqu'ils sont arrachés à la manière ordinaire.

Il est des pépiniéristes qui mettent leurs arbres résineux en mannequin un an avant leur enlèvement, et qui enterrent le tout. Ces arbres, ayant repris, sont ensuite transplantés avec une complète certitude de succès, lorsque le mannequin n'est pas assez pourri pour ne pouvoir pas supporter les chances du transport. *Voyez* PIN, SAPIN, THUYA, GENEVRIER, etc.

La pratique de mettre les arbres en mannequin, quoique excellente par elle-même, ne peut pas avoir lieu par-tout, ni dans les grandes cultures, à raison de l'augmentation de dépense qu'elle occasionne. Un panier, qui à Paris ne coûte que deux sous, parceque les frais de son retour sur les bords de la mer absorberoient sa valeur, et qu'on ne peut pas faire emploi de tous ceux qui sont apportés dans cette ville, coûteroit six à huit sous ailleurs.

Comme la valeur des mannequins doit être, pour le cultivateur, proportionnée à sa durée en terre, il doit, lorsqu'il le peut, les choisir en bois durs. La plupart de ceux qu'on achète à Paris sont fabriqués avec du saule, aussi les trouve-t-on toujours pourris lorsque la seconde année de leur emploi on les lève de terre. Souvent il faut pour les transporter à la plus petite distance les mettre dans un autre mannequin plus grand.

Avec des précautions on peut transplanter en sûreté des arbres verts dans le voisinage de la pépinière, sans qu'ils aient été mis en mannequin; mais cela devient très incertain quand il faut, à raison de la longueur du transport, que les racines restent à l'air quelques heures et encore plus quelques jours. C'est donc pour ceux de ces arbres qui sont destinés à être envoyés au loin que l'usage de ces mannequins est avantageux. Aucun emballage ne peut les suppléer.

Par le moyen des mannequins il devient facile de transplanter toute espèce d'arbres en tout temps; on peut garantir, par leur moyen, les arbres du ver blanc, des courtilières, etc. Il seroit à désirer qu'il en pût être sacrifié des milliers chaque année dans les pépinières; mais la dépense, je le répète, s'y oppose et s'y opposera toujours.

J'ai souvent réfléchi à la possibilité de faire à très bon compte des mannequins uniquement destinés à cet usage, avec les jeunes pousses de l'aune, et j'en ai même exécutés pendant la terreur, lorsque j'étois réfugié dans la forêt de Montmorency. Pour cela je fis huit trous convergens autour d'un cercle de trois à quatre pouces tracé sur une planche d'un pouce d'épaisseur. Dans ces trous je plaçai des bâtons d'aune d'un pied et demi de long, qui faisoient par leur réunion un entonnoir régulier, et j'entrelaçai entre eux des pousses d'aune de deux ans refendues et garnies de leur écorce. Un quart d'heure me suffisoit pour une de ces fabrications, ce qui indique qu'un ouvrier exercé, et avec des aides, pourroit en fournir six à huit douzaines par jour. Ces mannequins n'avoient pas de fond, mais c'est un avantage dans la plupart des cas, et ils étoient assez solides pour remplir leur objet. J'ai regretté de n'avoir pas été à portée de suivre cet objet. (B.)

MAOURES. Nom des landes dans le département du Var.

MAQUI. Nom spécifique de l'ARISTOLÈLE. *Voyez* ce mot.

MARA. Nom du bélier dans le département de la Haute-Garonne.

MARAICHER. On donne ce nom, à Paris, aux jardiniers qui cultivent des *marais*, c'est-à-dire des jardins consacrés à la culture des légumes pour la consommation des habitans de cette grande ville.

On a dit que ce nom de marais venoit de ce que les terrains sur lesquels ils exercent leur industrie étoient originairement des marécages; mais à quelques uns près du faubourg St.-Marceau, sur la rivière de Bièvre, qui en effet le furent, tous les autres sont dans un sol sablonneux, fort pauvre en terre végétale, ce qui repousse cette opinion.

La culture des maraîchers ne ressemble à aucune autre dans son ensemble, mais elle ne diffère pas de celle des jardins particuliers dans ses détails. Son but est de faire produire à un espace de terrain très circonscrit le plus d'articles et le plus promptement possible, soit en ne laissant pas un moment la terre en repos, soit en accélérant, par tous les moyens industriels connus, la croissance des légumes qu'on lui confie. Il n'est pas rare de leur voir obtenir quatre, cinq et même six récoltes par an sur la même planche qui n'en auroit produit qu'une, et encore inférieure à la plus foible des leurs, dans un jardin particulier.

Ces étonnans résultats, les maraîchers les doivent à l'abondance des engrais et des eaux dont ils peuvent disposer, et à la vente toujours certaine et avantageuse de leurs légumes. Ce seroit, j'ose le dire, folie à un particulier, qui peut disposer d'un grand espace, de vouloir en cultiver un petit avec ce degré de perfection, car par-là il augmenteroit ses dépenses et diminueroit ses jouissances. Je dis diminueroit ses jouissances, parceque les légumes des maraîchers, si beaux et si tendres, sont sans saveur et sans sucs nutritifs, ainsi que le reconnoissent tous ceux qui en mangent pour la première fois.

Un marais est très long et très coûteux à mettre en valeur. Il faut qu'il soit muni d'un, deux ou trois puits, selon sa grandeur, de rigoles propres à conduire l'eau à la tête de tous les carrés, de réservoirs en pierre ou de tonneaux défoncés pour recevoir cette eau, d'instrumens de jardinage de toutes sortes, et de fumier. Pendant les premières années, le sol, non encore saturé de principes fertilisans, ne donnera que des récoltes peu abondantes ou peu apparentes, qui par conséquent ne pourront entrer en concurrence avec celles des jardins depuis long-temps en état de service. Aussi à combien de travaux pénibles et de privations se résout celui qui entreprend d'en monter un ? Si le maraîcher le plus anciennement établi ne peut, malgré ses avantages, trouver un bénéfice à la fin de l'année, pour peu qu'il se repose sur d'autres du soin de sa culture, pour peu qu'il ne mette pas dans toutes ses opérations de ventes et d'achats toute la précision nécessaire, dans ses dépenses personnelles la plus sévère économie, comment pourra se tirer d'affaire celui qui commence ? Pendant le jour il faut travailler et travailler avec une activité toujours soutenue; pendant la nuit il faut disposer sa marchandise et la porter au marché. Le dimanche, qui pour le jardinier ordinaire est un jour de repos, n'en est pas un pour un maraîcher. Il n'a réellement quelques heures de bon temps que les jours de pluie. Malgré cette continuité de fatigues, il ne veut pas quitter son état pour un plus doux. Celui dont la ruine est complète aimera mieux se mettre aux gages de son voisin que de prendre la conduite d'un jardin de particulier.

Un des grands avantages des maraîchers sur les jardiniers ordinaires, c'est qu'ils sont excités, par leur intérêt même, à perfectionner continuellement leur culture, à profiter de tout ce qu'elle présente d'avantageux. On est étonné en suivant leurs travaux des pratiques savantes qu'ils emploient. C'est auprès d'eux que les partisans des jachères doivent aller apprendre à connoître l'utilité des assolemens. Là jamais la terre n'est un jour en repos, et cependant elle produit toujours.

Je ne crois pas nécessaire, d'après ce que j'ai dit plus haut, de présenter en détail le mode de la culture des marais. Je me contenterai, en conséquence, de faire connoître leur système d'assolement.

Ils divisent leur année en trois saisons.

Dans la première, qui commence vers le milieu d'octobre, ils sèment de la romaine sur couche, la repiquent un mois après, et la plantent définitivement devant un abri naturel ou artificiel vers la fin de janvier, après avoir labouré une ou deux fois le terrain et l'avoir abondamment fumé avec du terreau bien consommé. Le jour de cette plantation ils sèment des radis et des poireaux dans la même planche. A la fin de mars ils vendent leurs radis, au commencement de mai leurs salades, et les poireaux en juin.

Dans la seconde, au lieu de fumer avec du terreau, ils le font avec de la paille, débris de vieilles couches, et plantent alternativement un rang de chicorée ou d'escarole et un rang de cornichons. La chicorée s'arrache en juillet et les cornichons finissent de fournir en septembre.

Dans la troisième saison on fume comme dans la première ; on sème des radis et des mâches, on plante de la chicorée, etc.

On voit par cet exposé qu'il est avantageux aux maraîchers de préférer les plantes annuelles d'une croissance rapide et d'une consommation journalière à toutes les autres ; aussi le nombre de celles qu'ils cultivent est-il fort borné. Les salades de toutes les espèces, les petites raves, le cerfeuil, le persil, les carottes, les panais, les oignons, les poireaux, les choux, et les raves, les épinards et les choux-fleurs sont presque les seuls. Quelques uns cultivent du céleri et des cardons, mais ce n'est que de loin en loin. L'oseille est la seule plante vivace qu'on trouve chez eux en certaine abondance, parcequ'ils en tirent un très grand parti en accélérant sa végé-tation par des abris. On ne voit jamais, dans leurs enclos, d'asperges, d'artichauts et autres gros légumes. Quelques uns se livrent spécialement à la culture des melons et en obtiennent certaines années de grands bénéfices ; mais aussi souvent ils en sont pour leurs frais ou partie de leurs frais. Les champignons sont aussi pour certains la matière d'un bon produit.

Comme c'est toujours dans la précocité que les maraîchers trouvent leurs plus certains avantages, non seulement ils pra-tiquent tout ce que l'art indique pour l'obtenir, mais ils ont un soin scrupuleux de choisir les variétés qui le sont par elles-mêmes plus que les autres.

Quelquefois les circonstances atmosphériques hâtent si fort la végétation dans les jardins des maraîchers, qu'ils ont lieu de craindre que tous leurs légumes, arrivant à la fois au point convenable, ils ne puissent pas les vendre avant leur détériora-ration. Alors ils cherchent à les retarder par l'enlèvement d'une partie des feuilles, par la suppression du sommet de la tige future (du cœur), et principalement en arrosant avec de l'eau immédiatement tirée de leurs puits et par conséquent beaucoup au-dessous de la température de l'atmosphère. (B.)

MARAIS. On comprend sous cette dénomination de vastes terrains couverts d'eaux, qui n'ont aucun, ou peu d'écoule-ment naturel, dont les eaux croupissent et ne disparoissent que par l'évaporation ou par l'industrie de l'homme. Il ne peut l'appliquer à un objet plus utile pour lui. Un marais abandonné à lui-même est le plus dangereux voisin pour tout ce qui res-pire ; au moment où il s'assèche, il devient un foyer de cor-ruption où les plantes aquatiques, les poissons et les animaux meurent, pourrissent et répandent au loin la contagion, le marasme et la mort. En voyant le teint hâve et livide des habitans, la démarche lente, lourde, l'air triste et abattu des animaux domestiques, on est averti au loin que l'on approche de ces vastes foyers de corruption.

Mais que l'industrie de l'homme vienne ici au secours de la nature, et les terrains infects vont devenir de belles prairies coupées par des canaux d'eaux vives, couvertes de bestiaux d'une taille élevée, ou de vastes champs de céréales, de blés dont les épis forts, égaux, nombreux et serrés forment au-dessus du sol une seconde plaine parfaitement unie. L'homme y devient grand, fort, vigoureux, parcequ'il habite une terre fertile, où il trouve sans peine tout ce qui est nécessaire à la vie. Aussi ne peut-il quitter le sol qui l'a vu naître; il y tient aussi fortement qu'aux habitudes de ses pères. Chasseur, pêcheur ou pasteur, simple et religieux, il est peu instruit et désire peu de l'être. Il ne tire qu'un foible parti du sol que lui a départi la nature. Tel est l'habitant des marais desséchés de l'ancienne France. Celui des beaux dessèchemens de la Flandre et de la Hollande est, si j'ose m'exprimer ainsi, plus perfectionné, plus industrieux; aussi est-il bon cultivateur, bon négociant et même spéculateur. Il tire de son sol et de son industrie des produits doubles et triples de ceux qu'obtiennent les habitans de nos marais desséchés. Le prix de vente des fonds et celui des baux le démontrent par des faits qu'on peut vérifier.

Résumons les données et cherchons-en les conséquences utiles.

A l'article DESSÈCHEMENT j'ai indiqué les moyens pratiques de rendre à la culture ces vastes marais qui couvrent le sol français, ceux de conserver, d'améliorer les dessèchemens faits par des travaux d'entretiens simples et faciles.

A l'article CULTURE DES DESSÈCHEMENS j'ai développé les méthodes les plus propres à tirer un grand parti de ces vastes contrées.

Mais ce n'est point assez d'avoir vaincu la nature, il faudroit aussi vaincre l'homme des marais et réformer ses habitudes. L'agriculture y gagneroit sans doute plus que le bonheur des habitans; mais cette question appartient toute entière à la science de l'administration, et n'est pas du ressort de cet ouvrage. (CHAS.)

Il est une manière de dessécher les marais qui peut être employée dans certaines localités, c'est celle d'élever successivement leur sol en y rendant momentanément stagnantes les eaux boueuses des torrens et des rivières. On trouvera aux mots CANAL et ÉLÉVATION DU SOL des exemples de cette sorte de dessèchemens, qu'on appelle en français *dessèchement par acoulis*.

La plupart des marais peuvent sans doute être desséchés; mais il en est dont le dessèchement coûteroit cent fois, mille fois plus que le capital que représenteroit leur revenu, et même qu'on peut regarder comme indesséchables, tant seroit exorbitante la somme qu'il faudroit y employer. Cependant les uns et les autres sont nuisibles à la santé des cultivateurs de leur voisinage, et ne rendent que de foibles produits comparativement à leur étendue. Dans ce cas on a deux moyens à employer pour les rendre plus salubres et plus utiles. Le premier, c'est de les transformer, s'il est possible, en étangs, ou mieux, en lacs qui fourniront abondance de poissons, et qui, ayant une grande hauteur d'eau et des bords toujours submergés, seront très sains. Le second, c'est de les planter en arbres, c'est-à-dire d'y former une forêt.

Il y a dans les genres des saules, des peupliers, des bouleaux, plusieurs espèces qui ne craignent point le sol des marais, et qui peuvent y croître avec profit. Celui de tous ces arbres qu'on doit placer d'abord dans ceux qui sont les plus fangeux, c'est le saule marceau, ou une espèce fort voisine, à feuilles plus petites et plus rugueuses. Il fixe la vase autour de ses racines, et y appelle la végétation de beaucoup d'autres plantes qui élèvent promptement le terrain au moyen de leurs débris. Bientôt le GALÉ (voyez ce mot) et quelques autres espèces, de saules, comme celui à feuilles d'amandier, l'hélix, croissent à côte de lui, et le remplacent en continuant de produire le même effet. S'il y a de la TOURBE (voyez ce mot), elle se solidifie. L'aune, dont les racines traçantes, fort grosses et nombreuses, et l'abondant feuillage élèvent si rapidement le sol, leur succède ordinairement ; alors le produit du marais, ainsi que sa salubrité, sont assurés. Voyez AUNE. Après cet arbre croît le frêne, et on sait combien la vente de son bois est avantageuse. Voy. FRÊNE.

Il faut sans doute bien des années avant qu'un marais seulement susceptible de laisser croître le saule indiqué plus haut soit parvenu au point de pouvoir nourrir le frêne, qui ne veut que de l'humidité ; mais enfin ce moment arrive.

Une des causes qui, selon moi, retardent beaucoup l'assainissement et l'élévation du sol des marais, c'est qu'appartenans au gouvernement, à des communes ou à de riches propriétaires, ils sont livrés au pillage, et que les buissons qui y croissent sont coupés tous les ans, et même arrachés dès qu'ils ont acquis quelque grosseur.

J'ai dit que la multiplication des arbres dans les marais en rendoit le séjour moins insalubre, et je l'ai dit d'après l'expérience de tous les siècles et de tous les pays. Il paroît qu'ils agissent de deux manières, c'est-à-dire en décomposant le gaz hydrogène sulfuré qui s'en dégage continuellement pendant l'été, et en y portant un ombrage qui empêche ce gaz de se développer avec la même activité. J'ai lieu de croire que quelques espèces ont plus que d'autres la première de ces propriétés. Par exemple, le galé, qui contient une si grande quantité de résine dans ses feuilles ; après lui c'est l'aune que je crois le plus avantageux sous ce rapport.

La même expérience a prouvé qu'un des moyens de se garantir des effets dangereux du voisinage des marais, c'étoit d'allumer des feux en plein air, vers le coucher du soleil, et de s'y chauffer pendant quelques instans.

J'ai donné, au mot AQUATIQUE, la liste des plantes qui croissent le plus communément en France dans les marais. Peu d'entre elles sont du goût des bestiaux ; cependant ils s'y accoutument, et il est des cantons où ils n'en ont pas d'autres.

Le pâturage des marais dégrade les races des chevaux et des bœufs. J'ai vu ceux de ces animaux qui ne quittent point les marais de Bourgoin aussi cacochymes que leurs propriétaires. Ce pâturage est mortel pour les moutons ; cependant il est une race en Allemagne qui y est tellement faite, que des individus, dont la grosseur semble démentir,ce que je viens de dire, amenés à l'école vétérinaire d'Alfort, refusoient de manger dans le bois de Vincennes (bois en sol extrêmement aride), et se jetoient dans la Marne, pour dévorer les plantes aquatiques qui y croissent, lorsqu'elles revenoient de ce bois.

Dans les pays fertiles où se trouvent des marais de peu d'étendue, on ne doit pas mener les bestiaux dans ces marais, mais en couper le foin pour en faire de la litière ou augmenter la masse des fumiers, sauf à en trier les meilleures parties pour donner aux bœufs et aux vaches, qui s'en accommodent mieux que les chevaux et autres bestiaux.

Les buffles, les cochons et les canards communs sont les seuls animaux qu'il soit avantageux de tenir dans les marais, encore les premiers veulent-ils un climat chaud, et les seconds y ont-ils un lard de mauvaise qualité.

En général, les marais diminuent en France et en nombre et en étendue, soit par l'effet des progrès de la culture, soit par leur comblement naturel, soit par la diminution de la masse des eaux, diminution à laquelle on ne peut se refuser de croire, tant il y a de faits qui l'attestent. (B.)

MARAIS SALANS. Lieux bas disposés sur quelques parties de nos côtes pour recevoir à volonté l'eau de la mer, et lui donner moyen de s'évaporer et livrer à la consommation le sel qu'elle contient. Cet objet n'étant point directement du ressort de l'agriculture, je n'en parlerai pas plus au long. *Voy.* SEL MARIN. (B.)

MARAIS SALÉS. Marais formés sur les bords de la mer par la mer même, et dont par conséquent l'eau est salée.

Ces marais, qu'il faut distinguer des marais salans, puisque ces derniers sont le produit de l'art, et le plus souvent faits à leurs dépens, ne donnent naissance qu'à un petit nombre de plantes particulières, qu'on a appelées plantes maritimes, telles que les soudes, les salicornes, le crambé, etc., qu'il faut bien distinguer des plantes marines, qui sont les varecs, les ulves et les conferves. Les céréales et les autres articles de nos cultures ordinaires ne peuvent y croître, de sorte qu'il faut s'y borner à semer des soudes, dans les parties qui sont susceptibles d'être labourées, dans le but d'en tirer de l'alkali. *Voyez* SOUDE.

Mais il arrive quelquefois qu'on peut empêcher le retour des eaux de la mer par le moyen des digues; et alors la première opération à faire pour rendre la terre de ces marais propre à recevoir des semences de blé et autres céréales, des prairies artificielles, des arbres fruitiers et forestiers, etc., c'est de la dessa'er.

Pour cela on a trois moyens, 1° d'attendre que les eaux des pluies aient entraîné le sel, ce qui demande quatre à cinq ans; 2° d'y introduire une rivière ou un ruisseau, ce qui va plus vite, mais ne peut se pratiquer par-tout; 3° d'y semer d'abord de la soude, et ensuite planter du tamarix, qui décomposent le sel. Comme ce dernier moyen concourt avec le premier, et fait qu'on arrive plus promptement au but, on en fait fréquemment usage.

Les mêmes moyens s'emploient ou peuvent s'employer pour les terres qu'une marée extraordinaire, ou une violente tempête, auroit momentanément couvertes d'eau de mer, et qui par-là seroient devenues infertiles.

J'ai eu occasion de voir, en Amérique, beaucoup de ces marais salés ainsi digués, dans lesquels ou employoit un ou plusieurs de ces moyens, et qui, au bout de quelques années, devenoient des terres à riz d'une excessive fertilité. Je sais qu'on fait aussi usage des mêmes moyens aux environs de Montpellier, aux environs de Venise, etc.

Il n'est pas facile de rendre raison des causes de la décomposition du sel marin dans les vaisseaux des SOUDES, des TAMARIX, etc.; mais le fait n'en est pas moins constant. (B.)

MARASME. Synonyme d'AMAIGRISSEMENT. *Voyez* ce mot.

MARBRE. Sous le nom de marbre, nous entendons seulement toute pierre calcaire dont le grain est assez fin et assez dur pour pouvoir recevoir le poli. Cette définition distingue le marbre des pierres vitrifiables, comme granit, porphyre, etc., auxquels on a donné souvent le nom de marbre, et des pierres calcaires communes. On en trouve dans un grand nombre de contrées. Les anciens en faisoient un grand usage et nous en ont laissé de travaillé, dont on ne connoît plus les carrières. *Voyez* aux mots CALCAIRE et CHAUX.

La France est beaucoup plus riche en marbres qu'on ne le pense ; et lorsqu'on aura bien étudié les Pyrénées sur-tout, on verra qu'elle ne le cède à aucun autre pays pour la quantité, la beauté et la variété de ses marbres.

Nous allons faire connoître ceux que l'on emploie le plus communément, et les endroits où on les trouve.

On voit dans la vallée d'Ossan, presque vis-à-vis Lavaux, une carrière de marbre blanc, semblable à celui de Carrare; il est très blanc, comme le marbre blanc antique. On en voit de beaux blocs ; mais on dit qu'il est un peu trop tendre, et sujet à jaunir et à se tacher. Peut-être que plus on pénètrera dans l'intérieur du filon, et plus on trouvera qu'il aura acquis de dureté.

Dans la même vallée, en allant aux eaux chaudes, après avoir passé Lavaux, et le monument de la sœur de Henri IV, sur le chemin à droite, on voit un filon de marbre noir et blanc, qui paroît aussi beau que l'antique.

Le marbre noir d'une seule couleur, très pur et sans tache, se trouve près de la ville de Dinant, dans le pays de Liège.

Le marbre de Namur est très commun, et aussi noir que celui de Dinant ; mais il n'est pas tout-à-fait aussi parfait, parcequ'il tire un peu sur le bleuâtre, et qu'il est traversé de quelques filons gris. Auprès de Dinant on trouve aussi le marbre de Gauchenet, d'un fond rouge brun, tacheté et mêlé de quelques veines blanches ; et à l'est, près de Dinant, le marbre d'un rouge pâle, avec de grandes plaques et quelques veines blanches.

A Barbançon, pays du Hainaut, on trouve un marbre noir veiné de blanc en tout sens. A Givet, près de Charlemont, pays du Luxemboug, marbre noir mêlé de blanc, mais moins brouillé que le précédent.

Le marbre de Champagne est une brocatelle mêlée de bleu, par taches rondes, comme des yeux de perdrix. On en trouve encore dans la même province, nuancé de blanc et de jaune pâle. A la Sainte-Baume, en Provence, marbre d'un fond blanc et rouge, mêlé de jaune, approchant de la brocatelle. A Tray, près de la Sainte-Baume, marbre d'un fond jaunâtre tacheté d'un peu de rouge, de blanc et de gris mêlé.

Le Languedoc fournit une très grande variété de beaux marbres. A Cosne, marbre d'un fond rouge de vermillon sale entremêlé de grandes veines et de taches blanches. Auprès du même endroit, le marbre de Griotte, dont la couleur approche de celle des cerises qui portent ce nom. A Narbonne, marbre de couleur blanche, grise et bleuâtre. A Roquebrune, à sept lieues de Narbonne, marbre pareil à celui de Languedoc ou de Cosne, excepté que ses taches blanches ont la forme de pommes rondes. A Caen, en Normandie, marbre semblable à celui de Languedoc, mais plus brouillé et moins vif en couleur.

Les différentes vallées des Pyrénées sont très riches en marbres, et il y en a de très belles carrières exploitées à Serancolin, marbre qui en porte le nom ; sa couleur est d'un rouge de sang mêlé de gris, de jaune et de spath transparent. A Belvacaire, au bas de Saint-Bertrand, près Comminges, marbre d'un fond verdâtre mêlé de quelques taches rouges, et fort peu de blanches. A Campan, marbres de plusieurs espèces, de rouge, de vert, d'isabelle, mêlés par taches et par veines. Celui qu'on nomme vert de Campan, est d'un vert très vif mêlé seulement de blanc.

La province d'Auvergne fournit un marbre d'un fond de couleur rose, mêlé de violet, de jaune et de vert. Le marbre de Bourbon est d'un gris bleuâtre, et d'un rouge sale. A Sablé, à Mayenne, à Laval, en Anjou, et sur les confins du Maine, on trouve plusieurs variétés de beaux marbres, ainsi qu'à Antin, Cerfontaine, Montbart, Merlemont, Saint-Remy, etc., etc.

On emploie le marbre à deux usages principaux, à la décoration des bâtimens, et à faire de la chaux. *V.* le mot CHAUX. Il est à remarquer que le plus beau marbre blanc, comme celui de Carrare, ne fait pas le meilleur mortier, quoiqu'il fournisse la chaux la plus vive et la plus active, si on considère sa manière de fuser à l'air ou dans l'eau. Cela tient sans doute à son extrême pureté ; car il se rencontre dans la pierre à chaux ordinaire une substance intermédiaire qui manque dans le marbre blanc de Carrare, et qui sert à faire adhérer plus intimement la chaux avec le sable, et concourt certainement à ce que la cristallisation s'opère de façon que le lien soit plus étroit et plus serré. (R.)

MARC. Résidu le plus grossier et le plus terrestre des fruits, herbes, etc., qu'on soumet à la presse pour en tirer le suc. La dénomination de *marc* désigne plus strictement la grappe, les pellicules et les pepins du raisin après qu'il a été pressé. On appelle TOURTE, TOURTEAU, le résidu des fruits ou amandes dont on a extrait l'huile. Le marc de raisin est un excellent engrais. Les bœufs, les vaches, les chevaux le mangent avec avidité quand il est encore frais : les pepins servent de nourriture à tous les oiseaux de basse-cour. Le marc a beau être soumis au pressoir le plus actif, il retient toujours une certaine portion vineuse et d'esprit ardent. Dans plusieurs endroits on le distille. *Consultez* le mot DISTILLATION pour en connoître les procédés, et ceux qui sont les plus avantageux au marc ; consultez également le mot FERMENTATION, afin d'apprécier jusqu'à quel point les grappes sont utiles ou nuisibles à la qualité du vin. (R.)

MARC. Mesure de pesanteur anciennement employée. C'est la moitié d'une livre. *Voyez* au mot Mesure.

MARCASSIN. Jeune sanglier qui n'a pas encore de défense. On donne aussi ce nom aux jeunes cochons dans quelques cantons.

MARCEAU. Espèce de saule.

MARCHÉ. Nom des mares dans le département des Deux-Sèvres.

MARCOTTE. Branche d'un arbre, d'un arbuste, ou d'une plante vivace, qu'on couche en terre, afin qu'elle y prenne racine et devienne un nouveau pied.

« Cette pratique, dit A. Thouin, que je ne puis mieux faire que de copier ici, a pour but de multiplier certains végétaux qui ne se propagent pas avec leurs qualités utiles ou agréables par la voie des semences, ceux encore qui ne donnent pas de bonnes graines, enfin ceux qui sont trop long-temps à procurer des jouissances par la voie des semis.

« Toute la théorie de cette opération consiste à déterminer, au moyen de l'humidité, de la chaleur, d'une terre préparée, des incisions, des ligatures, les rameaux marcottés à pousser des racines et à former, par ce moyen, de nouveaux individus doués de toutes les qualités de leurs souches.

« Les arbres ou arbustes offrent plus ou moins de facilités ou de difficultés à se multiplier de marcottes, ce qui a obligé les cultivateurs à employer différens moyens et divers procédés. On va exposer les uns et les autres en commençant par les plus simples.

« Le marcottage le plus simple consiste à butter ou à élever une butte de terre autour d'une cépée de jeunes tiges d'arbres ou d'arbustes plantés en pleine terre. On se sert ordinairement pour former cette butte d'une terre limoneuse un peu grasse, c'est-à-dire qui soit susceptible de s'imprégner d'humidité et de la conserver pendant long-temps. On lui donne une hauteur à peu près égale à sa base. On la foule autour des jeunes branches et on en affermit la surface, pour qu'elle se gerce moins et conserve plus long-temps sa fraîcheur.

« Lorsqu'on attache plus de prix à la réussite des marcottes et qu'elles exigent une terre plus meuble et plus d'humidité, on forme, avec quatre planchettes, une caisse sans fond autour de la cépée ; on la remplit de terre convenable ; on la couvre d'un lit de mousse de l'épaisseur de deux pouces, et on arrose suivant le besoin.

« La saison la plus convenable à cette sorte de marcottage, qui n'exige aucune autre opération, c'est la fin de l'hiver lorsque la terre est profondément humectée. Elle ne demande d'autre culture que d'être arrosée de temps en temps pendant les grandes chaleurs de l'été. A l'automne il est bon de s'assurer si les branches enterrées ont poussé suffisamment de racines pour être séparées de leur souche. Dans le cas où le chevelu est abondant on sèvre les marcottes et on les met en place. Si au contraire les racines ne sont pas assez nombreuses pour nourrir les jeunes arbustes, on attend l'année suivante pour les séparer de leur mère.

« La voie de multiplication par *provins* convient à un certain nombre d'arbres et d'arbustes dont les tiges, d'une consistance plus ferme que celle de la division précédente, ont besoin d'une opération de plus pour pousser des racines. Elle consiste à courber ces branches en terre au lieu de les laisser dans leur direction perpendiculaire, et de se contenter de les butter comme dans le marcottage.

« On emploie ce moyen pour regarnir les clairières qui ne sont pas trop étendues dans les bois taillis, et c'est un des procédés les plus simples et les moins dispendieux pour remplir cet objet important. Lorsque sur la lisière ou dans l'intérieur d'une clairière il se trouve des espèces d'arbres composés de jeunes branches vigoureuses et flexibles, on ouvre de petites tranchées d'environ un pied de profondeur dans lesquelles on couche l'extrémité de ces branches avec précaution pour ne pas casser leurs tiges. Ces extrémités doivent être redressées et coupées à cinq à six pouces de terre, afin d'arrêter la sève et la déterminer à porter ses efforts sur la production des racines. Des gazons, de la terre de la surface, des feuilles pourries doivent entourer la branche couchée, et le reste des rigoles est rempli par la terre qui en est sortie. On la foule pour l'affermir autour des branches et leur conserver une humidité favorable. Il ne faut pas laisser sur la cépée, dont on a couché une grande partie des rameaux, de branches perpendiculaires ; la sève de la souche, ayant une bien plus grande tendance à monter droit que de circuler dans des branches courbées, abandonneroit celles-ci pour se porter avec affluence sur les autres ; il en résulteroit la perte des marcottes. Il est donc essentiel de supprimer toutes les branches verticales, et pour qu'il n'en pousse pas de nouvelles jusqu'à la parfaite reprise des branches marcottées, il convient de couvrir la cépée de quatre à cinq pouces de terre en forme de petite butte.

« Ces marcottes sont souvent deux années avant d'être enracinées et quelquefois davantage. Lorsqu'elles sont reprises on les sépare de leurs cépées, et on découvre la souche des terres dont on l'avoit couverte. Sa sève, débarrassée d'une circulation gênée, ne tarde pas à donner naissance à des pro-

ductions vigoureuses qui remplacent celles qui ont été marcottées.

« Lorsqu'il s'agit de remplacer des ceps de vigne dans une
pièce et même de renouveler en entier les souches trop vieilles
et dépérissantes d'une plantation de vigne, on emploie cette
espèce de marcottes. Pour l'opérer, on ouvre de grandes fosses
dans lesquelles on enterre les jeunes sarmens des vieux pieds.
C'est à cette opération qu'est affecté plus particulièrement ce
mot de provigner, et à son produit ou au jeune plant obtenu
par son moyen le nom de *provins*. Dans les pépinières et chez
les fleuristes, le moyen de multiplier les arbres par des marcottes en provins est fort en usage, mais il diffère un peu de
celui qui vient d'être décrit.

« Dans un carré destiné à cet usage, on établit des mères
souches. Ce sont de forts pieds d'arbres et d'arbustes dont on
coupe la tige principale, ou les plus gros jets au niveau de la
terre. Lorsque ces souches sont garnies de jeunes pousses vigoureuses d'un ou deux pieds de haut, on les couche de huit
à dix pouces de profondeur dans toute la circonférence de la
mère souche. On la recouvre elle-même d'une éminence de
terre en forme conique de six pouces de haut, et disposée
de telle manière que les eaux pluviales glissent sur la souche
et s'arrêtent dans une fossette qui a été établie à sa circonférence par le moyen d'un bourrelet de terre contre lequel sont
appuyées toutes les extrémités des branches couchées. Si ce
sont des arbrisseaux ou des arbustes, on leur pince l'extrémité de la tige pour arrêter la sève et occasionner plus promptement la croissance des racines; mais si ce sont des arbres
destinés à faire des lignes, il est convenable de ne pas toucher à
cette extrémité. Pour l'ordinaire cette opération se pratique en
automne, dans des terrains secs et sous des climats chauds.
Dans les pays septentrionaux et aquatiques on remet à le faire
au printemps. Les branches, ainsi marcottées, poussent suffisamment de racines pour vivre sur leur propre fonds pendant
le courant de l'année, et on peut les lever à l'automne suivant
pour les mettre en pépinière. Si elles ne se trouvoient pas
assez garnies de racines, il faudroit attendre une année de plus
pour les lever avec sûreté. On multiplie par la voie des marcottes en provins toutes les espèces de vignes, plusieurs variétés
d'arbres fruitiers qui font de bons sujets pour recevoir la greffe
d'espèces domestiques, différens grands arbres d'alignement,
tels que le platane, le tilleul, etc., et un grand nombre d'arbustes et d'arbrisseaux étrangers qui ne portent pas de graines
dans nos climats et ne peuvent s'y propager que par ce moyen.

« La troisième manière de marcotter est celle qui se pratique pour les œillets, c'est-à-dire avec incision. On l'emploie

pour déterminer la production des racines aux branches des espèces qui résistent aux deux procédés ci-dessus.

« Voici la manière d'opérer : pour l'ordinaire on choisit un rameau de l'avant-dernière pousse. Au petit gonflement qui marque son extrémité et le commencement de la dernière pousse, on fait une incision horizontale qui coupe la branche jusque vers le milieu de son diamètre. Ensuite, en remontant vers le haut de la branche, on fait une autre incision perpendiculaire d'environ un pouce de long, qui aboutit par sa partie inférieure à l'incision horizontale. Il est très utile de se servir pour cette opération d'un canif à lame très fine et très tranchante. Ces deux opérations faites, on courbe la marcotte : alors la portion de la branche qui a été séparée s'ouvre et forme un angle ou un Y renversé. Pour que cette ouverture se maintienne dans son écartement, quelques personnes y mettent de la terre, un caillou, un morceau de bois. Lorsque les marcottes sont susceptibles de reprendre dans le courant d'une année, la terre seule est suffisante ; mais lorsqu'elles doivent rester deux ou trois ans sur leur pied, comme cela arrive quelquefois, le caillou est préférable; mais la cale de bois doit être proscrite, par la raison qu'en se pourrissant elle peut vicier les plaies de la branche et occasionner sa mort. Cette précaution de mettre un corps étranger dans la fente a pour but d'empêcher ses deux parties de se rapprocher, ce à quoi elles ont de la propension. La marcotte ayant été préparée ainsi est courbée en anse de panier et enfoncée de quatre à huit pouces en terre, suivant la force de la branche, soit en pleine terre, soit dans un pot à marcottes, ou un entonnoir, d'après sa position. Cette branche est retenue et fixée à sa place par un ou deux petits crochets de bois fichés en terre. L'extrémité de la branche marcottée doit être relevée et maintenue perpendiculaire, soit par la pression qu'on donne à la terre, soit par un tuteur contre lequel elle est attachée. Il est quelques cultivateurs qui coupent les feuilles aux branches marcottées; quoique cette opération semble être au moins inutile, comme les marcottes qui l'ont subie reprennent très bien, il paroît qu'elle n'est pas nuisible.

« La terre qu'on emploie pour marcotter doit être très substantielle, fine, extrêmement douce au toucher. Elle doit s'imprégner facilement de l'humidité, et la conserver long-temps sans se putréfier. On emploie souvent de la terre limoneuse pure; d'autres fois on se sert de terreau de saule sans mélange; mais telle nature de terre dont on fasse usage, il est nécessaire d'en couvrir la surface d'un léger lit de mousse qui la tienne fraîche et la garantisse des rayons d'un soleil trop ardent. Pour parvenir à entretenir une humidité constante dans la terre des marcottes, on a imaginé de suspendre, auprès des vases qui les renferment, un pot qu'on entretient plein d'eau et dans lequel trempe une lisière de laine, dont l'autre bout est posé sur le vase à marcotte. La saison la plus favorable à la réussite de cette sorte de marcotte est le printemps lorsque la sève est sur le point de monter dans les branches des végétaux. Elle offre deux chances également favorables à courir. La première c'est l'ascension de la sève qui, rencontrant sur son passage, pour monter à l'extrémité de la branche marcottée, une longue plaie, la cicatrise, y forme des mamelons qui, par la suite, deviennent des racines, mais seulement dans la partie où il n'y a pas solution de continuité. La seconde chance est celle de la sève descendante. Celle-ci en revenant vers les racines trouvant la portion qui a été séparée du reste de la branche, et qui n'y tient que par le haut, cicatrise le bord de la plaie, y produit des mamelons, et se trouvant arrêtée, comme dans une bourse, sa propension la détermine à pousser des racines. Lorsque les marcottes sont suffisamment pourvues de racines pour se substanter elles-mêmes, sans avoir besoin du secours de leurs mères, on les en sépare, en coupant la branche au-dessous de la partie marcottée. Ces jeunes plants doivent être mis à l'ombre pendant quelques jours, aidés par une douce chaleur et traités enfin comme des végétaux délicats, jusqu'à ce qu'ils aient acquis de la force.

« Que pour vouloir trop multiplier une plante unique on se garde bien de la surcharger de marcottes ! C'est ici le cas de dire que trop d'ambition nuit ou peut nuire à la fortune. En effet, les incisions faites sur beaucoup de branches d'un même pied le fatiguent beaucoup : la sève se portant avec affluence pour cicatriser les plaies, lorsqu'elles sont trop multipliées, se dissipe en pure perte pour la végétation de l'individu ; les feuilles tombent n'étant plus alimentées par leur nourriture quotidienne, et la mort, non seulement des marcottes, mais même de la souche, en est souvent la suite.

« On emploie la ligature des branches pour certaines espèces de végétaux ligneux qui se prêtent difficilement au marcottage par incision : elle convient particulièrement à des branches portées sur des arbres élevés, d'une grosseur à ne pouvoir être courbées dans un pot à marcottes, et auxquelles on se contente d'ajuster un entonnoir.

« Cette ligature se fait en fil, en ficelle cirée, et en fil de fer ou de laiton, suivant le plus ou moins de temps qu'on présume que les marcottes doivent mettre à reprendre. Le laiton seul est ici dans le cas d'être rejeté, son oxide étant mortel pour presque tous les végétaux.

« C'est ordinairement sur de jeunes rameaux de la dernière

ou de l'avant-dernière pousse qu'on fait les ligatures qui doivent serrer l'écorce sans la trop comprimer, et encore moins en couper l'épiderme; il vaut mieux laisser au grossissement insensible et progressif de l'écorce le soin de former le bourrelet, que de le déterminer subitement par une pression trop forte qui obstrueroit les canaux de la sève. D'ailleurs, ce bourrelet se forme assez promptement, et il est à craindre, qu'ayant bientôt dépassé la ligature, il ne la recouvre, et que, se joignant avec la partie supérieure, il ne s'y soude et rende, par ce moyen, la ligature inutile.

« Pour remédier à cet inconvénient, plusieurs cultivateurs donnent à leur ligature quatre à cinq lignes de large, en multipliant autour de la branche les tours de leur corde ou de leur fil de fer. D'autres emploient un autre moyen; ils établissent leur ligature en forme de spirale dans une longueur d'environ deux pouces. Le premier tour du bas et celui du haut doivent être un peu plus serrés que les autres, et disposés horizontalement.

« La ligature étant faite, on passe un pot à marcottes ou un entonnoir dans la branche ligaturée, et on fait en sorte que la ligature se trouve au milieu du vase qu'on remplit de terre préparée recouverte de mousse. C'est plus particulièrement pour cette sorte de marcotte qu'il convient de faire usage du vase rempli d'eau et de sa lanière de laine, pour entretenir la terre dans un état d'humidité constante.

« Cette opération se fait avec plus de sûreté au printemps qu'en toute autre saison; la raison, c'est qu'on a quatre chances à courir pendant un été, les deux sèves montantes et les deux descendantes.

« Si, en visitant les marcottes, on ne leur trouve que de foibles racines à l'automne, il est convenable de les laisser attachées à leurs mères pendant l'hiver, et de ne les sevrer qu'au printemps. Dans ce cas, on supprime les arrosemens d'hiver; et si les marcottes sont en plein air, on les entoure de paille pour les préserver des fortes gelées qui pourroient les faire périr.

« On emploie le moyen de l'anneau cortical sur les branches gourmandes d'arbres fruitiers ou autres qui emportent la sève. C'est pour ne pas perdre ces branches et en faire, au contraire, des arbres utiles et francs de pieds, qu'on pratique cette sorte de marcotte.

« Son procédé est simple. Il consiste à enlever dans la circonférence de la branche qu'on veut marcotter un anneau d'écorce de la largeur d'une à cinq lignes, suivant la grosseur des branches, l'état de l'écorce et la force des individus. Non seulement il est nécessaire au succès de l'opération que l'épiderme de l'écorce soit enlevé dans la largeur de l'anneau, mais même les couches du liber dans leur intégrité, et que l'aubier se trouve à nu.

« L'instrument dont on se sert pour cette opération doit avoir la lame fine et bien tranchante, afin de couper net et sans déchirures la lanière d'écorce qui doit être enlevée. On commence par décrire deux cercles autour de la branche dont on veut enlever l'anneau; ensuite on fait, dans la largeur de l'anneau, une incision perpendiculaire; après quoi, avec la pointe de l'instrument on enlève un des bouts de la bande d'écorce qui a été coupée, et on la tire dans toute sa circonférence. Lorsque l'arbre est en sève, cet enlèvement se fait avec la plus grande facilité, et c'est toujours le temps qu'il faut choisir pour cette opération; mais il est plus naturel et plus sûr d'attendre le moment qui précède l'époque de la descente de la sève vers les racines. Cette sève, trouvant un obstacle insurmontable, s'arrête sur la partie de l'écorce qui forme la lèvre supérieure de la plaie : elle y établit un bourrelet qui commence à s'y montrer entre l'aubier et les dernières couches du liber, s'augmente rapidement, et donne naissance à des mamelons qui, par leur prolongement, deviennent des racines.

« Il est des arbres à écorce mince et à bois dur dont il faut laisser l'incision à l'air libre jusqu'à ce que le bourrelet soit formé; d'autres, au contraire, dont l'écorce est épaisse et le bois d'une consistance tendre, qu'il faut préserver du contact de l'air. Les incisions faites sur les branches de ces derniers doivent être renfermées sur-le-champ dans des pots ou des entonnoirs à marcottes. Les soins qu'exigent ces marcottes, la nature de la terre qui leur convient, et leur culture journalière, sont les mêmes que pour les autres sortes de marcottes; on doit seulement assujettir les rameaux marcottés à des tuteurs qui les préservent d'être cassés par les vents.

« On pratique dans quelques colonies une sorte de marcotte extrêmement simple, et qui est propre à multiplier des arbres dont le bois et l'écorce ne sont pas d'une consistance dure. Ce marcottage consiste à faire une ligature avec une ficelle cirée à la branche dont on veut faire un nouveau pied, ensuite on prend un morceau de toile carré, susceptible de faire trois fois le tour de la branche ligaturée, et de la longueur d'environ deux pieds. On place ce morceau de toile autour de la branche de manière à ce qu'il déborde le dessus de la ligature d'environ le tiers de sa hauteur. On coud la partie inférieure de la toile en la plissant en forme de fond de sac, et en sorte que la branche se trouve au milieu du diamètre de ce morceau. On coud ensuite la partie latérale dans toute sa hauteur, jusqu'au bord supérieur, qu'on laisse ouvert. C'est par cette ouverture qu'après avoir fixé le sac à la place qu'il doit occuper, on le remplit de terre.

« Chacune de ces sortes de marcottes a ses avantages et ses inconvéniens. Il n'est pas possible de déterminer la prééminence des unes sur les autres, et encore moins de les affecter plus particulièrement à une espèce d'arbres qu'à une autre. C'est aux cultivateurs intelligens à les mettre en pratique seule à seule, ou combinées plusieurs ensemble, suivant la nature des arbres qu'ils veulent multiplier, leur état de vigueur, les localités, et le pays d'où ils sont originaires. »

Le même cultivateur, Annales du muséum, n° 62, a donné, dans la description de l'école pratique de jardinage qu'il a établie à la suite du jardin de botanique, des exemples de toutes les sortes de marcottages connues. A ceux indiqués plus haut, il a ajouté le *marcottage en serpentaux*, c'est-à-dire des branches flexibles, entrant et sortant plusieurs fois de terre, et prenant racines par tous les points enterrés, et le *marcottage en berceau*, c'est-à-dire des branches enterrées seulement par leur extrémité. Ce dernier s'emploie principalement pour les ronces qui jouissent de la singulière propriété de ne prendre racine que par cette extrémité.

Je renvoie à cet important mémoire, et encore plus à l'école pratique qu'il mentionne, tous ceux qui voudroient de plus grands détails sur la théorie et la pratique du marcottage. J'ajouterai seulement que Thouin met au nombre des marcottages quelques opérations qui portent des noms particuliers dans la pratique, et qu'il donne souvent le même nom à d'autres opérations qu'on ne regarde souvent que comme des accessoires. *Voyez* aux mots STOLONES, TURION, DRAGEONS, ŒILLETONS, ÉCLATS, RACINE, PROVINS, SERPENTAUX, TORSION, PLAIES ANNULLAIRES, INCISION. (B.)

MAREAU. Ancienne mesure pour les bois. *Voyez* MESURE.

MARES. On donne ce nom, dans le département de l'Ain, à des terres compactes et fertiles, qui conviennent à toutes les productions, excepté au trèfle. Ces terres se labourent difficilement, ne craignent ni les étés secs, ni les étés humides, et ne se reposent jamais. Quelques unes même donnent trois récoltes en deux ans.

MARES. Amas d'eau plus ou moins considérables formés par la nature, quelquefois par l'industrie de l'homme, pour se procurer, près de son habitation, des moyens faciles de baigner et d'abreuver ses bestiaux, quelquefois lui-même et ses enfans. C'est sur-tout dans la Normandie que les mares sont usitées.

Des agronomes célèbres voudroient que les mares fussent

défendues, qu'on y substituât des puits, des citernes, des abreuvoirs murés et pavés. Le précepte est très bon, s'ils veulent fournir les fonds nécessaires pour la construction et l'entretien, et plus encore pour l'usage; car ce n'est pas une petite affaire que de puiser chaque jour au fond d'un puits ou d'une citerne l'eau nécessaire pour abreuver de nombreux bestiaux et pour le service d'une ferme.

D'ailleurs, cette eau toujours crue, dure, séléniteuse, remplacera-t-elle jamais pour la boisson et le bain des animaux ces eaux long-temps exposées aux influences de l'atmosphère, et saturées, si j'ose m'exprimer ainsi, de principes vivifians? La remplacera-t-elle encore pour l'irrigation des plantes? Sera-t-elle toujours prête, toujours disponible en cas d'incendie, etc., etc.?

N'exagérons rien, pas même le *mieux*, qui souvent, en économie rurale, *est l'ennemi du bien.*

Pour moi, je voudrois voir une mare bien faite, bien entretenue auprès de chaque cabane. Je voudrois apprendre à les faire à peu de frais dans les pays où le sol ne permet pas de conserver l'eau à volonté.

Je voudrois que chaque cultivateur profitât de la pente des terrains, de l'égout des toits, des ruisseaux naturels que forme la pluie près de sa demeure, pour rassembler ces eaux dans un réservoir ou mare par lui préparés, soit en creusant simplement le terrain si le sol retient l'eau, soit en y portant une forte couche d'argile s'il en trouve à sa proximité.

Mais je mets une condition à l'usage d'avoir une mare (faute de meilleur moyen); c'est que cette mare sera disposée de manière à pouvoir être bien entretenue, bien aérée et nettoyée, quelquefois asséchée pour en enlever les *détritus* de plantes et d'animaux, qui vont féconder les champs voisins au lieu d'empester les hommes et les animaux.

Pour rendre cette opération facile, il faut profiter d'un terrain légèrement incliné, ou lui donner cette direction par de simples rigoles, qui de divers points se rendent dans la mare; car j'en veux deux, l'une supérieure et plus grande, destinée à l'usage de la maison, la seconde inférieure, qui peut n'être qu'un fossé conduisant à quelque bas-fonds. Une simple vanne en bois sera construite dans la rigole qui conduit de la mare supérieure à l'inférieure. Survient-il un orage, une forte pluie, la vanne est ouverte, l'eau court d'une mare à l'autre; elle est ainsi rafraîchie, renouvelée. Au printemps, à la saison des pluies, la mare supérieure est mise à sec et curée; la mare inférieure abreuve le bétail jusqu'au moment où la première lui fournit des eaux vives, fraîches et abondantes.

Je ne retrace ici que ce que j'ai vu pratiquer dans une

ferme dont je n'aurais pas dû oublier le nom. Ce travail est simple, facile, sans dépenses de constructions et d'entretien. Les avantages en sont certains. Peut-être devroient-ils devenir l'objet d'un règlement d'administration publique. En attendant, conseillons aux cultivateurs intelligens une pratique aussi simple que facile et avantageuse, et, loin de détruire les mares, félicitons-les d'habiter un pays où il est possible de s'en procurer de salubres.

Pour ce qui concerne la construction, l'emplacement des mares, qu'il faut toujours éloigner des égouts des fumiers, des eaux malsaines, *voyez* les articles CONSTRUCTIONS RURALES et CITERNE. (CHAS.)

Les mares qui contiennent des plantes en végétation offrent toujours de l'eau de couleur brune et d'une saveur marécageuse ; celles qui n'en contiennent pas sont sujettes à se dessécher, parcequ'elles ne sont pas garanties de l'action évaporante du soleil.

Pour remédier à ces deux inconvéniens, il y a un moyen que j'ai vu employer avec succès. C'est, 1° de rétrécir la mare le plus possible, relativement à ses usages, en l'approfondissant en même temps ; 2° de creuser des fossés plus ou moins nombreux, plus ou moins longs, plus ou moins larges dans toutes les directions qui peuvent y amener l'eau ; 3° de remplir ces fossés avec des grosses pierres irrégulières et disposées de manière à laisser le plus possible d'intervalles entre elles. On superpose à ces pierres d'autres pierres plus petites et ensuite de la terre. Ces sortes de PIERRÉS ou d'EMPIERREMENT (*voyez* ces mots) conservent l'eau aussi fraîche et aussi pure qu'on peut raisonnablement l'exiger, et empêchent l'évaporation. On les relève tous les dix, quinze à vingt ans, suivant la nature de la terre : cette opération n'est pas coûteuse.

J'ai aussi vu dans quelques localités, même aux environs de Paris, les mares placées à l'ouverture de longs égouts voûtés qui remplissoient mieux encore le même objet, mais dont la construction étoit plus coûteuse. On peut appeler ces sortes d'égouts des citernes plates ou des citernes superficielles.

Dans beaucoup de lieux on est obligé de creuser des mares au milieu des champs, des prés, des bois, etc. pour en favoriser le dessèchement. Rarement elles sont fort grandes ; mais leur multiplication doit faire désirer de les voir utiliser plus généralement par des poissons tels que les tanches, les gardons, les carassins, des cobites, etc., qui se plaisent dans des eaux stagnantes ; ou par des plantations d'herbes aquatiques de grande stature, qui, coupées en automne, serviroient à faire de la litière et à augmenter la masse des fumiers.

L'eau des mares est toujours excellente pour les arrosemens.

On peut la rendre également propre pour la boisson des hommes et des animaux en la filtrant à travers le charbon. *Voyez* Eau. (B.)

MARGOTINS. Nom qu'on donne dans quelques cantons à des fagots un peu plus gros que le bras, avec lesquels on alimente le feu de certaines usines, dont le feu doit être le plus égal possible. *Voyez* Fagot.

MARGOUSIER. Nom vulgaire de l'azederach.

MARGUERITE. Nom français d'une plante qui a servi de type à un genre que les botanistes ont appelé chrysanthème.

Ce genre, de la syngénésie superflue et de la famille des corymbifères, se rapproche beaucoup des Matricaires. *Voyez* ce mot. Wildenow lui a enlevé beaucoup d'espèces pour en former son genre pyrètre.

Toutes les marguerites ont les feuilles alternes, multifides, ou au moins profondément dentées, et les fleurs disposées en corymbe. On en compte une trentaine d'espèces, dont les unes ont les fleurs jaunes et blanches, c'est-à-dire les rayons de cette dernière couleur, et les autres les ont toutes jaunes.

La marguerite des prés ou grande marguerite, *Chrysanthemum leucanthemum*, Lin., qui a les feuilles inférieures très profondément divisées, les supérieures amplexicaules, lancéolées, simplement dentées, et les tiges droites. C'est une plante vivace, qui s'élève à environ un pied, et qui surabonde dans les prés de presque toute l'Europe. Elle fleurit au milieu du printemps. Qui dans son enfance n'a pas cueilli cette fleur, n'a pas joué avec ses demi-fleurons d'un blanc de neige? Les prés en retirent une partie de leur éclat pendant le mois de mai, parcequ'elle contraste fort bien avec les autres fleurs qui y brillent à la même époque. Les parterres ne sont pas déparés par sa présence, et elle doit toujours entrer dans la composition des jardins paysagers, où elle se place contre les massifs, au pied des bouquets d'arbustes, etc. Les bestiaux s'en accommodent fort bien; il paroît même que les chevaux la recherchent. Cependant il n'est pas avantageux de la laisser trop se multiplier dans les prairies, parcequ'elle ne fournit pas assez de fourrage comparativement à d'autres plantes; mais il n'y a de moyen de la détruire que de la couper avec une houlette au collet de sa racine, au premier printemps, ou de labourer et de semer le local en céréales et autres articles pendant quelques années. Ce moyen est le meilleur.

La marguerite des blés, *Chrysanthemum segetum*, a les feuilles amplexicaules, les supérieures laciniées, et les inférieures simplement dentées. Ses fleurs sont jaunes. Elle est annuelle, et ne s'élève guère au-delà d'un pied. C'est dans les sols argileux et humides qu'elle se plaît le plus. Je l'ai vue quelquefois si abondante qu'elle devoit nuire aux moissons ; mais cela est rare.

La MARGUERITE DES PARTERRES OU MARGUERITE JAUNE, *Chrysanthemum coronarium*, Lin., dont les feuilles sont amplexicaules, bipinnées, et la tige rameuse. Elle est annuelle et originaire des parties méridionales de l'Europe. Sa hauteur est d'environ un pied. La couleur jaune brillant, le nombre et la longue durée de ses fleurs la rendent propre à l'ornement des parterres, et on l'y emploie souvent. Lorsqu'on veut en jouir de bonne heure, on la sème sur couche, et on la transplante lorsqu'elle a quatre à cinq pouces de haut ; mais comme la transplantation ne lui est pas favorable, il vaut mieux la semer en place dans des bassins d'un pied de large et de deux pouces de profondeur, bien garnis de terreau. Le plant levé se sarfouit et s'éclaircit au besoin. Trois pieds, lorsque le sol est bon, sont suffisans pour garnir l'espace indiqué. Des arrosemens dans la chaleur leur sont très avantageux, mais non nécessaires. L'important est de faire contraster leurs fleurs avec d'autres fleurs blanches, bleues et rouges. Ce n'est qu'aux gelées qu'elles cessent d'en donner. On doit réserver la graine des premières pour les semis de l'année suivante.

La MARGUERITE DE L'INDE étant plus connue sous le nom de MATRICAIRE, j'en parlerai à ce mot.

On donne souvent le nom de marguerite à l'ASTÈRE DE LA CHINE. *Voyez* ce mot. (B.)

MARGUERITE PETITE. *Voyez* PAQUERETTE.

MARGUERITE DE LA SAINT-MICHEL. Quelques jardiniers donnent ce nom à l'ASTÈRE ANNUELLE.

MARJOLAINE. Espèce d'ORIGAN. *Voyez* ce mot.

MARMANTAUX ou TOUCHE (BOIS DE), arbres qui entourent un château, une maison et qui lui servent d'ornement. Les usufruitiers ne peuvent en disposer. (DE PER.)

MARMITE AMÉRICAINE. Marmite de fonte, de cuivre ou de terre, dans laquelle on place un treillage en fer ou en bois, ou une seconde marmite de fer-blanc percée de trous comme une passoire, l'un et l'autre élevés deux à trois pouces au dessus du fond.

Cette marmite a été appelée américaine parceque celui qui l'a propagée en France l'avoit vue en Amérique ; mais c'est en Angleterre qu'elle a d'abord été préconisée.

Par le moyen de cette marmite on cuit les légumes et même la viande, non dans l'eau, mais dans la vapeur de l'eau. Pour cela on y met de l'eau jusqu'à la hauteur du treillage ou de la marmite intérieure, ensuite les objets à cuire ; puis on ferme avec un couvercle le plus exactement calibré possible, et on fait bouillir l'eau.

Les avantages de cette marmite consistent en ce que les légumes exigent moins de bois pour être cuits, puisqu'il ne s'agit le plus souvent que de faire bouillir deux à trois verres d'eau, au lieu de quarante ou cinquante, qu'ils cuisent plus promptement et conservent toute leur saveur.

Ajoutez encore qu'on peut faire cuire dans la même marmite, en même temps, trois à quatre sortes de légumes sans que les uns nuisent aux autres, lorsqu'il y a des séparations qui les empêchent de se toucher.

J'ai plusieurs fois mangé des légumes cuits ainsi à la vapeur, et je les ai toujours trouvés supérieurs à ceux cuits dans l'eau.

Il est à desirer que cette méthode si économique et si avantageuse se propage parmi les cultivateurs, sur-tout pour faire cuire les pommes de terre et les châtaignes, dont ils mangent de grandes quantités. (B.)

MARNE. Ce nom s'applique à tous les mélanges de calcaire et d'argile qui sont susceptibles de se déliter à l'air, et qu'on emploie dans beaucoup de lieux pour AMENDER les terres. *Voy.* ce mot.

Il résulte de cette définition que les pierres calcaires solides, qui contiennent souvent plus d'argile, et les craies qui contiennent toujours plus de calcaire, ne sont point des marnes, quoique composées de même et quoiqu'on puisse aussi les employer au même objet lorsqu'on les a réduites artificiellement en poudre ou transformées en CHAUX. *Voyez* ce mot.

Toutes les marnes, comme les pierres calcaires tertiaires (*voyez* au mot CALCAIRE et au mot PIERRE), sont produites par le détritus des madrépores et des coquillages marins, et déposées en couches plus ou moins épaisses, plus ou moins nombreuses, plus ou moins voisines de la surface du sol, par les eaux qui tenoient leurs molécules en suspension lorsque la mer couvroit les continens actuels. Ainsi on n'en trouve point dans les pays granitiques ni dans ceux de calcaire secondaire, ou celle qu'on y trouve est de nature différente. Telle est la *marne à foulon*, uniquement composée d'argile mêlée avec moitié et plus de quartz en molécules extrêmement fines.

Les marnes, outre les élémens ci-dessus, contiennent aussi très fréquemment du sable quartzeux, de la magnésie, du plâtre, etc.

Il est des marnes qui sont le produit du dépôt des molécules calcaires provenant du frottement des pierres calcaires de toutes les sortes, et des pierres argileuses entraînées par les rivières ; mais ces marnes ne présentent jamais que des amas superficiels et se distinguent aisément des précédentes. Il en est de même de celles qui sont le résultat de la décomposition des laves des volcans qui se sont élevées dans les sols calcaires.

Quelques marnes sont le résultat de l'infiltration de leurs élémens à travers les terres à une époque plus moderne. On les reconnoît en ce qu'elles ne forment point de bancs ou de couches, mais entourent des pierres calcaires, remplissent les fissures des roches de cette nature. On les trouve souvent dans les carrières qu'on exploite pour la bâtisse, et j'ai rarement vu en faire usage en agriculture, quoiqu'elles soient souvent d'une excellente qualité et très appropriées aux terrains environnans.

Les couleurs de la marne varient extrêmement ; toutes sont dues au fer et n'influent sur ses qualités, relativement à l'agriculture, qu'autant qu'elles seroient produites par une surabondance d'oxide de fer ; mais alors on les appelleroit GLAISE ou MINE DE FER. *Voyez* ces mots.

Pour pouvoir parler utilement de l'emploi des marnes, il faut les diviser en marne où l'argile domine, *marnes argileuses*, et en marne où le calcaire domine, *marne calcaire* ; car si ces deux sortes de marnes ont des propriétés communes, elles en ont aussi d'opposées, comme on le verra plus bas. Parmi les unes comme parmi les autres il en est qui se délitent facilement à l'air, c'est-à-dire qui s'y réduisent bientôt en fragmens pulvérulens, état auquel il faut nécessairement qu'elles passent pour remplir leur objet relativement à l'agriculture. Toutes hapent à la langue, sont très avides d'humidité et absorbent l'eau avec bruit lorsqu'elles sont sèches.

On apprend à connoître la proportion des principes de la marne en en faisant dissoudre une petite quantité, un gros, par exemple, dans du vinaigre ou de l'eau-forte. Ces acides dissolvent la partie calcaire et n'attaquent point l'argile ni le sable qui se précipitent au fond du vase. Le sable se sépare à son tour de l'argile en mettant le précipité dans une certaine quantité d'eau, et en agitant le tout pendant quelque temps avec un morceau de bois, le sable, comme plus pesant, se précipite le premier lorsqu'on cesse de remuer. Ces deux parties se pèsent après avoir été desséchées, et leur somme défalquée du poids total donne le poids du calcaire.

Souvent la marne se trouve immédiatement sous la terre végétale, quelquefois même la charrue seule suffit pour l'amener à la surface, souvent aussi elle est à cent pieds de profondeur et il faut faire une dépense considérable pour l'y aller chercher. Les diverses couches (car il y en a souvent plusieurs superposées les unes aux autres) sont rarement de même espèce, et il faut les analyser pour savoir laquelle de ces couches il est, daprès la nature du terrain, le plus avantageux d'exploiter. En général les frais d'exploitation, et encore plus de transport, sont les causes qui s'opposent le plus communément au marnage des terres, et ces causes ne peuvent être affoiblies que par une plus grande aisance des cultivateurs.

L'usage de la marne est très ancien en agriculture. Les Grecs, les Romains et les Gaulois l'employoient fréquemment. Elle est usitée de temps immémorial dans plusieurs de nos départemens ; dans d'autres, où cette terre est également abondante, elle n'est connue que de nom. Les cultivateurs des autres parties de l'Europe, sur-tout de l'Allemagne et de l'Angleterre, s'en servent habituellement. Il en est de même dans toutes les autres contrées du globe où l'agriculture est pratiquée ; de sorte qu'on ne peut douter, d'après les résultats de l'expérience de tous les temps et de tous les lieux, qu'elle ne soit un des meilleurs moyens d'améliorer la terre, d'augmenter le produit des récoltes dans tous les genres. Cependant la marne par elle-même, sur-tout quand elle est tirée depuis peu de temps de la terre, est je ne dirai pas seulement peu fertile, mais même totalement infertile, comme l'observation de tous les jours le prouve aux cultivateurs. Les sols naturellement marneux à leur surface sont aussi d'assez mauvais fonds, soit que cette marne soit avec excès d'argile, soit qu'elle soit avec excès de calcaire. Ils offrent les inconvéniens de ces deux sortes de terres. *Voyez* ARGILE et CALCAIRE. De ce fait on doit conclure qu'une terre trop marnée perd de sa fertilité pendant la première, et même les premières années qui suivent son marnage ; qu'il faut par conséquent n'en répandre que la quantité nécessaire, ou la laisser long-temps exposée à l'air (au moins un an), pour qu'elle puisse se saturer du carbone ou autres principes de l'air nécessaires à la végétation. C'est un inconvénient qu'elle partage avec toutes les terres des couches inférieures du sol quand elles sont mises au jour pour la première fois. *Voyez* MAGNÉSIE.

Mais comment agit la marne ? De deux manières ; mécaniquement et chimiquement.

Lorsqu'un terrain trop argileux ne donne pas assez facilement passage à l'eau surabondante des pluies et aux racines encore foibles des jeunes plantes, il suffit d'y mêler une portion plus ou moins considérable de pierre calcaire réduite en poudre, ou de marne très calcaire, pour diminuer ces deux inconvéniens extrêmement majeurs en agriculture. *Voyez* aux mots ARGILE, GERMINATION, RACINE, etc.

Lorsqu'au contraire un terrain trop léger et trop sec laisse passer les eaux pluviales et ne donne pas suffisamment de prise aux racines des jeunes plantes, on le rend plus solide et plus apte à conserver l'humidité, si nécessaire à la végétation, en lui fournissant de l'argile ou de la marne très argileuse.

Je mets la pierre calcaire et l'argile avant la marne, parceque en théorie ces substances pures lui sont réellement supérieures, et le simple exposé ci-dessus le prouve suffisamment; mais il devient presque impossible de les employer dans la pratique, à raison de la difficulté et de la dépense de leur division. La marne donc doit leur être préférée puisqu'elle jouit naturellement de la faculté de se déliter à l'air, de s'y réduire en une poudre qu'on peut facilement mélanger avec égalité, par de simples labours, au sol qu'on veut améliorer.

Voilà tout le secret de l'action physique du marnage. Il ne s'agit donc pour le bien faire que de connoître la nature de son sol et la nature de sa marne. Le succès depend entièrement des justes proportions du mélange. Si on mettoit, par exemple, de la marne argileuse sur un sol argileux, ou de la marne calcaire sur un sol calcaire, on obtiendroit bien une amélioration, mais elle ne seroit pas en proportion avec les dépenses, parcequ'on n'auroit pas assez changé la nature de ces sols. Si on mettoit trop de marne argileuse sur un sol calcaire, ou trop de marne calcaire sur un sol argileux, on manqueroit son but, car cette grosse dépense ne serviroit qu'à faire changer d'inconvéniens à la terre. Ces résultats sont trop sensibles pour qu'il soit nécessaire de s'arrêter plus long-temps à les développer.

Puisqu'il ne s'agit, dans un de ces cas, dira-t-on, que de diviser la terre trop argileuse, on peut également y parvenir en la mélangeant avec du sable ou toute autre matière, elle-même très divisée ou susceptible d'être réduite en poudre? Sans doute répondrai-je; aussi toutes les fois qu'on n'a pas de pierres calcaires en poudre, ou de marne à sa disposition, doit-on le faire. Cependant ces dernières sont préférables, parcequ'elles agissent, comme je l'ai dit plus haut, non seulement mécaniquement mais encore chimiquement.

Il résulte en effet des expériences des chimistes modernes que la marne, encore plus que la terre végétale, absorbe l'air atmosphérique en se délitant, et fixe entre ses molécules en surabondance l'acide carbonique qui s'y trouve, et celui qui provient de la décomposition des animaux et des végétaux.

Comme contenant du calcaire, la marne agit encore en rendant soluble la portion de terreau qui ne l'est pas encore; mais sous ce rapport son effet est plus incomplet et plus lent que celui de la chaux vive, ce qui est presque toujours un bien, car on ne peut se dissimuler que l'abus de cette dernière peut amener la terre à une infertilité complète; aussi ai-je crains, en la conseillant, de nuire à la postérité. *Voyez* CHAUX.

De plus, il est sans doute des marnes comme des pierres calcaires, qui conservent encore quelques restes des parties des animaux qui ont formé les coquilles auxquelles elles doivent leur existence, et du sel marin qui les a autrefois imprégnées. (*Voyez* au mot CALCAIRE.) Elles peuvent donc encore agir dans quelques cas comme un véritable engrais et comme un stimulant.

On peut conclure du fait de la décomposition de l'air par la marne, et l'expérience de tous les siècles et de tous les pays le confirme, qu'il est, je ne dis pas seulement utile, mais même nécessaire de laisser long-temps la marne hors de terre avant de l'employer, comme je l'ai déjà annoncé, soit qu'elle soit argileuse, soit qu'elle soit pulvérulente, soit qu'elle soit pierreuse.

Il faudra donc s'y prendre au moins un an à l'avance, et mieux deux, trois, quatre, six, lorsqu'on aura le projet de marner un champ, c'est-à-dire tirer la marne de la terre, et la laisser se *mûrir en petits tas*, pour se servir de l'expression des cultivateurs, aussi long-temps que possible, tas qu'on changera de place une ou deux fois par an, si on veut bien faire. Outre l'avantage de fixer plus de carbone dans la marne, on gagne encore, à ne l'employer que long-temps après sa sortie de terre, une plus grande division de ses molécules, ce qui est très important.

Les agronomes ont beaucoup disputé pour décider combien il falloit répandre de marne sur un champ de telle dimension, combien de temps duroit l'effet de la marne, etc. Ils pourroient le faire encore long-temps sans s'entendre, puisque les calculs les plus justes faits pour un canton ne peuvent que rarement s'appliquer à un autre, la nature du sol et celle de la marne variant sans cesse, comme je l'ai déjà dit plus haut. C'est savoir, en général, s'il convient de marner beaucoup à la fois, ou de marner souvent, qu'ils auroient dû rechercher; et je ne trouve pas de principes à cet égard dans leurs écrits. La théorie et la pratique décident la question en faveur du dernier mode, et à ces deux guides se joint l'économie qu'il faut toujours apporter dans les travaux agricoles; car la dépense est souvent excessive lorsqu'on est obligé de tirer la marne d'une grande profondeur et de l'aller chercher loin. C'est à chaque cultivateur à combiner ses besoins et ses moyens de manière à prendre le parti le plus conforme à sa position : tel qui emploieroit pour améliorer un champ par le marnage un capital supérieur à celui de la rente qu'il peut espérer retirer de plus de ce champ, par suite de cette opération, passeroit pour un fou et le seroit en effet, puisque toute opération agricole doit rapporter un bénéfice prochain ou éloigné. Je crois donc qu'on doit généralement conseiller de marner médiocrement et fréquemment, c'est-à-dire tous les trois, quatre, cinq, six ou dix ans, etc., selon les circonstances dans lesquelles on se trouve et les avantages qu'on peut espérer.

L'époque du marnage est indiquée par son but même, c'est celle où la terre se repose, où les pluies sont plus abondantes, où les gelées commencent à se faire sentir, c'est enfin à la fin de l'automne, parceque pendant l'hiver les molécules qui auroient échappé à la décomposition y sont plus exposées, et que c'est véritablement alors que l'air, plus comprimé par les nuages, plus condensé par le froid, plus agité par les vents, pénètre le mieux dans les interstices de la terre. On répand la marne le plus également possible au moyen d'une pelle ou d'un râteau, et on la laisse ainsi passer l'hiver. Ce n'est qu'au mois de mars et même d'avril qu'il faut l'enterrer par les labours. Il est des marnes, ou des morceaux de marnes, qui se délitent difficilement et même jamais ; en conséquence il faut nécessairement les réduire artificiellement en poudre ou au moins en plus petits fragemens, et c'est ce qu'on doit faire, au moyen d'un maillet à long manche, plutôt en automne qu'au printemps. Dans ce dernier cas il est quelquefois nécessaire de recourir à la calcination ; mais il ne faut pas la tenter en grand sans l'avoir essayée en petit, certaines marnes se durcissant, se changeant en briques par leur exposition au feu, même lorsqu'elles sont dans le cas d'être rangées dans la division des calcaires. Il faut ordinairement très peu de feu pour arriver au but.

Un autre moyen de tirer parti des marnes d'une manière bien plus avantageuse, c'est de les stratifier, après qu'elles sont délitées, pendant un ou deux ans, avec de la terre végétale, ou des plantes de quelque espèce qu'elles soient, ou mieux, du fumier, et d'en former des espèces de murs dans un lieu où l'air circule peu. Cette marne décompose alors l'air avec tant d'activité, que l'azote qu'il contient se fixe, et que ces murs deviennent une nitrière artificielle et acquièrent une surabondance de fertilité telle, qu'une très petite quantité produit de grands effets. On augmente encore ses qualités en l'arrosant de sang et d'eau légèrement salée.

Lorsqu'on répand la marne en même temps que le fumier sur les terres, leur action particulière et commune, quoique plus foible que dans le cas de stratification, est encore si avantageuse, qu'on ne doit jamais s'y refuser. Arthur Young cite un grand nombre de faits très convaincans à cet égard dans ses Annales d'agriculture.

On peut tirer la marne de la terre à toutes les époques de l'année; mais c'est pendant l'hiver, dans le temps où les travaux de la culture sont suspendus, où les bras sont le moins cher, qu'on le fait ordinairement : ce moment est le plus favorable, non seulement sous le rapport de l'économie, mais encore sous celui de la plus facile délitation de cette substance. En effet, sortant de terre humide, elle reste humide jusqu'aux gelées, et ce sont les gelées qui concourent le plus puissamment à sa division par la glace qu'elles forment entre ses molécules et qui les écarte. J'ai vu des marnes pierreuses tirées pendant l'été se dessécher et rester inutiles par le défaut de division. Dans ce cas, il n'y a de ressource que la calcination indiquée plus haut.

On peut se guider dans la recherche de la marne par l'aspect général du pays, l'examen des pierres qui en font la base, les ravins, les fouilles entreprises pour les carrières, les puits, etc. Si les deux premières considérations donnent de l'espoir, et qu'on ne puisse le confirmer par les autres, on a la ressource, pour ne pas faire la dépense de fouilles sans certitude, d'employer la tarière, instrument de minéralogie inventé par Bernard de Palissy, qui devroit se trouver au compte du gouvernement dans tous les chefs-lieux de préfecture et de sous-préfecture.

Rarement on exploite la marne à ciel ouvert; les puits et les galeries qu'on pratique généralement pour cet objet sont fort exposés à s'ébouler. Il faut donc n'y travailler qu'avec prudence. Donner des règles à cet égard mèneroit trop loin.

Il est des marnes qui se laissent tellement pénétrer par l'eau, qu'elles fusent comme la chaux lorsqu'on les met dedans, que la plus petite pluie les réduit en bouillie. Ce sont les craïeuses. J'ai lieu de les croire inférieures aux autres, ne fût-ce que parcequ'elles se réunissent en masse solide par le dessèchement, et qu'alors l'air ne peut pas aussi facilement pénétrer entre leurs molécules.

La marne ne s'emploie pas seulement sur les terres labourables. On en fait aussi un usage fréquent sur les prairies naturelles et artificielles. Ses effets y sont même plus prompts et plus sensibles. Ce fait indique qu'il est un grand nombre de cas où il faudroit répandre la marne après le semis des grains. Je trouve en effet dans les ouvrages d'Arthur Young, qu'un fermier d'Angleterre ayant répandu sur partie d'un champ de turneps une petite quantité de marne, les turneps de cette partie furent les plus gros. Il seroit à désirer qu'on fît des expériences sur la marne ainsi employée à l'égard de toutes les espèces de plantes annuelles qui font l'objet de la grande cul-

ture ; car je ne sache pas qu'on l'utilise nulle part en France
de cette manière.

Arthur Young a trouvé que les pommes de terre devenoient
mauvaises lorsqu'on les plantoit dans un sol nouvellement
marné. C'est peut-être la nature de la marne employée qui
a produit cet effet ; mais il n'en est pas moins bon que les cultivateurs soient prévenus de ce résultat.

Les Anglais font un fréquent usage de la marne, et plusieurs
gros fermiers de ce pays lui doivent leur fortune. Là on ne la
répand pas en petite quantité sur les champs, on en met deux,
trois et quatre pouces d'épaisseur à la fois ; mais il faut de forts
capitaux pour faire une pareille opération, et peu de nos fermiers seroient en état de l'entreprendre. Il est vrai qu'on peut
la mettre à la portée du plus grand nombre, en la circonscri-
vant chaque année dans un espace proportionné à ses moyens.
Je ne vois pas en effet la nécessité de marner cent arpens à
la fois. Un propriétaire prudent doit fixer toutes les années une
certaine somme pour cet objet et ne pas la dépasser. Au bout
d'une révolution quelconque, sa terre sera complètement
marnée, et ses revenus par conséquent augmentés sans, pour
ainsi dire, avoir fait de sacrifice pour cela.

La durée des effets de la marne est extrêmement variable, et
doit l'être, puisque, outre les causes qui résultent de sa nature,
il y a encore celles résultant des circonstances atmosphériques,
des labours, de la nature des plantes semées, etc. Des notions
générales sur cet objet ne peuvent jamais être bonnes ; c'est
sur les localités qu'il faut les développer, si on veut les utiliser.

Je pourrois beaucoup plus m'étendre sur les merveilleuses
propriétés de la marne en agriculture, citer des exemples sans
nombre des avantages qu'on en retire dans tous les lieux qui
ont le bonheur de l'employer ; mais je suis obligé de me res-
treindre. On trouvera d'ailleurs des supplémens à cet article
aux mots ARGILE, CHAUX CALCAIRE, CRAIE, SABLE, AMEN-
DEMENT, ENGRAIS, etc. (B.)

MAROUTE. Nom vulgaire de la CAMOMILLE PUANTE.

MARQUE DES BESTIAUX. La nécessité de reconnoître
les animaux domestiques qui appartiennent à différens propriétaires, lorsqu'ils sont réunis en troupeau commun, ou
lorsque s'étant égarés ils ont été recueillis ou volés, a engagé
à chercher les moyens de leur faire des marques propres à les
reconnoître.

Ces marques sont de deux sortes. Les unes sont effaçables,
les autres ineffaçables. Ces dernières se subdivisent encore en
peu durables et en perpétuelles.

Les marques effaçables se font avec des matières colorées
ou colorantes. On n'en fait guère usage que sur le mouton,

afin de ne pas perdre la laine. Le crayon rouge ou sanguine et le goudron sont les deux substances les plus généralement employées. On les applique sur la tête, sur le cou et sur la croupe.

J'appelle marques non effaçables, mais peu durables, celles qui se font en coupant le poil en forme de lettres, de chiffre, d'étoile, etc. Ce sont principalement les bœufs et les cochons qu'on mène en foire qui se marquent ainsi.

On en fait aussi du même genre sur les cornes et les ongles des gros animaux.

Très souvent les bestiaux, sur-tout les gros, ont des marques naturelles qui permettent de les reconnoître, et qui constituent ce qu'on appelle leur SIGNALEMENT (voyez ce mot); mais comme d'autres bestiaux peuvent aussi avoir les mêmes marques, elles ne sont pas toujours regardées en justice comme preuves certaines de la propriété.

Couper les deux oreilles, la queue des animaux domestiques, c'est les marquer d'une manière perpétuelle; mais ces mutilations ne sont cependant pas mises au nombre des marques, parcequ'on les exécute souvent par des motifs de goût ou de mode, et que beaucoup trop de propriétaires le font de la même manière. Mais couper une seule oreille à un mouton, à un cochon, à un bœuf est une marque. Leur fendre une oreille ou les deux oreilles en long, en large, en bas, en haut en sont encore d'autres. On ne doit pas les percer, crainte qu'elles ne s'accrochent aux buissons.

Cependant les marques proprement dites sont celles qui sont imprimées par une blessure, représentant une ou plusieurs lettres de l'alphabet, un ou plusieurs chiffres, ou une figure quelconque, faite sur la peau, soit au moyen d'un fer tranchant, soit au moyen d'un fer rouge, soit au moyen des caustiques. De ces trois modes, le moins douloureux et le plus sûr est le fer rouge, ou mieux, presque rouge.

Les cultivateurs qui sont toujours prêts à vendre leurs bestiaux, pour peu qu'on leur en offre un prix avantageux, et le nombre n'en est malheureusement que trop grand, ne doivent pas marquer leurs bestiaux, parceque cela nuiroit à leur vente; mais ceux qui, contens des services de ceux qu'ils ont, sont dans l'intention de les conserver jusqu'à leur mort, ou jusqu'à ce qu'ils aillent à la boucherie, feront bien de faire fabriquer une marque en fer, dont les lettres auront trois pouces de long et quatre lignes d'épaisseur de trait pour les grands animaux, et moitié moins pour les petits, laquelle sera fixée au bout d'une verge de même métal, d'un à deux pieds de long, verge qui entrera par le bout opposé dans un manche de bois.

C'est généralement à la cuisse qu'on marque les chevaux, les mulets, les bœufs et les vaches avec la grande marque, parceque c'est là où il y a le moins de danger ; car, il faut l'avouer, cette opération peut avoir des suites graves. Quelquefois on marque aux oreilles, aux jambes, aux joues, même au front avec la petite.

Pour bien imprimer la marque, il faut que le fer ne soit ni trop ni pas assez chaud. Trop chaud, il feroit une plaie profonde qui amèneroit une longue suppuration, dont la suite seroit l'altération de la forme de la marque et une difformité. Pas assez chaud, il formeroit une plaie légère, dont les traces s'effaceroient facilement. On juge que le fer est au point convenable, lorsqu'on sent sa chaleur en l'approchant à six pouces du dos de sa main ou de son visage. L'application doit être ferme et prompte, et ne pas durer plus d'une minute. Quand elle est faite convenablement, l'escarre tombe au bout de huit jours, presque sans suppuration, et les bords de la plaie restent nets. (B.)

MARRE. Pelle fort large et courbée qui sert à façonner la vigne dans le Médoc.

Dans d'autres lieux c'est une grosse pioche fort peu différente de celle qu'on appelle TOURNÉE aux environs de Paris.

MARRE. Sorte de HOUE. *Voyez* ce mot.

MARRE. C'est un belier dans le département de Lot-et-Garonne.

MARRON. Variété de CHATAIGNE et fruit du MARRONNIER. *Voyez* ces mots.

MARRON D'INDE. Baumé, à qui l'art pharmaceutique doit une grande partie de son perfectionnement, a donné, à la suite de ses Elémens de pharmacie, un traité complet sur les marrons d'Inde et sur l'usage qu'on peut faire de son fruit. Le travail de ce savant consiste à dépouiller le fruit de son amertume. Pour y parvenir il conseille d'écorcer le marron d'Inde, de le râper, de le broyer, de le réduire en pâte sur une pierre, comme pour faire le chocolat, avec cette différence que le broiement se fait à froid. On met ensuite le résultat dans un vase, en versant dessus de l'alcohol; on met infuser au bain marie l'espace de vingt-quatre heures, et on répète jusqu'à six fois en changeant chaque fois d'esprit-de-vin. Le résidu décanté, séché au four ou dans une étuve, est en état de faire du pain.

On peut, au lieu d'alcohol, employer l'eau, et on obtient le même avantage. Je ne doute pas que ce dernier procédé ne soit employé ; il est beaucoup plus à la portée de tout le monde, plus économique et bien moins embarrassant. Baumé avoit très bien senti que le procédé de l'alcohol ne pouvoit convenir à tout le monde.; aussi ne l'a-t-il indiqué que pour les chimistes qui cherchent à déterminer la nature des substances qui constituent le marron d'Inde.

Les expériences sur le fruit du marronnier d'Inde n'ont pas toutes été dirigées sur l'utilité que les hommes pouvoient en retirer pour leur nourriture et pour celle des animaux. J'ai plus d'une fois proposé deux moyens simples pour étendre son utilité vers les besoins des arts. Le premier consiste à réduire les marrons en poudre ou farine, et à lui donner la consistance capable de suppléer la colle préparée avec les bons grains. Elle adhère fortement aux corps auxquels on la fixe, et, loin de se ramollir à l'air, elle y acquiert plus de consistance, sur-tout si on a la précaution de ne pas tenir cette colle trop claire ; elle a de plus l'avantage de n'être pas attaquée par les vers, à cause de son amertume. On sait depuis long-temps que les relieurs et les fabricans de cartons font entrer dans la préparation des colles le suc épaissi de l'aloës, à dessein précisément d'en éloigner les vers ; cette substance extracto-résineuse amère se trouve dans la farine du marron d'Inde. Le second moyen d'utiliser les marrons, ce seroit d'en retirer le salin qu'il fournit abondamment comme tous les végétaux. Il suffit pour cela de ramasser ce fruit, de le faire sécher, de l'incinérer et d'en séparer le salin par le lessivage des cendres, ou bien, si on le préfère, employer les cendres au blanchîment du linge. *Voyez* POTASSE.

Marcandier, dans son Traité sur le chanvre, rapporte qu'en France et en Suisse on emploie l'eau dans laquelle on a fait bouillir les marrons d'Inde à blanchir le chanvre, le lin et les autres tissus, et qu'on peut s'en servir au lieu de savon. On savoit enfin depuis long-temps que la fécule étoit très propre pour laver les mains.

D'après cet aperçu et l'utilité que présentent les marrons d'Inde, il n'y a pas de doute qu'un jour quelques personnes animées de l'esprit public, placées dans des cantons où les marronniers sont abondans, n'introduisent dans les ateliers les procédés indiqués pour donner au fruit de cet arbre une destination vraiment utile à la société.

Voyez pour le surplus l'article MARRONNIER. (PAR.)

MARRONNIER, *Esculus*. Genre de plantes de l'heptandrie monogynie et de la famille des malpighiacées, qui renferme quatre espèces qui se cultivent dans les jardins d'agrément, dont deux sont ou peuvent être utilisées dans l'économie agricole.

Ce genre a été divisé en deux, sous la considération que la première espèce a cinq pétales presque égaux et très ouverts, et le fruit hérissé de pointes ; mais cette division n'a

pas été généralement admise , et je ne crois pas devoir en faire
usage ici.

Le MARRONNIER D'INDE , *Esculus hippocastanum* , Lin. , est
un arbre de la Haute-Asie, apporté en Europe en 1550, et aujourd'hui généralement cultivé à raison de la beauté de ses
feuilles et de ses fleurs et de sa prompte croissance. Sa racine
est pivotante; son tronc droit, élevé de soixante pieds et plus ;
ses branches, souvent opposées, nombreuses, forment une
belle tête; ses feuilles sont alternes, pétiolées, digitées, composées de cinq ou de sept grandes folioles ovales, lancéolées, dentées, ridées; ses fleurs blanches, fouettées de rouge ou de
jaune, sont disposées en grappes à l'extrémité de ses rameaux ;
ses fruits sont armés de piquans plus ou moins nombreux.

Il est impossible de voir un marronnier d'Inde en fleurs
sans s'extasier de sa beauté ; aussi au commencement du siècle
dernier excitoit-il en France un enthousiasme universel : on
ne vouloit que des marronniers d'Inde dans les allées des jardins ; mais petit à petit l'habitude de le voir a affoibli cet en-
gouement et fait sentir ses inconvéniens. Aujourd'hui, où la
variété est le principal mérite des jardins, on le recherche
moins, mais on lui accorde encore un haut degré d'estime.
Il n'est point de jardin paysager où il ne doive entrer, soit
dans les massifs, soit isolé, car toujours il y produit des effets
du plus grand genre, sur-tout au commencement du printemps, époque où il entre en fleur.

Une terre fraîche, profonde et substantielle, est celle qui
convient le mieux au marronnier d'Inde ; cependant il s'accommode de toutes, pourvu qu'elles ne soient ni trop sèches ni
trop marécageuses. Dans les sèches il fait de foibles pousses et
perd ses feuilles de bonne heure ; dans les marécageuses il
reprend et subsiste difficilement.

Quoiqu'on puisse multiplier le marronnier d'Inde de rejetons, de marcottes et même de boutures, jamais on n'emploie
ces moyens, qui donnent des arbres de peu de vigueur et d'une
courte durée. L'abondance de ses fruits permet d'en obtenir
par semis beaucoup plus que les besoins du commerce le demandent.

Les marrons d'Inde ne peuvent se conserver plus d'un mois
à l'air sans se dessécher, c'est-à-dire perdre leur faculté germinative. On doit donc ou les semer immédiatement après
leur chute de l'arbre, c'est-à-dire au commencement de l'automne, ou les conserver pendant l'hiver, stratifiés dans du
sable. Dans ce dernier cas on attend que les fortes gelées
soient passées pour les mettre en terre. Presque toujours alors
ils sont germés, et quelques pépiniéristes profitent de cette
circonstance pour casser l'extrémité de leur radicule, et par-

là empêcher la formation d'un pivot, pratique qu'on ne doit jamais admettre lorsqu'on plante des marrons en place, mais qui a quelques avantages lorsqu'on les élève dans une pépinière. *Voyez* Pivot.

On plante les marrons un à un, en ligne, à la distance de huit, dix et douze pouces, dans un terrain convenablement labouré. Ils ne tardent ordinairement pas à lever. Le plant dans cette première année se bine deux à trois fois.

Quelques pépiniéristes lèvent le plant de marronnier d'Inde dès le printemps suivant pour le planter à vingt ou trente pouces de distance dans une autre partie de la pépinière également profondément labourée ; d'autres attendent l'année suivante. L'une et l'autre de ces deux méthodes a des avantages et des inconvéniens, et peuvent indifféremment être adoptées.

Comme le marronnier d'Inde a toujours un bourgeon terminal de la conservation duquel dépend la beauté et la prompte croissance de l'arbre, dans aucun cas on ne mutile la tige du plant ; mais on coupe le pivot s'il ne l'a pas été, et on rafraîchit ses racines, c'est-à-dire qu'on les raccourcit au moyen de la serpette. *Voyez* au mot Plant.

Rarement le marronnier d'Inde manque à la reprise pour peu que la plantation ait été faite en temps convenable, cependant il pousse foiblement la première année ; mais la seconde, ou au plus tard la troisième, il fait des jets de plus d'un pied, et à quatre à cinq ans il commence à être propre à être mis en place et peut l'être jusqu'à dix et douze.

Quoique plus qu'aucun autre arbre le marronnier puisse se passer de la taille en crochet, cependant il est bon de la lui appliquer la seconde ou troisième année de sa transplantation pour le faire monter plus vite, ou au moins de raccourcir celles de ses branches latérales qui rivalisent trop la tige. On continue cette opération chaque année pendant l'hiver, jusqu'à ce que l'arbre soit ce qu'on appelle formé, et chaque fois on coupe, rez tronc, les chicots laissés l'année précédente.

Dans aucun cas on ne rebote (coupe rez terre) les plants de marronnier. Ceux qui sont trop malvenans, ou qui ont été cassés par accident, sont arrachés et remplacés si la plantation est encore jeune, sinon leur place reste vide.

La transplantation du marronnier d'Inde arrivé à l'âge d'être mis en ligne demande à être faite avec quelques soins. Ses racines sont très susceptibles des impressions du hâle, ainsi il faut ou opérer dans un temps couvert, même pluvieux, ou les tenir rigoureusement couvertes. On raccourcit les branches de la tête lorsque leur masse est trop considérable relativement aux racines, mais jamais on ne doit couper la tête même, comme le font trop souvent ces massacres qui osent s'appeler planteurs.

Autant que possible il faut laisser quelques boutons sur ces branches dans la direction qu'on veut que prennent les nouvelles pousses.

Comme on désire jouir promptement sans s'inquiéter de la durée de la jouissance, on plante ordinairement les marronniers, soit en quinconce, soit en allée à trois ou quatre toises les uns des autres ; mais quand on veut avoir de beaux arbres et qu'ils doivent durer des siècles, il faut les espacer du double, supposé, s'entend, que le terrain soit bon et qu'ils ne seront pas mutilés.

La forme du marronnier, lorsqu'il a crû naturellement et isolément, est plus belle qu'aucune de celles que peut lui donner l'art. Il est difficile de comprendre pourquoi il est si général que l'homme se soit plu à le gâter en lui en donnant une factice. C'est chose remarquable que la facilité avec laquelle ses branches se prêtent à prendre, sous le croissant, la direction qu'on veut leur donner, témoin ce pied sous l'ombrage duquel les habitans de Paris vont manger des matelottes à la Râpée, pied dont la tête a une largeur de quatre à cinq toises et une hauteur de deux et trois pieds au plus. Dans les jardins ornés on en fait des palissades, des allées ou rideaux, des berceaux, etc., qu'on taille tous les hivers.

Il y a une variété de marronnier d'Inde dont les capsules ne sont pas épineuses. Il y en a d'autres qui ont les fleurs très rouges ou presque blanches. On les recherche peu.

Le bois du marronnier est de très médiocre qualité pour quelque objet que ce soit. Il donne peu de flamme, peu de chaleur, peu de charbon. Il est filandreux, mou et sujet à se tourmenter. Débité en planches il ne peut servir qu'à quelques tablettes et autres usages de peu d'importance. D'après Varennes de Fenilles, il pèse vert soixante livres quatre onces quatre gros le pied cube, et sec trente-cinq livres sept onces un gros, et perd par la dessiccation plus du seizième de son volume.

Dans aucun cas le marronnier ne peut être rangé parmi les arbres utiles ; mais comme les agrémens dont il est pourvu le feront toujours multiplier, M. Parmentier a recherché les moyens de tirer parti de ses feuilles et de ses fruits pour la nourriture des bestiaux et autres usages économiques. Ses expériences sont rapportées plus haut et conviennent également aux espèces suivantes.

Le MARRONNIER PAVIE OU PAVIA A FLEURS ROUGES, a les feuilles composées de cinq folioles inégalement dentées; la corolle rouge composée de quatre pétales formant un long tube ;

le fruit sans épines. Il croît naturellement dans les forêts de l'Amérique, où il s'élève rarement au-dessus de six pieds. C'est un très élégant arbuste lorsqu'il est en fleur. Rarement il donne des fruits, même dans son pays natal, ainsi que je m'en suis assuré en Caroline où il est commun. On le cultive depuis long-temps dans les jardins d'Europe, où on le multiplie de mar-cottes et plus communément par la greffe sur le marronnier d'Inde, qui, comme plus grand et plus vigoureux, l'emporte enfin sur lui et le fait périr; aussi en voit-on peu de vieux pieds dans les jardins des environs de Paris, quoiqu'il se trouve dans tous ceux qui renferment la collection des arbustes étrangers de pleine terre. Les marcottes se font en hiver et sont enra-cinées la première et quelquefois seulement la seconde année. Les greffes s'exécutent ordinairement en été et à œil dormant. Ces greffes donnent des fleurs dès la seconde année.

Un terrain gras, sablonneux et ombragé est celui qui con-vient le mieux à cet arbuste, qu'on place le plus communé-ment au premier rang des massifs, dans des angles qui le mettent à l'abri des rayons du soleil du midi. Il fleurit au com-mencement de l'été. On en connoît une variété à feuilles velues en dessous.

Le MARRONNIER A FLEURS JAUNES ou PAVIA JAUNE, a les feuilles composées de cinq folioles également dentées, velues en dessous; la corolle jaune pâle composée de quatre pétales for-mant un tube court; le fruit sans épines. Il est originaire de l'Amérique septentrionale, où Michaux en a vu des pieds de près d'une toise de diamètre et de dix à douze de hauteur. On le cultive dans beaucoup de jardins en France, où il réussit fort bien, et où il forme, quand il est franc de pied, des arbres qui ne cèdent qu'au marronnier d'Inde en beauté. On le multiplie par ses fruits, par ses marcottes, par ses racines et principa-lement par sa greffe sur le marronnier d'Inde; greffe qui fleurit ordinairement dès la seconde année et donne quelques fruits dès la troisième, mais qui ne dure pas très long-temps, par le motif contraire à celui indiqué plus haut, le marronnier d'Inde étant plus petit.

C'est isolée au milieu des gazons ou à quelque distance des massifs que se place ordinairement cette espèce. Il lui faut une terre profonde, substantielle et fraîche. Elle fleurit à la fin du printemps.

Il s'est trouvé, ces années dernières, dans les pépinières de Versailles, une variété fort remarquable de cette espèce. Elle se distingue par ses fleurs rouges et par ses folioles plus longues, plus pendantes et d'un vert plus pâle. Elle est plus qu'elle propre à orner les jardins; aussi l'ai-je beaucoup multipliée.

Le MARRONNIER A PETITES FLEURS OU A LONGS ÉPIS a les feuilles composées de cinq folioles dentées, velues en dessous; les grappes très longues et très garnies de petites fleurs blanches et odorantes. Il est originaire de la Floride, où Michaux l'a découvert. C'est un charmant arbuste de six pieds de haut, qui, le soir, embaume l'air pendant qu'il est en fleur, c'est-à-dire pendant près de deux mois. On le cultive aujourd'hui dans beaucoup de jardins des environs de Paris, où il fleurit fort bien, mais où ses épis n'acquièrent pas la longueur qu'ils ont dans leur pays natal. C'est dans une planche de terre de bruyère, située à quelque distance des massifs, à l'exposition du levant ou du midi qu'il demande à être placé. Il fleurit au milieu de l'été. On le multiplie presque exclusivement de racines et de marcottes, donnant fort peu de fruits même dans son pays natal, et subsistant rarement plus d'un an sur le marronnier d'Inde, où sa greffe réussit cependant fort bien, par la raison indiquée à l'avant-dernière espèce. Je ne puis trop encourager sa culture.

Michaux fils a rapporté d'Amérique une nouvelle espèce de ce genre, qui a les fleurs blanches et les capsules épineuses. Son tronc ne s'élève qu'à vingt-cinq pieds, et il est fort gros relativement à l'étendue de sa tête. Il l'a appelée PAVIER DE L'OHIO, *Pavia Ohiotensis*, du nom de la rivière où elle a été trouvée. Plus de deux cents pieds sont en ce moment levés dans les jardins et pépinières des environs de Paris. (B.)

On a renouvelé dans ces derniers temps les expériences qui avoient été faites précédemment pour employer l'écorce de marronnier dans le traitement des fièvres. Zanichelli, pharmacien à Venise, a publié, en 1733 et 1734, une dissertation concernant les cures qu'il a opérées au moyen de cette écorce. Il la compare, d'après ses observations, au quinquina. Coste et Villemet, dont la réputation est si justement méritée, ont confirmé l'opinion de ce pharmacien; mais Zullati assure que l'usage de ce remède a été suivi d'inconvéniens graves, et qu'il n'est pas d'avis qu'il soit employé au traitement des fièvres.

Pour fixer les opinions sur la propriété fébrifuge de l'écorce des marronniers, les médecins et les pharmaciens se sont réunis pour examiner les effets et éloigner tout esprit de parti. De cette réunion il est résulté une série d'observations et d'expériences propres à éclairer les esprits incertains, et souvent prévenus ou enthousiastes. De nombreux essais ont été faits à l'Hôtel-Dieu de Paris, dans tous les hôpitaux, prisons et bureaux de bienfaisance. La pharmacie centrale des hôpitaux de Paris a préparé, avec l'écorce du marronnier, les mêmes médicamens qui se préparent avec le quinquina. Les malades ont été traités comparativement avec l'écorce du marronnier et le quinquina. De ces expériences nombreuses il est résulté que l'écorce de marronnier ne jouissoit pas de propriétés plus éminentes que la camomille, la petite centaurée, l'absinthe, enfin que tous les amers indigènes ; que l'on avoit exalté trop promptement et indiscrètement les propriétés fébrifuges de cette écorce ; qu'il étoit dangereux de l'employer dans les fièvres dont le caractère étoit bien prononcé, et que son emploi entraînoit des inconvéniens graves.

M. Henri, chef de la pharmacie centrale, a donné, dans le n° 200 des Annales de chimie, août 1808, une notice sur l'écorce du marronnier d'Inde, dans laquelle il démontre que l'*infusum* et le *decortum* de cette écorce diffèrent beaucoup de celui de quinquina ; que l'*infusum* d'écorce de marronnier réfléchit le rayon violet ; qu'il ne décompose pas le tartrite de potasse et d'antimoine (*vulgo* émétique) ; que l'écorce de marronnier ne fournit pas le sel reconnu dans le quinquina : d'où il conclut qu'il n'y a pas d'analogie entre l'écorce de marronnier et celle de quinquina.

MM. les membres de la société d'agriculture de Versailles, sur le rapport de M. Frémy, animés d'un zèle vraiment louable, et désirant trouver parmi les végétaux indigènes un remède propre à combattre les fièvres, ont également publié une série d'expériences relatives à l'écorce de marronnier, d'après lesquelles ils ont été portés à conclure qu'elle ne contenoit ni résine, ni kinate de chaux, et ne décomposoit pas l'émétique, faits qu'ils ont reconnus avec M. Henri, et comme lui ils ont tiré les mêmes conséquences.

Les membres de la même société ajoutent « que l'inefficacité de cette écorce dans les fièvres continues doit faire rejeter tout essai dans les fièvres putrides, ataxiques et pernicieuses ; et qu'il ne faut guère, dans les fièvres intermittentes, en attendre d'autres effets que ceux qu'on obtient assez généralement de tous les amers. » (Par.)

MARRUBE, *Marrubium*. Genre de plantes de la didynamie gymnospermie, et de la famille des labiées, qui renferme une vingtaine de plantes d'une odeur forte, et dont une est trop commune en France pour n'être pas mentionnée ici.

Le MARRUBE COMMUN, ou *marrube blanc*, a la racine fibreuse ; les tiges quadrangulaires, velues, rameuses, hautes d'un à deux pieds ; les feuilles opposées, pétiolées, ovales, dentées, ridées, velues ; les fleurs blanchâtres, ramassées en verticille dans les aisselles des feuilles supérieures. Il se trouve très fréquemment autour des villes et des villages, le long des haies, sur la berge des fossés, les décombres, etc., et fleurit pendant tout l'été. Son odeur est éthérée et sa saveur amère. On le regarde comme un excellent remède dans beaucoup de maladies. Sa grande abondance dans certains lieux invite les cultivateurs à le faire couper à la fin de l'été pour en faire de la litière ou chauffer le four ; car, comme aucun animal domestique ne le mange, il seroit sans cela perdu pour l'agriculture. On en peut tirer aussi de la potasse. (B.)

MARRUBE NOIR. C'est la BALLOTTE.

MARS. Pendant ce mois, le dernier de l'hiver, le soleil acquiert de plus en plus de la force, les jours s'allongent rapidement, et des vents souvent violens dessèchent la surface de la terre : alors beaucoup de plantes commencent à pousser, quelques fleurs s'épanouissent, l'amateur jouit déjà, et le cultivateur reprend la série de ses pénibles travaux. Les terres destinées à recevoir les semences des céréales du printemps, que par son nom on appelle des *mars* dans beaucoup de cantons, qui n'ont pu être labourées, fumées et marnées dans le courant du mois précédent, le sont pendant sa durée. Toutes sont semées. Les pommes de terre, les topinambours, les vesces, les gesses, les pois, les fèves, les trèfles, les luzernes, les sainfoins sont mis en terre. On donne l'eau aux prés qui en sont susceptibles, et on les défend tous de l'approche des bestiaux.

C'est alors qu'il faut donner aux vignes le premier labour, les tailler, les provigner, etc.

Dans les jardins on sème la plus grande partie des légumes, soit sur couche, soit contre des abris, soit en planche, tels que l'arroche, la poirée, l'oseille, la carotte, le panais, le navet printanier, les oignons, les radis, les scorsonnères, salsifis, épinards, le cerfeuil, le cresson, la capucine, le pourpier, laitue, les choux-fleurs, les pois, fèves, haricots de primeur, asperges, melons, betteraves, cresson alenois, cresson de fontaine, et la plupart des fleurs des parterres.

On plante aussi le fraisier, l'ail, l'échalotte et autres plantes de ce genre.

On repique les choux-fleurs, les oignons, les poireaux, les choux pommés, les salades conservées pendant l'hiver dans la planche du semis, ou levées sur couche, ainsi que les mêmes espèces destinées pour la production des semences.

On éclate les racines de l'oseille, de l'estragon, de la sauge, de l'hysope et autres plantes vivaces qu'on veut multiplier.

Vers la fin de ce mois les pois de primeur se rament, les artichauts se découvrent, les greffes d'asperge se plantent, les sarclages, binages, ratissages se terminent.

Toutes les plantations d'arbres doivent cesser vers la même époque, même celle des arbres verts, qui ne s'exécute que lorsque la végétation commence à se montrer, ainsi que toute taille ; mais c'est cependant pendant la durée de ce mois que se fait celle des arbres à fruits à noyaux, sur-tout des pêchers, parceque ce n'est qu'alors que leurs boutons à fruit se distinguent de leurs boutons à bois. Leur palissage doit s'exécuter de suite.

On commence le plus souvent à greffer en fente et à œil poussant dans le courant de ce mois. On sème les graines d'arbres conservées en jauge pendant l'hiver, comme amandes, marrons d'Inde, châtaignes, glands, faînes, érables, etc., et celles dont le plant craint les gelées dans sa jeunesse. (B.)

MARS, MARSAIS. Dans la plupart des départemens on donne ce nom au blé, à l'avoine, à l'orge et autres grains qu'on sème après l'hiver. Toutes les plantes susceptibles des atteintes des fortes gelées de l'hiver doivent être semées lorsque ces gelées ne sont plus à craindre ; mais il est de fait que ces plantes ne sont pas aussi belles, ne donnent pas autant de graines que lorsqu'elles ont pu être semées en automne. Lenteur de croissance et longueur de croissance sont les deux circonstances que le plus souvent les cultivateurs doivent favoriser pour le succès de leurs travaux. (B.)

MARSAGE. On donne ce nom dans le département des Vosges aux grains qu'on sème en mars.

MARSEICHE. Nom qu'on donne dans quelques cantons à l'orge à deux rangs qu'on sème au printemps.

MARTAGON. Nom commun aux lis qui ont les divisions de la corolle réfléchies. *Voyez* au mot LIS.

MARUM. Nom latin de la GERMANDRÉE MARITIME.

MASSETTE, *Typha*. Plante à racines rampantes garnies de fibrilles verticillées ; à feuilles engainantes par leur base, presque toutes radicales, alternes, droites, fermes, légèrement convexes en dehors, épaisses, spongieuses, striées, longues de cinq à six pieds sur cinq à six lignes de large ; à tige presque nue, haute de six à sept pieds, cylindrique, pleine de moelle, portant deux épis cylindriques de fleurs à son sommet ; le supérieur composé de fleurs mâles, et l'inférieur, plus gros, de fleurs femelles. Cette plante croît en très grande abondance dans les étangs, les marais, les rivières dont le cours est tranquille, et, avec deux ou trois autres peu différentes, forme un genre dans la monœcie triandrie, et dans la famille des typhoïdes.

La MASSETTE D'EAU, OU MASSE D'EAU, fleurit en été. Les chevaux en mangent les feuilles, et les cochons les racines. Ces dernières sont astringentes, et s'emploient en médecine. On confit dans quelques endroits ses jeunes pousses pour l'usage de la table. Ses feuilles servent généralement par-tout à couvrir les maisons, ce à quoi elles sont très propres par leur longueur, leur largeur et leur peu de disposition à se pourrir. On les employe aussi à faire des nattes, des paillassons, à rembourrer les chaises . etc. Le pis aller, c'est d'en faire de la litière, et par-là augmenter la masse des fumiers. C'est donc une plante des plus intéressantes pour les cultivateurs; plante qui ne demande aucune culture, qui donne chaque année des produits assurés, et qui croît dans des lieux qui n'en produisent pas de plus utiles ; car le SCIRPE DES LACS et le ROSEAU DES MARAIS qui s'y trouvent aussi lui sont inférieurs pour les avantages qu'on en retire. On la coupe à deux époques, à la fin de l'été, lorsqu'elle est dans toute sa force de végétation, et pendant l'hiver, lorsque les eaux sont glacées. On n'a en vue que la plus grande facilité de sa récolte dans ce dernier cas, car elle est alors d'une qualité inférieure. Dans l'un et l'autre, l'important est de la faire sécher rapidement, et de ne pas la conserver en tas dans des lieux humides.

Les poils qui entourent les semences sont blancs, doux et soyeux. On s'en sert dans quelques endroits pour ouater, rembourrer les selles des chevaux, les coussins, les oreillers, calfater les bateaux, etc. ; mais ils sont courts et sans ressort, et par conséquent peu propres à la plupart de ces objets. On a essayé, en les incorporant avec du coton, à en faire des gants, des bas, des draps, etc., et on a, dit-on, réussi ; mais est-ce réussir que d'obtenir la quantité aux dépens de la qualité? Ils ne peuvent en effet qu'affoiblir la force et la durée de ces produits de l'industrie.

Les eaux des jardins paysagers réclament la MASSETTE D'EAU comme plante d'ornement. Elle a en effet beaucoup d'élégance, sur-tout lorsqu'elle est pourvue de sa tige; mais il ne faut pas qu'elle soit en touffe trop épaisse, et il est difficile de s'opposer à sa multiplication, ses racines étant, comme je l'ai déjà dit, très traçantes, et chacun de leurs nœuds fournissant de nouveaux pieds chaque année. (B.)

MASSIF. En jardinage ce mot signifie une plantation d'arbres qui intercepte la vue et le passage.

Dans les jardins réguliers les massifs remplissent l'intervalle des allées, excepté au parterre. Là ils sont presque toujours terminés par des lignes droites. On les compose de chênes, d'ormes, de coudriers, de saules marceaux, de charmes et autres arbres les plus communs. Leurs bords sont taillés au croissant. Tantôt on les laisse s'élever en futaie, tantôt on les met en coupe réglée. Lorsqu'ils sont entourés de charmilles, et que les allées sont plantées d'arbres de ligne, il est de principe qu'il ne faut pas les laisser s'élever à la hauteur de ces arbres, tant pour l'agrément du coup d'œil que pour la conservation des charmilles. On voit dans les petites allées des jardins de Versailles combien l'oubli de ce principe est nuisible sous ces deux rapports.

Dans les jardins paysagers les massifs sont toujours irréguliers et terminés, dans la totalité ou une portion de leur pourtour, par des angles plus ou moins saillans. Leur centre est composé d'arbres communs, et leurs bords d'arbres étrangers, disposés de manière que les plus petits et les plus remarquables se trouvent sur le premier rang, et qu'ils soient mélangés de telle sorte que leur port, la disposition et la couleur de leur feuillage et de leurs fleurs fassent contraste. Ces bords ne sont jamais taillés au croissant ; à peine permet-on à la serpette de corriger les irrégularités nuisibles au coup d'œil ou à la promenade. Comme l'inégalité de hauteur et de grosseur de ces arbres est un de leurs agrémens, on ne les coupe point tous à la fois, mais les uns après les autres, c'est-à-dire que ceux qui s'élèvent trop, qui nuisent le plus par leur ombre, qui ne donnent point de fleurs, qui sont les moins rares, sont coupés les premiers et successivement, de manière qu'il n'y ait jamais interruption, mais seulement changement dans les effets généraux.

La plantation et l'entretien des massifs dans les jardins réguliers sont faciles, mais il n'en est pas de même dans les jardins paysagers. Il faut que ces derniers soient dirigés par un homme fort habile pour produire tous les résultats qu'on a droit d'en attendre.

Jamais ou presque jamais on n'entre dans les massifs des premiers de ces jardins. Ceux des seconds sont coupés de petits sentiers, qui offrent, pendant la chaleur du jour, une ombre désirable. Le sol de ces derniers, au lieu d'être nu, comme cela a trop souvent lieu, devroit donc être toujours couvert de verdure malgré l'obstacle qu'apporte l'ombre des grands arbres. Il est plusieurs arbustes ou plantes propres à produire cet effet. Les différentes espèces de rosiers, de ronces, de fragon, le lierre, le millepertuis du Mont-Olympe, les ellébores, les renoncules ficaires et des bois (*R. auricomus*); l'anémone des bois (*A. nemorosa*), les violettes, les fraisiers, la terrette, la mélitte, etc., etc. (B.)

MASTICATOIRES. Médecine vétérinaire. Les masticatoires ou apophlegmatisans sont des médicamens dont l'effet est de dégorger le tissu des glandes muqueuses de la bouche, et des glandes salivaires des animaux, en les agaçant, en les irritant, et en augmentant l'action organique de ces parties.

On compte parmi ces substances les racines d'impératoire, d'angélique, de zédoaire, de pimprenelle blanche, de galéga, de myrrhe, le sel commun, les gousses d'ail, l'assa fœtida, employé plus fréquemment encore que les autres.

Les maréchaux en font usage en nouet ou en billot. En nouet, ces remèdes grossièrement pulvérisés et enfermés dans un linge, étant suspendus à un mastigadour, ou à un filet. En billot, le linge qui les contient entourant un bois qui trancise, comme le canon d'un mors de bride, la bouche d'un angle à l'autre.

Ces remèdes sont indiqués dans des cas de dégoût et d'inappétence, parcequ'ils débarrassent les houppes nerveuses des humeurs muqueuses qui les couvrent, et qui, se mêlant aux alimens, peuvent encore en rendre la saveur désagréable. Ils réveillent ainsi la sensation, et s'opposent au séjour de ces mêmes humeurs, qui ne pourroient que contracter une sorte de putridité.

Enfin, ils sont très efficaces et très utiles dans les maladies contagieuses du bétail; ils éloignent pour ainsi dire les corpuscules morbifiques qui s'exhalent, se répandent, nagent et circulent dans l'air que les animaux respirent; ils les empêchent de se mêler avec la salive, et de s'introduire avec elle dans les estomacs; et en pareille occurrence les masticatoires les plus convenables sont un mélange de vinaigre, de sel ammoniac, de camphre, etc. (R.)

MATEY. Masse de mottes de gazon qu'on met les unes sur les autres dans le Médoc pour pourrir et former de l'engrais.

MATIÈRE FÉCALE. *Voyez* aux mots EXCRÉMENS HUMAINS, AISANCE (FOSSE D'), et POUDRETTE.

MATOQUES. Nom des meules de foin dans le Médoc.

MATRICAIRE, *Matricaria*. Genre de plantes de la syngénésie superflue et de la famille des corymbifères, qui renferme une demi-douzaine d'espèces que quelques botanistes ont jointes aux CHRYSANTHÈMES, ou ont placées, en partie, dans le genre PYRÈTHRE, genre établi aux dépens de ce dernier.

La MATRICAIRE OFFICINALE a les racines vivaces, fibreuses; les tiges rameuses, droites, cannelées, hautes d'un à deux pieds; les feuilles alternes, pétiolées, pinnatifides, d'un vert jaunâtre, à folioles ovales et incisées; les fleurs jaunes au centre, blanches à la circonférence, larges de six à huit lignes et disposées en corymbe terminal. Elle croît naturellement sur les montagnes des parties méridionales de l'Europe, parmi les pierres, dans les fentes des rochers, etc. Elle fleurit pendant tout l'été. On la cultive beaucoup dans les jardins, soit comme plante médicinale, soit comme plante d'ornement. Ses feuilles et ses fleurs ont une odeur aromatique et une saveur amère, et passent pour emménagogues, histériques, stomachiques, et vermifuges. On en fait fréquemment usage en décoction, ou en infusion, sur-tout dans les maladies de la matrice. On en compose un sirop, un extrait, une eau distillée, qui est bleue, et qu'on voit souvent derrière les vitres des pharmacies.

La matricaire officinale produit un très bel effet dans les parterres et dans les jardins paysagers. Elle est quelquefois si garnie de fleurs en automne qu'on ne voit pas ses feuilles. Une terre légère et chaude lui convient le mieux, cependant elle réussit bien dans toutes celles qui ne sont pas très humides. On la multiplie de graines; mais comme les pieds qui en proviennent ne donnent de fleurs qu'au bout de trois ans, on préfère généralement déchirer les vieux pieds, afin d'en obtenir de nouveaux qui fleurissent la même année. Il faut que ses touffes ne soient ni trop petites ni trop grosses; ainsi il est bon de les diviser de temps en temps et même de les arracher pour les placer autre part ou renouveler leur terre, car elles l'effritent beaucoup. Toutes ces opérations se font en hiver.

Cette plante offre plusieurs variétés, telles que celle *à feuilles frisées*, qu'on préfère aujourd'hui de cultiver dans les parterres, parcequ'elle est réellement plus jolie; celle *à fleurs doubles*, qui s'y voit également très communément, et qui, ayant les fleurs toutes blanches, contraste même avec celle à fleurs simples. Cette dernière offre une sous-variété rougeâtre; celle *à fleurs sans rayons*, dont les fleurons sont devenus blancs et transparens, est fort remarquable.

La MATRICAIRE CAMOMILLE est annuelle, a les tiges hautes d'un pied et plus; les feuilles alternes, sessiles, deux fois ailées, à divisions entières ou incisées; les fleurs jaunes au centre, blanches à la circonférence et disposées en corymbe irrégulier. Elle croît naturellement dans les blés, les jachères, etc., et fleurit au milieu de l'été. On l'appelle vulgairement *camomille ordinaire*, pour ne pas la confondre avec la CAMOMILLE ROMAINE (*voyez* ce mot). Elle est carminative, utérine, anodine, antispamodique, détersive, émolliente et légèrement fébrifuge. On en fait un fréquent usage.

La MATRICAIRE DES INDES, *Chrysanthemum Indicum*, Lin., est vivace; ses tiges sont rameuses et hautes d'environ deux pieds; ses feuilles sont trilobées et dentées; ses fleurs sont d'un rouge noirâtre. Elle est originaire de l'Inde, et se cultive, ou du moins sa variété double, depuis quelques années dans nos jardins, quoiqu'elle y passe difficilement l'hiver en pleine terre.

Cette plante seroit fort belle si sa couleur étoit plus éclatante; car les touffes qu'elle forme sont très denses et ses fleurs durent long-temps. Quoiqu'elle pousse bien plus vigoureusement en pleine terre, dans le climat de Paris, il convient mieux de l'y cultiver en pot, pour la rentrer dans l'orangerie pendant l'hiver. On la multiplie par déchirement de racines qu'on effectue au printemps, ou par boutures qu'on fait sur couche et sous châssis, au milieu de l'été.

C'est en Italie seulement que j'ai vu cette plante jouir de tous ses avantages. Elle fleurit fort tard. (B.

MATTAMORES. Souterrains placés dans un sol très sec, ou revêtus de pierres de manière à être garantis de l'infiltration des eaux, et destinés à servir de magasin à blé.

De tout temps les mattamores ont été en usage sur la côte d'Afrique, qui est sur la Méditerranée, et circonstanciellement en Espagne, en Italie, en Sicile et autres pays. Elles ont l'avantage et de conserver le blé sans altération pendant des siècles, et de le soustraire aux recherches des ennemis.

Le premier de ces avantages, elles le doivent au défaut du contact de l'air, à l'égalité de la température et à l'impossibilité qu'il y a pour les insectes de pénétrer dans leur intérieur. La seule attention à avoir c'est de ne renfermer les blés qu'après une dessiccation naturelle aussi complète que possible.

La forme et la capacité des mattamores varient, comme on le pense bien, selon la quantité de blé qu'on a à y renfermer, et selon le caprice de celui qui la creuse. Elles ont la forme d'une poire ou d'une bouteille. Les peuples pauvres ne les revêtent point de pierres, mais en les revêtant on assure leur durée et on complète la sécurité relativement à la conservation du blé. On en trouve encore des deux sortes en Espagne, produit de l'industrie des Maures quand ils habitoient ce pays. Lorsque le blé y est placé on ferme l'ouverture et on la recouvre de terre.

En Hongrie, où on pratique aussi des mattamores, voici comment on s'y prend pour les construire et pour les employer.

Il faut observer que là le sol, au-dessous de la couche de terre végétale, est une masse d'argile très dure, très homogène, et d'une profondeur inconnue.

« Hors des villages, communément à une portée de fusil et dans un endroit élevé, chaque laboureur creuse un trou de quinze à vingt pieds de profondeur sur trois pieds d'ouverture, et huit à dix pieds de largeur à son fond. Au moment d'y renfermer le grain, on jette dans ce trou de la paille à laquelle on met le feu. Cette opération, répétée pendant trois jours, sèche et durcit les parois. Lorsque ces parois sont refroidies, on étend au fond du trou une épaisse couche de paille, et à mesure qu'on le remplit de blé on place également de la paille sur son pourtour. Ce blé est bien nettoyé et bien sec. L'ouverture est comblée par deux pieds d'épaisseur de paille, et recouverte, 1° d'une vieille roue de charrue; 2° d'une claie; 3° de deux à trois pieds de terre argileuse. »

J'ai cité cette manière d'opérer parcequ'elle est peu coûteuse et qu'elle paroît remplir fort bien son objet, puisque des dépôts trouvés dans ces derniers temps autour de l'emplacement de villages détruits par les Turcs, en 1526, offrirent du blé encore bon.

Lorsqu'on retire le blé de ces mattamores il a un goût de renfermé ; mais en l'exposant pendant quelques jours à l'air il le perd en partie, et encore mieux quand on le lave.

Un peuple riche ne doit pas se contenter de ces mattamores ; il lui en faut de plus solides et de moins sujettes à inconvéniens. Des constructions exactement semblables à celles destinées à conserver les eaux pluviales, à des citernes telles que mon collaborateur de Perthuis les indique, sont celles que je dois conseiller. (*Voyez* Citerne.) On peut les faire en tout pays, parcequ'en tout pays elles sont hors des atteintes de l'infiltration des eaux extérieures, par la solidité et l'exactitude de leur revêtement ; seulement je voudrois que leur ouverture fût recouverte par un bâtiment.

Point de doute pour moi que les cultivateurs de toutes les parties de la France ne gagnent beaucoup à substituer les mattamores à leurs Greniers ou Chambres a grains. (*Voyez* ces mots et le mot Blé.) Les blés tendres et aqueux du nord ne s'y conserveront peut-être pas aussi long-temps que les blés durs et secs du midi ; mais il ne s'agit pas de les y garder des siècles : il est rare que plus de trois années d'abondance se suivent. L'important sera toujours de ne les renfermer qu'en état complet de dessiccation naturelle. Des larves de charançons, des larves d'alucites, des larves de trogossites peuvent être sans inconvénient renfermées avec lui ; elles périront bientôt ; ou, si elles se transforment en insectes parfaits, ces derniers ne pourront se propager. (B.)

MATURE (ARBRES DE). Ce sont des arbres propres à être employés à faire des mâts pour les vaisseaux. Comme il faut que ces mâts soient en même temps très élevés, très forts et très légers, il n'y a que les genres Pin, Sapin et Mélèze, qui puissent en fournir, du moins pour les vaisseaux de guerre. *Voyez* ces trois mots.

MATURITÉ. Etat des fruits qui sont arrivés au dernier point de leur accroissement, époque où le plus souvent ils tombent naturellement sur la terre pour y germer et donner naissance à une nouvelle génération.

On a longuement disserté sur la cause de la maturité des fruits ; mais cette cause nous sera toujours inconnue, comme toutes celles qui tiennent aux principes mêmes de l'organisation végétale. Un sage agriculteur, au lieu de rechercher cette cause, se contentera donc d'en observer les effets et d'étudier les moyens d'agir sur elle avec utilité pour lui.

La sécheresse et la chaleur, comme tout le monde peut s'en assurer chaque année, accélèrent la maturité des fruits; les maladies de plusieurs espèces et certaines lésions produisent le même effet. Qui ne s'est pas aperçu de la précocité des fruits sur les arbres mourans, sur les branches à demi rompues? Qui n'a pas remarqué que les fruits verreux étoient plus tôt mûrs que les autres? Les Grecs caprifient les figues pour accélérer leur maturité; les Egyptiens cernent l'œil de ces mêmes fruits pour arriver au même résultat. Je me suis souvent servi d'un moyen analogue dans le même but ; c'est de percer des poires et des pommes jusqu'aux deux tiers avec une vrille, dans le sens de leur longueur. Il est surprenant qu'on ne fasse pas usage en Europe dans l'art du jardinage de ces différens moyens. La COURBURE et l'INCISION DES BRANCHES sont les deux seuls pratiqués.

Par opposition on peut retarder la maturité des fruits, en plantant les arbres qui les doivent porter dans des expositions froides, en les garantissant de l'action des rayons du soleil, en les arrosant avec de l'eau immédiatement puisée pendant l'été dans un puits ou dans une fontaine, même seulement en les arrosant avec surabondance pour activer leur végétation.

La culture, par des circonstances qui jusqu'à présent ont échappé à nos recherches, parvient à créer des variétés qui sont plus précoces ou plus tardives que l'espèce dont elles émanent. La différence peut être du double en plus ou en moins, comme on en a des exemples nombreux dans les fruits et les légumes les plus communs.

On est même arrivé jusqu'à prolonger, plusieurs mois après l'époque où la végétation a cessé dans l'arbre, celle de la maturité des fruits qu'il a portés, ainsi que le prouvent beaucoup de poires et de pommes d'hiver.

Quelques agriculteurs appellent maturité de nature celle qui semble se compléter sur l'arbre, quoiqu'il soit de fait que les fruits se perfectionnent encore après qu'ils sont tombés naturellement. Une pêche, une fraise sont meilleures quelques heures après qu'elles sont cueillies qu'au moment où on les détache de l'arbre. Cela tient aux modifications qui se passent en elles, et principalement à la transformation des acides végétaux en sucre.

La maturité des fruits, dans la plupart des plantes, s'annonce par le changement de couleur des feuilles et des tiges, et sur-tout presque toujours par le changement de la leur propre. Elle est le plus souvent, dans les plantes annuelles, le terme de leur vie. Des circonstances presque aussi variables que celles des espèces se développent à l'instant même de cette maturité, c'est-à-dire que les capsules s'ouvrent, les aigrettes se développent, les pédoncules se détachent, etc., etc.

La plupart des fruits peuvent compléter leur maturité lors-qu'on coupe la plante entière qui les porte (ou une de ses por-tions suffisamment grande), parceque la sève qui est conte-nue dans la tige et dans les feuilles suffit pour leur fournir la quantité d'aliment qui leur est nécessaire pour arriver à la perfection. On fait fréquemment usage de ce moyen dans la grande et petite culture, pour éviter la perte des graines qui tombent ou se dispersent facilement, ou dont les oiseaux sont très friands, etc. Le colzat, la vesce, la laitue, le cresson, etc. sont principalement dans ce cas. Cependant il ne faut pas en abuser en coupant trop tôt ces plantes; car tout fruit qui n'est pas à parfaite maturité, s'il est dans le cas d'être semé, perd de sa force germinative, et donne des produits plus foi-bles ou de qualité inférieure.

Il a été reconnu que, dans les plantes dont les graines don-nent de l'huile ou de l'amidon, la maturité s'opère par la transformation du mucilage en huile ou en amidon; que dans celles dont les fruits sont susceptibles de fermentation vi-neuse, elle a lieu par la transformation du même mucilage en acide sacharin. Or, toutes les plantes cultivées peuvent se ran-ger dans une de ces trois divisions. L'huile et l'amidon seront donc d'autant plus abondans que les fruits seront plus mûrs; il faudra donc attendre quelque temps après la récolte pour les extraire, parceque le travail de la nature se continue dans la graine même isolée. Le vin, le cidre, etc., seront donc d'au-tant plus généreux que les raisins, les pommes, etc., seront plus complètement mûrs; il faudra donc attendre également plus ou moins après la cueillette de ces fruits pour fabriquer ces liqueurs.

Comme il me seroit impossible d'entrer dans tous les détails de pratique relatifs à la maturité de chaque espèce de fruit; que d'ailleurs il en sera fait mention aux articles qui les con-cernent toutes les fois que cela sera nécessaire, je me borne aux considérations générales qu'on vient de lire. Je finis par les réflexions de Rozier relatives aux fruits proprement dits, c'est-à-dire à ceux que l'homme cultive pour en manger la pulpe.

« Rien de plus intéressant que les travaux de la maturité. Le fruit, après avoir noué, a une saveur âpre, austère, acide : peu à peu l'âpreté disparoît et l'acide domine; il prépare le développement de la substance sucrée. A mesure que celle-ci se forme, la partie aromatique se développe, et enfin le fruit se colore sous l'admirable pinceau de la nature. Le point le plus long-temps exposé au soleil est celui qui change le pre-mier; peu à peu la couleur s'étend et gagne tout le fruit de

l'arbre à plein vent; car celui des espaliers appliqué contre
des murs reste souvent vert ou presque vert du côté exposé à
l'ombre. Dans cet état, c'est un fruit forcé dont la saveur et
l'odeur sont toujours médiocres. Le premier point mûr est
celui qui pourrit le premier, si rien ne dérange l'ordre de
la nature. C'est donc par une fermentation intestine, excitée
par la chaleur et la lumière du soleil, que la substance sucrée et aromatique se développe, et que sa pulpe et la pellicule qui la recouvre changent de couleur.

« On connoît la maturité d'un fruit lorsque, pressé doucement près de son pédicule, il obéit sous le doigt. La couleur
indique ce changement; mais les fruits d'hiver n'ont en général
qu'une seule couleur dominante et par-tout égale, parcequ'ils
n'ont pu recevoir sur l'arbre leur point de maturité, et dans le
moment de cette métamorphose ils ne sont pas colorés par les
rayons du soleil. La maturité développe l'intensité de couleur ;
mais la pomme d'api, par exemple, qui aura resté sur l'arbre,
recouverte par des feuilles, ne prendra qu'une simple couleur
jaune dans le fruitier, et ne sera jamais décorée de ce beau vermillon qui flatte si agréablement la vue. La lumière seule
du soleil donne le fard aux fruits et aux légumes. » (B.)

MAUCAUD ou MAUCAUDEE. Ancienne mesure de superficie. *Voyez* MESURE.

MAUVE, *Malva*. Genre de plantes de la monadelphie polyandrie, et de la famille des malvacées, qui renferme plus
de cinquante espèces, dont plusieurs sont très communes en
France, et fréquemment employées en médecine, et quelques unes propres à la décoration des jardins.

La MAUVE SAUVAGE OU GRANDE MAUVE, *Malva sylvestris*,
Lin., a les racines vivaces, pivotantes; les tiges droites, un
peu hispides; les feuilles alternes, pétiolées, arrondies, lobées,
crénelées et velues; les fleurs grandes, purpurines, rayées
d'une nuance plus foncée, réunies en petit nombre sur des
pédoncules axillaires. Elle croît très abondamment autour
des villages, dans les rues, les jardins, les cours, fleurit
tout l'été, s'élève à deux pieds et plus, et forme des touffes
souvent fort étendues. Sa saveur est fade et mucilagineuse.
Elle est fortement émolliente, adoucissante, laxative, et on
en fait un très grand usage en médecine, soit à l'intérieur,
soit à l'extérieur. Les bestiaux la mangent rarement; et comme
elle est quelquefois extrêmement abondante autour des fermes,
il convient de la faire arracher pour laisser moyen aux graminées utiles de pousser, ou pour faire de la litière et augmenter la masse de fumiers. Ses fleurs sont assez belles pour
lui mériter une place dans les jardins paysagers. Elle présente une variété à fleurs blanches.

La MAUVE A FEUILLES RONDES, ou PETITE MAUVE, a les racines annuelles; les tiges couchées; les feuilles alternes, longuement pétiolées, rondes, légèrement lobées et plissées; les fleurs petites et solitaires sur des pédoncules axillaires. Elle croît dans les mêmes endroits que la précédente, et n'est pas moins commune. J'en ai vu souvent des espaces considérables exclusivement couverts. Tout ce que j'ai dit de la précédente lui convient excepté la faculté d'orner.

La MAUVE ALCÉE a la racine bisannuelle; la tige droite, rameuse, velue, haute de deux pieds; les feuilles alternes, pétiolées, couvertes de faisceaux de poils, les radicales légèrement lobées, les caulinaires très profondément digitées; les fleurs grandes, purpurines, solitaires et axillaires. Elle croît dans les bois, et fleurit au milieu de l'été. C'est une plante fort élégante et très propre à orner les jardins paysagers, où on peut la placer à côté des buissons des derniers rangs.

La MAUVE MUSQUÉE a les racines bisannuelles; les tiges droites, velues; les feuilles alternes, pétiolées, les inférieures réniformes, lobées, et les supérieures très profondément digitées, toutes couvertes de poils simples; les fleurs rougeâtres et odorantes. Elle ressemble beaucoup à la précédente, mais elle s'élève moins. Du reste, ce que j'en ai dit lui convient complètement.

La MAUVE FRISÉE a la racine annuelle; la tige grosse, sillonnée, rameuse, haute de six à huit pieds; les feuilles alternes, pétiolées, réniformes, à sept lobes ondulés ou frisés en leurs bords, lisses et d'un beau vert; les fleurs petites, blanches et disposées en grappes dans les aisselles des feuilles supérieures. Elle est originaire du Levant, et se cultive dans quelques jardins. C'est une superbe plante, qui produit de brillans effets lorsqu'elle est convenablement placée. Il est fâcheux qu'elle soit annuelle. On la multiplie de ses graines, qu'on sème au printemps sur couche et sous châssis, et dont on repique le plant dans un terrain léger et chaud aussitôt qu'il a quelques pouces de haut. Elle est sensible à la gelée. (B.)

MAUVE EN ARBRE. *Voyez* KETMIE et LAVATÈRE.

MAUVE ROSE. *Voyez* ALCÉE et KETMIE.

MAUVIETTE. C'est l'ALOUETTE HUPPÉE.

MAYENNE. *Voyez* AUBERGINE.

MÉDAILLE DE JUDAS. *Voyez* LUNAIRE.

MÉDICINIER, *Jatropha*, Lin. Genre de plantes exotiques de la famille des EUPHORBES, comprenant quinze à vingt espèces, dont la plupart sont des arbres ou arbrisseaux indigènes des contrées chaudes de l'Amérique, ayant des feuilles simples, alternes, ordinairement palmées, et des fleurs disposées en corymbes. Ces fleurs sont unisexuelles et monoïques, c'est-à-dire les unes mâles, les autres femelles sur le même individu et sur le même corymbe. Dans quelques espèces cependant, telles que le *médicinier sauvage*, il y a des fleurs hermaphrodites.

L'espèce la plus intéressante est le MÉDICINIER A CASSAVE, connu sous le nom vulgaire de MANIOC. *Voyez* ce mot. Parmi les autres, il en est trois qui peuvent être de quelque utilité en médecine, ou dans l'économie rurale et domestique ; ce sont ,

Le MÉDICINIER CATHARTIQUE, *Jatropha curcas*, Lin., vulgairement *pignon de Barbarie*, *pignon d'Inde*, *noix des Barbades*. C'est le *ricinus americanus major*, *mine nigro* de Bauh, pin. 432, et le *ricinoïdes americana gossypi folio* de Tournefort, 656. Il s'élève à la hauteur de nos figuiers, et produit des fruits noirâtres, qui ont à peu près la forme et la grosseur d'une jeune noix. Sous une écorce lisse, épaisse et ridée, ces fruits renferment trois coques blanchâtres, dans chacune desquelles se trouve une semence oblongue et noire, qui, pressée seulement entre les doigts, laisse échapper une matière huileuse. Ce médicinier croît naturellement dans l'Amérique méridionale et dans toutes les îles de l'Archipel du Mexique ; on le trouve aussi aux Grandes-Indes. Il aime les lieux humides, et vient abondamment sur les bords des rivières et des ruisseaux. Comme il se multiplie facilement de bouture, on en fait quelquefois des haies vives. Il est plein d'un suc laiteux et âcre, qui a une odeur vineuse et narcotique, et qui tache le linge. On fait pourtant usage de ses feuilles pour les fomentations et les bains. Sa graine est un très violent purgatif, qui cause souvent des superpurgations dangereuses, s'il n'est administré à très petite dose et avec beaucoup de circonspection. Il convient de l'associer toujours à quelque correctif. Peut-être vaudroit-il mieux n'en faire aucun usage. En Amérique on extrait de cette graine une huile bonne à brûler, et propre aussi à résoudre les tumeurs et à donner de l'extension aux membres contractés.

Le MÉDICINIER MULTIFIDE, *Jatropha multifida*, appelé aussi *le médicinier d'Espagne* ou *noisette purgative*, Lin., arbrisseau très élevé, d'un feuillage élégant, que l'on cultive dans quelques Antilles pour l'ornement des jardins. Il a des feuilles profondément palmées, ordinairement à neuf lobes, des fleurs d'un rouge écarlate très vif, et des fruits de couleur safranée, gros comme une noix, et de la forme à peu près d'une poire. Les semences, qui ont un goût semblable à celui de l'aveline, sont très purgatives. Une seule suffit pour purger ; on l'avale écrasée dans du bouillon, ou coupée par petites tranches très

minces qu'on mange avec la soupe, ou pilée avec deux amandes douces, et délayée dans l'eau sous forme d'émulsion.

Le MÉDICINIER PIQUANT, *Jatropha urens*, petit arbrisseau de
trois à quatre pieds de hauteur. Il est ainsi nommé, parceque
toutes ses parties sont hérissées de poils blanchâtres et piquans,
principalement les feuilles, les jeunes rameaux et les fruits.
Dans les lieux où cet arbrisseau est commun, il incommode
beaucoup les voyageurs à pied, parceque l'effet de ses piqûres
se fait sentir long-temps. Par cette raison il seroit très propre
à former des haies défensives.

La culture des médiciniers dans nos climats ne peut être
qu'artificielle. On doit les élever et les tenir en serre chaude,
leur donner beaucoup d'air dans les grandes chaleurs, et les
arroser très peu en hiver, parceque la sève laiteuse qu'ils contiennent les maintient long-temps, en cette saison, dans un
état de fraîcheur suffisante. (D.)

MEI. Nom du petit MIL dans le département du Var.

MEILE. C'est la NÈFLE dans le département des Deux-
Sèvres.

MEILOT. Mélange de foin et de paille qu'on donne aux
bestiaux dans le département des Deux-Sèvres.

MEITIVE. C'est la moisson dans les départemens de l'Ouest.

MEITURE. Mélange de grains usité dans le département
des Deux-Sèvres.

MÉJÉ. Petit tonneau dont on se sert dans le département de
Lot-et-Garonne. Il contient à peu près la feuillette de Paris.

MÉLAMPYRE, *Melampyrum*. Genre de plantes de la didynamie angiospermie et de la famille des rhinantoïdes, qui
renferme sept à huit espèces, dont trois sont très communes
et une d'elles en même temps utile et nuisible à l'agriculture.
Elles doivent donc être mentionnées ici.

Toutes les mélampyres ont les tiges carrées; les feuilles opposées; les fleurs en épis terminaux et accompagnées de très
grandes bractées.

La plus importante à connoître parmi les trois indiquées
plus haut est la MÉLAMPYRE DES CHAMPS, autrement appelée
blé de vache, rougeole, queue de renard, qui est annuelle,
souvent très rameuse, rougeâtre, haute d'un pied; dont les
feuilles sont sessiles, lancéolées et très longues; les fleurs rougeâtres tachetées de jaune et les bractées dentées. On la
trouve abondamment dans les champs, au milieu des blés
peu soignés, principalement dans les terres de médiocre
qualité. Elle fleurit au milieu de l'été, et ses premières
graines sont tombées long-temps avant que les fleurs des bran-

ches soient épanouies. Presque toujours, à moins que le terrain ne soit très aride et très chaud (dans ce cas elle n'a ordinairement que deux branches), elle est encore en pleine végétation au moment de la moisson. Il résulte de ces deux faits qu'elle nuit à la végétation des blés, et qu'elle peut altérer la paille si elle n'est pas bien desséchée au moment où on amoncelle les gerbes.

Mais ce n'est pas sous ces deux rapports que la mélampyre des champs est le plus à redouter des cultivateurs jaloux de la perfection de leur art ; c'est en portant, au moyen de sa graine, qui diffère peu en grosseur du froment de qualité inférieure, des principes qui le rendent désagréable à la vue et au goût, et même dangereux pour la santé.

En effet, mon collaborateur Tessier, auquel on doit un très bon travail sur cette plante, observe que la farine dans laquelle il en entre fait un pain noir d'une odeur piquante et d'une saveur amère ; que ce pain offre souvent des taches rondes plus colorées, c'est-à-dire d'un rouge brun, allant toujours en diminuant d'intensité du centre à la circonférence, taches qui sont dues à ce que la graine de la mélampyre, étant cornée, se moud difficilement, qu'il en reste de gros fragmens dans la farine ; chaque fragment, dans ce cas, est le centre d'une de ces taches.

Quelques auteurs disent que le pain dans lequel il entre de la graine de mélampyre cause des pesanteurs de tête, d'autres qu'il ne fait point de mal. On a cherché à rendre raison de cette contradiction, en distinguant la graine pourvue de toute son eau de végétation de celle qui l'avoit perdue par la dessiccation. Je ne suis pas en état de décider dans ce cas, cependant j'observerai qu'ayant vécu pendant ma jeunesse dans un canton abondant en mélampyres, j'ai souvent mangé du pain, que sa graine rendoit d'un noir violet, sans m'être plus aperçu de ses effets que les plus pauvres cultivateurs qui en faisoient un usage habituel, et qu'étant retourné dans le même canton, il y a quelques années, j'eus de légers vertiges, uniquement pour en avoir mangé chez l'un d'eux dans un déjeûné de chasse. Peut-être peut-on conclure de ce fait que la seule habitude diminue les qualités nuisibles de la graine de cette plante.

Mais pourquoi, dira-t-on, n'extirpe-t-on pas la mélampyre des champs ? Parceque les hommes sont ignorans et paresseux. En effet, 1° le sarclage de cette plante n'est pas aussi facile que celui de plusieurs autres, principalement dans les lieux où on laboure à plat, parcequ'elle pousse tard, et n'est pas encore très grande lorsque le blé monte en épis ; 2° sa graine, comme la plupart des autres, se conserve dans la terre pendant plusieurs années lorsqu'elle est à deux ou trois pouces de profondeur, de sorte que les labours la ramènent successivement chaque année à la surface. C'est donc seulement par une culture savante, suivie pendant plusieurs années, qu'on peut espérer s'en débarrasser. Or cette culture savante, c'est celle indiquée au mot ASSOLEMENT, qui consiste à faire succéder à du blé des prairies artificielles qui ne permettent pas à la mélampyre de pousser et de se reproduire, et à ces prairies des pommes de terre, des haricots et autres cultures qui, obligeant à biner fréquemment la terre, produisent le même effet. Bien entendu qu'après cela on ne sèmera que des grains parfaitement purgés de mélampyre, soit en n'employant que les plus beaux de sa propre récolte, soit en en achetant dans un autre canton.

Dans quelques endroits où la mélampyre est très abondante, on coupe le blé au-dessus de ses têtes, soit pour les causes énoncées au commencement de cet article, soit pour en conserver le fanage aux bestiaux, qui tous l'aiment beaucoup. Les vaches sur-tout en sont si friandes qu'elles la préfèrent à toute autre plante; de là vient le nom vulgaire qu'elle porte. Le lait et le beurre de celles qui en sont nourries sont d'excellente qualité. On pourroit conclure de là qu'il seroit peut-être avantageux de la semer pour fourrage; mais il résulte des expériences de Tessier qu'elle vient mal lorsqu'elle est seule, et qu'il est difficile d'avoir de bonne graine, la première mûre tombant, comme je l'ai déjà fait remarquer, avant la formation des dernières; de plus sa qualité de plante annuelle la rendra toujours inférieure à la luzerne et autres plantes vivaces de même nature.

La MÉLAMPYRE DES PRÉS a les feuilles lancéolées, quelquefois dentées; les fleurs disposées en épis axillaires, unilatéraux, conjugués, écartés, et la corolle fermée. Elle croît dans les près, quelquefois avec une abondance telle, qu'elle domine sur toutes les autres plantes. On la connoît vulgairement sous le nom de *rougeole*. Les bestiaux et sur-tout les vaches la recherchent avec encore plus d'ardeur que la précédente, et elle donne à leur lait et à leur beurre les mêmes bonnes qualités. Il semble d'après cela que ce devroit être une plante précieuse dans les prairies; mais le vrai est qu'elle leur nuit, parcequ'elle s'oppose à la croissance des graminées et autres herbes, qu'elle perd beaucoup à la dessiccation, se réduit facilement en poudre lorsqu'elle est arrivée à cet état, et ne permet jamais de seconde coupe, puisqu'elle est annuelle comme la précédente, avec laquelle on la confond souvent sous le même nom. On doit en conséquence, si ce n'est la détruire, au moins empêcher, en l'arrachant avant sa floraison, qu'elle se multiplie au-delà d'un certain terme. Dans ce cas on la donne en vert aux vaches.

La MÉLAMPYRE DES BOIS a les feuilles souvent dentées et très longues, les épis axillaires, unilatéraux, conjugués, écartés, et les fleurs à corolle ouverte. Elle est annuelle et croît quelquefois avec une excessive abondance dans les bois montagneux. Ses qualités sont absolument les mêmes que celles des précédentes. Il est des lieux où on la ramasse avec le plus grand soin pour la nourriture des vaches, et il est fâcheux qu'on ne le fasse pas par-tout. Je ne puis que la recommander aux bonnes ménagères des pays de vignobles sur-tout, parceque là les vaches souffrent quelquefois des privations pendant les grandes chaleurs de l'été, époque où elle est dans sa plus grande vigueur. (B.)

MÉLANGE. Il est beaucoup de lieux où on est dans l'usage de mêler différentes plantes dans le même semis, ou dans la même plantation, soit dans la grande, soit dans la petite agriculture. Quelques écrivains ont approuvé, d'autres ont blâmé cette méthode. Le vrai est qu'elle a des avantages et des inconvéniens, mais que, convenablement pratiquée, elle est plus utile que nuisible aux produits des récoltes.

Lorsqu'on sème du seigle avec du blé, il n'y a pas de doute que le premier de ces grains mûrissant avant l'autre, il faut, lorsque l'époque de les couper est venue, que l'un soit trop mûr et l'autre pas assez; cependant il est des terrains où cette pratique est utile, parceque là, selon que l'année est sèche ou pluvieuse, le seigle ou le froment réussit seul. On peut citer en exemple la Crau. *Voyez* MÉTEIL.

Par-tout où on sème du seigle, du blé, de l'avoine avec la vesce, la gesse, les pois gris, etc., on a remarqué que ces plantes grimpantes, en s'attachant à leurs tiges, profitoient beaucoup mieux.

Les haricots et les pois, semés dans une plantation de maïs, s'entortillent autour des tiges de ce maïs, et se passent par conséquent de rames; de plus elles ombragent le pied de ce maïs, ce qui est utile dans certains cas.

Il y a presque toujours de l'avantage, dans les pépinières en sols sablonneux et secs, de planter des légumes entre les rangs des arbres d'un, deux et trois ans, pour conserver à leur pied une humidité tutélaire.

C'est constamment une très utile opération de semer avec le trèfle, avec la luzerne, avec le sainfoin, etc., de l'avoine et de l'orge, pour que ces dernières plantes garantissent les premières du hâle pendant les premiers mois de leur végétation. On gagne de plus une année, ou on se rembourse des frais de la culture et de la semence pendant cette année en agissant ainsi.

Un bon cultivateur doit semer des raves, de la navette, de la spergule, etc., sur ses blés, sur ses avoines, sur ses orges d'hiver, sur ses chanvres, etc., un mois avant la récolte, pour que ces plantes lèvent à l'abri de leur ombre et gagnent d'autant plus de temps pour arriver à toute leur croissance.

Les forêts qu'on plante d'une grande variété d'arbres subsistent beaucoup plus long-temps que celles qui n'en contiennent que d'une seule espèce.

Dans les jardins maraîchers des environs de Paris on sème constamment, chaque saison, trois sortes de légumes dans la même planche, soit en même temps, soit à quelques jours de distance, de manière que celle qui croît le plus vite ne nuise pas et ne soit pas gênée par celle qui pousse ensuite. Il en est de même, relativement à la troisième qui doit rester trois ou quatre mois en place. *Voyez* MARAICHER.

Il peut être cependant dangereux de trop étendre le principe de mêler les espèces de plantes les unes avec les autres. Un agriculteur prudent profitera des moyens qu'il lui donne de multiplier ou de favoriser ses cultures; mais n'en mésusera point trop, car d'un côté les racines trop rapprochées, et de l'autre l'ombre trop considérable nuiroient à la quantité et à la qualité de ses récoltes. *Voyez* ASSOLEMENS, AIR, LUMIÈRE, etc. (B.)

MÉLÉE. On donne ce nom, dans beaucoup de lieux, à de la paille de froment, d'avoine ou d'orge stratifiée, immédiatement après qu'elle est battue, avec du foin de la récolte de l'année.

Il y a deux résultats également avantageux dans la préparation de la mêlée. Le premier, en favorisant la circulation de l'air entre leurs brins, d'empêcher ou la paille ou le foin de moisir, si l'un des deux n'est pas parfaitement sec. Le second, d'imprégner la paille de l'odeur et de la saveur du foin.

Les bestiaux, sans distinction, mangent la mêlée avec plus de plaisir que la paille seule, et si elle les nourrit moins que le foin seul, c'est souvent un avantage. On devroit, par exemple, toujours stratifier ainsi la luzerne, le trèfle, le sainfoin, qui contiennent tant de parties nutritives sous un petit volume, que leur usage, lorsqu'il n'est pas réglé, est souvent nuisible à la santé des animaux; et que cependant il faut que l'estomac de ces animaux, sur-tout de ceux qui sont ruminans, soit toujours également lesté.

Faites donc de la mêlée, cultivateurs qui ne craignez pas le travail et qui voulez entretenir vos bestiaux en bon état, c'est-à-dire ni trop maigres ni trop gras! *Voyez* aux mots FOIN et PAILLE. (B.)

MÉLÈZE, *Larix*. Très grand arbre qui fait partie du genre des Pins dans les ouvrages de Linnæus, et qui a en effet les mêmes caractères dans la fructification que les Sapins ; mais il perd ses feuilles tous les ans, et ses fruits ont une autre disposition. Il se rapproche encore plus des véritables Cèdres. *Voyez* ces trois mots.

La tige des mélèzes est ordinairement très droite et recouverte d'une écorce lisse, tandis que celle des rameaux est écailleuse ; ce qui est en opposition à ce qu'on remarque dans la plupart des autres arbres. Ces rameaux sont horizontaux dans le bas et relevés dans le haut de la tige, qui est toujours terminée par une flèche élancée. Les feuilles sont linéaires, obtuses, molles, glabres, longues d'un pouce, divergentes et disposées en petits faisceaux. Les cônes sont sessiles, axillaires épars sur la partie supérieure des rameaux et gris dans leur maturité. Leur forme est ovoïde, et leur grosseur moyenne est celle du pouce.

C'est sur les montagnes les plus élevées et dans le nord de l'Europe que croît naturellement le mélèze. Il se refuse complètement aux pays chauds ; mais par la culture on peut facilement le multiplier dans les tempérés. Il réussit fort bien dans le climat de Paris, par exemple, où il commence à se garnir de feuilles et de fleurs dans les derniers jours de mars. A cette époque, encore plus que dans le reste de l'été, son feuillage, d'un vert extrêmement tendre et d'une disposition peu commune, produit un effet des plus agréables à l'œil du contemplateur ; et ses cônes de fleurs, alors d'un violet pâle, et ressemblant un peu à certaines fraises, contrastent avec elles de manière à se faire valoir réciproquement. Aussi le mélèze entre-t-il avantageusement dans la composition des jardins paysagers, où il se place et produit également de brillans effets, soit isolément au milieu des gazons, soit sur le bord des massifs, soit enfin au milieu même de ces massifs.

Mais ce n'est que très secondairement qu'on doit considérer le mélèze sous ses rapports d'agrément. C'est comme arbre utile que j'entreprends de le présenter ici.

Je ne puis mieux entrer en matière qu'en rapportant les observations que l'estimable et infortuné Malesherbes a faites à son égard dans son pays natal même. C'est lui qui parle.

« Le mélèze est le plus haut, le plus droit, le plus incorruptible de nos bois indigènes. Il est excellent pour tous les usages et très recherché ; car en plusieurs cantons de la Suisse une pièce de bois de mélèze coûte le double d'une pièce de chêne de même dimension.

« J'étois dans le Valais en 1778 ; on me fit voir une maison de paysan construite en mélèze, qui existoit depuis deux cent quarante ans, et le bois en étoit encore si sain et si entier, que je ne pouvois presque y faire entrer la pointe d'un couteau.

« On a fait des recherches pour employer les mélèzes à la mâture ; mais on en a trouvé très peu qui, avec une hauteur prodigieuse, eussent la grosseur requise.

« On tire malheureusement peu de parti d'un bois si précieux, parceque la nature ne le produit ordinairement que sur des montagnes très escarpées, au-dessus de la région où se trouvent les sapins, et dont il est très difficile de descendre de grosses pièces de bois. Il faudroit pour les exploiter construire des chemins à grands frais.

« Nous ne sommes pas encore certains que les mélèzes plantés dans nos plaines y parviennent jamais à la même hauteur que dans les Alpes ; mais nous savons déjà qu'ils s'élèveront pour le moins à la hauteur de nos chênes.

« L'expérience nous a appris que le mélèze s'élève facilement dans nos jardins ; cependant il ne s'en trouve jamais dans les Alpes qu'à une grande hauteur, et on ne le connoît pas dans les Pyrénées. Comment se fait-il qu'un arbre dont la graine est ailée et portée au loin par les vents reste depuis tant de siècles dans la région la plus élevée des Alpes, sans qu'on en voie dans la partie inférieure des mêmes montagnes ?

« Dans le Valais, où j'ai fait le plus d'observations, des pâturages sans arbres sont immédiatement au-dessous des neiges et des glaces. Les bois viennent ensuite. Il y en a de trois sortes, qu'on distingue aisément à leur verdure, les mélèzes, les sapins et les chênes. Ces derniers sont entremêlés d'autres arbres ; mais les premiers, qui occupent la région supérieure, et les sapins, qui couvrent l'intermédiaire, sont toujours exclusivement de la même espèce.

« Le mélèze est intolérant, si je puis me servir de cette expression. En effet, dans les bois de mélèze que j'ai vus, il n'y a pas de grandes herbes ni de broussailles comme dans les autres.

« Les pins et les sapins sont aussi des arbres intolérans, ainsi que tous les montagnards l'ont remarqué.

« Mais ce même mélèze, lorsqu'il est jeune, est un arbre délicat auquel nuit le voisinage des autres arbres et même des grandes plantes.

« Cela posé, il est aisé de concevoir comment la graine de mélèze, apportée par les vents, ne produit pas dans les environs de jeunes pieds.

« Si ces graines tombent dans les bois de sapin, qui sont les plus voisins, le sapin ne permet pas aux mélèzes de s'y établir.

« Si elles tombent plus bas, mais toujours sur le côteau, ce sera dans le bois de chêne, qui n'est pas un arbre intolérant ; mais ces bois sont excessivement fourrés et pleins de broussailles au milieu desquelles une plante aussi délicate que le jeune mélèze ne sauroit s'élever.

« Quant aux graines que le vent emporte dans la vallée, il s'y trouve trois sortes de terrains, des terres labourées, des vignes et des pâturages ; le plant qui en provient est labouré ou coupé avant qu'il soit assez fort pour être remarqué.

« Cela est si vrai, que j'ai vu chez le juge Veillon, dans la plaine de Berne, des mélèzes qui avoient crû naturellement sur la berge des fossés qui entouroient sa châtaigneraie, parcequ'il n'y avoit pas dans ce lieu de cause de destruction pour eux dans leur jeunesse, et que le propriétaire, loin de les détruire lorsqu'il les eut remarqués, interdit la totalité de sa châtaigneraie aux bestiaux et aux faucheurs, ce qui lui a donné en peu d'années un superbe bois de mélèze, qui, probablement un jour fera périr les châtaigniers.

« Le mélèze, observe Varennes de Fenilles dans son excellent ouvrage sur les qualités comparées des bois, semble avoir été destiné par la nature aux plus grands et aux plus importans services, puisqu'il est le géant des arbres de l'Europe. Il est hors de doute que son bois est incomparablement plus durable que celui du sapin ; mais nous ne connoissons pas encore sa force comparative. Il pèse sec cinquante-deux livres huit onces deux gros par pied cube. Pline cite une poutre que Tibère fit transporter à Rome, et qui avoit vingt-deux pouces d'écarrissage à la hauteur de cent dix pieds, ce qui, par ce calcul, le pied romain étant de onze pouces, indique que l'arbre dont elle étoit tirée devoit avoir deux cent vingt pieds de haut, et dix-huit pieds un tiers de circonférence à sa base. Si aujourd'hui on ne trouve plus de mélèze de cette force, cela vient probablement de ce qu'ils sont relégués dans des lieux où ils croissent trop serrés, et où on ne pense pas à aller les éclaircir pour augmenter leur croissance en grosseur.

« De l'aveu de ceux qui connoissent l'emploi du bois de mélèze, c'est le meilleur de tous pour la charpente, la menuiserie, les conduites d'eau, etc. Sa force égale au moins celle du chêne, et on ne connoît pas de bornes à sa durée. Chez les Grisons, on en fabrique des tonneaux qu'on peut appeler éternels, où le vin ne s'évapore presque pas. Dans toutes les parties des Alpes où il croît, on en bâtit des maisons, en plaçant des poutres d'un pied d'écarrissage les unes sur les autres. Sa résine, attirée par la chaleur du soleil, en bouche tous les intervalles de manière à rendre ces maisons impénétrables à l'air et à l'humidité. Il graisse l'outil avec lequel on le travaille, et n'est pas propre pour le tour. Il ressemble à du bois de sapin à couches très serrées; tantôt il est blanc, tantôt coloré en jaune ou en rouge.

« On a remarqué que le mélèze qui vient dans le Valais, au pied des montagnes, fournit un meilleur bois que celui des hauteurs, ce qui est un préjugé favorable pour la qualité de celui cultivé en plaine.

L'écorce des jeunes mélèzes est astringente, et s'emploie dans les tanneries.

Ce n'est pas seulement dans les Alpes que se trouve le mélèze; plusieurs chaînes de montagnes de l'Allemagne en contiennent, ainsi que quelques unes de celles du nord de l'Europe et de l'Asie. On a regardé celui de Sibérie et celui de la Chine comme formant des espèces distinctes; mais il y a tout lieu de croire que ce ne sont que des variétés de celui des Alpes. Il n'en est pas de même de celui d'Amérique, appelé *épinette rouge* au Canada. Il forme deux espèces bien caractérisées, ainsi que l'a prouvé Lambert dans sa monographie des pins, et ainsi que j'ai pu le vérifier sur les fruits que j'ai reçus de ce pays.

On ne peut donc mettre en doute l'importance dont il seroit pour la prospérité de la France de faire de grandes plantations de mélèzes, non seulement sur les hautes montagnes qui en sont privées, telles que les Pyrénées, les Cévennes, le Cantal, le Gévaudan, les Vosges, etc. etc., mais encore sur les collines, et même dans les plaines qui sont au nord de Paris. Tous les terrains, excepté ceux qui sont aquatiques, leur conviennent. L'exposition du nord est celle où ils profitent le mieux dans le climat de Paris, mais ils s'accommodent de toutes les autres. Varennes de Fenilles croit que la chaleur des plaines de Bresse est le degré de chaleur moyenne qu'ils peuvent supporter, parceque ceux qui étoient plantés dans ses jardins jaunissoient dans les chaleurs de l'été, et que ceux que Latour d'Aigue avoit placés à l'exposition du nord, aux environs d'Aix, après avoir d'abord poussé assez bien, se sont arrêtés et sont restés dix ans vivans sans former de nouveau bois. Je ne m'éloignerai pas du sentiment de cet excellent observateur, et j'ajouterai que ceux des environs de Paris amènent rarement leurs graines à bien, tandis qu'un peu plus au nord ils en fournissent de bonnes presque toutes les années.

On a mis en doute si les mélèzes cultivés dans la plaine viendront aussi grands que ceux crus sur le sommet des montagnes, et si leur bois sera aussi bon. Il n'est pas encore possible de résoudre cette question; car les plus vieux de ces arbres qui se trouvent dans les jardins des environs de Paris n'ont pas plus de cinquante à soixante ans, et il faudroit faire des essais comparatifs nécessairement de longue haleine. Tout ce que je puis assurer c'est que dans les pépinières il pousse dans sa jeunesse avec tant de rapidité, que les jets de trois ou quatre pieds par an n'y sont pas rares, et que les échantillons d'arbres de vingt ans, que j'ai été dans le cas d'examiner, annonçoient une excellente qualité ; ils laissoient transsuder des fentes de leur écorce une résine d'une odeur agréable, quoique sans doute inférieure à celle des vieux.

Les cônes de mélèze doivent être cueillis à la fin de l'automne, et conservés dans un lieu ni trop sec ni trop humide, jusqu'au printemps, lorsqu'il n'y a plus de gelées à craindre. A cette époque on les expose au soleil sur des toiles, ou auprès du feu, afin de faire ouvrir leurs écailles et occasionner la chute des graines qu'elles recouvrent. Comme il en reste toujours, lorsqu'on ne veut pas les perdre, il faut nécessairement déchirer les cônes avec un couteau. Ces graines peuvent se conserver plusieurs années sans perdre leurs facultés germinatives.

Je n'ai pas connoissance qu'on ait nulle part, en France, tenté de faire un semis de mélèze en grand, dans l'intention d'en former une forêt ; ainsi je ne puis indiquer le moyen d'y parvenir d'après l'expérience. Je dois donc me borner à mentionner ici la méthode qu'a proposée Tschoudi, méthode qui me paroît conforme à une saine théorie.

Si on semoit le mélèze dans un champ bien nettoyé, il y auroit à craindre que la sécheresse de l'été, ou l'ardeur du soleil, ne fît périr le plant au moment même où il sortiroit de terre. Si on le semoit avec d'autres graines de plantes annuelles, il seroit probable qu'il périroit également étouffé, ou au moins étiolé par ces plantes. Il lui faut donc et un terrain net et de l'ombre. C'est pourquoi Tschoudi propose de planter des haies de saule marceau, ou d'autres arbres d'une végétation rapide, à quatre pieds de distance les unes des autres, et en opposition au sud-ouest, en remplissant l'intervalle de quelques pouces de terre légère, si le sol est compacte. Lorsque ces haies auront atteint six pieds de hauteur, on sèmera les graines de mélèze très peu épais, et on les recouvrira de quelques lignes seulement de terre, ou mieux, de terreau. Le plant levé sera exactement sarclé et éclairci. Au bout de cinq à six ans les haies pourront être coupées, et on aura un bois de mélèzes. *Voyez* TOPINAMBOUR.

Dans les pépinières on sème toujours le mélèze à l'exposition du nord et dans une terre très légère. Le plant se sarcle et s'arrose au besoin. Au printemps de l'année suivante, lorsque la sève commence à se mouvoir dans ce plant, on le repique dans une autre place, à six pouces de distance, mais toujours au nord. Deux ans après on le relève de nouveau pour le placer en plein soleil, à vingt ou vingt-cinq pouces. Il reste dans ce nouveau local deux autres années, après quoi il doit être planté à demeure. Si on tardoit plus long-temps, on risqueroit de le perdre ; cependant on a des exemples de transplantations qui ont réussi à un âge plus avancé. Dumont Courset en a planté qui avoient quinze pieds de haut.

C'est au printemps, au moment où les boutons commencent à s'épanouir, qu'on doit transplanter le mélèze. Il est remarquable, observe Varennes de Fenilles, que celui qui termine sa flèche, et qui est destiné à la continuer, soit celui qui s'épanouisse le dernier. Les rameaux sont déjà couverts de verdure, qu'il n'en montre pas encore la plus petite indication : c'est une précaution de la nature ; car si le bouton est gelé ou rompu, l'arbre cesse de croître en hauteur s'il est vieux, ou ne devient jamais beau s'il est jeune.

La plupart des arbres résineux ne supportent pas sans inconvénient l'élagage ; mais cette opération, usitée sur le mélèze, lui est quelquefois avantageuse. Il faut cependant la faire graduellement, c'est-à-dire couper une année, en automne, et après la chute des feuilles, le rang inférieur des branches à quelques pouces du tronc, et la suivante le second rang, avec la même précaution ; plus, les chicots de la précédente, ainsi de suite, et ne pas la pousser plus loin. Ces précautions sont fondées sur la nécessité de ne pas occasionner une trop grande déperdition de résine.

On peut aussi, sans danger pour la vie de l'arbre, tondre les mélèzes en pyramides, en boules ou autres formes, comme l'if. Ainsi tondu et petit, il fait un très joli effet dans les parterres.

Outre la multiplication par semences, on peut encore employer celle des marcottes pour cet arbre ; mais il ne faut faire usage de cette dernière que faute de graines, parceque les arbres qui en proviennent sont rarement beaux, et jamais d'une longue durée. Ces marcottes, dans un terrain frais, prennent racine dès la première année, et peuvent être levées la seconde.

Dans l'énumération des qualités du mélèze, je n'ai pas fait mention de la manne, de la gomme et de la résine qu'il fournit, me réservant d'en parler séparément.

La manne est un suc propre, d'un goût fade et sucré, qui suinte de l'écorce des jeunes branches pendant la nuit, qui se coagule en petits grains blancs et gluans, et qui disparoît dès que le soleil a pris un peu de force. Les jeunes arbres en sont quelquefois tout couverts. Les vents froids s'opposent à sa formation. Cette manne a la même propriété que celle du frêne de la Calabre, c'est-à-dire qu'elle est purgative. On en fait peu d'usage cependant en médecine, où elle est con-

nue sous le nom de *manne de Briançon*, du lieu où on en récolte le plus ; en conséquence elle est d'un très petit produit.

La gomme se trouve au centre des troncs, autour de la
moelle. On ne peut l'obtenir qu'en fendant l'arbre. Elle est
analogue, par toutes ses propriétés, à la gomme arabique, se
mange et sert comme elle dans les arts. C'est Pallas qui, je
crois, l'a fait connoître le premier. Je ne l'ai jamais vue.

La résine du mélèze est toujours liquide, visqueuse, plus
épaisse que l'huile, demi-transparente, de couleur jaunâtre,
d'une odeur aromatique, forte et agréable. On la connoît, dans
le commerce, sous le nom de *térébenthine de Venise*. On l'obtient en faisant, au pied de l'arbre, une entaille avec la hache,
ou des trous avec une grosse tarière, depuis la fin de mai jusqu'au commencement d'octobre. Elle coule dans des baquets
de bois, d'où on l'enlève tous les deux ou trois jours. On la
passe dans un tamis si elle est mêlée d'impuretés. Son abondance est toujours proportionnée à la chaleur du jour et à
l'exposition plus ou moins méridienne. Lorsqu'elle cesse de
couler, on rafraîchit l'entaille, ou on perce de nouveaux trous
au-dessus des premiers. On croit, dans la vallée de Chamouni,
que plus le trou est profond, et plus la résine a de la qualité ;
en conséquence, là on les prolonge jusqu'au centre de l'arbre.
Un arbre peut chaque année fournir, pendant quarante à cinquante ans, sept à huit livres de résine ; mais cela l'énerve et
diminue de beaucoup la qualité de son bois ; ainsi on ne doit soumettre à cette récolte que ceux situés dans les lieux où on ne
peut les exploiter pour la charpente ou la ménuiserie, lieux
très communs dans les montagnes ou croît naturellement le
mélèze. Je parle d'après l'opinon commune ; car M. Malus, dans
un mémoire inséré tome dix des Annales d'agriculture, prétend que l'extraction de la racine ne diminue ni la dureté,
ni la force des arbres résineux, et augmente leur légèreté. Je
renvoie à son mémoire ceux qui voudroient connoître ses
preuves, car je n'ai personnellement aucune observation propre
à fixer mes idées sur ce fait.

La térébenthine est recommandée en médecine comme diurétique et balsamique. Elle donne à l'urine une odeur de violette. On en compose aussi des emplâtres. Elle entre dans beaucoup de vernis. Distillée avec de l'eau, on en retire ce qu'on
appelle *huile essentielle de térébenthine* ou *essence de térébenthine*, ou simplement *essence*, produit d'un usage si fréquent dans les arts, soit pour les vernis, soit pour rendre les
huiles plus sicatives, et dont les propriétés médicinales sont
encore plus actives que celles de la résine. Son odeur est pénétrante et sa saveur âcre.

Le résidu de la distillation de la térébenthine est une

résine sèche, qu'on appelle *colofane* ou *colofone*, résine très employée par les chaudronniers, les plombiers et les potiers d'étain, pour les étamages et la soudure des métaux. Les joueurs de violons ne peuvent s'en passer pour dessécher leur archet et rendre plus nets les sons qu'ils tirent de cet instrument.

Voyez Pistachier et Sapin, arbres dont on retire également de la térébentihne, pour le complément de cet article.

Le mélèze a branches pendantes, ou *mélèze noir d'Amérique*, a les branches pendantes, brunâtres, et les écailles des cônes plus grandes que les bractées. Il est originaire du Canada. On le cultive dans quelques jardins, où on le multiplie de graines tirées de son pays natal, ou par marcottes, ou même par la greffe sur l'espèce commune. Il ne paroît pas présenter, comme arbre utile, des avantages supérieurs à ceux ci-dessus indiqués.

Le mélèze a petits fruits a les cônes presque ronds, gros comme le petit doigt. Leurs écailles sont orbiculaires et glabres. C'est le *larix americana* de Michaux. Il croît naturellement dans les états du nord de l'Amérique. On le cultive comme le précédent dans quelques jardins des environs de Paris. Ce que j'ai dit de ce dernier lui convient. (B.)

MELIER. C'est un des noms du Néflier commun. *Voyez* ce mot.

MELILOT, *Melilotus*. Genre de plantes de la diadelphie décandrie et de la famille des légumineuses, qui renferme une douzaine d'espèces, lesquelles font partie des trèfles dans les écrits de la plupart des botanistes.

Le mélilot officinal a les racines pivotantes, fibreuses; les tiges droites, rameuses, hautes de deux à trois pieds; les fleurs jaunes, en grappes axillaires et pendantes. Il est annuel ou bisannuel, et croît en Europe dans les champs, les bois, les haies. Ses feuilles sont odorantes, ont une saveur âcre et amère, et passent pour émollientes, carminatives et résolutives. On en fait assez fréquemment usage à l'extérieur et en lavement. On en tire une eau distillée odorante, qui est employée pour exalter les autres parfums. Il est des endroits où il croît si abondamment, qu'il nuit aux récoltes du blé, et on a beaucoup de peine à en purger les champs, parcequ'il laisse tomber une partie de ses graines avant la moisson. Ce n'est que par les assolemens dans lesquels entrent les prairies artificielles et les cultures qui demandent des binages d'été, qu'on peut y parvenir complètement.

Tous les bestiaux, et principalement les moutons et les chevaux, aiment beaucoup le mélilot, sur-tout avant sa floraison.

Ils le mangent également lorsqu'il est sec. Dans cet état il est très propre à aromatiser le foin et à le rendre plus agréable au goût. Un bon agronome doit donc en semer, soit pour le donner en vert à ses animaux, soit pour le mélanger avec ses autres fourrages. Tout terrain, pourvu qu'il ne soit pas aquatique, lui convient. J'en ai vu dans les sols les plus arides de suffisamment beau pour faire croire que, quoiqu'il y vienne moins haut que dans ceux qui sont meilleurs, c'est là qu'il convient de le semer de préférence. Comme l'espèce suivante présente des avantages encore plus marqués, et que j'ai un excellent guide pour rédiger son article, j'y renvoie le lecteur.

Le MÉLILOT BLANC, ou *mélilot de Sibérie*, a été regardé par Linnæus et la plupart des botanistes comme une variété du précédent; mais Thouin, dans un mémoire imprimé parmi ceux de l'ancienne société d'agriculture de Paris, année 1788, a prouvé que c'étoit une espèce. Il s'élève de six à huit pieds et plus; ses grappes sont plus allongées, et leurs fleurs sont plus petites et constamment blanches.

Le même agriculteur présente ce mélilot comme un des meilleurs fourrages dont on puisse introduire la culture en France. Tous les bestiaux l'aiment tant en vert qu'en sec, et il fournit prodigieusement. On peut en faire trois et souvent quatre coupes par an; on le doit même, parceque d'abord ses tiges deviennent ligneuses avec l'âge et cessent par conséquent d'être mangeables, ensuite parceque de bisannuelle qu'il est naturellement on le rend, par ce moyen, vivace pour plusieurs années. Les terrains légers et humides sont ceux qui lui conviennent le mieux, cependant il vient dans tous ceux qui ne sont pas aquatiques. Il fournit une grande quantité de graines qui peuvent être données aux volailles et aux cochons. Les tiges des pieds qu'on réserve pour graines, et dans une bonne culture il faut toujours en réserver un certain nombre, sont très propres à chauffer le four, à augmenter la masse des fumiers, à faire de la potasse, etc.

Il est donc beaucoup à désirer que cette espèce entre enfin dans les assolemens de la grande agriculture. Ce n'est point la faute du célèbre professeur qui l'a préconisée le premier si elle ne s'y emploie pas, car il en a distribué immensément de graines, mais celle des évènemens politiques qui ont distrait des expériences agricoles les riches propriétaires, seuls cultivateurs qui en fassent. Je fais donc des vœux pour que mes concitoyens reviennent sur cet important objet.

Thouin observe encore que le mélilot blanc est d'un rapport bien plus considérable lorsqu'on le cultive avec la vesce de Sibérie, ces deux plantes ayant toutes les qualités qui doivent en faire désirer la réunion. En effet leur durée est la même ; elles poussent, fleurissent en même temps. Les racines pivotantes de la première et traçantes de la seconde ne se nuisent pas. L'un fournit une nourriture substantielle et échauffante, dont les effets sont corrigés par le fourrage tendre et aqueux de l'autre.

Le MÉLILOT BLEU se reconnoît facilement à la couleur bleue de ses fleurs. Il est annuel ou bisannuel, et s'élève de deux ou trois pieds. On le trouve dans les parties orientales de l'Europe, et on le cultive fréquemment dans les jardins où on le connoît sous les noms de *lotier odorant*, *baumier*, *trèfle musqué*, *faux baume du Pérou*.

Toutes ses parties, et sur-tout ses sommités fleuries ou chargées de fruits, exhalent une odeur plus forte et plus agréable que celle du premier, odeur qui devient même plus intense après la dessiccation. Les abeilles recherchent encore plus ses fleurs que celles des autres espèces, qu'elles aiment cependant beaucoup, et c'est leur rendre un service essentiel que d'en semer aux environs de leur rucher.

On met fréquemment des sommités de ce mélilot dans les appartemens, les armoires, pour leur donner une bonne odeur; on les fait entrer dans les sachets odorans; on en tire une eau distillée; enfin on peut l'employer absolument à tous les usages des précédens.

Les trois espèces de mélilots précités peuvent être employées à l'ornement des jardins, sur-tout des jardins paysagers, où quelques touffes placées avec intelligence produisent d'excellens effets; mais c'est la dernière qu'on préfère généralement à cause de son odeur. On en fait des touffes, des bordures, etc. On les sème sur un bon labour en automne ou au printemps, selon qu'on veut avoir des pieds plus ou moins forts, plus ou moins hâtifs à porter des fleurs. Dans la grande culture, c'est presque toujours en automne peu après les moissons qu'elles doivent l'être, parcequ'elles lèvent avant l'hiver et poussent de bonne heure au printemps, ce qui permet de les couper un plus grand nombre de fois. Elles sont un excellent assolement après le blé sous tous les rapports.

Le MÉLILOT HOUBLONET, *Trifolium agrarium*, Lin., vulgairement appelé le *trèfle houblon*, le *petit trèfle jaune*, le *timothy*, se rapproche des trèfles, mais a encore les caractères des mélilots. Il est annuel, s'élève à un pied, fleurit à la fin de l'été et croît abondamment dans les champs sablonneux, sur les jachères, etc. Sa tige est très rameuse, ses fleurs sont jaunes et disposées en têtes ovales qui, après la floraison, ressemblent un peu aux chatons du houblon; ses fanes sont un excellent fourrage, que les chevaux sur-tout aiment avec passion. C'est une des plantes qui nuisent le moins aux céréales ; cependant les agriculteurs, amis de la propreté de leurs champs, doivent la proscrire comme les autres, sauf à en semer à part pour leurs bestiaux s'ils le jugent à propos; mais il y a bien d'autres plantes à préférer, sans compter les précédentes.

Les autres espèces de mélilot sont moins importantes à connoître et plus rares que celles dont il vient d'être fait mention. (B.)

MÉLIQUE, *Melica*. Genre de plantes de la triandrie digynie et de la famille des graminées, qui renferme une quinzaine d'espèces, dont trois sont assez communes et assez importantes sous les rapports d'utilité pour mériter d'être citées ici.

La MÉLIQUE CILIÉE a les fleurs disposées en épis et les balles florales ciliées. Elle est vivace, croît sur les collines pierreuses de quelques parties de l'Europe, sur-tout du midi, et est remarquable, en automne, par l'élégance de ses épis. C'est un très bon fourrage que tous les bestiaux recherchent, et qui est très précieux en ce qu'il est précoce et souvent abondant, mais dont on ne peut faire des prairies artificielles, ni des gazons dans les jardins, parcequ'il croît toujours en touffes et que les plus fortes étouffent les plus foibles. Il est cependant utile de le semer par-ci par-là dans les prairies élevées, les pâturages et autres lieux analogues.

On peut en placer avantageusement quelques pieds sur les rochers et les collines des jardins paysagers.

La MÉLIQUE UNIFLORE a les fleurs disposées en panicule et en très petit nombre. Elle est vivace et croît dans les bois de presque toute l'Europe. Sa racine porte rarement plus de deux ou trois tiges fort peu garnies de feuilles. Par le fait c'est donc un très maigre fourrage, mais tous les bestiaux le mangent avec plaisir, et les bœufs et les chevaux en sont très friands. De plus elle croît sous les grands arbres, c'est-à-dire dans des endroits où peu d'autres graminées peuvent végéter. Sous ces deux rapports elle doit donc être précieuse aux yeux des cultivateurs. Il est des pays où pendant les chaleurs de l'été elle est la base de la nourriture des bêtes à cornes, qu'on met à cette époque dans les bois. La MÉLIQUE PENCHÉE, qui n'en diffère presque pas, et qui est plus rare, a positivement les mêmes avantages.

La MÉLIQUE BLEUE a les fleurs disposées en panicule droite et rapprochée de la tige. Elle est vivace, fleurit au commencement de l'automne, et croît par toute l'Europe dans les pâturages argileux qui conservent l'eau pendant l'hiver. Elle diffère beaucoup des précédentes par le port et est remarquable par sa tige non articulée et haute de 4 à 6 pieds. Les bestiaux mangent ses jeunes pousses, mais la dédaignent lorsqu'elle monte en fleur. On se sert de ses tiges, dans les landes de Bordeaux, de la Sologne, de la Westphalie, etc., où elle est excessivement abondante, pour faire des balais, tresser des nattes, des cordes, des paniers, couvrir les maisons, fournir de la litière, etc., etc. C'est un trésor pour ces cantons de désolation. On l'a citée comme avantageuse pour fixer les sables; mais je me suis assuré dans la forêt de Montmorency, où elle est très commune, qu'elle ne subsistoit pas plus d'un à deux ans dans les lieux qui n'étoient pas couverts d'eau une partie de l'année. Je ne crois pas qu'il soit nulle part utile de la multiplier lorsqu'on peut s'en dispenser.

MÉLISSE, *Melissa.* Genre de plantes de la didynamie gymnospermie, et de la famille des labiées, qui renferme six ou sept espèces, toutes remarquables par l'odeur forte qu'exhalent leurs feuilles et leurs fleurs, et dont une est d'un très grand usage en médecine.

La MÉLISSE OFFICINALE a les racines vivaces; les tiges quadrangulaires, rameuses, hautes de deux ou trois pieds; les feuilles opposées, pétiolées, ovales, dentées, ridées, velues et d'un vert pâle; les fleurs petites, blanches et disposées en verticille dans les aisselles des feuilles supérieures. Elle croît en Europe dans les lieux incultes, sur le bord des bois, des haies, etc., principalement dans les parties méridionales, et fleurit pendant une partie de l'été. On la cultive beaucoup dans les jardins, non pour sa beauté, qui est peu remarquable, mais pour la bonne odeur de ses feuilles, odeur qui approche de celle du citron, et d'où lui est venu le nom de *citronnelle* qu'elle porte vulgairement. Elle s'appelle *piment des mouches à miel*, parceque les abeilles la recherchent beaucoup.

Cette plante a une saveur âcre, aromatique et balsamique. Elle tient un rang distingué entre les médicamens céphaliques, stomachiques et carminatifs. On l'emploie en infusion théiforme, et on en fabrique une eau fort célèbre sous le nom d'*eau des carmes;* elle entre dans celle appelée *eau de Cologne.* Ses feuilles, pour ces différens objets, doivent être cueillies avant la floraison. On les dessèche à peu près comme le thé, pour en faire usage pendant l'hiver, ou en avoir toujours sous sa main.

La culture de la mélisse, comme article productif, est d'une bien petite importance, mais il est peu de jardins où on ne cherche pas à en conserver quelques pieds. On la multiplie de graines qu'on sème au printemps dans des plates-bandes bien préparées. Les plants se repiquent la seconde année. Comme ce moyen est lent, on préfère généralement celui de la division des vieux pieds , en automne ou au printemps , division qui en donne de très forts dès la première année, car cette plante talle beaucoup. Elle vient dans tous les terrains , cependant elle a plus d'odeur dans ceux qui sont secs et chauds. On en connoît deux variétés ; une à feuilles panachées et l'autre à feuilles beaucoup plus velues. Cette dernière s'appelle *mélisse romaine.*

La MÉLISSE CALAMENT, ou simplement le *calament* , a les racines vivaces; les tiges droites, velues, hautes d'un à deux pieds ; les feuilles opposées, pétiolées, ovales, dentées, obtuses; les fleurs purpurines portées sur des pédoncules rameux et axillaires. Elle croît par toute l'Europe sur le bord des bois, des haies, sur les montagnes exposées au midi, parmi les pierres et les rochers, et fleurit pendant tout l'été et l'automne. Il est des lieux où elle est si abondante qu'elle domine sur toutes les autres plantes et qu'on peut utilement la couper pour faire de la litière, car les bestiaux n'y touchent pas. Ses feuilles ont une odeur agréable, une saveur âcre et un peu amère ; simplement appliquées sur la langue elles y causent , comme celle de la menthe poivrée, une sensation piquante et rafraîchissante. Elles sont stomachiques, incisives et carminatives. On en fait assez fréquemment usage et on en trouve plusieurs préparations dans les pharmacies.

Cette plante est assez agréable , lorsqu'elle est en fleur, pour mériter une place dans les jardins paysagers. On doit la mettre sur les rochers, sur le bord des massifs, contre les fabriques , etc. Elle ne demande point de culture. Il en existe une variété à plus grandes fleurs qui doit être préférée dans ce cas.

La MÉLISSE A PETITES FLEURS, *Melissa nepeta* , Lin., ne diffère presque de celle-ci que par la grandeur de ses parties, et a les mêmes propriétés.

MÉLISSE DE MOLDAVIE. *Voyez* DRACOCÉPHALE.

MÉLISSE DES MOLUQUES. *Voyez* au mot MOLUCELLE.

MÉLITE, *Melittis.* Plante vivace de la didynamie gymnospermie , et de la famille des labiées , à tiges quadrangulaires , velues, hautes d'un pied ; à feuilles opposées, ovales, crénelées , velues ; à fleurs grandes , rougeâtres , solitaires ou géminées dans les aisselles des feuilles ; qui se trouve dans les bois et les haies, et qui fleurit au commencement de l'été. L'odeur de ses feuilles est forte. Elle passe pour apéritive, vulnéraire et diurétique. On l'emploie quelquefois en médecine sous les noms de *mélisse sauvage , mélisse bâtarde, mélisse des bois* et *mélissot.*

Cette plante, par la grandeur et la couleur de ses fleurs , et par sa faculté de croître et de fleurir à l'ombre mieux qu'au soleil, mérite d'être placée dans les bosquets des jardins paysagers. Elle ne demande point de culture. Il suffit d'en semer les graines au printemps. Rarement elle forme des touffes, mais n'en produit que mieux son effet.

MELON, *Cucumis melo*. Plante Cucurbitacée, qui appartient au genre Concombre. *Voyez* ces mots. Le melon est un des fruits les plus agréables que l'Europe a tirés de l'Asie. Son goût et ses qualités l'ont fait rechercher ; et comme tous les climats ne sont pas propres à sa culture, l'art a suppléé à la nature, non seulement pour en avoir dans les lieux les moins favorables, mais encore pour s'en procurer dans plusieurs saisons, et en jouir neuf mois de l'année. Un fruit aussi recherché, et dont les primeurs avoient un grand prix, a fixé l'attention des jardiniers, qui en ont varié la culture suivant les températures, le temps où ils désiroient récolter, et les espèces jardinières qu'ils cultivoient. Ces cultures peuvent se réduire à deux principales, l'une de pleine terre, et l'autre sur couche, qui se divisent chacune en deux, auxquelles on peut rapporter toutes les méthodes de cultiver ce fruit précieux.

Culture naturelle. Le premier soin doit être, pour se procurer de la bonne graine, de choisir le plus beau fruit de chaque espèce et dans les climats chauds, de le laisser dessécher sur pied. Dans une température plus douce, attendre seulement que le fruit soit parvenu à sa plus grande maturité. Je ne pense pas qu'on doive laisser le melon pourrir sur pied. Je sais que plusieurs auteurs l'ont conseillé. J'ai suivi leur avis, et il m'a été facile de juger que le désir d'avoir des graines bien aoûtées les avoit induits en erreur. Les graines de plusieurs de mes melons pourris commençoient à se gâter, et les fruits que je récoltai de celles qui s'étoient conservées avoient un goût désagréable que je ne pus attribuer qu'à la pourriture du fruit.

Il suffit donc de cueillir les melons dans leur plus grande maturité, et d'en verser les graines avec les parties qui les enveloppent et le jus dans une assiette plate, dans laquelle on les laissera deux ou trois jours. On les séparera ensuite du jus et des autres parties, et on les fera sécher à l'ombre.

Plusieurs jardiniers sont dans l'usage de laver leur graines. D'autres au contraire la font sécher sans la laver, et se contentent de la séparer du parenchyme, et de la mettre à l'ombre. Cette dernière méthode est préférable, lorsqu'on ne sème que des graines de trois ans, ou plus, parcequ'on les dépouille par le lavage d'un mucilage qui contribue à leur conservation, en s'opposant aux effets de l'air ambiant qui tend à la dessiccation des cotylédons et du germe. Mais lorsqu'on sème des graines de l'année précédente, il est indifférent de les laver ou de n'en rien faire.

Toutes les graines qu'on trouve dans un melon ne sont pas également bonnes. Il faut les trier pour les semer. Les unes sont avortées, d'autres le sont en partie, et n'ont qu'un germe très foible. L'œil exercé les distingue facilement, et la différence de poids suffit pour les séparer. Les graines qui contiennent beaucoup d'albumen ou de parties nutritives sont plus lourdes, et si on les jette dans l'eau, elles vont à fond pendant que les autres descendent lentement ou surnagent. Il ne faut conserver que les premières, qu'on sépare des autres en couchant le vase pour faire écouler l'eau lorsque les bonnes graines sont à fond. L'eau en sortant du vase entraîne les mauvaises.

On n'est pas d'accord si on doit semer des graines nouvelles, ou s'il faut les conserver plusieurs années avant de les confier à la terre. Chacun cite des faits en faveur de son opinion, et prétend que sa méthode est la meilleure. Cette discussion sera interminable tant qu'on n'étudiera pas la nature et les principes d'après lesquels elle agit, et qu'on voudra conclure de quelques faits isolés qui ne prouvent presque jamais rien, parcequ'ils dépendent d'un grand nombre de circonstances qui modifient les effets, et les font varier d'un degré à un autre.

L'expérience a démontré que les graines nouvelles avoient une végétation plus prompte et plus vigoureuse que celles conservées plusieurs années, ce qui doit être, puisqu'elles ont moins perdu d'huile et d'eau végétative. Comme la sève y circule avec facilité, elle doit former des branches fortes et longues, et la plante doit acquérir dans un temps donné de plus grands développemens que celle d'une vieille graine. La différence de germination est telle que j'ai vu de vieilles graines qui mettoient le double de temps pour sortir de terre.

Mais si une vieille graine est plus long-temps à germer, si la sève y circule plus long-temps, si la plante qui en est le produit n'acquiert pas les mêmes dimensions, elle fournit des résultats qui peuvent être comparés à ceux de la greffe ou d'une branche courbée. La sève, en séjournant plus long-temps dans les canaux, y est plus élaborée ; elle nourrit les yeux, elle se concentre dans les fruits ; les fleurs sont moins sujettes à couler, les fruits plus sucrés, etc. Si on veut examiner les graines sur ces données, il sera facile de juger celles qui conviennent à chaque jardinier, d'après le climat qu'il habite, la qualité de la terre qu'il emploie, et le plan qu'il s'est proposé, soit de suivre le cours de la nature pour la maturité du fruit, soit de le devancer.

Ainsi, dans les pays chauds, où on cultive le melon en pleine terre et où il n'exige d'autres soins qu'un binage et un peu d'eau, si on désire diminuer la force de la végétation de la plante, et porter la sève dans les fruits, on conservera long-temps les graines, et on le fera d'autant plus que la terre sera plus substantielle. Les plantes qui en seront le produit auront une force attractive moins grande, leur sève circulera moins rapidement, elle produira moins de bois, et se portera plus dans les fruits. Ce principe doit être suivi plus exactement dans les cantons où on ne fait pas dévier la sève par la taille.

Mais si la température n'est pas favorable aux melons, et qu'il faille ajouter l'art à la nature pour faire végéter la plante jusqu'au moment où la chaleur du soleil pourra lui suffire pour la formation des fruits et leur maturité; si à ce premier inconvénient on ajoute une terre pauvre en parties nutritives comme le terreau usé des maraîchers de Paris, si enfin on veut forcer la nature pour obtenir des primeurs, et qu'on veuille produire à l'aide des couches et des châssis un développement de chaleur qui puisse remplacer celle de l'atmosphère; il faudra conserver à la plante une vigueur proportionnée aux obstacles à surmonter; et plus ils seront grands, plus il faudra que la graine soit nouvelle et bien choisie, sauf à modérer le mouvement de la sève par la taille, s'il étoit trop fort.

Ce qui se passe aux environs de Paris tend à justifier mon opinion. Les maraîchers ont observé qu'ils avoient autant de profit en semant des graines nouvelles qu'ils lavent le plus souvent, qu'en employant de vieilles graines. J'observerai qu'en lavant les graines, ils les dépouillent du mucilage qui se seroit opposé aux effets de l'air ambiant, et que cette extraction peut équivaloir, au moment du semis, à une année de conservation des graines.

Ils ne donnent à ces plantes qu'un terreau maigre et peu substantiel, et ils ne réparent ce défaut que par des arrosemens très fréquens, devenus nécessaires à raison de la friabilité de la terre et de la taille presque continue de ces plantes, qui perdent chaque jour par cette opération une partie des feuilles qui leur étoient essentielles pour aspirer les sucs nourriciers dans l'air. Il leur faut donc des semences vigoureuses et qui aient toute leur force attractive pour développer le germe et résister à un pareil traitement. Au surplus, on ne peut condamner les maraîchers de Paris. Il ne s'agit point pour eux d'avoir des fruits d'un goût exquis. L'essentiel est d'obtenir des melons primes et d'une bonne grosseur. S'ils y parviennent par cette méthode, peu leur importe qu'ils réunissent la bonté aux autres qualités, pourvu qu'ils soient vendus un haut prix. C'est le point capital pour des cultivateurs qui n'ont en vue que leur intérêt, et qui finiront par adopter une meilleure méthode, lorsque l'expérience leur aura prouvé qu'elle est plus avantageuse sous ce rapport. Quant aux amateurs et aux jardiniers qui spéculent autrement, je les invite à réfléchir sur les principes que j'ai émis. Leurs expériences réitérées mettront à même de décider si j'ai résolu la question relative à l'âge des semences.

Les graines bien choisies, il ne s'agit plus que de les confier à la terre. Plusieurs jardiniers les font auparavant tremper pour précipiter la germination. Cette opération est bonne pour les anciennes semences qu'on place sur couche, parceque leur germination est lente. Il est donc utile de le faire dans les climats tempérés où le temps est précieux pour ce genre de culture, et où on ne perd pas deux ou trois jours de chaleur sans danger.

Il est même des cas où on doit le faire pour les graines nouvelles, lorsqu'on est en retard de la fabrication des couches, ou qu'au moment de semer la chaleur de la couche retarde le semis de vingt-quatre heures. Mais doit-on préférer à l'eau pure, pour tremper les graines, du vin, de l'eau-de-vie, ou de l'eau dans laquelle on a mis de la poudrette, de la colombine, de la fiente de pigeon, ou tout autre fumier. Cette question est encore indécise. Les uns citent des faits en faveur de l'eau saturée de ces matières; les autres leur opposent des expériences qui paroissent prouver l'inutilité de ces pratiques. Je pense qu'on n'a pas fait des expériences assez suivies pour porter un jugement sans appel; et nos connoissances en physiologie ne me paroissent pas assez étendues pour nous mettre à même de donner une décision. D'un côté il est évident que la nature a préparé d'avance la nourriture destinée à l'embryon dans l'albumen déposé dans les cotylédons, et on peut supposer qu'il ne faut qu'un peu d'eau pour la délayer, et mettre le germe en état d'en aspirer les sucs nécessaires à son développement. De l'autre, il n'est pas impossible que les parties hétérogènes mêlées avec l'eau lui facilitent les moyens de pénétrer dans les cotylédons, et y pénètrent avec elle après de nouvelles combinaisons; on peut croire que ces parties, soit comme nourriture, soit comme augmentant la masse du calorique, ou en précipitant son mouvement, deviennent un stimulant qui renforce les facultés attractives du germe et accélèrent sa végétation. Quoi qu'il en soit, on doit être fort réservé dans l'emploi de ces matières, dont l'excès pourroit racornir ou corroder le germe, et la prudence doit déterminer les cultivateurs à ne faire usage de ces recettes qu'après des épreuvres multipliées.

La culture du melon est fort simple dans les lieux favorables à cette production. On y emploie ordinairement les terres des-

tinées aux jachères ; et, après un ou deux labours pour préparer ces terres à recevoir les semences d'automne, on y fait
de petites fosses d'un pied en tout sens, à douze, quinze et
vingt pieds de distance les unes des autres ; on remplit ces
fosses de terre franche bien substantielle, c'est-à-dire mêlée
de beaucoup de fumier bien consommé. Les curures des fossés
peuvent servir à cet usage. Les fosses remplies ont un rebord
ou petit talus formé par la terre qu'on en a tirée.

Lorsque la saison des gelées est passée, on y sème six graines de melon qu'on enfonce à un pouce. On arrose si la terre
se dessèche trop. Pour conserver la fraîcheur des fosses et
empêcher l'évaporation, on les couvre avec du fumier long
ou de la paille, de la balle de blé, ou avec d'autres matières
qui peuvent produire le même effet.

On ne met pas six semences dans la même fosse parcequ'on
veut six pieds de melon, mais parceque la graine et le jeune
plant ont plusieurs ennemis, et que quelques graines peuvent
être dévorées ou fournir des sujets foibles. La quantité de graines semées donne le moyen d'obvier à ces deux inconvéniens.
Si les insectes n'ont pas attaqué les jeunes plantes, et qu'elles
soient toutes vigoureuses, on détruit celles qui sont inutiles.
On ne taille pas les branches ; on se contente, lorsque le
fruit commence à nouer, de les disposer, ainsi que les bras ou
branches secondaires, de manière à les empêcher de se croiser ;
et lorsqu'elles ont depuis deux jusqu'à six pieds de long, on
enterre leurs extrémités, qu'on couvre de trois à quatre pouces
de terre, de manière cependant que le bout des branches soit
libre pour continuer à se développer.

Les branches prennent racine, et ces nouvelles racines augmentent la vigueur de la plante. Les points d'où sortent les
vrilles peuvent servir d'indice pour la partie des branches qu'il
faut enterrer. Les extrémités des branches en forment de nouvelles qui croissent rapidement. On renouvelle l'opération une
seconde fois, de manière qu'un seul pied tire sa nourriture
par des racines répandues sur six à dix points différens. Ces
pieds produisent beaucoup de fruits dont les plus beaux et les
plus mûrs servent à la nourriture de l'homme ; les autres sont
destinés à celle des animaux, et deviennent une ressource
précieuse dans les climats où les fourrages sont rares à cette
époque.

Cette facilité du melon à prendre racine prouve qu'à défaut d'une quantité suffisante de graines on le multiplieroit par
marcottes. Ce moyen assureroit la conservation des espèces ;
mais les pieds qui proviennent de ce mode de multiplication
n'ont jamais la vigueur de ceux provenus de graines, et sont
plus tardifs. Il ne pourroit en conséquence être employé que

dans le midi de la France, puisque dans le nord et même à l'ouest on ne peut faire mûrir le melon qu'en précipitant sa végétation par des moyens artificiels. Il est évident que des marcottes qu'on ne pourroit faire que dans le cours de l'été n'auroient pas le temps nécessaire pour la formation et la maturité de leurs fruits avant la cessation des chaleurs. Les boutures pour les melons de primeur sont plus avantageuses; elles fournissent le moyen de remplacer des pieds de melon qui ont fondu dans les baches ou sous les châssis. Ces boutures reprennent vite, s'étendent peu, se mettent promptement à fleurs, et l'époque de la maturité de leurs fruits diffère peu de celle des autres pieds.

On a proposé d'adopter cette méthode dans les départemens de l'ouest de la France; je ne crois pas qu'on puisse en retirer les mêmes avantages que dans le midi : la chaleur n'y est pas assez grande pour qu'on pût espérer de voir mûrir les fruits secondaires des parties des branches enterrées. En général, on y cultive les melons sur couche. Il faudroit, pour l'adoption de cette méthode, doubler ou tripler la distance des pieds de melon sur les couches; on n'auroit donc que la moitié ou le tiers des plantes qu'on y place : on s'exposeroit par-là à perdre la moitié ou les deux tiers de sa récolte, et on sacrifieroit le certain pour l'incertain. Au surplus, il est facile de tenter cette expérience sans frais. Il arrive quelquefois qu'un ou deux pieds de melon végètent mal, ou même viennent à périr sur une couche : il est alors facile de vérifier si cette méthode peut être employée avec succès; il ne s'agit que d'allonger une branche du melon voisin de la place vide, et de l'enterrer pour remplacer le pied qui manque.

Ces melonnières n'exigent ensuite d'autre travail que celui du sarclage, du binage et de la récolte des fruits, qui a lieu jusqu'à la mi-octobre, époque où il faut faire les labours pour les blés d'hiver. On cueille les fruits le matin; et si on veut les conserver plusieurs jours, on coupe la queue à deux ou trois pouces du fruit.

Il est probable qu'un petit nombre de soins donnés à ces melonnières, comme la suppression de quelques branches chiffonnes et celle de quelques fruits, lorsqu'ils sont trop multipliés, ajouteroient à la beauté et à la bonté des fruits; mais dans les climats où la nature est prodigue de ses dons, le cultivateur s'occupe rarement de les perfectionner; il n'y travaille que lorsqu'il y est forcé.

Il y a cependant des parties de la France méridionale, tels que les environs de Toulouse, de Perpignan, de Pesenas, etc., où la culture du melon est plus soignée, soit que la température soit plus variable à l'entrée du printemps, soit que les espèces qu'on y cultive soient plus délicates et demandent plus de temps pour parvenir à leur parfaite maturité, soit que les cultivateurs y soient plus industrieux. On y prépare au mois de mars une portion de terre à une exposition bien abritée, et l'on y sème la quantité de graines nécessaire pour le terrain que l'on destine à faire une melonnière, ou on met sur le fumier de la basse-cour deux ou trois pouces de terre préparée (six à neuf centimètres) dans laquelle on place ces graines. Quelquefois on garnit cette couche de petits pots de neuf centimètres d'ouverture (trois pouces), qu'on remplit de terreau ou de terre très légère et substantielle, et on met une ou deux semences dans chaque pot. La douceur de la température, à l'ouest de la France, exempte les cultivateurs de tous ces soins. On y emploie très rarement les châssis et les cloches.

Lorsque les jeunes plantes sont assez fortes pour être transplantées, c'est-à-dire qu'elles ont quatre feuilles, on les porte sur le terrain destiné pour la melonnière qu'on a préparée, comme je l'ai dit plus haut, et on les plante à six pieds de distance. On leur donne également les mêmes soins, soit pour l'arrosement, soit pour conserver la fraîcheur de la terre en diminuant l'évaporation.

Il faut de l'attention pour bien lever ces jeunes plantes en mottes, afin de faciliter la reprise; et les cultivateurs qui ont semé en pots ont un grand avantage sur ceux qui ont semé sur la couche : leurs plantes se transportent dans les pots jusqu'aux fosses, et il ne faut que tourner les pots ou les frapper légèrement pour en tirer les mottes.

Pour y parvenir, on place les doigts de la main gauche sur la partie supérieure du pot, de manière que la tige soit entre deux doigts et la plante au-dessus de la main, pour en éviter la pression. On renverse alors le pot qu'on enlève avec la main droite ; la plante et la motte restent dans la gauche. On pose la droite sur la motte pour la remettre dans sa position naturelle sans la défaire, et on la place dans la fosse. Cette méthode empêche que les racines soient exposées à l'air et que la terre s'en détache, ce qui arrive fréquemment pour les plantes qui ont été semées sur la couche ou en pleine terre. Un léger arrosement suffit pour réunir les terres de la fosse avec celle de la motte. Ces plantes ne s'aperçoivent donc pas du déplacement et ne se flétrissent pas, au lieu que les autres sont sujettes à cet inconvénient jusqu'à la reprise, et éprouvent un retard dans leur végétation.

Quand la plante a poussé une ou deux feuilles, on en pince l'extrémité pour déterminer la sortie de deux ou trois branches latérales. Rozier paroît condamner cette opération; mais je la crois utile, parcequ'en faisant dévier la sève de la ligne verticale que suit la tige jusqu'à ce que son allongement et son poids la forcent à s'incliner, elle en ralentit le mouvement et accélère l'époque de la floraison.

Cette opération est encore plus essentielle dans les climats tempérés, où il est nécessaire non seulement d'avancer le moment de la fructification pour profiter de la chaleur de l'atmosphère, mais aussi de garantir les jeunes plantes de la fraîcheur des nuits, et où on est souvent forcé de les couvrir le jour. En ralentissant le mouvement de la sève on n'a pas une seule branche très vigoureuse qui ne pourroit être contenue sous la cloche, et conséquemment garantie du froid et de l'humidité; mais on en obtient deux ou trois qui donnent la facilité de couvrir la plante dix à quinze jours de plus, comme je l'ai vérifié lorsque j'en ai fait l'expérience.

Lorsque ces nouvelles branches se sont un peu allongées, on les taille pour en obtenir de nouvelles. Cette taille, dangereuse dans les températures douces, peut être utile dans les climats plus chauds où la sève est très active et a besoin d'être ralentie dans son cours par ces déviations. C'est par le même principe qu'on taille les arbres en espalier sous l'angle de quarante-cinq degrés, et on doit en attendre les mêmes résultats. D'ailleurs ces cultivateurs ont probablement observé, comme je l'ai fait, que lorsqu'ils avoient deux fruits sur la même branche il y en avoit un qui s'emparoit d'une plus grande quantité de sève. Pour obvier à cet inconvénient, ils divisent par cette seconde taille les premières branches en autant de branches secondaires ou de brins qu'ils veulent de fruits, et ils suppriment le surplus. Cette probabilité me paroît d'autant plus fondée, que lorsque le fruit est noué on visite la melonnière, et on ne laisse sur chaque plante qu'un nombre de melons relatif à sa vigueur, nombre qui varie de quatre à huit. On n'en laisse qu'un sur chaque branche. Les fruits supprimés sont mis dans le vinaigre, et servent de cornichons.

Il faut, dans cette opération, laisser le plus possible de feuilles sur les tiges; car la petite quantité des racines des melons, la grandeur, le nombre et l'épaisseur de leurs feuilles indiquent qu'ils vivent plus de l'air que de la terre. Combien de jardiniers ont vu leurs melons perdre leur belle apparence, laisser tomber leurs fruits. périr même par suite d'une taille trop rigoureuse ou exécutée à une époque inconvenante!

Cette taille est la dernière; les sarclages et binages sont multipliés à raison des besoins jusqu'au moment de la récolte. On ne donne pas d'eau, à moins que la sécheresse n'y oblige.

On ne doit réitérer ces arrosemens que lorsqu'ils sont indispensables, l'expérience ayant prouvé que plus on les arrose moins les fruits sont sucrés. Il est vrai que leur volume augmente, mais c'est aux dépens de leur bonté.

Cette observation sur les arrosemens est une règle générale pour toutes les cultures de melons; elle doit enfin déterminer les cultivateurs à être plus économes d'eau et à étudier les espèces qu'ils élèvent, parceque toutes n'en exigent pas la même quantité. Les espèces dont la peau est épaisse, comme les cantaloups, en veulent plus que celles à peau fine.

Lorsque ces cultivateurs ont fait ces travaux et placé des tuileaux sous les fruits, pour qu'ils ne touchent pas la terre qui pourroit leur faire contracter un mauvais goût, il ne leur reste qu'à s'assurer de la maturité pour cueillir les fruits.

On reconnoît la maturité des fruits à leur odeur, qui ne se fait sentir qu'à cette époque; à leur couleur, qui change et s'éclaircit un peu par le mélange d'une teinte de jaune avec celle du fruit; à la partie de la queue ou du pédoncule, qui, dans la partie adhérente au fruit, s'en détache plus ou moins dans plusieurs espèces, et change également de couleur; enfin au poids. Ces indices sont communs aux melons des deux premières divisions; mais ceux de la troisième étant tous, ou au moins la plupart inodores, la marque la plus certaine de la maturité leur manque. La nature les a pourvus à cette époque d'une ou plusieurs taches blanches qui paroissent sur leur écorce et indiquent le moment de leur emploi. Ces taches annoncent la moisissure, qui seroit promptement suivie de la pourriture si on tardoit à manger les melons.

Quelques cultivateurs des départemens de l'ouest ont essayé de cultiver le melon en pleine terre, et plusieurs ont bien réussi : c'est principalement aux environs de Honfleur qu'on a obtenu les plus grands succès; on peut en juger par les beaux fruits qu'on porte à Paris tous les ans. Je passai au Palais-Royal il y a deux ans, et je vis sur un melon de Honfleur ces mots : *Je pèse 36 livres, et je vaux 56 francs.* Je dînai chez M. Vilmorin la même année; il y avoit sur la table deux melons de Honfleur qu'il avoit fait venir pour en tirer la graine et s'assurer de l'espèce : ils pesoient chacun environ trente livres. Cet estimable cultivateur, digne élève d'un père qui a rendu de grands services à l'agriculture, jaloux de soutenir la réputation d'un nom dont il est héritier, ne ménage ni la dépense ni les soins pour parvenir au but qu'il s'est proposé, c'est-à-dire pour avoir le meilleur assortiment de graines et de plantes de Paris. C'est à lui que je dois la nomenclature qui termine cet article, et ses connoissances théoriques et pratiques le rendoient plus propre que moi à parler ici de la culture du melon, si ses occupations le lui eussent permis.

Il est bon de connoître la méthode des cultivateurs de Honfleur qui obtiennent de si beaux fruits. Voici l'extrait d'une lettre d'un amateur de Honfleur, inséré dans l'ouvrage de M. Calvel sur les melons, un des meilleurs traités sur la culture de cette plante.

« On choisit un terrain bien abrité, exposé au soleil du matin jusqu'au soir, et dont la couche de terre soit substantielle et profonde. A défaut d'abris naturels on en fait d'artificiels. A la fin de mars on creuse des fosses de soixante-six à soixante-quinze centimètres en tout sens (deux pieds à deux pieds six pouces), distantes entre elles de deux mètres et demi (sept pieds et demi). On les remplit de fumier long bien tassé, ou de vingt-quatre centimètres (neuf pouces) de bonne terre bien substantielle mêlée avec un peu de crottin émietté, du sable et du terreau des trous de l'année précédente.

« Vingt jours après, ou plus tôt si la saison le permet, on couvre ces trous avec des cloches à carreaux réunies avec du plomb laminé pour favoriser la fermentation. Lorsque la chaleur s'élève de trente-six à quarante degrés au baromètre de Réaumur, on met sous la cloche plusieurs graines à la distance de dix centimètres (quatre pouces).

« Quand les plantes ont trois ou quatre feuilles, on choisit les deux pieds les plus vigoureux et on détruit les autres. On pince l'extrémité de ces plantes pour arrêter la pousse directe. Il en part des branches qu'on pince aussi à dix pouces, et on suit la même marche pour les nouvelles branches.

« On conserve les cloches sur les plantes jusqu'à ce qu'elles ne puissent plus les contenir. Si le temps n'est pas chaud, principalement la nuit, et qu'il soit pluvieux, on les couvre de paillassons. On sarcle et on bine au besoin. Lorsque les plantes s'étendent, on élève les cloches qu'on soutient par des supports et qu'on couvre de paillassons dès que la saison est froide et pluvieuse. On ne laisse que deux ou trois fruits et on détruit les branches stériles à mesure qu'il s'en forme : on place une tuile sous chaque fruit ; enfin on récolte les fruits qui ont été environ deux mois pour parvenir à leur maturité. Ce temps est relatif à la chaleur plus ou moins grande, et au volume du melon. Si on désire les manger sur les lieux, on les cueille quelques heures auparavant pour les rafraîchir, mais si on les expédie au loin, il faut les cueillir trois ou quatre jours avant leur maturité. »

Les cultivateurs de Honfleur attribuent leurs succès en partie aux pluies et aux vapeurs qui leur viennent directement de la mer, et qui contiennent des parties salines. Ne pourroit-on pas essayer de produire les mêmes effets en salant un peu les eaux dont on se sert pour arroser ; il en résulteroit toujours un avantage, celui de conserver plus long-temps la fraîcheur de la terre et d'augmenter la vigueur de la plante ; mais il faut très peu de sel : l'excès nuiroit en corrodant les racines. Cette culture se rapproche beaucoup de celle que je viens de décrire ; les soins plus multipliés, les cloches et les paillassons n'étant pas des différences dans la culture, mais des précautions contre le froid.

Je crois pouvoir tirer une conséquence de la culture des lieux où l'on réussit le mieux, et où on se procure les plus beaux et les meilleurs melons ; c'est que la taille est une opération nécessaire pour parvenir à d'heureux résultats, mais qu'elle doit varier suivant les températures, la vigueur des plantes, et que l'abandon de cette opération pourroit nuire autant que son excès est préjudiciable. C'est cet excès qui a fait dire à quelques auteurs qu'il valoit mieux les abandonner à eux-mêmes ; c'est le même excès dans la conduite des arbres qui a engagé M. Cadet de Vaux à renoncer à la taille des arbres. Si les uns et les autres n'avoient vu que des arbres et des melons bien taillés, ils auroient tiré une conséquence contraire : quel peut être le but de la taille du melon? de hâter la floraison et d'obtenir de plus beaux fruits. On avance l'époque de la floraison par la première taille en faisant dévier la sève et en ralentissant son mouvement ; on conserve cette sève pour les fruits en arrêtant le développement des branches et en détruisant une partie des fruits ; il est bien certain que les feuilles des parties de branches qu'on empêche de se développer donneroient à la plante autant qu'elles en tireroient ; mais tant que les chaleurs continueroient, la plante continueroit à s'étendre, à fournir des fleurs, etc., et elle consommeroit plus de sève par ces accroissemens que l'augmentation des feuilles ne pourroit en produire ; d'ailleurs on doit observer dans les climats tempérés qu'il faut profiter du moment favorable pour la maturité du fruit, et que, cette époque passée, il devient inutile d'avoir des plantes superbes et chargées d'un grand nombre de fruits qui ne seront alors propres qu'à faire du fumier. L'essentiel est de faire mûrir les fruits, et si la taille en fournit les moyens, il est nécessaire de la pratiquer ; elle ôte à la plante quelques parties séveuses, mais elle accélère la maturité du fruit, et cette perte est compensée, puisqu'on ne lui laisse que deux ou trois fruits au lieu du grand nombre qu'elle étoit destinée à produire. *Voyez* AOUTER, PINCER.

Culture artificielle. Je passe maintenant à la culture des melons sur couche : on peut la diviser en deux ; celle qui tend à procurer des primeurs et celle dont l'objet est de s'opposer pendant quelque temps aux influences du climat.

La culture artificielle ou de luxe, dont le but est de produire des fruits de primeur presque toujours sans odeur et sans goût, est sans contredit la plus compliquée. Pour parvenir à se procurer dans la température de Paris des melons à l'époque où on ne pourroit pas, à raison de la chaleur, semer en pleine terre sans fumier ni cloches, il faut concentrer une chaleur qu'on ne peut avoir et conserver qu'avec des baches ou des châssis, des couches et des réchauds.

Le point essentiel est d'avoir une chaleur presque toujours égale, parceque si elle vient à diminuer pendant quelques jours, la végétation s'arrête, les plantes souffrent, elles s'affoiblissent, et il est très difficile et quelquefois même impossible de rétablir une bonne végétation. Dans ce dernier cas, il vaut mieux faire un nouveau semis que de continuer la culture de plantes dont la réussite est très douteuse; comme on sème dans des pots, on a le temps de s'assurer, pendant la germination du nouveau semis, si les anciennes se rétablissent, et de se décider à les conserver ou à les remplacer par les nouvelles.

Il faut encore faire un choix de graines propres à cette culture; il est indispensable de s'en procurer de nouvelles et des espèces dont la végétation est la plus prompte; c'est un point essentiel quand on veut des primeurs : toutes les espèces ne peuvent être cultivées sous ce rapport; on doit considérer, non seulement la végétation, mais encore le volume des fruits et l'épaisseur de leur peau. Personne n'ignore que les surfaces n'augmentent que comme les carrés, et que les solides suivent les proportions des cubes, c'est-à-dire que si on représente la surface d'un melon comme quatre, et la quantité de matière comme huit, celle d'un melon représentée comme neuf auroit une quantité de matière comme vingt-sept; dans le premier cas la masse du melon ne sera que le double de sa surface, dans le second elle sera triple et elle augmentera toujours dans la même proportion; ainsi il faut une chaleur bien plus forte pour un gros fruit que pour un petit.

Cette observation doit déterminer les cultivateurs des départemens où la température n'est pas favorable à la culture du melon, à se livrer à celle des espèces à petits fruits, et au plus à celles à fruits moyens, parceque les premiers pourront parvenir à leur maturité avec une chaleur insuffisante pour les gros fruits.

L'épaisseur de la peau est aussi une considération importante, l'expérience ayant démontré qu'elle retarde la maturité des fruits, et que ceux qui ont la peau plus fine mûrissent les premiers, toutes choses égales d'ailleurs.

Enfin je crois qu'on doit donner la préférence aux graines des espèces qu'on cultive depuis quelques années dans les températures douces ; les plantes s'y acclimatent insensiblement, sont moins délicates que celles du midi, et souffrent moins de la variation de la chaleur.

Les graines choisies, on fait les couches soit dans des baches, soit en plein air au moyen de châssis. On choisit un terrain bien abrité et exposé aux rayons du soleil depuis son lever jusqu'à son coucher. Pour y réussir et se garantir des vents, Rozier, qui a donné de très bons préceptes sur les couches et leur composition, propose un moyen fort sage. Il veut que le terrain destiné aux couches soit environné de murs : celui du midi sera très élevé pour réfléchir un plus grand nombre de rayons solaires et concentrer la chaleur ; les deux murs latéraux doivent, depuis leur réunion à celui du midi jusqu'à leur extrémité, diminuer de hauteur, pour que les rayons du soleil puissent frapper les couches le matin et le soir. J'ajouterai que, s'il y a des courtilières, dans le terrain, il faut donner de la profondeur aux fondemens des murs, et qu'il est bon de faire un mur sur le devant quand on ne l'élèveroit que de six à huit pouces. Les courtilières, si les fondemens sont bien faits, ne pourront les traverser, et six à huit pouces d'élévation suffiront pour les empêcher de pénétrer dans la melonnière. La femelle de cet animal a des ailes, il est vrai, mais elle s'en sert fort rarement pour s'élever, et il paroît qu'elle ne les emploie que pour aller chercher le mâle.

Je pense encore qu'il est bon de bien crépir ces murs, et que plus ils seront unis et blancs, plus ils produiront d'effet ; Rozier demande en outre que le terrain soit en pente douce au midi, et que le sol soit une terre dure et bien battue pour l'écoulement des eaux afin de prévenir l'humidité ; il propose même de faire carreler le terrain si on craint les taupes et les courtilières. *Voy.* les mots. TAUPE et COURTILIÈRE.

Le terrain préparé, on s'occupe de la couche ; mais comme les RÉCHAUDS (*voyez* ce mot) ne seroient pas suffisans pour lui donner une chaleur d'une durée égale au temps nécessaire pour la végétation du melon jusqu'à la maturité du fruit, on fait d'abord une couche provisoire seulement de trois pieds de large, et quatre au plus, suivant la dimension des châssis, et d'une longueur déterminée sur la quantité des plants nécessaires pour garnir la couche principale. On lui donne sept à dix décimètres de hauteur (deux pieds à deux pieds six pouces), pour y conserver plus long-temps la chaleur. On la recouvre d'une couche de terreau relative à la profondeur des pots qu'on doit y enterrer, cette épaisseur étant suffisante pour concentrer la chaleur, et on place les caisses et les châssis qu'on recouvre de paillassons pour accélérer la fermentation.

Cette couche est composée avec du fumier long ou litière de chevaux et mulets qui n'a pas séjourné long-temps dans les écuries. Les jardiniers préfèrent ordinairement le plus chaud. Je pense qu'ils ont tort, parceque la couche acquiert un degré de chaleur tel, qu'on est forcé d'attendre qu'elle soit diminuée pour faire le semis. J'ai toujours vu qu'en mêlant ces fumiers chauds avec de la tannée et des feuilles, ce mélange, en s'opposant au développement rapide de la chaleur, donne la facilité de semer aussitôt qu'on a vingt-cinq à trente degrés au thermomètre de Réaumur, sans craindre une intensité de chaleur capable de détruire les germes ; et comme la fermentation se développe plus lentement, la couche alors a une durée double de celle ordinaire.

Les jardiniers environnent cette couche d'un réchaud qui la déborde de six pouces. Lorsqu'ils emploient un fumier très chaud, ils font bien d'attendre pour le faire que le grand feu de la couche soit passé, parceque, d'une part, ils augmenteroient la chaleur de la couche par celle du réchaud, et retarderoient l'époque du semis ; de l'autre, ils perdroient inutilement la chaleur du réchaud, qui n'étant fait que lorsque la couche est en état d'être semée et commence à perdre sa chaleur, lui communique celle qu'il acquiert par la fermentation et en prolonge la durée.

Mais si la couche n'est composée que de matières qui ne donnent qu'une chaleur douce, on peut faire le réchaud en même temps que la couche. Dans tous les cas, il ne faut pas lier le réchaud avec la couche ; on les fait séparément, pour avoir la facilité de détruire le réchaud et d'en construire un nouveau sans attaquer la couche, si la diminution de chaleur l'exige. Alors on doit employer le fumier le plus chaud pour ces nouveaux réchauds.

Lorsque la chaleur est à un point convenable, on couvre la couche de pots de huit à neuf centimètres (trois pouces) de large en dedans. On les y enterre et on remplit les intervalles avec le terreau pour s'opposer à la perte du calorique. On place dans chaque pot deux graines de melon à trois ou quatre centimètres de distance (un pouce), et non dans le même trou, pour les séparer ou en détruire un sans nuire à l'autre. Ces graines ne sont enfoncées qu'à un demi-pouce pour donner plus de place aux racines. Les dimensions de ces pots sont très favorables pour tirer parti de la couche et y placer un grand nombre de plantes. Mais ils ne sont bons que lorsque les plantes y sont peu de temps, et ils conviennent mieux aux couches tardives qu'à celles de primeur. Dans ces dernières,

les plantes y doivent rester jusqu'à l'époque calculée par le
jardinier pour leur placement sur la couche principale qui doit
servir jusqu'à la maturité du fruit. D'ailleurs le mauvais temps
peut mettre obstacle à la transplantation. Les pieds de melon
séjournent dans ces petits pots ; les racines s'allongent, parviennent aux parois, tournent autour et rentrent souvent au
centre de la motte, ce qui met dans l'impossibilité de les développer et force à en couper une partie pour déterminer la
naissance de nouvelles racines, qui se forment plus difficilement quand les premières se sont enfoncées dans le centre
de la motte dont on ne peut les tirer sans la défaire. Des pots
de treize à dix-sept centimètres de large sur dix à onze de
profondeur (cinq à six pouces de large sur quatre de profondeur) préviendroient ces inconvéniens. Quand il est question
de primeur, on ne doit pas regarder à cette augmentation de
dépense pour assurer la réussite.

Rozier conseille l'emploi des pots carrés ; mais ces pots ne
peuvent véritablement ménager la place sur la couche, parcequ'il faut laisser un vide entre eux pour y mettre de la
terre qui concentre la chaleur autour des pots, autrement
ils n'en recevroient que par le fond, puisqu'en les plaçant l'un
à côté de l'autre, on ne pourroit les garnir de terre, et que
comme ils sont grossièrement faits, il resteroit toujours entre
eux des vides qu'on ne pourroit remplir.

Les graines germent promptement et n'ont pas besoin d'eau,
l'humidité de la couche leur suffit. Les cotylédons paroissent
bientôt et le jardinier redouble ses soins. Il faut qu'il choisisse
le moment le plus chaud de la journée pour renouveler un
peu l'air de la couche ; qu'il le fasse promptement, sans
cependant trop élever son châssis ; qu'il lève ses paillassons
pour donner de la lumière dès que le temps le permet, et qu'il
le fasse par gradation pour y accoutumer ses plantes ; enfin,
qu'il ne manque pas de les visiter pour détruire les limaces,
les cloportes, et, dans les saisons plus avancées, les araignées
qui nuisent au développement des feuilles par leurs fils, et qui
même les attaquent, si on en croit plusieurs cultivateurs.

A ces soins, il doit ajouter celui de vérifier la chaleur de
sa couche pour changer le réchaud, si elle n'est pas suffisante. Sans ces soins journaliers, les jeunes plantes seroient
bientôt attaquées de la rouille, ou couleroient, ou seroient dévorées par les insectes, ou enfin n'auroient qu'une végétation
languissante.

Quand le melon a trois ou quatre feuilles, on en pince
l'extrémité pour déterminer la sortie de deux ou trois branches ; et si on a plusieurs pieds dans le pot, on conserve le
plus fort et on détruit les autres ; ce qu'on ne pourroit pas

faire sans danger si on mettoit les graines dans le même trou, parcequ'il faudroit les couper, et que leurs racines pourriroient dans la motte.

Quelques jardiniers retranchent aussi les cotylédons : cette suppression, que tous nos auteurs réprouvent avec raison, m'avoit surpris comme eux. Je ne concevois pas par quels motifs ils enlevoient à ces plantes des parties qui n'avoient pas entièrement rempli les vues de la nature. J'en ai cherché long-temps la raison, et ce n'est qu'a force d'essais et de raisonnemens que je suis parvenu à la trouver. Les cotylédons sont remplis d'albumen qui sert au développement de la plantule, et qui contribue à augmenter sa vigueur quand la plante attire de la sève par ses racines et par ses feuilles. Cette vigueur est quelquefois nuisible. Après le premier développement, la plante tend à s'étendre. Elle donne beaucoup de branches ; l'époque de la floraison et conséquemment de la maturité du fruit est retardée. La chute des cotylédons, lorsque la plante a trois ou quatre feuilles, peut, en modérant la force de sa sève, modifier la végétation et accélérer la floraison. Le hasard en aura fourni la preuve à un jardinier, il en aura fait l'application à toutes ses plantes, et ses voisins l'auront imité. Mais si cette méthode peut être utile sous ce rapport, son application est fort délicate et exige un habile ouvrier. Elle ne me paroît devoir être mise en usage que lorsqu'on manque d'espèces hâtives, et qu'on cultive des espèces à gros fruits. Le retranchement des cotylédons abâtardit l'espèce ; et s'il précipite l'époque de la maturité du fruit, il en diminue le volume. Nous en avons la preuve dans beaucoup de haricots et de pois à rames qu'on a rendus nains par la suppression des cotylédons, et qui sont plus hâtifs après cette opération.

Quelques cultivateurs retranchent les cotylédons par un autre motif. Ils soutiennent que l'expérience leur en a démontré la nécessité. Lorsqu'on les conserve, la vigueur de la plante détermine le développement des sous-yeux. Il en résulte des branches foibles qu'il faut supprimer. Cette suppression contre la tige dans des baches ou châssis, dont l'air est souvent humide, expose les plantes à la maladie du chancre, qu'ils prétendent éviter par cette opération.

Enfin arrive l'époque de la transplantation des melons. On fait des couches, comme je l'ai expliqué plus haut : à l'exception de l'épaisseur du terreau ou de la terre mélangée qu'on met sur la couche, elle doit être telle que les racines du melon ne doivent point pénétrer dans le fumier où elles puiseroient des sucs qui n'ont pas été suffisamment combinés par la première fermentation du fumier, et qui n'éprouveroient pas dans la plante une ellaboration assez grande pour ne pas nuire à la qualité du fruit. Ce sont donc les dimensions des racines qui doivent servir de base à l'épaisseur de la couche de terre. Vingt-cinq centimètres (neuf pouces) suffisent aux melons vigoureux dans la saison où ces plantes végètent naturellement. J'en conclurai qu'il n'en faut que dix-sept centimètres (six pouces) pour ces mêmes espèces dans la culture des primeurs, et onze à quatorze au plus (quatre à cinq pouces) pour les moyennes et les petites espèces.

Quant à la qualité de la terre, elle doit être plus légère, plus friable, quoique substantielle, que celle qui sert pour l'autre culture. Il faut que les racines, moins vigoureuses que dans la belle saison, puissent y pénétrer avec facilité, que la chaleur et l'eau n'éprouvent pas plus d'obstacle. Un peu de poudrette répandue sur la couche et un peu de sel dans l'eau des arrosemens ajouteroient à la vigueur des plantes et peut-être au goût et à l'odeur des fruits. En général, le terreau qu'on emploie pour ces couches n'est nullement propre à fournir de bons fruits. Il n'est presque composé que des détritus de paille ; il n'a pas les qualités convenables, quand il n'a pas été mélangé, pour nourrir une plante aussi vorace que le melon.

La couche principale établie, les caisses placées et la fermentation du fumier portée au point de produire la chaleur qu'on désire, on met deux pieds de melons par châssis, qui a ordinairement soixante-six centimètres en tout sens (quatre pieds). Je n'ignore pas que plusieurs jardiniers en placent quatre ; mais je sais aussi qu'ils ne réussissent presque jamais, et qu'ils sont obligés d'avoir constamment la serpette à la main pour hacher leurs plantes dont ils concentrent la sève au point qu'elles ne cessent de pousser de nouvelles branches jusqu'à ce qu'elles périssent par épuisement. On prend pour la plantation les précautions indiquées ci-dessus pour le dépotage des plantes. Comme on n'a enfoncé la graine qu'à un demi-pouce au plus en terre, on l'enterre un peu plus sur la couche, ce qui devient d'ailleurs nécessaire, parceque sous le châssis la tige s'allonge plus qu'en plein air. Il sort de la partie de la tige qu'on enterre de nouvelles racines qui fortifient la plante. On donne peu d'air à ces plantes les premiers jours, et pas du tout si le temps est froid et humide ; enfin, on leur continue les mêmes soins que ci-dessus. Quand les deux branches sorties des aisselles des feuilles se sont allongées, on les étend en les empêchant de suivre la ligne verticale qui porteroit la sève aux extrémités des branches. Il faut leur faire faire des courbes dans tous les sens, pour ralentir le mouvement de la sève, nourrir les branches et en faire ressortir des fleurs. Il en part des branches secondaires ou bras qu'on dispose dans le châssis de manière qu'ils ne soient pas mêlés, et qu'ils jouissent tous de l'air et de la lumière dont la privation leur est toujours nuisible. Les branches principales se couvrent de fleurs mâles et femelles. On doit attendre que les fruits soient noués avant de toucher aux plantes, et, si elles s'allongent trop sans qu'il paroisse de fruits, il faut se contenter de pincer l'extrémité de quelques branches.

Lorsque les fruits sont noués, on arrête les branches principales à une longueur déterminée sur la vigueur de la plante, et les dimensions du châssis. On doit après cette taille attendre quelques jours pour la suppression des branches secondaires, si elles sont trop multipliées. Une taille générale faite le même jour feroit partir une infinité de petites branches, ou un gourmand qui, sortant directement de la tige et présentant par sa constitution plus de facilité à l'écoulement de la sève, en absorberoit la plus grande partie.

Si par une taille trop courte on a donné lieu à la formation d'un gourmand, il faut le détruire et laisser les autres pousses, pour qu'elles attirent la sève et empêchent la production des nouveaux gourmands.

Ces opérations demandent un ouvrier instruit qui ne confonde pas la taille d'une plante dont la sève est en mouvement avec celle d'une plante où la sève repose. Dans le premier cas, on ne taille que pour faire dévier la sève et la concentrer dans les fruits, et accélérer la floraison. Dans le second, au contraire, on s'occupe de la formation de l'arbre, de sa forme, de la vigueur qu'on veut lui donner, et on sacrifie dans les commencemens les fruits à ces considérations. Mais comme le melon ne vit que quelques mois, elles lui sont étrangères, et tous les soins du jardinier n'ont d'autres motifs que la production la plus prompte de beaux et bons fruits.

Plusieurs jardiniers taillent les branches principales à un œil au-dessus du fruit et suppriment en même temps toutes les branches secondaires; et, à l'égard des fleurs mâles qu'ils nomment *fausses fleurs*, ils les détruisent à mesure qu'elles paroissent; ils coupent aussi les vrilles ou mains de la plante. Ces opérations mal raisonnées les exposent à perdre le fruit de leurs travaux. Une taille qui supprime pendant la végétation les trois quarts de la plante à la fois peut désorganiser ce qui reste. Le grand nombre de plaies, faites au même moment, occasionne une perte de sève considérable, et lorsqu'elles ne donnent plus passage à la sève, si la plante n'est pas épuisée, elle produit ou des gourmands, ou de petites branches qui consomment la sève et qu'il faut retrancher de nouveau.

La suppression des fleurs mâles tend à faire couler les fruits, ou au moins à rendre les nouvelles graines infécondes, si le fruit se forme sans que la fleur ait été fécondée, puisque la fleur mâle porte la poussière fécondante ou le pollen. On ne doit donc pas y toucher. Elles tomberont bientôt d'elles-mêmes après avoir rempli les vues de la nature. Si alors elles restent attachées à la plante, et qu'elles pourrissent, on doit les séparer pour empêcher la pourriture de communiquer à la branche.

Les vrilles ou mains sont inutiles aux melons sous châssis, et quelquefois nuisibles, parcequ'elles serrent fortement les branches autour desquelles elles se roulent. Il faut dans ce cas les supprimer ; mais on peut obvier à cet inconvénient en les enfonçant en terre avant qu'elles aient produit cet effet. On prétend (je n'en ai pas la preuve) qu'elles poussent des racines qui sont utiles à la plante. Je crois plutôt qu'il sort des racines du même point, lorsqu'il est un peu enfoncé en terre, et qu'on les a confondues avec les vrilles.

Quant aux fruits, il ne faut pas trop se presser de faire un choix. Il paroît constaté par l'expérience que tous ceux qui ont des défauts ne sont pas bons. On doit donc attendre qu'ils aient un pouce au moins de diamètre avant de les réduire au nombre qu'on veut conserver. Il faut aussi retarder la coupe des feuilles qui les ombragent jusqu'à ce qu'elles aient acquis leurs dimensions, plus tôt, on les exposeroit à un coup de soleil. Cette coupe n'est utile que dans les départemens de l'ouest et du nord, où il est même quelquefois nécessaire de mettre des cloches sur les fruits de fortes dimensions, pour augmenter la chaleur.

A mesure que les plantes prennent des forces, et que le soleil s'élève sur l'horizon, on renouvelle l'air des châssis, on leur donne plus de lumière, et on les fait jouir de l'influence directe des rayons du soleil, on les arrose peu ; principalement les espèces qui sont classées dans la division des melons communs ou maraîchers. Les cantaloups exigent plus d'eau, comme nous l'avons déjà observé. On parvient par tous ces moyens compliqués à récolter des melons fort médiocres dans le nord de l'Europe, et on en sert à Paris sur quelques tables au commencement d'avril, si la saison a été favorable. Ce genre de culture a été perfectionné en France depuis un demi-siècle. Le goût de Louis XV pour les primeurs, et en particulier pour le melon, excita l'émulation des jardiniers et des amateurs, qui étoient jaloux de lui en présenter le jeudi saint. Ce genre d'émulation s'est perpétué à Livry près Paris, dit M. Calvel, et tous les ans un jury de jardiniers s'y assemble pour adjuger un prix au plus beau et au meilleur melon. Cependant je ne me serois pas aussi étendu sur ce genre de culture, s'il n'avoit été question que de primeurs ; mais il est utile pour le nord de la France ; et d'ailleurs la plupart des principes que j'ai émis sont applicables à la culture suivante.

La seconde méthode de culture sur couche exige les mêmes soins pour la couche provisoire. On y emploie, pour le semis, des graines de deux ou trois ans. Comme il ne s'agit que de suppléer au défaut de chaleur dans l'atmosphère pendant environ deux mois, suivant qu'on désire des fruits plus ou moins précoces, on sème en mars, et lorsque les jeunes plantes sont en état d'être transplantées on fait la couche principale. On ne lui donne que deux pieds de hauteur de fumier ; mais si on veut cultiver de forts melons, on couvre la couche de neuf pouces de terre, préparée comme pour les melons d'Honfleur. On peut se contenter de six pouces pour les melons moyens et petits. On ne fait qu'un seul rang de plantes sur sa couche, et on les met dans les rangs à la distance de trois à cinq pieds suivant l'espèce. On forme autour des pieds un petit bassin pour contenir l'eau, et on le couvre d'un peu de paille menue.

Si on fait plusieurs couches, il est utile d'en faire un seul massif, pour que la chaleur s'y conserve plus long-temps. Cette méthode d'ailleurs économise le fumier pour les réchauds. Si on a planté de bonne heure, ou que le temps ne soit pas favorable et qu'il faille les renouveler, on n'a sur la longueur que quatre réchauds à faire pour trois couches, cinq pour quatre, etc.

On doit surveiller la couche provisoire relativement à son degré de chaleur ; car, je le répète, si les jeunes plantes souffrent du froid, et que leur végétation soit arrêtée, il vaut mieux semer sur la couche principale que de s'exposer à perdre sa récolte, ou à n'en avoir qu'une mauvaise. Dans ce cas, en supposant que ces plantes reprennent vigueur, ce qui est douteux, les graines semées produiront presqu'aussitôt. Au surplus, en plaçant des graines sur la couche principale avec les plantes de la couche provisoire, on est à même de juger ce qu'on doit détruire.

Lorsque la couche de semis se fait tard, et seulement pour gagner un peu de temps sur la saison, des pots de trois pouces suffisent. J'ai même vu des jardiniers tirer parti de deux plantes qui étoient dans le même pot, en séparant avec la serpette la motte en deux. Je l'ai fait deux fois, étant à court de jeunes plantes, par les ravages des insectes ; mais comme cette opération exige de l'adresse pour ne pas toucher aux racines et défaire la motte, il est plus prudent de détruire un pied sans toucher à la motte. Je pense qu'il vaut mieux arracher celui qu'on ne veut pas conserver que de le couper au niveau de la terre, pour ne pas laisser, comme par cette dernière opération, les racines pourrir dans la motte. On l'arrache facilement en posant la main gauche sur la terre, autour du pied sur lequel on tire avec la droite. Par cette précaution on ne dérange pas la terre.

Les melons placés doivent être environnés d'un petit bassin couvert d'un peu de paille ou de fumier, pour y conserver la fraîcheur et empêcher la terre, qui doit être plus forte que sur les couches de primeur, d'être plombée par les arrosemens. Cette paille s'oppose également à ce qu'on découvre les racines par cette opération. Les cloches sont ensuite placées sur eux ; mais comme celles d'une pièce sont arrondies à leur extrémité supérieure, et qu'elles concentrent plus la chaleur que les verrines à carreaux, il faut avoir l'attention de mettre sur le dôme un peu de paille courte, ou toute autre matière qui arrête les rayons du soleil quand il est dans sa force, jusqu'à ce qu'on donne de l'air aux plantes, en élevant la cloche d'un côté, ou en la posant sur plusieurs supports. Sans cette précaution on exposeroit les plantes à être brûlées. Les cloches doivent être couvertes de paillassons lorsque le temps est froid et humide, et pendant les nuits, qui sont toujours fraîches au printemps. On conserve les cloches jusqu'au moment où la fraîcheur des nuits ne peut plus nuire aux plantes.

Quand le fruit est noué et a un pouce de diamètre, on choisit les deux plus beaux et les mieux faits, si c'est une grosse espèce ; on en conserve trois ou quatre sur les espèces moyennes, et cinq ou six sur les petites. C'est une règle générale qui est cependant susceptible de modifications, à raison de la vigueur de la plante : on détruit le reste. Quelques jours après on pince l'extrémité des branches.

On fait une nouvelle visite, et si les branches secondaires sont trop multipliées, on en supprime quelques unes et on espace les autres de manière à ce qu'elles ne soient point entassées ni même gênées. Si au lieu de laisser courir verticalement les branches verticales on a eu l'attention de courber les branches principales dans deux ou trois sens, on aura moins de branches secondaires et de travail. Les fleurs s'annonceront plus tôt et le fruit se nouera plus facilement. On sarclera et binera au besoin.

Quant aux arrosemens, les jardiniers les feront dans le commencement sans mouiller les fleurs et les feuilles ; mais lorsque les plantes seront vigoureuses, couvriront la couche et que le fruit sera bien noué, il n'y aura aucun danger à donner de l'eau avec l'arrosoir à pomme sur la couche entière. Ces arrosemens répandent la fraîcheur par-tout ; ils lavent les feuilles et les fruits, et ils les débarrassent de la poussière dont ils sont couverts dans les temps secs et venteux. J'ai adopté cette méthode, ainsi que plusieurs cultivateurs et maraîchers, et depuis plusieurs années je la suis sans inconvénient. Il faut avoir soin que l'eau soit au moins au même degré de chaleur que l'atmosphère.

Lorsque les fruits qu'on a dû isoler de la terre par une tuile, ou tout autre corps, s'approchent de leur maturité, on peut les couvrir d'une cloche pour l'accélérer, et si les branches secondaires ont encore une forte végétation, on doit les arrêter.

Des amateurs, qui seroient moins pressés de jouir, pourroient se dispenser de faire une couche préparatoire, en retardant l'époque du semis jusqu'à ce que la saison fût assez avancée pour que la chaleur de la couche principale pût suffire jusqu'au retour de celle de l'atmosphère. Ils sèment sur la couche même où la plante doit parcourir toutes les phases de sa végétation. Si la saison est favorable ils ne sont pas les plus mal partagés pour la qualité du fruit. Ils ont seulement à craindre que les chaleurs ne viennent à leur manquer à l'époque de la maturité.

Les deux premières divisions de melons ne peuvent se conserver long-temps. L'époque de leur maturité et les élémens qui les composent déterminent promptement la fermentation ou la pourriture. Cependant les amateurs emploient divers moyens pour prolonger leurs jouissances. Les uns les mettent dans leurs fruitiers sur des tablettes ou les suspendent; d'autres ne les y placent qu'après avoir couvert l'incision de la queue avec de la cire ou des matières grasses; d'autres les enferment dans des tonneaux remplis de foin et les y rangent par lits. Tous ces moyens peuvent retarder de quelques jours l'époque de la maturité, sur-tout si le lieu où on met ces fruits est sec, frais et à une température toujours ou presque toujours égale. Les caves, les souterrains qui réunissent ces qualités, méritent la préférence sur les greniers ou les légumiers, à raison du manque de la lumière.

Mais si ces moyens produisent peu d'effets sur ces deux divisions, ils sont efficaces pour la troisième, qu'on peut conserver jusqu'aux mois de février et de mars, et qu'on appelle par cette raison melons d'hiver. Cependant il faut de la surveillance pour prolonger ainsi leur durée. Un seul melon gâté suffiroit pour corrompre promptement tous les autres.

Les melons ont dans leur jeunesse, comme je l'ai dit, plusieurs insectes qui les attaquent, tels que la COURTILIÈRE, le VER BLANC ou LARVE DU HANNETON, les LIMACES, etc. *Voyez* ces mots. Il est essentiel, en faisant la couche, de rechercher ces insectes dans le fumier et le terreau. Si on trouve des larves de hanneton et qu'on craigne d'en avoir laissé échapper, il est bon de semer quelques laitues sur la couche. Ils les attaque-

ront de préférence, et on s'en apercevra facilement, parcequ'elles faneront. On les trouvera au pied de la plante fanée.
Il ne faut pas les confondre avec la larve du rhinocéros ou mo-
nocéros qui lui ressemble, mais qui est plus grosse et dont la
couleur est plus terne. Quant aux limaces, les traces qu'elles laissent après elles les font découvrir. Pour éviter leurs ravages sur
la couche, si elles sont nombreuses, il est nécessaire de faire une
visite exacte sous les cloches et de les poser de manière à ce
qu'elles ne puissent pas y pénétrer. Ensuite on placera à différens
endroits de la couche de petites poignées de feuilles de laitues,
de poireaux ou même de choux; les limaces s'y réuniront dès
que le soleil s'élèvera sur l'horizon, et il sera facile de les
détruire.

On a soin d'éloigner des melonnières les concombres, citrouilles, courges et les autres cucurbitacées, dans la crainte
que les poussières fécondantes ou le pollen de ces plantes ne
fécondent le melon. Cette fécondation produiroit des hybrides
dont les fruits, supérieurs pour le goût à ceux des potirons,
seroient bien inférieurs à ceux des melons. On assure même que
les fruits résultans de cette fécondation sont souvent altérés
au point de n'être pas mangeables. Quelques observateurs regardent la chose comme douteuse.

Mais on doit rigoureusement ne mettre sur la couche qu'une
seule espèce de melon, si on veut la conserver pure; autrement
les poussières fécondantes de toutes les espèces s'élèvent dans
l'air, s'y confondent et se portent indistinctement sur tous les
pistils qu'ils fécondent, ce qui fait varier les melons à l'infini,
et change le goût, la couleur et jusqu'à la forme du melon
qui a été ainsi fécondé. De là viennent ensuite les différences
des fruits nourris même sur le même pied.

La pratique, qu'on suit fort communément, de mettre plusieurs espèces sur la même couche, les a tellement mêlées,
qu'il est impossible aujourd'hui de s'y reconnoître et de donner
une nomenclature très exacte. Le seul moyen de se rendre,
sous ce rapport, utile aux amateurs, est de leur présenter les
trois principales divisions de melon, et de leur faire connoître
les meilleures variétés et leurs qualités. Cette nomenclature
terminera cet article.

Tout le monde connoît le fruit dont nous parlons. On sait
que sa chair est aqueuse, mucilagineuse, d'une saveur agréable, sucrée, quelquefois musquée et très rafraîchissante. Je
la croyois, d'après Rozier, d'une digestion très lente. Les excès
fréquens que j'en ai vu faire par des personnes dont l'estomac
étoit délicat m'ont prouvé qu'on avoit exagéré cette propriété.
En le mangeant avec un peu de sel, on en facilite la digestion,

et on évite les fièvres et les coliques auxquelles les médecins prétendent qu'il expose. L'usage du vin tend encore à empêcher ses mauvais effets.

Lorsque j'affirme que le melon n'est pas malfaisant, je ne parle que des melons bien aoûtés, principalement dans les deux dernières divisions. On n'a pas d'exemple que les cantaloups aient produit de mauvais effets; mais le melon brodé est malsain lorsqu'il n'est pas bien mûr, et on doit alors s'en abstenir. Les mesures prises par le gouvernement pour s'opposer à la vente des melons lorsque la chaleur de l'atmosphère diminue tend à prouver les mauvais effets de cette espèce, lorsqu'elle n'est pas parvenue à un degré convenable de maturité.

Les habitans du midi en font des confitures dont l'usage est assez général, quoiqu'elles aient la réputation d'être malsaines et très difficiles à digérer. Une de ces confitures est connue sous le nom d'écorce verte de citron. C'est la plus commune et la plus répandue.

Espèces jardinières ou variétés des melons. Le nombre des melons connus ou cultivés aujourd'hui est si considérable, ces variétés sont en général si peu constantes dans leurs caractères, et la nomenclature en est tellement confuse et incohérente, qu'il est à peu près impossible de prétendre à les décrire et les déterminer avec exactitude. Pour faciliter un semblable travail, il seroit intéressant de connoître si cette immense série appartient à une seule ou à plusieurs espèces primitives, mais cette question n'est pas facile à résoudre. Il faudroit, pour y parvenir, une longue suite d'observations botaniques, qui peut-être ne donneroient pas de résultats positifs. Je ne m'arrêterai donc pas à ce point; mais en le laissant à déterminer, on peut néanmoins établir des divisions générales et partager en groupes ou familles toutes nos espèces jardinières, d'après les différences ou les rapprochemens qu'elles offrent entre elles. J'admettrai trois de ces familles ou races principales; savoir, celle des *melons communs ou brodés;* celle des *cantaloups;* et celle des *melons à écorce unie et mince et à grandes graines. Voyez* CUCURBITACÉES.

1° *Melons communs ou brodés.* Leur caractère est d'avoir la surface de leur écorce couverte de broderie. Les variétés qui appartiennent à cette race offrent des fruits de toutes grosseurs et formes, avec et sans côtes, à chair rouge, jaune, blanche et verte. En général, ces melons ont la chair sucrée et abondante en eau, mais un peu grosse et filandreuse; leur écorce est moins épaisse que celle des cantaloups; ils sont plus pleins, leurs formes sont plus régulières et leurs côtes moins profondément marquées; c'est dans nos climats la race de melons la plus vulgaire et la moins difficile. Elle fruite facilement, abondamment, et souffre toutes sortes de cultures; la plupart de nos melons des champs lui appartiennent.

Variétés principales. Melon maraîcher. Il est entièrement brodé, rond, quelquefois un peu déprimé de l'ombilic au pédoncule; sans côtes et de moyenne grosseur. Sa chair est très épaisse, assez grossière, mais abondante en eau; elle seroit de bonne qualité s'il étoit bien cultivé. A Paris, où il est très répandu et où il a été pendant long-temps presque le seul melon que l'on vît dans les marchés, il est généralement mauvais, parceque les maraîchers le plantent trop dru, ne le nourrissent que de terreau et d'eau, et le cueillent souvent avant son point de maturité, tous excellens moyens pour avoir de détestables fruits avec la meilleure race possible. Depuis douze à quinze ans plusieurs jardiniers ont abandonné cette espèce et lui ont substitué les cantaloups, qu'ils cultivent beaucoup mieux.

Melon sucrin de Tours. Ce melon se rapproche du maraîcher par sa grosseur et son écorce, mais il est moins constant dans sa forme et a ordinairement des côtes peu profondes. Il est bon et très sucré.

Il y a une sous-variété plus petite.

Melon de Langeais. Un peu moins gros que les précédens, de forme ordinairement ovale, à écorce peu brodée, d'un vert pâle ou blanchâtre, à côtes très peu prononcées, quelquefois nulles. Sa chair est moins rouge et moins épaisse que celle du maraîcher. Ce melon a de la réputation dans son pays, d'où on en envoie des chargemens dans les diverses parties de la Touraine.

Sucrin à chair blanche. Ce petit melon, peu brodé, à fond pâle, de forme ovale, à côtes peu enfoncées et à écorce mince, a la chair très fondante et de fort bonne qualité; elle est quelquefois verte. C'est un des melons qui souffre le moins l'excès de maturité; si on l'attend un peu trop, sa chair se fond toute en eau.

Melon rond brodé, à chair verte. Par sa forme et sa broderie (laquelle est grossière) il a toute l'apparence d'un melon maraîcher, mais il est plus petit d'un tiers au moins. Sa chair est verte, épaisse, fondante. De tous les melons à chair verte que j'ai cultivés jusqu'à présent, c'est celui qui s'est maintenu le plus franc, quoiqu'il ne soit pas exempt de quelques écarts au blanc et au rouge; mais cette qualité est une des plus variables et des plus inconstantes qu'offre le melon.

Melon de Honfleur. C'est un superbe melon, très gros, bien fait, ordinairement allongé, à larges côtes régulières, peu enfoncées, bien brodées. Sa chair n'est pas très fine, mais elle est pleine d'eau, et de fort bonne qualité.

Melon de Coulomiers. Il est fort gros aussi et a des rapports avec le précédent ; mais son fond est ordinairement plus vert, et sa forme moins belle et moins régulière. Quoiqu'il ait de la réputation, je l'ai toujours trouvé de beaucoup inférieur au melon de Honfleur, ce qui tient peut-être plus à la culture qu'à la qualité intrinsèque de l'espèce.

Il y a un certain nombre d'autres variétés de melons communs, telles que celles dites des *Carmes*, de *Saint-Nicolas*, plusieurs *sucrins*, etc., entre lesquelles il peut s'en trouver de fort bonnes, mais qui sont moins répandues, et me sont moins connues que celles dont j'ai parlé.

2° *Melons cantaloups.* Cette race offre pour caractères une écorce sans broderie (ou légèrement brodée par dégénérescence), brune, noirâtre, ou d'un vert foncé avant la maturité du fruit, quelquefois aussi argentée ou maculée de blanc ou de vert pâle, mais dont le parenchyme est toujours plus serré et la surface plus luisante que dans les melons communs ; souvent couverte de protubérances ou gales, et ordinairement relevée de côtes profondément marquées. La chair, dans la plupart de ces melons, est fine, serrée, souvent un peu cassante, bien que juteuse en même temps ; d'un goût beaucoup plus relevé que dans les autres espèces ; mais elle est aussi moins épaisse, au contraire des côtes qui le sont davantage. Cette famille est très sujette à jouer dans tous ses caractères, et offre, par cette raison, une infinité de variétés. On y trouve des fruits de toutes grosseurs, de toutes formes et de toutes écorces, avec et sans côtes, pourvues ou dépourvues de protubérances. On en voit qui prennent quelques broderies, et d'autres qui se rapprochent assez de l'espèce brodée pour qu'on ne sache à laquelle des deux ils appartiennent ; cependant, entre un cantaloup et un melon commun, francs chacun dans leur genre, il y a une différence assez frappante pour que l'on ne doive pas rejeter la division admise entre ces deux races.

D'après ce qui vient d'être dit, on concevra qu'il est difficile de bien déterminer les variétés et leurs caractères ; aussi la nomenclature des différens cantaloups offre-t-elle une confusion de laquelle il est presque impossible de sortir.

Je me contenterai de parler ici de ceux des melons de ce genre les plus cultivés aujourd'hui à Paris, ou qui me paroissent remarquables par quelque qualité ou caractère un peu tranché, mais sans garantir autrement les noms, qui peuvent être différens dans d'autres lieux et à une autre époque. Je placerai d'abord et de suite les melons hâtifs propres à élever sous châssis, en prévenant qu'ils sont tous susceptibles d'être aussi cultivés sous cloches, et que réciproquement les melons à cloches pourroient aussi se faire sous les châssis.

Cantaloup orange. Il est petit et très hâtif, rond, à côtes, fond vert ou brun, avec des gales fines et grisâtres. Sa chair est extrêmement rouge, un peu ferme et cassante, et d'un goût très relevé; c'est, sous ce dernier rapport, un des meilleurs de tous les cantaloups. Il est particulièrement destiné aux châssis pour la primeur.

Melon brûlot hâtif. Ce cantaloup, encore plus petit que le précédent, m'est venu depuis peu d'années d'Angleterre, où on en fait grand cas pour la primeur. Il se rapproche beaucoup du précédent, est un peu aplati; sa côte plus relevée, un peu brodée aux deux extrémités, et quelquefois sur la surface; peu ou point galeux. Je l'ai vu quelquefois devancer le melon orange; il ne l'égale pas tout-à-fait en qualité, mais il en approche.

J'ai reçu d'Angleterre une autre variété sous le nom de *melon fin hâtif,* qui ne diffère presque pas du cantaloup orange, et qui m'a donné accidentellement des fruits à chair verte.

Melon hâtif de vingt-huit jours. Je conserve à ce petit cantaloup le nom sous lequel je l'ai reçu d'Allemagne. Il égale les deux précédens en précocité, et les surpasse un peu en grosseur. Sa forme est ronde, sa côte peu profonde, son écorce d'un vert clair, quelquefois jaunâtre, presque unie. Il est souvent très bon, mais pas aussi constamment que l'orange.

Entre beaucoup de melons que j'ai tirés de divers pays pour me procurer les fruits les plus précoces possibles, ces variétés sont celles que j'ai trouvées les meilleures. Elles conviennent pour la première saison des châssis.

Petit prescott. Fond noir ou brun, rond, un peu aplati par les deux extrémités, couronné avec un petit point saillant au centre de la couronne, à côtes galeuses. Ce cantaloup, plus gros que les précédens, est très hâtif et l'un des meilleurs pour les châssis; il est ordinairement très plein, à chair bien rouge et d'excellente qualité.

Gros prescott. Deux variétés, fond noir et fond blanc; celle-ci est la plus cultivée. La forme est la même que dans le petit prescott, à cela près d'un peu plus d'aplatissement aux extrémités; la couronne semblable. Ces deux melons, plus gros que le précédent, sont à peu près aussi hâtifs, conviennent également pour le châssis, et sont fort bons.

Ils ont reçu leur nom de M. Prescott, habile jardinier anglais, qui les a introduits en France.

Boule de Siam. La forme très comprimée de ce cantaloup lui a fait donner le nom de boule de Siam. Sa grosseur est moyenne. Il est à fond très noir, à côtes larges et relevées, à fortes gales, ayant une couronne ordinairement large sans point saillant. Il fait beaucoup plus de bois que les prescotts, mais il noue aussi facilement. Sa chair est un peu moins fine, et sa précocité moindre de huit jours environ.

Ces trois cantaloups sont les espèces les plus cultivées par les jardiniers de Paris qui élèvent les melons fins et de primeur. Les deux premiers sont employés presque exclusivement pour les châssis, quoiqu'ils soient bons aussi sous cloches. La boule de Siam se cultive de l'une et de l'autre manière.

Cantaloup argenté, couronné. Ce melon, à peu près de la grosseur du précédent, se rapproche du gros prescott fond blanc. Il a la côte et la couronne plus larges, et est un peu moins galeux. C'est un fort beau fruit; sa qualité est ordinairement bonne. Il est propre aux châssis, et fait très bien aussi sous cloche.

Gros cantaloup noir, de Hollande. Fond noir, forme oblongue et régulière, larges côtes chargées de fortes gales; très gros fruit, pouvant atteindre jusqu'au poids de quinze kilogrammes (3o liv.) et au-delà. Sa chair est rouge, belle et fort bonne. C'est un des meilleurs et peut-être le meilleur des melons de très fortes dimensions. Il convient plus aux cloches qu'aux châssis.

J'en ai eu ces années dernières une variété dont le fond noir étoit marqué de belles plaques argentées, et qui étoit d'une forme et d'une beauté parfaites. Malheureusement elle a un peu dégénéré.

Gros Portugal. Fond brun, grosses côtes bombées, chargées de fortes protubérances entassées. Sa forme est oblongue, mais plus haute et moins régulière que celle du gros noir de Hollande. Ce cantaloup est d'une apparence très remarquable et comme monstrueuse à cause de ses gales nombreuses et fortes; mais le dedans ne vaut pas le dehors. Il est un peu sujet à se creuser et à prendre une mauvaise nuance de chair. Sa côte est extrêmement épaisse. On peut néanmoins en obtenir de bons quand il est bien cultivé, et que les premiers fruits noués n'ont pas durci.

Melon Mogol, ou *du grand Mogol.* Fond noir, forme très allongée, souvent un peu effilée du côté du pétiole; côtes très galeuses. La chair de ce gros cantaloup, un peu commune, est cependant d'assez bonne qualité. Il a une variété ronde. C'est un melon de cloches aussi-bien que le précédent.

Cantaloups à chair verte et à chair blanche. Je ne décrirai que ces melons, parcequ'il existe de l'un et de l'autre plusieurs variétés quant à la forme et aux divers caractères extérieurs, et que je n'en connois aucune assez constante pour être déterminée passablement. Généralement ces melons, de quelque écorce et forme qu'ils soient, ont la chair douce et très fondante; mais ils sont trop sujets à jouer, sur-tout ceux à chair verte, qui dégénèrent avec une extrême facilité.

Je me bornerai à décrire ce petit nombre d'espèces, qui me paroît plus que suffisant pour offrir à un amateur un bon choix pour chaque saison. Il peut y en avoir ailleurs beaucoup d'autres qui les valent; mais je répète que je n'ai prétendu offrir que le tableau d'une collection locale, réduite à ses espèces les plus saillantes.

3° *Melons à écorce unie et mince et à grandes graines.*
Ces melons n'étant pas cultivés dans les environs de Paris, M. Vilmorin n'a pu me donner la nomenclature et la description des meilleures espèces. Je suis donc forcé de conserver celles de Rozier, n'ayant jamais vu et cultivé qu'une de ces espèces, et je me contenterai d'y ajouter les caractères qui les distinguent des cantaloups et des melons communs ou brodés.

Ces melons ont l'écorce unie et mince. Les graines sont plus grandes que celles des deux premières divisions, plus aplaties et offrant du vide dans leur intérieur. Leur chair est très fondante, d'où leur est venu le nom de *melon d'eau.* Ils sont inodores, au moins la plupart, et les jeunes fruits ne sont pas velus. Leur saveur est douce et peu relevée. Les espèces les plus cultivées en France ont le fond d'un vert clair ou blanchâtre. Ils sont allongés et sans côtes; mais ces derniers caractères peuvent varier en Espagne, en Italie ou dans le Levant. Il se peut même qu'il y en ait d'odorants, quoique M. Olivier n'en ait pas vu dans son voyage. M. Vilmorin, à qui plusieurs des observations précédentes sont propres, pense que les principales distinctions à établir entre les variétés consistent dans la saison de leur maturité et dans la couleur de la chair, et j'ajouterai dans la saveur du fruit.

Cette division est la plus répandue dans le midi de l'Europe et dans le Levant; en France ceux de Cavaillon sont les plus renommés.

Melon de Malte à chair blanche. Il est très hâtif dans le midi de la France, de moyenne grosseur, de forme allongée par les deux bouts, assez gros, chair fondante et sucrée.

Melon de Malte à chair rouge. Plus hâtif que le premier. Même forme, saveur sucrée et aromatisée; l'écorce souvent brodée, ce qu'on peut attribuer à son mélange avec la première division.

Melon de Morée, de Candie, de Malte d'hiver. C'est le seul que j'ai cultivé et que j'ai vu cultiver par des amateurs dans les départemens de l'ouest, où il est plutôt un objet de curiosité que d'utilité , parcequ'il y vient généralement mal , et n'a jamais la saveur qui en fait les délices des peuples méridionaux. Je l'ai toujours vu d'une forme allongée. Rozier affirme qu'il est quelquefois rond , ou allongé dans une de ses extrémités. Son écorce est lisse ; sa chair verdâtre , fondante et parfumée ; sa grosseur moyenne. La propriété qu'il a de se conserver jusqu'aux mois de février et de mars le rend précieux ; mais malheureusement il est très rare que les chaleurs soient assez fortes dans les départemens de l'ouest et du nord pour qu'il acquière une partie de la saveur qui le fait estimer dans le midi. Il seroit peut-être possible d'en obtenir , par son mélange avec le cantaloup ou le melon brodé , une espèce mitoyenne qui pourroit le remplacer dans ces départemens , et conserver une partie de ses propriétés. Les amateurs de ce fruit qui, en tentant plusieurs expériences, obtiendroient un résultat satisfaisant , rendroient un grand service au public ; ils ont d'autant plus l'espoir de réussir qu'on soupçonne que ce melon n'est qu'un hybride produit par le CONCOMBRE D'E-GYPTE OU CHATÉ (*voyez* ce mot) et un melon. (FÉB.)

MÉLON. Claie pour faire sécher les fruits au four, employée dans le département des Deux-Sèvres.

MELON D'EAU. *Voyez* PASTÈQUE.

MELONGÈNE. C'est la même chose que l'AUBERGINE , *Solanum melongena* , Lin. *Voyez* ce mot.

MELONNÉE. Cette espèce ou race du genre subalterne pépon présente elle-même plusieurs variétés par rapport à leur forme , à leur couleur extérieure et à celle de leur pulpe. Le nom de *citrouille melonnée* , que lui donnent nos créoles dans les Antilles, annonce assez le cas qu'ils en font. On en cultive dans nos départemens méridionaux, ainsi qu'en Italie , sous le nom de *citrouille musquée* , et dans quelques cantons sous celui de *concombre*. *Voyez* à l'article PÉPON le détail des melonnées, de leurs différences et ressemblances avec les autres pépons. (DUCH.)

MÉMARCHURES. Un des noms des ENTORSES. *Voyez* ce mot.

MÉNIANTHE , *Menyanthes*. Plante à racines charnues, traçantes, articulées ; à tiges cylindriques, épaisses, souvent à demi couchées, hautes d'un pied ; à feuilles toutes radicales, longuement pétiolées, ternées ; à folioles ovoïdes et lisses ; à fleurs blanches ou purpurines disposées en épis ou en corymbe terminal, qui croît dans les marais , sur le bord des étangs de presque toute l'Europe et qui se fait remarquer par la beauté et la bonne odeur de ses fleurs.

Cette plante forme un genre dans la pentandrie monogynie et dans la famille des gentianées.

C'est principalement dans les eaux fangeuses, dans les fondrières d'un abord dangereux que se plaît le MÉNIANTHE TRIFOLIÉ, autrement appelé le *trèfle d'eau*, ou *trèfle de marais*. Il fleurit au milieu du printemps. Ses fleurs vues de loin produisent un très agréable effet, et vues de près intéressent par leur belle couleur, leur élégance et leur bonne odeur. Ces qualités doivent engager à le placer dans les eaux des jardins paysagers si la nature de leur fond le permet; car il fleurit rarement dans ceux d'une nature différente de celle indiquée plus haut. On le multiplie très facilement au moyen de ses racines dont chaque nœud, mis dans l'eau au commencement de l'hiver, donne un pied au printemps suivant. Ses feuilles et ses tiges, froissées, exhalent aussi une odeur agréable. Leur saveur est âcre et amère. Les bestiaux, excepté les chèvres, n'y touchent pas. On les regarde en médecine comme résolutives, détersives, diurétiques, fébrifuges, toniques et antiscorbutiques; mais on n'en fait pas un bien fréquent usage. Dans le nord de l'Europe on les substitue quelquefois au houblon dans la fabrication de la bière.

MÉNISPERME, *Menispermum*. Genre des plantes de la diœcie dodécandrie et de la famille des ménispermoïdes, qui renferme une douzaine d'espèces dont deux ou trois sont susceptibles d'être cultivées en pleine terre dans le climat de Paris, et dont autant fournissent des médicamens importans à la médecine.

Le MÉNISPERME DU CANADA est un arbrisseau grimpant à feuilles alternes, pétiolées, ombiliquées, cordiformes, anguleuses et d'un vert foncé, et à fleurs petites, verdâtres, disposées en épis au sommet de pédoncules axillaires. Il est originaire de l'Amérique septentrionale et ne craint point les plus grands froids. On en fait des tonnelles, on en garnit les murs, etc. dans quelques jardins des environs de Paris.

Le MÉNISPERME DE VIRGINIE ressemble beaucoup au précédent, mais ses feuilles sont obtusément trilobées et velues en dessous. Il croît dans les parties chaudes de l'Amérique septentrionale et s'élève au-dessus des plus grands arbres. Ses fruits sont bleuâtres. On le cultive aussi dans les jardins de Paris, mais il lui faut une bonne exposition, car il craint les fortes gelées.

Le MÉNISPERME DE CAROLINE, qui a été regardé par quelques botanistes comme une variété du précédent, en diffère par ses fleurs odorantes et ses fruits rouges. Il gèle encore plus facilement que le précédent.

Ces trois arbustes sont de peu d'intérêt. On les multiplie par leurs graines et par leurs rejetons.

Le MÉNISPERME A FEUILLES PALMÉES, qui croît dans l'Inde, fournit la *racine de Colombo*, qui passe pour un spécifique contre les coliques, les indigestions.

Le MÉNISPERME ABATUA, originaire du Brésil, est employé sous le nom de *pareira brava* contre les obstructions des reins et les pierres de la vessie.

Le MÉNISPERME LACUNEUX, *Menispermum cocullus*, Lin., se trouve dans l'Inde. Ce sont ses fruits qu'on apporte sous le nom de *coque levant* et qui servent pour empoisonner les loups, enivrer les poissons, et faire mourir les poux.

Aucun de ces derniers n'est cultivé en France.

MENOUN. Nom du bouc châtré dans le département du Var.

MENTHE, *Mentha*. Genre de plantes de la didynamie gymnospermie et de la famille des labiées, qui renferme une trentaine d'espèces toutes très fortement odorantes, dont quelques unes sont extrêmement communes et employées en médecine.

Toutes les menthes sont vivaces, ont les feuilles opposées et les fleurs verticillées, soit en épi terminal, soit dans les aisselles des feuilles supérieures.

La MENTHE SAUVAGE a les feuilles oblongues, finement dentées, presque sessiles et cotonneuses en dessous; ses fleurs rougeâtres sont disposées en épis bien garnis. On la trouve dans les bois, les pâturages, sur le bord des chemins. Son odeur est très forte. On l'appelle vulgairement *baume sauvage*.

La MENTHE VERTE a les feuilles étroites, sessiles, et les fleurs en épis grêles. On la trouve dans les lieux humides, et on la cultive souvent dans les jardins à raison de son odeur très pénétrante, sous les noms de *menthe à épis*, *menthe romaine*. C'est celle qu'on emploie le plus souvent en médecine, comme stomachique, carminative et utérine. Elle entre dans les bains et les fomentations aromatiques. On l'emploie quelquefois dans la cuisine en guise d'épices. Ses feuilles mises dans du lait passent pour l'empêcher de se coaguler; il suffit même, dit-on, que les vaches en mangent pour que cela arrive.

Au reste, ces propriétés appartiennent plus ou moins à toutes les espèces du genre.

La MENTHE POIVRÉE OU MENTHE D'ANGLETERRE a les feuilles pétiolées, ovales, oblongues, presque glabres, et les épis courts et obtus. Elle est originaire d'Angleterre et se cultive fréquemment dans les jardins. Son odeur est plus forte et sa saveur plus piquantes que celle de toutes les autres menthes.

C'est avec elle qu'on prépare ces bonbons appelés *pastilles de menthe*, et dont on fait un commerce de quelque étendue.

La MENTHE MENTHASTRE, *Mentha rotundifolia*, Lin , a les feuilles sessiles, ovales, ridées, cotonneuses; les fleurs en épis grêles, longs et pointus. On la trouve souvent en excessive abondance dans les marais, les bois humides, les terres fraîches, dans les cimetières et autres endroits incultes. On l'appelle *menthe des cimetières* ou *baume à feuilles rondes*. Ses racines, encore plus traçantes que celles des autres espèces, font qu'elle se multiplie avec une rapidité telle qu'il est souvent difficile de la détruire, et qu'elle infeste les champs et les prairies. Ce n'est que par des cultures qui exigent des binages d'été, comme celle de la fève de marais alternant avec des cultures de plantes étouffantes, comme la vesce, le pois gris, la luzerne, etc., qu'on peut y parvenir à la longue. On l'emploie en médecine sous les mêmes rapports que la précédente, et de plus comme antivermineuse et vulnéraire. Un cultivateur soigneux de ses intérêts doit la faire couper pour augmenter la masse de ses fumiers.

La MENTHE AQUATIQUE a les feuilles pétiolées, ovales, dentées, velues, grisâtres, et les fleurs disposées en verticille terminal. Elle se trouve dans les marais, sur le bord des étangs, des ruisseaux, etc. Souvent elle couvre seule des espaces considérables. On la nomme vulgairement *menthe rouge* ou *baume d'eau*. Ce que j'ai dit qu'on peut tirer de l'utilité de la précédente pour la formation d'une plus grande quantité de fumier, s'applique complètement à celle-ci.

La MENTHE CULTIVÉE a les feuilles à peine pétiolées, ovales, un peu pointues, dentées, d'un vert obscur, et les fleurs petites, bleues, disposées en verticilles axillaires. Elle croît naturellement en Angleterre et se cultive fréquemment dans les jardins.

La MENTHE DES JARDINS, *Mentha gentilis*, Lin., a les feuilles pétiolées, ovales, pointues, dentées, vertes des deux côtés, très peu velues, et les fleurs disposées en verticilles dans les aisselles des feuilles. On la trouve dans les parties septentrionales de la France, et on la cultive fréquemment dans les jardins.

Ces deux plantes sont fort voisines et généralement confondues sous les noms de *baume des jardins* et d'*herbe du cœur*. On les emploie communément en médecine. Leur odeur est très forte et plus agréable que celle des autres espèces.

La MENTHE DES CHAMPS a les tiges en partie couchées; les feuilles légèrement pétiolées, ovales, dentées, velues, grisâtres; les fleurs disposées en verticilles axillaires et à calice très velu. Elle est fréquente dans les champs et les jardins, où elle gêne souvent la culture. Ce que j'ai dit des moyens de détruire la *menthe menthastre* s'applique encore à celle-ci.

La MENTHE POUILLOT a les tiges presque entièrement couchées ; les feuilles petites, ovales, légèrement dentées, légèrement velues, les fleurs roses et verticillées aux aisselles de presque toutes les feuilles. Elle se trouve sur le bord des étangs, des rivières, dans la plupart des lieux susceptibles d'être inondés pendant l'hiver. Quelquefois elle couvre des espaces très considérables. On en fait fréquemment usage en médecine sous les rapports précités. Ses feuilles, appliquées sur la peau, font l'office d'un léger vésicatoire.

Toutes ces espèces sont peu recherchées par les bestiaux, qui cependant ne peuvent éviter d'en manger souvent lorsqu'ils paissent dans des lieux où elles sont abondantes ; elles sont donc plus nuisibles qu'utiles à la grande agriculture, comme je l'ai déjà dit. Dans l'art du jardinage, outre celles que l'on cultive pour l'usage de la médecine, on peut encore les placer dans les jardins paysagers, qu'elles embaumeront toute l'année et embelliront pendant leur floraison, c'est-à-dire la fin de l'été et le commencement de l'automne. Leurs fleurs, généralement rougeâtres, ne sont pas très remarquables ; mais leur grand nombre et leur longue durée compensent ce désavantage. La hauteur des tiges surpasse rarement deux pieds, de sorte que leur place est sur le bord des eaux, entre les arbustes des derniers rangs des massifs. On les multiplie très facilement par leurs drageons, qu'elles poussent tous les ans en très grande quantité. Lorsqu'on les cueille pour l'usage de la médecine, il faut le faire avant le développement complet des fleurs, parceque c'est alors qu'elles ont le plus de vertus. (B.)

MENUISE. Les pêcheurs donnent ce nom à tous les petits poissons qui ne sont bons qu'à faire de la friture. L'ALVIN (*voyez* ce mot) diffère de la menuise en ce qu'il est composé des petits des espèces bonnes à multiplier dans les étangs, et qu'on le destine à la multiplication.

MENUISERIE. ARCHITECTURE RURALE. L'art du menuisier ne paroît pas avoir acquis en France autant de perfection que celui du charpentier, du moins si l'on en juge par le peu de solidité des boiseries modernes. Nous pensons cependant que le défaut capital doit être entièrement attribué à la mauvaise qualité des planches que l'on y emploie aujourd'hui ; car les formes des menuiseries actuelles sont plus simples et plus agréables que celles des anciennes.

Mais les planches sont devenues si chères que les menuisiers, même les plus aisés, ne peuvent plus s'en approvisionner d'avance comme autrefois ; ils sont donc obligés de les employer toutes fraîches coupées, et alors les boiseries se resserrent, ou se déjettent, ou se fendent.

En constructions rurales, l'économie sur la qualité des bois ne doit porter que sur ceux des boiseries intérieures ; encore faut-il que ce ne soit pas dans les rez-de-chaussée, à cause de l'humidité du sol, et que les assemblages des boiseries des étages supérieurs soient en planches de bois dur.

Quant aux portes extérieures, aux fenêtres, et à toutes les menuiseries exposées à la pluie ou à l'humidité, il faut toujours les faire avec des planches du bois le plus dur de chaque localité, et les peindre ensuite solidement. (De Per.)

MEOU. C'est le miel dans le département du Var.

MÉPHITISME, *Air méphitique.* On a donné ce nom à l'air surchargé de gaz acide carbonique, et qui par-là est devenu impropre à la respiration et à la combustion. *Voyez* aux mots Air, Gaz et Acide.

La cause du méphitisme de l'air a été long-temps un mystère, et ce n'est que depuis qu'elle est connue, c'est-à-dire un demi-siècle, qu'on a pu lui appliquer des remèdes convenables. Combien d'hommes sont morts dans des appartemens dont l'air étoit méphitisé par la respiration d'autres hommes, dans des caves, des cuves où il y avoit du vin, du cidre ou de la bière en fermentation ; dans les mines, les puits, les fosses d'aisance, les écuries trop petites ou trop bien closes, par l'effet du charbon ou de la braise brûlés dans un lieu fermé, etc., sans qu'on se soit douté de la cause de leur mort et de la facilité avec laquelle on pouvoit les rappeler à la vie !

Un homme qui entre dans un air surchargé de gaz acide carbonique y éprouve un mal de tête subit, suivi de vertiges, ensuite il tombe pour ne plus se relever s'il n'est secouru. Ces symptômes se suivent dans le courant d'une à deux minutes, et sont l'effet de la seule interruption de la respiration qui ne peut s'opérer que dans un air où il entre une certaine quantité d'Oxygène. *Voyez* ce mot. Mais quoique l'homme asphyxié offre toutes les apparences de la mort, à la chaleur près qu'il ne perd qu'au bout d'un assez long-temps, et qu'il finisse par mourir réellement, il est possible de lui rendre le mouvement par l'exposition au grand air, l'influtation d'un air pur dans ses poumons, l'irritation de la membrane pituitaire, de l'anus, etc. *Voyez* aux mots Asphyxié et Noyé.

Les habitans des campagnes sont bien plus fréquemment exposés à l'action du méphitisme que ceux des villes, par le peu de précautions qu'ils prennent pour éloigner ses causes. Leurs habitations sont souvent très petites et peu aérées. Il en est de même de leurs écuries, de leurs étables, de leurs bergeries, de leurs poulaillers, etc. Ils s'entassent dans les pre-

mières après en avoir hermétiquement fermé toutes les issues
à l'air; ils y accumulent des fruits, des herbages et autres matières susceptibles de fermentation; ils y entretiennent du feu
de charbon, de braise dans des pots. La réunion de tout un
village dans une cave ou une écurie pendant l'hiver pour économiser du feu et de la lumière, réunion qu'on appelle veil-
lées, écraignes. etc., est souvent frappée de méphitisme. Ils
laissent pendant long-temps dans les secondes les fumiers qui,
par leur fermentation, produisent le même effet sur eux et sur
leurs animaux. Les greniers dans lesquels on met du foin nouveau mal desséché deviennent encore plus dangereux.

Le méphitisme n'est pas toujours délétère à ce haut degré;
mais ses tristes effets, pour n'être pas aussi sensibles, n'en sont
pas moins certains. L'expérience a prouvé que les hommes qui
vivent habituellement dans un air vicié deviennent foibles de
corps et d'esprit, sont sujets aux fièvres lentes et autres maladies, que les femelles des animaux y avortent fréquemment,
ou y donnent naissance à de chétives productions. *Voy.* au mot
MARAIS.

C'est en bâtissant des maisons plus vastes et mieux percées;
en ne s'accumulant pas dans des appartemens fermés; en tenant ces appartemens et les écuries dans un état constant de
propreté; en ne mettant les substances susceptibles de fermentation que dans des lieux très aérés; en n'allant dans les
lieux où il y a une grande quantité de vin nouveau qu'avec
précaution, et en se faisant précéder d'une chandelle attachée
à un long bâton; en agissant de même lorsqu'on a besoin de
descendre dans un puits ou dans une fosse d'aisance; en ne
brûlant jamais du charbon ou de la braise que sous des cheminées ou après avoir ouvert les portes et les fenêtres, qu'on
peut espérer d'échapper aux effets du méphitisme. Mais quand
sera-t-il possible de faire entendre la raison à certains cultivateurs qui sont persuadés que les bestiaux ont besoin de chaleur pendant l'hiver; qu'il faut en conséquence calfeutrer
avec soin la porte et les fenêtres des écuries ou des étables;
qui croient que le fumier est d'autant meilleur qu'il a séjourné
plus long-temps sous les animaux? Le devoir des hommes
éclairés est de propager les lumières lors même qu'ils sont
persuadés du peu d'efficacité de leurs efforts. Ce n'est qu'avec
lenteur, ainsi qu'on l'a dit souvent, que les vérités percent,
mais elles finissent toujours par percer.

MERCURIALE, *Mercurialis*. Genre de plantes de la diœcie ennéandrie et de la famille des titymaloïdes, qui renferme
une douzaine d'espèces, dont deux ou trois sont dans le cas
d'être mentionnées ici; ce sont,

La MERCURIALE VIVACE qui a les racines vivaces; les tiges

simples ; les feuilles opposées, pétiolées, rudes au toucher, et
qui croît dans les bois humides, dans les haies et autres endroits ombragés ; c'est une des premières plantes qui paroissent
au printemps, et quelquefois elle couvre des espaces considérables qui se font remarquer par leur belle verdure. Cette
circonstance doit engager à la placer dans les massifs des
jardins paysagers dont elle égaiera la monotonie à une époque
où ils sont encore dénués d'agrément. On la multiplie très facilement, soit de graines, soit de plant enraciné qu'on recueille
dans les bois et qu'on répand ou plante dans les lieux précités.

Cette plante est repoussée par tous les bestiaux et cause des
vomissemens et même des convulsions aux hommes qui en
mangent.

La MERCURIALE ANNUELLE a les racines annuelles; la tige rameuse ; les feuilles pétiolées, ovales, aiguës, dentées et
glabres. Il n'est pas de jardins, de terres cultivées dans le
voisinage des habitations qui n'en soit infesté. Une année de
jachère suffit pour en couvrir un fonds fertile et frais. Son
goût est désagréable ; aussi parmi les bestiaux les chèvres
seules en mangent-elles, encore est-ce lorsqu'elles n'ont rien
de mieux. On la regarde comme purgative, mais on ne l'emploie guère qu'en lavement à l'intérieur ; c'est comme émolliente, et appliquée à l'extérieur, qu'on en fait le plus usage.
On en prépare plusieurs compositions chez les apothicaires,
entre autres un *miel mercurial* dont les propriétés sont con-
testées. Ainsi cette plante, qui fleurit tout l'été et qui donne
une prodigieuse quantité de graines, que les petits oiseaux et
sur-tout les becfigues recherchent avec avidité, ne peut guère
être utile à l'homme que pour augmenter la masse des fumiers ; mais si on porte des pieds en graines sur ces fumiers,
et ils ont à peine trois pouces de haut qu'ils en montrent déjà
de mûres, il en résulte un mal qui l'emporte sur le bien qu'on
peut en espérer; en conséquence, je crois qu'il vaut mieux
les brûler que de courir ce risque. Ce n'est pas une chose facile que de s'en débarrasser complètement, parceque sa graine
se conserve en état de germination pendant plusieurs années
lorsqu'elle est enterrée profondément, et que le hasard des
labours peut, chaque fois qu'on en fait, la ramener à la surface.
Il faut cependant tendre constamment à la détruire, et
pour cela la sarcler toujours avant sa floraison. On juge de
la vigilance d'un jardinier par le peu qu'on en voit dans son
jardin. Quant à celle qui se trouve dans les champs, on la
détruit par un bon alternat de cultures, sur-tout par l'emploi
des prairies artificielles. Au reste, comme je l'ai déjà observé, il n'y a guère que les champs voisins des villages,

ceux qui sont les mieux fumés, qui en offrent des quantités notables.

La MERCURIALE COTONNEUSE a les tiges légèrement fruticu-leuses et les feuilles très velues et blanchâtres. Elle est vivace, s'élève à deux pieds, fleurit pendant tout l'été et croît abon-damment en Espagne dans les lieux incultes, le long des chemins, etc., etc. Les touffes qu'elle forme ne sont pas sans agrément, sur-tout par le contraste de leur couleur avec celle des autres plantes. Je crois en conséquence qu'on doit en placer quelques pieds dans les endroits les plus chauds des jardins paysagers. On la multiplie très aisément de graines, de boutures et par déchirement des vieux pieds. Elle craint les fortes gelées, mais en la couvrant pendant l'hiver on est presque sûr de conserver les racines. (B.)

MÈRE. On donne ce nom, en agriculture, à des pieds d'arbres, d'arbrisseaux ou d'arbustes coupés rez terre et qui sont uniquement destinés à fournir des branches propres à être couchées et devenir des marcottes et par suite de nou-veaux pieds. Ainsi on dit une mère de paradis, une mère de cognassier, une mère de tilleul, de platane, etc.

Quoiqu'en général la multiplication par marcotte ne soit pas la plus désirable sous les rapports de la durée et de la beauté de ses résultats, la facilité de l'opérer et la rapidité des jouissances qu'elle procure doivent la faire pratiquer et la font en effet pratiquer dans toutes les pépinières. Or, il y a deux moyens de l'exécuter; ou on marcotte les branches qui en sont susceptibles à tous les arbres ou arbustes indistincte-ment, ou on réserve un certain nombre de pieds de chaque espèce uniquement pour cet objet, c'est-à-dire de mères.

Les mères doivent être, autant que possible, placées dans une partie séparée de la pépinière, parceque leur disposition et culture étant différente de celle du jeune plant, il en résul-teroit une irrégularité désagréable aux yeux et des effets nui-sibles aux produits par l'ombrage, etc.; mais il faut que cha-que espèce soit dans le sol et à l'exposition qui lui convient le plus. On trouvera aux articles particuliers de chaque arbre ce qu'il convient de savoir à cet égard; cependant je puis dire ici généralement qu'un sol léger et frais est presque toujours préférable à celui qui est argileux ou à celui qui est trop sec.

Comme les marcottes de la plupart des arbres, des arbris-seaux et des arbustes s'enracinent d'autant plus facilement qu'elles sont faites avec du bois plus jeune, il faut couper tous les ans ou au plus tous les deux ans les branches des mères qui n'ont pas pu être marcottées; cependant il est quelques espèces qui demandent à être faites avec du bois de deux ans,

eu mieux, avec les deux bois à la fois. *Voyez* au mot Marcotte.

Lorsqu'une mère de marcotte n'est pas très fortement en-
racinée, il faut toujours laisser au moins une branche suivre
la direction verticale ; car la pratique contraire exposeroit le
pied à périr, ainsi que beaucoup d'avides pépiniéristes l'é-
prouvent journellement. Cela provient de ce que la sève produite par l'absorption des feuilles ne peut plus descendre aux
racines et les nourrir. Lorsque les racines sont beaucoup plus
nombreuses qu'il ne faut, comme celles d'une mère de tilleul
qui auroit cinq à six ans ou plus, cet inconvénient n'est plus
à craindre. Il se produit toujours assez de bourgeons verticaux, et des bourgeons assez forts pour satisfaire aux besoins
des racines.

Un bon moyen d'assurer la reprise des marcottes, c'est de
les couvrir de mousse ou de litière, qui empêche l'évaporation de l'humidité de la terre. Ce moyen est sur-tout applicable aux mères des plantes rares qui sont dans la terre de
bruyère et qui demandent une exposition méridienne, parceque cette terre et cette exposition les mettent dans le cas
d'éprouver des sécheresses qui font périr les jeunes racines
encore tendres et très avides d'eau. Quelques jours suffisent
souvent pour détruire le produit du travail de la nature pendant plusieurs mois par cette cause, ainsi qu'on n'en acquiert
que trop souvent la preuve.

Quelquefois, sur-tout pour les mères de paradis, de doucin
et de cognassier, au lieu de faire des marcottes on butte de
la terre contre les jeunes pousses de l'année précédente. Ce
moyen n'est applicable qu'aux arbres et arbustes qui prennent
le plus facilement racines ; car ceux qui ont ce qu'on appelle
le bois dur n'en fournissent qu'autant qu'on ralentit la circulation de leur sève en courbant leurs branches, en leur faisant
une ligature ou une incision. *Voyez* au mot Marcotte.

Les soins à donner aux mères sont un labour d'hiver aussi
profond que possible, et un ou deux binages, ou mieux, sarclages
d'été lorsqu'on le juge nécessaire ; l'enlèvement des marcottes
lorsqu'elles ont pris racine, et la soustraction de la base de ces
marcottes, base qu'on appelle sauterelles dans beaucoup de
lieux, à raison de sa ressemblance avec le piège de ce nom.
Certains pépiniéristes couchent les bourgeons qui ont poussé
sur ces sauterelles ; mais si cela est bon à pratiquer sur les
plantes précieuses dont il faut conserver toutes les espérances
de reproductions, il faut s'y refuser pour les autres, sur-tout
pour les arbres fruitiers et les arbres de ligne, les marcottes
qui en proviennent étant toujours plus foibles et par conséquent plus long-temps à remplir leur destination.

Il y a aussi des mères de racines, c'est-à-dire des arbres dont on consacre les racines à la reproduction. Telles sont principalement celles d'AYLANTHE, de SUMACH, de GYMNOCLADE; mais elles sont rares et durent peu. (B.)

MÈRE. Les vignerons donnent aussi ce nom, dans quelques cantons, à la plus grosse racine de la vigne.

MERGER. On appelle ainsi, dans certains départemens, des tas de pierres, le plus souvent plus longs que larges et élevés, qui se trouvent dans les champs et les vignes, et qui proviennent de l'épierrement du sol. *Voyez* BERGE.

Dans quelques endroits on plante des épine-vinettes, des pruneliers, des groseilliers et autres arbustes au milieu des mergers, ce qui utilise un peu l'espace de terre qu'ils recouvrent. Dans d'autres on plante autour des courges, des haricots, des pois, dont on dirige les tiges sur leur surface dans la même intention. (B.)

MERINGENNE. Un des noms de la MORELLE MELONGÈNE.

MÉRINOS. Nom qu'on donne en Espagne aux moutons à laine fine, et qui est passé avec eux en France. *Voyez* les articles BÊTES A LAINE, BREBIS et MOUTON.

MÉRISIER. Espèce de cerisier qui croît dans les bois de l'Europe, et qui sert de type aux guignes et autres cerises à chair ferme. *Voyez* CERISIER.

MERLE. Oiseau du genre des grives, qui vit comme elles d'insectes et de baies, et qui, par conséquent, est tantôt utile, tantôt nuisible aux agriculteurs.

C'est dans les bois humides que se plaît principalement le merle; mais il fréquente cependant les haies, sur-tout en automne, époque où il se jette sur les raisins, et en fait une grande consommation. Quoique très commun, on le remarque peu, parcequ'il vit solitaire, se tient presque toujours à terre, et ne vole que lorsqu'il ne peut se sauver à la course. On le prend dans tous les pièges qui servent pour les grives, principalement dans les fossettes et les trébuchets. Sa chair est un médiocre manger.

Le nid du merle se distingue de celui de la grive, parcequ'il n'est pas enduit de terre à l'intérieur. Il est ordinairement placé à une petite hauteur, dans les lieux les plus fourrés, et contient cinq œufs bleuâtres tachetés de fauve. *Voyez* GRIVE. (B.)

MERRAIN. Ce mot s'applique plus particulièrement au bois de chêne refendu en planches qu'aux planches de tout autre arbre; il désigne encore d'une manière plus spéciale le bois travaillé pour faire des DOUVES, et de ces douves des FUTAILLES. Cependant l'usage a prévalu; on appelle encore ces planches MERRAIN A PANNEAUX, lorsqu'il est employé dans la menuiserie. Il est inutile de répéter ici ce qui a été dit au mot DOUVE. *Voyez* ces mots. (R.)

MESANGE. Genre d'oiseaux de l'ordre des passereaux, renfermant en France cinq à six espèces qui en même temps sont utiles et nuisibles aux cultivateurs.

Les mésanges vivent indifféremment de chair et de graines, sur-tout de graines huileuses. Elles sont très vives, très courageuses, très fécondes. La plupart font leur nid dans les trous des arbres ou de rochers.

Celle des mésanges qu'il est le plus intéressant aux cultivateurs de connoître est la MESANGE CHARBONNIÈRE, *Parus major*, Lin. C'est la plus grosse et la plus commune. Elle est olivâtre en dessus, jaune en dessous ; sa tête est noire, avec les tempes blanches et la nuque jaune, la queue et les grandes plumes des ailes noires, ces dernières cependant bordées de blanc.

Pendant l'hiver les mésanges charbonnières vivent en petites sociétés, et se rapprochent des habitations rurales. Elles voltigent de branche en branche sur les arbres des vergers, mangent les insectes qui se sont réfugiés dans les fentes de leur écorce, ou sous les lichens dont ils sont couverts. Je les ai vues plusieurs fois déchirer les nids de la chenille commune (*Bombyx chrysorhoea Fab.* et en détruire les habitans. Elles rendent réellement de grands services aux cultivateurs ; mais aussi elles causent de grands dommages à ceux qui possèdent des ruches, car elles recherchent aussi beaucoup les abeilles, ce qui les a fait appeler *croque-abeilles* dans quelques cantons. Dans les beaux jours d'hiver elles venoient constamment, vers le midi, faire une tournée dans mon jardin pendant ma retraite dans la forêt de Montmorency, et ne manquoient jamais de visiter mes ruches et d'enlever des abeilles lorsqu'il s'en présentoit à la porte. Le coup de fusil qui en faisoit tomber une n'épouvantoit nullement les autres. J'ai été obligé de les tuer ou de les prendre presque toutes pour m'en débarrasser. Elles donnent facilement dans les pièges de toute espèce, sur-tout dans les trébuchets, lorsqu'ils sont amorcés avec du chènevis, des noix, du suif, etc. Une d'elles, servant d'appelant, assure encore mieux leur capture. Leur chair est recherchée dans quelques pays. (B.)

MESURES. La connoissance des mesures est de la plus haute importance dans toutes les branches de l'économie sociale, et encore plus dans l'agriculture que dans toute autre. C'est elle qui sert de base à l'application du calcul aux questions qui nous intéressent le plus, et qui se présentent journellement : ce n'est donc pas un vain luxe de science que l'établissement d'un système métrique bien ordonné. Cette vérité, qui s'aperçoit à la simple réflexion, que de nombreux abus avoient portée au plus haut degré d'évidence, et qui avoit fait désirer depuis près d'un siècle une réforme dans les mesures, semble pourtant méconnue aujourd'hui, du moins si l'on en juge par l'obstination presque générale avec laquelle on continue à penser, à s'exprimer en anciennes mesures, et à retarder ainsi les heureux effets du plus utile des présens que les savans aient pu faire à la société. C'est principalement à fixer l'attention des lecteurs sur tous les avantages du *système métrique décimal* que sera consacrée la première partie de cet article : la seconde renfermera quelques applications des nouvelles mesures au calcul des superficies et des volumes ou capacités ; et l'article sera terminé par des tableaux de comparaison entre les anciennes et les nouvelles mesures.

PREMIÈRE PARTIE. *Exposition générale du système métrique.*
1. En parlant des avantages de ce système, je ne saurois sans doute que répéter ici ce qui a déjà été dit un grand nombre de fois ; mais, sur un pareil sujet, il ne faut pas se lasser de répéter, tant qu'on n'a pas perdu l'espérance de produire quelque bien ; et il est d'autant plus nécessaire de multiplier les efforts, qu'outre la résistance que le commun des hommes oppose à tout ce qui contrarie ses habitudes, les nouvelles mesures ont encore contre elles les souvenirs de l'époque orageuse à laquelle on les a promulguées. L'esprit de parti et la légèreté s'unissent pour les proscrire ; néanmoins, indépendamment de toute considération du passé, il y a dans les choses susceptibles d'une vérité absolue, et le système métrique est de ce genre, des principes à l'évidence desquels on ne sauroit se refuser.

Qu'est-ce que mesurer ? C'est déterminer le rapport d'une grandeur quelconque à une autre de même espèce, que l'on est convenu de prendre pour terme de comparaison de toutes celles de cette espèce ; il y aura donc d'abord dans les mesures une variété relative à celle des espèces de grandeurs et même de substances que l'on veut comparer ; car on aura à mesurer ou une *longueur*, ou une *superficie*, ou un *volume*, ou une *capacité*, ou enfin une *quantité de matière* qui s'apprécie par le poids. Ensuite, lorsqu'on aura choisi pour chacune de ces espèces de grandeur une unité, il faudra composer, avec cette unité, des mesures plus grandes pour éviter l'emploi de nombres trop considérables dont on se forme difficilement une idée, et qui embarrassent le calcul ; il faudra aussi diviser cette unité pour mesurer les quantités qui sont plus petites qu'elle. N'est-il pas évident qu'on soulageroit beaucoup la mémoire, si on établissoit dans toutes les mesures, à quelque espèce de grandeur qu'elles appartinssent, les mêmes rapports d'accroissement et de décroissement à l'égard de leur unité? et c'est précisément ce qu'on a fait dans le nouveau système métrique.

2. L'unité pour les longueurs ou l'*unité linéaire* étant le *mètre*,

L'unité pour les superficies étant l'*are*,

L'unité pour les volumes étant le *stère*,

L'unité pour la capacité des vases avec lesquels on mesure les graines et les liquides étant le *litre*,

L'unité pour les poids étant le *gramme*,

Enfin l'unité monétaire étant le *franc*,

On a formé les mesures composées dans chacune de ces espèces, en prenant 10 fois, 100 fois, 1000 fois, 10000 fois l'unité fondamentale indiquée ci-dessus ; et pour les mesures plus petites, la même unité a été divisée d'abord en 10 parties ou *dixièmes*, chacune de ces parties en 10 autres ou *centièmes* de l'unité fondamentale, chacune de ces dernières en 10 autres ou *millièmes* de l'unité fondamentale, ainsi de suite.

Quoi de plus simple que cette uniformité de rapports conformes à notre manière de compter par *dixaines*, par *centaines*, par *mille*, etc., et l'introduction des parties de dix en dix fois plus petites, ou la division décimale de l'unité, qui, rendant le calcul des fractions semblable à celui des nombres entiers, fait disparoître de l'arithmétique ces opérations sur les *nombres complexes*, c'est-à-dire avec livres, sous et deniers, toises, pieds, pouces et lignes, etc., presque inconnues dans les petites écoles, et dont la difficulté étoit cause que l'immense majorité de ceux qui savoient lire et écrire ne savoient d'autres règles que celles de l'addition et de la soustraction ? Je demande pardon au lecteur de l'entretenir de choses aussi triviales ; mais j'y suis forcé, car c'est là le point le plus important du sujet que je traite. Si le calcul décimal pouvoit s'introduire dans les petites écoles, avec l'usage des nouvelles mesures, non seulement la ménagère seroit en état de faire tous les calculs dont elle a besoin, mais l'ouvrier exécuteroit sans peine tous ses toisés, et en y joignant l'usage de la règle et du compas pour tracer quelques figures de géométrie, il construiroit lui-même ses plans, et le cultivateur n'éprouveroit aucun embarras dans la pratique de l'arpentage.

3. Après avoir pourvu à la facilité du calcul par l'emploi de la numération décimale, il convenoit d'appliquer aux différentes mesures composées, ou aux subdivisions de l'unité, des noms qui rappelassent cette numération. Tel est l'objet des mots :

Deca, *hecto*, *kilo*, *myria*,

qui répondent respectivement aux nombres

10, 100, 1000, 10000,

et des mots :

Deci , *centi* , *milli* ,

qui répondent respectivement aux

10mes , 100mes , 1000mes

de l'unité fondamentale.

Ces mots ne s'emploient jamais seuls ; mais ils s'appliquent à toutes les mesures : ainsi l'on dit également un *hectomètre* et un *hectogramme* pour cent mètres et cent grammes ; un *centimètre* et un *centigramme* pour la centième partie d'un mètre et pour celle d'un gramme. A l'égard des *monnoies*, dont l'usage est si répété , pour abréger on s'est borné à dire *décime* , *centime*, au lieu de *décifranc* , *centifranc*. En jetant les yeux sur le tableau ci-joint, on se fera dès le premier coup d'œil, une idée exacte et complète du système métrique.

TABLEAU des mesures décimales, montrant le système méthodique de leur nomenclature.

RAPPORTS DES MESURES de chaque espèce À LEUR MESURE PRINCIPALE.		PREMIÈRE PARTIE du nom qui indique le rapport à la mesure principale.	MESURES PRINCIPALES					EXEMPLES DES NOMS COMPOSÉS pour exprimer différentes unités de mesures.
EN LETTRES.	EN CHIFFRES.		DE LONGUEUR.	DE CAPACITÉ.	DE POIDS.	AGRAIRE	POUR LE BOIS de chauffage.	
Dix mille . . .	10000	Myria. . . . . (M.)						MYRIAMÈTRE, longueur de dix mille mètres.
Mille.	1000	Kilo . . . . . (K.)						KILOGRAMME, poids de mille grammes.
Cent.	100	Hecto . . . (H.)						HECTARE, mesure agraire de cent ares.
Dix.	10	Déca . . . . . (D.)	MÈTRE (mè.)	LITRE (li.)	GRAMME (gr.)	ARE (ar.)	STÈRE (st.)	DÉCALITRE, mesure de capacité de dix litres.
Un.	1	. . . .						DÉCIMÈTRE, dixième partie du mètre.
Un dixième. .	0,1	Déci . . . . . (d.)						CENTIGRAMME, centième partie du gramme.
Un centième. .	0,01	Centi.. . . . . (c.)						
Un millième. .	0,001	Milli . . . . . (m.)						Nota. Plusieurs composés, tels que décaare, kiloare, et tous ceux qui sont formés avec le stère, ne seront point d'usage.
Rapports des mesures principales entre elles et avec la grandeur du méridien.			Dix millionième partie de la distance du pole à l'équateur.	Un décimètre cube.	Poids d'un centimètre cube d'eau distillée.	Cent mètres caarrés.	Un mètre cube	MONNOIES. L'unité monétaire s'appelle FRANC. Le franc se divise en dix DÉCIMES. Et le décime en DIX CENTIM. La valeur du franc est celle d'une pièce d'argent à neuf dixièmes de fin, pesant cinq grammes.

Qu'on rapproche maintenant ce système de l'ancien, tel qu'il étoit adopté dans la capitale ; peut-on de bonne foi méconnoître l'avantage que l'enchaînement régulier de toutes ses parties a sur la bigarrure qu'offroient les divisions incohérentes

De la *toise* en 6 pieds, du *pied* en 12 pouces, etc. ;

Du *muid* en 12 setiers, ou en 10, (selon qu'il s'agissoit du blé ou du charbon de bois); de la *mine* en 2 minots, du *minot* en 3 boisseaux, et ensuite du *boisseau* en demi, quart, demiquart, ou huitième, seizième ou litron, etc. ;

De la *livre de poids* en deux *marcs*, du *marc* en huit *onces*, de l'*once* en huit *gros*, du *gros* en trois *scrupules*, du *scrupule* en vingt-quatre *grains* ;

Enfin de la *livre tournois* en vingt *sous*, et du *sou* en douze *deniers.*

Il falloit pour ainsi dire autant de règles de calcul qu'il y avoit de genre de mesures, et un effort de mémoire assez grand pour apprendre et retenir leurs noms et leurs rapports ; et ce dernier inconvénient, très grave à l'égard des personnes peu instruites, est inséparable de toute nomenclature qui ne seroit pas formée comme celle qui est exposée ci-dessus. Il affecte particulièrement les dénominations que l'arrêté des Consuls, du 13 brumaire an 9, permet d'appliquer aux mesures du nouveau système ; et les mots anciens qu'on retrouve parmi ces dénominations, tels que ceux de *lieue*, *arpent*, *pinte*, *livre de poids*, etc. donneroient lieu à beaucoup d'équivoques, puisqu'ils expriment des choses très différentes selon le système auquel on les applique.

4. La difficulté qu'on oppose à l'admission des noms des nouveaux poids, parcequ'ils sont tirés du grec et du latin, ne mérite aucune considération. La langue la plus usuelle est remplie de mots grecs tout aussi difficiles à prononcer. Si le peuple les estropie quelquefois, cela n'empêche pas qu'on ne les reconnoisse ; et lorsqu'on dit *chirurgien* et *apothicaire*, on peut bien dire *kilogramme*. Ajoutez à cela que les gens les moins éclairés sont bientôt instruits dans ce qui concerne leur intérêt, et l'on ne pourra plus se refuser à convenir de la supériorité d'un système métrique, dont l'intelligence ne repose que sur le plus petit nombre possible de mots. Celui qui saura ce que c'est qu'un *centimètre* saura en même temps ce que c'est qu'un *centigramme*, qu'un *centilitre*, qu'un *centiare* ; tandis que celui qui sait qu'un sou est la vingtième partie de la livre tournois peut ignorer toujours ce que c'est que le gros par rapport à la livre de poids.

En ramenant toutes les mesures à l'uniformité dans un pays aussi étendu que la France, où elles varioient, non seulement de province à province, mais de ville à ville, et quelquefois de village à village, on ne pouvoit s'empêcher de contrarier un grand nombre d'habitudes ; dès-lors pourquoi s'arrêter à l'ancien système, qui n'étoit pas généralement adopté, et se priver par-là de l'avantage de faire accorder la progression des mesures avec notre système de numération, en usage chez toutes les nations civilisées.

Voilà ce me semble plus de motifs qu'il n'en faut pour appuyer l'utilité du nouveau système métrique à l'égard de toutes les professions, indépendamment du prix qu'il peut avoir par les bases astronomiques et physiques sur lesquelles il est établi, et dont je vais maintenant donner une idée. Je n'ai point voulu les placer en première ligne, comme on a coutume de le faire, parceque c'est ainsi que beaucoup de gens se sont persuadés que le résultat de travaux aussi étrangers à leurs connoissances ne pouvoit leur être bon à rien.

5. Toutes les mesures relatives à l'étendue, c'est-à-dire les mesures de longueur, de superficie, de volume ou de capacité, dérivent immédiatement du mètre.

L'*are* est un carré, dont le côté a dix mètres de longueur, et qui contient par conséquent cent mètres carrés.

Le *stère* est le mètre cube, c'est-à-dire un espace fermé par six faces carrées, dont chaque côté à un mètre de longueur.

Le *litre*, quelque forme qu'on lui donne, renferme un espace équivalent au décimètre cube ; et, comme on le verra plus bas, mille litres ou un kilolitre font un volume égal au stère ou mètre cube.

Le *gramme*, ou l'unité de poids, est celui d'un volume d'eau pure égal à un centimètre cube. Par eau pure, on entend celle qui a été distillée ; et comme la densité de l'eau change avec la température, on a choisi le point où cette densité est au maximum, ce qui arrive un peu avant la congellation.

L'unité monétaire se tire de l'unité de poids ; le *franc* pèse cinq grammes, et contient neuf dixièmes d'argent fin et un dixième d'alliage.

Pour achever de prendre dans la nature les bases du système métrique, il ne restoit donc plus qu'à déduire le mètre de quelques lignes données par l'observation ; et afin qu'il n'y eût rien de local dans une opération qui devoit intéresser également tous les peuples instruits, on est convenu de donner au mètre une longueur égale à la dix millionième partie de la distance du pôle à l'équateur, mesurée sur le méridien terrestre. Ce n'est pas ici le lieu de parler des grandes et belles opérations effectuées par MM. Delambre et Méchain pour déterminer cette longueur, continuées par MM. Biot, Arago et quelques astronomes espagnols; on en trouve le détail dans un assez grand nombre d'ouvrages que doivent nécessairement consulter ceux qui veulent acquérir des notions exactes sur l'un des plus importans travaux scientifiques de ces derniers temps.

Je me bornerai à dire ici que c'est d'après ces observations qu'on a fixé le rapport exact du mètre à la toise ; et afin d'éviter les erreurs que pouvoient faire naître les dilatations et les condensations que les changemens de température occasionnoient dans la longueur des étalons, fabriqués en platine, on a toujours évalué cette longueur, pour la température de la glace fondante. On l'a trouvée de 443 lignes, 296, ou 3 pieds o pouces 11 lignes, 296.

On n'a pas apporté moins de soins dans la détermination du rapport des unités de poids, ancienne et nouvelle. MM. Haüi et Le Févre Gineau, qui se sont occupés successivement de cette recherche, y ont employé des procédés aussi exacts qu'ingénieux; ils n'ont point opéré sur le gramme, son volume est trop petit; mais ils ont déterminé, en poids anciens, la pesanteur du kilogramme d'eau distillée dont le volume est égal à un décimètre cube. Ce poids s'est trouvé de 18,827 grammes, 15, ou 7 livres o onces 5 gros 52 grains, 15, poids de marc.

Non seulement les sciences mathématiques et physiques ont déployé toutes leurs ressources pour assurer l'exactitude des bases du système métrique décimal ; les arts ont rivalisé avec elles. Des instrumens nouveaux ont été inventés par nos plus habiles mécaniciens, MM. Fortin et Lenoir, pour la construction des étalons, pour leur comparaison avec les autres mesures; les mesures vulgaires même ont acquis une perfection qui peut influer beaucoup dans la pratique des métiers qui demandent quelque précision. M. Kutsch, en employant une machine à diviser, a exécuté, en buis, des doubles décimètres dont les divisions sont aussi nettes qu'exactes, et dont le prix n'est pas supérieur à celui des *pieds-de-roi*, de la même matière, le plus souvent très mal exécutés (1). Il est bien important de remarquer que l'ouvrier, qui borne ordinairement l'exactitude de ses travaux à la dernière division de la mesure dont il se sert, ne pourroit manquer d'acquérir plus de précision en employant une mesure, non seulement mieux faite que le pied, mais encore dont la dernière division (le millimètre) étant environ deux fois plus petite que la ligne, l'obligeroit à prendre plus exactement les dimensions des objets qu'il se propose de construire. Ces doubles décimètres peuvent, le plus souvent, servir d'échelle pour la construction des plans

_____

(1) Il tient à Paris, rue de la Tixeranderie, un dépôt de ces mesures et de toutes les autres, dont l'exécution est également bien soignée.

(*voyez* l'article Arpentage), et sont d'un usage très commode quand les mesures ont été prises sur le terrain avec le décamètre et le mètre, et que la réduction s'opère par l'un des diviseurs du nombre 10.

Enfin, pour ne rien laisser à désirer, les savans qui ont concouru à l'établissement du système métrique n'ont cessé de répandre les instructions les plus claires et les plus détaillées sur ce système et sur la comparaison des anciennes mesures avec les nouvelles. Ils ont rassemblé, des diverses parties de la France, tous les renseignemens qu'il étoit possible de se procurer sur les mesures locales, dont la plupart étoient à peu près inconnues hors du lieu où elles étoient en usage. Il n'est donc aucun titre sous lequel la réforme des poids et mesures n'ait été avantageuse à la société, et, par conséquent, si la raison étoit toujours écoutée, le succès de cette belle opération eût été complet; mais, comme je l'ai déjà dit, les préjugés et l'insouciance s'y sont fortement opposés, et, par une exécution maladroite de la loi, ont rendu les calculs plus compliqués qu'ils ne l'étoient dans l'ancien système.

7. En effet, au lieu de se hâter de substituer dans les opérations les mesures nouvelles aux anciennes, on a presque généralement continué de se servir de celles-ci ; et on s'est imposé la tâche d'en convertir les résultats en mesures décimales, lorsqu'il faut les rendre légaux. Ainsi, outre les opérations qu'un ouvrier avoit à faire pour dresser un devis ou un mémoire par les anciennes mesures, il faut encore qu'il y joigne la conversion de ces mesures en mesures décimales. Opération longue dont il n'auroit pas eu besoin s'il avoit pris ses mesures avec le mètre, le décimètre, s'il eût pesé avec le kilogramme, le gramme, etc. S'il portoit avec lui le mètre au lieu de sa toise ou de sa règle de quatre pieds, et dans sa poche le double décimètre au lieu du pied, n'auroit-il pas bientôt dans le coup d'œil la grandeur du décimètre, du centimètre et même du millimètre, comme il y a celle du pied, du pouce, et de la ligne ; et alors ne lui seroit-il pas aussi commode de se régler sur les premières divisions comme sur les secondes? Je ne parle point de la toise, car le double mètre en approche de si près qu'à l'œil la différence en est insensible. Ce qui étoit à éviter sur-tout, et qui malheureusement a eu presque toujours lieu et a jeté le ridicule, et par conséquent la défaveur, sur les nouvelles mesures, ce sont les traductions maladroites que l'on a faites, jusque sur les affiches publiques, de l'ancien système dans le nouveau. Pourquoi descendre jusqu'au millimètre, par exemple, pour exprimer un nombre, qui, dans les anciennes mesures, n'est exact qu'à cinq ou six pouces près? Quand on dit qu'une plante s'élève à un pied de haut, ne

faut-il pas se contenter d'écrire 3 décimètres, au lieu de 324 millimètres ; et, ce qui seroit encore plus ridicule, 3 décimètres, 2 centimètres, 4 millimètres? Quand on veut indiquer une grandeur d'une ligne à une ligne et demie, n'a-t-on pas aussitôt fait de dire de deux à trois millimètres, et n'est-il pas superflu d'écrire jusqu'à des millièmes de millimètres? Enfin, toutes les fois que l'on projette une construction quelconque, que l'on doit indiquer des mesures à volonté, ne doit-on pas les prendre en nombres ronds dans le nouveau système, comme on l'auroit fait dans l'ancien. On disoit autrefois, par exemple, qu'un mur de clôture devoit avoir six pieds sous chaperon ; il faut dire aujourd'hui qu'il doit avoir deux mètres et non pas un mètre neuf cent quarante-neuf millimètres, comme l'indiqueroit la conversion exacte de la toise en mètre. Avec ce soin, les expressions dans le nouveau système métrique ne seroient pas plus compliquées que dans l'ancien, et les calculs seroient infiniment plus simples.

8. Comme dans l'ordre naturel des choses on ne sauroit avoir à convertir les mesures nouvelles en anciennes, je me suis borné, dans les tables qui terminent cet article, à donner les élémens nécessaires pour convertir les anciennes mesures en nouvelles. Le tableau particulier des mesures agraires cité dans cet ouvrage rendra frappante la bizarrerie de ces mesures, qui ne forment cependant qu'une petite partie de toutes celles qui étoient usitées en France, et dont on trouve les valeurs dans l'ouvrage de M. Gattey, ayant pour titre, *Élémens du nouveau système métrique*, et dans les rapports sur ce sujet, adressés au ministre de l'intérieur par les administrations départementales.

Deuxième partie. *Du calcul des aires et des volumes.* Ces calculs, et les opérations de mesurage qui en fournissent les données, composent ce qu'on appelle le *toisé* des surfaces et des solides, ce que, dans les nouvelles mesures, on devroit appeler le *métrage*.

9. J'ai déjà rapporté à l'article Arpentage, tom. 1er, p. 443, les formules qui servent à calculer les aires des principales figures géométriques. Toutes ces formules conduisent à la multiplication de deux nombres exprimant des mesures linéaires. Cette multiplication, souvent très longue quand il faut l'opérer sur des nombres exprimés en toises, pieds, pouces et lignes, ne diffère pas de la multiplication des nombres entiers lorsqu'on emploie les nouvelles mesures. La seule attention particulière au calcul décimal consiste dans la place qu'il faut donner à la virgule après l'opération, et se trouve expliquée dans la plupart des instructions publiées par l'administration

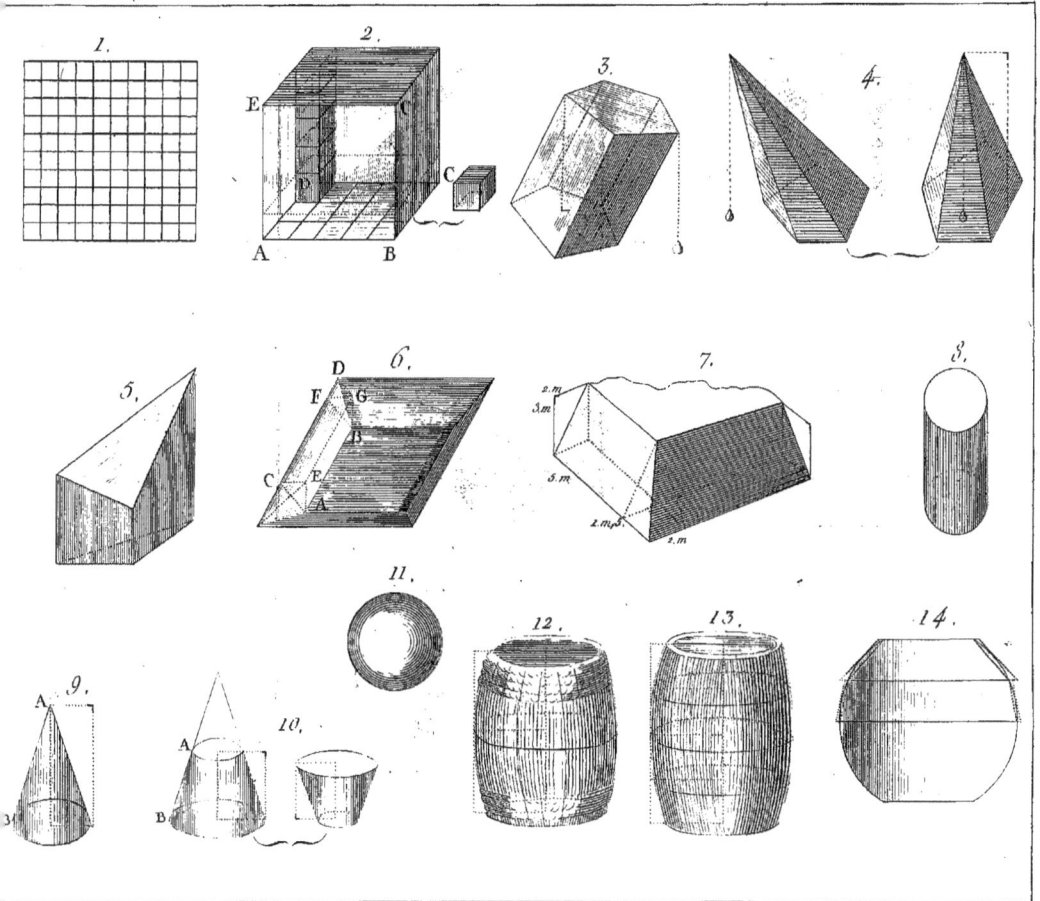

1.

2.

E C

D

C

A B

3.

4.

5.

6.

D
F G
B
C E
A

7.

2.m.
3.m.
5.m
2.m.p.
2.m.

8.

11.

9.

A

10.

A

B

12.

13.

14.

Deseve del, dir.

Mesures.

des poids et mesures, et dans presque tous les traités d'arithmétique. (*Voyez* entre autres le *Traité élémentaire d'arithmétique à l'usage de l'école centrale des Quatre-Nations*, p. 64
et suiv.)

Qu'on ait, par exemple, un rectangle de 49 ^{mè}, 54 de base,
sur 15 ^{mè}, 27 de hauteur, on fera d'abord le produit des deux
nombres 4954 et 1527, qu'on obtient en supprimant la virgule
qui sépare les décimales, des mètres ; on trouvera le nombre
7 564 758, et il suffira de séparer quatre chiffres sur sa droite
par une virgule pour exprimer le résultat en mètres carrés :
on aura ainsi 756 mètres carrés, et les quatre chiffres restant,
4758, exprimeront des parties décimales du mètre carré.

S'il s'agissoit de la mesure d'une pièce de terre, on ne
tiendroit aucun compte de ces fractions, et on transformeroit
sur-le-champ la mesure en ares et centiares ; en séparant par
une virgule deux chiffres sur la droite du nombre 756, il
viendroit 7 ares et 56 centiares. Si le nombre de mètres carrés étoit de plus de quatre chiffres, le champ à mesurer contiendroit alors des hectares : 43 927 mètres carrés, par exemple, comprennent 4 hectares 39 ares et 27 centiares.

10. Lorsqu'on se propose d'évaluer de petites superficies,
comme pour la maçonnerie ou la menuiserie, il faut tenir
compte des parties du mètre carré ; et, dans ce cas, il faut
bien se garder de confondre le dixième du mètre carré avec
le décimètre carré, et le centième du mètre carré avec le
centimètre carré. Le mètre linéaire contenant dix décimètres,
le mètre carré contiendra dix fois dix, ou cent carrés d'un
décimètre de côté, et qui seront par conséquent des décimètres carrés (*voyez fig.* 1) : on trouveroit de même que
puisque le mètre linéaire contient cent centimètres, le mètre
carré contiendroit dix mille carrés d'un centimètre de côté,
ou dix mille centimètres carrés. Il suit de là qu'il faut séparer
de deux en deux, à partir de la virgule, les décimales du mètre
carré pour obtenir des parties carrées de son aire. Dans l'exemple du numéro précédent, les 4758 dix millièmes de mètres
carrés fournissent 47 décimètres carrés, 58 centimètres carrés.

Si les chiffres décimaux se trouvoient en nombre impair,
pour les traduire en mesures carrées il faudroit en rendre le
nombre pair en écrivant un zéro à la suite. Par exemple, un
rectangle ayant 27 ^{mè} de base sur 4 ^{mè} 3 de hauteur, donne
pour produit 116,1. En mettant un zéro à la droite de ce
nombre, il devient 116,10, nombre qui s'énonce en disant
116 mètres carrés, et 10 décimètres carrés. Quelle différence
entre cette facilité de couvertir les unes dans les autres les
mesures décimales, et ces opérations répétées qu'il falloit effec-
tuer dans l'ancien système pour passer des toises aux pieds,

des pieds aux pouces, etc., et qui devenoient plus compliquées quand il s'agissoit de pieds carrés, de pouces carrés, etc. !

11. Les travaux de terrasse et de maçonnerie qu'on a souvent à faire exécuter à la campagne, et qui s'évaluoient à la toise cube, doivent être rapportés au mètre cube. Ces travaux qui tiennent de près à l'agriculture, reposant sur le calcul des superficies et des volumes des corps, j'ai cru nécessaire de donner ici les principales formules de ce calcul, avec quelques applications.

Pour mesurer les superficies et les volumes des corps, on distingue ceux qui sont terminés par des surfaces planes, de ceux qui sont arrondis. La superficie des premiers se calcule par les formules rapportées dans l'article ARPENTAGE : ainsi, il ne sera question ici que de leur volume.

Le corps dont le volume se mesure le plus aisément est le *parallélipipède rectangle*. Il est indiqué dans la *figure 2*. Toutes ses faces sont des rectangles; on peut s'en représenter la capacité comme celle d'une boîte. Il est visible que si le fond de cette boîte est partagé en un certain nombre de petits carrés, sur chacun desquels on pose un petit cube ayant même face, on formera une espèce de couche dont l'épaisseur sera celle du petit cube, c'est-à-dire égale au côté du petit carré ; et on pourra placer autant de ces couches de cubes dans la boîte, que l'épaisseur d'une couche est contenue de fois dans la hauteur de cette boîte. Le nombre total des petits cubes se trouvera en multipliant le nombre de cubes contenus dans chaque couche par le nombre de ces couches. Or, si l'on prend pour côté du petit cube la division linéaire qui mesure exactement les dimensions de la boîte, le nombre des carrés contenus dans sa base exprimera l'aire de cette base (ARPENTAGE, n°s 25 et 26); et en le multipliant par le nombre des mesures linéaires contenues dans l'épaisseur de la boîte, on aura le nombre de petits cubes qu'elle renferme, ce qui donnera par conséquent sa mesure à l'égard de ceux-ci.

Il suit de là que la mesure du volume d'un parallélipipède rectangle *est le produit de l'aire de l'une quelconque de ses faces, multipliée par son épaisseur, prise perpendiculairement à cette face.*

Celle des faces qu'on choisit dans ce calcul se nomme *base*, et l'épaisseur correspondante s'appelle *hauteur*, parceque le plus souvent il s'agit de corps qui sont posés horizontalement et dont l'épaisseur est verticale. On dit en conséquence que la *mesure du volume d'un parallélipipède rectangle est le produit de l'aire de sa base par sa hauteur.* Soit, par exemple, AB de 7 mètres, BC de 4, et AE de 5; l'aire ABCD contiendra 4 fois 7 ou 28 mètres carrés ; et ce produit, multiplié par la hauteur de 5 mètres, donnera 140 mètres cubes. On voit que cela revient à multiplier successivement les nombres 7, 4 et 5 entre eux.

12. Les parties décimales qui pourroient se trouver dans la mesure des dimensions du parallélipipède proposé ne rendroient pas l'opération plus difficile.

Soient, par exemple, les deux côtés de la base 49 ^{mè}, 54, 15 ^{mè}, 27 et la hauteur 8 ^{mè}, 5. En multipliant, sans faire attention aux virgules, le premier de ces nombres par le second, et leur produit par le troisième, on obtiendra 643004430; mais comme il y a en tout 5 chiffres décimaux, savoir, 2 dans chacun des deux premiers nombres, et 1 dans le troisième, il en faut séparer un pareil nombre sur la droite du produit que l'on a trouvé, qui deviendra ainsi 6430,04430. La partie du nombre située à gauche de la virgule exprimera des mètres cubes.

Si l'on veut tenir compte des chiffres décimaux placés à droite, il faut observer que les parties qu'ils expriment sont successivement le 10e, le 100e, etc., du mètre cube, et qu'on ne doit pas confondre le 10e du mètre cube avec le décimètre cube; car un mètre linéaire contenant 10 décimètres, la base du mètre cube contient 100 décimètres carrés, et multipliant par 10, on aura 1000 cubes d'un décimètre de côté, ou 1000 décimètres cubes. On trouvera de même que le décimètre cube contient 1000 centimètres cubes. Il résulte de là que le décimètre cube est la 1000e partie du mètre cube, que le centimètre cube est la 1000e partie du décimètre cube, et qu'en général il faut prendre les chiffres décimaux de 3 en 3, pour qu'ils répondent à des mesures cubiques.

La partie décimale du nombre 6430,04430 ne contenant pas 6 chiffres, ne peut pas se partager en groupes de 3 chiffres; mais on y supplée, en ajoutant un zéro à droite, ce qui ne change pas la valeur totale du nombre, et alors on trouve 6430,044 300.

Nombre qui s'énonce ainsi :

6430 mètres cubes, 44 décimètres cubes, et 300 centimètres cubes.

13. Pour mesurer le volume des corps terminés par des surfaces planes, on les décompose dans ceux que je vais définir.

1° Le *prisme*, dont la base est un polygone quelconque. et dont toutes les faces latérales sont des parallélogrammes. *Voy.* la *fig.* 3.

Son volume s'obtient en multipliant l'aire de sa base par sa hauteur.

2° La *pyramide*, corps dont la base est un polygone quelconque, et dont toutes les autres faces sont des triangles ayant leur sommet au même point. *Voyez la fig.* 4.

Son volume s'obtient en multipliant l'aire de sa base par le tiers de sa hauteur.

3° Le *prisme triangulaire tronqué droit*, représenté dans la *figure 5*, et dont la base supérieure n'est pas parallèle à l'inférieure.

Son volume s'obtient en multipliant l'aire du triangle qui lui sert de base, par le tiers de la somme des trois côtés perpendiculaires à sa base inférieure.

Les aplombs et les équerres marqués sur les figures montrent comment on prend les hauteurs de ces corps, soit en dedans, soit en dehors.

14. Pour donner un exemple de l'emploi de ces formules, j'indiquerai comment on peut évaluer le volume de terre enlevé pour creuser un fossé dont le contour est un rectangle, les bords sont en talus et le fond horizontal, *fig.* 6.

La partie qui répond à plomb sur la surface inférieure du fossé n'offre aucune difficulté, parceque c'est un parallélipipède rectangle ; si, comme je le suppose ici, le terrain primitif est horizontal : il reste donc à mesurer l'évasement. En le prenant d'abord carrément sur les côtés de la figure, on forme un prisme triangulaire dont les bases sont des triangles rectangles A C E, B G F, et dont la hauteur est A B : son volume se calcule par la formule du prisme rapporté ci-dessus. Entre la base de ce prisme et la jonction des deux talus contigus, on trouve une pyramide qui a pour base le triangle B G F et pour hauteur F D, différence entre le côté intérieur et le côté extérieur du talus. Cette pyramide se calcule par la formule propre à cette espèce de corps. En répétant l'opération pour chaque talus différent, et prenant la somme des résultats partiels, on aura leur volume total.

Si les bords du fossé étoient verticaux, le fond horizontal, mais que la surface du terrain ne fût pas de niveau, il faudroit employer la formule du prisme triangulaire tronqué, en partageant le fond en triangles, et mesurant les profondeurs sur chaque angle du triangle. C'est à quoi servent les buttes ou *témoins* qu'on laisse dans les grandes excavations.

15. Quand il s'agit de mesurer des matériaux en tas, on leur donne autant qu'il est possible une forme régulière. Les pierres, le bois se rangent en parallélipipèdes rectangles et se mesurent aisément. Les terres prennent un talus dont il faut tenir compte. L'inspection de la *fig.* 7 montre la décomposition d'une masse de terre en prismes et en pyramides ; les lignes cotées indiquent les dimensions qu'il faut mesurer. Ceux de nos lecteurs qui ont étudié avec attention l'article ARPENTAGE com-

prendront sans peine que ces volumes peuvent être calculés,
soit par la somme des parties qui les composent, soit en les
renfermant dans un corps régulier, et retranchant du volume
de ce corps celui des espaces qui demeurent vides. Le plus souvent, quand ces espaces sont petits, on se contente de les estimer
à la vue, ou de les compenser par des espaces en excès dans
le volume à mesurer, comme on l'a indiqué pour les aires.
(ARPENTAGE, n° 34.)

16. Je passe aux formules qui regardent les corps arrondis;
et comme pour mesurer ces corps il faut calculer la superficie du cercle, je ferai observer,

1° Que la circonférence d'un cercle s'obtient en multipliant
son diamètre par le nombre 3,14159, dont on ne prend que
2 ou 3 chiffres décimaux, si l'on n'a pas besoin d'une grande
exactitude; 2° que si l'on a mesuré la circonférence, on en
conclura le diamètre en la multipliant par le nombre décimal
0,31831; 3° que l'aire d'un cercle s'obtient en multipliant
l'aire du carré construit sur son rayon par le nombre 3,14159
déjà cité, ou celle du carré construit sur son diamètre par
le nombre 0,7854, quart du précédent.

Cela posé j'indiquerai les corps ronds les plus simples.

1° Le *cylindre droit* ou perpendiculaire sur sa base qui est
un cercle. *Voyez figure 8.*

*Sa superficie s'obtient en multipliant la circonférence de sa
base par sa hauteur, et son volume, en multipliant l'aire de sa
base par sa hauteur.*

2° Le *cône droit*, dont la pointe, ou le *sommet*, répond
à-plomb sur le centre du cercle qui forme sa base. *Voyez
figure 9.*

*Sa superficie s'obtient en multipliant la circonférence de sa
base par la moitié de la longueur A B, qu'on nomme son côté,
et son volume, en multipliant l'aire de sa base par le tiers de sa
hauteur.*

3° Le *tronc de cône droit*, ou cône droit coupé parallèlement à sa base. *Voyez fig. 10.*

*Sa superficie s'obtient en multipliant la somme des circon-
férences des deux bases par la moitié de son côté A B.*

*Pour en obtenir le volume, il faut prendre le rayon de la
base supérieure, celui de la base inférieure, calculer l'aire
du carré construit sur leur somme, et en retrancher leur produit, puis multiplier le reste par la hauteur de ce tronc et par
le nombre 3,14159.*

Cette formule étant plus compliquée que les précédentes,
voici un exemple de son application : je suppose que la base
inférieure ait 4 décimètres de rayon, la base supérieure 3, et
que la hauteur soit de 5 ; on ajoutera 3 à 4, ce qui fera 7 ; on

8.   20

multipliera ce nombre par lui-même pour obtenir l'aire du carré, ce qui donnera 49; on en retranchera le produit de 3 par 4 ou 12, et il restera 37, qu'on multipliera d'abord par 5 : on trouvera 185 décimètres cubes; il suffira à cause de la petitesse du décimètre cube de prendre les trois premiers chiffres du nombre 3,14159 : multipliant donc 185 par 3,14, il viendra pour dernier résultat 580,90, c'est-à-dire environ 581 décimètres cubes.

4° La sphère, ou boule parfaitement ronde dans tous les sens. *Voyez la figure 11.*

Sa superficie s'obtient en multipliant l'aire du carré construit sur son diamètre, par le nombre 3,14159; et son volume, en multipliant son aire par le tiers de son rayon ou demi-diamètre, ou, ce qui revient au même, par le sixième du diamètre.

17. Les formules qui donnent la superficie et le volume du cylindre servent à calculer la maçonnerie des puits, des parties rondes dans les constructions; les formules de la sphère s'appliquent à quelques voûtes de four, etc. Pour me borner aux volumes ou capacités, objet spécial de cet article, je ferai remarquer que la forme cylindrique est celle des litres, décalitres, hectolitres, des anciens litrons, boisseaux, etc., et d'un grand nombre de vases employés à mesurer les graines ou les liquides : on peut donc avec la formule du volume du cylindre calculer ou vérifier la contenance de ces mesures; car quand on a la mesure d'une capacité en mètres cubes et parties du mètre cube, rien n'est plus aisé que de la convertir en litres, puisque le litre est équivalent au décimètre cube, et se trouve par conséquent la millième partie du mètre cube. Dans l'exemple de la page précédente, les 581 décimètres cubes représentent 581 litres, s'il s'agit de graines ou de liquides, ou bien 5 hectolitres, 8 décalitres et 1 litre. J'observerai en passant que le kilolitre contenant 1000 litres est par conséquent équivalent au mètre cube.

Dans cette circonstance, le nouveau système métrique a encore un grand avantage sur l'ancien, puisqu'une capacité exprimée par la toise cube et ses parties ne pouvoit être convertie en pintes, boisseaux, etc., que par des opérations fort compliquées, et dont les élémens n'étoient pas très connus.

La formule du cône tronqué doit être remarquée, car elle est d'un usage fréquent; les cuves, les baquets, les chaudières, et beaucoup de grands vases s'y rapportent immédiatement.

Les tonneaux, quand on ne cherche pas une grande exactitude, peuvent être regardés comme composés de deux cônes tronqués. *Voyez la fig. 12.*

Si l'on vouloit plus de précision, sans recourir à une formule plus compliquée, il n'y auroit qu'à partager le tonneau en quatre cônes tronqués, comme dans la *fig.* 13, ou même en six. Par ce moyen on tiendroit compte de la courbure des douves du tonneau vers son milieu.

Le tonneau étant ainsi posé sur son fond, on peut, lorsqu'il n'est pas plein, déterminer le vide qui s'y trouve, en plongeant une baguette jusqu'à la surface du liquide, et mesurant soit la circonférence, soit le diamètre du tonneau, à la même distance au-dessous de son fond supérieur ; on calculera le volume du cône tronqué ayant pour bases le fond et la surface du liquide, ce qui donnera le vide du tonneau. Si le liquide n'en atteignoit pas la moitié, il faudroit plonger la baguette jusqu'au fond inférieur, et considerer le cône tronqué compris entre ce fond et la surface du liquide.

On a donné dans les livres sur le jaugeage des formules appropriées à des courbures particulières des douves ; mais elles ne sont bien sûres que pour l'espèce de tonneaux qui s'en rapprochent.

La formule la plus usitée prescrit de *calculer l'aire du cercle ayant pour diamètre, $\frac{1}{3}$ de celui du fond, plus $\frac{2}{3}$ de celui du bouge (ou milieu du tonneau) et de la multiplier par la longueur du tonneau.* Cette règle donne un résultat plus grand que la somme des deux cônes tronqués indiqués ci-dessus ; mais les personnes qui ne craignent pas le calcul, et qui désirent savoir à quoi s'en tenir sur l'exactitude du résultat de leurs opérations, peuvent, au moyen des divers diamètres qu'ils ont mesurés, et des distances de ces diamètres, construire sur le papier la coupe du tonneau, comme l'indique la *fig.* 14 ; puis calculer en même temps les troncs de cônes marqués par les lignes intérieures à la courbe des douves, et par les lignes extérieures : la somme des uns donnera un total plus petit que la capacité du vaisseau, et celle des autres un total plus grand ; et le milieu entre les deux sera sensiblement exact, l'erreur étant au-dessous de la différence de ces résultats.

Ceci ne s'adresse qu'aux lecteurs qui ont quelque goût pour ce genre d'opérations, afin de les mettre sur la voie des procédés qu'il faut employer à l'égard des vaisseaux terminés par des courbes plus irrégulières encore, et de leur montrer comment ils peuvent apprécier la justesse de leurs pratiques. (L.C.)

La table n° I, ne contenant que la valeur de chaque unité des anciennes mesures, n'a besoin d'aucune explication. On concevra sans peine l'usage des autres en observant que pour prendre 10 fois, cent fois, 1000 fois les nombres qu'elles contiennent, il suffit de reculer la virgule de 1, 2 ou 3 places vers la droite.

Soient, par exemple, 1437 arpens 59 perches, mesure de Paris, à convertir en hectares et en ares.

On trouvera dans la table IIIe,

	Hectares.
Pour 1000 arpens...	341, 8870
400......	136, 7548
30......	.10, 2566
'7.......	2, 3932
Pour 50 perches....	1709
9........	3o8
Somme.........	491, 4933

C'est-à-dire, 491 hectares, 49 ares et 33 centiares.

Iere *TABLE du rapport des mesures anciennes aux nouvelles.*

Mesures de longueur.

	mètres
Lieue commune, de 25 au degré, de 2280 toises.....	4444
Lieue marine, de 20 au degré.................	5556
Lieue petite, de 2000 toises..................	3898
Lieue petite de 2500........................	4873
Perche des eaux et forêts, de 22 pieds............	7,1465
Perche de Paris, de 18 pieds..................	5,8471
Aune de Paris, 3 pieds 7 pouces 10 lignes..........	1,888
Toise de Paris, 6 pieds......................	1,94904
Pied de roi, 12 pouces......................	0,32484
Pouce, 12 lignes..........................	0,02707
Ligne.................................	0,002256

Mesures de superficie.

	mèt. carr.	ares
Arpent des eaux et forêts, de 100 perches (de 22 pieds) carrées..............	5107,2	51,072
Arpent de Paris, de 100 perches (de 18 pieds) carrées........................	3418,9	34,189
Perche des eaux et forêts (de 22 pieds) carrée...	51,072	0,51072
Perche de Paris (de 18 pieds) carrée........	34,189	0,34189
Aune de Paris, carrée................	1,412	
Toise carrée, 36 pieds carrés...........	3,79874	
Pied carré, 144 pouces carrés.............	0,10552	
Pouce carré 144 lignes carrées............	0,000733	
Ligne carrée.......................	0,000005	

Suite de la Ière *TABLE*. *Mesures de volume et de capacité.*

Toise cube, 216 pieds cubes. . . . . . . 7,40389 mètres cubes.
Pied cube, 17.8 pouc. cub. . . . . . . 34,2773 décimèt. cub.
Pouce cube, 1728 lig. cub. . . . . 19,8364 centimèt. cub.
Ligne cube . . . . 11,479 millimèt. cub.
Solive de charpente, 3 pieds cub. . . . 102,8318 décimèt. cub.
Corde des eaux et forêts . . . . 3,839 stères ou mèt. cub.
Muid de blé de Paris , 12 setiers . . . . 1872 litres.
Setier de Paris, 240 livres, 2 mines, 4 minots ou 12
  boisseaux 156
Boisseau de Paris, 16 litrons, ou 655,8 pouces cubes. . 13
Litron, ou 40,9 pouces cubes.. 0,8125
Muid de vin de Paris, 288 pintes. 268,2144
Pinte de Paris, un peu moins de 47 pouces cubes, 2
  chopines ou setiers, 8 poissons, 16 roquilles. 0,9313

N. B. Le quart du boisseau d'avoine se nomme *Picotin*, et vaut environ trois litres.

Mesures de poids.

Tonneau de mer, 2000 liv.. . . . . 979,01 kilog.
Quintal, 100 liv.. 48,95058
Livre, 2 marcs, 16 onces. 0,489506
Marc, 8 onces. 2,44753 hecto.
Once, 8 gros. . . . . 3,05941 décag.
Gros, 72 grains. . . . . 3,8243 gram.
Grain, ... 0,05311
Karat de joaillier environ 4 grains. 0,21244
Karat des essayeurs, $\frac{52}{52}$, $\frac{1}{24}$ du tout. 0,041667
$\frac{1}{52}$ du karat des essayeurs 0,001302
Denier des essayeurs, 24 grains, $\frac{1}{12}$ du tout. 0,083333
Un grain des essayeurs.. 0,003472

Monnoie.

Livre tournois, 20 sous, 240 deniers.. . . . . 0,9877 franc
Sou, 12 deniers. 0,0494
Denier.. 0,0041

Mesures astronomiques et physiques.

Heure ancienne, 0^h 41' 67''.. 1'=69''4.. 1''=1'' 16 décimale.
Degré, ou 1/360e du cercle = 1^d 1111. 1'= 1'854.. 1''=3''09 décim.
Degré Réaumur, 1/80e = 1^d 25 centigrade.

N. B. Le prix d'une nouvelle mesure est égal au prix de l'ancienne, divisé par le nombre écrit après l'ancienne.

IIe *TABLE pour réduire les toises , piéds, pouces et lignes, en mètres et parties du mètre.*

Toises	Mètres.	Pieds.	Décimètres.	Pouc.	Centimètres.	Lig.	Millimèt.
1	1,9404	1	3,2484	1	2,7070	1	2,256
2	3,89807	2	6,4968	2	5,4140	2	4,512
3	5,84711	3	9,7452	3	8,1210	3	6,768
4	7,79615	4	12,9936	4	10,8280	4	9,024
5	9,74519	5	16,2420	5	13,5350	5	11,280
6	11,69422	6	19,4904	6	16,2419	6	13,536
7	13,64326	7	22,7388	7	18,9489	7	15,792
8	15,59230	8	25,9872	7	21,6559	8	18,048
9	17,54133	9	29,2356	9	24,3629	9	20,304
10	19,49037	10	32,4840	10	27,0699	10	22,560
				11	29,7769	11	24,816

IIIe *TABLE pour convertir les arpens en hectares, et les perches en ares.*

Arpens ou perches.	Arp. Eaux et For. en hectares ou perches carrées en ares.	Arp. de Paris en hectares, ou perches carrées en ares.
1	0,510720	0,341887
2	1,021440	0,683774
3	1,532160	1,025661
4	2,042880	1,367548
5	2,553600	1,709435
6	3,064320	2,051322
7	3,575040	2,393209
8	4,085760	2,735096
9	4,596480	3,076983
10	5,107200	3,418870

IVe *TABLE pour convertir les poids anciens en nouveaux.*

	Grains en décigram.	Gros en gramm.	Onces en décagramm	Livres en kilogramm.	Quintaux en myriagram.
1	0,531	3,824	3,059	0,48951	4,8951
2	1,062	7,648	6,119	0,97901	9,7901
3	1,593	11,472	9,178	1,46852	14,6852
4	2,124	15,296	12,238	1,95802	19,5802
5	2,655	19,120	15,297	2,44753	24,4753
6	3,186	22,944	18,356	2,93704	29,3704
7	3,717	26,768	21,416	3,42654	34,2654
8	4,248	30,592	24,475	3,91605	39,1605
9	4,779	34,416	27,535	4,40555	44,0555
10	5,310	38,240	30,594	4,89506	48,9506

Vᵉ Table pour convertir les livres en francs.

Deniers.	Centim.	Livres.	Francs. Cent.	Livres.	Francs. Cent.
3	1	1	0, 99	600	592, 59
6	2	2	1, 98	700	691, 36
9	4	3	2, 96	800	790, 12
1 sou.	5	4	3, 95	900	888, 89
2	10	5	4, 94	1000	987, 65
3	15	6	5, 93	2000	1975, 31
4	20	7	6, 91	3000	2962, 96
5	25	8	7, 90	4000	3950, 62
6	30	9	8, 89	5000	4938, 27
7	35	10	9, 88	6000	5925, 93
8	40	20	19, 75	7000	6913, 58
9	45	30	29, 63	8000	7901, 23
10	49	40	39, 51	9000	8888, 89
11	54	50	49, 38	10000	9876, 54
12	59	60	59, 26	20000	19753, 08
13	64	70	69, 14	30000	29629, 63
14	69	80	79, 01	40000	39506, 17
15	74	90	88, 89	50000	49382, 71
16	79	100	98, 77	60000	59259, 25
17	84	200	197, 53	70000	69135, 80
18	89	300	296, 30	80000	79012, 34
19	94	400	395, 06	90000	88888, 89
		500	493, 83	100000	98765, 43

VIᵉ Table De quelques autres mesures citées dans ce Dictionnaire.

Observations. Les valeurs de ces mesures sont tirées des *Elémens du nouveau Système métrique*, par M. Gattey (1) ; on n'y a mis que peu de décimales, parcequ'on les a rassemblées seulement dans l'intention de donner un exemple frappant de la complication des anciennes mesures, et pour cela on a indiqué quelquefois le nombre des mesures différentes portant le même nom dans un même département.

Un tableau circonstancié de toutes ces mesures détaillées une à une, suivant les localités, passeroit de beaucoup les limites prescrites à un article de Dictionnaire. D'ailleurs il a été publié dans chaque préfecture, sur l'invitation du ministre de l'intérieur, des tables de comparaison de toutes les mesures en usage dans cette préfecture. Les anciennes mesures légales du département de la Seine ne sont point relatées ici, parcequ'on en trouve la valeur dans les tables précédentes.

Acre (Calvados), 14 grandeurs différentes, variant de 36,5 ares à 97,2 suivant les lieux.

(1) Cet ouvrage se trouve au dépôt des lois, chez Rondonneau.

ACRE LÉGAL D'ANGLETERRE , 40,4 ares.

ARPENT DE RÉSIGNY (Aisne) , 43,1 ares.

AUNE DE BRABANT (Ardennes), 0,72 mètre.

AUNE DE NICE (Alpes-Maritimes), 1,57 mètre.

BICHERÉE (Ain), 10,5 ares.

BOISSEAU SUPERFICIE (Aisne), 2,6 ares.

BOISSEAU SUPERFICIE (Bouches-du-Rhône), 1,1 are.

BOISSELÉE (Allier), de 7 à 7,6 ares.

BONIER (Ardennes), de 54 ares à 95.

BRASSE (Cantal), de 1,7 mètres à 1,8.

CARTONNADE (Haute–Loire), 7,6 ares.

CARTONNÉE (Loire), de 4,5 ares à 10,5.

CANNE (Basses–Alpes), 1,98 mètres.

CENT DE TERRE (la Lys), 8,9 ares.

CHAINE (Indre-et-Loire), 8,12 mètres.

CHARGE (Hautes-Alpes), de 39,9 à 64 ares.

CIVADIER (Bouches-du-Rhône), de 1,1 are à 2,5.

COMPAS (Gironde), 1,78 mètre.

CONCADE (Haute-Garonne), 98,8 ares.

CORDE (superficie) (Côtes–du–Nord), 0,6 are.

COSSE (Bouches-du-Rhône), 0,4 are.

COUPÉE (Ain), 6,6 ares.

DANRÉE (Marne), de 5,4 ares à 5,9.

DEXTRE (Bouches-du-Rhône), de 0,14 are à 0,87.

DINERADE (Haute-Garonne), 38,4 ares.

EMINÉE (Hautes–Alpes), de 7,6 ares à 22,8.

EMINÉE (Haute-Garonne), de 42,6 ares à 56,5.

EMPAN (Basses-Pyrénées), 0,232 mètre.

ESCAT (Gers), de 0,05 are à 0,40.

ESSAIN (Aisne), 12,1 ares à 28,4.

ESSEIN (Oise), 27,6 ares.

EUCHENNE (Bouches-du-Rhône), de 1 are à 1,2.

FAUCHÉE DE PRÉ (Marne), de 28,4 ares à 56,3.

FAUCHEUR (Hautes-Alpes), 30,4 ares.

FAUX DE PRÉ (Aisne), 41,2 ares à 48,4.

FESSOIRÉE (Ardèche), de 4,8 ares à 6,4.

FESSORÉE (Hautes–Alpes), 4,7 ares.

FEUILLETTE , mesure de capacité , 134 litres.

FOUDRE , mesure de capacité (Bas-Rhin), 10,9 hectolitres.

GARAVAL (Bouches–du–Rhône), 0,15 are.

GAULE (Morbihan), 2,598 mètres.

HOMMÉE (Aisne), 0,5 are.

HUITELÉE (Jemmappes), 29,3 ares.

HUITELÉE (Nord), de 23,8 ares à 47,8.

JALLOIS (Aisne), 15,4 ares à 61,3.

JOUR (Ille-et-Vilaine), de 68 ares à 72,9.

JOURNADE (Landes), de 14,9 ares à 45,1.

JOURNAL (Ain), de 16 ares à 21.

JOURNAL DU MEIGE (Aisne), 26,7 ares.

JOURNEL (Marne), de 35,1 ares à 54,0.

LIGNE, superficie (la Lys), 15 ares.

MANCAUDÉE (Jemmappes), de 23,4 ares à 29,5.

MANCAULT (Oise), de 15,8 ares à 18,9.

MAREAU (Vienne), 15,2 ares.

MENCAUD (Aisne), de 12,1 ares à 17,2.

MENCAUDÉE (Nord), 31 grandeurs différentes, de 22,7 ares à 39,1.

MESURE DE TERRE (Ain), de 5,8 ares à 8,3.

METANCHÉE (Loire), 10,7 ares.

METENCHÉE (Ardèche), 9,5 ares.

MÉTÉRÉE (Loire), de 4,7 ares à 11,4.

MINÉE (Maine-et-Loire), 39,6 ares.

MONTURAL (Alpes-Maritimes), 1 are.

MOUÉE (Moselle), 4,4 ares.

MUID (le grand), superficie, (Loiret), 675,3 ares.

OUVRÉE DE VIGNE (Ain), de 2,5 ares à 3,7.

PAN (Basses-Alpes), 0,25 mètre.

PANAL (Bouches-du-Rhône), de 5,9 ares à 9,9.

PAS (la Lys), 0,68 mètre.

PERCHE ou verge linéaire dite de S.-Médard, (Aisne), 5,47 mètres.

PERCHE (Calvados) de 4,8 mètres à 7,8.

PERCHE (Cher), de 6,5 mètres à 7,8

PICHET (Aisne), de 10,2 ares à 17,2.

PICOTIN (superficie) (Bouches-du-Rhône), de 0,6 are à 1,1.

PIED anglais, 0,305 mètre.

PIED marchand (Aisne), 0,3 mètre.

PIED (Marne), de 0,270 mètre à 0,316.

PIED du Rhin , 0,314 mètre.

POGNERÉE (Dordogne), de 10 ares à 13,7.

POGNEUX (Aisne), 8,6 ares.

POIGNARDIÈRE (Bouches-du-Rhône), de 1,1 are à 1,4.

POSE (Léman), 27,013 ares.

POSE (Mont-Terrible), 34,4 ares.

PUGNET (Aisne), 6 ares à 7,6.

QUARTEL (Aisne), 15,3 ares.

QUARTELÉE (Vienne), 27,3 ares.

QUÀRTERÉE (Bouches-du-Rhône), de 20,5 ares à 23,7.

QUARTIER (Aisne), 8,6 ares.

QUARTIER (Charente-Inférieure), de 67,5 ares à 102,1.

RAIE (Côtes-du-Nord), 0,4 are.

RAND (Hautes-Alpes), 1,92 mètre.

Rasière (Nord), de 27,9 ares à 45,2.

Sadon (Gironde), 7,9 ares.

Salmée (Gard), 21 grandeurs différentes de 60,9 ares à 89,5.

Salmée (Bouches-du-Rhône), de 63,4 ares à 70,8.

Septérée (Allier), 51,1 ares.

Septier (Aisne), 20,6 ares à 37,9.

Setyve (Ain), de 26 ares à 5o.

Sexterée (Dordogne), de 25,5 ares à 182,6.

Sillon (Ille-et-Vilaine), 2,4 ares.

Trabuc (Mont-Blanc), 3,085 mètres.

Verge (Dyle), de 5,5 mètres à 5,7. (L. C.)

MÉTADIE. C'est le méteil dans le département du Var.

METAIRIE, FERME DE MOYENNE CULTURE. Architecture rurale. Les bâtimens nécessaires à une ferme de
cette classe, de notre agriculture, dépendent en grande partie
de l'espèce d'industrie agricole qui fait l'objet principal des
occupations du fermier ; et, ainsi qu'on l'a vu dans l'article
Agriculture, cette industrie n'est pas la même dans tous les
pays de moyenne culture.

Il ne seroit donc pas possible de réunir dans un seul cadre,
comme pour la grande culture, tous les bâtimens qui doivent
composer cette espèce de construction rurale.

Cependant, comme la manière de calculer le nombre et
l'étendue de ces bâtimens est absolument la même dans quelque localité que l'établissement se trouve placé, nous nous
contenterons de donner ici un seul exemple de métairie pris
dans un cas particulier.

Nous la supposons placée dans une localité abondante en
pâturages naturels, mais éloignée de lieux de grande consommation, et où le principal objet des occupations du fermier
est l'éducation et l'engraissement des bestiaux.

L'exploitation d'une métairie de cette espèce est ordinairement de trente à quarante hectares de terre. Dans ce nombre
le métayer en cultive environ les trois quarts en froment ou
en méteil, en orge ou avoine, et en jachères. Le surplus est
en nature de prés ou de pâturages.

L'éducation et l'engraissement des bestiaux sont l'objet de
ses principales attentions ; et si, par une clause expresse de son
bail, il n'étoit pas forcé d'ensemencer annuellement en céréales
une quantité déterminée de terres, il n'en cultiveroit que celle
nécessaire à la consommation de son ménage et à la nourriture de ses bestiaux, et tout le surplus seroit en pâtures sèches.

Sous le rapport de la culture, les métairies ne rapportent
qu'une bien foible rente à leurs propriétaires, laquelle consiste dans la moitié ou le tiers franc des récoltes en grains ;

car cette culture est généralement si négligée que des terres qui, bien cultivées, produiroient huit cents gerbes par hectare, en rapportent à peine cent vingt grosses, équivalentes à peu près à deux cent quarante des premières, et bien moins grainées.

Aussi les propriétaires, ne trouvant pas un grand intérêt à l'amélioration de ces fermes, se déterminent difficilement à faire des avances pour corriger la construction vicieuse de leurs bâtimens.

Cependant cet intérêt est réel, car, avec une culture aussi mauvaise, le revenu de ces métairies consiste principalement dans les profits de bestiaux; et ce n'est qu'avec des bâtimens plus sains et plus commodes qu'on peut les conserver en bon état de prospérité, et les préserver des épizooties auxquelles on les voit si souvent exposés.

Le nombre des bestiaux qu'un propriétaire fournit à son métayer est ordinairement supérieur aux besoins de sa culture, parceque ces bestiaux étant employés à leur reproduction, ils ne peuvent être en même temps assujettis à un travail pénible et continu. D'ailleurs ils sont presque jour et nuit dans les pâturages pendant l'été et l'automne, et alors ils ne font point de fumier. Il faut donc en augmenter le nombre, afin d'en obtenir, pendant leur séjour dans les étables, autant de fumier qu'un plus petit nombre plus sédentaire auroit procuré.

Le cheptel d'une métairie bien garnie de bestiaux est composé, 1° de trois jumens poulinières; 2° de deux paires de bœufs; 3° de six à huit vaches laitières; 4° d'une ou de deux truies; 5° de cinquante à soixante bêtes à laine; 6° et des élèves de ces différens bestiaux.

C'est d'après ces données que l'on doit calculer le nombre et l'étendue des bâtimens dont elle a besoin. Mais, en les bornant au nécessaire le plus strict, il faut avoir l'attention de procurer au métayer la surveillance la plus directe sur tous, sans négliger aucune des commodités qu'il peut désirer, et l'on y parviendra en conservant l'ordonnance générale que nous avons adoptée pour la ferme de grande culture. (DE PER.)

MÉTANCHIÉ, ou MÉTENCHÉ. Ancienne mesure de superficie. *Voyez* MESURE.

METEIL. Par cette dénomination on entend ordinairement un mélange de froment et de seigle, semés, cultivés et récoltés ensemble; les proportions différentes où se trouvent ces deux grains ont donné lieu à ces désignations particulières de *gros méteil, petit méteil* ou *blé ramé.*

On ne conçoit pas sur quel fondement cette pratique a pu

être établie et trouve encore quelques partisans ; sous quelque point de vue qu'on la considère, il est prouvé par l'expérience qu'elle est contraire à la saine raison , à l'intérêt du fermier et de l'agriculture, puisque les grains qui entrent dans cette composition de semaille ne demandent pas une même nature de sol et qu'ils mûrissent à des époques différentes, d'où il résulte évidemment qu'en les moissonnant à la fois, la plus grande partie du seigle s'égraine sur le sol ou pendant son transport à la ferme.

On a dit sans doute qu'en semant l'un et l'autre concurremment, si le seigle manque le froment réussira, et *vice versâ*. Mais ce raisonnement, tout spécieux qu'il est, n'en est pas moins absurde ; si pour ne pas perdre le seigle on coupe le froment avant sa maturité , c'est le froment au contraire dont on fait le sacrifice en faveur du seigle ; tout bien considéré, ne vaut-il pas mieux semer sur le même champ le froment et le seigle , les récolter et les conserver séparément jusqu'au moment de les employer ? *Voyez* MÉLANGE.

On sème pour l'ordinaire le méteil que l'on a recueilli ; mais comme il est rare de voir en même temps réussir le seigle et le froment, il en résulte qu'à la longue il ne se trouve plus aucune proportion entre ces deux grains, et on finit par avoir presque tout seigle ou tout froment.

Notre collègue Yvart , l'un des cultivateurs les plus distingués, a déjà fait sentir les désavantages réels de semer concurremment le froment et le seigle dans le même champ. Il se félicite de ce que cette culture devient de plus en plus rare , et il forme des vœux pour qu'elle soit entièrement abandonnée ; mais ce qu'il y a d'étonnant, c'est que ce vice de culture soit encore en considération dans un terrain aussi fertile que la ci-devant Beauce : le seigle ne devroit être réservé que pour les terres légères ; et s'il est nécessaire d'en semer un peu partout, c'est qu'il fournit la paille la plus flexible et par conséquent la meilleure pour faire des liens.

Nous ferons voir ensuite au mot PAIN combien cette pratique est encore contraire à l'économie de moudre ces deux grains ensemble ; cependant beaucoup de cultivateurs tiennent encore à cet usage, tant les vérités utiles ont de peine à braver les préjugés ; il faut aux hommes une longue expérience et souvent la leçon du malheur pour les convaincre. (PAR.)

MÉTÉORES. On appelle ainsi tous les effets simples ou combinés , et non habituels, des principes qui se trouvent dans l'atmosphère.

On distingue communément quatre espèces de météores ; savoir ,

Les aériens, tels que les grands Vents ;

Les aqueux, comme les Nuages, l'Humidité, les Brouillards, la Bruine, la Pluie, la Rosée, la Neige, la Grêle,
lorsqu'ils sortent de leur mesure commune ;

Les ignées, ainsi que les Feux follets, les Globes enflammés, les Pierres météoriques, les Eclairs, le Tonnerre ;

Les lumineux, tels que l'Arc-en-ciel, les Parélies, les
Aurores boréales, etc.

La plupart de ces météores influent sur l'atmosphère et
par suite sur les animaux et les végétaux. Ceux qui semblent
n'avoir aucune action directe sur eux, comme les derniers, en
ont ou peuvent en avoir une indirecte. Il est donc de l'intérêt
des cultivateurs de les étudier.

Je suis, à l'égard de presque tous, entré dans de grands
détails aux articles qui les concernent. J'y renvoie le lecteur,
ainsi qu'aux mots Chaud, Froid, Gelée, Dégel. (B.)

MÉTÉORISME TYMPANITE. Médecine vétérinaire.
C'est une tuméfaction du ventre produite par la raréfaction
de l'air.

Le ventre est distendu, la respiration s'exécute avec peine,
l'animal bat des flancs, les matières fécales sont souvent retenues ; l'animal témoigne de la douleur par l'agitation continuelle où il est ; lorsqu'on frappe le ventre il résonne à peu
près comme un tambour.

Première espèce. *Tuméfaction des estomacs du bœuf, de la
chèvre, et de la brebis, causée par la raréfaction de l'air.*
Si l'air se ramasse ou se développe en grande quantité dans les
estomacs du bœuf, de la chèvre et de la brebis, il s'y raréfie ;
le ventre se tuméfie, la respiration devient difficile, la digestion se dérange, l'animal souffre, s'agite, bat du flanc, et ne
rend point de vents par l'anus ; le ventre résonne quand on le
frappe, sans donner aucun signe de fluctuation de matière
liquide. Nous n'avons aucun signe pour découvrir la tuméfaction de l'estomac du cheval ; la petitesse et la situation de ce
viscère dans cet animal, la grandeur des gros intestins empêchent toujours de s'en apercevoir, tandis que la panse du bœuf,
de la chèvre et de la brebis est si grande qu'elle ne sauroit
être distendue sans augmenter sensiblement le volume du
ventre.

On attribue les principes de cette maladie aux substances
nutritives trop abondantes en air, telles que les pommes, les
courges, les trèfles, la luzerne, etc., puisque ordinairement
les animaux ne sont attaqués du météorisme tympanite qu'a-
près avoir mangé avec avidité de ces alimens et sur-tout de la

luzerne. On peut encore joindre à ces causes la boisson des eaux impures.

Le météorisme est presque toujours accompagné de douleur : plus le ventre est tendu, plus la douleur est vive et le danger considérable.

L'indication qui se présente à remplir, c'est d'augmenter la force contractile de la panse, pour surmonter la résistance qu'oppose le feuillet et la caillette (*voyez* ESTOMAC), à l'expulsion de l'air raréfié, lorsqu'on est persuadé sur-tout que les orifices du feuillet ne sont point enflammés.

Pour cet effet, prenez du bon vin blanc environ une chopine ; délayez-y de l'extrait de genièvre deux onces, pour un breuvage que vous donnez au bœuf. Ce remède administré, donnez-lui un lavement composé d'une forte infusion de fleurs de camomille romaine et de feuilles de séné, et réitérez-le toutes les heures ; appliquez sur le ventre et les flancs des linges trempés dans de l'eau à la glace, si vous êtes à portée de vous en procurer, dont vous renouvellerez l'application tous les quarts d'heures. Si l'animal n'éprouve aucun soulagement de ces remèdes, faites-lui boire de l'eau à la glace, mais en petite quantité, de peur d'occasionner des tranchées violentes et une inflammation considérable dans les estomacs ; faites promener et courir l'animal malade ; le mouvement de tout le corps, l'agitation des estomacs et des matières contenues déterminent ordinairement le passage de l'air dans les intestins. Un breuvage composé d'un bon verre d'eau-de-vie et de deux onces de sel de nitre n'est pas à mépriser. Nous sommes parvenus, au moyen de ce remède, accompagné de quelques lavemens émolliens, à sauver à la campagne quelques bœufs expirans, que les bouviers, suivant la pratique ordinaire, tentoient vainement de soulager par maintes incisions faites à la peau, dans l'intention sans doute de dégager le tissu cellulaire de l'air qui le remplissoit. Si malgré tous ces moyens le météorisme augmente avec le battement des flancs, plongez le troiscart dans le bas ventre, et laissez-y la canule jusqu'à ce que l'air contenu dans la panse soit dissipé. Il vaut mieux dans un cas désespéré tenter un remède incertain que de laisser périr évidemment l'animal. D'ailleurs la blessure de la panse avec le troiscart n'est pas aussi dangereuse qu'on le prétend ; l'expérience prouve que la canule étant retirée, les bords de la plaie se rapprochent, et les matières contenues dans la panse ne peuvent plus y passer. *Voyez* HYGIENNE.

Le météorisme dépend quelquefois d'une forte inflammation des orifices du feuillet ; dans ce cas ayez recours à la saignée, aux boissons adoucissantes, aux lavemens émolliens et mucilagineux et à tous les médicamens capables de diminuer l'inflammation.

DEUXIÈME ESPÈCE. *Tuméfaction des intestins par la raréfaction de l'air.* Cette espèce de météorisme attaque rarement le bœuf, la chèvre et la brebis, parceque les gros intestins de ces animaux sont musculeux, étroits et chassent avec facilité l'air contenu; mais le cheval dont les gros intestins occupent la plus grande partie du ventre, et qui ne sont pas assez épais pour s'opposer aux efforts de l'air raréfié, est beaucoup plus exposé à cette maladie qui le réduit en très peu de temps à la dernière extrémité. Le ventre présente un gonflement considérable; les matières fécales sont retenues, la respiration est difficile, les fonctions de l'estomac troublées, l'animal s'agite avec violence; le ventre est dur, élastique et sonore lorsqu'on le frappe, et s'il sort des vents par l'anus l'animal paroît soulagé.

Il n'y a pas de temps à perdre si l'on veut sauver l'animal. Il faut se hâter de livrer passage, par l'anus, à l'air renfermé dans l'intestin cœcum et colon. Otez donc promptement, avec les mains enduites d'huile d'olive, les matières contenues dans l'intestin rectum; administrez aussitôt des lavemens composés de la seule infusion de fleurs de camomille romaine, de même que les breuvages indiqués dans la tuméfaction de la première espèce. M. Vitet conseille d'introduire la fumée de tabac dans l'intestin rectum, à l'aide d'un long tuyau de bois ou de métal bien poli.

Quelques auteurs vantent les oignons et le savon triturés, mêlés, ajoutés au poivre, et introduits ensemble dans l'intestin rectum, après l'avoir nettoyé avec la main; d'autres préfèrent un lavement de savon blanc dissous dans l'eau commune. Nous n'avons jamais éprouvé ce remède; mais il nous paroît qu'il doit être contr'indiqué s'il y a la plus légère inflammation; dans ce cas, la saignée, la décoction de racine de guimauve saturée de crème de tartre, l'oxycrat prescrit en lavement, sont les remèdes à employer. Selon M. Vitet les lavemens et les boissons à la glace ne conviennent pas au cheval; ils diminuent bien la raréfaction de l'air, mais ils augmentent la tension et l'inflammation des intestins, et mettent l'animal dans le cas de périr promptement. (R.)

METEOROLOGIE. Science qui a pour objet l'étude des météores et de leurs effets sur les animaux et les végétaux.

Mais cette science est beaucoup plus étendue que l'acception actuelle du mot dont elle tire son nom le comporte. Elle embrasse tous les phénomènes qui se passent dans l'atmosphère.

. On ne peut nier l'influence des météores pris dans ce dernier sens; car il n'est personne qui ne l'ait senti mille et mille fois dans le cours de sa vie, et qui n'ait observé très souvent qu'elle a lieu de la manière la plus marquée sur les produits de l'agriculture.

En effet, la chaleur anime les animaux, fait pousser les plantes, lorsqu'elle est modérée; les affoiblit et les dessèche lorsqu'elle est considérable. Point de pluie ou trop de pluie est également contraire à l'abondance des récoltes. Les vents de l'est, du midi, de l'ouest et du nord ont une action tout-à-fait différente sur la santé des animaux et sur la fécondation des fleurs, la maturité des fruits, etc. On a senti dans ces derniers temps la grande utilité qui résulteroit pour les agriculteurs de l'étude de la météorologie et de son application aux travaux de la culture. Duhamel le premier, je crois, l'a recommandée. Plusieurs savans français, entre lesquels je citerai MM. Cotte, Sennebier, Dumont Courset, Mourgues et Lamarck, se sont occupés après lui d'en fixer les bases. Cette science marche rapidement vers la perfection; mais elle n'est pas encore arrivée au point de pouvoir conduire à prévoir, par la connoissance du passé, ce qui devra avoir lieu dans l'avenir. Afin de ne la point confondre avec l'astrologie, qui, à la honte de l'esprit humain, a si long-temps gouverné le monde, il faut encore, à mon avis, que les agriculteurs la bornent à la simple observation des indications qui précèdent immédiatement ou presque immédiatement le moment qu'ils ont besoin de connoître. Or, ils y parviendront jusqu'à un certain point au moyen du BAROMÈTRE, du THERMOMÈTRE, de l'YGROMÈTRE, de la GIROUETTE, et des phenomènes indiqués au mot PRONOSTIC. C'est donc à l'étude de la marche de ces instrumens et de ces phénomènes que je crois qu'ils doivent se borner, et c'est pour cela que je leur ai consacré un article, et que je me suis fort étendu sur la plupart des météores, tels que HUMIDITÉ, BROUILLARD, PLUIE, GIVRE, NEIGE, GRÊLE, SÉCHERESSE, AIR, GAZ, VENT, CHALEUR, FROID, GELÉE, GLACE, ELECTRICITÉ, TONNERRE, ORAGE, etc. *Voyez* tous ces mots.

Cependant si les cultivateurs doivent laisser aux savans de professsion le soin de combiner les faits que présente la météréologie pour les coordonner et en former un ensemble utile, c'est à eux qu'il appartient de leur fournir ces faits. Aussi, pour faire concourrir au progrès de la science ceux qui y seroient portés par goût, vais-je transcrire le plan d'observations proposé par M. Cotte pour chaque année.

1° TERRES. On indiquera les effets de la gelée, des pluies, de la sécheresse sur les terres selon leurs différentes natures, c'est-à-dire selon qu'elles sont plus ou moins mélangées de terreau, d'argile, de sable, de marne, de calcaire, etc. On notera aussi les températures qui ont concouru avec les différens labours qu'on a donnés à ces terres.

2° FROMENT et SEIGLE. Quelles ont été les circonstances de la température froide ou chaude, sèche, humide ou pluvieuse, les vents dominans, à l'époque des semailles et pendant l'hiver.

Quelle a été la température générale de chaque mois du printemps, celle qui a concouru avec les époques du développement des tuyaux et des épis, époques que l'on notera, ainsi que celles des brouillards, et les effets qu'ils ont produits sur les grains.

Quels ont été et la température générale, et les vents dominans de chaque mois de l'été, celle qui a concouru avec la floraison des grains et avec leur récolte. On en marquera les époques; on parlera de leur produit et de leurs qualités.

3° ORGE, AVOINE ET AUTRES GRAINES QUI SE SEMENT EN MARS. Quelle a été la température correspondante à l'époque de leurs semailles, à celle de la levée de ces grains, du développement des épis, de la fleur et de la récolte. Chaque espèce de grain cultivé formera une section particulière de cet article.

On tiendra note des différentes maladies des grains qui se manifesteront, et des températures qui y auront concouru et auxquelles on croira devoir les attribuer.

4° FOURRAGE ET PLANTES LÉGUMINEUSES. On notera les températures qui ont été plus ou moins favorables aux prairies, tant naturelles qu'artificielles, en distinguant les différentes espèces de ces dernières, soit relativement au progrès de leur végétation, soit à leur récolte. On fera les mêmes observations sur les plantes légumineuses, telles que pois, haricots, fèves de marais, lentilles, etc. On fera la note de l'époque de leur fleuraison, de leur récolte, de la quantité ou de la qualité de leurs produits.

5° POMME DE TERRE ET TOPINAMBOUR. Quelle a été la température correspondante à l'époque de leur plantation, de leur fleuraison et de leur récolte, dont on notera la quantité et la qualité.

6° PLANTES PROPRES A LA FILATURE, A LA TEINTURE, etc. On fera les mêmes observations sur l'influence de la température à l'égard du chanvre, du lin, du safran, de la garance, de la gaude, du chardon des bonnetiers ou à foulon, du houblon, etc.

7° ARBRES FRUITIERS. On indiquera les époques de la feuillaison, de la fleuraison et de la maturité des fruits de chacune des différentes espèces d'arbres fruitiers qu'on cultive; les effets que les gelées de l'hiver et du printemps ainsi que les vicissitudes de la température de l'été ont produits sur chacun d'eux ; la multiplication plus ou moins grande des insectes qui les attaquent ; l'époque de la chute de leurs feuilles, les causes favorables ou non à la conservation des fruits, dont on fera connoître la qualité et la quantité.

8ᵉ VIGNES. On parlera de l'effet de la température de l'hiver sur le bois de la vigne, de celle qui a concouru avec la la taille ; des époques des pleurs de la vigne ; du développement de ses bourgeons et de la température qui a accompagné cette circonstance critique de sa végétation ; l'époque de sa floraison et la température correspondante ; des températures qui ont régné pendant les différentes façons qu'on a données à la vigne. On observera les effets que produit la température sur les différentes espèces de vignes, et relativement à leur exposition, sur-tout dans les mois d'août et de septembre, époque de la maturité des raisins. On notera à l'époque des vendanges la température qui a concouru avec la récolte, la durée plus ou moins longue de la fermentation du moût dans les cuves, la quantité, la qualité du vin récolté.

Dans les pays où on cultive les pommiers pour convertir les pommes en cidre, on fera de pareilles observations sur les époques de la végétation comparées avec les températures régnantes, et sur les produits en cidre.

La culture du houblon, de l'olivier, du noyer, donnera lieu aussi à des observations du même genre.

9° BESTIAUX. Si quelque maladie dépendante de la température se manifestoit sur les bestiaux, on noteroit le caractère de la maladie propre à chaque espèce d'animal, le rapport de cette maladie avec la température correspondante, ses symptômes, le traitement suivi, les succès qu'on a obtenus.

10° OISEAUX DE PASSAGE, INSECTES et VERS. On tiendra compte des époques du départ et du retour des oiseaux qui quittent notre climat, soit pendant l'hiver, soit pendant l'été, tels que les hirondelles, le rossignol, la caille, le coucou, les canards et les oies sauvages.

On fera mention de la multiplication plus ou moins grande des insectes malfaisans, comme les chenilles, les hannetons, les cantharides, les pucerons, les cochenilles, et des dégâts qu'ils auront faits. Il en sera de même des limaçons, des escargots, etc.

11° ABEILLES. Ces insectes précieux doivent occuper une place distinguée dans le registre du cultivateur. Il parlera de l'effet de la température de l'hiver sur les ruches ; de celle du printemps plus ou moins favorable à la multiplication des essaims ; de celle de l'automne, temps où les abeilles font leurs

provisions pour l'hiver ; des maladies que les abeilles éprou-
veront et de leur cause présumée ; de la quantité de la récolte
de miel et de cire ; de leurs qualités relatives à la nature des
plantes qui sont à leur disposition.

12° Hauteur des eaux. Il sera bon de noter dans les différentes saisons la hauteur des eaux, soit de rivière, soit de
source et de puits, en disant seulement qu'elles ont été ou
hautes, ou basses, ou à leur niveau moyen.

13° Observations diverses. Les cultivateurs n'oublieront pas
de noter aussi,

1° Les époques des gelées, leur durée, les effets qu'elles auront produits ;

2° Les époques des grêles, les effets dont elles auront été
suivies, leur fréquence plus ou moins grande, les orages et les
tempêtes considérables, les grandes pluies d'orage, etc. ;

3° Les époques des inondations des rivières, les ravages
qu'elles occasionneront.

14° A ces observations, ils ajouteront la hauteur du baromètre et du thermomètre prise chaque jour à six heures du
matin, à midi et à six heures du soir.

Ils auront un registre divisé en autant de sections qu'il
y a de numéros ci-dessus, et écriront journellement les notes
indiquées.

On ne doit pas croire que ce que M. Cotte demande aux
cultivateurs emploie beaucoup de temps. Quelques minutes
chaque jour leur suffiront, et une fois qu'ils seront accoutu-
més à ce travail il se fera comme de lui-même. Ce zélé mété-
réologiste ne propose que ce qu'il fait lui-même depuis plus de
quarante ans. (B.)

MÉTERÉE. Ancienne mesure de superficie. *Voy*. Mesure.

MÈTRE. *Voyez* au mot Mesure.

METTRE A FRUIT. Un arbre jeune, planté en bon fond
et abandonné à lui-même, ne donne du fruit que lorsque la
plus grande partie de sa vigueur est épuisée. Cette époque varie selon l'espèce, le climat, le sol, le sujet sur lequel il est
greffé, etc.

Un arbre qui est planté dans un mauvais terrain, qui a souffert dans ses premières années par quelque cause que ce soit,
qui est greffé sur une espèce ou une variété d'une foible nature, dont on gêne la circulation de la sève, soit en écartant
ses branches du tronc, soit en les recourbant, soit en les incisant ou les ligaturant, ou les pinçant, se met beaucoup plus
tôt à fruit que le précédent.

On dit que ces arbres *se sont mis à fruit* lorsque la nature
seule a opéré, ou *ont été mis à fruit* lorsque l'art les a forcés
d'agir plus tôt.

Parmi les arbres fruitiers, le poirier sauvage, de semis, est celui qui se met le plus tard à fruit, quelquefois pas avant quinze à vingt ans; après vient le poirier greffé sur le précédent; puis le franc; puis le poirier greffé sur franc; enfin le poirier greffé sur cognassier, qui donne ordinairement des fruits la troisième année. Parmi les variétés il en est aussi qui, toutes circonstances égales, se mettent plus tôt à fruit que les autres, telles que le beurré et le doyenné.

Tout arbre qu'on force de porter du fruit avant l'époque fixée par la nature, c'est-à-dire avant que ses racines et ses branches aient acquis la consistance et l'étendue nécessaire pour fournir de la nourriture à ces fruits, s'épuise en peu d'années et finit par mourir. Voilà pourquoi ces quenouilles de poiriers et de pommiers greffées sur cognassier, sur paradis, ces abricotiers, ces pêchers greffés sur amandier, et qui rapportent si promptement de si beaux et bons fruits, sont déjà dans la décrépitude lorsque les mêmes arbres, provenant de semis et abandonnés à la nature, commencent à peine à se mettre à fruit. A chaque article des arbres fruitiers on trouvera des indications propres à les faire mettre à fruit. (B.)

MÉTURE, ou MITURE. *Voyez* MIXTURE.

MEUBLE. Une terre meuble est celle qui est friable et facile à labourer, ou celle qui a été rendue très friable par des labours très soignés, ou de nombreux labours. *Voyez* LABOUR.

Le plus souvent une terre meuble est avantageuse à la végétation des plantes; mais il est des cas où elle lui nuit, ou parceque ses mollécules ne sont pas assez en contact avec l'extrémité des racines des plantes, ou parcequ'elle laisse passer trop rapidement l'eau des pluies, ou parcequ'elle laisse trop facilement évaporer l'humidité du sol. *Voyez* PLOMBAGE. (B.)

MEULE DE CHAMPIGNON. On donne ce nom aux couches de fumier de cheval uniquement construites dans le but d'obtenir des CHAMPIGNONS. *Voyez* ce mot.

MEULE A FOIN. Tas de foin de forme conique, plus haut que large, qu'on forme momentanément dans les prairies, ou définitivement autour de l'habitation pour garantir ce foin des effets de la pluie et du soleil.

La construction des premières de ces meules n'est point difficile, puisqu'il ne s'agit que de mettre du foin sur du foin jusqu'à ce que le tas soit arrivé à la hauteur convenable, et à peigner le pourtour avec un râteau pour lui donner la forme ronde.

La construction des secondes demande un peu plus d'habitude. Elle diffère peu des *gerbiers*, ou *meules à grains*, qui ont été décrits à la fin de l'article Grange (*voyez* ce mot) ou du moins les principes d'après lesquels ils doivent être élevés sont absolument les mêmes.

Comme il sera question des uns et des autres à l'article Prairie, je me dispenserai d'entrer ici dans les détails qui les concernent. *Voyez* Prairie.

MEUM. *Voyez* au mot Aethuse.

MEUNIER. Variété de raisin dont les feuilles sont couvertes, même en dessus, de poils blancs.

Les jardiniers donnent aussi ce nom aux urèdes qui couvrent quelquefois les feuilles des arbres, sur-tout du pêcher, et qui nuisent beaucoup à leur végétation.

MEY. Huche ou coffre dans lequel on pétrit le pain.

MEZEREUM. Nom latin de la lauréole gentille.

MIASME. On a donné autrefois ce nom à des principes invisibles, qui, se combinant avec l'air, altèrent ses qualités et donnent lieu aux maladies épidémiques et autres.

Aujourd'hui que la composition de l'air est mieux connue, ce mot tombe en désuétude. On ne l'emploie plus guère dans les ouvrages de chimie, de physique et d'histoire naturelle. Cependant il faut le mentionner ici comme se trouvant dans plusieurs autres.

C'est une erreur de croire que certaines maladies, comme la peste, la petite-vérole, le charbon, etc., se communiquent au moyen des miasmes qu'elles répandent dans l'air; mais il est très vrai que certaines altérations de l'air causent souvent des maladies connues, ainsi qu'elles, sous le nom d'*épidémie*, telles que les fièvres bilieuses, parmi lesquelles il faut ranger la fièvre jaune, la fièvre putride, la fièvre pernicieuse, etc. C'est dans les chaleurs de l'été que ces fièvres se développent, par conséquent la chaleur y contribue; c'est dans le voisinage des marais et autres eaux croupissantes qu'elles se montrent le plus fréquemment et qu'elles sont les plus dangereuses, et par conséquent les émanations de ces marais y contribuent aussi. Or, on sait que c'est du gaz hydrogène carboné, ou sulfuré qu'exhalent les eaux corrompues; donc, dans ce cas, les miasmes sont ce gaz même. *Voyez* l'article qui le concerne, ainsi que les mots Gaz et Air.

Dans les salles des hôpitaux et des prisons, où beaucoup d'hommes malades ou malpropres sont rassemblés, l'air est changé dans sa composition, l'oxygène est absorbé; le gaz azote domine, le gaz acide carbonique se trouve dans une forte proportion; de là les fièvres si dangereuses, connues sous le nom de ces localités. Les deux gaz derniers sont dans ce cas les miasmes qui causent ces maladies. *Voyez* leur article.

Des feux allumés à l'entrée de la nuit sur le bord des marais et des étangs marécageux, un régime tonique à l'intérieur et rafraîchissant à l'extérieur, etc., sont le remède contre les effets des miasmes de la première sorte.

Des vapeurs d'acide muriatique oxygéné suffisent pour salubrifier les appartemens les plus infectés. La chaux produit encore le même effet. Les fumigations de résines odorantes, de baies de genièvre, l'évaporation du vinaigre, ne servent qu'à pallier la mauvaise odeur, et font généralement plus de mal que de bien.

Je renvoie pour le surplus aux ouvrages de médecine. (B.)

MIAU. Synonyme de MIEL.

MICOCOULIER, *Celtis*. Genre de plantes de la polygamie monœcie, et de la famille des amentacées, qui renferme une demi-douzaine d'arbres de seconde grandeur dont le bois est très dur, très flexible, et par conséquent utile pour beaucoup d'usages et dont les fruits sont bons à manger et propres à fournir de l'huile.

Tous les micocouliers ont les feuilles alternes, pétiolées, accompagnées de stipules caduques, et partagées inégalement par la nervure principale, c'est-à-dire qu'un de leur côté est plus large et descend plus bas que l'autre; leurs fleurs, verdâtres et peu apparentes, sont ou solitaires ou réunies en petits paquets dans les aisselles des feuilles, les mâles mêlés avec les femelles, ou ces dernières placées plus bas. Elles se développent assez tard au printemps et avant les feuilles.

Le MICOCOULIER AUSTRAL a l'écorce unie, grise; les feuilles ovales, lancéolées, acuminées, dentées, velues dans leur jeunesse et rudes au toucher; les fleurs solitaires et les fruits noirâtres. C'est un arbre de quarante à cinquante pieds, qui croît naturellement dans les parties méridionales de l'Europe, qu'on peut cultiver en pleine terre dans le climat de Paris, et qui n'est nulle part aussi commun qu'il devroit l'être à raison des avantages qu'il présente. Son bois est noir, dur, compacte, sans aubier, très souple, très tenace, inaltérable lorsqu'il est à l'abri, non sujet à la vermoulure et aux gerçures. Aucun autre ne peut lui être comparé pour faire des brancards de chaise et autres pièces de charronnage. On en fait d'excellens cercles de cuves, de la sculpture, des instrumens à vent, de la superbe menuiserie et de la marqueterie. Il est susceptible d'un beau poli et imite le bois satiné lorsqu'on le coupe obliquement à ses fibres. Son écorce est astringente et s'emploie comme celle du chêne pour la teinture noire et la préparation des peaux. C'est avec ses jeunes pousses qu'on fait ces excellens manches de fouets de cochers dont on se sert à Paris. Les bestiaux et sur-tout les chèvres et les moutons aiment beaucoup ses feuilles, et on pourroit le cultiver utilement sous ce seul rapport. Ses fruits sont du goût de tous les enfans. Ils sont sucrés et réellement agréables au goût. S'ils n'étoient pas si longs à cueillir on en pourroit tirer parti pour fabriquer des boissons. On en fait usage dans les dyssenteries. Ils restent sur l'arbre jusqu'à la fin de l'hiver et servent, pendant cette saison, de nourriture aux grives et autres oiseaux, qui en sont très friands. Leur noyau fournit une huile qu'on compare pour la douceur à celle d'amande douce.

Tout terrain convient au micocoulier austral ; cependant il se plaît davantage dans celui qui est léger et chaud. Je ne l'ai jamais vu ni en France, ni en Espagne, ni en Italie, où j'en ai observé de grandes quantités, dans les lieux argileux et marécageux ; il ne devient qu'un buisson dans les terres arides, mais ce buisson fournit un bon chauffage par son bois et une bonne nourriture aux chèvres et aux moutons par ses feuilles. C'est dans les sols profonds, sur le bord des rivières, vers la partie inférieure des vallées qu'il développe toute sa vigueur végétative. Il est très propre à entrer dans la composition des massifs des jardins paysagers, par la couleur sombre et permanente, ainsi que par la durée de son feuillage et la disposition pendante de ses rameaux. On peut le conduire comme la charmille, au moyen de la taille, et en faire, dans les jardins d'ornemens, des allées, des palissades, des berceaux, etc. Il est très peu attaqué par les insectes. On en connoît une variété à feuilles panachées.

On voit par cette énumération des qualités du micocoulier combien il seroit intéressant de le multiplier davantage, non seulement dans les parties méridionales de la France, où, quoique commun, il peut être regardé comme rare, relativement à la quantité de terrain qui devroit lui être consacré, mais encore dans les parties septentrionales, où, s'il craint les gelées, ce n'est que dans sa jeunesse et dans l'extrémité de ses rameaux de l'année. Sa transplantation est facile, son accroissement rapide et sa culture nulle quand il a passé trois ou quatre ans. On le reproduit par ses semences qu'il faut mettre en terre aussitôt qu'elles sont cueillies ; car elles rancissent très aisément lorsqu'elles sont conservées dans un lieu sec, et deviennent alors impropres à la germination. Malgré cette précaution, une partie de ces graines, dans le climat de Paris du moins, ne lève pas la première année, de sorte qu'il faut laisser le plant deux ans dans la planche avant de le relever. Ce plant n'acquiert guère, dans le même climat, plus de huit à dix pouces la première année et gèle souvent jusqu'au collet de sa racine, mais il ne faut pas s'en inquiéter. Repiqué à deux ans dans une autre partie de la pépinière, il donne plusieurs jets que l'on rabat l'année suivante rez terre, afin de lui en faire repousser de plus vigoureux dont on ne conserve qu'un pour le tailler en crochet et en faire une tige de belle venue. *Voyez* au mot PÉPINIÈRE. Ce n'est donc qu'à cinq ou six ans que cet arbre est dans le cas d'être planté à demeure.

Dans les parties méridionales de la France on se contente de relever à deux ou trois ans les jeunes micocouliers qui ont naturellement crû sous les gros, et de les transplanter où on le juge à propos.

Je n'ai jamais vu cet arbre en forêts, mais seulement dans des haies, des buissons, des avenues, etc. Cependant il doit y avoir des endroits où il croît en masse et abondamment. Dans les environs de Narbonne on le cultive pour en faire les manches de fouets dont j'ai déjà parlé. Pour cela on plante des micocouliers dans un bon sol et assez près les uns des autres. Lorsqu'ils ont dix à douze ans on les coupe rez terre et on laisse croître les vigoureux rejets qu'ils poussent, en les privant de tous leurs bourgeons latéraux, jusqu'à deux toises de haut, après quoi on les coupe, on les redresse au feu, si besoin y est, et on les expédie pour Paris et autres grandes villes. Le but des propriétaires de ces taillis doit être de faire pousser des jets très longs et très minces en moindre temps possible. Ils tirent, dit-on, un bon revenu de ces taillis qu'il seroit impossible de rendre fructueux, sous ce rapport, dans le climat de Paris, à raison du peu de vigueur des pousses qu'y fait cet arbre. Dans ce climat c'est principalement à la plantation des routes qu'on devroit l'employer. Il y remplaceroit avantageusement l'orme sous tout autre rapport que celui de la rapidité de la croissance, et ces plantations ont besoin d'être soumises à un assolement régulier comme toutes les autres. *Voyez* au mot ASSOLEMENT.

En Sicile, on plante cet arbre, qui vit plusieurs siècles, en quinconce, et lorsqu'il est parvenu à une certaine grosseur, on lui coupe la tête, et on le fait mourir en supprimant ses bourgeons à mesure qu'ils poussent. Ces têtards servent d'échalas et durent un grand nombre d'années.

La petite ville de Sauve, département du Gard, fait un commerce important des fourches que fabriquent ses habitans avec les pousses du micocoulier, dirigées à cet effet pendant cinq à six ans. On peut voir, dans le huitième volume des mémoires de la société d'agriculture de la Seine, des détails très curieux sur cet objet. Ces fourches sont plus durables qu'aucune autre.

Le MICOCOULIER DE VIRGINIE, *Celtis occidentalis*, Lin., a les feuilles ovales, acuminées, dentées, minces, rudes au toucher, luisantes en dessus; les fleurs en bouquets axillaires, et les fruits d'un pourpre foncé. Il est originaire de l'Amérique septentrionale, où il croît dans les bons fonds, sur le bord des rivières. C'est un arbre encore plus grand et plus beau que le précédent, qui possède les mêmes qualités à un plus haut degré. J'en ai vu de superbes pieds en Caroline, où son bois est estimé un des meilleurs. On le cultive dans les jardins des environs de Paris, et il y réussit fort bien, étant peu sensible aux gelées. Il y est même plus commun que l'espèce précédente, parcequ'il y donne de bonnes graines. Je dois faire des vœux pour que cette précieuse espèce devienne de plus en plus commune.

Le MICOCOULIER DE LA LOUISIANE a les feuilles moins acuminées, plus minces, dentées plus grossièrement et un peu plus arrondies à la base que celles du précédent. Il est commun à l'embouchure du Mississipi, et se cultive dans quelques jardins d'Europe. On l'a regardé comme une variété du précédent; mais je me suis assuré que c'étoit une espèce bien distincte. Il croît en pleine terre dans le climat de Paris; mais comme il y est extrêmement sensible à la gelée, on doit craindre qu'il ne puisse pas y être cultivé d'une manière utile.

Le MICOCOULIER A FEUILLES EN CŒUR, *Celtis crassifolia*, a les feuilles légèrement cordiformes, très allongées, très épaisses, très rudes au toucher; ses fruits sont plus gros qu'aucun de ceux des précédens, et d'un rouge verdâtre. Il croît en Caroline, où je l'ai observé, et où j'ai souvent mangé de ses fruits. C'est une superbe espèce, qui réussit fort bien en pleine terre dans le climat de Paris.

Ces deux dernières espèces sont également propres à figurer dans les jardins paysagers, à être employées dans les arts, et se multiplient par marcottes, et par la greffe sur celle d'Europe.

Le MICOCOULIER DE TOURNEFORT, ou MICOCOULIER DU LEVANT, a les feuilles ovales, grossièrement crénelées, presque en cœur, presque glabres, et les fruits jaunâtres. Il croît dans le Levant, se cultive en pleine terre dans le climat de Paris, sans y redouter les gelées, du moins quand il est arrivé à un certain âge, mais ne parvient pas à la même hauteur que les précédens. Il donne quelquefois de bonnes graines, mais cependant se multiplie généralement par marcotte ou par greffe. Au reste, il ne se trouve guère que dans les jardins de botanique. Ses feuilles, qui ont à peine un pouce de long, empêchent qu'il puisse figurer dans ceux d'agrément.

Le MICOCOULIER CORIACE a les feuilles coriaces, ovales, aiguës, très inégalement dentées, et seulement au tiers supérieur, à lobes peu inégaux, à surface supérieure, glabre et d'un vert foncé. Il se distingue du C. *australe* par ses feuilles plus épaisses, moins acuminées, plus glabres, et d'un vert plus foncé en dessus; du C. *occidentalis* par ses feuilles moins acuminées, plus petites, plus glabres, moins également dentées, et plus arrondies à la base (la variété de cette espèce est citée par Lamark, Encyclopédie méthodique); du C. *crassifolia* par ses feuilles plus petites et non en cœur ; du C. *lima* par le peu de longueur, et la surface supérieure de ses feuilles, qui est glabre.

Il est originaire de la Louisiane. On en cultivoit depuis quelques années un seul pied dans la pépinière de Trianon ; mais, malgré mon opposition, il a été arraché en 1806, au moment où il commençoit à porter des fruits. Je n'en connois de pieds dans aucun jardin.

Le MICOCOULIER LIME a les feuilles lancéolées, dentelées, très rudes au toucher, et d'un vert noir. Il croît en Amérique. On le cultive en pleine terre dans les jardins et pépinières des environs de Paris. C'est l'espèce dont les feuilles sont les plus rudes et les plus étroites. Je doute qu'il s'élève beaucoup ; car les plus vieux pieds que j'en connois ont à peine deux toises de hauteur. On le multiplie principalement par la greffe sur l'espèce commune ; cependant il commence à donner de bonnes graines dans nos jardins.

Il y a encore le MICOCOULIER DE CHINE qui a les feuilles en cœur, glabres, luisantes en dessus et distiques ; mais il est encore trop rare pour être mis en pleine terre, quoiqu'il y ait lieu de croire qu'il pourra braver nos hivers. C'est une très belle espèce, qu'on multiplie par la greffe sur l'espèce d'Europe. *Voy.* un mémoire de M. de Cubiere sur ce genre, inséré parmi ceux ne la société d'agriculture de Versailles. (B.)

MIEL. Matière sucrée que les fleurs des plantes sécrètent, et que les abeilles ramassent pour leur nourriture et pour fabriquer la cire dont sont composées les alvéoles où elles élèvent leurs petits, et où elles déposent la partie de ce miel qu'elles réservent pour l'hiver.

Au mot ABEILLE, j'ai traité du miel sous les rapports d'économie agricole. Ici je voudrois en parler sous ceux de physiologie végétale ; mais, à ma connoissance, aucun observateur ne s'est encore livré à des recherches propres à éclairer cette importante matière.

Le miel n'est autre chose qu'une solution de sucre dans le mucilage. Il sort de toutes les parties du pistil, mais particulièrement du germe. Sa vraie destination paroît être de retenir par sa viscosité le pollen, ou poussière fécondante des étamines, et l'entraîner, par sa réabsorption, jusqu'au germe pour le féconder. Une preuve, c'est que dans les fleurs monoïques ou dioïques, les mâles ne sécrètent point de miel, et que, dans les années très sèches où il n'y a presque pas de production de miel, ainsi que dans les années très pluvieuses, où le miel est trop fluide , il n'y a pas autant de fleurs fécondées que dans les autres.

Les abeilles et autres insectes, en suçant le miel des fleurs, loin de nuire à la fécondation, lui sont utiles ; car, d'un côté, elles favorisent la production de ce miel en enlevant celui qui se dessèche , et de l'autre elles répandent dessus la poussière fécondante dont elles brisent les capsules. L'irritation qu'elles occasionnent doit aussi avoir de l'effet. C'est donc bien à tort qu'on les accuse de nuire aux récoltes, qu'on place des assiettes remplies de miel empoisonné autour des champs de sarrasin, comme je l'ai vu , pour les détruire. (B.)

MIÉLAT , MIÉLLÉE. Matière sucrée, plus ou moins dissoluble dans l'eau, se rapprochant du miel, et encore plus de la manne, qui transsude des feuilles, des tiges , des fleurs et des fruits de la plupart des plantes, principalement pendant l'été , et dont l'écoulement leur nuit sous deux rapports ; savoir, en les privant d'une partie de leur substance déjà ellaborée , et en mettant des obstacles à leur transpiration ainsi qu'à l'absorption des gaz atmosphériques.

Les pucerons qui , pour s'en nourrir, vont, au moyen de leur trompe , puiser le miélat dans le parenchyme des feuilles et des bourgeons, augmentent considérablement son écoulement , soit en lui ouvrant de plus grandes issues, soit en le rendant à peine altéré par leur anus; mais il ne leur est pas exclusivement dû, comme quelques écrivains l'ont prétendu. C'est une des sécrétions naturelles des plantes. Les fourmis qui le recherchent avec ardeur, ainsi que les abeilles et autres insectes mellivores, n'ont aucune influence sur sa formation, comme l'ignorance le proclame en beaucoup de lieux.

Les plantes les plus foibles, celles qui croissent dans un terrain sec, sont plus sujettes au miélat que les autres de la même espèce. Les étés secs et chauds sont sur-tout une des causes les plus influentes de sa production , et alors ce sont les plantes les plus vigoureuses qui en fournissent le plus. On peut conclure de ce fait que le miélat est tantôt l'effet d'une maladie, tantôt celui d'un excès de santé, comme dans l'homme les sueurs. Mais dans l'un ou l'autre cas, l'excès de sa sécrétion nuit beaucoup aux plantes ; il empêche les fruits de grossir, de prendre de la saveur, les fait même tomber avant le temps. Les années abondantes en miélat ne sont point favorables à la croissance des arbres dans les pépinières.

Les jardiniers et les pépiniéristes sont plus souvent dans le cas de se plaindre des effets du miélat que les cultivateurs; cependant les céréales en sont aussi affectées, et il produit sur elles les effets indiqués , effets qui sont plus sensibles à raison de leur nature. Il n'est pas rare , dans ce cas, de n'obtenir que

du blé de très mauvaise qualité, même de perdre entièrement la récolte.

On a indiqué un grand nombre de moyens pour garantir les
plantes du miélat ; mais il n'y en a pas d'autres, véritablement
utiles en la puissance de l'homme, que les arrosemens sur
les feuilles et les tiges. Or, comment arroser par le sommet
tous les arbres d'un jardin, d'un verger, d'une pépinière, tous
les épis de blé et autres productions ? C'est donc uniquement
des pluies que les cultivateurs doivent attendre la disparition
du miélat. La rosée le dissout aussi, mais par son évaporation le laisse sur les plantes, à moins qu'un vent fort
ne la fasse tomber. L'observation a conduit à penser qu'en
frappant les blés miélés avec des baguettes, ou en faisant passer sur eux des cordes pour faire tomber la rosée, on les dé-
barrasseroit du miélat ; et en effet ce résultat a été obtenu
plus ou moins complètement.

Il seroit nécessaire que le miélat fût pris spécialement en
considération par un bon observateur, car ce que nous savons
à son égard est bien incomplet. L'analyse de ses différentes espèces manque, et cependant il suffit de goûter celui de l'érable
et celui du chêne pour juger de la différence des principes qui
entrent dans leur composition. Il a été reconnu que celui du
frêne purgeoit comme la manne. Le miélat qui a passé à travers le corps des pucerons doit y avoir éprouvé une modification, et par conséquent n'être plus complètement semblable
à celui immédiatement sorti des pores de la plante. Il est d'ailleurs des circonstances qui influent sur la formation du miélat, puisqu'il se trouve, dans une plantation, des arbres qui
n'en offrent pas, tandis que les autres en sont surchargés ; qu'il
est des localités où il ne paroît jamais, d'autres où il paroît
plus tard ou en moins grande quantité, etc., etc.

En dernier résultat cependant le miélat est un mal que les
cultivateurs doivent se résoudre à souffrir, puisqu'ils ne peuvent y apporter, en grand, des remèdes suffisans. Heureusement que les années où il cause des pertes entières de récoltes
se présentent rarement, et que généralement les dommages
qu'il occasionne se réduisent à une plus foible végétation et à
une diminution dans la grosseur et la saveur des fruits.

Voyez aux mots VÉGÉTATION et SUCRE. (B.)

MIGE. Semis sur chaume usité dans le département des
Deux-Sèvres.

MIGNARDISE. Espèce de petit œillet dont on fait fréquemment des bordures. *Voyez* ŒILLET.

MIGNONNETTE. On donne quelquefois ce nom à la SAXI-
FRAGE GRANULEUSE.

MIL. *Voyez* MILLET et HOULQUE.

MIL. On donne ce nom au maïs dans les départemens du sud de la France.

MILIASSE. Nom de la Boulie de Maïs dans les Cévennes. *Voyez* ces deux mots.

MILLARGON. Maïs semé épais pour fourrage.

MILLEFEUILLE. Espèce du genre Achillée. *Voyez* ce mot.

MILLEPERTUIS, *Hypericum.* Genre de plantes de la polyadelphie polyandrie, et de la famille des hypéricoïdes, qui renferme près de cent espèces de plantes, dont plusieurs fournissent des remèdes à la médecine, et quelques unes sont si communes qu'il n'est pas permis d'ignorer leur nom.

Il est des millepertuis frutescens, des herbacés, soit vivaces, soit annuels; tous ont des feuilles simples, opposées, ou verticillées, et des fleurs jaunes ou rougeâtres disposées en corymbes ou en panicules terminaux. Les plus communs d'entre eux sont,

Le millepertuis commun, *Hypericum perforatum*, Lin., qui a les fleurs trigynes; la tige aplatie; les feuilles ovales, obtuses et parsemées de points transparens. Il croît par toute l'Europe dans les bois, les baies, les champs incultes, etc.; est vivace, s'élève à deux ou trois pieds, et fleurit pendant tout l'été et l'automne. Sa saveur est un peu salée et amère; ses fleurs et ses semences ont une odeur résineuse. Il tient le premier rang parmi les vulnéraires, et est de plus résolutif, diurétique et vermifuge. On en fait, en mettant infuser ses sommités fleuries dans l'huile d'olive, un remède qui n'a pas d'autre propriété que celle de l'huile pure. C'est lui qui a donné le nom au genre, parcequ'en regardant ses feuilles à travers le jour elles semblent percées de mille trous, c'est-à-dire qu'elles présentent, comme je l'ai dit plus haut, des points transparens formés par des vésicules d'huile essentielle, huile qu'on obtient par le moyen de l'esprit-de-vin, et qui prend une couleur rouge propre à être communiquée sans inconvénient aux liqueurs de table et aux mets qu'on veut déguiser.

Les moutons, les chèvres et sur-tout les bœufs mangent cette plante quand elle est jeune, mais n'y touchent plus dès qu'elle est fleurie. Comme elle est excessivement abondante dans certains lieux, sur-tout dans les taillis situés en bons fonds, les cultivateurs doivent la faire couper à la fin de l'été, soit pour chauffer leur four, soit pour augmenter la masse de leurs fumiers. Elle est très propre à ces deux objets par le nombre de ses tiges et la quantité de feuilles dont elles sont garnies.

Son beau port, le nombre et la durée de ses fleurs la rendent propre à entrer dans la composition des jardins paysagers, où on peut la placer presque par-tout, s'accommodant de tous les aspects et de tous les terrains.

On la multiplie très facilement par ses graines ou par le déchirement des vieux pieds, qui poussent annuellement une grande quantité de rejetons; mais il ne faut pas que cette division soit trop rigoureuse, car une grosse touffe est beaucoup plus agréable qu'une petite.

Le MILLEPERTUIS DE MONTAGNE a les fleurs trigynes; le calice bordé de glandes noirâtres; les tiges rondes; les feuilles amplexicaules non perforées et bordées de taches noires. Il croît dans les bois des montagnes, souvent avec autant d'abondance que le précédent, dont il diffère peu par l'aspect. Je ne sache pas qu'on l'emploie en médecine; mais Romme nous a appris que les Tartares voisins de la Chine en prenoient la décoction comme les Turcs prennent l'opium; c'est-à-dire pour se plonger dans une stupeur qui leur fait oublier leurs maux. On doit aussi le récolter pour faire du fumier, et le placer dans les jardins paysagers, aux lieux secs et exposés au soleil.

Les MILLEPERTUIS VELU et QUADRANGULAIRE diffèrent peu de celui-ci, et ce que j'en ai dit leur est applicable. Ils se trouvent quelquefois très abondamment dans les mêmes lieux.

Le MILLEPERTUIS ÉLÉGANT, *Hypericum pulchrum*, Lin., a les tiges cylindriques; les feuilles ovales, oblongues, amplexicaules, et est glabre dans toutes ses parties. Il se trouve dans les bois montagneux et argileux en petites touffes, qui se font remarquer par la couleur rouge que prennent en automne les tiges et les feuilles. Il est réellement plus élégant que les autres, et mérite par conséquent de trouver une place distinguée dans les jardins paysagers.

Le MILLEPERTUIS COUCHÉ, *Hypericum humifusum*, Lin., a la tige aplatie, couchée, filiforme, et les fleurs solitaires à trois styles. Il est vivace et croît sur les montagnes argileuses, dans les pâturages secs. Je le cite, parcequ'il est quelquefois très commun, et se fait remarquer par l'éclat de ses fleurs et la délicatesse des rosettes qu'il forme sur la terre.

Le MILLEPERTUIS TOUT SAIN, *Hypericum androsœmum*, Lin., est frutescent; a les tiges aplaties; les feuilles ovales; les fleurs trigynes, et ses fruits sont une baie. Il croît dans les parties méridionales de l'Europe, et passe pour vulnéraire, vermifuge, résolutif, etc., d'où vient son nom. Il s'élève à deux ou trois pieds, et se cultive fréquemment dans les jardins à raison de la grandeur et de l'éclat de ses fleurs qui se développent successivement pendant tout l'été et une partie de l'automne. On le multiplie par ses graines, qu'on sème, aussitôt qu'elles sont mûres, dans une planche abritée et bien préparée, ou plus communément par le déchirement des vieux pieds, déchirement qui en procure souvent un grand nombre de nouveaux. Cette opération peut se faire pendant tout l'hiver.

On place ce millepertuis dans les parterres au milieu des plates-bandes et dans les jardins paysagers autour des massifs, au pied des fabriques, des rochers, etc. Il produit des effets assez agréables. Toute espèce de terre lui est indifférente; mais il vient mieux dans celle qui est fertile et chaude.

Le MILLEPERTUIS CALICINAL est frutescent; a les tiges tétragones et couchées; les feuilles ovales et distiques; les fleurs solitaires, terminales et de plus d'un pouce de diamètre. Il est originaire des parties orientales et méridionales de l'Europe, et se cultive fréquemment dans les jardins à raison de la grandeur et de l'éclat de ses fleurs. Il est sur-tout très précieux pour les jardins paysagers par sa propriété de conserver ses feuilles toute l'année, de croître à l'ombre des arbres mieux qu'au soleil, et par conséquent de pouvoir garnir le sol des massifs, sol qui est ordinairement nu et désagréable à la vue. On ne peut donc trop le multiplier, et par sa nature il se prête parfaitement aux désirs des cultivateurs à cet égard; car outre qu'il pousse annuellement une grande quantité de rejetons qui peuvent être séparés en hiver, il suffit de couvrir la base de ses tiges de terre pour qu'elles prennent racine à chaque nœud. Lorsque le terrain est frais et fertile, on doit être assuré que des pieds plantés à une demi-toise l'un de l'autre en couvriront la surface en deux ou trois ans au plus. On peut aussi le multiplier par ses graines, qu'on sème comme celle du précédent; mais on emploie rarement ce moyen, à raison de la facilité et de la promptitude de celui que je viens d'indiquer. Par-tout cette plante se fait remarquer des plus indifférens, et elle mériteroit d'être plantée même dans les bois, où elle croîtroit sans culture aussi bien que dans les jardins.

Le MILLEPERTUIS KALMIEN a la tige frutescente, haute de trois ou quatre pieds, et les feuilles linéaires, lancéolées. Il est originaire du Canada, et se cultive fréquemment dans les jardins à raison de la beauté des touffes qu'il forme, sur-tout lorsqu'il est en fleur. Il conserve sa verdure toute l'année. Une terre très légère, telle que celle de bruyère, et une exposition ombragée lui sont nécessaires; en conséquence on ne peut le placer par-tout. C'est dans les corbeilles, ou plates-bandes irrégulières, dites de terre de bruyère, et exposées au nord, qu'il convient de le planter dans les jardins paysagers. Ses fleurs se succèdent pendant l'été et l'automne, et souvent couvrent les feuilles, tant elles sont nombreuses. On le multiplie presque exclusivement de semences, qu'on répand sur une terre de bruyère à l'exposition du nord. On ne doit presque pas les enterrer. Le plant qui en provient se repique la seconde année à six ou huit pouces, et peut être mis en place la quatrième. Il est également agréable, soit qu'on lui fasse former une boule sur une tige, soit qu'on le tienne en buisson.

Le MILLEPERTUIS LANCÉOLÉ, qui croît au Cap de Bonne-Espérance, acquiert la grosseur d'un homme, et fournit une liqueur balsamique résineuse qu'on estime beaucoup dans les blessures.

Le MILLEPERTUIS A FEUILLES SESSILES se trouve dans les forêts de la Guianne C'est aussi un grand arbre qui porte les noms de *bois dartre*, *bois de sang*, *bois à la fièvre*, *bois d'acossois*, et dont on fait un fréquent usage comme purgatif, antidartreux et antifiévreux.

Le MILLEPERTUIS BACCIFÈRE, qui est originaire des mêmes pays, est encore un arbre qui laisse fluer un suc jaune qu'on emploie comme purgatif, et qui, rendu concret, constitue ce qu'on appelle *la gomme gutte d'Amérique.* (B.)

MILLET. On donne ce nom à plusieurs sortes de graines; le *millet des oiseaux* est le PANIC (*Panicum italicum* Lin.); le *grand millet* ou *millet d'Afrique*, est la HOULQUE SORGHO (*Holcus sorghum*, Lin.); le *millet d'Inde* ou *gros millet*, est le MAÏS (*Zea maïs*, Lin.) *Voy.* ces trois mots.

MILLET NOIR. On cultive en Moravie un millet noir dont l'épi est en aigrette et dont on tire un grand parti pour la nourriture du peuple et des bestiaux. C'est toujours avant le froment qu'on le sème.

Il est probable que c'est la variété brune de la HOULQUE SORGHO. *Voyez* ce mot.

MINE. On donne ce nom tantôt aux lieux souterrains où l'on trouve des métaux, de la houille, etc, tantôt à ces métaux mêmes dans leur état brut, c'est-à-dire oxidés, ou combinés avec le soufre, l'arsenic et autres substances.

Il y a des mines en filon, il en est en couches. Les premières se trouvent dans les fentes des rochers; les secondes, qui sont principalement celles de fer dites d'alluvion, s'étendent quelquefois sous une grande étendue de pays.

Je ne dois parler des premières que pour dire qu'il n'est pas vrai, comme on l'a cru si long-temps, que leurs émanations produisent la stérilité des terres sous lesquelles elles se trouvent. Cette erreur provient de ce que le GNEISS, le SCHISTE, sortes de pierres qui les renferment le plus ordinairement, sont d'une nature peu fertile, ainsi qu'on le peut voir à leur article.

Lorsque les mines en couches sont à plusieurs pieds de la surface, elles ne nuisent pas à la fertilité du sol; mais lorsqu'elles sont superficielles elles le rendent tout-à-fait impropre à la culture. *Voyez* aux mots FER et OXIDE. Il n'y a pas de moyen connu de les utiliser sous ce rapport autrement qu'en les couvrant de bonne terre ; mais il est rare que l'oxide de fer soit seul. Il est généralement uni avec l'ARGILE et souvent le CALCAIRE. *Voy.* ces deux mots.

La loi regarde les mines comme appartenant au propriétaire du fonds, ce qui, quoique juste en principe, est fort nuisible à l'intérêt général, parceque les cultivateurs à qui appartiennent ce fonds n'ont le plus souvent ni la volonté ni la faculté de les exploiter et encore moins l'instruction nécessaire. *Voy.* au mot HOUILLE.

En général c'est un fort mauvais bien qu'une mine, et ce, en raison inverse de la valeur que les métaux ont dans l'opinion ; c'est-à-dire que les mines d'or sont les moins profitables de toutes. Les mines de fer seroient les plus avantageuses si elles n'étoient pas si communes, et si le bois étoit moins rare.

Je n'entrerai pas dans de plus grands détails sur cet objet qui n'intéresse qu'indirectement l'agriculture. (B.)

MINE. Ancienne mesure de superficie en usage dans l'Orléanois. *Voyez* MESURE.

MINÉE. Ancienne mesure de superficie. *Voyez* au mot MESURE.

MINER. On donne ce nom, dans quelques cantons, aux environs de Lyon par exemple, aux défoncemens qu'on exécute dans les sols pierreux pour y planter de la vigne. Ces défoncemens, dont il sort une grande quantité de pierres, sont indispensables, mais très coûteux. Ordinairement on y travaille tant de jours chaque hiver dans chaque lot de vigne dont la culture est confiée à une seule famille, de manière que tous les ans on arrache et plante à peu près la même quantité de vigne : j'ai été extrêmement content de la manière de faire ce défoncement dans un vignoble du Beaujolais, vignoble dont j'ai dirigé la culture pendant quelque temps.

MINETTE DOREE. Nom vulgaire de la LUZERNE HOUBLON, *Medicago lupulina*, Lin.

MINSI. Mélange de son et d'ortie hachée qu'on donne aux dindons dans le département des Deux-Sèvres.

MIRIOFLE, *Myriophyllum*. Genre de plantes de la monœcie polyandrie qui renferme deux plantes vivaces à feuilles verticillées, pinnées et à fleurs disposées en épi terminal, qui croissent dans les eaux dormantes et qui y sont souvent si communes, qu'elles les remplissent entièrement. Je ne les cite ici que parceque cette abondance indique que les cultivateurs doivent les arracher pendant l'été avec de grands râteaux, pour, après les avoir laissé sécher sur le bord de ces eaux, les faire transporter sur leurs terres ou sur leur fumier. Souvent une marre qui n'étoit d'aucune utilité à un propriétaire devient productive par ce moyen.

Les deux miriofles en question se distinguent parceque l'un a les épis nus, et l'autre les a garnis de feuilles.

MIRLIROT. Nom altéré du MÉLILOT.

MIROIR DE VENUS. Nom vulgaire d'une espèce de CAM-PANULE qui croît abondamment dans les blés.

MIRTIL. Nom vulgaire de l'AIRELLE COMMUNE.

MITCHELLE, *Mitchella*. Plante fruticuleuse de l'Amérique septentrionale, qui se cultive en pleine terre dans les jardins de Paris, et qui forme un genre dans la tétandrie monogynie et dans la famille des rubiacées.

La MITCHELLE RAMPANTE croît dans les bois humides, et fleurit au milieu du printemps. Ses tiges sont menues, rampantes, radicantes; ses feuilles petites, presque en cœur et persistantes; ses fleurs axillaires, blanches et odorantes; ses fruits d'un rouge de corail très vif et subsistant d'une année sur l'autre. Elle est fort élégante et produit de très agréables effets, soit qu'elle soit en fleur, soit qu'elle soit en fruit; mais sa petitesse fait que, quoique très facile à multiplier, n'exigeant aucune culture et ne craignant point les gelées du climat de Paris, elle est encore fort rare autour de cette ville. C'est en Amérique où j'ai pu apprécier tous les avantages dont elle seroit dans nos jardins paysagers, si on l'y multiplioit abondamment. En effet, elle croît uniquement à l'ombre des grands arbres, couvre le sol, ordinairement nu, des massifs d'une verdure perpétuelle, se garnit de fleurs nombreuses, mais assez grandes, d'un blanc éclatant et d'une odeur suave, et ensuite de fruits d'un rouge vif et par conséquent propres à contraster avec le feuillage des plantes environnantes. On se la procure par graines et par la séparation des tiges, qui prennent racines à presque tous leurs nœuds. Il ne s'agit que d'empêcher les grandes plantes de l'étouffer, et bientôt elle couvrira d'elle-même le terrain. (B.)

MITTE, *Acarus*. Genre d'insectes aptères qui n'est pas celui de Fabricius, mais celui de Latreille. Ce dernier naturaliste a formé aux dépens des autres insectes, qui avoient été confondus sous ce nom, les genres CIRON, IXODE, SARCOPTE et autres moins importans à faire connoître aux cultivateurs.

Les deux mittes dans le cas d'être citées ici sont,

La MITTE DOMESTIQUE, qui est ovale, velue, blanche avec deux taches rousses; elle se trouve en quantité dans le vieux fromage, qu'elle réduit en poussière, sur la viande sèche, le pain abandonné depuis long-temps, les confitures sèches, les collections d'histoire naturelle, etc.

La MITTE DE LA FARINE qui, est allongée, velue, blanche,

avec la tête rousse ; elle vit aux dépens de la farine dont elle accélère beaucoup l'altération.

Ces deux insectes, à peine visibles, se rapprochent beaucoup, mais sont cependant distincts. Souvent ils causent de grands dommages aux cultivateurs, et il n'est pas toujours facile d'en débarrasser les alimens qui en sont infestés. Une chaleur très élevée, soit dans un four, soit au moyen de l'eau peut seule faire arriver à ce but, et plusieurs articles de consommation ne comportent pas ce moyen. En général c'est par une surveillance toujours active, une propreté recherchée, et sur-tout en ne gardant pas plus long-temps qu'il ne convient les objets destinés à la nourriture, qu'on peut y parvenir.

Dans ces espèces les femelles sont plus grosses que les mâles, et pondent pendant presque toute l'année des œufs blancs réticulés de brun, qui ne tardent pas à éclore, de sorte que les générations se succèdent avec une incroyable rapidité. De là vient qu'un fromage qui ne paroissoit pas en être attaqué est quelquefois détruit en peu de temps.

On donne aussi le nom de mitte à la BLATTE et à la BRUCHE DES POIS. *Voyez* ces mots. (B.)

MIXTURE ou MITURE. Mélange de pois gris, de fève de marais, de vesce, de froment, de seigle, d'avoine, etc., qu'on sème pour fourrage et qu'on fauche au moment de la floraison. Quelquefois cette mixture n'est composée que de froment et de seigle ; mais elle n'offre pas les mêmes avantages que celle où entrent des plantes grimpantes qui s'attachent aux graminées. *Voyez* MÉLANGE.

MOELLE DES PLANTES. Tissu cellulaire, ordinairement blanchâtre, qui remplit un canal au centre des tiges des plantes dicotylédones, au moins dans leur jeunesse, qui communique, à travers le corps ligneux, avec le tissu cellulaire de l'écorce par des prolongemens rayonnans et fort apparens dans certains bois, le chêne par exemple.

Le volume de la moelle au même âge varie dans chaque espèce, c'est-à-dire qu'il diminue de diamètre à mesure que la plante vieillit, et finit ordinairement par s'oblitérer. Sa nature est toujours spongieuse, c'est-à-dire composée d'utricules de différente forme et grosseur variant dans chaque espèce, mais d'une manière constante. Des fibres longitudinales la traversent, ainsi qu'on le voit facilement dans le sureau.

Quelques personnes croient que la moelle est nourrie par l'écorce ; d'autres au contraire pensent que c'est la moelle qui nourrit le liber. Le vrai est qu'on n'a encore sur cet objet que des opinions vagues. Les usages de la moelle sont encore inconnus. Duhamel, Sennebier et autres ont enlevé la moelle à de jeunes arbres ; parmi lesquels quelques uns continuèrent à végéter, comme s'ils n'avoient pas subi cette opération. On est d'ailleurs certain qu'elle n'est pas nécessaire à la vie, ni à la reproduction, puisque, comme je l'ai observé plus haut, elle disparoît à un certain âge, même dans les arbres qui en ont le plus.

Dans le sureau, chaque bourgeon qui se développe n'est qu'une moelle verdâtre entourée d'écorce. Peu à peu il se forme du bois et la moelle blanchit et diminue de diamètre. Ce n'est guère que vers la quinzième année qu'elle disparoît. Il paroît probable que la disparition a lieu par la formation des couches ligneuses autour de son canal et non par la contraction des fibres ligneuses, comme on l'a prétendu.

Les arbres qui sont le plus pourvus de moelle se greffent rarement en fente avec succès, parceque l'évaporation qui se fait par la plaie amène promptement la dessiccation de la partie où est placée la greffe. Parmi les fruitiers le noyer est principalement dans ce cas. Par la même raison on doit, dans les pépinières, ne les rapprocher ou recéper qu'à la dernière extrémité, et lorsqu'on le fait sur une espèce précieuse, il faut sur-le-champ recouvrir la plaie avec de l'onguent de Saint-Fiacre, ou autre englument. (B.)

MOETTE. On donne ce nom dans le département de la Somme à la tenaille propre à échardonner. *Voyez* CHARDON.

MOFETTE. C'est l'acide méphitique qui se développe dans les mines. *Voyez* MÉPHITISME.

MOIGNON. Dans quelques cantons on donne ce nom à la partie laissée sur l'arbre, d'une branche qu'on vient de couper. C'est un gros CHICOT. (*Voyez* ce mot.) Les moignons ne sont pas agréables à la vue, mais ils évitent les CHANCRES, les GOUTTIÈRES (*voyez* ces mots) et autres maladies qui sont la suite de la coupe trop rapprochée des grosses branches. Il est donc toujours avantageux d'en laisser, sauf à les faire disparoître l'année suivante, si c'est dans des jardins d'agrémens. *Voyez* ELAGAGE.

MOINEAU, *Fringilla domestica*, Lin. Oiseau du genre des pinçons, excessivement commun en France, est presque domestique. Il quitte rarement les habitations, et vit au milieu des plus grandes villes. Tout le monde connoît son piaulement monotone. Il fait généralement trois couvées par an, et place son nid dans des trous de mur, d'arbres. Ce n'est qu'à défaut de cavités qu'il les construit sur des arbres ou les saillies des édifices. Chaque couvée est de cinq à six œufs. Il se réunit en grandes bandes pendant l'automne et l'hiver.

Les cultivateurs n'ont point d'ennemis plus acharnés au pillage de leurs récoltes que cet oiseau. Il mange leur blé et autres graines sur pied, dans les granges, dans les greniers, lorsqu'on le sème. Rien n'égale sa hardiesse et son avidité. Ce n'est pas à tort qu'on dit proverbialement *rusé comme un moineau.* Il semble ne pas craindre l'homme, et cependant il est très difficile à prendre dans les pièges où les autres oiseaux tombent sans coup férir.

Il est généralement admis comme certain que chaque moineau mange dix livres de blé, ou un demi-boisseau par an ; mais ce calcul est beaucoup trop foible pour ceux qui se trouvent dans les pays de grande culture. Plusieurs observations positives constatent que le jabot d'un de ces oiseaux contient aisément à la fois cent grains de blé ; or, digérant très promptement, il est des circonstances où il peut le remplir deux fois par jour. En se réduisant à cette quantité, et à neuf mille deux cent seize grains par livre, cela fait à très peu près quarante livres ou deux boisseaux par an. Rougier de La Bergerie diminue encore ce nombre de moitié ; et calculant sur dix millions de moineaux en France (anciennes limites), ce qui à mon avis est bien au-dessous de la réalité, il trouve une perte annuelle de dix millions de francs.

Cette énorme diminution, causée par les moineaux dans les produits de l'agriculture, a depuis très long-temps déterminé les Anglais à mettre leur tête à prix ; et ils ont été imités dans quelques cantons de l'Allemagne. Pourquoi donc n'en agissons-nous pas de même en France ? Qu'est-ce que cinquante mille francs, par exemple, à quoi on pourroit fixer la dépense annuelle de leur destruction pendant chacune des dix premières années, à deux sous par tête, comparativement au résultat des calculs de Rougier La Bergerie ? Faisons donc des vœux pour que le gouvernement ouvre les yeux sur cet objet, et fasse des lois de proscription contre ces oiseaux, qui n'offrent aucun avantage capable de contre-balancer leurs inconvéniens ; car leur chair est coriace et de mauvais goût.

Vivant au milieu des villes et des villages, les moineaux n'ont guère pour ennemis que les chouettes et les chats, et il ne paroît pas que la destruction qu'ils en font soit bien considérable. Les seuls enfans d'une ferme, pendant qu'ils nichent, en font périr plus du double de ceux qui seroient victimes de tous les animaux carnassiers dans l'espace d'une année. C'est donc l'homme qui doit se charger du soin d'en diminuer le nombre ; mais les moyens n'en sont pas faciles, d'après la méfiance qui est le propre de leur caractère, et la facilité que leur donne leur hardiesse pour se procurer facilement des moyens de subsistance.

On les tue facilement et souvent en grand nombre au fusil ;

mais la dépense de la poudre et du plomb arrête bien des cultivateurs. Pour diminuer cette dépense on doit faire des traînées, de six à huit pieds de long sur deux ou trois pouces de large, de poussière de foin ou de balayures de grange, dans le voisinage de la maison et dans la direction d'une fenêtre. Les moineaux, qu'on laisse souvent manger tranquillement les graines qui s'y trouvent, s'accoutument à y venir, et de temps en temps on leur lâche des coups de fusils chargés de cendrée de plomb, qui en abattent des douzaines à la fois.

Comme dans les pays de plaine ils se couchent ordinairement dans les haies, un homme se place, lorsque la nuit est bien noire, à une des extrémités de cette haie, tenant étendu un filet contre-maillé, de six pieds de large, attaché à deux bâtons de dix à douze pieds de haut, c'est-à-dire un *rafle*, et en fait placer un autre à quelque distance derrière lui avec une torche allumée; tandis qu'un troisième va sans bruit, et en prenant un détour, gagner l'autre extrémité de la haie, d'où il revient lentement en frappant de temps en temps la haie d'un bâton. Les moineaux effrayés se sauvent du côté de la lumière et s'embarrassent entre les mailles du filet, où on les tue lorsque le batteur est arrivé près de celui qui tient ce filet. Quand cette rafle est plus grande que celle dont les dimensions viennent d'être indiquées, il faut deux personnes pour la tenir. Cette chasse, lorsqu'on l'a fait pendant que les moineaux sont en bande, est extrêmement destructive. J'en ai, dans ma jeunesse, pris quelquefois ainsi plusieurs centaines en peu d'instans. Il suffit de connoître les haies où ils préfèrent se réfugier pendant tel ou tel vent. C'est à l'époque des gelées qu'elle est la plus fructueuse.

Il est encore facile de prendre de grandes quantités de moineaux avec un filet à allouettes, ou un filet tombant, au milieu duquel ou sous lequel on met une moquette, c'est-à-dire un moineau attaché par la patte ou enfermé dans une cage, et quelques poignées de blé. Lorsqu'on place ces filets assez près d'une maison, pour que le chasseur puisse s'y cacher, on doit s'attendre à une réussite encore meilleure; car la présence d'un homme qui reste tranquille inquiète bien plus les moineaux que celle d'une douzaine qui agissent.

Un fermier qui surveille ses intérêts doit toujours disposer un de ses greniers de manière qu'il n'y ait que deux fenêtres, dont l'une est garnie d'un filet contre-maillé fixé à demeure, et l'autre d'un ou de deux volets, qui tombent ou se croisent, au moyen d'une poulie de renvoi et d'une corde, à la volonté d'une personne placée dans la cour ou dans une pièce voisine. Lorsqu'il voit les moineaux très nombreux autour de sa demeure, il les attire dans ce grenier au moyen de quelques poignées de mauvaises graines, et dès que la bande y est entrée il fait fermer la fenêtre à volets. Tous les moineaux aussitôt se jettent vers celle fermée du filet et s'y prennent. On peut renouveler cette opération plusieurs fois par semaine, et je sais, par expérience, que, l'hiver sur-tout, on peut promptement détruire la plus grande partie des moineaux de son voisinage.

Les pots, que dans beaucoup de lieux on présente aux moineaux pour faire leurs nids, en favorisent beaucoup la diminution, sur-tout quand avec les petits on peut prendre la mère, chose qui est toujours assez facile.

Je ne parle pas de ces petits pièges d'un grand nombre de sortes avec lesquels les enfans prennent quelques moineaux, parceque le temps qu'exige ou leur fabrication ou leur service ne permet pas à des hommes utilement occupés de les employer. Je me borne seulement à dire qu'on doit en encourager la tendue autant que possible. Leur grand nombre donne en définitif des résultats très avantageux.

Tous les fantômes et autres épouvantails qu'on met dans les campagnes, au milieu des champs ensemencés, sur les arbres couverts de fruits, servent fort peu contre les moineaux. Un jour suffit pour qu'ils s'y accoutument, ou qu'ils apprennent à les braver. Il n'est personne qui n'en ait acquis fréquemment la preuve. Un ou plusieurs enfans suffisent quelquefois à peine pour les empêcher de marauder dans une chenevière, ou autre semis de graines qu'ils aiment beaucoup. (B.)

MOIS DE L'ANNÉE. Le cercle que parcourt la terre en tournant autour du soleil a été divisé en douze parties presque égales, et on a donné le nom de mois au temps qu'elle met, ou, à raison de l'illusion, au temps que met le soleil à parcourir une de ces parties.

Chaque mois de l'année amène des différences dans les circonstances atmosphériques, et par conséquent dans la végétation. Il doit donc en amener aussi dans les travaux du cultivateur. J'ai eu soin d'en indiquer la série en gros, et principalement pour le climat de Paris, à chacun de leurs noms. J'y renvoie le lecteur.

La réunion de trois mois fait ce qu'on appelle une saison. Chacune d'elles a encore plus que les mois un caractère agricole qui lui est propre. Il a donc fallu aussi énumérer les principaux de ces caractères, et c'est ce que j'ai fait à leur article. (B.)

MOISISSURE, *Mucor*. Genre de plantes cryptogames, de la famille des champignons, dont les espèces ne végètent que sur les substances où se trouve un principe muqueux uni à de l'eau, sur-tout sur celles qui commencent à entrer en putréfaction. Non seulement elles hâtent la décomposition de ces substances, mais elles communiquent à celles destinées à la nourriture des hommes et des animaux une saveur nauséabonde très désagréable, et qui empêche de les manger. Leur histoire intéresse donc le cultivateur et sa ménagère.

Tantôt les filamens des moisissures sont isolés, tantôt ils sont réunis en groupes plus ou moins étendus. Leur croissance est tellement rapide que quelques heures suffisent pour les amener à leur parfait développement; aussi sont-elles délicates au point que le plus petit attouchement, un léger souffle anéantissent leur organisation. Comme il n'est personne qui ne les connoisse, tout ce que je dirois de plus seroit inutile.

Les espèces les plus communes dans ce genre sont,

La MOISISSURE CRUSTACÉE, qui a ses tiges extrêmement petites. Elle croît principalement sur le fromage salé, où elle forme des plaques d'abord blanches et ensuite rouges.

La MOISISSURE ORANGÉE. Elle a les tiges rameuses, rampantes, et forme sur le bois mort, les bouchons de liège, l'intérieur des tonneaux vides, etc., de petites plaques d'un jaune doré qui donnent presque toujours le goût de moisi au vin qu'on y met. Ce n'est qu'au moyen de l'eau bouillante, avec laquelle on lave à diverses reprises les tonneaux et les bouchons, qu'on peut parvenir à empêcher les effets de sa présence.

La MOISISSURE OMBELLÉE a les tiges terminées par une houppe de graines blanchâtres. Elle croît sur toutes les matières en état de putréfaction, principalement sur les fruits et les confitures. C'est elle dont les ménagères ont le plus à se plaindre. Une surveillance continuelle sur les fruits, c'est-à-dire en enlevant tous ceux qui commencent à se gâter, et mettant les autres dans des lieux secs et aérés, faire repasser au feu les confitures, sont les seuls moyens certains de détruire ses désastreux effets.

La MOISISSURE GRISATRE, *Mucor mucedo*, Lin., a les tiges simples et terminées par un globule. Elle est la plus commune et celle qui répand l'odeur la plus désagréable. C'est principalement elle qu'on indique lorsqu'on prend le mot moisissure dans une acception générale. Elle croît sur la plupart des substances que l'homme emploie à sa nourriture, principalement sur le pain, dont elle fait perdre d'immenses quantités. Le moyen d'empêcher qu'elle s'y développe aussi promptement et aussi abondamment, c'est de ne faire entrer dans sa fabrication que la quantité d'eau convenable, de le laisser cuire suffisamment, et sur-tout de le conserver dans un lieu très aéré et très sec. Quand on s'aperçoit à temps que le pain commence à s'altérer, on le coupe par sa plus grande largeur, et on le met de nouveau au four pour faire mourir les germes de la moisissure. Si on veut le consommer sur-le-champ, il faut

Moisson

le tremper quelques instans dans l'eau bouillante pour enlever sa mauvaise odeur et son mauvais goût; il faut encore l'arroser d'un peu de vinaigre. On ne doit pas croire, d'après l'assertion de quelques personnes, que les moisissures soient un poison. Si elles occasionnent quelquefois des douleurs d'estomac et des vomissemens, c'est l'effet de leur mauvaise odeur et de leur saveur nauséabonde.

Beaucoup de personnes supposent qu'il est possible d'empêcher les herbes cuites, les confitures, etc., de se moisir, en les fermant exactement, quoique l'expérience prouve journellement le contraire. Je ne crois pas cependant qu'elles naissent spontanément; mais il suffit qu'on laisse les matières en question exposées quelques minutes à l'air pour qu'il s'y transporte des semences.

Les autres moyens de conservation sont de mettre plus de sel dans les herbes, plus de sucre dans les confitures, de les faire plus cuire, et de les déposer dans des lieux très secs, très aérés et très éclairés en même temps. On parvient quelquefois au même résultat en couvrant les pots avec du beurre, de la graisse, ou du miel; mais tous ces procédés ne sont jamais certains. Il faut donc qu'une ménagère visite souvent ses provisions, et mette de côté ou emploie toutes celles qui commencent à donner des signes de moisissure. La vigilance est en tout et par-tout la première des qualités de l'agriculteur et de sa compagne.

Les botanistes allemands ont divisé ce genre en plusieurs autres; mais je n'ai pas dû faire usage ici de leur nomenclature, qui ne serviroit qu'à embrouiller la matière. (B.)

MOISSINE ou MOINSINE. Sarment de vigne, garni de feuilles et de grappes, que les vignerons coupent au moment de la vendange, et qu'ils suspendent au plancher de leur maison pour en manger plus tard les raisins. Il est des moissines qui conservent jusqu'après l'hiver leurs raisins en bon état. Cette méthode est préférable sans doute à celle employée le plus communément pour arriver au même but, mais elle exige un vaste emplacement, et à moins d'être pratiquée avec ménagement, peut nuire aux récoltes suivantes. *Voyez* RAISIN.

MOISSON, MOISSONNER, MOISSONNEUR. Le premier de ces mots indique la récolte du blé et des autres céréales, le second l'action par laquelle on la fait, et le troisième celui qui y emploie ses bras. *Voyez planche* 3.

L'époque de la moisson varie, non seulement dans tous les climats, non seulement chaque année, mais dans la même année selon la nature des terres, l'exposition, l'espèce ou la variété, l'époque des semis et autres circonstances. La fixer, même pour la localité la plus circonscrite, est chose impossible.

Les signes auxquels on reconnoît qu'il est temps de moissonner sont assez certains pour qu'on ne doive pas craindre de s'y tromper, et il y a trop peu d'inconvéniens à en avancer ou en retarder le moment de quelques jours pour qu'on puisse s'en inquiéter. L'important est que le grain soit mûr à son point, mais pas desséché avec excès, car dans ce dernier cas, sur-tout pour le seigle et l'avoine, il y auroit une grande perte par suite des secousses que les épis éprouvent dans le sciage, le fauchage, le liage, le transport, etc.

C'est toujours par un temps sec qu'on doit désirer faire la moisson, sauf à la suspendre dans le milieu du jour si la chaleur est trop forte et l'égrainage trop considérable, car la pluie lui est nuisible sous plusieurs rapports.

Un cultivateur jaloux du succès de ses travaux n'attend pas au moment de la récolte pour faire ses dispositions préparatoires, parcequ'il sait que l'ouvrage sera toujours plus fort que le monde ou les bestiaux, dont il pourra disposer, le comportera. En conséquence il arrête ses moissonneurs, fait réparer ses voitures, ses harnois, remplir les ornières des chemins qui conduisent à ses champs, nettoyer ses greniers et ses granges, préparer ses liens, etc., etc.

Cet article est susceptible d'être très étendu; mais les objets qui le concernent n'étant que la réunion de beaucoup d'autres qui ont été développés ailleurs, ce seroit faire un double emploi que de l'allonger davantage. En conséquence je renvoie aux mots FROMENT, SEIGLE, AVOINE, ORGE, BLÉ, SCIAGE, FAUCILLE, FAUX, FAUCHER, MATURITÉ, JAVELAGE, etc. (B.)

MOITANGE. *Voyez* MÉTEIL.

MOLASSE. Les cultivateurs donnent ce nom, dans quelques départemens, à une pierre calcaire mêlée de sable et d'argile, à une espèce de marne non susceptible de se déliter à l'air, qu'on trouve en couches plus ou moins épaisses, immédiatement au-dessous de la terre végétale. Cette molasse étant complètement infertile, et ne laissant pas passer les racines des plantes, nuit beaucoup aux produits de la culture. Son extraction est le seul moyen d'en débarrasser une localité, mais ce moyen est trop coûteux pour être souvent employé. Lorsqu'elle est réduite en poudre elle est un bon amendement. *Voyez* MARNE.

MOLDAVIE ET MOLDAVIQUE. Espèce de DRACOCÉPHALE et de MÉLISSE. *Voyez* ces mots.

MOLEINE. C'est une taupinière dans le département des Vosges.

MOLÈNE, *Verbascum.* Genre de plantes de la pentandrie monogynie et de la famille des solanées, qui renferme plus de vingt espèces dout plusieurs sont d'usage en médecine, et presque toutes remarquables par leur grandeur. Ce sont des plantes à feuilles alternes, souvent très velues, et à fleurs jaunes disposées en épis terminaux. Les principales d'entre elles sont,

La MOLÈNE OFFICINALE, *Verbascum thapsus*, Lin. Elle a une tige simple, haute de trois ou quatre pieds; des feuilles décurrentes, ovales, oblongues, velues des deux côtés; des fleurs presque sessiles et très rapprochées, couvrant un tiers ou un quart de la tige. On la trouve dans les champs incultes, sur le revers des fossés, parmi les décombres, souvent en très grande abondance. Elle fleurit pendant presque tout l'été, et est bisannuelle. On en fait, sous le nom de *bouillon blanc*, ou de *bonhomme*, un assez fréquent usage en médecine comme émolliente, adoucissante, antispasmodique, calmante, béchique, vulnéraire et détersive. Ce sont principalement les fleurs qu'on emploie à l'intérieur. Ses racines, cuites, servent, dit-on, dans quelques endroits, à nourrir la volaille; mais il en est d'autres qui peuvent plus avantageusement remplir cette destination. Sa grandeur et son abondance doivent engager les cultivateurs à la couper pour chauffer le four, ou pour augmenter leurs fumiers; car aucun animal domestique n'en mange les feuilles, qui exhalent une odeur désagréable et ont une saveur nauséabonde. On peut la placer dans les jardins paysagers, qu'elle ornera par son port, par le contraste de la couleur blanche de ses feuilles, et par la grandeur de ses épis de fleurs. Il ne s'agit que d'en répandre les graines et de savoir en attendre les fleurs jusqu'à la seconde année. En général elle croît dans tous les terrains et à toutes les expositions; mais elle devient plus belle dans ceux qui sont fertiles et à celles qui sont chaudes. Les abeilles trouvent sur ses fleurs une abondante récolte de miel.

La MOLÈNE LYCHNITE a les tiges rameuses, hautes de deux à trois pieds; les feuilles ovales, lancéolées, peu velues en dessous, et les inférieures pétiolées. Ses fleurs sont presque blanches. Elle croît dans les lieux sablonneux ou pierreux, quelquefois en si grande abondance qu'elle en couvre des espaces considérables. Ce que j'ai dit de la précédente lui convient presque complètement. Elle est aussi bisannuelle.

La MOLÈNE BLATTAIRE, ou simplement la BLATTAIRE, a les tiges rarement rameuses; les feuilles amplexicaules, oblongues, glabres; les fleurs solitaires et écartées. Elle est annuelle et se trouve dans les terrains argileux et frais, dans les bois, le long des haies. Sa hauteur surpasse rarement deux pieds. Elle fleurit pendant une partie de l'été, et n'est pas alors sans une certaine élégance, qui doit lui valoir une place dans les jardins paysagers. On en fait usage en médecine. (B.)

MOLETTE. Médecine vétérinaire. Maladie particulière aux chevaux. La molette est formée par un amas de lymphe ou de sérosité qui se manifeste au-dessus du boulet par une tumeur molle ; cette tumeur couvre tantôt la face postérieure du tendon du muscle sublime, tantôt les parties latérales des tendons des muscles sublimes et profonds. Lorsqu'elle paroît de chaque côté des tendons, on l'appelle *molette soufflée :* lorsqu'elle est sur le tendon même, on la nomme *molette simple*, ou par corruption *molette nerveuse*.

Pour traiter la molette avec une certaine connoissance, il est utile d'avoir au moins une légère notion des parties qui forment l'extrémité inférieure du canon, près de son union avec le paturon.

La peau et le tissu cellulaire en sont les enveloppes générales. Le tissu cellulaire a des connexions intimes avec la peau qui le couvre ; avec les tendons des muscles fléchisseurs du pied, qui descendent le long de la face postérieure du canon entre les deux péronés ; avec les deux parties ligamenteuses, qui, de la partie postérieure et inférieure du canon, vont se joindre aux adhérences que les muscles extenseurs du pied contractent avec l'articulation du boulet ; avec le prolongement de l'artère brachiale, dont le tronc rampe postérieurement le long du canon jusqu'au-dessus du boulet où il se bifurque, pour former les artères latérales qui donnent naissance aux articulaires, avec les divisions de la veine cubitale, telles que les veines articulaires qui partent du boulet après en avoir entouré l'articulation ; telle que la veine musculaire qui part de ce même endroit et monte jusqu'auprès du genou en se perdant dans les muscles du canon, avec les filets nerveux qui émanent du nerf brachial interne : ces filets donnent plusieurs rameaux aux muscles fléchisseurs du canon et du pied, et vont ensuite se perdre dans le boulet, dans le paturon, dans la couronne, etc. Le tissu cellulaire remplit encore exactement les interstices qui règnent entre toutes ces parties : l'humeur qui s'en sépare est reçue dans les cellules de ce tissu ; si la sécrétion est lymphatique ou séreuse, et si elle est trop abondante, elle distend les cellules qui la reçoivent, et forme la *molette simple* et la *molette soufflée*.

La cause prochaine de la molette est une lymphe ou une sérosité arrêtée ou infiltrée dans le tissu cellulaire.

1° Dans les chevaux qui ont le sang trop épais, le ressort des artères n'a pas assez de force pour le chasser en avant, il coule plus lentement ; la lymphe a plus de temps pour s'extravaser, elle passe plus abondamment dans le tissu cellulaire qui les enveloppe, elle le gonfle et le surcharge : or, comme la lymphe participe du même caractère que le sang d'où elle sort, elle est conséquemment épaisse, gluante, visqueuse, propre à former des engorgemens, à se durcir et à se pétrifier. Les alimens et tout ce qui est capable d'épaissir le sang et de rendre le chyle cru et grossier sont des causes éloignées de la molette qui se termine par l'endurcissement.

2° Dans les chevaux qui ont le sang trop aqueux, la sérosité qu'il contient est trop abondante; celle-ci relâche les fibres des vaisseaux, elle leur fait perdre leur ressort, elle les rend incapables de chasser avec vigueur les liquides, le sang circule lentement dans les artères, la sérosité s'en échappe avec trop de facilité, elle s'infiltre dans le tissu cellulaire, à mesure qu'elle s'y accumule, elle donne naissance à la *molette simple* ou à la molette soufflée.

3° Dans les chevaux à qui on comprime, par une ligature quelconque, les vaisseaux sanguins qui se distribuent à l'extrémité inférieure du canon, le sang ne circulant plus avec facilité dans cet endroit, les veines articulaires et la musculaire sont forcées d'y laisser échapper une partie de la lymphe ou de la sérosité qu'elles contiennent; c'est le tissu cellulaire qui reçoit ce liquide, il en distend les cellules et forme la molette.

4° Dans les chevaux dont le volume des boulets est trop menu, trop petit, relativement à l'épaisseur de la jambe, ces sortes de boulets sont la plupart trop flexibles, et cette flexibilité est un indice presque certain de leur foiblesse; cette partie ainsi conformée, les chevaux communément se lassent et se fatiguent dans le plus léger travail; elle est bientôt gorgée, et l'enflure dissipée, il y reste ou il y survient cette tumeur molle et indolente dans son principe, mais dure et sensible ensuite et par succession de temps, que nous avons nommée *molette simple* ou *molette soufflée*.

On connoît que c'est la lymphe qui forme la molette, lorsqu'après un certain temps l'impression du doigt reste dans la tumeur; on conjecture au contraire qu'elle est formée par la sérosité qui s'est extravasée dans le tissu cellulaire, dès que le liquide épanché fait relever la tumeur quand on cesse de la comprimer.

La *molette* lymphatique et la séreuse sont plus faciles à guérir au commencement que lorsqu'elles sont invétérées. Ces liquides, croupissant long-temps dans les cellules, deviennent si âcres qu'ils les rongent, ainsi que les tendons des muscles fléchisseurs du pied, les parties ligamenteuses de l'articulation du boulet, les vaisseaux qui s'y distribuent, etc. Les molécules les plus visqueuses de la lymphe se rapprochent à mesure que la chaleur de la partie affectée dissipe ce qu'elle a de plus fluide ; enfin, elle s'épaissit, se durcit, et forme des pierres plus ou moins volumineuses, qui gênent les mouvemens de flexion et d'extension de l'articulation du boulet.

La cure de la molette qui dépend de l'épaississement du sang et de la lymphe demande des apéritifs et des purgatifs hydragogues. On prescrira donc les tisanes faites avec les racines de patience, d'aunée, de fenouil, d'asperges, de petits houx, de persil, de cerfeuil, avec l'orge. On en fera avaler au cheval pendant quinze jours une livre ou deux, une heure avant ses repas. Il faut purger le cheval au commencement ou au milieu et à la fin de l'usage de ces tisanes, avec le jalap, le mercure doux, le turbith, la semence d'hièble, le sel de duobus pulvérisé, la gomme gutte et le sirop de nerprun. Pendant l'usage de ces remèdes, on emploiera les topiques capables d'atténuer et de résoudre la lymphe visqueuse qui forme la molette, et de dessécher et fortifier les fibres trop relâchées. Pour cet effet, on fomentera la partie avec une lessive de cendres de sarment, dans laquelle on aura fait bouillir du soufre, ou avec une décoction de romarin, de sauge, d'absinthe et de camomille, ou avec de l'esprit-de-vin, auquel on ajoutera parties égales de sel ammoniac et d'eau de chaux. Après les fomentations, on appliquera un cataplasme fait avec la farine de fèves cuite dans l'oximel, y ajoutant des roses rouges et de l'alun ; et si, malgré ces remèdes, la molette augmente de volume, on aura recours à des résolutifs plus forts. Telles sont les fomentations faites avec les décoctions de romarin, de thym, de serpolet, de laurier, de camomille, d'anis, de fenouil, de moutarde, de semences de fenu grec et de fiente de pigeon, dont on fait une forte décoction. On pile le marc et on l'applique en cataplasme sur la molette. Les feuilles d'hièble et de sureau, pilées avec de l'esprit-de-vin, sont aussi un bon cataplasme.

Si la molette résiste, le secours le plus prompt est d'y faire de légères scarifications, de manière à ouvrir la peau et quelques unes des cellules qui contiennent la lymphe ; comme elles ont communication les unes avec les autres, toutes ces cellules se dégorgeront insensiblement par celles qui seront coupées : et si cette lymphe dépravée y a croupi assez longtemps pour y former un calcul d'une forme et d'un volume quelconque, connoissant la structure anatomique de la partie affectée, rien n'empêche qu'on ouvre la peau et le tissu cellulaire de manière à extraire avec facilité le corps étranger.

Quand la lymphe ou la pierre sont sorties, les incisions se cicatrisent bien vite, si l'on n'a pas trop attendu à les faire. Il faut cependant appliquer sur les ouvertures des compresses trempées dans l'eau vulnéraire ou dans l'eau-de-vie camphrée, pour rétablir le ressort des fibres. Si les plaies étoient pâles, et qu'il y eût de la disposition à la gangrène, on les panseroit avec le baume de styrax, ou les autres remèdes convenables à cette maladie.

La molette qui dépend d'un sang trop aqueux demande les mêmes remèdes que la précédente, et principalement ceux qui sont propres pour l'hydropisie ; il ne s'agit que d'évacuer les sérosités trop abondantes, et de fortifier ensuite les fibres qui sont relâchées.

Si la molette provient de quelque compression, elle cesse quand on a levé l'obstacle ; si le tissu adipeux est gonflé et qu'il fasse compression, les atténuans, les apéritifs, et les hydragogues décrits dans la cure de la molette visqueuse y conviennent.

Si la molette est l'effet d'un boulet trop menu, trop petit, alors elle se trouve dans la classe des maladies incurables. (R.)

MOLUCELLE, *Molucella*. Genre de plantes de la didynamie angiospermie, et de la famille des labiées, qui renferme une demi-douzaine d'espèces remarquables par l'ampleur de leur calice, et dont deux se cultivent dans les jardins.

Ces deux espèces sont,

La MOLUCELLE LISSE, plus connue sous le nom de *mélisse des Moluques*, dont la racine est annuelle ; la tige droite, carrée, haute de deux pieds ; les feuilles opposées, pétiolées, rondes, crénelées et glabres ; les fleurs rougeâtres, verticillées dans les aisselles des feuilles supérieures. Elle est originaire de Syrie, et intéresse à raison de son singulier aspect et de ses propriétés médicinales. Elle a une saveur âcre, et répand, lorsqu'on la froisse, une odeur aromatique, analogue à celle du melon. On la dit cordiale, céphalique, vulnéraire et astringente.

La MOLUCELLE ÉPINEUSE est plus grande que la précédente dans toutes ses parties, et les divisions de son calice sont épineuses. Elle vient du même pays et est plus propre qu'elle à être employée en ornement, mais elle est plus sensible à la gelée, parcequ'elle fleurit plus tard, et pour peu que ces gelées soient hâtives elle ne porte pas de semences, ce qui la rend rare.

Ces deux plantes se sèment en pot sur couche, dès que les gelées ne sont plus à craindre ; et lorsqu'elles ont acquis quatre à six pouces d'élévation on les transplante dans le lieu où elles doivent rester. Il leur faut des arrosemens fréquens, mais légers dans les commencemens. Ensuite elles n'exigent plus aucun soin. (B.)

MOLUQUE ODORANTE. *Voyez* MOLUCELLE.

MOMORDIQUE, *Momordica*. Genre de plantes de la monœcie triandrie , et de la famille des cucurbitacées, qui renferme une douzaine d'espèces dont deux sont dans le cas d'être connues des cultivateurs. *Voyez* CUCURBITACÉES.

Ces deux espèces sont ,

La MOMORDIQUE LISSE, qui a la racine annuelle, pivotante ; les tiges grimpantes , anguleuses, crénelées, hautes de deux à trois pieds, terminées par une vrille ; les feuilles alternes, pétiolées, palmées, glabres, souvent avec une vrille extraaxillaire ; les fleurs jaunes, solitaires dans les aisselles des feuilles ; les fruits ovales, oblongs, rouges, anguleux et tuberculeux. Elle est originaire de l'Inde , et se cultive dans les jardins pour l'agrément et l'utilité.

On sème la graine de la momordique lisse sur couche lorsqu'on ne craint plus les gelées. Le plant qui en provient se repique contre un mur exposé au midi et dans une terre bien amendée lorsqu'il a trois à quatre pouces de haut. Lorsqu'il n'y a pas de treillage , on lui donne une ramée sur laquelle il puisse monter. Il faut l'arroser pendant les chaleurs si le sol n'est pas humide.

Les anciens ont appelé cette plante *balsamine* , à cause de la propriété balsamique de ses fruits. Les modernes l'ont appelée *pomme de merveille* , parcequ'ils attribuoient à ses fruits des qualités extraordinaires. Le fait est qu'ils sont rafraîchissans , et par suite anodins , ou balsamiques et vulnéraires. On les emploie assez fréquemment dans les cas de brûlures , d'hémorrhoïdes , de gerçures des mamelles, d'engelures, de piqûres des tendons, etc. On peut les manger. Leur longueur est de deux ou trois pouces sur un de diamètre au milieu.

La MOMORDIQUE PIQUANTE, *Momordica elaterium* , Lin. , a les racines charnues, vivaces ; les tiges en partie couchées, épaisses, hérissées de poils roides, hautes d'environ un pied ; les feuilles alternes, pétiolées, en cœur , épaisses , hérissées de poils roides , rarement dentées ; les fleurs petites , axillaires et jaunâtres ; les fruits ovales, verdâtres , de la grosseur du pouce et hérissés comme les feuilles. Elle croît dans les parties méridionales de l'Europe. On la cultive assez souvent dans les jardins du climat de Paris , quoiqu'elle y devienne annuelle, parceque ses racines gèlent tous les hivers, tant à cause de ses propriétés médicinales que par la faculté qu'ont ses fruits mûrs de se détacher au moindre attouchement et de lancer au loin, par leur contraction, les semences et la pulpe qu'ils contiennent, faculté dont l'effet est amusant , mais peut avoir des suites graves , si la pulpe entre dans les yeux de ceux qui la font développer.

Toutes les parties de cette plante, qui, desséchée, fuse sur les charbons ardens comme le nitre, sont amères et sont employées, principalement les racines et les fruits, comme purgatives, emménagogues et anthelmentiques. On en prépare un extrait connu dans les boutiques sous le nom d'*élaterion*. Son usage doit être dirigé par des personnes habiles, parcequ'il est quelquefois dangereux. *V*. Giclet et Cucurbitacée. (B.)

MONADELPHIE. Seizième classe du système de Linnæus, qui renferme les plantes à plusieurs étamines réunies par leurs filets et un seul corps. La plupart des plantes qui la composent appartiennent à la famille des malvacées de Jussieu. *Voyez* aux mots Botanique, Plante et Malvacées. (B.)

MONANDRIE. Première classe du système de Linnæus, qui comprend les plantes qui n'ont qu'une seule étamine. Cette classe est une des moins nombreuses. *Voyez* aux mots Botanique et Plante.

MONARDE, *Monarda* Genre de plantes de la diandrie monogymie, et de la famille des labiées, qui renferme sept à huit espèces, dont deux ou trois se cultivent dans les jardins d'agrément.

La monarde velue, *Monarda fistulosa*, Lin., a les racines vivaces; les tiges tétragones, droites, velues, hautes de trois à quatre pieds; les feuilles opposées, pétiolées, cordiformes, pointues, velues et dentées; les fleurs rouges et disposées en têtes terminales. Elle croît naturellement dans l'Amérique septentrionale, et fleurit au milieu de l'été. Elle passe dans ce pays pour résolutive, nervine, tonique. Sa saveur est âcre et piquante, et son odeur forte.

La monarde pourpre, *Monarda didyma*, Lin., a les racines vivaces; les tiges quadrangulaires et presque glabres; les feuilles opposées, pétiolées, lancéolées, dentées; les fleurs longues, d'un rouge foncé, disposées en grosses têtes terminales et verticillées. Elle croît dans les mêmes pays que la précédente, et fleurit presque en même temps. Ses feuilles, qui répandent une odeur agréable, sont employées en Amérique en guise de thé, sous le nom de *thé d'Oswego*.

La monarde ponctuée a les racines bisannuelles; la tige tétragone, haute de deux pieds; les feuilles opposées, pétiolées, linéaires, légèrement dentées; les fleurs jaunes, ponctuées de pourpre, disposées en verticilles au sommet des tiges, et accompagnées de bractées colorées. Elle est aussi originaire d'Amérique.

Ces trois plantes sont propres à orner les jardins, et sur-tout les jardins paysagers; la seconde principalement a beaucoup d'éclat quand elle est en fleur. Elles demandent une terre légère et substantielle, une exposition ombragée, et cependant chaude. On les place entre les buissons des derniers rangs des massifs, à l'abri des rochers et des fabriques. Une fois plantées, les deux premières s'étendent beaucoup par leurs racines traçantes, qui poussent un grand nombre de bourgeons. On les multiplie par la séparation de ces bourgeons, et la dernière par ses graines, qu'on sème dans un pot sur couche et sous châssis, et dont on repique le plant lorsqu'il a quelques pouces de haut. Aucunes ne craignent les gelées du climat de Paris. Il est bon de les changer de place tous les trois ou quatre ans, parcequ'elles épuisent beaucoup le terrain. (B.)

MONBIN, *Spondias*, Lin. Arbre exotique, de la famille des TÉRÉBINTHACÉES, qui croît naturellement sur le continent de l'Amérique méridionale, aux Antilles et dans quelques îles de la mer du sud. Il appartient à un genre du même nom, composé de trois ou quatre espèces, les seules connues jusqu'à ce jour.

La première espèce est le MONBIN A FRUITS ROUGES, *Spondias monbin*, qu'on nomme vulgairement *prunier d'Espagne*, et qu'on trouve aux environs de Carthagène et dans les îles de l'Archipel du Mexique. C'est un arbre haut d'environ trente pieds, qui a un tronc droit, et un petit nombre de branches disposées irrégulièrement et garnies de feuilles alternes et luisantes, composées de dix-neuf à vingt-une folioles à peu près ovales et entières. Ses fleurs viennent ordinairement au sommet des rameaux, où elles forment des grappes plus courtes que les feuilles. Elles sont petites et rouges, solitaires ou réunies deux à deux sur chaque pédoncule : leur calice est caduc, en cloche et à cinq dents ; leur corolle a cinq pétales ouverts, leurs étamines sont au nombre de dix, avec des filets alternativement grands et petits ; et leur ovaire est surmonté de trois à cinq styles. Aux fleurs succèdent des fruits communément ovales ; ce sont des drupes ou prunes dont la couleur est mélangée de pourpre et de jaune, et qui contiennent une pulpe douce, légèrement acide, d'une odeur suave et d'une saveur assez agréable. Cependant on les mange rarement.

La seconde espèce est le MONBIN A FRUITS JAUNES, OU MONBIN BLANC, *Spondias myrobalanus*, qui croît à Cayenne et à Saint-Domingue. Cet arbre a quelque ressemblance pour le port avec le frêne d'Europe. Il est très élevé ; son tronc, qui est fort gros, est revêtu d'une écorce raboteuse, grise en dehors, rouge en dedans, gommeuse et de bonne odeur. La gomme qui en découle est jaunâtre et claire. Sa tête est ample, touffue et formée par un grand nombre de branches garnies de feuilles ailées, d'un vert gai, douces au toucher, et trois fois plus grandes que celles de l'espèce précédente. Les fleurs petites et blanches sont disposées en panicules aussi longs.

que les feuilles, et les fruits, revêtus d'une peau mince et jaune, sont remplis d'une pulpe succulente, ondulée et un peu acerbe. Dans le pays on en fait une marmelade agréable, qui a le goût du raisiné. Ses fruits portent le nom de *prunes de monbin*.

Les monbins restent dépouillés pendant quelques mois de leurs feuilles, qui ne poussent qu'après la naissance des fleurs. On les multiplie de boutures, qui reprennent avec la plus grande facilité. Tous les terrains leur conviennent, et on les plante quelquefois à l'entrée ou autour des habitations. Leur bois est blanc, tendre et léger.

En Europe, on peut élever ces arbres de la même manière, pourvu qu'on les tienne en serre chaude. Quand leurs boutures ont repris, elles poussent facilement des racines. On doit les planter aussitôt dans des pots remplis d'une terre riche et légère, et les plonger dans une couche de chaleur modérée, ayant soin de les abriter du soleil, et de les couvrir d'une cloche de verre. La saison la plus favorable à cette opération est le printemps, avant que les plantes aient poussé leurs feuilles. On peut aussi les multiplier par leurs noyaux, s'ils ont été envoyés frais.

Il y a une troisième espèce de monbin que Commerson a apportée de l'île Taïti à l'Ile-de-France; c'est le MONBIN DE CYTHÈRE, *Spondias Cytherea*, Lin., appelé aussi *Hevy*, ou *arbre de Cythère*. Son fruit est assez estimé des habitans de ces îles; il a une chair fibreuse, dont le goût approche de celui de la pomme de rainette; mais il n'est pas aussi agréable. (D.)

MONGETTE. Nom commun des haricots à Bordeaux et autres lieux des parties méridionales de la France.

MONNAIE DU PAPE. C'est la LUNAIRE.

MONOCOTYLEDONES. La seconde des trois grandes divisions des végétaux, c'est-à-dire celle dont les semences ne se divisent pas par l'effet de la germination. *Voyez* au mot PLANTE.

Cette division doit paroître d'un grand intérêt aux yeux des agriculteurs; car elle renferme les graminées, qui sont principalement l'objet de leur culture, soit à raison de leurs semences, qui servent de nourriture à l'homme et à tous les animaux domestiques, soit à raison de leurs feuilles, qui sont la pâture ordinaire d'une partie de ces derniers. *Voyez* au mot GRAMINÉE.

MONOECIE. C'est la vingt-unième classe du système botanique de Linnæus, celle qui est formée de plantes dont les fleurs ont les sexes séparés sur le même pied, c'est-à-dire qui offrent des fleurs mâles et des fleurs femelles. Quelques botanistes ont supprimé cette classe, ainsi que la diœcie et la polygamie, sous prétexte que le plus souvent la division des sexes n'avoit lieu que par l'avortement des organes de l'un d'eux. Ils seroient dans le cas d'être approuvés si dans ces classes ne se trouvoient pas les plantes à fleurs à chatons, dont l'organisation, sous le rapport des fleurs, diffère tant de celle des autres.

MONOGAMIE. Nom donné par Linnæus aux plantes de la *syngénésie*, dont les fleurs ne sont point réunies plusieurs ensemble sur un réceptacle entouré d'un calice commun. *Voyez* au mot SYNGÉNÉSIE. Cette division a été supprimée par quelques botanistes modernes, et les plantes qui s'y trouvoient comprises ont été rejetées dans les classes auxquelles elles appartenoient par le nombre de leurs étamines.

MONOPÉTALE. Fleur dont la corolle est composée d'une seule pièce, ou corolle d'un seul pétale. *Voyez* au mot BOTANIQUE et au mot PLANTE.

MONOPHYLLE. Se dit d'un calice, d'une corolle, etc., qui n'est pas de plusieurs pièces, ou dont les divisions ne s'étendent pas jusqu'à la base. *Voyez* PLANTE.

MONSTRE, MONSTRUOSITÉ. On donne ce nom à toute production organisée dans laquelle la conformation de quelques parties s'écarte de la règle ordinaire. On trouve donc des monstres et des monstruosités dans le règne animal et dans le règne végétal.

Il est des monstres et des monstruosités par excès comme par défaut; un agneau qui naît avec deux têtes, un poulain qui naît avec cinq pieds, sont des monstres, comme un veau qui n'a qu'un œil, un cochon qui manque de pieds de devant ou de derrière. Ces erreurs de la nature ne sont pas encore expliquées. Le plus souvent elles sont nuisibles, mais quelquefois elles deviennent utiles lorsqu'elles se propagent par la génération.

Ainsi, dans le règne animal, le mouton à large queue, la vache sans cornes, etc., sont des monstres utiles. Le chien sans poils, la poule à plumes renversées, etc., sont des monstres singuliers. On appelle même monstre ce qui sort des proportions ordinaires; un bœuf de Hollande du double plus gros qu'un bœuf de France, ainsi que le bœuf du Bengale de moitié plus petit que ce dernier, sont qualifiés souvent de cette épithète. Le mulet ordinaire et tous les autres animaux provenant de l'accouplement de deux espèces voisines peuvent aussi être rangés dans la même catégorie.

Excepté dans ces races extraordinaires nées par hasard et qui se propagent assez facilement par la génération, l'homme n'a point d'influence sur la formation ou non formation des monstres parmi les animaux. Il n'est donc pas nécessaire que je m'étende ici sur ce qui les concerne. C'est l'objet d'un traité de physiologie. Ceux de ces monstres qui intéressent l'agriculture seront cités à l'article de l'espèce à laquelle ils appartiennent.

L'explication des monstres qui se font remarquer dans le règne végétal n'est pas plus facile. La même division peut leur être appliquée.

Toutes les parties des végétaux sont susceptibles de devenir monstrueuses. Le chou seul en montre un grand nombre d'exemples, c'est-à-dire que ses racines dans le chou-navet; sa tige dans le chou-rave et le chou-cavalier; ses feuilles dans le chou-quintal, le chou-milan, le chou violet; ses pétioles dans le chou à larges côtes; ses pédoncules dans le chou-fleur, sont beaucoup plus grosses qu'à l'ordinaire Toutes les FLEURS DOUBLES, (*voyez* ce mot), telles que la rose (n'en déplaise aux belles), sont des monstres. Les fruits perfectionnés par la culture en sont aussi. Les fleurs et les fruits prolifères sont une des monstruosités les plus singulières. Les rameaux du frêne-parasol en sont une autre. Tant d'espèces de feuilles et de fleurs panachées de diverses couleurs en sont encore. Je pourrois citer mille et mille monstruosités, mais cela ne conduiroit à rien d'utile.

Je ne parle pas des monstruosités produites par maladie, telles que ces tiges si larges et si plates qu'on remarque dans beaucoup d'herbes et d'arbres, ces loupes qui naissent sur le tronc des arbres, ni celles qui sont la suite de la piqûre d'un insecte, comme d'un DIPLOLÈPE (*Cynips*, Fab.), d'une TIPULE, d'une MOUCHE, etc. Il en sera fait mention, lorsqu'elles intéresseront les cultivateurs, et à l'article de la plante et à celui de l'insecte.

Les monstruosités de quelques végétaux sont souvent avantageuses à propager, et l'homme est parvenu à se les approprier, si je puis me servir de cette expression, soit par la voie ordinaire de la multiplication, le semis de leurs grains, soit par la greffe, les marcottes, les boutures, etc. On ne sait pas plus pourquoi les graines de chou-fleur, par exemple, reproduisent un chou-fleur, qu'un mouton à large queue reproduit un mouton à large queue. Je ne chercherai pas à approfondir ce mystère. Je renverrai aux ouvrages de physiologie végétale ceux qui voudront savoir quelles sont les diverses opinions émises à cet égard. Tout ce que je pourrois dire de plus ici sortiroit du but que je me suis proposé. (B.)

MONTAGNE. Saillies plus ou moins hautes, plus ou moins longues qui existent sur la surface de la terre.

Si je voulois ici considérer les montagnes sous tous les rapports directs et indirects qu'elles ont avec l'agriculture, il me faudroit écrire un volume. En effet, ce sont elles qui donnent naissance aux grands fleuves et aux rivières, qui offrent les plus puissans abris, qui modifient l'action des vents, même (leurs grandes chaînes) qui déterminent la chute des pluies pour des pays entiers. Or qui ignore combien est grande l'influence des EAUX, des VENTS, des ABRIS sur la culture? *Voyez* tous ces mots et GÉOGRAPHIE AGRICOLE. De plus elles offrent des genres de culture qui leur sont propres. Il est des plantes et des arbres qui ne croissent que sur leurs flancs, sur leurs sommets, etc.

Celui qui achète une propriété rurale doit toujours considérer la situation de cette propriété relativement aux montagnes voisines, car il est des localités placées si défavorablement à cet égard, que les OURAGANS et les GRÊLES d'un côté, le défaut de PLUIE et la prolongation des GELÉES de l'autre, ôtent toute certitude de jouir des produits des récoltes, et même s'opposent à beaucoup de sortes de cultures. Il est peu de personnes qui, ayant changé plusieurs fois de domicile rural, ne puissent citer des faits à l'appui de ce que je viens d'avancer. J'en connois personnellement beaucoup, même aux environs de Paris.

C'est à la chaîne des Alpes, et aux montagnes qui lui servent de prolongement, que la plus grande partie de la France, et principalement le climat de Paris et autres plus au nord, doit d'avoir le plus souvent la pluie par le vent de sud-ouest, et la sécheresse par le vent de nord-est. Dans le Bas-Languedoc c'est le nord nord-ouest qui est le garant des beaux jours. Dans un autre point autour des Alpes, ce sera un autre vent. *Voyez* au mot VENT. Les Gates qui partagent la presqu'île de l'Inde en deux parties presque égales déterminent alternativement la pluie et la sécheresse sur chacune de ces parties. Ce sont les montagnes de l'Abissinie et celles des Cordilières qui empêchent la pluie de fertiliser le sol de l'Egypte et celui du Pérou. *Voyez* au mot VENT.

Comme le froid augmente sur les montagnes à mesure qu'elles s'élèvent, leur argriculture, et celle des vallées qui les sillonnent, doit varier à chaque échelon et finir avant celui où les neiges et les glaces ne fondent plus. En Europe, le point des neiges et des glaces perpétuelles est à environ quinze cents toises au-dessus du niveau de la mer. Immédiatement au-dessous se trouvent des pâturages couverts de neige pendant sept à huit mois de l'année, et qui, dans cet intervalle, nourrissent de nombreux troupeaux de vaches dont le lait fournit des fromages et du beurre. Ensuite vient la zone où croissent les mélèzes, puis celle où se trouvent les sapins, celle des pins, des hêtres, des chênes, etc. Dans toutes ces zones celles des plantes changent à chaque pas qu'on fait en montant, comme je l'ai observé, ainsi que tous ceux qui ont herborisé dans les Alpes. Il faut donc à ces plantes un degré de chaleur et d'humidité très peu variable ; aussi tous les cultivateurs savent combien il est difficile de les conserver dans les jardins des environs de Paris, quelques soins qu'on y apporte.

Je dis qu'il faut à ces plantes beaucoup d'humidité, parce-qu'en effet les pentes des hautes montagnes sont presque toujours imbibées d'eau suintant des rochers qui les composent, et de plus dans une atmosphère presque toujours brumeuse. Il se passe peu de jours sans brouillards ou sans pluie au sommet du Saint-Gothard et autres sommets des Alpes, ainsi que je l'ai personnellement observé.

Plus les montagnes sont élevées et plus il y pleut (ou neige) souvent et abondamment. Les voyageurs rapportent qu'il tombe chaque jour des torrens d'eau sur le Chimboraco, le plus haut point des Cordilières sur lequel on ait monté. C'est par cette cause que tous les grands fleuves sortent du pied des montagnes les plus gigantesques ; car les pentes qui conduisent dans ces fleuves les eaux de celles qui sont moins saillantes peuvent être considérées comme appartenant au même système.

Il n'y a pas de doute pour tout géologue qui a étudié les montagnes actuelles, ainsi que les immenses débris dont elles sont entourées, qu'elles étoient jadis peut-être six à huit fois plus élevées. On ne passe pas hors le temps des gelées, sur-tout au moment du dégel, dans une haute vallée des Alpes, sans entendre les roches tomber de tout côté autour de soi ; et toute pierre, toute particule de terre qui est descendue ne remonte plus. Si on consulte les habitans de ces vallées, ils citent des montagnes entières qui se sont éboulées. Les papiers publics annoncent même quelquefois ces évènemens. Or, d'après ce que j'ai dit plus haut, ces montagnes plus élevées devoient amener de plus constantes et de plus fortes pluies, d'où la grande largeur de l'ancien lit des rivières, largeur qu'on reconnoît encore presque par-tout ; de là l'extrème grosseur des rochers qu'entraînoient les torrens, grosseur équivalente à plusieurs toises cubes ; de là enfin les immenses amas de pierres roulées, de sablon et d'argile qui couvrent dans une épaisseur souvent inconnue, tant elle est considérable, et dans une étendue qui n'a jamais pu être calculée, et les vallées qui sont dans ces montagnes, et les plaines qui les entourent à une grande distance.

L'agriculture s'exerce souvent dans ces débris des montagnes. *Voyez* aux mots GALET et SABLON.

La dégradation des montagnes ne suit pas l'ordre de leur hauteur ni de la dureté des pierres qui les composent. Celles qui sont perpétuellement couvertes de neige, et celles qui le sont de pâturages, en sont plus garanties que les rochers uns

et exposés à l'action des élémens. Ce sont sur-tout les alter-
nats de gel et dégel, d'humide et de sec, de froid et de
chaud, qui agissent dans ce cas et mécaniquement; les colli-
sions, les frottemens causés par les chutes, le roulement dans
les torrens, achèvent ensuite de réduire les premiers fragmens en roches arrondies, puis en cailloux roulés, puis en
sablon, enfin et successivement en argile ou en marne. La
décomposition chimique agit à son tour, et, quoique peu remarquée, n'en est pas moins réelle et très active, sur-tout
dans les pierres siliceuses composées, qui par leur exposition
à l'air se changent en argile. Il suffit de lever une pierre de
cette nature, détachée anciennement d'une roche, pour s'assurer que la surface supérieure est plus avancée dans sa décomposition que l'inférieure. Sa cassure montre encore plus
positivement ce fait par la différence d'épaisseur de la couche
tendre et autrement colorée.

Les géologues distinguent cinq sortes de montagnes :

1° Les *montagnes primitives*, c'est-à-dire celles qui servent
ou sont supposées servir de charpente au globe. Elles sont
composées de granit et recouvertes, 1° de gneiss; 2° de schiste;
3° de grès primitif; 4° de pierre calcaire primitive, etc. Elles
n'offrent aucune trace de corps organisés. Leur surface présente généralement une fort petite épaisseur de terre végétale. Ce sont elles qui forment la plupart des hautes chaînes,
celles qui ont fourni le plus de débris. Les sources y sont très
fréquentes, mais peu abondantes. Tous leurs élémens se décomposent, mais le granit, le gneiss et le schiste plus rapidement que le grès et le calcaire. Voilà pourquoi le granit,
le plus ancien de tous, et qui devroit toujours présenter les
sommets les plus élevés, est souvent surmonté par le calcaire
et même le schiste. Ramond a mis ce fait dans tout son jour.

Il existe beaucoup de lacs, grands et petits, dans les montagnes primitives ; mais il y en existoit bien davantage autrefois. Saussure père a cité la localité de plusieurs dans les Alpes,
et je puis indiquer celles de cinq à six autres dont il n'a
pas parlé. On reconnoît ces localités à l'ouverture à parois
perpendiculaires qu'ont faites les eaux dans le rocher qui leur
barroit le passage, et au fond plat de la vallée supérieure à
cette ouverture. On peut voir combien le lac Majeur, par
exemple, a déjà diminué, en allant de Belinzone jusqu'à ses
eaux actuelles, cette ville ayant été originairement bâtie sur
ses bords, et en étant aujourd'hui éloignée de près d'une
lieue. *Voyez* LAC.

Les montagnes primitives, soit à raison de leur élévation,
soit à raison de leur nature, offrent des productions végétales
souvent différentes des montagnes secondaires, tertiaires et

autres. Leur agriculture, par les mêmes causes, est généralement chétive, et par conséquent leurs habitans pauvres. Ce
n'est qu'à force de travail et d'économie qu'une partie de ces
habitans peut subsiter du produit de leur sol, tandis que l'autre
quitte le pays pour aller, pendant l'hiver, gagner dans les villes
de quoi se créer des ressources pour l'avenir.

Comme l'instruction est rarement la compagne de la misère,
il s'en faut beaucoup que les pays granitiques soient aussi bien
cultivés qu'ils pourroient l'etre. Aucun auteur n'a traité spécialement de leur culture, et même fort peu en ont parlé,
comme distincte de celle des pays à couches calcaires ou autres.
Cependant ces pays offrent en France une surface considérable.

Je prends dans le Journal de Physique, de janvier 1787, la
note des chaînes de montagnes granitiques de la France.

Les Cévennes paroissent un point central; et en effet la
masse de ces montagnes y a le plus d'étendue, et il en sort une
douzaine de branches dont quelques unes se subdivisent et se
rattachent à d'autres.

La première de ces branches longe le Rhône, passe à Lyon,
à Tarare, à Thezi, à Beaujeu, à Montcenis, à Autun, à Se-
mur et à Avalon, où elle finit. Elle a plus de soixante lieues
de longueur. Sa largeur commune n'est que de cinq à six
lieues; cependant en quelques endroits, comme de Roanne à
Lyon, elle en a plus de douze.

La seconde quitte la masse au-dessus de Saint-Rambert,
passe à Thiers, et va se perdre au-delà de Saint-Pierre-le-
Moutier. Elle est bien moins longue que la précédente.

La troisième se sépare de la précédente au-dessus d'Issoire.
C'est la plus large et la plus longue de toutes. Elle passe à Saint-
Flour, à Aurillac, à Limoges. Un de ses rameaux se prolonge
par Nantes, où il est traversé par la Loire, jusqu'à Rennes,
où il se subdivise encore pour se perdre d'un côté sur trois
points différens, Brest, Quimper et Vannes, et de l'autre sur
deux, Cherbourg et Alençon.

La quatrième branche s'étend du côté de Toulouse, passe à
Foix et va se perdre dans les Pyrénées, qu'on doit regarder
comme un autre centre qui s'unit avec celui de la Biscaye, des
Asturies, de la Galice et autres observés en Espagne.

La cinquième est fort petite. Elle se sépare au-dessus de
Viviers et vient finir aux environs d'Alais.

Enfin la sixième traverse le Rhône vis-à-vis de Tournon,
passe à Vienne, et se réunit du côté de Briançon aux Alpes,
qui sont encore un autre centre qui fournit de nouveaux rameaux à l'Italie et à l'Allemagne méridionale, même en France,
car les Vosges qui sont granitiques s'y rattachent. Ces dernières

offrent quelques branches qui s'étendent du côté de Liège, de Valenciennes, etc., et même, sous les dépôts calcaires, jusqu'à Boulogne, où il s'en montre une extrémité, laquelle sans doute se lie avec les granits d'Angleterre.

Il seroit difficile d'établir exactement sur ces indications la mesure des terrains granitiques qui se trouvent en France; mais ils suffisent pour juger que leur quantité est très considérable, et que l'amélioration de leur culture peut être d'un intérêt majeur pour la prospérité de l'empire. C'est ce qui me fait désirer que les hommes éclairés portent leurs recherches sur les moyens d'y parvenir. *Voyez* GRANIT.

La décomposition des granits commence toujours par le feld-spath; elle est d'autant plus rapide que ce dernier contient plus d'argile. Le résultat de cette décomposition est pour les arts le kaolin ou terre à porcelaine, et pour l'agriculture un sable argileux très aride, qui ne devient susceptible de quelque culture qu'au bout d'un grand nombre d'années, c'est-à-dire lorsqu'il s'y est introduit une certaine quantité d'humus par la destruction des plantes à qui leur nature permet d'y végéter; mais comme cet humus est entraîné par les eaux à mesure qu'il se forme, il n'y a presque jamais que les vallées qui en profitent.

Les résultats de la décomposition des granits, étant en petits fragmens et sans consistance, sont facilement entraînés par les eaux pluviales; aussi, dans les montagnes les plus en décomposition, voit-on presque toujours le roc à nu ou presque à nu: il n'y a que les dépressions et les vallées où l'épaisseur de terre soit assez considérable pour donner naissance à des productions végétales de quelque importance.

Dans les montagnes de granit en masse, les eaux pluviales coulent sur leur surface et descendent en torrens dans les vallées; dans celles de granit en couches, une partie de ces eaux s'infiltre dans les nombreuses fentes de ces granits, et en sort en petites fontaines que quelques jours de beau temps suffisent pour faire tarir. Les unes et les autres sont donc de la plus grande aridité pendant les sécheresses, et cet obstacle à leur culture peut difficilement être surmonté, ainsi que j'ai pu souvent en juger.

Il résulte de ce petit nombre de faits que les vallées seules des pays granitiques, comme je l'ai dit plus haut, doivent être cultivées en céréales et autres plantes annuelles; que leurs pentes et leurs plateaux, ou sommets, doivent être constamment tenus en bois et en pâturages. C'est ce qui a lieu dans les montagnes granitiques très élevées, c'est-à-dire où la longueur de l'hiver et le peu de chaleur de l'été ne permettent pas la culture ; mais lorsque ces montagnes se sont abaissées, par suite de la décomposition de leurs sommets, leurs habitans ont voulu se conformer à l'usage de leurs voisins, et tous les lieux susceptibles d'être labourés l'ont été. J'ai vu dans beaucoup de cantons, en France et en Espagne, la fureur des défrichemens poussée au point que des intervalles de rochers qui avoient à peine quelques mètres de largeur, où la terre n'avoit pas un décimètre de profondeur, et où la pente étoit de plus de quarante-cinq degrés, étoient mis en culture : mais aussi quels produits ! Pendant deux ou trois ans au plus, des seigles d'un pied, des avoines de deux ou trois pouces, les uns et les autres si clairs, qu'on pouvoit les traverser sans en fouler les tiges. *Voyez* aux mots GRANIT, GNEISS et SCHISTE.

2° Les *montagnes secondaires.* Elles sont formées de pierre calcaire secondaire, de grès secondaire, de houille, etc., présentent des coquilles fossiles d'un ordre particulier, et n'existant plus dans les mers actuelles, telles que les ammonites, les bélemnites, les trigonies, les nummulites, etc. Elles ne sont jamais recouvertes par les roches primitives. Les sources y sont peu fréquentes, mais très abondantes. Leurs pentes sont souvent recouvertes d'argile et d'une assez grande épaisseur de terre végétale, parceque leurs débris se brisent facilement et offrent des élémens plus actifs à la végétation. L'abondance et l'excellence de la chaux que produisent les pierres calcaires secondaires fournissent de plus des moyens puissans d'amélioration aux cultivateurs qui les habitent.

Je n'ai pas dû faire mention des minéraux et de plusieurs sortes de pierres qui entrent quelquefois dans la composition des montagnes primitives et secondaires, parcequ'ils ne peuvent influer en rien sur leur agriculture, quoique autrefois leurs émanations jouassent un grand rôle dans les livres qui traitoient de l'agriculture. *Voyez* MINE. Il faut cependant noter encore ici les argiles et les gypses primitifs comme pouvant être utiles aux cultivateurs.

3ᶜ Les *montagnes tertiaires.* Les roches qui les composent, roches dont les couches sont toujours horizontales et parallèles entre elles, et l'abondance des coquilles de genres semblables à ceux qui existent encore dans les mers actuelles, prouvent qu'elles sont le dépôt des eaux d'une mer qui a couvert les continens bien postérieurement à celle qui a formé les montagnes secondaires, mais à une époque extrêmement éloignée du moment actuel. On y trouve des grès tertiaires, des sables et des argiles de plusieurs sortes. La marne y est commune. Les sources n'y sont ni abondantes ni fréquentes.

Une partie de la France est composée de cette sorte de

montagnes, que la similitude de leurs couches correspondantes
annonce avoir fait partie de masses immenses, depuis sillon-
nées par les eaux. Leur élévation est peu considérable, et leur
sommet toujours arrondi ou aplati.

Les gypses secondaires, ou plâtres, quoique formés, ainsi
que les primitifs, dans l'eau douce, doivent être rangés dans
la même catégorie.

4° Les *montagnes*, ou mieux, les *collines d'alluvion*. Elles
sont dues aux débris des précédentes amoncelées par les eaux
de la mer ou des fleuves. Elles sont composées de cailloux
roulés, quelquefois aglutinés, plus souvent noyés dans une
argile plus ou moins souillée de fer. Les sources y sont très
rares. *Voyez* au mot GALET.

5° Les *montagnes volcaniques* sont dues aux déjections des
feux souterrains. Leur élévation est souvent très considérable,
et leur forme généralement conique. Les pierres qui les forment sont celles qui composoient les montagnes primitives ou
secondaires, même quelquefois tertiaires, dans lesquelles brû-
loient les volcans à qui elles doivent l'existence ; mais ces
pierres ont été fondues, ou au moins calcinées, sont devenues noires, et ont pris des caractères nouveaux. *Voyez* au
mot VOLCAN. Il est de ces pierres qui sont solides, dures et
d'une décomposition fort lente ; d'autres celluleuses, d'autres
aussi friables que la cendre. Dans quelques localités les feux ont
mélangé les pierres calcaires et les pierres argileuses de manière à en former de la marne, que l'air réduit facilement en
poudre, que les eaux pluviales détrempent aisément, et qui
vont former au bas des montagnes des plaines d'une extrême fertilité ; telle est la fameuse Limagne d'Auvergne, telles sont les
vallées du Vicentin. J'ai eu occasion d'être témoin d'un orage
au milieu des volcans qui forment ces dernières vallées, volcans sans doute les derniers, parmi ceux qui sont éteints, qui
aient brûlé en Europe, et j'ai pu observer la rapidité avec
laquelle ils diminuent en hauteur. Ce n'étoit point de l'eau
qui découloit de leurs sommets, c'étoit de la boue, et de la
boue dans certains endroits fort épaisse.

Les cantons volcaniques manquent généralement de sources,
mais sont très fertiles, et fournissent des productions de la plus
excellente qualité. Ils sont assez nombreux en Auvergne, dans
le Vivarais, le Velai, et sur les bords du Rhin, du côté de
Coblentz et d'Andernac.

Ce que j'ai dit de l'abaissement des montagnes et de son
influence sur la diminution des eaux et des abris fait voir
combien nos pères ont eu tort de détruire les arbres qui en
couronnoient les sommets, et combien nous sommes coupables vis-à-vis la postérité de ne pas replanter ceux de

ces sommets qui en sont encore susceptibles. Combien de montagnes sont aujourd'hui entièrement dégarnies de terre, et par conséquent impropres à toute culture! Il ne faut pas avoir beaucoup voyagé dans l'intérieur de la France pour pouvoir citer des milliers d'endroits ainsi perdus à jamais pour la société, sur-tout dans les départemens méridionaux; c'est à cette cause que tant de villages, jadis bien fournis de sources, manquent aujourd'hui d'eau pendant l'été, ou même pendant toute l'année.

Les bois du sommet des montagnes arrêtent d'un côté une partie des eaux pluviales, qui alors s'infiltrent petit à petit dans la terre, et diminuent de l'autre la rapidité de l'écoulement de celle qui ne peut être absorbée. Or, on sait que c'est de la lenteur de l'infiltration que résulte la permanence des fontaines, comme c'est de la masse, ainsi que du mouvement accéléré des eaux, que résulte l'entraînement des terres.

, La destruction des bois étant, dans le cas dont je m'occupe en ce moment, un délit contre la société en général, le gouvernement est fondé à provoquer contre elle des lois répressives. Je voudrois donc qu'après que, dans chaque canton, des hommes estimables et éclairés auront été nommés pour désigner les sommets, encore couverts de bois, qui ne devront jamais être défrichés, et ceux qui devront en être regarnis, il fût défendu, sous les peines les plus sévères, d'arracher ces bois, et ordonné d'en planter. Il est bon de rappeler à cette occasion qu'il est en Suisse, pays où les forêts sont devenues presque aussi rares qu'en France, sur la pente de certaines montagnes, des bois qui garantissent les villages des avalanches de neige, et qu'il y a peine de mort contre celui qui couperoit un des arbres de ces bois.

Cette circonstance des avalanches me rappelle qu'il faut les indiquer, ainsi que les torrens, comme les deux plus grands fléaux qu'aient à redouter les cultivateurs des pays de montagnes.

On appelle avalanche, ou lavalanche, une masse de neige qui se détache, sur-tout au commencement du dégel, du sommet des montagnes, qui s'augmente successivement en roulant sur leurs pentes, qui acquiert quelquefois un volume et un mouvement si grand, qu'elle détruit en un instant un village entier, ensevelit les hommes et les animaux domestiques, renverse les murs, brise les arbres, arrête le cours des rivières, etc., etc.

Souvent une avalanche, dans les hautes vallées, ne fond pas de tout l'été, tant elle est considérable, et porte l'infertilité non seulement sur le champ où elle s'est arrêtée, mais encore sur ceux qui en sont voisins à une distance de plusieurs toises. On cite même des glaciers, dans les Alpes, qui ont eu pour commencement une simple avalanche.

Chaque hiver les avalanches font périr beaucoup de personnes dans les Alpes, principalement des voyageurs ; car les habitans, lorsqu'ils sont en route, savent les prévoir et s'en garantir. Les maisons sont généralement placées de manière à peu les craindre, et lorsque cela n'a pas lieu, on les met à l'abri par des plantations de bois, ou des digues fort larges en pierres sèches.

Les ravages que causent les torrens dans les pays de hautes montagnes sont incalculables. On peut les diminuer par différens moyens ; mais il est presque impossible de leur opposer des obstacles insurmontables. J'ai indiqué à leur article quels sont ceux de ces moyens qui sont les plus efficaces et le plus à la portée des cultivateurs. Je me borne en conséquence à dire ici que le meilleur est de redresser le cours de ces torrens, et par inviter le gouvernement à proclamer des lois coercitives pour forcer les propriétaires riverains, qui se refuseroient à concourir au vœu de la majorité, à le faire. Voilà la seconde fois que, dans cet article, j'appelle l'intervention de la puissance publique, quoique je n'aime pas la voir se mêler des affaires des particuliers, parceque le bien, dans ces cas, ne peut réellement se faire que par elle, puisque toujours il se trouvera des individus qui par défaut de moyens, par ignorance ou autres causes, empêcheront les autres d'arriver au but.

La culture des hautes montagnes est presque nulle : des pâturages et des bois sont les seules ressources certaines qu'elles offrent. Le fond de leurs vallées présente cependant quelques prairies et quelques cultures d'orge, d'avoine ou de gros légumes. C'est à la fabrication de beurre et du fromage que doit se borner l'industrie agricole des habitans, qui ne peuvent jamais être très nombreux relativement au terrain dont ils disposent.

Dans les montagnes immédiatement inférieures on peut cultiver au midi, sur les pentes les moins rapides, la plupart des céréales, et au nord des châtaigniers, si le sol n'est pas calcaire. De plus on peut faire de bons prés au fond des vallons, et autour des villages des jardins plantés d'arbres fruitiers. A cette élévation c'est le châtaignier qui donne les récoltes les plus sûres et les plus abondantes ; aussi les habitans se nourrissent-ils de son fruit pendant cinq à six mois de l'année. *Voyez* au mot CHATAIGNER.

Plus bas encore le nombre des objets qu'il est possible de cultiver s'étend. On commence à sentir l'utilité des irrigations pour augmenter le produit des prés. Déjà la vigne se montre dans les expositions les plus chaudes. Dans quelques endroits on sait faire des terrasses en pierres sèches pour utiliser avec plus d'avantage les pentes rapides. J'ai fait voir que des haies transversales très basses étoient plus avantageuses. *Voyez* au mot HAIE.

Enfin dans les degrés qui suivent, et jusqu'aux collines les plus basses, toutes les sortes de cultures que le climat comporte, et sur-tout la vigne, peuvent être entreprises avec succès.

Voyez pour le surplus aux mots VALLÉE, VALLON, COLLINE, SOURCE, FONTAINE, etc.

Les inégalités et les variations de sol ou d'aspect qui existent à chaque pas dans les montagnes doivent rendre et rendent en effet le mode de leur culture différent de celui des plaines.

Dans beaucoup d'endroits il est impossible de labourer à la charrue, de semer des céréales, etc. Ce n'est qu'avec des soins constans, une activité toujours renaissante qu'on peut tirer de la terre des produits de quelque valeur. La nature même des montagnes les destine à la petite culture, c'est-à-dire à celle où les propriétaires ou les fermiers ne portent leur industrie que sur une petite étendue de terre ; aussi ne voit-on pas de ces exploitations de deux, trois, quatre cents arpens, comme il s'en trouve tant dans les plaines, encore moins de plus fortes. Toutes les personnes qui ont voulu entreprendre d'en établir s'y sont bientôt ruinées. Aussi l'importante question, si long-temps débattue, des avantages pour un pays d'y conserver ou d'y introduire la grande ou la petite culture, se trouve résolue par le fait dans les montagnes. Elle l'est de même dans les plaines, où de petits propriétaires ou fermiers ne pourront jamais entrer utilement sous les rapports de l'économie avec les grands. Je crois donc que dans un état bien organisé il faut laisser à chacun la liberté de cultiver comme il le juge à propos, en facilitant les échanges autant que possible, bien assuré qu'il arrivera un moment où tout se mettra dans un rapport harmonique. Point de doute pour moi que les grandes fermes ne soient utiles à un pays et ne concourent à l'augmentation de ses richesses ; mais les petites exploitations seules peuvent faire vivre une grande population sur un petit espace, peuvent amener le bonheur qui est la suite de la médiocrité. Les pays de montagnes seront toujours habités par des hommes plus forts, plus actifs, plus courageux, plus industrieux, plus indépendans que les pays de plaine. Si les préjugés y sont plus enracinés, les mœurs y sont plus pures. Ce sera toujours dans de tels pays que je voudrai fixer ma demeure.

Les moyens agricoles sont différens dans les montagnes que dans les plaines. On y fait usage de la pioche plus que de la bêche, du bœuf plus que du cheval. L'âne et le mulet y sont préférables à ce dernier animal. (B.)

MONTE-AU-CIEL. Ridicule nom de la PERSICAIRE DU LEVANT.

MONTER EN GRAINE. Expression usitée parmi les jardiniers pour indiquer qu'une plante, qui d'abord n'avoit que des feuilles radicales, développe la tige qui doit porter ses fleurs et ses fruits.

Toutes les plantes qu'on ne cultive que pour leurs feuilles, sur-tout les annuelles, telles que les choux, les laitues, les épinards, etc., perdent la plus grande partie de leur valeur lorsqu'elles commencent à monter en graine; aussi emploie-t-on tous les moyens pour en retarder le moment. Ces moyens sont,

1° Le choix de la variété; il y a des choux et des laitues qui, semés dans les mêmes circonstances, montent les uns plus tôt que les autres.

2° L'époque du semis; les plantes mises en terre par un temps froid et humide montant moins vite, s'il se prolonge, que dans le cas contraire, lors même que le temps devient plus chaud.

3° L'exposition; les plantes végétant au nord, parcourent moins rapidement les phases de leur végétation.

4° Les arrosemens pendant la chaleur du jour avec des eaux fraîches pour empêcher l'effet de cette chaleur, etc.

Quelques personnes pensent qu'en coupant beaucoup de feuilles ou toutes les feuilles à une plante, on retarde sa fructification. Cela a lieu pour les arbres et quelques grandes plantes vivaces, mais non pour les plantes annuelles.

On perd, dans les jardins des particuliers, une grande quantité de plantes montées en graine, faute de pouvoir les utiliser pour la nourriture des bestiaux. Il faudroit plutôt les mettre en tas pour en faire du terreau, que de les laisser se dessécher dans les allées ou sur les planches.

Quant à celles de ces plantes qu'on réserve pour la graine, on doit les défendre de la dent des bestiaux et des efforts des vents, surveiller toutes les phases de leur végétation jusqu'à ce que la graine soit formée. *Voyez* au mot GRAINE. (B.)

MONTURAL. Ancienne mesure agraire. *Voyez* MESURE.

MORAILLE. On donne ce nom à un instrument de fer avec lequel on pince, d'une manière permanente, le nez des chevaux méchans, lorsqu'on veut les ferrer ou leur faire quelque opération douloureuse.

Il est composé de deux branches de fer, tournant d'un côté

sur une charnière, et terminées de l'autre par deux boucles dans lesquelles on fait passer une ficelle pour les serrer.

C'est moins, à ce qu'il paroît, la douleur que la surprise ou l'inquiétude, suite de sa position, qui adoucit le cheval pris par la moraille. Le TORCHE NEZ (*voyez* ce mot) remplit le même objet.

On fait aussi des morailles en bois, ou on les supplée par deux bâtons d'un pied de long, qu'on lie par leurs deux extrémités ; mais dans ce dernier cas il devient quelquefois difficile de les fixer au nez du cheval.

On met aussi des morailles aux oreilles des chevaux. (B.)

MORELLE, *Solanum.* Genre de plantes de la pentandrie monogynie et de la famille des solanées, qui renferme environ cent quarante espèces, dont plusieurs sont extrêmement importantes comme articles d'alimens, et dont quelques unes passent pour des poisons plus ou moins lents, quoique la médecine en fasse usage. Dire que c'est parmi ces espèces que se trouve la POMME DE TERRE, *Solanum tuberosum*, Lin., suffit pour intéresser tous les amis de l'humanité, tous les cultivateurs qui ont su apprécier les immenses avantages qu'on en retire ou qu'on peut en retirer.

Il est des morelles arborescentes, herbacées, vivaces et herbacées annuelles. Leurs feuilles sont alternes. Quelques unes ont des épines sur leurs tiges ou sur leurs feuilles. La plupart sont originaires des pays chauds de l'Amérique et ne peuvent se conserver en pleine terre dans le climat de Paris; mais plusieurs s'y cultivent pour l'utilité. Deux seules sont indigènes à l'Europe.

Ces dernières, dont il convient d'abord de parler, sont,

La MORELLE A FRUIT NOIR, *Solanum nigrum*, Lin. Elle a les racines annuelles; la tige anguleuse, rameuse, haute d'un à deux pieds ; les feuilles pétiolées, ovales, anguleuses et dentées, tantôt glabres, tantôt velues, ordinairement géminées, c'est-à-dire rapprochées d'un même côté de la tige ; les fleurs blanchâtres disposées en petits corymbes dans les aisselles des feuilles ou le long de la tige ; les fruits noirs et de la grosseur d'un pois.

Cette plante croît abondamment dans le voisinage des habitations, les jardins, les vignes, le long des haies, parmi les décombres, et fleurit pendant tout l'été. Elle se retrouve en Amérique et dans l'Inde. Ses feuilles ont une odeur musquée, virulente, narcotique, et une saveur âcre, nauséabonde. Aucun animal domestique n'y touche. Elle passe pour un poison ; cependant à l'Ile-de-France on en mange habituellement les feuilles en guise d'épinards, sous le nom de *blette*. On en fait usage en médecine, où elle passe pour anodine, rafraîchissante et répercutive, mais rarement à l'intérieur. Ses fruits sont acidules et inodores.

Comme elle est souvent excessivement abondante autour des fermes, il convient de la faire arracher à la fin de l'été pour la porter sur le fumier et en augmenter la masse.

La MORELLE GRIMPANTE, *Solanum scandens*, Lin., plus connue sous les noms de *douce-amère, vigne-de-Judée*, a la tige ligneuse, grêle, sarmenteuse et grimpante; les feuilles pétiolées, ovales oblongues, souvent auriculées à leur base, et légèrement velues; les fleurs violettes, disposées en petits corymbes dans les aisselles des feuilles ou le long des tiges; les fruits rouges de la grosseur d'un pois. Elle croît abondamment en Europe dans les bois humides, les haies, les buissons, et fleurit à la fin du printemps. C'est une assez jolie plante qu'on cultive fréquemment dans les jardins pour faire des tonnelles, garnir les murs exposés au nord, former des guirlandes qui pendent des arbres, etc. Ses feuilles sont sans odeur; mais leur saveur est d'abord douce, ensuite amère, et enfin âcre. On les emploie fréquemment en médecine comme apéritives, détersives, résolutives et expectorantes. C'est sur-tout dans les maladies ulcéreuses et arthritiques qu'elles produisent des effets marqués. Linnæus les caractérisoit de *remède héroïque*. Les moutons et les chèvres la mangent; mais les autres bestiaux n'y touchent pas. Ses baies sont recherchées par les renards, et on en met utilement dans les appâts qu'on offre à ces animaux pour les prendre. On fait des corbeilles avec ses tiges. Cette plante présente deux variétés, l'une à fleurs blanches et l'autre à feuilles panachées. On les multiplie, comme elle, par marcottes et boutures qui prennent racines avec la plus grande facilité.

La MORELLE MELONGÈNE OU AUBERGINE. *Voyez* ce dernier mot.

La MORELLE POMME D'AMOUR, ou TOMATE. *Voyez* ce dernier mot.

La MORELLE TUBÉREUSE, ou POMME DE TERRE. *Voyez* ce dernier mot.

La MORELLE CERISETTE, *Solanum pseudocapsicum.*, Lin., qu'on connoît encore sous les noms de *faux piment*, de *petit cerisier d'hiver* et sur-tout d'*amome*, est frutescente; haute de trois ou quatre pieds; a les feuilles pétiolées, lancéolées, entières ou sinuées, lisses et luisantes; les fleurs blanchâtres, inclinées, ordinairement solitaires et sessiles à côté des rameaux. Elle est originaire de Madère et se cultive fréquemment à cause de son feuillage élégant et permanent, et de ses fruits qui, lorsqu'ils sont mûrs, ressemblent à de petites cerises et persistent pendant tout l'hiver. Elle craint les fortes gelées, se tient en pot pour en être facilement abritée et pour pouvoir être mise dans les appartemens. On la multiplie de graines qu'on sème au printemps sur couche et sous châssis, et dont le plant est repiqué l'année suivante isolément dans d'autres pots, et conservé également sur couche jusqu'à l'hiver qu'on les rentre dans l'orangerie. Rien n'est plus joli que cet arbuste lorsqu'il est couvert de fruits. Il orne également bien une cheminée, une console et la table d'un festin. Il présente deux variétés, l'une à fruit jaune et l'autre à feuilles panachées, qu'on multiplie par marcottes.

Quelques autres espèces de morelles peuvent supporter la pleine terre dans le climat de Paris; mais elles ne méritent d'être cultivées que sous des rapports très peu importans. (B.)

MORFONDU. Terme employé par Roger Schabol pour indiquer les effets du froid sur les greffes du printemps et sur les greffes enterrées. Il n'a pas été adopté. *Voyez* GREFFE.

MORFONDURE. Maladie des chevaux analogue au rhume dans l'homme et qui reconnoît la même cause, c'est-à-dire une suppression de transpiration.

Les causes les plus ordinaires de la morfondure sont l'exposition à un air froid ou à la pluie après avoir eu chaud, et dans le même cas des bains ou des boissons trop fraîches. Ses symptômes sont la toux, un écoulement de mucosité par le nez, écoulement fluide et abondant dans les commencemens, épais et en petite quantité ensuite, enfin tristesse et perte d'appétit.

Quelquefois la difficulté de respirer est très considérable et menace la vie de l'animal. D'autrefois la maladie dégénère en MORVE. *Voyez* ce mot.

Aussitôt que la morfondure est reconnue, il faut faire respirer au cheval des fumigations émollientes, dans la vue de détacher la matière et de diminuer l'engorgement des glandes. L'eau blanche nitrée et miellée lui servira de boisson. On diminuera sa nourriture. Il sera tenu dans une écurie chaude et propre, et une couverture de toile couvrira son corps jour et nuit.

C'est une erreur de croire que dans ce cas il faille faire suer les chevaux par tous les moyens possibles. Au contraire ce traitement concourt à aggraver la maladie, à provoquer des inflammations de poitrine qui conduisent l'animal à la mort. (R.)

MORGELINE, *Alsine*. Plante annuelle de la décandrie trigynie et de la famille des caryophyllées; à racine fibreuse; à tiges cylindriques, grêles, couchées, articulées, velues, rameuses et radicantes; à feuilles opposées, pétiolées, ovales, aiguës, souvent cordiformes; à fleurs blanches, pédonculées et solitaires dans les aisselles des feuilles; qu'on trouve très abondamment, dans toute l'Europe, dans les champs, les jardins et autres lieux cultivés, et qui est généralement connue sous le nom de MOURON DES OISEAUX à cause de l'usage qu'on en fait.

La MORGELINE DES OISEAUX, la seule des quatre espèces composant ce genre qui soit dans le cas d'être citée, diffère des autres principalement parceque ses pétales sont échancrées. Elle fait à Paris l'objet d'un petit commerce, à raison du grand nombre d'oiseaux qu'on élève en cage dans cette ville, oiseaux à qui elle est nécessaire pour contre-balancer les effets du régime de graines sèches auquel ils sont soumis pendant toute l'année. Non seulement ils en mangent les graines, mais les feuilles et les fleurs. Il suffit d'être présent à sa distribution, de voir avec quelle vivacité ils se jettent dessus, pour juger combien elle leur est agréable. On la regarde en médecine comme vulnéraire et détersive, mais on l'emploie rarement. Elle est en fleur toute l'année, quoiqu'elle soit annuelle, parcequ'elle se resème continuellement, et qu'il lui faut un foible degré de chaleur pour végéter. Son abondance paroît quelquefois un fléau pour l'agriculture; mais la foiblesse et le peu d'élévation de ses tiges ne lui permettent pas de nuire essentiellement aux productions de la culture, au contraire, comme elle est dans toute sa force au printemps, elle fournit aux graines des plantes qui germent alors un ombrage et une fraîcheur salutaire; de plus elle donne, lorsqu'on l'enterre, un peu d'humus au sol. Il ne faut donc pas s'inquiéter de la voir couvrir les jardins, les champs et les vignes. D'ailleurs il n'est rien moins que facile de la détruire, ses graines, pour peu qu'elles soient enfoncées en terre, se conservant un nombre d'années indéterminé et germant aussitôt que le hasard des labours les ramène à la surface. Tous les bestiaux la mangent, et les vaches et les cochons l'aiment beaucoup; aussi dans quelques pays, et il seroit bon qu'il en fût de même par-tout, les ménagères ont-elles soin de la ramasser, soit à la main, soit au moyen d'un râteau pour la leur donner.

La surabondance du carbone est moins nuisible à cette plante qu'à la plupart des autres. C'est toujours elle qui paroît la première dans les lieux sterilisés par l'excès des engrais, comme on peut s'en assurer là où il a été déposé des excrémens humains, des charognes, des tas de fumier.

Cette capacité plus ou moins grande des plantes pour le carbone pourroit devenir l'objet de recherches importantes. (B.)

MORILLE, *Phallus*. Genre de plantes de la cryptogamie et de la famille des champignons, qui offre un pédicule terminé par un chapeau celluleux, dans les anfractuosités duquel sont logées les semences, et qui renferme une quinzaine d'espèces, dont une est fréquemment employée comme aliment.

Cette espèce est la MORILLE ESCULENTE, dont le pédicule est fistuleux et le chapeau adhérent dans toute son étendue. Elle se trouve au printemps dans les bois, s'élève au plus à trois pouces, et en a un ou deux de diamètre. Dans sa jeunesse elle est d'un gris brunâtre et répand une odeur agréable; dans sa vieillesse elle est presque noire et sans odeur. Il ne faut pas la cueillir lorsqu'elle est arrivée à ce dernier état, parcequ'elle est alors pleine de larves d'insectes. On la mange fraîche ou sèche. Pour la dessécher on l'enfile et on la suspend dans un appartement. Elle se garde par ce moyen plusieurs années.

Il est quelques endroits où on ramasse les morilles pour en faire commerce, et le bénéfice qu'elles procurent ne laisse pas que d'être de quelque importance pour les habitans des campagnes qui se livrent à sa recherche. (B.)

MORILLON. Variété de raisin. *Voyez* VIGNE.

MORSURE. Plaie faite à la peau d'un animal par la dent d'un autre.

Les chiens sont dans le cas de mordre tous les autres animaux. Les chevaux et les cochons mordent aussi quelquefois. Il en résulte des blessures plus ou moins considérables, mais rarement très dangereuses, et qui se guérissent, soit d'elles-mêmes, soit au moyen du plus simple pansement. *Voyez* PLAIE.

Il est deux sortes de morsures dont les suites sont souvent mortelles et toujours suivies d'accidens très graves; ce sont celles des animaux enragés et des vipères. Il en sera question aux mots RAGE et VIPÈRE. (B.)

MORT BOIS. S'entend d'essence de bois de peu de valeur que l'on permettoit autrefois de prendre, même dans les bois du roi. Tous les bois blancs, dans le principe, en faisoient partie; mais depuis la chèreté des combustibles, la désignation des morts bois est restreinte aux arbustes. (DE PER.)

MORTFLATS. Maladie des vers à soie, qui s'annonce par dévoiement, et qui finit toujours par la mort de l'animal, qui alors est flasque, noir et fétide. Il paroît que cette maladie est principalement due ou à l'air vicié des chambres où on tient les vers, ou aux feuilles mouillées qu'on leur donne à manger. *Voyez* au mot VER A SOIE. (B.)

MORTIERS, MASTICS. ARCHITECTURE RURALE. On donne ces noms à un mélange de terre cuite, ou de sable, ou de matières calcinées, avec l'eau et la chaux. Ils entrent pour un cinquième dans le cube des maçonneries.

Nous avons dit, à l'article MAÇONNERIES, que leur durée dépendoit particulièrement de la qualité des mortiers employés dans leur construction ; cette qualité est relative à celle des substances qui entrent dans leur composition, aux proportions de chacune d'elles, et à la bonté de leur fabrication.

Section Ire *Des substances qui entrent dans la composition des mortiers.* Ces substances sont, 1° la terre cuite ; 2° le sable ; 3 l'eau ; 4° la chaux ; 5° et autres qui peuvent remplacer les deux premières dans quelques circonstances. Quant à *la terre franche*, ou *terre à bâtir*, *voyez* le mot Pisé.

§. 1. *De la terre cuite.* Cette substance n'est autre chose que de la brique, ou de la tuile que l'on pile pour la réduire en poudre. Elle entre particulièrement dans la composition des mortiers des ouvrages hydrauliques, appelés *mortiers de ciment.* On nomme aussi *ciment* cette terre cuite pulvérisée.

Suivant M. Loriot, on peut suppléer à la brique pilée avec des pelottes de terre franche que l'on fait sécher et cuire ensuite dans un four à chaux, ou dans un fourneau particulier. Ces pelottes se réduisent aisément en poudre et valent de la brique pilée.

M. de Lafaye pense que la glaise sèche, convenablement préparée, peut aussi entrer dans la composition des mortiers de ciment.

§. 2. *Du sable.* Les sables dont on se sert pour fabriquer les mortiers sont, 1° le sable de terre ou de ravine ; 2° celui de rivière ou de mer.

Le sable de terre, dont les grains sont anguleux et rudes au toucher, est celui que les Romains préféroient dans leurs constructions. Celui de ravine est bon ; mais lorsqu'il est terreux, ou fin et doux au toucher, il ne fait pas un aussi bon mortier.

Le sable de rivière est meilleur que le dernier ; mais il ne vaut pas le premier, parcequ'il s'arrondit en roulant dans l'eau.

Celui de mer est moins bon ; on peut cependant l'employer, faute d'autre, après l'avoir bien lavé avec de l'eau douce.

Les sables doivent être employés aussitôt qu'ils sont tirés de la terre ou des rivières, parcequ'en restant exposés à l'air pendant un certain temps, ils deviendroient terreux.

Pour reconnoître si le sable n'est pas terreux ou glaiseux, on en répand une poignée sur un drap, ou sur un linge blanc. Si, en secouant ensuite le tissu, il n'y reste point de parties terreuses, c'est une preuve qu'il est de bonne qualité ; dans le cas contraire, il est d'autant plus mauvais qu'il en reste davantage.

§. 3. *De l'eau.* Les eaux de la mer ne valent rien dans la fabrication des mortiers. Le sel qu'elles contiennent se dissout par l'eau des pluies et attire l'humidité de l'air ; les mortiers dans lesquels elle entreroit resteroient toujours humides.

L'expérience apprend aussi que les eaux séléniteuses ne font que de mauvais mortiers.

§. 4. *De la chaux.* On sait que cette substance est le produit de la calcination des pierres calcaires. *Voyez* le mot CHAUX.

La meilleure pierre à chaux, dit Rozier, est celle qui est remplie de pierres coquillières ; le ciment qui les unit est également calcaire. Le marbre vient ensuite, et les autres pierres calcaires suivant leurs différens degrés de pureté.

Pour découvrir si une pierre est propre à faire de la chaux, il faut l'éprouver par la propriété qu'ont toutes les substances calcaires de faire effervescence avec les acides. A cet effet, on en lave un morceau dans l'eau, on le laisse sécher, et l'on verse ensuite dessus la pierre quelques gouttes de bon vinaigre, ou d'eau forte. Si l'effervescence est prompte et vive, c'est une preuve que la pierre a la qualité que l'on désire. Plus, d'ailleurs, elle sera pesante et d'un grain fin et serré, et meilleure elle sera pour faire de la chaux.

Toutes les coquilles, soit de terre, soit de mer, soit d'eaux douces, quoique dans leur état naturel, font de la chaux, mais non pas aussi bonne que celle fournie par les pierres dont nous venons de parler.

Plus la chaux est cuite ou calcinée, plus elle exige d'être promptement éteinte, parcequ'elle attire l'humidité de l'air en raison de sa siccité, et cette attraction de l'humidité est la preuve de sa bonne qualité.

La chaux s'éteint presque toujours sur l'atelier même de construction, et il est bon de connoître les véritables procédés de cette opération.

Si on l'éteint avec une trop petite quantité d'eau, on la brûle, et la chaleur qu'elle contracte fait dissiper en trop grande partie le gaz hydrogène qu'elle contenoit, et qui paroît nécessaire dans la suite pour la cristallisation du mortier.

Si, au contraire, on éteint la chaux à trop grande eau, on la noie, et elle ne se cristallise plus aussi facilement.

C'est donc un moyen terme qu'il faut prendre en éteignant la chaux. Il consiste à jeter dans le bassin, pellées à pellées, et alternativement, de la chaux et de l'eau, de manière que la chaux soit perpétuellement environnée d'eau sans en être totalement submergée. Un ouvrier, armé d'un broyon, remue et agite cette masse de temps à autre, afin qu'elle soit bien divisée, bien pénétrée par l'eau, et pour en retirer les pierres qui, n'ayant pas été tout-à-fait calcinées, ne pourroient pas s'éteindre. On appelle *pigeons rigauds* ces pierres incuites.

Lorsque le bassin est rempli on le recouvre avec du sable jusqu'à ce qu'il ne reste plus de chaleur à la masse.

§. 5. *Des autres substances.* Un tuf sec et pierreux, bien pulvérisé et passé au sas, peut remplacer le sable et la terre franche, et donner un mortier plus léger.

Les marnes exactement pulvérisées et délayées avec précaution sont propres aussi à être incorporées avec les chaux.

La poussière de charbon de bois, les cendres de lessive, les vitrifications des fourneaux, celles des forges et des fonderies, les crasses, les laitiers, les scories, les mâchefers, sont également susceptibles de former, avec les chaux, de bons mortiers de différentes couleurs.

Enfin, la pierre pilée, les gravats des démolitions et des constructions originairement faites avec la chaux et le sable, peuvent être de la plus grande utilité pour bonifier les mortiers.

SECTION II. *Des différentes espèces de mortiers ordinaires.* On connoît cinq espèces de mortiers, 1° mortiers de fondation et des gros murs; 2° mortier fin, ou de pose de pierres de taille, etc.; 3° mortier pour briques, paremens, etc.; 4° mortiers de ciment; 5° mortier ou mastic de rejointement ou de cirage des pierres de taille de couronnement et de parement.

Il est d'ailleurs impossible de déterminer d'une manière précise les proportions qui doivent exister entre la chaux, le sable et l'eau pour composer un bon mortier d'une espèce donnée, parceque la qualité de la chaux varie souvent d'une carrière à la carrière voisine : ici, elle est grasse; là, elle est maigre, c'est-à-dire que la dernière exige moins de sable que la première, parcequ'elle contient peu de parties calcaires mélangées avec beaucoup de parties vitrifiables. L'autre, au contraire, demande plus d'eau pour l'éteindre, et plus de sable pour en faire un bon mortier.

C'est pourquoi on ne doit prendre les proportions que nous allons indiquer que comme des bases moyennes qu'il faudra varier suivant les circonstances.

§. 1. *Mortier de fondations et du corps des gros murs de bâtimens.* Il doit être composé de deux tiers de sable de terre ou de rivière sec, non terreux, et criant à la main, et d'un tiers de chaux non éventée, de bonne qualité et cuisson, sans rigaux, et bien éteinte sans être noyée. On le corroyera et battra avec peu d'eau et à force de bras, et on le fera trois jours au moins avant d'être employé. Il sera battu et corroyé chaque jour de manière à ne pas distinguer le sable d'avec la chaux, et rebattu de nouveau toutes les fois qu'on voudra l'employer.

Ces mêmes précautions doivent être scrupuleusement observées dans la fabrication et dans l'emploi des autres espèces de mortiers.

§. 2. *Mortier fin, ou de la deuxième espèce.* Il est employé pour la pose des pierres de taille et les paremens des nettes maçonneries, ainsi que pour leurs rejointoiemens. Il est composé de trois cinquièmes de sable criant à la main, le plus fin, le plus sec et le plus pur que l'on pourra trouver, passé, s'il est nécessaire, à une fine claie, et de deux cinquièmes de chaux bien éteinte nouvellement, sans cailloux ni galets, ni rigaux; on le bat et on le corroie à plusieurs reprises, et encore avec plus d'attention que dans la fabrication du mortier de la première espèce.

§. 3. *Mortier de la troisième espèce, ou mortier pour briques.* On le fait avec deux tiers de bon sable très fin, passé à la claie si cela est nécessaire, et un tiers de chaux bien éteinte. On en bat et corroie le mélange de la même manière que ci-dessus.

§. 4. *Mortier de ciment, ou de la quatrième espèce.* Celui-ci est exclusivement employé dans les constructions hydrauliques.

On le compose avec deux cinquièmes de bonne chaux bien éteinte, et trois cinquièmes de ciment fait avec de vieux tuileaux de terre bien cuite, broyés à la meule ou au pilon, et passés au tamis de boulanger. Tout ciment de briques doit être rejeté de cette espèce de mortier; du moins c'est l'opinion de presque tous les architectes.

Pour procurer à ce mortier toute la qualité qu'il peut obtenir, il faut le fabriquer avec peu d'eau trois semaines à l'avance, et le battre et le corroyer ensuite à plusieurs reprises, à force de bras, et quatre fois au moins avant d'être employé.

§. 5. *Mastic à ragréer et rejointoyer les tablettes et bahus de pierre de taille, et les autres joints des maçonneries exposées à la pluie et aux intempéries de l'air.* On le fait avec de la chaux vive, que l'on éteint dans du sang de bœuf, et que l'on mélange avec une portion de limaille d'acier et de ciment pulvérisé.

Indépendamment de ces cinq espèces de mortiers, il en existe encore d'autres qu'il est nécessaire de faire connoître, afin de pouvoir en faire usage au besoin.

SECTION III. *Mortiers de M. Loriot.* L'extrême durée des constructions romaines, et même celle des ouvrages de nos ancêtres, doivent être incontestablement attribuées, et au bon choix des matériaux disponibles, et à l'excellente manière de les employer.

La dureté de leurs mortiers est encore si grande qu'ils résistent aux coups redoublés du pic et du marteau. Cependant ils n'avoient pas de meilleures pierres à chaux, de meilleur sable que nous; et si nos mortiers modernes se dégradent aussi aisément à l'humidité, s'ils ne font point corps avec les pierres des maçonneries, c'est qu'ils ne sont pas fabriqués de la même manière ni avec autant de soins.

Il est certain, 1° que le mortier des Romains, ainsi que celui de nos ancêtres, passoit très promptement de l'état liquide à une consistance dure, et prenoit sur-le-champ comme le plâtre; 2° qu'il acquéroit une tenacité étonnante, et saisissoit les moindres cailloutages qui en avoient été baignés; 3° qu'il étoit impénétrable à l'eau; 4° enfin, qu'il conservoit toujours le même volume sans retraite ni extension.

M. Loriot présuma avec raison que cette dureté extraordinaire de leur mortier ne pouvoit provenir que d'un mélange de chaux vive non éteinte, mise en poudre, introduit dans le mortier fait à la manière ordinaire, et au moment de l'employer. Pour s'en assurer, il prit de la chaux éteinte depuis long-temps dans une fosse couverte de planches, sur laquelle on avoit répandu une certaine quantité de terre; par ce moyen on avoit conservé toute la fraîcheur de la chaux. Il en fit deux lots séparés, qu'il gacha avec une égale attention.

Le premier lot fut mis, sans aucun mélange, dans un vase de terre vernissée, et exposé à l'ombre à une dessiccation naturelle. A mesure que l'évaporation se fit, la matière se gerça en tout sens. Elle se détacha des parois du vase, et tomba en mille morceaux qui n'avoient pas plus de consistance que de la chaux nouvellement éteinte desséchée par le soleil sur le bord des fosses.

Le second lot, avant que d'être mis dans un pareil vaisseau vernissé, fut amalgamé et gâché avec un tiers de chaux vive mise en poudre. Le mélange étant placé dans le vase, M. Loriot sentit qu'il s'échauffoit peu à peu, et, dans l'espace de quelques minutes, il s'aperçut qu'il avoit acquis une consistance pareille à celle du meilleur plâtre détrempé et employé à propos. La dessiccation absolue de ce mélange fut achevée en peu de temps, et il lui présenta une masse compacte, sans la moindre gerçure, et tellement adhérente aux parois du vase qu'il ne put l'en tirer sans le briser.

Après cette épreuve, M. Loriot fit, avec la même composition, des vaisseaux qui tenoient l'eau parfaitement, et, après les avoir laissés exposés pendant deux ans aux injures de l'air, il trouva que, loin d'en avoir été altérés, ils avoient progressivement acquis plus de solidité.

C'est à ces heureuses expériences que l'on doit l'excellente qualité qu'il a su procurer aux différentes espèces de mortiers, dont voici la composition.

1° Prenez, pour une partie de brique pilée très exactement et passée au sas, deux parties de sable fin de rivière passé à la claie ; plus, de la chaux vieille éteinte en quantité suffisante pour former dans l'auge, avec l'eau, un amalgame à l'ordinaire, et cependant assez humecté pour fournir à l'extinction de la chaux vive que vous y jetterez en poudre jusqu'à concurrence du quart en sus de la quantité de sable et de briques pilées, prise ensemble.

Les matières étant bien broyées et incorporées, employez-les sur-le-champ, parceque le moindre délai peut en rendre l'usage infructueux ou impossible.

2° Un enduit de cette matière mis sur le fond et les parois d'un bassin, d'un canal, et de toutes sortes de constructions faites pour contenir et surmonter les eaux, opère l'effet le plus surprenant, même en le mettant en petite quantité. Que seroit-ce donc, dit Rozier, si ces constructions avoient été originairement faites avec ce mortier ?

3° La poudre de charbon de terre, mise dans le mélange en quantité égale à celle de la chaux vive, s'y incorpore parfaitement, donne au mortier une couleur de plomb, et la substance bitumineuse du charbon est un obstacle de plus à la pénétrabilité de l'eau.

4° Le mélange de deux parties de chaux éteinte à l'air, d'une partie de plâtre passé au sas, et d'une quatrième de chaux vive, fournit, par l'amalgame qui s'en fait, un enduit très propre pour l'intérieur des bâtimens et qui ne se gerce pas. Ces mortiers doivent être préparés par couches et par rangées.

5 Un quart de chaux vive, ajouté au simple mortier ordinaire de chaux fusée et de sable, lui donne la propriété de se durcir plus en vingt-quatre heures que l'autre en plusieurs mois.

Il paroît qu'en général le mélange d'un quart de chaux vive en poudre, indiqué par M. Loriot, est la proportion la plus convenable.

Section IV. *Mortiers de M. Lafaye.* Les succès de M. Loriot ont donné lieu aux recherches de M. Lafaye. Comme le premier, il a reconnu que la bonté des mortiers des constructions des Romains consistoit particulièrement dans la préparation qu'ils donnoient à la chaux. Il les a consignées dans un ouvrage intitulé : Recherches sur la préparation que les Romains donnoient à la chaux dont ils se servoient dans leurs constructions, et sur la composition et l'emploi de leurs mortiers. Paris, 1777.

Suivant cet auteur, la chaux fusée, telle qu'on l'emploie ordinairement, et lorsqu'elle est mélangée avec le sable, ne produit qu'un mortier qui se dessèche lentement, et ne prend jamais une forte consistance, parceque cette chaux, trop abreuvée, a perdu l'aptitude qu'elle avoit de s'attacher aux corps pour y repomper l'eau dont elle a été privée par le feu.

Il propose donc d'abandonner ce procédé et de le remplacer par un autre plus naturel et plus analogue à l'effet que doit produire la chaux par son mélange avec le sable et l'eau. Voici en quoi il consiste.

Vous vous procurerez de la chaux de pierres dures, et nouvellement cuite; vous la ferez couvrir en route, afin que l'humidité de l'air, ou la pluie, ne puisse la pénétrer; vous ferez déposer cette chaux sur un plancher balayé, dans un endroit sec et couvert; vous aurez dans le même lieu des tonneaux secs et un grand baquet rempli jusqu'aux trois quarts d'eau de rivière, ou d'une eau qui ne soit ni crue ni minérale.

Il suffira d'employer deux ouvriers pour l'opération; l'un avec une hachette brisera les pierres de la chaux jusqu'à ce qu'elles soient réduites à peu près à la grosseur d'un œuf; l'autre prendra avec une pelle cette chaux brisée, et en remplira à ras seulement un panier plat et à claire-voie, tel que les maçons en ont pour passer le plâtre; il enfoncera ce panier dans l'eau, et l'y maintiendra jusqu'à ce que toute la superficie de l'eau commence à bouillonner; alors il retirera le panier, le laissera égoutter un instant, et renversera cette chaux trempée dans un tonneau. Il répètera sans relâche cette opération jusqu'à ce que toute la chaux ait été trempée et mise dans les tonneaux, qu'il remplira à deux ou trois doigts des bords. Alors cette chaux s'échauffera considérablement, rejettera en fumée la plus grande partie de l'eau dont elle est abreuvée, ouvrira ses pores en tombant en poudre et perdra enfin sa chaleur.

Tel est l'état de chaux que Vitruve appelle *chaux éteinte*.

L'âcreté de cette fumée exige que l'opération soit faite dans un lieu où l'air passe librement, afin que les ouvriers puissent se placer de manière à n'en être pas incommodés. Aussitôt que la chaux cessera de fumer, on couvrira les tonneaux avec de la grosse toile, ou avec des paillassons.

On reconnoîtra les chaux mal cuites ou anciennement cuites à la manière dont elles s'échaufferont et se mettront en poudre : elles se divisent très mal et s'échauffent lentement.

Composition des mortiers avec la chaux ainsi éteinte. 1° *Mortier ordinaire.* Le sable de terre, rude au toucher, doit être mis avec la chaux dans la proportion de trois à un. Ce mélange doit être bien battu et corroyé avec une quantité d'eau suffisante pour en faire un mortier gras.

2° *Mortier fin.* On met deux parties de bon sable de terre, fin et doux au toucher, avec une de chaux. Tous les sables sont bons pour le mélange, pourvu qu'ils ne soient pas terreux.

La quantité d'eau que contient le sable nouvellement tiré des rivières suffit pour l'opération, sans être obligé d'en ajouter de nouvelle, et cette quantité pourroit déterminer celle qu'il faut ajouter aux sables secs. Si, au lieu de mettre deux parties de sable dans le mortier, on substituoit un mélange composé d'une partie de ciment et de deux de sable, le mortier en sera meilleur.

Le mâchefer ou les autres matières calcinées se mêlent avec la chaux dans la proportion de deux contre un.

3° *Procédé pour la construction d'un aqueduc.* Le procédé n'étant autre chose que celui connu sous le nom de BLÉTON, ou de BÉTON, nous renvoyons le lecteur à ce mot.

4° *Pierres factices.* Un tiers de sable fin et sec, un tiers de poudre de pierres, et un tiers de chaux en poudre. Le tout bien mélangé, battu et corroyé, et humecté avec la moindre quantité d'eau possible ; autrement le mélange, en se séchant, prendroit une retraite sensible.

5° *Briques crues.* Même procédé. Les Romains mettoient de la paille dans leurs mortiers de briques crues ; ils les faisoient aussi avec du sable rouge fin, et même de la craie, comme cela se pratique encore dans le département de la Marne, en y mêlant un tiers de chaux, afin qu'elles fussent plus légères.

6° *Manière de faire les terrasses.* Après avoir croisé des voliges de chênes sur les poutres et solives qui doivent soutenir une terrasse, on croise de nouvelles voliges sur les premières, et l'on répand dessus le grillage un lit de fougère ou de paille pour garantir les bois de l'action corrosive de la chaux. On forme ensuite la première couche de maçonnerie avec des cailloux ou des fragmens de pierres dures, dont les moindres rempliront la paume de la main, et qui seront arrangés de manière que la fougère ou la paille en soit couverte. On étend par-dessus un lit de mortier composé de cinq parties de tuiles, cailloux ou pierres dures pilées et réduites en sable, et de deux parties de chaux nouvellement cuite. Quand cette première maçonnerie aura été massivée avec des pilons ferrés, on en fera une seconde de même volume en chaux, et environ une dose double de cailloux, tuiles ou pierres dures concassées. Cette seconde couche étant massivée doit avoir, avec la première, une épaisseur d'environ deux ou trois décimètres (huit à neuf pouces), on forme une autre couche peu épaisse avec un mortier composé de trois parties de tuiles neuves ou de cailloux pilés, et de deux parties de chaux. C'est sur cette dernière couche que l'on établit la superficie de la terrasse, soit avec des dalles de pierres dures, soit avec des carreaux de terre cuite de deux doigts d'épaisseur, et dont on remplira exactement les joints avec de la chaux en poudre pétrie avec de l'huile.

Les Romains frottoient leurs terrasses avec du marc d'olives, et lorsqu'elles en étoient parfaitement imbibées, elles devenoient moins sujettes aux dégradations.

Section V. *Mastics, cimens, scellemens, soudures.* §. 1. *Ciment chaud pour lutter les tuyaux de fontaine.* Il est composé, 1° d'une partie d'argile, de cailloux de rivières, de verre, de scories ou de mâchefer, en égales portions ; 2° d'une autre partie de tuile égale en quantité à la première, le tout mélangé, pulvérisé et passé au sas ; 3° de deux parties de poix-résine que l'on fait fondre dans un pot de fer, sur un fourneau allumé, avec un peu d'huile et de graisse. Au premier bouillon, on jette dans le pot, et petit à petit, les poudres ci-dessus mélangées, et on les remue constamment avec une spatule, jusqu'à ce que le dernier mélange commence à filer à la spatule, et qu'il s'endurcisse promptement dans l'eau, en y en jetant une goutte pour essai. On l'ôte alors du feu, et on le verse dans une terrine vernissée dans laquelle on laisse un peu d'eau dans le fond pour éviter que le ciment s'y attache. Il s'y affermit promptement, et on le garde alors aussi long-temps qu'on le désire. Lorsqu'on veut ensuite en faire usage, on le casse en morceaux avec une masse, et on en fait fondre la quantité dont on a besoin.

§. 2. *Ciment froid*, ou *mastic que l'on emploie aux mêmes usages.* On le compose d'abord avec les mêmes matières pulvérisées que l'on a indiquées pour le mastic chaud, et en même dose de chacune. On détrempe ensuite les matières dans de l'huile de noix, mais fort clairement, les mêlant ensemble à force de les battre et de les remuer avec une spatule de bois. On ajoute ensuite au mélange un peu d'étoupes de chanvre coupées menu, et de la graisse de bouc ou de chèvre, crue et hachée, que l'on fait fondre dans ce mélange. Redevenu liquide par l'introduction de l'huile et de la graisse, on lui donne la consistance qu'il doit prendre en y mettant à froid, et peu à peu, de la chaux neuve, fusée sans eau et tamisée, et en battant et remuant toujours, jusqu'à ce que le mastic ne tienne plus ni à la terrine, ni à la spatule, ni même aux mains.

On appelle aussi le mastic, *ciment de pâte.*

§. 3. *Ciment de citerne.* Il est composé d'argile, de mâchefer, de verre et de cailloux de rivière, en doses égales de chacune de ces substances, et de tuiles en dose égale à la somme des premières, le tout pulvérisé, mêlé et sassé. On y ajoute ensuite du bon vinaigre ou du vin, en assez grande quantité pour que le mélange devienne liquide, et on lui donne la consistance qu'il doit avoir en le battant et corroyant avec de la chaux vive, pulvérisée, que l'on y mêle peu à peu, et en assez grande quantité pour en faire un mortier bien gras.

§. 4. *Autre mastic pour les tuyaux de conduite.* On soude leurs points de réunion avec une pâte composée de brique pilée, de chaux vive en poudre, et de saindoux, ou graisse blanche ; le tout à parties égales et bien pétries ensemble.

§. 5. *Scellement des fers dans les pierres de taille*, etc. La soudure que l'on emploie ordinairement pour cet objet est composée de deux tiers de plomb et d'un tiers d'étain fin.

Ces scellemens se font aussi quelquefois avec une soudure composée de soufre et de limaille d'acier.

§. 6. *Ciment d'eau-forte.* Ce ciment est un composé d'alumine et de potasse, poussé à un état de demi-vitrification, qui le rend très solide et insoluble dans l'eau. On l'emploie aux mêmes usages que les autres mastics, et on le trouve chez les distillateurs d'eau-forte. (DE PER.)

MORVE. Le vulgaire appelle du nom de morve tout écoulement par le nez de quelque nature qu'il soit.

En hippiatrique ce mot a une acception moins générale, moins vague et plus précise ; il est employé pour désigner une maladie chronique, rarement aiguë, contagieuse et quelquefois épizootique qui affecte le cheval, l'âne et le mulet ; c'est surtout dans les corps de cavalerie, dans les postes-relais et messageries, dans les grands dépôts aux armées, et enfin par-tout où il y a un grand nombre de chevaux rassemblés qu'elle prend ce dernier caractère.

Les symptômes de la morve ne sont pas toujours les mêmes ; ils varient suivant les individus et suivant les diverses époques de la maladie.

MM. Chabert et Huzard, dans une Instruction sur les moyens de s'assurer de l'existence de la morve, imprimée par ordre du gouvernement, ont divisé les signes de cette maladie en signes du premier degré, en signes du deuxième degré et en signes du troisième degré.

Les signes du premier degré sont, 1° l'écoulement par un naseau seulement d'une humeur blanchâtre et fluide qui n'est bien sensible que lorsque l'animal est exercé pendant quelque temps ;

2° L'engorgement et l'inflammation caractérisés par la rougeur de la membrane qui tapisse l'intérieur du nez près la partie qui sépare les deux naseaux ;

3° Le gonflement des vaisseaux sanguins de cette membrane qui sont presque inapercevables dans les animaux sains, surtout dans le repos ;

4° L'engorgement d'une ou plusieurs glandes de la ganache du côté du naseau par lequel l'écoulement a lieu ;

5° Le brillant du poil qui est dû au défaut de transpiration ;

6° Le bon état apparent de l'animal avec les signes précédens ;

7° La crudité et la transparence des urines.

Les signes de la morve produite par la communication ne sont pas toujours les mêmes que ceux de la morve qui provient de l'usage des mauvais fourrages, d'exercices outrés, etc.

Dans le premier cas, c'est-à-dire dans celui de communication, le flux est toujours plus ou moins copieux par un naseau : tous les signes que nous venons d'indiquer existent sans toux ; dans le second cas au contraire une toux grasse ou sèche accompagne la maladie, que précède le dégoût et la tristesse.

Les signes du second degré sont, 1° l'épaississement, la couleur jaune et verdâtre du flux, sa viscosité, son adhérence au bord de l'ouverture des naseaux ;

2° Le froncement et le retroussement de la partie supérieure du bord de l'orifice du naseau par lequel l'écoulement a lieu ;

3° Enfin la sensibilité des glandes engorgées et leur adhérence aux os de la mâchoire postérieure.

Les signes du troisième degré sont, 1° la couleur grisâtre ou noirâtre et la fétidité de l'humeur qui coule par les naseaux ;

2° Les trainées de sang qu'on y aperçoit communément ;

3° Les hémorragies fréquentes de la membrane interne du nez ;

4° L'écoulement établi par les deux naseaux à la fois ;

5° Les ulcères chancreux qui corrodent la membrane interne ;

6° La sensibilité des glandes tuméfiées et leur plus forte adhérence à l'os de la mâchoire ;

7° La chassie des yeux ou de l'œil répondant au naseau qui flue lorsque le flux n'a lieu que par un seul ;

8° La tuméfaction de la paupière inférieure ;

9° Le boursoufflement et le soulèvement des os du nez ou du chanfrin ;

10 Le dégoût, l'abattement, la toux, l'enflure des jambes et des testicules, enfin la claudication sans aucune cause apparente lorsqu'elle survient après les autres symptômes ci-dessus ; elle annonce le plus souvent la fin prochaine du sujet.

Les signes qui viennent d'être indiqués ne sont pas tous particuliers à la morve, il en est plusieurs qui sont communs à d'autres maladies avec lesquelles il est dangereux et malheureusement trop ordinaire de la confondre.

Ces maladies sont la gourme, la fausse gourme, la péripneumonie, la morfondure et la pleurésie.

L'écoulement par les naseaux d'une humeur plus ou moins
épaisse, l'engorgement, des glandes situées sous la ganache,
les chancres sur la membrane interne du nez sont des symptômes communs à plusieurs de ces maladies et à la morve ;
mais ce qui les différencie essentiellement, c'est que dans la
dernière ces trois symptômes existent le plus souvent à la fois,
ce qui n'arrive jamais dans les premières.

Celles-ci sont toujours aiguës, inflammatoires dès les premiers jours de l'invasion ; elles ont le caractère le plus alar-
mant ; elles parcourent leurs périodes en peu de jours ; le flux,
lorsqu'il existe, diminue peu à peu ; le sang se dépure, les
fonctions se rétablissent et l'animal guérit.

Celle-là au contraire ne parcourt ces périodes qu'avec une
extrême lenteur ; les signes qui l'annoncent ne s'aggravent que
par gradation ; l'animal qui en est atteint paroît jouir de la
santé, sur-tout jusqu'au deuxième temps ; ce n'est que vers
la fin de celui-ci ou au commencement du troisième que commencent à se manifester extérieurement les lésions internes
produites par cette maladie.

Ces caractères, et sur-tout le dernier, c'est-à-dire l'apparence de l'état le plus sain avec le flux, ou l'engorgement des
glandes, ou les chancres de la membrane du nez, établissent
entre ces maladies des différences auxquelles il n'est pas possible de se méprendre pour peu qu'on y fasse attention.

On peut encore confondre la morve avec les rhumes et les
affections catarrhales, sur-tout à Paris ou ces dernières dispositions sont pour ainsi dire enzootiques et où elles sont plus
générales que par-tout ailleurs.

Des polypes dans les naseaux donnent aussi lieu à l'écoulement de matière blanche et quelquefois sanguinolente par
le nez, ainsi qu'à l'engorgement des glandes de dessous la
ganache ; on voit quelquefois des coups sur le nez produire
les mêmes désordres et même des ulcères d'une odeur fétide ;
le praticien éclairé reconnoît facilement ces différences.

Les causes de la morve sont,

1° La communication des chevaux sains avec des chevaux
morveux, l'usage de quelques uns des objets qui leur ont
servi, comme brides, selles, harnois, couvertures, seaux,
étrilles, éponges, brosses, époussettes, etc. Cette cause est
plus ou moins active suivant le caractère du virus et les dispositions des sujets qui sont exposés à ses effets ;

2° Les tourbillons des vapeurs fournies par la transpiration
de tous les chevaux d'un régiment dans les manœuvres, vapeurs qui sont introduites dans les poumons par l'inspiration,

3. La mauvaise qualité des alimens dont les chevaux sont nourris, enfin toutes les espèces d'alimens échauffans continués pendant long-temps;

4° La trop petite quantité d'alimens : les animaux épuisés par la fatigue et l'abstinence perdent bientôt leur embonpoint et leurs forces ; les liqueurs s'appauvrissent et les solides tombent dans l'atonie ; on espère réparer ces désordres par un meilleur régime employé un peu trop tard, et à une époque à laquelle l'augmentation de nourriture devient plutôt nuisible qu'avantageuse et donne quelquefois lieu au farcin et à la morve ;

5° L'arrêt subit de la transpiration lorsque l'animal est exposé à un air froid après un exercice qui a mis les humeurs en mouvement ;

6° Une gourme, une morfondure négligées ou maltraitées, les affections catarrhales, dont nous avons précédemment parlé, traitées par des moyens trop relâchans et qui font passer promptement ces maladies à l'état chronique ;

7° Des javards, des crapauds, des poireaux, des eaux aux jambes, ou autres maladies externes guéries par l'application des remèdes purement locaux;

8° La disparition subite de la gale, du farcin et autres maladies de la peau.

On doit observer que la morve qui paroît à la suite du farcin est toujours incurable, et qu'on doit au contraire espérer quand c'est la morve qui dégénère en farcin.

La morve n'est pas incurable, mais son traitement a été jusqu'à présent long et par conséquent dispendieux. Il est encore très incertain sur-tout dans les chevaux chez lesquels elle a fait des progrès ; mais ce qu'il y a de sûr, c'est la perte énorme qu'elle peut occasionner en se propageant d'un individu à un autre, même pendant le traitement. Ce seroit donc entendre mal ses intérêts à chercher à la guérir, sur-tout lorsqu'elle est ancienne; et, si elle ne l'est pas, lorsque le virus a fait en peu de temps des progrès très rapides ; ainsi la cure de cette maladie ne doit être entreprise qu'autant qu'elle sera dans son principe, ou tout au plus à son second dégré; il faut encore que les animaux qu'on se propose de traiter soient en bon état, d'un bon tempérament, exempts de tous autres vices, et d'une valeur qui puisse couvrir la dépense.

La morve, et toutes les maladies qu'accompagne le flux par les naseaux, étant contagieuses, la première indication qui se présente à remplir c'est la séparation de tous les chevaux sains d'avec ceux atteints de quelques unes de ces maladies; la seconde, la désinfection des chevaux qui ont communiqué avec les chevaux morveux; la troisième, l'assainissement des écuries ; la quatrième, la purification des harnois et ustensiles qui ont servi aux chevaux affectés de cette maladie.

La séparation des chevaux sains d'avec les malades doit être précédée d'un examen attentif de tous les animaux.

Pour procéder avec méthode à cet examen, il faut faire sortir par ordre tous les chevaux, tant sains que malades, afin qu'aucun n'échappe à l'inspection : l'animal détaché et sorti de sa place, on le fera conduire dans un jour qui soit tel que toutes les parties de la tête soient éclairées de manière qu'aucune d'elles ne puisse se dérober aux regards, afin de pouvoir reconnoître les animaux affectés, désigner ceux qui doivent être abattus ou conservés.

Cette maladie, comme toutes celles qui sont contagieuses, exige des mesures générales qui tiennent à la salubrité publique, et des mesures particulières qui sont relatives aux intérêts des propriétaires.

Les personnes qui ont des chevaux atteints de la morve doivent en faire leur déclaration aux autorités.

Il a été dit que les écuries dans lesquelles il y a eu des chevaux morveux, ou suspectés de cette maladie, devoient être purifiées ; ces précautions intéressent directement le propriétaire : il doit en cela se conformer strictement à ce qui lui sera prescrit par les autorités et par les vétérinaires.

Au reste, il faut consulter l'Instruction déjà citée de MM. Chabert et Huzard, de laquelle cet article est extrait. On y trouvera très en détail l'indication des précautions à prendre dans cette cruelle maladie. Il faut pareillement consulter le projet de Code rural, 3ᵉ section, articles 237, 238, 239, 240, 241, 242, 243, 244, 245 et 252.

Il seroit trop long d'en faire ici l'histoire, et de rapporter tout ce qu'en ont dit les différens auteurs, depuis les Grecs jusqu'à nous. Faire connoître la morve, indiquer les précautions et les mesures à prendre pour en diminuer ou en arrêter les funestes effets, et donner les moyens de la faire distinguer des maladies avec lesquelles on peut la confondre, tel a dû être l'esprit dans lequel cet article a été rédigé. (Desp.)

MORVE. Les jardiniers donnent ce nom au mucilage qui forme la substance de la plupart des fruits, sur-tout des fruits huileux, avant leur maturité. *Ces cerneaux sont encore en morve* est une expression qu'ils emploient très communément. *Voyez* Mucilage.

MORVE DES CHIENS. On a donné ce nom à la Maladie des chiens, parceque dans les commencemens elle est accompagnée d'un flux par les naseaux. *Voyez* ce mot et le mot Chien.

MORVE DES MOUTONS. *Voyez* Rhume.

MOTTE. Masse de terre plus ou moins grosse qui échappe à la division dans les labours à la charrue, à la bêche, ou à la pioche.

Les terres argileuses, sur-tout lorsqu'il y a long-temps qu'elles n'ont été labourées, les prairies naturelles ou artificielles, les pâturages qu'on défriche, en fournissent le plus. Il en est de même des champs qui ont été piétinés par les bestiaux, de ceux qu'on est dans la mauvaise habitude de ne labourer qu'après l'hiver, etc. Il est des sortes de terre qui se lèvent plus facilement en motte lorsqu'elles sont imprégnées d'eau, d'autres quand elles sont très sèches. Il n'en est pas deux qui se comportent de même à cet égard.

Comme le but de tout labour est de diviser la terre, et que celle des mottes n'est pas divisée, on doit toujours tendre à en laisser le moins possible ; c'est pourquoi on prend une petite quantité de terre à chaque raie ; c'est pourquoi on croise les labours ; on choisit le moment le plus convenable à la nature de chaque terre ; on passe la herse, le rouleau avec ou sans dents, après les semailles ; on casse même les mottes avec un maillet ou une massue faite exprès, appelée *casse-motte*. Il est cependant des cas où elles sont un bien, par exemple si le blé levé a été Déchaussé. *Voyez* ce mot. Souvent elles en recouvrent les racines par leur *fusion*, leur *délitation*, c'est-à-dire par leur division en molécules, division qui s'opère par le seul effet de l'action alternative de la sécheresse et de l'humidité, par les pluies, les gelées, etc.

Il est des terres dont les mottes sont beaucoup plus disposées à cette division que d'autres, telles que celles dans la composition desquelles il entre une certaine proportion de silice ou de calcaire, les schisteuses, les marneuses, par exemple. Entrer dans le détail de leurs variations à cet égard mèneroit beaucoup trop loin, et seroit peu utile. Un an d'expérience sur un domaine quelconque en apprendra plus que des volumes de discours.

Un champ couvert de mottes annonce une mauvaise culture. Un laboureur doit toujours préparer ses terres dans la saison, pendant le temps et de la manière la plus favorable à son objet ; et je le répète, son objet est de ne pas faire de mottes. Il faut qu'il multiplie coup sur coup ses labours, ses roulages, ses hersages, ses binages au moyen de la Houe a cheval, *voyez* ce mot, si les circonstances l'exigent. C'est pour négliger ces opérations que tant de récoltes sont chétives, ne payent pas les frais qu'elles ont occasionnés. Mais, dira-t-on, cette perfection exige de plus fortes dépenses, et diminue par conséquent les bénéfices. Cela peut être la première année, pour une terre jusqu'alors mal cultivée ; mais une fois en valeur elle demande bien moins de travail, et rapporte toujours davantage. *Voyez* au mot LABOUR.

De toutes les sortes de labours, celui avec la charrue est celui qui fournit le plus de mottes, et celui avec la pioche est celui qui en laisse le moins; aussi ce dernier est-il le plus parfait. (B.)

MOTTE (ARRACHER ou PLANTER EN). C'est arracher une plante avec la plus grande partie de la terre qui entoure ses racines, et la planter sans ôter cette terre.

Il seroit à désirer, pour la certitude de la reprise des plantes et des arbres, qu'on pût toujours les mettre en terre avec leur motte; mais outre que cette opération est très coûteuse quand elle s'exécute sur de grands arbres ou sur une grande quantité de petits, toutes les terres ne s'y prêtent pas également. Celles qu'on appelle légères, par exemple, n'ont pas assez de consistance pour se conserver en motte autour des racines, si ce n'est quand elles sont gelées.

Ces deux considérations font qu'on ne plante en motte que quelques objets pour lesquels on ne craint pas la dépense.

Anciennement on avoit dans tous les jardins des instrumens propres à enlever les plantes avec leur motte. Aujourd'hui on ne se sert plus que de la bêche ou de la pioche; mais on prend toutes les précautions convenables pour arriver à son but. Ainsi si c'est une petite plante, on enfonce trois fois la bêche autour, et on ne l'enlève qu'au quatrième coup. Ainsi, si c'est un arbre, on fait autour une tranchée, qui en est d'autant plus éloignée qu'il est plus gros, et d'autant plus profonde que son pivot est plus long.

Une précaution toujours utile, c'est de mouiller fortement la terre avant de lever une plante en motte, afin que les molécules de cette terre soient plus cohérentes.

Lorsqu'on veut lever un arbre précieux dans une terre sablonneuse, on attend qu'elle soit gelée, et on jette de l'eau le soir sur le travail qu'on a effectué pendant le jour, afin que la gelée s'approfondisse autant que cela devient nécessaire à la suite du travail.

Le défaut général des jardiniers qui veulent lever en motte, c'est de ne pas écarter assez la bêche, ou la tranchée, du tronc. Leur but est de s'épargner un peu de travail; mais souvent ce but est manqué, parceque la plante ou l'arbre dont les racines ont été trop raccourcies, trop mutilées, ne reprend pas, et qu'il faut recommencer la même opération sur un autre.

Une partie des racines d'une plante ou d'un arbre, levé en motte, restant intactes, et celles qui ont été coupées consci-

vant une certaine longueur, il arrive presque toujours, lorsque l'opération a été bien faite, que cette plante ou cet arbre,
mis dans sa nouvelle place et arrosé, ne semble pas avoir été
transplanté, c'est-à-dire qu'il continue de végéter avec la
même force, pousse ses feuilles et ses fleurs, amène ses fruits
à maturité comme s'il n'avoit pas été arraché.

C'est principalement pendant l'été, lorsque les plantes sont
dans un état actif de végétation, qu'il est important de les
transplanter avec leur motte, pour que cette végétation ne
soit pas interrompue. *Voyez* au mot VÉGÉTATION.

On transplante presque toujours en motte les plantes et les
arbres qui ont été semés ou plantés isolément dans des pots,
et après qu'ils ont été sortis des pots, on est dans l'usage de
couper tout le chevelu qui ordinairement tapisse le fond et les
parois du pot, en suivant son contour. Quelques auteurs ont
blâmé cette dernière opération; mais par cela seul ils annoncent qu'ils n'ont jamais mis la main à l'œuvre. En effet,
il est le plus souvent impossible de faire prendre une direction droite à ces racines, et le pourroit-on, cela exigeroit
un très long temps. Il y a bien moins d'inconvéniens, comme
je le fais voir au mot PLANT, à couper ces racines, avec ménagement s'entend, que de les laisser contournées. (B.)

MOUCHE, *Musca*. Genre d'insectes de l'ordre des diptères,
qui comprend plus de deux cents espèces, dont quelques unes
sont si communes dans les maisons qu'elles en deviennent souvent incommodes; dont d'autres, en déposant leur progéniture dans la viande destinée à la nourriture de l'homme, en
accélèrent la décomposition, et d'autres enfin nuisent sous
d'autres rapports.

On applique vulgairement ce nom à tous les insectes qui
n'ont que deux ailes membraneuses et réticulées; mais ici il
est circonscrit à ceux de ces derniers dont le suçoir a au plus
deux soies et est reçu dans une trompe bilabiée, c'est-à-dire
aux véritables mouches de Fabricius (Entomologie systéma-
tique). Latreille et autres ont subdivisé ce genre en plusieurs
autres, mais sur des motifs trop peu saillans pour être facilement saisis par les cultivateurs.

Les larves des mouches sont des vers allongés, sans pattes,
ordinairement coniques, dont la tête, placée au petit bout, est
armée de deux crochets qui leur servent à déchirer les viandes
et autres objets dont elles sucent le jus. Lorsqu'elles sont arrivées à leur dernier degré d'accroissement, leur peau, qui est
mollasse, se durcit et devient une coque dans laquelle elles se
transforment en nymphes, et ensuite en insectes parfaits.

Il est des espèces qui ne mettent pas plus de quinze jours

à parcourir toutes les phases de leur transformation, et la plupart pondent chacune plusieurs centaines d'œufs.

Toutes les mouches s'accouplent à la manière des autres insectes, excepté la plus commune, la mouche domestique, dont la femelle semble faire l'office de mâle, puisqu'elle introduit sa vulve dans le corps de ce dernier. La plupart sont ovipares ; cependant il en est quelques unes qui semblent vivipares, c'est-à-dire dont les œufs éclosent dans leur ventre.

Un grand nombre d'oiseaux, beaucoup d'insectes, de poissons, vivent aux dépens des mouches; la destruction qu'en fait une seule hirondelle, dans le cours d'une journée, a été évaluée à environ un millier; les variations atmosphériques et les accidens en font aussi périr d'immenses quantités ; cependant par-tout, à la fin de l'été, on se trouve incommodé de leur grand nombre. O fécondité de la nature !

Aux premiers froids presque toutes ces mouches disparoissent. Il n'est donné qu'à un petit nombre de femelles fécondées de se conserver pendant l'hiver, en se cachant dans les trous des murs, les fentes des rochers, sous l'écorce des arbres, dans les maisons, les cavernes, pour propager leur espèce au printemps.

Les espèces de véritables mouches que les cultivateurs doivent désirer le plus généralement connoître sont,

La MOUCHE CARNASSIÈRE, *Musca carnaria*, Lin., qui a le front gris, luisant ; les antennes plumeuses; le corps noirâtre, hérissé de poils roides; le corcelet avec quatre lignes longitudinales, luisantes, grisâtres ; l'abdomen avec quatre taches de même couleur sur chaque anneau. Sa longueur est de six lignes. On la trouve dans toute l'Europe, et fort abondamment en France. Elle dépose ses petits, car elle est du nombre des vivipares, dans les charognes et quelquefois dans la viande gardée pour l'usage de la cuisine.

La MOUCHE BLEUE DE LA VIANDE, *Musca vomitoria*, Lin., a les antennes plumeuses, le front fauve, doré; le corcelet noir; l'abdomen gros, court, d'un bleu foncé, brillant; toutes ses parties parsemées de longs poils de différentes grandeurs. Sa longueur est de cinq lignes. Elle est très commune en Europe et en Amérique. Ses mœurs diffèrent peu de celles de la précédente, mais elle est ovipare. Comme elle entre plus fréquemment dans les maisons, les cultivateurs s'en plaignent davantage. C'est en effet presque exclusivement elle qui dépose ses œufs dans la viande conservée pour la consommation du ménage, œufs d'où sortent des larves qui, ainsi que je l'ai dit plus haut, accélèrent beaucoup la décomposition de cette viande. Il n'est point de ménagère que cette espèce n'ait mise souvent dans le cas de s'assurer que les insectes étoient pourvus du sens de l'odorat.

car, quelques soins qu'on apporte à serrer la viande, elle sait toujours la découvrir et s'en rapprocher. On ne reconnoît pas d'abord facilement les suites de sa fécondité, parcequ'elle cache ses œufs dans les cavités, où ils sont hors de la vue et où ses larves exercent pendant quelque temps leurs ravages sans qu'on s'en doute. Ce n'est qu'à l'odeur plus infecte et à la sanie qui découle de ces cavités, qu'on s'aperçoit de leur présence.

On a indiqué des milliers de recettes pour empêcher cet insecte de déposer ses œufs dans la viande; mais la plupart ne servent qu'à prouver l'ignorance de ceux qui les débitent. Les meilleurs moyens sont de suspendre cette viande ou dans un courant d'air, ou dans un lieu obscur, ou de la placer dans une chambre dont les fenêtres sans vitres soient fermées avec du canevas, ou dans une cage faite de même toile. Je dis sans vitres, parcequ'il faut toujours que la viande reste à l'air libre pour qu'elle conserve sa qualité lorsqu'on veut la garder plusieurs jours. Tout le monde sait que le sel, le vinaigre, et un commencement de cuisson éloignent aussi les mouches de la viande; mais peu de personnes connoissent encore le moyen de réparer le tort qu'elles ont fait. Ce moyen consiste à faire jeter deux ou trois bouillons à la viande altérée, dans une eau où on aura mis quelques morceaux de charbon de cuisine, plus ou moins, selon qu'elle sera plus avancée, et ensuite de la faire cuire dans de la nouvelle eau, de la mettre en broche, etc. Par cette opération si simple, elle perd toute son odeur. Le charbon n'est point pour cela rendu inutile, seulement, pour l'employer au fourneau, il faut, au préalable, le faire rougir dans le foyer pour brûler les parties animales dont il s'est chargé.

La MOUCHE DORÉE, *Musca Cæsar*, Fab., a les antennes plumeuses; le corps doré ou cuivreux, et les pattes noires. Sa longueur est de quatre lignes. Elle est très commune et se dispute, avec les deux précédentes et la suivante, à qui déposera le plus d'œufs dans les charognes.

La MOUCHE DES CADAVRES a les antennes plumeuses; le corps doré, bleu sur le corcelet, et vert sur l'abdomen. Sa longueur est de trois lignes. Elle est encore plus commune qu'aucune de celles ci-dessus mentionnées, et sa larve forme au moins la moitié de celles des charognes.

Tout ce que j'ai dit des larves des deux premières convient presque complètement à celles de ces deux-ci. Ce sont principalement ces dernières que les pêcheurs à la ligne ramassent, sous le nom d'*arcot*, pour les employer comme amorce. Sous ce rapport elle a un degré d'utilité; mais celui sous lequel elle doit être le plus considérée, c'est qu'en accélérant la destruction des charognes, elle diminue les dangers de leurs émanations, et les rendent plus tôt propres à servir d'engrais aux terres. Des expériences constatent ces faits d'une manière irrécusable. C'est une de celles qui aux environs de Paris parcourent en quinze jours toutes les périodes de leur croissance, et j'ai lieu de croire qu'elle y met encore moins de temps dans les climats plus chauds.

Les jeunes dindons, les petits poulets et autres oiseaux sont extrêmement friands des larves de cette mouche ; aussi dans quelques fermes les fait-on ramasser pour leur usage. Cet aliment est très approprié à leur foiblesse, parcequ'il est très nourrissant et de facile digestion. Comme les charognes se décomposent trop rapidement lorsqu'elles sont en grande masse et exposées à l'air, on a proposé de les couper en petits morceaux et de stratifier ces morceaux avec de la paille et de la terre, dans des fosses faites exprès à quelque distance de la ferme. J'ai vu une de ces fosses qui produisoit tous les deux jours un abondant régal aux nombreuses couvées d'une basse-cour. On y conduisoit les poussins le matin, et on n'avoit autre chose à faire que de retourner avec une fourche le lit supérieur. Il n'est pas bon d'y laisser aller souvent les poules pondéuses, parceque, par suite de cette nourriture, leurs œufs prennent une teinte noire et un goût désagréable, ainsi que je l'ai observé.

Un propriétaire d'étang trouvera aussi de grands avantages à faire faire une fosse semblable sur le bord de cet étang, pour en faire jeter de temps en temps le contenu dans l'eau, contenu qui fait promptement grossir et engraisser les carpes et autres poissons. Par ce moyen on peut tenir dans un petit espace le double et le triple de poissons ; car, comme on sait, c'est le défaut de nourriture seul qui limite leur nombre, lorsqu'il n'y en a pas de voraces parmi eux, et qu'ils sont défendus contre les quadrupèdes et les oiseaux ichtiophages.

C'est encore avec ces larves qu'on peut nourrir les rossignols, les fauvettes et autres oiseaux insectivores dans leur première jeunesse.

La MOUCHE DES LARVES, *Musca larvarum*, Fab., a les antennes à poil simple ; le corps noirâtre et hérissé de longs poils, mais son écusson est jaunâtre, et son abdomen couvert de larges taches grises luisantes. Sa longueur est de quatre lignes. Je la cite parcequ'elle dépose ses œufs dans les chenilles, et qu'ainsi elle est l'ennemie des ennemis des cultivateurs. Fabricius dit que sa larve vit aussi dans la racine du chou ; mais il y a eu sans doute erreur d'observation, car le même insecte ne peut pas se nourrir de substances aussi différentes. Je l'ai fréquemment trouvée dans les boîtes où j'élevois des chenilles pour ma collection. *Voy.* aux deux articles suivans.

La MOUCHE COMMUNE, *Musca domestica*, Fab., a les antennes plumeuses ; le devant de la tête d'un blanc satiné ; le corps hérissé de poils ; le corcelet d'un noir cendré, avec quatre raies longitudinales plus noires ; l'abdomen en dessus d'un brun foncé, avec des taches noires allongées, et en dessous d'un brun jaunâtre ; les pattes noires. Elle a trois lignes de long. C'est elle qu'on voit pendant l'été et l'automne en si grande abondance dans les maisons qu'elle devient un fléau. Sa larve vit dans le fumier, les ordures des cours, les excrémens des animaux, etc. Elle diffère peu de celle de la première espèce, et, ainsi qu'elle, parcourt le cercle de ses transformations en très peu de temps, dix à douze jours pendant l'été. Le seul mal réel qu'elle occasionne, c'est de salir les meubles par ses excrémens, car ce n'est pas elle qui pique, comme on le croit communément, c'est le STOMOXE, insecte qui lui ressemble beaucoup ; mais elle devient insupportable en se plaçant sur le visage, en couvrant les mets, et en se noyant dans toutes les liqueurs. Il n'est pas toujours facile d'en débarrasser un appartement. En fermant les volets, les fenêtres, et laissant la porte ouverte, elles sortent par cette dernière pour aller chercher la lumière dans l'antichambre ; mais elles reviennent bientôt, lorsque les fenêtres sont ouvertes de nouveau, si on n'y place un châssis de canevas ou de gaze. Dans beaucoup d'endroits on suspend au plancher une assiette dans laquelle est de l'eau sucrée et empoisonnée avec de l'arsenic déguisé sous le nom d'orpiment, de mine de cobalt, etc. Ce moyen en détruit bien des centaines de milliers dans une année, sans que leur nombre paroisse diminuer, parcequ'aux approches des froids toutes celles de la campagne se réfugient dans les maisons. Toutes les autres recettes indiquées pour les éloigner ou les faire mourir, sont ou ridicules ou insuffisantes. Je dois cependant dire qu'on en fait encore beaucoup périr avec l'eau de savon, et mieux encore avec de l'eau-de-vie très foible et sucrée, mise dans une bouteille dans laquelle elles se noient.

La MOUCHE STERCORAIRE, *Musca stercoraria*, Fab., a les antennes à soie simple ; le corps hérissé, plus ou moins roux, et un point noir au milieu de l'aile. Sa longueur est de quatre lignes. Elle est extrêmement commune, au printemps, sur les excrémens des hommes et des animaux. Sa larve vit aux dépens de ces matières, dont elle accélère la décomposition. Elle est par conséquent utile à l'agriculture ; car les excrémens portent d'abord par-tout l'infertilité. *Voyez* ENGRAIS.

La MOUCHE DU FROMAGE, *Musca putris*, Fab., a les antennes à soie simple, le corps très noir ; les ailes blanches bordées extérieurement de noir. Sa longueur est d'une ligne et demie. Elle dépose ses œufs dans le vieux fromage, dont elle accélère rapidement la décomposition. Sa larve quitte, lorsqu'elle est parvenue à toute sa grosseur, le lieu où elle s'est nourrie pour aller se transformer dans quelque coin, et pour cela la nature lui a donné la faculté de sauter. N'en déplaise à certaines personnes dont le palais blasé a besoin de saveurs fortes, je ne crois pas que le fromage habité par ces larves soit une nourriture salubre. Il est donc dans mon opinion que loin d'en favoriser la multiplication, comme on ne le fait que trop, on doit l'empêcher, en tenant les fromages dans des lieux frais et obscurs et cependant aérés, en les salant ou les mettant dans du vinaigre.

La MOUCHE DE LA TRUFFE, *Musca tuberis*, est noirâtre avec les yeux rouges. Sa longueur ne surpasse pas une ligne. Elle dépose ses œufs dans les truffes et ses larves vivent aux dépens de ce singulier végétal. On reconnoît souvent le lieu où il y a des truffes aux mouches qui sortent de la terre, mais une tipule dont la larve se nourrit de la même substance les indique encore mieux. *Voyez* TRUFFE.

La MOUCHE DES RACINES, *Musca radicum*, Fab., a les antennes à poil simple, le corps noir avec deux bandes transversales cendrées. Elle dépose ses œufs sur les racines du RADIS NOIR, *Raphanus sativus*, Lin., et ses larves forment les nodosités qui s'y remarquent. L'extravasion de sève qu'elles occasionnent empêche ces racines de profiter, et leur grand nombre s'oppose souvent à ce qu'on les mange. Je ne connois pas d'autre moyen d'en débarrasser un jardin, encore n'est-ce que lorsque les voisins en font de même, que de se priver d'y cultiver cette plante pendant un ou deux ans, afin d'interrompre leur multiplication. Cet insecte est rare aux environs de Paris, mais je me rappelle avoir observé dans ma jeunesse ses ravages aux environs de Dijon.

La MOUCHE DU CHOU, *Musca brassicaria*, Fab., a les antennes à poil simple; le corps noir hérissé de poils; l'abdomen cylindrique, allongé, avec le second et le troisième anneau rouge. Sa longueur varie entre deux et six lignes. Elle place ses œufs au collet des racines du chou, et sa larve, en mangeant la substance du tronc, empêche les feuilles de croître et de pommer. Souvent ces larves sont en si grand nombre dans un de ces troncs qu'il devient cassant au moindre effort. Cette mouche, quoique commune, n'est pas ordinairement assez abondante pour qu'on ait à se plaindre de ses dégâts, cependant cela arrive quelquefois. Deux ou trois larves dans un chou n'y font pas de mal sensible, mais une douzaine nuisent déjà beaucoup à sa croissance. Il n'y a de moyen de s'en débarrasser qu'en arrachant tous les choux à la fin de l'été, c'est-à-dire en s'en privant pendant un hiver, pour, comme il a été dit à l'article précédent, interrompre la suite de leurs reproductions. Les dommages que cause cette mouche ne doivent pas être confondus avec ceux produits par le CHARANÇON CHLORE. *Voy.* ce mot.

La MOUCHE DES LATRINES, *Musca serrata*, Fab., a les antennes à poil simple ; la tête rousse ; le corcelet cendré ; l'abdomen allongé et ferrugineux ; les ailes dentelées à leur base extérieure. Sa longueur est à peine de trois lignes. Sa larve vit dans les matières fécales, les latrines, les fumiers, etc. Souvent les maisons en sont remplies, mais elle ne vit pas longtemps ; rarement on est dans le cas de s'en plaindre plus de trois à quatre jours.

La MOUCHE DU VINAIGRE, *Musca cellaris*, Fab., a les antennes à poil simple ; le corps d'un fauve obscur légèrement velu ; les yeux d'un brun obscur ; les ailes larges. Sa longueur ne surpasse pas une ligne et demie. Elle dépose ses œufs dans le vin et dans le vinaigre. Il est rare qu'on laisse un verre de ces liqueurs exposé à l'air pendant l'été sans qu'une heure après on n'y trouve plusieurs de ces mouches noyées. Elles sont excessivement abondantes dans les cabarets, les fabriques de vinaigre, les chapelleries et autres lieux où on emploie les produits du vin. Elle concourt beaucoup à accélérer l'altération du vin, et j'ai lieu de croire qu'elle contribue à diminuer la force du vinaigre. Je crois donc qu'il faut en garantir ces liqueurs en les tenant constamment bouchées.

La MOUCHE MÉTÉORIQUE a les antennes à poil simple, est noire, avec l'abdomen cendré et la base des ailes d'un fauve clair. Sa longueur est de deux lignes. Elle est extrêmement abondante dans les pays boisés, et se fait remarquer des voyageurs à l'extrême ténacité avec laquelle elle suit les hommes et les animaux, entoure leur tête en volant pour pouvoir se fixer autour de leurs yeux et se nourrir de l'humeur qui les lubrifie. C'est sur-tout lorsqu'il va pleuvoir qu'elles sont le plus insupportables. Je les ai vues quelquefois former des nuages autour des bœufs et des chevaux qu'elles tourmentent beaucoup. On ignore où elle dépose ses œufs.

La MOUCHE DES ÉPIS DE L'ORGE, *Musca frit*, Fab., a les antennes à poil simple ; le corps noir, avec l'extrémité des pattes et de l'abdomen d'un vert pâle. Sa longueur est celle d'une puce. Elle dépose ses œufs dans le grain de l'orge encore sur pied, grain que sa larve dévore. Elle n'est connue que par la description de Linnæus dans sa Faune de Suède. Je ne l'ai pas trouvée en France.

La MOUCHE DES TIGES DE L'ORGE, *Musca lineata*, Fab., a les

antennes à soie simple ; le corps jaune, conique, une tache sur le front, trois lignes sur le corcelet et quelques taches noires à la base de l'abdomen. Sa longueur est d'une ligne et demie. Elle dépose ses œufs dans le chaume de l'orge (probablement aussi de quelques autres graminées), et les larves qui en naissent, en mangeant la moelle qui s'y trouve, empêchent l'épi de se former. Cette espèce est fort commune en France, mais ses mœurs n'ont pas encore été suffisamment étudiées. Elle varie beaucoup dans ses couleurs. Ce qui me fait dire qu'elle vit probablement dans les autres graminées, c'est que j'en ai souvent vu de grandes quantités dans les lieux aquatiques fort éloignés des champs d'orge ; c'est au milieu de l'été qu'on la trouve.

La MOUCHE DE L'OLIVE a les antennes à soie simple ; le corcelet cendré ; l'abdomen conique et ferrugineux, avec une tache noire triangulaire de chaque côté. Sa longueur est de deux lignes. Elle dépose ses œufs dans la chair de l'olive lorsqu'elle est encore petite, et la larve qui en naît la fait tomber avant sa maturité, ce qui, certaines années, occasionne des pertes très considérables aux propriétaires d'oliviers. *Voy.* au mot OLIVIER.

La MOUCHE DES SERRATULES, *Musca serratulæ*, Fab., a les antennes à soie simple ; le corcelet verdâtre ; l'abdomen cendré, avec quatre rangées de points noirs ; les ailes blanches. Sa longueur est de deux lignes et demie. Elle dépose ses œufs dans les réceptacles des fleurs des *chardons*, des *serratules*, des *artichauts* et autres plantes de cette famille, ce qui fait avorter leurs fleurs en partie ou en totalité.

La MOUCHE DES CHARDONS, *Musca cardui*, Fab., a les antennes à soie simple, est conique, noire, avec la tête et l'écusson jaunes. Ses ailes ont une bande longitudinale en zig-zag brune. Sa longueur est de trois lignes. Elle a les mêmes mœurs que la précédente, mais est beaucoup plus commune.

La MOUCHE SOLSTICIALE, *Musca solsticialis*, Fab., a les antennes à un seul poil ; le corps noir, conique ; la tête ferrugineuse ; les ailes avec quatre bandes transversales brunes réunies deux par deux. Sa longueur est de deux lignes. Elle est excessivement commune dans les marais. Je l'ai vue quelquefois en couvrir toutes les plantes. Elle dépose également ses œufs dans les têtes des chardons et autres plantes de la même famille, sur-tout des *bardanes*.

Plusieurs autres espèces de mouches nuisent encore aux plantes à fleurs composées, sur-tout aux salsifis et au scorsonères ; mais on ne les a pas encore suffisamment étudiées pour pouvoir les rapporter à celles qui sont décrites par Fabricius et autres.

La MOUCHE DU CERISIER, *Musca cerasi*, Fab., a les antennes à soie simple ; le corps roux ; l'écusson jaune et les ailes avec des bandes inégales ondées, brunes. Sa longueur est de trois lignes. Elle dépose ses œufs dans les bigarreaux encore jeunes. Sa larve pénètre dans le noyau, en consomme l'amande et les fait tomber avant leur maturité. C'est dans la terre qu'elle se transforme, et, pour pouvoir gagner un lieu convenable à cette opération, la nature lui a donné la faculté de sauter. Il est des années où ces larves sont si communes, que peu de bigarreaux, de guignes et d'autres cerises douces parviennent à bien. On ne doit pas confondre les dommages causés par cette mouche avec ceux qui sont dus au CHARANÇON. *Voyez* ce mot. Elle est rare aux environs de Paris, quoique les bigarreaux attaqués par elles y soient fort communs, de sorte que j'ai quelque doute sur son compte. Les fruits que j'ai supposés en être infectés et que j'ai mis dans des boîtes exactement fermées, pour lever ces doutes, n'ont jamais satisfait mes vues.

Il est encore beaucoup de mouches qui nuisent aux cultivateurs ; mais elles ne sont pas suffisamment connues ou assez importantes, par leur grand nombre, pour être mentionnées ici.

Les autres genres d'insectes qu'on confond ordinairement avec les mouches, et dont il sera question dans cet ouvrage comme intéressant l'agriculture directement ou indirectement, sont, STOMOXE, *Mouche piquante ;* HIPPOBOSQUE, *Mouche araignée ;* ASILE, ŒSTRE, TAON, TIPULE et SYRPHE, *Voy.* ces mots. B.)

MOUCHE. Nom des tas de fagots dans le département des Deux-Sèvres.

MOUCHE CANTHARIDE. *Voyez* CANTHARIDE.

MOUCHE A MIEL. *Voyez* ABEILLE.

MOUCHERON. On donne vulgairement ce nom à tous les insectes à deux ailes qui sont très petits, quel que soit le genre auquel ils appartiennent.

MOUÉE. Ancienne mesure pour les vignes. *Voy.* MESURE.

MOUILLURE. Ce mot s'emploie généralement par les jardiniers comme synonyme d'arrosement ; cependant dans quelques localités on le restreint aux arrosemens légers, à ceux qu'autre part on appelle BASSINAGE. *Voyez* ce mot et le mot ARROSEMENT.

Quand après une longue sécheresse le temps est disposé à la pluie, surtout à la pluie d'orage, il faut donner une bonne mouillure aux semis, pour que l'eau pénètre plus facilement la terre et la batte moins. *Voyez* BATTRE LA TERRE.

MOULE. Nom donné vulgairement à des coquilles bivalves qui ont été rapportées à des genres différens par les naturalistes; ainsi les moules d'étang sont des ANODONTES, les moules de rivière des MULETTES ; de sorte que le nom de moule proprement dit doit être restreint à des coquillages qui se trouvent dans la mer.

La MOULE COMMUNE, *Mytilus edulis*, Lin., est la seule qui soit dans le cas d'être mentionnée ici, parcequ'elle est si abondante sur certaines côtes, que les cultivateurs la ramassent pour fumer leurs terres. Je ne crois pas qu'on emploie ce moyen dans aucune partie de la France, parceque par-tout on y mange les moules, et que la consommation qu'on en fait est assez considérable pour arrêter leur reproduction, avec quelque rapidité qu'elle se fasse. D'ailleurs ce n'est pas une chose facile que d'arracher les moules de dessus les rochers où elles sont fixées, et le bénéfice qu'on retireroit de leur engrais seroit de beaucoup inférieur à la dépense de leur extraction, si on étoit obligé de les enlever une à une. Il est probable que, sur les côtes d'Angleterre, où on en fait usage sous ce rapport, il est possible d'en ramasser une grande quantité à la fois, par le moyen de râteaux de fer ou autres instrumens du même genre. Au reste, l'engrais que donnent les moules et leur coquille doit être excellent et sur les terres légères et sur les terres argileuses. Dans ces dernières, les coquilles, en se brisant, agissent mécaniquement en soulevant la terre et en la rendant plus perméable aux racines des végétaux qu'on lui confie.

Je ne parlerai pas ici de l'histoire naturelle des moules ni du commerce qu'on en fait comme objet de consommation, parceque cela sort de l'objet de cet ouvrage. (B.)

MOULIN A FARINE. Lorsque les hommes songèrent à diriger leurs travaux vers les objets les plus utiles, leurs premiers regards se portèrent sur l'aliment principal à la vie; ils commencèrent d'abord par piler les grains dans des mortiers, par les écraser ensuite au moyen de rouleaux sur des pierres taillées en table, ce qui les conduisit insensiblement aux meules couchées l'une sur l'autre : la supérieure a été d'abord construite en bois armée de têtes de clous, dont l'arrangement imitoit assez bien celui des meules piquées; par la suite on la fit également en pierre comme la meule inférieure. On n'est pas bien d'accord sur l'époque des moulins à bras; quelle qu'en soit l'origine, cette découverte ayant le mérite de diviser les graines d'une manière plus parfaite et moins pénible que celle des pilons et des rouleaux, elle fut généralement adoptée. Chaque famille avoit son moulin, et c'étoit un des principaux ustensiles du ménage. Les hommes furent originairement chargés de les mettre en œuvre ; on les prenoit dans la classe de ceux que la loi et la misère forçoient à ce travail. Samson tourna les meules chez les Philistins; Plaute, malgré son génie supérieur pour le genre comique, n'en fut pas moins réduit à faire ce métier alors humiliant; et Septiminie, nourrice du prince fils de Childebert, convaincue de plusieurs crimes, fut reléguée dans un village auprès de la meule du moulin qui faisoit la farine destinée au pain des dames de la maison royale.

La petitesse des meules et leur peu d'épaisseur n'étoient ni assez solides ni assez lourdes pour expédier beaucoup de grains à la fois. On fit choix d'une pierre plus dure, et on en augmenta le diamètre au point que d'un pied qu'elles avoient primitivement elles furent portées jusqu'à six et plus. Il fallut nécessairement plus d'efforts de la part de ceux destinés à les faire mouvoir, on substitua des animaux; mais l'inégalité d'un semblable moteur et les dépenses qu'il exigeoit laissèrent à l'industrie de quoi s'exercer encore. Les meules conduites à bras d'hommes ou par des animaux furent mises en action par l'eau; mais les inondations, les gelées, les sécheresses ayant réduit souvent ce moteur à l'impuissance d'agir, on chercha à profiter de l'air agité pour le même but. Insensiblement on parvint si bien à combiner, modifier, accélérer les effets de ces deux grands instrumens de la nature, qu'on les maîtrisa. L'époque de la découverte des moulins à eau n'est pas facile à fixer. On attribue l'honneur de leur invention à Vitruve; celle des moulins à vent appartient aux Orientaux. Ils ont été apportés en France au retour des croisades.

L'augmentation du diamètre des meules broyant à la fois davantage de grains et d'une manière plus complète, les instrumens propres à séparer les sons d'avec la farine reçurent aussi des perfectionnemens; mais l'art de moudre et de bluter avoit déjà fait des progrès que ne connoissoit pas encore le boulanger. L'histoire nous apprend que les Romains ont été long-temps à n'appeler de ce nom que ceux dont l'état étoit de moudre. Les trois cents boulangers, distribués dans les quatorze quartiers de Rome, avoient chacun leur moulin; on y cuisoit le pain de ceux qui venoient y moudre, et ces endroits publics se nommoient des *boulangeries babillardes*.

Nous ne pousserons pas plus loin nos réflexions, elles suffisent pour prouver que la mouture des grains a été, comme toutes les autres inventions humaines, très imparfaite à son origine; il faut convenir cependant, à l'honneur de la nation, que de nos jours cette partie de l'économie a mérité l'attention des savans. Malouin entre autres a donné une description des moulins à la suite des Arts et métiers; un autre ouvrage, dirigé d'une manière encore plus immédiate, c'est le Manuel du meunier, par Buquet, qui a long-temps pratiqué avec succès la mouture. Enfin, l'académie royale des sciences, à la fin du siècle dernier, a jugé digne d'en faire un prix extraordinaire, qu'elle a accordé à Drauly. Cet ingénieur, pour faciliter l'intelligence des moyens qu'il propose, a rédigé un mémoire, accompagné de plans et profils de tout ce qui concerne sa nouvelle construction, que je me suis empressé de faire connoître dans l'ouvrage que j'ai rédigé pour la ci-devant province de Languedoc, et dont il a déjà été fait mention. (PAR.)

MOULINÉ. On dit qu'un bois est mouliné lorsqu'il est percé par les vers. Ce même mot s'applique aussi aux terres criblées de trous par les LOMBRICS.

MOULINS. MÉCANIQUE ET ÉCONOMIE RURALE. Un moulin est, à proprement parler, une machine destinée à pulvériser une substance quelconque; mais l'usage donne ce nom à toutes celles dont le mouvement est imprimé par une roue principale dont le moteur est l'eau ou le vent. Tels sont les *moulins à grains, à huile, à fruits*, ceux dits *à tan, à poudre, à foulon, à papier, à scier les planches, à forer les canons*, etc., que l'on appelle indifféremment *moulins* ou *usines*.

Nous ne parlerons ici que des moulins à grains, à huile, et à fruits; les autres ne sont pas du ressort de l'agriculture.

Ces machines sont plus ou moins compliquées, plus ou moins parfaites, selon les lieux et les circonstances. Elles ne présentent un certain degré de perfection que dans les grands ateliers; par-tout ailleurs, leur construction est abandonnée à la routine des charpentiers.

Les élémens qui doivent entrer dans les calculs de leurs forces motrices et de leurs résistances sont très nombreux, et ces calculs, pour devenir intelligibles au plus grand nombre des propriétaires, exigeroient d'eux des connoissances théoriques beaucoup trop étendues en mécanique et en hydraulique. L'exposé de la théorie des moulins seroit donc ici superflue. Il en seroit de même des détails de leur construction et de leur mécanisme, qui ne pourroient être compris que par les hommes de l'art; car ce n'est que dans les moulins mêmes que l'on peut en prendre une idée juste.

Nous nous bornerons donc aux détails que nous croyons indispensables pour expliquer les effets de ces machines, et à des observations sur les moyens d'en perfectionner la construction.

CHAP. Ier. *Des moulins à grains.* Les moulins à grains peuvent être mis en mouvement ou par *des bras*, ou par *des animaux*, ou par *le vent*, ou par *l'eau*, ou enfin par *la vapeur de l'eau*.

Ces différens moteurs ne sont pas tous également avantageux, et ne produisent pas tous une mouture aussi bonne.

La perfection d'un moulin à grains consiste d'abord à avoir un moteur de force régulière et strictement suffisante pour procurer à la meule mobile un mouvement uniforme, et constamment aussi rapide qu'il doit être pour la bonté du moulage ; et ensuite à en disposer la construction intérieure de manière à retirer des grains le plus grand produit possible en farine. Or, les différens moteurs que nous venons d'indiquer ne peuvent pas tous produire le premier effet, et quoique la construction intérieure d'un moulin soit généralement la même dans toutes les machines de cette espèce, on ne connoît que les moulins *montés par économie*, ou les *moulins économiques* qui puissent remplir complètement le second. C'est du moins ce qui résulte des détails dans lesquels nous allons entrer.

Sect. Ier. *Des moulins à bras et de ceux mus par des animaux.* Ces moulins ne sont guère en usage que lorsqu'il est impossible d'en établir d'autres ; car en comparant la dépense de l'établissement, celle du moteur et les produits de ces machines avec les résultats des mêmes calculs établis pour les autres espèces de moulins, on trouve que la mouture qui provient des premiers est beaucoup plus chère ; et la farine est moins abondante et moins bonne, à cause de la foiblesse ou de l'irrégularité de leurs moteurs.

Sect. II. *Des moulins à vent.* Les moulins à vent sont ou à *cage tournante*, ou à *sommier*, ou à *axe*, ou à *pied droit* qui les traverse perpendiculairement ; ou à *pile*, c'est-à-dire que le comble seul tourne, afin de pouvoir placer les ailes sur la direction du vent ; ou à la *polonaise*, dont l'arbre est vertical et les ailes tournent horizontalement. Ce dernier moulin est peu connu en France, et mériteroit probablement la préférence sur les autres moulins à vent, à cause d'une plus grande stabilité, si sa construction étoit plus répandue, et sur-tout celle dont nous avons vu le modèle au conservatoire des arts, et dont l'invention ingénieuse est due à M. Gillain, de Mortagne. Parmi les autres, le moulin à vent dit à *sommier* paroît devoir être préféré.

Il faut remonter aux croisades, dit Rozier, pour trouver l'origine des moulins à vent. C'est de l'Orient que les croisés en apportèrent l'idée en France : découverte précieuse pour l'Europe, ajoute-t-il, parceque par-tout on peut établir ces moulins, et par-tout on n'a pas la commodité de l'eau.

Cependant nous devons dire ici que les moulins à vent ne sont pas exempts d'inconvéniens assez graves. Quelquefois il ne fait pas assez de vent pour les mettre en mouvement ; d'autres fois, ils en ont trop ; malgré la facilité que l'on a de les arrêter ou d'en modérer la vitesse, les bourrasques et les orages leur sont souvent préjudiciables, et les exposent à de fréquentes avaries; et l'irrégularité du moteur est la cause de celle que l'on remarque dans la qualité et même dans la quantité de la farine qui en provient.

Sect. III. *Des moulins mis en mouvement par le secours de l'eau.* Ces moulins sont les meilleurs que l'on puisse adopter, lorsque les eaux disponibles sont suffisamment abondantes, tant à cause de l'uniformité qu'il est possible de procurer au mouvement des meules que parceque ces moulins chôment rarement.

Il ne faut pas croire qu'il faille un grand volume d'eau pour faire tourner un moulin, et, suivant son intensité, on donne à la roue des formes différentes.

Lorsqu'il est foible, on se sert de la vitesse et du poids de l'eau pour imprimer le mouvement à la roue, et, à cet effet, on en garnit la circonférence extérieure de godets appelés *pots*, de forme convenable, qui reçoivent successivement le choc et le poids de l'eau qui les remplit lorsqu'ils sont arrivés à la partie supérieure de la roue, et qui se vident naturellement à mesure que leur position s'incline. Ces roues s'appellent *roues à pots.*

Dans leur construction, l'eau disponible est accumulée dans un réservoir supérieur que l'on appelle *biez* ou quelquefois *canal du moulin*, et amenée au-dessus de la roue par un *conduit* en bois, dont l'ouverture supérieure est fermée ou ouverte à volonté par une vanne avec empellement, et dont elle sort pour se précipiter dans les pots à mesure qu'ils lui présentent leur orifice. Ce conduit, ainsi que l'ouverture de sa prise d'eau, doivent avoir des dimensions analogues à celles des pots ou godets, afin de ménager l'eau, et pour qu'il n'en sorte à la fois que le volume nécessaire à la consommation des pots; la capacité de ceux-ci est relative au diamètre de la roue, comme nous le verrons plus bas. L'économie de l'eau est généralement nécessaire, parcequ'en tout il faut toujours proportionner la cause à l'effet qu'elle doit produire; mais elle est surtout indispensable sur les petits ruisseaux, où, pour procurer au moulin un mouvement toujours égal, on est souvent obligé d'attendre que le biez soit totalement rempli.

Le conduit doit dépasser le diamètre horizontal de la roue, afin que dans les crues d'eau on puisse en laisser la vanne ouverte, et que le trop plein du biez puisse s'écouler par-là dans le canal inférieur, appelé *sous-biez*, sans toucher à la roue, conjointement avec une vanne de décharge, que l'on établit à cet effet à la naissance du biez, et aussi pour empêcher l'eau d'y entrer lorsqu'on a besoin de le curer ou de réparer le moulin. Lorsqu'on veut ensuite le faire tourner, on lève une planchette destinée à cet usage, laquelle est placée sur le fond du conduit, dont elle ferme l'ouverture lorsque le moulin est en repos. Cette ouverture est située immédiatement au-dessus du diamètre vertical de la roue, et, la planchette étant levée, l'eau du conduit n'a plus d'autre issue. Cette planchette tourne sur un axe fixé dans les côtés de ce conduit, et, au moyen de l'inclinaison qu'on lui donne et dans laquelle on la maintient, l'eau est constamment dirigée sur le pot qu'elle doit frapper et remplir.

Pour pouvoir établir un moulin de cette espèce, il faut que la chute d'eau du biež, c'est-à-dire que la différence de niveau du seuil de la *vanne de chasse*, ou de la prise d'eau du conduit avec celui du fond du sous-biez, soit au moins d'un mètre deux tiers.

Cette hauteur est indispensable, 1° pour que l'eau puisse arriver au-dessus de la roue; 2° que cette roue puisse avoir un certain diamètre; 3° que sa position au-dessus du sous-biez soit assez élevée pour que son mouvement de rotation ne soit jamais gêné par les eaux inférieures.

Plus on peut donner de diamètre à une roue à pots, et plus le moulin qu'elle fait tourner présente d'avantages.

1° Il faut moins d'eau, ou un moindre volume d'eau, pour mettre en mouvement une roue à pots d'un grand diamètre, que pour produire le même effet sur une roue d'un diamètre plus petit; car c'est à l'extrémité de leur rayon, comme bras de levier, que l'eau agit par son poids et par son choc, et, à volume et à vitesse semblables, son effet sera d'autant plus grand que la roue aura plus de diamètre.

2° L'effet que la roue moteur doit produire ici est de procurer à la meule mobile la vitesse de rotation qui convient pour la bonté du moulage, et qui est connue par l'expérience. Il en résulte que pour obtenir cette vitesse constante de rotation de la meule, celle de la roue à pots doit être d'autant plus grande qu'elle a un plus petit diamètre; et comme plus son diamètre est petit, plus il faut d'eau pour la mettre en mouvement, il en résulte encore, sous ce dernier point de vue, une augmentation dans la consommation de l'eau qui tourne entièrement à l'avantage des roues de grands diamètres; car celles-ci auront d'autant moins besoin d'eau pour obtenir une vitesse de rotation suffisante que leur diamètre sera plus grand.

3° Si les roues d'un grand diamètre n'ont pas besoin d'autant d'eau, ni d'une aussi grande vitesse que les petites pour remplir complètement leur destination, on pourra donc diminuer la largeur de leur circonférence, ainsi que celle des pots dont elles doivent être garnies, et cette diminution de

dimensions produira nécessairement une économie proportionnelle dans la dépense de leur construction ; en sorte qu'il restera une bien foible différence entre la dépense de construction d'une grande roue à pots, et celle d'une petite dans
les moindres dimensions qu'elle peut avoir.

4° Le mouvement des grandes roues devenant moins rapide,
elles fatiguent beaucoup moins et usent moins promptement
leurs tourillons.

Mais s'il n'est pas toujours possible de procurer une grande
chute d'eau à un moulin placé sur un foible ruisseau, parceque cela dépend entièrement de la localité, il seroit du moins
à désirer que l'on sût profiter de celle qui nous est indiquée
comme *minimum* pour donner à ces roues le plus grand diamètre possible.

Ce *minimum* est, comme nous l'avons dit, d'un mètre deux
tiers. De cette hauteur on est dans l'usage de déduire, 1° un
tiers de mètre pour le jeu de la roue dans le sous-biez ; 2° environ un tiers de mètre pour la pente et l'aisance du conduit
au-dessus de la roue ; et la roue ne se trouve plus avoir qu'environ un mètre de diamètre.

La première déduction est indispensable ; mais il n'en est
pas de même de la seconde, dont le principal motif est d'augmenter la force du choc de l'eau par une pente rapide à sa
sortie du biez.

Nous n'avons point fait assez d'expériences pour déterminer
rigoureusement la pente qu'il faut procurer au petit canal qui
conduit l'eau du biez sur la roue, et même s'il est absolument
nécessaire de lui donner une pente ; mais l'essai que nous avons
tenté a eu assez de succès pour mériter d'être rapportée ici.

La chute d'eau du moulin de notre terre étoit d'un mètre
deux tiers, et le conduit supérieur, d'environ huit à neuf
mètres de longueur, avoit vingt-quatre centimètres de pente.
La roue étant à refaire, nous lui fîmes donner seize centimètres de diamètre de plus qu'elle n'avoit auparavant, et conséquemment relever dans la même proportion les tourillons,
les roues d'engrénages et le conduit dont la pente fut ainsi réduite à huit centimètres. On diminua également la largeur de
la circonférence de la roue, celle des pots, ainsi que les ouvertures destinées au passage de l'eau, et le moulin ainsi réparé
fut mis en état de tourner.

Il est nécessaire d'observer que, n'ayant point de données
assez positives pour proportionner la largeur des pots à l'effet
que la roue devoit produire dans son nouveau diamètre,
nous avons procédé presqu'à vue de nez ; cependant le moulin
va aujourd'hui beaucoup plus également qu'avant sa réparation, il consomme beaucoup moins d'eau ; car pendant l'été le

biez rempli d'eau ne faisoit tourner le moulin que pendant trois heures , et aujourd'hui il peut moudre pendant quatre heures avec le même volume d'eau ; enfin, son entretien est moins dispendieux, et la farine y est plus abondante et de meilleure qualité.

Il résulte de ce fait qu'une grande pente dans le conduit supérieur est beaucoup moins avantageuse qu'une augmentation au diamètre de la roue, que la diminution de cette pente permettroit de lui donner ; et cette conséquence est conforme aux principes de l'hydraulique.

En effet, on ne peut élever aucun doute sur l'augmentation de force que doit produire celle de la vitesse de l'eau dans le conduit, car son choc, en tombant dans les pots, en devient plus violent ; mais cette vitesse a des limites subordonnées à celle qu'il faut procurer à la roue à pots, et la vitesse de cette roue est relative à son diamètre , ainsi qu'on l'a vu ci-dessus. Il faut donc combiner la vitesse de l'eau dans le conduit avec le poids de son volume , de manière que la roue à pots ne puisse acquérir que la vitesse de rotation qui lui est nécessaire, et à volume d'eau égal. Plus le diamètre de la roue sera grand, moins il sera nécessaire de donner de vitesse à l'eau dans le conduit.

D'ailleurs , cette grande rapidité de l'eau supérieure ne produit pas toujours l'effet que l'on en attend. Lorsque le biez est totalement rempli , et que l'eau en sort avec le plus d'abondance , la parabole de sortie s'allonge souvent au point de dépasser l'ouverture des pots qu'elle doit remplir, et alors son effet est nul.

Cette partie de la construction des usines est encore susceptible d'un grand perfectionnement ; mais ce n'est que par des expériences multipliées que l'on parviendra à fixer , avec une exactitude suffisante , les dimensions qu'il faudra donner à leurs roues et aux conduits des eaux, suivant les circonstances locales , afin qu'elles ne consomment plus une aussi grande quantité d'eau , dont l'excédant pourroit être employé si utilement pour l'irrigation des terres. *Voyez* le mot IRRIGATIONS.

Les eaux sont amenées dans les biez des moulins par des canaux de dérivation dont la construction est la même que ceux d'irrigations.

Les moulins mus par des roues à pots sont exposés à de fréquens entretiens et à des avaries qui sont occasionnées par les grandes eaux, par les glaces, et quelquefois par la maladresse des meuniers.

Les grandes eaux envasent les biez ; elles empêchent les moulins de tourner , lorsque la roue est trop noyée dans le sous-biez. La gelée produit aussi le même empêchement, et en voulant déplacer la roue on la brise ; enfin la maladresse des meuniers est quelquefois la cause de cassures dans les meules. Ces dépenses d'entretien, de curages, de renouvellement des meules, sont tellement chères aujourd'hui, que les moulins sont généralement devenus des propriétés peu avantageuses ; et leur grand nombre aggrave encore le sort de leurs propriétaires, qui en voient annuellement diminuer le revenu.

Il est possible de remédier en partie aux inconvéniens des grandes eaux et des glaces ; une vanne avec empellement, placée à la naissance du biez, et immédiatement à côté de la vanne de décharge, permettroit d'empêcher les eaux troubles d'entrer dans le biez, et un toit léger, établi au-dessus de la roue, suffiroit pour la garantir de la gelée. Le reste est inévitable, et le temps seul pourra faire justice du trop grand nombre de moulins que l'on voit accumulés, pour ainsi dire, dans chaque localité.

Lorsque les eaux disponibles de la rivière sont plus abondantes, il n'est plus nécessaire de leur procurer une aussi grande chute, parcequ'alors on peut remplacer la roue à pots par une roue à aubes, ou petites ailes recourbées en amont, afin que l'eau puisse la faire tourner par les efforts réunis de sa vitesse et du poids de la partie que les aubes retiennent pendant quelques instans. Dans cette disposition des roues, l'eau vient les frapper dans leurs parties inférieures avec une vitesse qui doit être d'autant plus grande que son volume est moins considérable, et être d'ailleurs subordonnée au diamètre des roues, comme dans le premier cas, afin de procurer à leur mouvement de rotation la rapidité qui convient à leur destination. Ces roues tournent en dessous.

Enfin, sur les rivières navigables, les roues des moulins sont de grands et larges volans que la force du courant fait tourner naturellement ; tels sont, 1° les moulins pendans que l'on voit sur les rivières, et que l'on nomme ainsi parceque la roue peut s'élever et s'abaisser à volonté, suivant le degré variable de la hauteur des eaux, et être toujours maintenue à celle qui est nécessaire à son mouvement ; 2° les moulins montés sur bateaux.

Rozier prétend que les premiers doivent être préférés aux seconds, mais sans en donner aucun motif. Cependant les moulins pendans sur les rivières navigables y gênent toujours plus ou moins la navigation, inconvénient que n'ont point les moulins sur bateaux. D'un autre côté, les travaux qu'il faut construire pour asseoir d'une manière solide la cage en maçonnerie d'un moulin pendant, et le grand nombre de longues et grosses pièces de charpente qu'il faut enfoncer dans la rivière pour le mécanisme de la roue, rendent leur établissement très dispendieux et d'un entretien très considérable ; et ces dépenses ne nous paroissent pas aussi grandes pour les moulins sur bateaux. Enfin, lorsque les eaux sont très fortes, les moulins pendans ne peuvent plus tourner, tandis que le temps des glaces est le seul qui puisse faire chômer les moulins sur bateaux.

Si ces observations ne sont pas assez précises pour établir une préférence contraire à celle adoptée par Rozier, elles sont au moins suffisantes pour l'atténuer.

En effet, la construction des moulins mus par le secours de l'eau est subordonnée aux circonstances locales, et soumise à des règles particulières établies pour l'intérêt général.

Je ne parlerai pas des moulins à eau à roue horizontale usités dans les pays de montagne, parcequ'ils ne peuvent être que fort petits, et que par-tout, en France, on leur substitue ceux que je viens de décrire, à mesure qu'ils demandent à être reconstruits.

Ces usines sont devenues de première nécessité ; mais on a dû considérer leur établissement sous les rapports du besoin local des habitans, combinés avec ceux de l'agriculture et de la navigation, et les différentes considérations réunies aux obstacles locaux, c'est-à-dire à ceux plus ou moins grands que peuvent offrir la pente et le volume des eaux disponibles, semblent exclure toute préférence entre leurs différentes especes. Lorsque l'établissement d'un moulin peut devenir avantageux à son propriétaire, ce qu'il est toujours dans le cas de reconnoître localement par la comparaison des bordereaux des dépenses d'établissement et d'entretien annuel avec ceux des produits présumés, il est obligé d'adopter l'espèce de moulin qui convient à sa position, et de se soumettre aux règlemens pour les détails de sa construction extérieure : alors, le meilleur moulin est celui qui doit consommer le moindre volume d'eau, et être le moins nuisible à l'agriculture ou à la navigation.

SECTION IV. *Des moulins mus par la vapeur de l'eau.* Cette invention est très moderne. C'est dans le siècle dernier que des Anglais sont parvenus à faire tourner les meules de moulins à l'aide d'une pompe à feu, et à établir à Londres un assez grand nombre de ces usines pour suffire à la consommation en farine de cette cité populeuse, et désobstruer les rivières affluentes de la grande quantité de moulins particuliers qui en embarrassoient la navigation. *Voyez* le mot POMPE.

MM. Perrier, à qui l'on doit la construction des pompes à feu de Paris, ont dirigé avec beaucoup de succès celle des moulins de cette espèce dont on voit encore l'établissement au Gros-Caillou. Deux pompes à feu y faisoient tourner huit meules pendant la révolution ; ces moulins ne sont plus en activité.

Sect. V. *Des différentes sortes de moutures, et de leurs divers produits.* Nous avons dit que la construction intérieure des moulins à farine étoit absolument la même dans toutes leurs espèces différentes, et on peut en examiner les détails en entrant dans le premier moulin ; mais, suivant l'espèce de mouture pour laquelle ils sont montés, leur intérieur présente des pièces accessoires plus ou moins nombreuses, et alors ils produisent de la farine de qualité plus ou moins parfaite, et en quantité plus ou moins, grande. D'ailleurs les meuniers ne jouissent pas généralement d'une excellente réputation de probité, et pour ne pas en être trompé à l'excès, en même temps que pour connoître l'étendue des approvisionnemens annuels en grains, ils est indispensable que chacun sache la quantité de farine et de son qu'un poids connu de grains doit produire au moulage, suivant l'espèce de mouture pour laquelle le moulin a été monté.

Le grain de blé, dit Rozier, est composé de plusieurs substances, les unes plus dures et plus grossières, les autres plus fines et plus molles. Il est donc évident qu'un seul et même moulage et qu'un seul blutage sont insuffisans pour séparer les parties mêlées par un seul broiement. Après le premier moulage du grain il reste beaucoup de parties qui ne sont que concassées, et qui n'ont pu être pulvérisées, parcequ'elles ont échappé à l'action de la meule qui portoit sur le grain entier dans le premier broiement ; d'ailleurs le rhabillage des meules, excepté celui du moulin économique, est trop grossier pour atteindre ces petites parties. Ce sont ces parties concassées et non moulues qu'on nomme *gruau*, ou *grésillon.*

Il y a donc dans le produit du même grain plusieurs espèces de gruaux, comme il y a plusieurs sortes de son et de farine, selon la différence des parties pulvérisées, ou seulement concassées. On distingue le *gruau blanc*, qui n'a pas d'écorce ; le *gruau gris*, qui n'a que la seconde écorce ; et le *gruau bis*, qui est taché de son. On retire des deux premiers gruaux, lorsqu'on les fait remoudre séparément, une farine plus belle et plus savoureuse que celle du corps farineux qu'on nomme *farine de blé.*

Par une mouture bien raisonnée, et par des préparations faites à propos dans les cas convenables, on retire des farines différentes en goût et en qualité, sur-tout si l'on remoud chaque partie du grain, comme les gruaux, à diverses reprises, selon leur degré respectif de dureté et de densité, ce que l'on ne peut faire dans la mouture ordinaire.

On connoît en France quatre sortes de moutures ; la *rustique*, en usage dans les départemens du nord ; la *mouture* en grosse ; la *mouture méridionale*, pour les îles ; enfin la *mouture économique*.

§. 1. *De la mouture rustique.* Pour opérer selon la mouture rustique, on place dans une huche au-dessous des meules un bluteau d'étamine de laine, qui va en même temps que le moulin.

On divise la mouture rustique en trois classes relatives aux différentes grosseurs des bluteaux, et à leur plus ou moins de finesse. Lorsque le bluteau est d'une étamine assez grosse pour laisser passer le gruau et la grosse farine avec beaucoup de son, on l'appelle la *mouture du pauvre ;* si le bluteau, moins gros, sépare le son, les recoupes, recoupettes, etc., on la nomme la *mouture du bourgeois* ; enfin, si l'étamine est assez fine pour ne laisser passer que la fleur de farine, on l'appelle *mouture du riche.*

Tout ce qui n'a pas passé par les bluteaux dans ces différens moulages se nomme *son gras*, parcequ'il y reste encore quantité de belle et bonne farine adhérente au son, ce qui le rend gras, lourd et épais. On sait que le blé renferme beaucoup d'huile, qui a des propriétés, et qu'on se procure en pressant le grain entre deux lames de fer chaud : de même cette mouture grossière étant rapide et fort serrée, elle échauffe le grain et fait sortir l'huile du blé ; la farine tamisée sur-le-champ, lorsqu'elle est encore brûlante et grasse, ne peut se détacher du son, ce qui le rend gras. Le bluteau ne pouvant débiter aussi vite que les meules, on éprouve un déchet et une perte d'autant plus considérable que le bluteau est plus fin. Un setier de blé de deux cent quarante livres, ancien poids de marc, ne rend souvent que quatre-vingt-dix livres de farine, au lieu de cent soixante-quinze, et même cent quatre-vingts qu'il pourroit produire. Si au contraire le bluteau est gros et ouvert, le son passe avec les recoupes et les gruaux bruts, ce qui rend le pain lourd, brun, indigeste, difficile à lever et à cuire, etc.

Il résulte de ce que nous venons d'exposer que suivant l'espèce de bluteau que l'on emploie dans la mouture rustique, et que l'on fait ou que l'on ne fait pas remoudre les gruaux, ce que l'on appelle *moudre* et *remoudre*, on obtient une quantité plus ou moins grande de farine et de qualités différentes. Celle du blé influe aussi sur chacune de ces circonstances ; car en tout pays il y a trois classes de cette espèce de grains : *blé de la tête*, ou de qualité supérieure ; blé du milieu, ou *blé marchand ;* et blé de la dernière qualité, ou *blé commun ;* et meilleur est le blé, et moins il a de son.

Quoi qu'il en soit, toute qualité de blé doit rendre, en farine et en son, l'équivalent de son poids, sauf un déchet que l'on évalue à environ deux à trois livres par quintal : ce déchet varie suivant la qualité du grain, et lorsque l'on en fait moudre une très petite quantité, ou lorsque le moulin n'est pas assez clos ; mais, suivant la mouture que l'on adopte, on reçoit plus ou moins de farine, plus ou moins de son.

La farine, suivant sa qualité, fournit aussi plus ou moins de pain. Un quintal de farine produit; savoir, en première qualité, cent trente livres de pain ; en deuxième qualité, cent trente-deux livres ; et en farine bise, cent trente-cinq livres.

§. 2. *De la mouture en grosse.* Les inconvéniens de la mouture rustique, et les pertes qu'elle entraîne, l'ont fait abandonner à Paris. On a préféré avec raison la mouture en grosse, qui consiste à faire moudre le grain sans bluteaux. A la sortie des meules, on ensache le son pêle-mêle avec la farine, et l'on rapporte tout le produit à la maison, où l'on est d'obligation de la tamiser et bluter à la main.

Cette mouture en grosse, quoique moins défectueuse que la précédente, occasionne cependant bien des pertes, sans parler de celles qui viennent de la mauvaise mouture, parceque les meuniers ont intérêt d'expédier l'ouvrage. D'ailleurs cette mouture ne peut convenir qu'aux boulangers qui savent tirer le meilleur parti de cette methode, par une bluterie bien entendue et bien conduite. Ceux de Paris sur-tout excellent dans cet art.

§. 3. *De la mouture méridionale.* Elle ne diffère de la mouture en grosse que par la fermentation qu'on lui fait éprouver à l'aide d'un air chaud et d'une mouture serrée. Cette fermentation n'a pas paru si nécessaire dans les pays septentrionaux, où le blé est moins sec et le climat plus humide. Elle seroit inutile d'ailleurs dans la mouture économique, où l'on a trouvé le secret de moudre à plusieurs reprises toutes les parties du grain, sans échauffer la farine, et d'épargner, par des bluteaux attachés au moulin, des manipulations ultérieures, du temps et des frais. Ceux des boulangers de Paris qui font encore moudre à la grosse, et qui sont en petit nombre depuis que les moulins y sont montés pour la mouture économique, se contentent de laisser reposer leur farine avant de la bluter, sur-tout s'ils ont le moyen d'attendre.

L'auteur de l'Art de la meunerie, inséré parmi ceux de l'académie, donne cependant la préférence à la mouture méridionale sur toutes les autres ; mais il n'étoit pas assez instruit sur les procédés de la mouture économique pour pouvoir les comparer. Parmi une infinité de défauts qui se rencontrent dans la mouture méridionale, elle a 1° le vice de multiplier la main-d'œuvre et d'occasionner la perte du temps; 2° de trop échauffer la farine, par un moulage trop fort et trop serré, quand

ou veut broyer en une seule fois toutes les parties du grain ;
3° la farine trop échauffée fermente, ce qui, au lieu de la
bonifier, comme on le croit, peut en altérer la qualité plus
ou moins. D'ailleurs, si l'on manque l'instant de cette fermentation, on court risque de voir corrompre tout le tas de rame,
ou de farine entière ; 4° la farine qui a éprouvé un commencement de fermentation, à cause du son qu'on y laisse pendant six semaines, ne se conserve pas si bien que celle qui a
été purgée du son sans fermentation ; 5° on sacrifie, par
le défaut de remoulage, des grésillons et repasses, et même du
son qui est mal écuré, une quantité considérable de bonne
farine qui pourroit être employée avec avantage. Le fin qu'on
retire par cette méthode est en très petite quantité.

§. 4. *De la Mouture économique.* Les moulins montés pour
cette mouture ne diffèrent des moulins ordinaires que par les
cribles, tarares et autres machines à nettoyer les grains. Le
simple énoncé ou catalogue des pièces qui constituent ceux-
ci suffit pour en donner une idée juste. D'ailleurs on peut se
transporter dans les moulins ordinaires, et y étudier ce que
l'on ne connoîtroit qu'imparfaitement. Les deux points capitaux de la mouture par économie consistent, 1° à bien *manœuvrer* les blés pour ne les moudre qu'après avoir été bien
épurés et nettoyés de toutes.les mauvaises graines et poussières
qui les infectent ; 2° à bien séparer les *farines* des *sons*, *recoupes* et *gruaux*, pour pouvoir remoudre ceux-ci séparément
et à propos.

On vient à bout de la première opération par le moyen des
cribles, tarares, etc.; et de la seconde, par le secours des
bluteries adoptées au moulage. Toutes ces machines font leur
effet, et sont mises en mouvement par la même force motrice
de la roue à aubes.; le reste est absolument semblable aux moulins ordinaires.

Ceux qui voudront prendre une connoissance plus particulière du mécanisme de ces moulins feront bien de se procurer *le Manuel du Charpentier*, *des Moulins et du Meunier*,
rédigé sur les mémoires du sieur César Buquet, par M. Bé-
quillet, 1775.

Le blutage de la méthode économique contribue en quelque
sorte encore plus que les meules à la perfection des farines.
C'est par cette raison que la mouture en grosse et la mouture
méridionale, dans lesquelles on blute hors du moulin, apportent tant de soins, tant de précautions et de patience, et emploient un si grand nombre de bluteaux différens pour distinguer les farines, les gruaux et les sons.

La mouture rustique avoit un avantage sur les deux autres,
en ce que faisant bluter en même temps qu'elle broie les

grains, elle épargne du temps et de la main-d'œuvre. Mais sa bluterie est si imparfaite, et la perte qu'on essuie, faute de savoir employer les sons gras, est si considérable, que la mouture en grosse et la mouture méridionale, malgré leurs imperfections, sont de beaucoup préférables à la mouture rustique.

Les meuniers économes ont adopté ce que toutes les autres méthodes avoient de meilleur; ils ont procuré aux moutures en grosse l'épargne du temps et de la main-d'œuvre employés pour bluteries hors le moulin, et ils ont substitué à la mouture rustique toute la perfection des bluteries de la mouture en grosse et de la méridionale. Outre ces avantages considérables, ces meuniers ont encore su faire bénéficier leur méthode de tout l'excédant de belles farines de gruaux, c'est-à-dire des meilleures parties du grain, que les autres meuniers laissent consommer en pure perte.

On voit par-là de quelle importance est la bluterie dans la mouture par économie, dont elle est une dépendance et comme l'accessoire principal. Il y a un grand nombre de moulins économiques qui pèchent par cet article : la perfection et la conduite du blutage méritent la plus sérieuse attention des meuniers, pour qui cette science est toute nouvelle.

Voyons maintenant quels sont les produits de la mouture économique.

Un setier de blé de première classe, pesant deux cent quarante livres, ancien poids de marc, doit donner communément en totalité de farines, tant bises que blanches, 175 à 180 liv. ci. . . . . 180 liv.

En sons, recoupes et issues. 55
En déchet. 5

Poids égal à celui du blé. . . . . 240 liv.

Si la bluterie inférieure sépare les issues du premier bluteau en trois, gruaux, recoupettes et recoupes, alors ces différens produits montent en détail ; savoir,

En fleurs de farine, ou farine de blé. . . . . . . 100 liv.
En belle farine de premier gruau. 40
En farine de deuxième gruau. 20
En farine de troisième gruau. . . . . , . . . 10
En farine de remoulages, de gruaux et recoupettes. 10

180
Sons de différentes espèces. 55
Déchet. 5
Poids égal à celui du blé. . . . . 240 liv.

Produit en pain cuit. . . . . 240 liv.

Par le mélange de toutes ces sortes de qualités, on fait ordinairement quatre espèces de farines ; 1° la *farine de blé* ou *le blanc*, en mélant les deux qualités que donne le bluteau supérieur ; 2° la farine des trois rengrénages du premier gruau, appelée *blanc bourgeois ;* 3° la *farine de second gruau*, que l'on mêle très souvent avec le blanc bourgeois, quand le meunier a eu assez d'adresse pour moudre légèrement le gros gruau et en séparer les rougeurs ; 4° la *farine bise*, qui résulte du mélange des farines des derniers gruaux, remoulages et recoupettes.

Les sons restans se trouvent aussi de trois espèces : les *gros sons*, les *recoupes*, les *petits sons* ou *fleurages*.

Un setier de blé de deuxième qualité, pesant communément 230 livres, produit, termes moyens,

En farine des quatre sortes susdites. . . . . 170 liv.
En sons des trois sortes. 55
Déchet . . . . 5 à 6

Poids égal à celui du blé. . . . . 230 liv.

Produit en pain cuit. . . . . , . 230 liv.

Un setier de blé commun pesant ordinairement 220 livres produit, termes moyens,

En farine de quatre sortes. . . . . 160 liv.
En sons 55
Déchet. 5 à 7

Poids égal à celui du blé. . . . . 220 liv.

Produit en pain cuit. . . . . 220 liv.

Un setier de seigle, pesant 250 livres, moulu par économie, donne en farine de seigle. . . . . . 107 liv.
En deuxième farine 42
En troisième farine . . . . $34\frac{1}{2}$
En sons et en remoulage . . . . 60 $\frac{1}{2}$
Fraiement ou déchet. 6

Total égal au poids du setier. . . . . . 250 liv.

Dans les résultats précédens, on a fixé le produit du setier de blé, par la mouture économique, de cent soixante-quinze à cent quatre-vingts livres de farine bien purgée de son, et, avec de l'adresse et de l'habitude, un meunier peut porter ce produit jusqu'à cent quatre-vingt-cinq livres.

Buquet imagina depuis une mouture encore plus avanta-

geuse; il la présenta comme un raffinement de la mouture économique, pour procurer, en faveur des maisons de charité,
une plus grande épargne et un plus grand produit du grain,
et pour tirer des issues de la mouture les parties de farine qui
y restent encore attachées après la séparation des gruaux. C'est
la mouture des pauvres, dite *à la lyonnaise.*

Selon cette méthode, un setier de blé, pesant deux cent
quarante livres, rend jusqu'à cent quatre-vingt-quinze livres
de toute farine, qui produisent deux cent soixante livres de
pain. (DE PER.)

CHAP. II. *Des moulins à huile.* L'emplacement d'un moulin
destiné à tirer l'huile des olives, des fruits huileux et des graines
huileuses, doit être une pièce au rez-de-chaussée, susceptible
d'être aussi exactement fermée que possible, et même de recevoir un poêle; car lorsqu'il fait froid, l'huile qu'elles contiennent en sort plus difficilement, ce qui est une perte réelle
pour le propriétaire. Il faut de plus qu'il soit nettoyé et même
lavé à grande eau avec la plus grande facilité. Je commence
par cette observation, parceque souvent ces sortes de moulins
sont en France placés dans des pièces mal fermées, malpropres
au plus haut degré, et que quelquefois c'est par une coupable
spéculation qu'on les laisse exposés à des courans d'air froids,
les marcs ou tourteaux étant généralement abandonnés pour
salaire aux presseurs qui savent retirer l'huile qui y est restée.

J'ai parlé au mot HUILE des avantages qu'il y auroit d'employer le moulin, ou mieux, la machine de M. Sieuve, pour
détriter les olives; et quoique ce moulin n'ait été, à ma connoissance, établi en grand que par son auteur, je crois devoir en reproduire la description et le dessin, tant il m'a paru
propre à améliorer l huile d'olive.

On se rappelle que le premier but de la méthode de M. Sieuve
est d'ôter la pulpe de dessus les noyaux des olives, pour pouvoir la presser séparément. La planche 4 représente la machine, *fig.* 1re, prise à vol d'oiseau; et *fig.* 2e, sa coupe perpendiculaire.

A B et C D les patins, c'est-à-dire les pieds sur lesquels reposent les montans, et par suite toute la machine.

E F, G H, I K, L M, les quatre montans du bâtis assem-
blés les uns avec les autres par des entretoises.

N O, le treuil destiné à soulever le détritoir, selon le besoin.

N, roue de bois à laquelle est attachée une corde.

P, poulie sur laquelle passe la corde à laquelle le détritoir
est suspendu.

Q, extrémité de la corde à laquelle les quatre cordons du
détritoir sont attachés.

R S, le détritoir placé dans sa caisse. C'est une portion de madrier creusé inférieurement par des cannelures.

S, cheville fixée au détritoir pour communiquer le mouvement à la soupape de la trémie.

R, poignée pour pousser et tirer le détritoir dans sa caisse.

T, trémie dans laquelle on met les olives, et d'où elles tombent en petit nombre à la fois, lorsqu'on pousse le détritoir.

W V, la caisse dans laquelle est renfermée une table cannelée comme le détritoir.

X Y, entonnoir terminé par une chausse, et dans lesquels tombe la pulpe des olives.

Z, baquet dans lequel tombe l'huile que le détritage a fait sortir des cellules dans lesquelles elle étoit renfermée.

Lorsque la chausse est pleine de pulpe, on l'enlève et on en met une autre.

a, axe de fer sur lequel la caisse est en équilibre.

b c, trappe par laquelle on fait tomber les noyaux dans l'auge.

d f, auge pour recevoir les noyaux.

Les anciens détritoient leurs olives. M. Bernard, dans son excellent Mémoire sur l'olivier, donne même, d'après le texte de Caton et de Pline, la figure du moulin qu'ils employoient. C'étoient deux segmens de sphère perpendiculaires, tournant autour d'un axe dans une auge de la paroi de laquelle ils étoient écartés d'un travers de petit doigt. (*Voyez* Bernard, tom. 2, pag. 324, et pl. 1, *fig.* 1re). Le détritoir de M. Sieuve me paroît bien plus simple et moins coûteux que celui des anciens.

M. Bernard critique cette opération des anciens, comme celle de M. Sieuve; mais il semble qu'il n'y a rien à répondre à l'expérience des siècles et à celles citées au mot HUILE, expériences d'ailleurs en concordance avec les principes de la théorie.

Le moulin à huile le plus généralement employé, soit dans le midi pour les huiles d'olive, soit dans le nord pour les huiles de graines, soit dans les départemens intermédiaires pour les huiles de fruit, est le même. On construit d'après les mêmes principes que celui qui sert à écraser les pommes et les poires dans les pays à cidre. Il est extrêmement simple, mais varie cependant selon les localités.

Un massif circulaire de maçonnerie A, *pl.* 5, *fig.* 1, communément de vingt quatre à trente pouces de haut, et de six à huit pieds de diamètre, fait la base de ce moulin. Cette masse est recouverte de dalles de pierres dures, polies, ou de planches épaisses de chêne, quand on ne peut pas avoir de pierres, disposées de manière que le bord et le centre soient

Pl. 5. Tom. 8 Pag. 416.

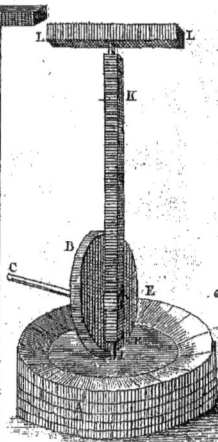

Fig. 1.

Fig. 2.

Fig. 4.

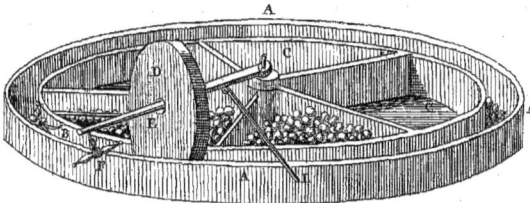

Fig. 5.

Fig. 3.

Moulins à Huile

un peu plus élevés que le milieu, et que leur ensemble soit de plus incliné d'un côté d'environ six pouces, de E en F par exemple. Ainsi le cercle qui passe en C est la partie la plus enfoncée.

Une meule de pierre d'environ un pied d'épaisseur (plus ou moins), sur environ cinq pieds de diamètre (plus ou moins), est attachée à l'arbre I K, qui tourne dans une crapaudine I creusée au centre du massif, et dans un trou percé dans la poutre L L du plancher, par le moyen d'un axe C D fortement fixé dans la mortaise D de cet arbre, axe sur lequel elle a un mouvement de rotation.

La seule inspection de la gravure explique le mécanisme de ce moulin. Un cheval attaché à l'axe C fait tourner l'arbre, et par conséquent la meule, laquelle, comme je viens de le dire, tourne de plus sur elle-même ; et tout ce qui se trouve sur son passage est d'autant plus écrasé et pressé, qu'elle est plus lourde. Une personne repousse avec une pelle la matière sous la meule à mesure qu'elle en est écartée par le mouvement même de cette meule, sur-tout du côté de la partie la plus basse, c'est-à-dire en E.

L'important est d'avoir des pierres bien larges, bien dures et bien jointes, pour construire l'aire, et une meule bien dure et bien pesante. Le granit est la meilleure qu'on puisse choisir ; mais la dépense de la fabrication et du transport en éloigne souvent. Les marbres grossiers sont ce qui convient le mieux après. Les pierres à bâtir ordinaires, les briques, et encore plus le bois, ne valent rien, parcequ'ils s'usent trop vite et absorbent une quantité d'huile considérable qui non seulement est perdue, mais communique en rancissant, à celles qu'on fabrique ensuite, un levain de rancidité qui ne permet pas de les garder.

L'aire du massif, la meule et la base de l'arbre doivent être lavés à l'eau chaude toutes les fois qu'on s'en est servi ; et si on a été long-temps sans s'en servir, il faut de plus les imbiber d'un peu de potasse caustique avant de faire cette opération, pour enlever les portions d'huile rance qui leur seroient adhérentes.

Comme je l'ai indiqué plus haut, les proportions du moulin peuvent varier beaucoup ; mais il est une attention à avoir, c'est que l'axe CD soit toujours à la hauteur du poitrail du cheval. En effet, si la ligne de tirage est trop basse, le cheval fatigue beaucoup sans aucune utilité ; si elle est trop haute, la meule est souvent soulevée et ne remplit qu'imparfaitement le but. En général, il vaut mieux faire tourner lentement que vivement la meule ; cependant il y a aussi des inconvéniens dans l'extrême lenteur, indépendans de la perte de temps.

8.   27

Quelques jours d'expérience en apprennent plus à cet égard que des volumes de préceptes.

Les moulins à huile auxquels on applique, dans les départemens méridionaux, les animaux comme moteur, s'appellent *moulins à sang*, dénomination qui donna lieu, dans ces derniers temps, à une dissertation fort plaisante.

Le moulin représenté *fig.* 2 est construit sur des principes un peu différens. Le massif A est en maçonnerie, comme dans la *fig.* 1; mais au lieu d'être inclinée, la partie supérieure forme une auge circulaire. S'il est possible, on doit faire le tout d'une seule pièce, ou au plus de trois. C'est dans cette auge EF, qui a de six à dix pouces de profondeur, que tourne la meule BC, à l'axe de laquelle sont attachées de plus, aux points LL, deux petites chaînes qui traînent derrière la meule le rabot ou valet HH. Ce rabot ou valet, qui est courbé en demi-cercle dans un sens, et comme l'auge dans un autre, ramène dans le milieu de l'auge le marc qui avoit été jeté sur les côtés par le mouvement de la meule, de sorte qu'il évite le travail de l'homme qui fait cette opération dans la première figure.

Dans tous les cas où on emploie des animaux à tourner des meules, il faut leur couvrir les yeux d'un chaperon, afin qu'ils ne soient pas étourdis par le mouvement circulaire, mouvement dont on connoît les effets.

Ce sont ordinairement des mulets qui tournent les moulins à huile dans le midi, et des chevaux dans le nord; rarement des bœufs servent à cet usage, à raison de la lenteur de leur marche.

Deux ou trois heures de travail de suite et deux appels par jour est tout ce qu'on doit raisonnablement exiger d'un de ces animaux de force moyenne; cependant il n'est pas rare de leur voir faire des tournées du double de ce temps, ce qui les épuise promptement.

Comme ce n'est pas du nombre de tours que fait le cheval, mais de ceux que fait la meule, que dépend la rapidité de l'opération, et qu'il y a des moyens très connus de décupler et au-delà le nombre de ces derniers, sans augmenter celui des premiers, il y a lieu d'être étonné que par-tout on ne fasse pas usage de ces moyens. C'est l'effet de l'habitude et de l'ignorance; car la mise dehors de première construction est fort peu de chose, comparativement à l'économie qui en résulte relativement à l'emploi du temps des bestiaux. En effet, pour arriver à ce but il ne s'agit que de placer une lanterne d'un petit nombre de fuseaux au point K de l'arbre vertical (*voyez fig.* 1 et 2), et à six ou huit pieds du massif; d'élever sur un dé de pierre à crapaudine un autre arbre parallèle à celui-ci, et auquel sera fixée, à la hauteur convenable, une roue garnie d'un grand nombre de dents qui engrèneront dans les fuseaux de la lanterne. C'est autour de ce dernier arbre que tournera le cheval. Plus la roue qu'il porte sera grande, et la lanterne petite, et plus cette dernière fera de tours pendant celui du cheval. Si, par exemple, la lanterne n'avoit que dix dents et la roue cent, la meule feroit dix tours chaque fois que le cheval en feroit un. Quel immense avantage ! De plus, le cheval fatigue moins. Lorsque le local ne permet pas de donner une distance de six à huit pieds entre le massif du moulin et l'arbre que fait tourner le cheval, on peut faire agir ce dernier dans une pièce supérieure ou dans une pièce inférieure. *Voyez*, *fig.* 3, pl. 2, une coupe verticale de cette sorte de moulin.

Si on avoit un courant d'eau à sa disposition, il faudroit l'employer à faire tourner la roue, puisque par-là on économiseroit un cheval et qu'on pourroit travailler sans interruption. On peut varier sans fin le mode de construction des roues, puisque ce mode dépend de la localité, de la force du cours d'eau ou de la hauteur de sa chute. Je donne, *fig.* 4, pl. 5, la représentation d'un de ces moulins supposés mis en jeu par un foible cours d'eau, mais qui a beaucoup de chute. Le cours d'eau A met en mouvement la roue à aube B, qui, au moyen de l'axe CC et des engrenages perpendiculaire et horizontal DD et EE, fait tourner l'arbre FF, et par suite la meule GG qui est assujettie à ce dernier par une courte traverse. Les bases de la construction du reste de ce moulin ne diffèrent pas de celles des deux précédens.

Les moulins à cidre de Normandie et de Bretagne diffèrent des précédens, quoique dans le fond le principe en soit le même, parceque les pommes et les poires n'ont pas besoin d'une pression aussi forte pour être écrasées que les graines dont on tire de l'huile, sur-tout que les noyaux des olives. La *fig.* 5 de la pl. 5 en donnera une idée suffisante.

A A, auge circulaire de la pile; B, rabot ou valet qui ramène les pommes ou les poires sous la meule; C C, cases ou séparations pour recevoir les différentes variétés de pommes ou de poires (*voyez* CIDRE, POMMIER et POIRIER); D, la meule; E, axe de la meule; F, palonnier auquel le cheval est attaché; G, guide du cheval. Sans cette guide, formée d'un bois léger, l'animal s'écarteroit continuellement du moulin.

De tous les moulins à huile, le plus parfait est celui des Hollandais. C'est exclusivement celui qu'on devroit employer dans toutes les parties de la France où les cultivateurs sont jaloux de tirer tout le parti possible du produit de leurs récoltes. Il est en ce moment assez multiplié dans les départemens du nord ; mais je ne crois pas qu'il y en ait un seul d'établi dans ceux du centre et du midi. Les moulins dits de recense, en usage pour les huiles d'olive, et dont je parlerai plus bas, quelque perfectionnés qu'ils soient, quand on les compare aux moulins ordinaires, leur sont inférieurs sous quelques rapports : tous deux gagneroient si on leur appliquoit ce qu'ils ont de dissemblable.

En Hollande, dans le Brabant, en Flandre, en Artois, ces moulins ont le vent pour moteur. Lorsque le local le permet, il est bien plus avantageux que l'eau les fasse agir, parceque le vent est trop inconstant, souvent trop actif ou nul, c'est-à-dire rarement au point qu'on le désire ; c'est pourquoi j'ai représenté celui de la *pl.* 6 mû par un courant.

La division du mouvement d'un moulin à huile à la manière des Hollandais, et qui est mû par le vent, s'accorde à peu de chose près avec celui que je vais décrire.

Je passe à l'explication de la planche, explication qui donnera une idée suffisante de l'objet. Pour les proportions *voyez* l'échelle.

Fig. 1. A. 1. La roue à aube mûe par un courant d'eau. C'est de la masse d'eau dont on dispose que dépend le diamètre de cette roue. Elle est le moteur général. Moins la chute sera haute, ou moins on aura d'eau, plus les aubes devront avoir de largeur et le diamètre de la roue diminuer. On voit à Apeldorn un moulin dont la chute est si courte, que la roue a à peine six pieds de diamètre ; mais en revanche les aubes ont six pieds de longueur et deux pieds et demi de largeur. Au contraire, si la chute vient d'un endroit élevé, et si on a la facilité d'agrandir le diamètre de la roue, l'effet sera plus considérable.

2. Le dormant sur la maçonnerie avec le pivot de l'arbre tournant.

3. La chute d'eau supposée et vue par derrière.

Fig. 2, B. 1. La roue dentée mûe par la roue à aubes, composée de 52 dents, le pas de 5 pouces un quart.

2. La lanterne du rouet, mise en mouvement par la roue dentée. Cette lanterne est composée de 78 dents, dont le pas est de 5 pouces un quart.

3. L'arbre tournant destiné à élever les pilons. Cet arbre est garni de grandes dents ou élèves sur sa circonférence, et les pilons tombent deux fois sur une révolution de la roue mûe par le courant d'eau.

4. La charpente avec la pierre ou grenouille de cuivre placée et assujettie sur le dormant, pour supporter l'arbre tournant, le tout marqué par des points pour éviter la confusion. Le profil est représenté *figure 5*, planche 7.

Pl. VI. Tom. 8 Page. 420.

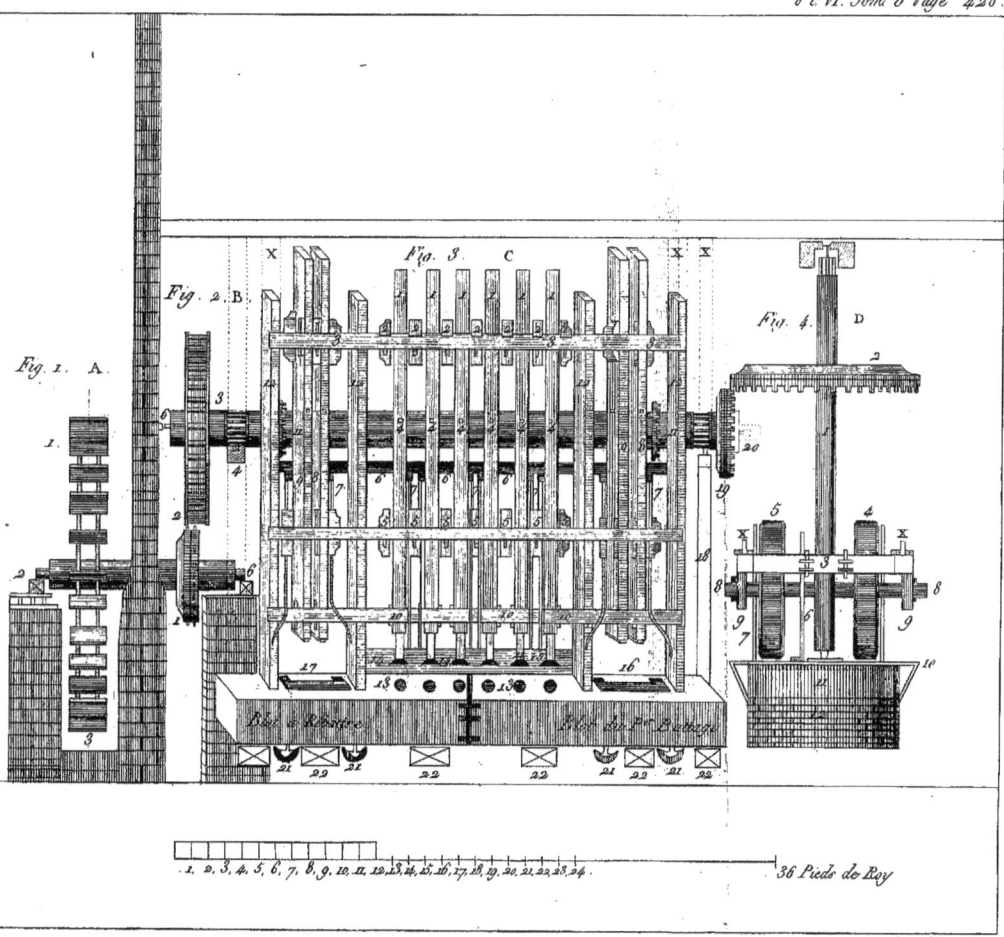

Fig. 1. A

Fig. 2. B

Fig. 3. C

Fig. 4. D

Eb. à Registre

Eb. du Pr. Batage

1. 2, 3, 4, 5, 6, 7, 8, 9, 10, 11, 12, 13, 14, 15, 16, 17, 18, 19, 20, 21, 22, 23, 24.

36 Pieds de Roy

Desve del. et dir.

Moulin Hollandais à huile

5. Maçonnerie portant le dormant de l'arbre de la roue à aube, supportant l'équipage du haut.

6. Pivot qui entre dans un heurtoir ou plaque d'acier, pour contenir l'arbre à sa place.

Fig. 3. 1. Les six pilons. Leurs proportions sont données *pl.* 8, division inférieure.

2. Les pièces appliquées entre les pilons et les pièces de traverse. Ces premières pièces forment des coulisses qui maintiennent les pilons dans leur aplomb et dans leur place.

3. Deux pièces de traverse (on ne voit qu'une de ces pièces); elles sont assujetties par des boulons de fer dans les montans. Ces pièces de traverse sont caractérisées n° 13 de la division supérieure de la *pl.* 8.

4. Les queues des mentonnets des pilons, qui répondent aux bras des élèves de l'arbre.

5. Une pièce transversale, seulement par devant, pour adapter les élèves et pour arrêter les pilons, marqués 14 dans la partie supérieure de la *pl.* 8.

6. Une solive à une distance des pilons sur laquelle sont attachées les poulies qui supportent la corde pour lever et arrêter les pilons indiqués *pl.* 8, n. 16 de la partie supérieure.

7. Les poulies avec les cordes indiquées n° 14 de la partie supérieure de la *pl.* 8.

8. Le pilon pour frapper sur le coin qui presse ou tord l'huile.

9. Le pilon pour frapper sur le défermoir qui fait lâcher le coin.

10. Deux pièces de traverse (on n'en voit qu'une) avec les pièces entre-deux qui forment des coulisses en bas, marquées n° 19, *pl.* 8, première division.

11. Rouet destiné à mouvoir la spatule dans la payelle ou bassine, pour remuer et retourner la pâte sur le feu. Il est composé de 28 dents, dont le pas est de trois pouces et demi. *Voyez* n° 6 de la première division de la *pl.* 8.

12. Quatre montans attachés au bloc, et supérieurement aux poutres et solives du bâtiment, et qui contiennent et affermissent ensemble tout l'équipage.

13. Les six creux pour les six pilons.

14. Le bas des six pilons garni d'une chaussure de fer.

15. Une planche par derrière, de champ et inclinée en renversant, pour empêcher le grain de sauter, de tomber par terre et de se perdre. On le garantit par devant de la même manière.

16. Creux pour passer ou tordre la farine de la graine

après qu'elle est sortie pour la première fois de dessous les meules.

17. Creux à l'autre extrémité du bloc, pour tordre la farine après qu'elle a passé pour la seconde fois sous les pilons.

18. Equipage pour supporter l'arbre des pilons.

19. Rouet à l'extrémité de l'arbre des pilons pour mouvoir les meules, composées de 28 à 30 dents, dont le pas est de 5 pouces et un quart.

20. Pivot heurtant contre un heurtoir affermi dans le montant de l'équipage, et simplement marqué par des points.

21. Bassins destinés à recevoir l'huile.

22. Pièces de support assises sur le terrain sous le bloc.

Fig. 4. *Mécanisme et élévation des meules.*

1. Arbre perpendiculaire qui traverse la roue dentée et le châssis des meules qui tournent sur le champ.

2. Roue horizontale mise en mouvement par le rouet n° 19 de la *fig.* 3. Cette roue est composée de 76 dents, dont le pas est de cinq pouces un quart.

3. Châssis des meules tournantes.

4. Pierre ou meule tournante, que je nomme intérieure, parcequ'elle est plus rapprochée de l'arbre.

5. Pierre ou meule extérieure.

6. Le ramoneur intérieur qui conduit le grain sous la meule extérieure.

7. Le ramoneur extérieur qui conduit le grain sous la meule intérieure, en sorte qu'il est sans cesse remué, retourné, écrasé en dessus, en dessous. Ce ramoneur extérieur est encore garni d'un chiffon qui frotte contre la bordure n° 10, afin de ramener le peu de graines qui resteroient dans l'angle de ce contour.

8. Les extrémités de l'essieu de fer qui traverse l'arbre perpendiculaire, et sur lequel tournent les meules, de sorte que ces dernières ont, comme celles des moulins décrits plus haut, deux mouvemens simultanés. Le trou des meules et même ceux des oreilles des châssis ne doivent pas être très justes, afin que les meules puissent un peu balancer lorsqu'elles rencontrent une épaisseur de graine plus considérable.

9. Les oreilles qui conduisent les deux extrémités de l'essieu.

10. Contour ou rebord de la table qui empêche la déperdition des graines chassées par les meules. Il est en bois.

11. La table, ou la pierre gissante, ou la meule posée à plat, sur laquelle tournent les deux meules perpendiculaires, et sur laquelle on met les graines à écraser.

12. Maçonnerie solide sur laquelle est posée la meule gissante. Cette meule doit être parfaitement assujettie et placée dans le niveau le plus exact.

Pl VII. Tom. 8. Page 423.

Fig. 1.

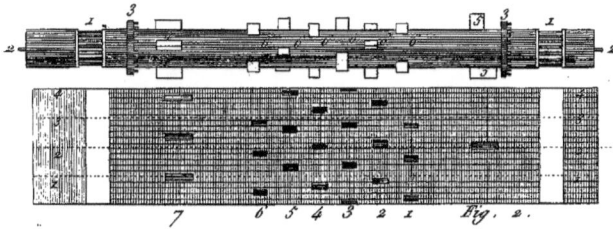

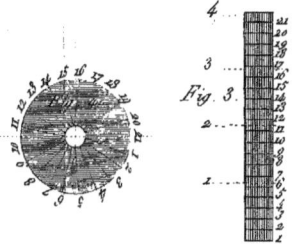

Fig. 3.

Fig. 2.

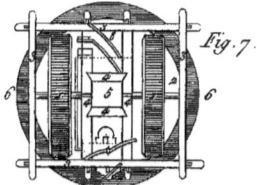

Fig. 7.

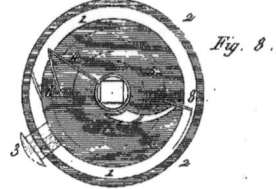

Fig. 8.

Fig. 6.

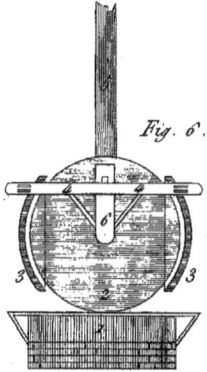

Fig. 5.

Lanterne

Rouet

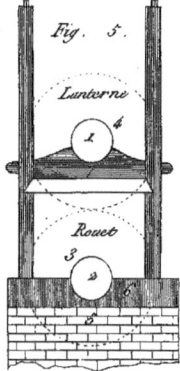

Fesove del. et dir.^r

Moulin Hollandais à huile (Développemens)

Pl. 7. Fig. 1. L'arbre tournant avec les cames ou mentonnets à élever les pilons.

1. Deux endroits arrondis, garnis de lames de fer enchâssées exactement au niveau du bois pour tourner sur une pierre dure, ou sur une grenouille de cuivre fondu, etc., parceque le jeu des pilons et le tremblement ne pourroient être supportés par des pivots enchâssés aux extrémités, comme dans la machine ordinaire.

2. Deux pivots heurtoirs, pour heurter en tournant contre une plaque d'acier qui empêche que l'arbre ne vacille.

3. Les rouets pour mouvoir la spatule.

4. Les mentonnets pour la presse, ou tordoir du rebatage.

6. Les mentonnets pour élever les six pilons.

Fig. 2. Explication pour compasser le devis des mentonnets sur l'arbre tournant, l'arbre étant déployé dans toute sa circonférence.

On marque les quatre lignes mitoyennes qu'on appelle les quatre pôles mitoyens, numérotées 1, 2, 3, 4.

On commence ensuite par une ligne mitoyenne, et on partage la longueur de l'arbre sur la circonférence en 21 portions égales; la circonférence est ensuite partagée en 7 portions; savoir, 6 pour les pilons, et une pour le fermoir et défermoir du rebatage, ou second tordage. Elles sont indiquées dans cette figure par les nombres 1, 2, 3, 4, 5, 6, 7. Le fermoir et le défermoir du premier tordage ne se comptent pas dans la mesure de la marche.

On place ensuite trois mentonnets pour chaque pilon, et trois pour le fermoir et défermoir du second tordage. Le fermoir et défermoir du premier tordage ont une cheville et demie, c'est-à-dire une pour le fermoir et une demie seulement pour le défermoir, de sorte que le défermoir frappe deux fois et le fermoir une fois dans une révolution de l'arbre.

Fig. 3. L'arbre divisé en 21 portions égales avec les quatre lignes mitoyennes marquées par des points. Cette figure est sans proportions.

Fig. 4. Manière dont l'arbre est divisé en 21 portions égales avec les quatre lignes mitoyennes marquées par des points qui forment la croix. Cette figure est aussi sans proportions.

Pour placer les chevilles, on observe de les mettre vis-à-vis des mentonnets des pilons où elles doivent agir, et dans chaque point où la ligne de distance coupe la division. La cheville et demie du premier tordage, du côté où elle est double, se place sur la ligne mitoyenne qui tombe entre les n°ˢ 10 et 11. Ensuite on commence à gauche à disposer les chevilles pour les pilons. Si on compte à gauche, ce premier pilon porte sur les chevilles 1, 8, 15; le second sur les chevilles 4, 11 et 18; le troisième sur les chevilles 7, 14, 21. On voit dans le troisième les deux demi-chevilles ne faire qu'un dans la circonférence. Le quatrième porte sur les n°ˢ 3, 10, 17. Le cinquième sur les n°ˢ 6, 13, 20. Le sixième sur les n° 2, 9, 16. La septième cheville destinée pour le fermoir et le défermoir du second tordage se place sur les n°ˢ 5, 12 et 19.

Les pilons pour tordre ou presser l'huile s'élèvent à vingt pouces de hauteur; et ceux qui tombent dans les creux s'élèvent à la hauteur de sept pouces.

Les creux ont douze pouces et demi de profondeur.

Fig. 5. 1. L'arbre à chevilles vu de profil.

2. L'arbre mû par la roue à aube, et mis en mouvement par le courant d'eau.

3. La roue dentée mûe par la roue à aube et caractérisée par des points.

4. La roue de l'arbre aux pilons marqué par des points.

5. La maçonnerie.

6. Le dormant.

7. Le montant et le dormant, pour supporter l'arbre des pilons.

Fig. 6. Représentant la meule sur la table ou sur la pierre gissante.

1. La maçonnerie.

2. La meule tournant sur champ.

3. La meule emboîtée pour empêcher que le grain tombe à terre.

4. La partie du châssis du côté du plat de la meule.

5. L'arbre droit qui donne le mouvement.

6. L'oreille enchâssée par le haut dans le châssis.

Fig. 7. Les mêmes parties que celles de la fig. 6, mais vues par-dessus et à vol d'oiseau.

1. Les meules tournantes.

2. La pierre gissante.

3. Le châssis.

4. Les bras qui enveloppent l'arbre perpendiculaire.

5. L'essieu qui traverse la pierre.

6. Le ramoneur extérieur.

7. Le ramoneur intérieur.

Fig. 8. Représentant la table ou pierre gissante.

1. Le couloir.

2. Bordure en bois de six pouces de hauteur.

3. Vanne ou trappe qu'on ouvre à volonté pour faire tomber la farine, c'est-à-dire la graine moulue.

4. Cercle que décrit la meule extérieure en tournant.

5. Cercle que décrit la meule intérieure.

On voit par-là que les deux meules ne roulent pas sur la même place.

6. Le ramoneur extérieur.

7. Le ramoneur intérieur.

8. Ramoneur pour faire tomber la farine par la trappe, n° 3.

On voit dans cette figure deux traits près du n° 7, et une croix depuis ces deux traits jusqu'au n° 8. Or, cette partie reste soulevée pendant tout le temps que les meules broient les graines. Lorsqu'elles sont suffisamment broyées, on laisse tomber l'extrémité de ce ramoneur intérieur sur la table.

Pl. 8. Division supérieure.

Fig. 1. N° 1. L'arbre tournant pour élever les pilons.

2. Trois chevilles à élever les pilons.

3. Roue pour la spatule composée de vingt-huit dents.

4. Autre roue, qui engrène dans la première, composée de vingt dents.

Les dents de cette roue et de la précédente sont espacées de trois pouces et demi.

5. L'essieu tournant.

6. Autre roue à l'extrémité de l'essieu composée de 13 dents.

7. Roue du haut de la verge de la spatule composée de 12 dents.

Le pas de ces deux dernières roues est de trois pouces.

8. Deux pièces que traverse la verge de fer de la spatule, de façon à pouvoir tourner librement dans les ouvertures, et hausser et baisser à volonté.

9. Pièce mobile par laquelle passe la verge et où elle tourne librement. La verge dans cet endroit est garnie d'un bouton ou rebord qui appuie dessus la pièce mobile, et par lequel elle est élevée ou abaissée à volonté.

10. Pièce mobile pour lever la spatule et la verge pour les engréner et dégréner. La pièce 9 est fixée en *a* et mobile en *b* dans une coulisse.

11. Un pilon.

12. Un mentonnet attaché au pilon.

13. Les deux pièces de traverse.

14. La pièce de traverse à laquelle est attaché le bras pour élever, arrêter et tenir le pilon suspendu.

15. Bras pour arrêter les pilons par le moyen de la corde.

16. Solive à une distance des pilons pour attacher la poulie par laquelle passe la corde.

17. Poulie sur laquelle passe la corde.

18. Corde pendante du côté de l'ouvrier.

19. Deux pièces de traverse.

20. Bloc des creux des pilons.

21. Bassin à recevoir l'huile.

22. Fourneau à chauffer la farine.

23. Bassin ouvert par-dessous, dans lequel on place le sac destiné à recevoir la farine dont on doit extraire l'huile après qu'elle a été échauffée.

24. Spatule qu'on laisse tomber dans la payelle ou bassine, pour retourner la farine pendant qu'elle est sur le feu.

Fig. 2. *Plate-forme de l'ouvrage sur le terrain.*

1. Fourneau à échauffer la farine.

2. Bassin divisé en deux portions sous lesquelles on suspend les deux sacs pour verser la farine derrière la payelle, de sorte qu'elle tombe en deux portions égales.

3. Payelle ou bassine sur le feu, avec la spatule dans le fond.

4. Boîte sur laquelle est posé un couteau pour rogner les rives ou bords des tourteaux, lorsqu'ils sortent du sac après la presse, et dans laquelle tombent les débris des tourteaux.

5. Le tordoir ou presse pour le second tordage.

6. Le tordoir du premier tordage, parcequ'il est plus près des meules.

7. Les six creux pour les pilons.

8. Planche sur champ pour empêcher la graine de tomber.

9. La meule gissante.

10. Le centre de la meule gissante.

11. Planche garnie d'une bordure pour empêcher la farine de tomber.

Pl. 8. *Division inférieure. Le bloc avec les trous des pilons et les tordoirs coupés.*

1. Les six pilons.

2. Les six creux avec une plaque de fer dans le fond.

3. Le fermoir qui frappe sur le coin du premier tordage.

4. Le fermoir qui frappe sur le coin du second tordage.

5. Le défermoir du premier tordage qui frappe sur le coin à défermer.

6. Le défermoir du second tordage qui frappe sur le coin à défermer.

7. Coin à défermer.

8. Coin à fermer.

9. Coussins de bois entre le fer et le coin. * * * Deux plaques de bois de deux pouces d'épaisseur qui se placent entre le coin à fermer et le coussin et le défermoir.

10. Serrails entre lesquels on place le sac qui contient la graine.

11. Fontaine par où coule l'huile.

12. Bassin pour recevoir l'huile.

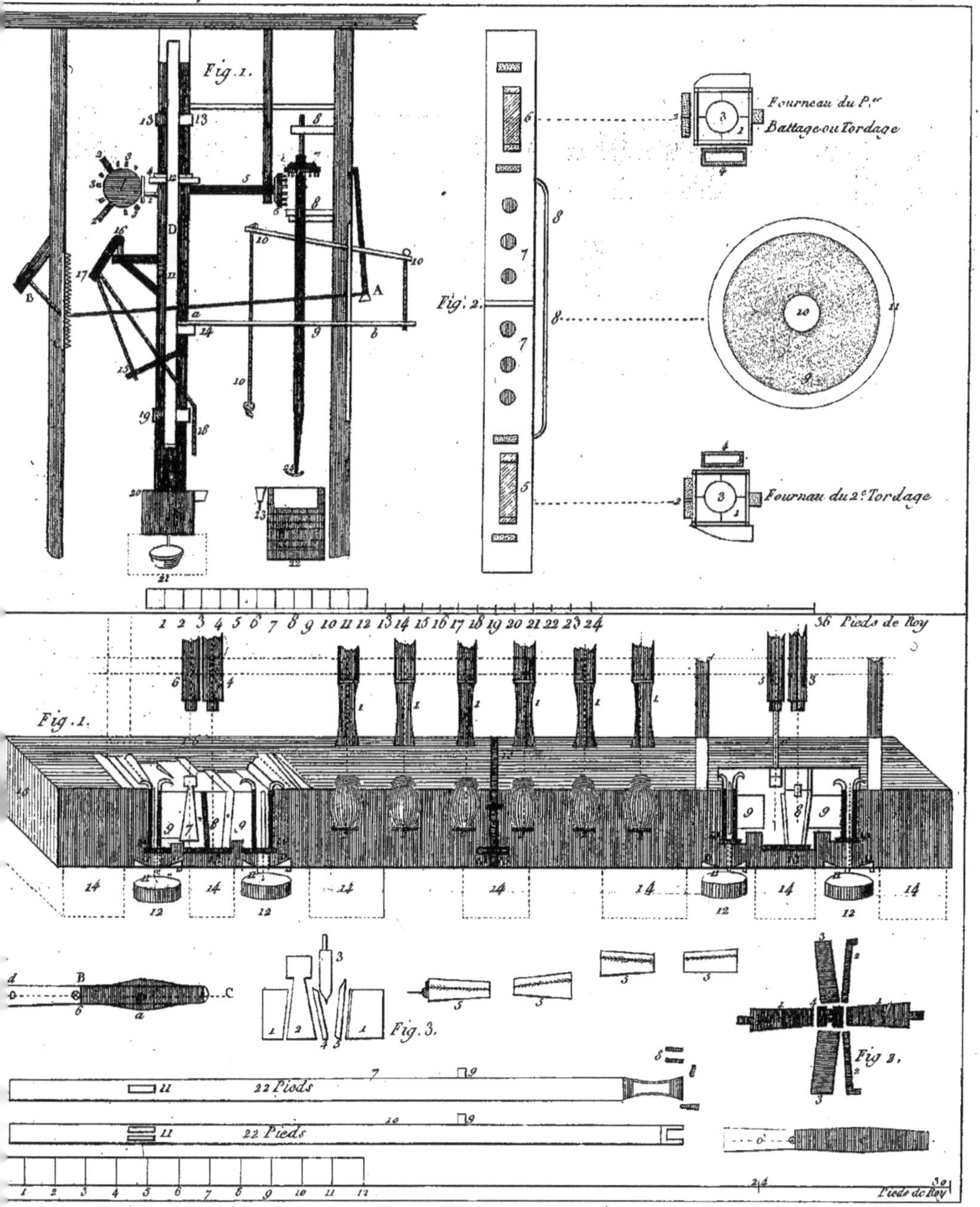

Fig. 1.

13 13

8

5

D

10

10

A

14

9

15

19 18

20

21

23

Fig. 2.

6

8

7

8

7

5

Fourneau du P.er
Battage ou Tordage

3

10 11

9

Fourneau du 2.e Tordage
3

1 2 3 4 5 6 7 8 9 10 11 12 13 14 15 16 17 18 19 20 21 22 23 24   36 Pieds de Roy

Fig. 1.

6 4

9 9

14 14 14 14 14 14
12 12   12 12

d B
6   C
6   a

1 2 1

Fig. 3.

3
3 3

3
3 3

1 2
3

Fig. 2.

11   22 Pieds   7   9

11   22 Pieds   10   9

6

1 2 3 4 5 6 7 8 9 10 11 12   24   Pieds de Roy

Moulin Hollandais à huile (Developpemens.)

13. Plaque de fer qui se place à plat sous les coins, les coussins et les glissoirs.

14. Pièces de bois sur lesquelles est posé et assujetti le bloc.

15. Bloc en deux pièces jointes ensemble dans le milieu, garnies de bandes de fer. Il doit également être garni aux deux extrémités.

16. La corde pour laisser descendre le coin ou défermoir à la hauteur convenable, afin qu'il puisse défermer.

Fig. 2. Serrails entre lesquels on place les sacs garnis de farine.

1. Deux fers nommés chasseurs de plat.

2. Les mêmes vus de champ ou sur les côtés.

3. Plaques de fer qui se placent sur la longueur.

4. La fontaine.

Les serrails se placent de la même façon que dans la figure. Il s'agit seulement de réunir les deux bouts qui répondent à la fontaine, en redressant les quatre extrémités marquées par une *.

5. Les sacs dans lesquels on met la farine pour tordre.

Il faut observer que les coutures de ces sacs, qui sont de crin, de laine ou de toile, viennent sur le plat et non sur les bords, car, dans ce dernier cas, ils pourroient crever.

6. Le crin entre les plis duquel on renferme le sac.

Le sac étant rempli on place sa base en *a*, l'autre bout en *b* ; on plie ensuite le bout *c* jusqu'en *b* ; on replie ensuite l'extrémité *d* jusqu'en *a*. L'ouverture *c* sert pour l'empoigner, le placer sur le tordoir et l'en retirer.

7. Un pilon garni de sa virole ou chaussure de fer.

8. Clous qui s'enfoncent dans le bout du bois du pilon lorsqu'il est entouré de sa virole ou chaussure.

9. Pièces qui servent à élever les pilons et à les arrêter.

10. Pilon pour le tordoir.

11. Mortoises dans lesquelles se placent les mentonnets qui répondent au bras des leviers sur l'arbre tournant pour élever les pilons.

Fig. 3. Ce qui constitue la presse ou le tordoir.

1. Les coussins.

2. Le coin à défermer.

3. Le coin à fermer ou à tordre.

4 et 5. Les deux glissoirs de bois.

C'est par le moyen de cette belle machine que les Hollandais tirent absolument toute l'huile qui est contenue dans les graines qu'ils soumettent à ses effets, ce qui leur permet de la donner à un prix égal et souvent inférieure à celle qu'on fabrique en France, quoiqu'ils y achètent ces graines et qu'ils aient par conséquent les frais d'achat, de transport et d'intérêt des fonds de plus que les cultivateurs français. Sa construction est coû-

teuse, il est vrai, mais elle rembourse bientôt la dépense qu'elle
a occasionnée. Son travail est tout en économie, c'est-à-dire
qu'on va très vite, qu'on use peu de bois, et qu'on ne perd
pas d'huile. On sait que les puissances du coin et de la per-
cussion sont les deux plus fortes que l'homme puisse employer,
et elles sont combinées ici de la manière la plus ingénieuse.

Il y a en Flandre des moulins qui sont construits sur les
mêmes principes, mais qui n'ont point les uns de pilons, les
autres de meules tournantes. Ils doivent remplir moins avantageusement leur objet, cependant ils valent toujours beaucoup
mieux que nos moulins ordinaires.

Pour le surplus, *Voyez* au mot PRESSOIR.

J'ai indiqué au mot HUILE les grands avantages qu'offroit le
moulin de recense pour retirer des marcs des huiles d'olive,
qui ont passé deux fois au moulin ordinaire les dernières
parcelles d'huile. Sans doute il est moins parfait que le moulin Hollandais que je viens de décrire, mais il remplit bien
son objet et il se multiplie chaque jour davantage dans les
pays à oliviers. Je dois donc en parler avec quelque détail.

La planche 5, où est représenté un atelier de recense et les
ustensiles dont on se sert, suffira pour, avec son explication, en
donner une idée complète. Je n'y ai pas mis d'échelle, parceque les dimensions de ce moulin et de ses accessoires peuvent
varier.

A. Tuyau en plomb ou en bois par lequel on conduit l'eau
dans la cuve.

B. Robinet par lequel on lâche l'eau dans la cuve.

C. Cuve en pierres, en béton ou en bois, la mieux construite possible, portée sur un massif de maçonnerie bien solide, et ayant pour fond une meule de pierre percée dans son
milieu.

D. Arbre de bois dur, communément en chêne. Il traverse
et est arrêté à son sommet par la poutre F, qui le tient dans
une position verticale. Cet arbre traverse la maçonnerie CC
pour gagner l'ouverture ou vide II; là il est adapté à la roue K
et finit par tourner sur son pivot H.

E. Morceau de bois dur, en buis ou en chêne vert, presque
du diamètre du support de la meule, traversant l'épaisseur de
l'arbre et y étant fortement arrêté par des tenons et des
chevilles.

G. La meule. Elle a ordinairement de cinq à huit pouces
d'épaisseur et de trois à quatre pieds de hauteur. Plus cette
meule perpendiculaire est pesante, mieux le marc est écrasé,
et de cette division des parties dépend le plus ou moins de
bénéfice qu'on retire du moulin. Elle a deux mouvemens,
l'une autour de l'arbre, et l'autre sur la traverse D, et par

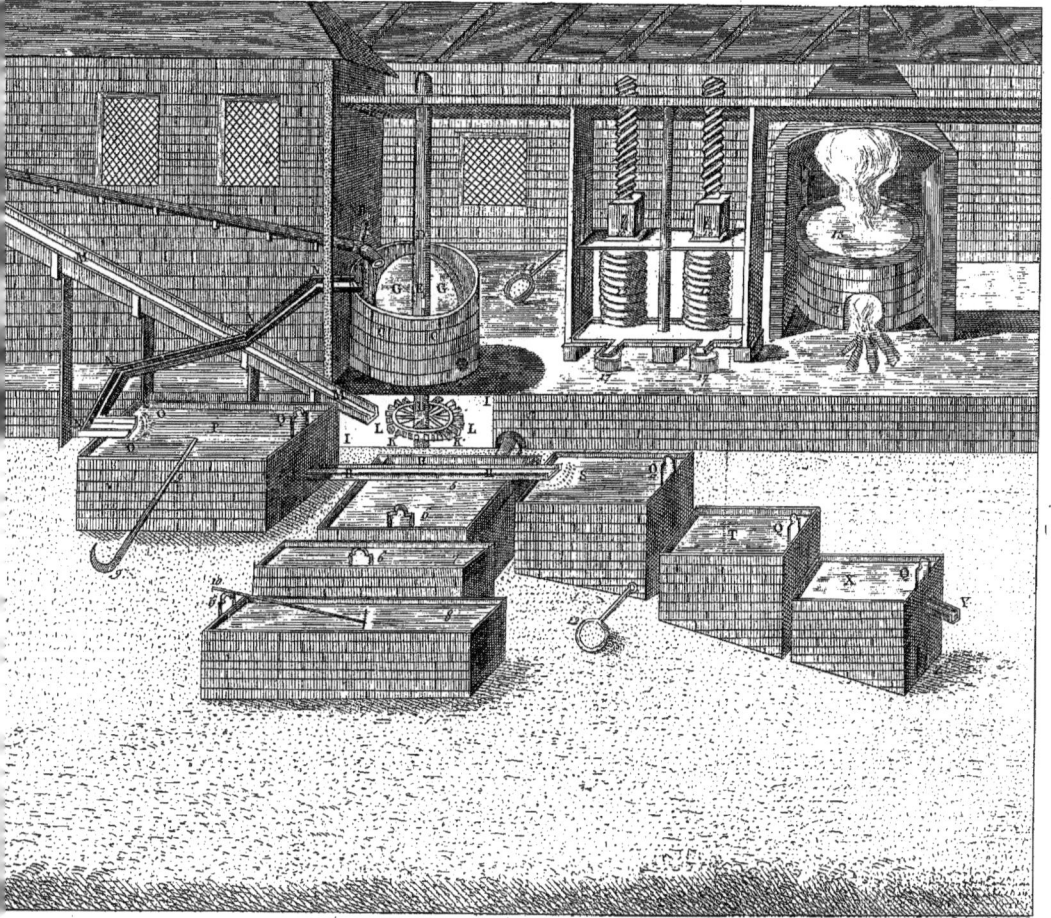

Moulin de Récense

conséquent sur elle-même. C'est de granit qu'il seroit mieux qu'elle fût; mais la dépense, dans certains lieux, fait qu'on doit s'estimer fort heureux quand on peut l'avoir de marbre commun.

H. Base de l'arbre armé d'un boulon de fer qui tourne dans une grenouille de fer, et encore mieux de bronze.

II. Ouverture pratiquée dans la maçonnerie et suffisante pour laisser tourner la roue horizontale KK, mise en mouvement par la chute de l'eau du canal M.

On sent bien que, selon les localités, cette roue peut être transformée en un engrenage qui feroit tourner un autre engrenage fixé à un arbre horizontal qui porteroit à son autre extrémité une roue verticale, que même l'arbre D perpendiculaire pourroit être mis directement en mouvement par un attelage de chevaux à la manière indiquée plus haut.

KK. Roue horizontale garnie de palettes ou augets LL, contre lesquelles l'eau du canal vient frapper avec impétuosité et leur communique le mouvement. Ces palettes ou augets doivent être creusées en manière de cuiller à pot, afin de présenter plus de résistance à l'eau.

LL Les palettes ou augets mentionnés ci-dessus.

MM. Canal qui porte l'eau sur la roue KK. C'est du volume d'eau de ce canal et de la rapidité de sa chute que dépend le mouvement plus ou moins accéléré de la roue K, et par conséquent de l'arbre D et de la meule G. Il n'est pas bon que ce mouvement soit trop rapide, parcequ'il faut donner le temps à la meule d'écraser la pâte et d'en faire couler l'huile. Si elle passoit trop rapidement sur cette pâte, l'huile qu'elle en auroit exprimée se réabsorberoit au moins en partie, et le but seroit incomplet.

NN Canal de dégorgement qui part de la surface de l'eau de la cuve C. Les débris du parenchyme des écorces du fruit surnagent l'eau, de même que les petites portions d'huile qui s'en séparent par le moyen de ce fluide, et du mouvement de la meule G, sont entraînés dans ce canal auquel on fait faire plusieurs coudes, afin que son eau coule avec moins de vitesse dans le réservoir P, et pour que la chute de cette eau ne fasse pas remonter la crasse du fond du réservoir, elle frappe contre un morceau de bois OO qui rompt son effort.

OO. Morceau de bois pris ordinairement dans un tronc d'arbre. Il est fixé par sa base dans la maçonnerie, de sorte qu'il reste immobile.

P. premier réservoir bâti en maçonnerie, ou en béton, ou en brique. C'est le plus grand de tous. Il a communément dix pieds de longueur sur huit de largeur. Il convient qu'il soit couvert d'un toit afin d'empêcher les ordures d'y tomber. On n'a point représenté cette charpente, pour ne pas embrouiller la figure, mais il est facile de s'en faire une idée.

Q. Si l'écoulement du bassin étoit dans la partie supérieure, l'eau entraîneroit des parties huileuses et les débris de fruit qui surnagent. Pour éviter cette perte réelle, on pratique dans la maçonnerie une soupape Q qui s'ouvre et se ferme à volonté et laisse couler l'eau dans la partie mitoyenne par le conduit RR.

R. Conduit de communication du premier bassin P dans le bassin S, où l'eau qui s'écoule rencontre un morceau de bois semblable à celui du premier bassin, et qui retient l'effort de sa chute.

S. Second bassin semblable au premier, mais dont l'écoulement se fait directement avec le troisième bassin T, et celui-ci avec le quatrième X. La communication de ces trois bassins est au centre, comme on le voit en Y, qui uniroit le bassin X à un suivant si on le désiroit.

Z. La même soupape laisse à volonté couler l'eau en V et en Z; il suffit de la soulever plus ou moins. On ne la soulève entièrement que lorsqu'on veut nettoyer le bassin.

L'eau qui s'écoule par la partie supérieure de la cuve CC n'est chargée que des débris du fruit et d'un peu d'huile, et des parties brisées de l'amande contenue dans le noyau. On les appelle *grignon noir;* mais les débris du noyau ne surnagent point l'eau, et restent au fond de la cuve. Cependant, comme ils peuvent retenir et retiennent en effet des débris du fruit, il est important de ne les point perdre; pour cela, on ménage dans la maçonnerie et au bas de la tour une ouverture qui communique par le trou 2 dans l'épaisseur du mur 3, et va sortir par le canal 4, qui conduit l'eau et les débris du noyau nommés *grignon blanc* dans le bassin 5, également garni, comme les bassins à grignon noir, d'une soupape 6; ainsi se remplissent successivement les bassins 7 et 8 en aussi grand nombre qu'on désire en construire. Les derniers fournissent toujours de l'huile, en petite quantité il est vrai; mais comme elle ne coûte rien à rassembler, c'est toujours un bénéfice net.

Telle est la forme et l'usage des différentes parties du moulin de recense. Passons actuellement à la manière de s'en servir.

Le marc des olives pressurées dans les moulins ordinaires est répandu sur le plancher des moulins de recense; c'est là qu'on en prend une portion pour la jeter dans la cuve. Lorsqu'il y en a une quantité suffisante, on laisse tourner la meule pendant un quart d'heure, opération qui broie ou écrase de nouveau le grignon. Après ce moulinage, on ouvre le robinet B pour donner de l'eau, et la roue continue toujours à se mouvoir. L'effort de l'eau qui tombe avec rapidité, joint à celui de la meule, délaie le grignon ; on ajoute de nouvelle eau, la meule tournant toujours ; enfin on lâche l'eau entièrement. Le grignon noir monte à la surface, et l'eau qui s'écoule par le canal N l'entraîne dans les différens réservoirs P, S, T, X. Lorsque l'eau ne paroît plus entraîner de grignon noir, on ouvre la soupape 2 du bas de la tour, et l'eau s'écoule avec le grignon blanc par le canal 3, 4, dans les réservoirs 5, 7, 8. Lorsque l'eau des grignons noirs et blancs est parvenue dans les bassins qui leur sont destinés, c'est-à-dire lorsque la cuve est vide de grignon quelconque, on ferme la soupape 2, ainsi que le robinet B, et on garnit de nouveau la cuve avec du marc.

Pendant qu'on renouvelle cette opération dans le râtelier, un homme placé près des bassins, armé d'un grand bâton 10, au bout duquel est un râble ou croisillon, le promène légèrement sur la surface de l'eau des réservoirs, et pousse ainsi dans l'angle du bassin l'huile qui surnage avec les débris de la chair du fruit et de l'écorce : alors il prend une poêle à manche court, et percée comme une écumoire 12, ou, ce qui est encore mieux, un tamis de crin assez serré ; il enlève par ce moyen tout ce qui se trouve rassemblé à la surface de l'eau, et le jette dans un petit baquet ou vaisseau de bois de forme quelconque. Il ne cesse de répéter ce travail jusqu'à ce que l'eau des différens bassins, sans être agitée, ne fournisse plus rien ; enfin il porte son baquet vers la chaudière 13, dans laquelle il le vide. Cette chaudière est à moitié pleine d'eau, qu'on laisse bouillir jusqu'à ce que la fumée soit blanche et épaisse, ce qui annonce que cette eau est assez évaporée, et que la pâte des grignons est assez rapprochée. Alors, avec un poêlon 14, l'ouvrier prend la matière dans la chaudière, en remplit les cabas 15, les dispose les uns sur les autres sur le pressoir, ainsi qu'ils sont représentés ; on appelle cette opération charger le pressoir : alors quatre hommes, dont deux sont placés à chaque barre qui entre dans l'ouverture 16, à force de serrer font descendre la vis ; les cabas sont pressés, l'huile s'écoule dans les vaisseaux 17. Lorsqu'ils sont pleins, on en substitue d'autres, et on vide les premiers dans des jarres de terre, où cette huile dépose une fécule abondante.

On n'enlève jamais toute la pâte ou eau pâteuse de la chaudière pendant tout le temps de l'opération ; il faut en laisser dans le fond une certaine quantité afin que la chaudière ne rûle pas, et l'eau première est prise dans la tour ou dans les bassins.

A mesure que la force du pressoir agit sur les cabas, on prend de l'eau bouillante dans la chaudière, dont on les arrose légèrement tout autour. Cette eau en détache les parties huileuses qui seroient trop épaisses pour couler, et est reçue avec l'huile dans les baquets : le tout est porté dans les jarres. Comme l'eau est plus pesante que l'huile, elle gagne le fond du vase et l'huile surnage. On les laisse ainsi pendant quelques jours, et durant ce temps la crasse, la portion terreuse, etc., se séparent de l'huile et se précipitent au fond de l'eau : alors, par le moyen d'une cannelle adaptée à la jarre, on ouvre son robinet, la crasse s'écoule la première, et elle est mise de nouveau de côté pour rebouillir dans la chaudière. L'eau vient ensuite, et lorsque l'huile commence à couler on ferme le robinet. Cette huile est alors mise dans des tonneaux. Quelques uns la placent dans de nouvelles jarres, pour la faire encore mieux dépouiller de sa crasse et pour la soutirer une seconde fois, ce qui vaut beaucoup mieux.

Revenons actuellement aux réservoirs des différens grignons.

Après avoir enlevé, autant que possible, la portion huileuse et les débris du fruit, un ouvrier armé de l'instrument 9, à peu près semblable à celui dont les maçons se servent pour unir le sable à la chaux et en faire du mortier, agite le fond des bassins où se sont précipités la crasse et autres débris : alors toutes les parties huileuses et légères du fruit se séparent de la crasse, viennent à la surface et sont enlevées. Cette opération se répète plusieurs fois, et lorsque l'on croit ne pouvoir plus rien retirer des réservoirs P, S, T, X, on ouvre la soupape Z du réservoir X, et toute l'eau et la crasse du bassin s'écoulent. Ne pourroit-on pas encore reprendre ces crasses et les faire bouillir ? Il est certain que s'il y avoit cent réservoirs à la suite les uns des autres, les derniers fourniroient encore des portions huileuses, puisqu'on en trouve encore dans les eaux tranquilles des ruisseaux qui ont servi au recensement souvent à plus d'un quart et même une demi-lieue de l'endroit.

Le marc qu'on retire des cabas après la pression sert et suffit pour entretenir le feu sous la chaudière, et tenir son eau toujours bouillante. C'est un très bon engrais.

Quant au grignon blanc, c'est-à-dire aux débris des noyaux restés dans les bassins 5, 7 et 8, on répète sur lui les mêmes opérations qu'aux réservoirs du grignon noir. Enfin on lève la soupape ; mais comme dans le dernier bassin elle est garnie d'une grille de fer, l'eau seule s'écoule et le grignon blanc reste à sec. Ce grignon se vend pour chauffer le four, et sa produit suffit pour payer les ouvriers employés à la recense.

L'établissement des recenses a causé de grandes plaintes parceque les propriétaires croyoient, en voyant la quantité d'huile qu'ils fournissoient, c'est-à-dire huit à dix livres p

cent soixante-dix livres de marc, que leurs ouvriers s'enten-
doient avec les recenseurs, qui, les frais de construction payés,
au moyen des 25 sous que coûtoient à l'époque de leur établissement ces cent soixante-dix livres de marc, en tiroient pour
5 liv. 5 s. d'huile, puisque les seuls grignons blancs payent les
frais de la fabrication. Quel énorme bénéfice ! A la même
époque, la seule ville de Grasse, au moyen de six recenses,
rendoit à la consommation quarante mille livres d'huile par
an, qui, sans ces recenses, eussent été perdues. Quel précieux
avantage pour la société s'il se portoit sur toutes les fabrications d'huile de France !

L'huile qui provient des recenses est verte, et même très
verte. On la préfère dans la fabrication du savon, parcequ'il
lui faut moins de temps pour se solidifier au moyen de la lessive, et qu'elle procure une grande économie de bois (R. et B.)

MOUREILLER, *Malpighia*, Lin. Genre de plantes de la famille des malpighies, composé d'une vingtaine d'espèces, qui
toutes sont des arbres ou des arbrisseaux de l'Amérique méridionale ou des Antilles, ayant des feuilles simples et opposées
et des fleurs à plusieurs pétales. Le calice de ces fleurs est divisé en cinq parties; leurs étamines sont au nombre de dix,
et leur ovaire est surmonté de trois petits styles à stigmates arrondis.

Parmi ces espèces il y en a deux qu'on cultive dans leur
pays natal, pour leurs fruits très agréables au goût. L'une est
le MOUREILLER GLABRE, *malpighia glabra*, Lin., qu'on trouve
aux Antilles, où il est connu sous le nom de *cerisier*, parceque ses fruits ont toute l'apparence et à peu près la forme
d'une petite cerise ; ils sont rouges, sphériques, et d'une
saveur aigrelette, même dans leur parfaite maturité. On
en fait des gelées, des compotes rafraîchissantes, et on les
mange aussi crus, après les avoir roulés quelque temps au
soleil dans du sucre râpé. Ce sont de véritables baies tant soit
peu charnues, et dont la surface est sillonnée par plusieurs
rainures ; elles sont attachées à de courts pédoncules, et elles
contiennent ordinairement trois semences osseuses, dans chacune desquelles se trouve une petite amande oblongue et
amère.

Ce moureiller figure agréablement dans un petit verger.
C'est un arbrisseau, ou plutôt un petit arbre qui s'élève tout au
plus à la hauteur de douze à quinze pieds. Ses tiges sont
tortueuses, son écorce crevassée et noirâtre, son bois blanchâtre et léger. Ses feuilles ont environ un pouce et demi de
longueur, et neuf à dix lignes dans leur plus grande largeur ;
elles sont oblongues, pointues par les deux bouts, minces,
sans dentelures, et luisantes. Leur surface supérieure est d'un

8.   28

vert clair, et l'inférieure d'un vert pâle. Cet arbre fleurit deux fois par an. Ses fleurs viennent en bouquets aux aisselles des feuilles et le long des rameaux ; elles sont blanches et à cinq pétales.

La seconde espèce cultivée est le MOUREILLER A FEUILLES DE GRENADIER, *malpighia punicifolia*, Lin., qui croît naturellement à Cayenne, à la Jamaïque et dans quelques autres Antilles. Il est un peu moins haut que le précédent ; il diffère sur-tout par ses feuilles ovales, lancéolées, terminées en pointe aiguë, et par ses fleurs d'un rose pâle, qui naissent en petites ombelles aux extrémités des branches. D'ailleurs son fruit ressemble beaucoup à celui du moureiller glabre ; il est rouge et sillonné comme ce dernier, et on le mange préparé de la même manière.

En Amérique on multiplie ordinairement ces arbres par leurs sémences. Ils viennent et profitent assez bien par-tout, pourvu que le sol ne soit ni argileux ni sablonneux ; une terre légère et pourtant substantielle est celle qui leur est le plus favorable. Leur croissance est d'abord lente ; mais quand ils sont parvenus à une certaine hauteur, ils poussent alors très vite et ne tardent pas à fructifier.

En Europe on ne peut les élever qu'en serre chaude. Quand ils sont traités avec soin, ils y fleurissent, et leurs fruits y mûrissent même quelquefois. Dans leur première enfance on doit les tenir constamment dans la serre ; mais quand ils ont acquis de la force, il ne faut les y laisser qu'en hiver et dans les temps froids et incertains. Vers le commencement de l'été on peut les mettre en plein air dans une situation chaude ; on aura l'attention de les retirer quelques jours avant l'époque où l'on serre les orangers.

Ces arbres et quelques uns de leur congénères, que des curieux cultivent pour leurs fleurs, sont très agréables à voir dans une serre, parcequ'ils gardent leurs feuilles toute l'année, et qu'ils fleurissent pendant une partie de l'hiver. (D.)

MOURON, *Anagallis*. Genre de plantes de la pentandrie monogynie et de la famille des primulacées, qui renferme une douzaine d'espèces, dont deux sont trop communes dans les champs pour n'être pas mentionnées ici.

Les MOURONS ROUGE ET BLEU ont la racine annuelle ; les tiges tétragones, couchées, rameuses ; les feuilles opposées, sessiles, ovales, aiguës ; les fleurs solitaires et axillaires. Ils ont été confondus comme deux variétés ; mais ce sont deux espèces très voisines qui se distinguent suffisamment par la couleur de leurs fleurs. On les a appelés, je ne sais pourquoi, le premier *mouron mâle*, et le second, *mouron femelle*. Leur tige a au plus six à huit pouces de long. Ils fleurissent pendant tout l'été. Les vaches et les chèvres les mangent sans les rechercher. Leurs feuilles ont une légère odeur aromatique qui devient désagréable quand elles sont trop froissées, et une saveur d'abord douce et ensuite amère. Elles passent pour vulnéraires, détersives et céphaliques. On les a indiquées comme un spécifique contre l'hydrophobie ; mais cela ne s'est pas confirmé. (B.)

MOUSSE. Oreille de la charrue dans le département de la Haute-Garonne.

MOUSSE AQUATIQUE. De véritables mousses portent ce nom, mais de plus la plupart des conferves.

MOUSSE MEMBRANEUSE. C'est la tremelle.

MOUSSES. Famille de plantes qui fait partie de la cryptogamie de Linnæus, et de laquelle les agriculteurs tirent ou peuvent tirer de grands avantages, soit directement, soit indirectement. Elle ne renfermoit jadis que sept genres ; mais depuis peu on les a portés jusqu'à trente-trois. Comme je ne dois pas entrer ici dans de longues discussions de botanique, je ne parlerai que des genres de Linnæus et de celles des espèces qu'ils contiennent, qui sont assez grandes ou assez communes pour être facilement remarquées, cependant je renverrai au mot Lycopode pour un d'eux.

Les mousses jouent un grand rôle dans la nature ; car elles sont, après les lichens, avec lesquels on les confond, quoique bien différentes, les premières plantes qui s'emparent d'un terrain dépouillé de toute végétation. Il leur suffit pour germer et croître de trouver une surface inégale et une humidité habituelle. Aussi les voit-on aussi abondamment sur les pierres les plus dures, sur les sables les plus stériles, sur les arbres les plus élevés, que dans les bons terrains, que dans les marais. Elles rendent donc à la végétation des pays arides, en y introduisant chaque année, par la décomposition de leurs feuilles et de leurs tiges, un peu de cet humus ou terreau qui favorise si puissamment l'accroissement des plantes. Elles rendent donc à la culture des pays couverts d'eau stagnante, en formant de la même manière cette tourbe qui fait d'un lac un marais, et d'un marais une prairie susceptible de productions utiles. *Voyez* au mot Tourbe. Elles aident encore à la décomposition des rochers et à la destruction des arbres morts, en conservant l'humidité sur leur surface, et en favorisant, par cet intermédiaire, l'action lente mais continuelle des autres agens de la nature, tels que l'air et les alternatives du chaud et du froid. Elles rendent de plus à l'homme et aux animaux le service essentiel, pendant l'hiver, époque où elles sont pour la plupart en végétation active, en absorbant, lorsque tous les autres moyens de purifier l'air sont affoiblis, l'hydrogène et le carbone qui le vicient, et en lui rendant, en place, l'oxygène qui l'améliore.

En général les mousses sont de petites plantes, toujours vertes, qui se nourrissent plus à ce qu'il paroît par leurs feuilles que par leurs racines. La plupart vivent plusieurs années. Leurs tiges sont simples ou ramifiées, droites ou rampantes; leurs feuilles membraneuses, ou sessiles, ou éparses, ou distiques, ou imbriquées. Leurs fleurs sont encore inconnues, malgré les recherches de beaucoup d'habiles naturalistes. Leurs semences, que Linnæus et autres avoient prises pour la poussière fécondante, sont contenues dans une espèce de capsule qu'on appelle urne, laquelle est tantôt sessile, tantôt portée sur un pédoncule plus ou moins long.

On trouve des mousses presque par-tout; mais ce sont les lieux frais et humides que préfèrent les grandes espèces. Les gazons qu'elles forment sont aussi agréables à la vue, sur-tout l'hiver, que doux au toucher. C'est en se décomposant continuellement par la base, tandis qu'elles augmentent par le sommet, qu'elles donnent naissance à cette couche d'humus qu'on trouve toujours sous elles, et par suite à cette terre végétale, fondement de toute fertilité, ainsi que je l'ai déjà observé.

Il est surprenant que l'agriculture ne tire pas un parti directement plus utile des mousses dans tous les lieux où elles sont abondantes. Pourquoi ne pas imiter certains cantons où on les ramasse chaque hiver avec soin, au moyen de râteaux à dents de fer, et où on les transporte dans les fermes pour faire de la litière et augmenter ainsi la masse des engrais? De toutes les substances employées à cet usage, c'est la plus douce, celle qui absorbe le mieux les urines des animaux, qui s'imprègne le plus du suint des moutons, suint qu'on a prouvé être seul un excellent engrais. On leur reproche qu'elles se décomposent plus lentement que la paille lorsqu'elles sont mises en tas, et en effet elles ne fournissent rien de dissoluble à l'eau dans l'état frais, ainsi que l'a remarqué Braconnot; mais si c'est un mal, dans certains cas, c'est un bien dans d'autres; et d'ailleurs il ne s'agit que d'attendre un peu plus long-temps, puisque, dans cet état, elles fournissent un amendement mécanique pour les terres argileuses et humides.

Quelques amateurs de fleurs font ramasser de la mousse et la stratifient avec de la terre dans un lieu frais, même humide, et la laissent se consommer pendant deux ou trois ans, ayant soin de l'arroser pendant la sécheresse. Au bout de ce temps ils rompent le tas, mélangent exactement toutes ses parties, le divisent en plusieurs petits tas qu'ils laissent encore deux ans s'imprégner du carbone de l'air. Ils les changent même de place deux ou trois fois dans cet intervalle, pour que le mélange soit plus intime, et que toutes leurs molécules jouissent de l'influence atmosphérique. Par ce moyen ils obtiennent un terreau très favorable à la culture.

Si, au lieu de terre franche, on emploie du sable fin, le résultat est de la terre de bruyère parfaitement semblable à celle qu'on tire des bois, terre aujourd'hui d'un si grand usage dans la culture et qui ne se trouve pas par-tout. Seulement, dans ce cas, il faut arroser souvent le tas pendant l'été.

La reproduction de la plupart des mousses est si rapide, que deux ans après qu'on en a épuisé une localité elles y sont aussi abondantes qu'auparavant. L'agriculteur ne doit donc jamais craindre d'en manquer, pour peu que le canton qu'il habite leur soit favorable et qu'il s'y trouve des terrains incultes ou boisés.

Comme les mousses absorbent très facilement l'humidité et la lâchent difficilement, on s'en sert, en nature, dans les jardins, pour couvrir les planches de semis des graines fines, graines qui doivent être à la surface du sol, et qui cependant ont besoin d'une fraîcheur constante pour germer. L'art imite dans ce cas ce que la nature effectue dans les forêts, ainsi qu'on peut s'en convaincre chaque printemps.

Démidoff, cultivateur russe, à qui nous devons la plupart des arbustes de Sibérie qui ornent aujourd'hui nos jardins, faisoit germer toutes ses graines dans la mousse, et ne les mettoit en terre, avec les brins de mousses sur lesquelles elles se trouvoient, que lorsque leur radicule et leur plantule étoient bien développées.

On emploie aussi les mousses à plusieurs usages dans les arts et dans l'économie domestique. On s'en sert pour calfater les bateaux, pour lier les argiles dont beaucoup de maisons rurales sont enduites, pour conserver fraîches les graines ou les plantes vivantes qu'on envoie au loin. Les pauvres en garnissent leur couchette, les riches l'intérieur des grottes de leurs jardins. Elles remplacent avantageusement la paille et le foin pour l'emballage des objets casuels. Quoique généralement sans saveur et sans odeur, on en emploie quelques unes en médecine comme sudorifiques, purgatives et vermifuges.

Quelques écrivains ont prétendu que les mousses étoient nuisibles à la grande et à la petite agriculture; mais ces écrivains avoient-ils suffisamment réfléchi au mode de leur végétation lorsqu'ils les ont chargées de cette inculpation? Je ne récolte plus que quatre charretées de foin sur cette prairie qui m'en produisoit huit il y a dix ans, parceque la *mousse mange la bonne herbe*, s'écrie un cultivateur! Non, lui répondrai-je; ce n'est pas à la mousse que vous devez vous en prendre, mais aux plantes mêmes dont vous regrettez la disparition, plantes qui ont épuisé le sol des sucs qui leur étoient propres et qui ont cessé d'avoir la force nécessaire pour se les assimiler. En effet, les herbes des prairies sont, comme les autres végétaux, soumises à la vieillesse, à la mort et à la loi des assolemens; il faut donc les remplacer par d'autres après un certain nombre d'années, ou multiplier les engrais et les amendemens. Il n'est personne qui n'ait remarqué que les prairies naturelles ou artificielles, situées sur de mauvais fonds, ombragées par des bois ou des bâtimens, étoient plus tôt affectées de mousses que les autres. La mousse n'est donc pas la cause de la destruction des prairies; mais elle s'empare des prairies à mesure que les herbes qui les forment périssent.

Mes pommiers, dira un autre cultivateur, me donnoient, il y a vingt ans, trente tonneaux de cidre, et ils ne m'en donnent plus aujourd'hui que la moitié; *la mousse les a gagnés.* Pourquoi n'ôtez-vous pas cette mousse, lui observerai-je? Je l'ai déjà fait deux fois à grands frais, répond-il, et je n'en ai pas eu plus de fruits. Cela devoit être, car ces pommiers rapportent moins, parcequ'ils sont sur le retour; et ils sont plus chargés de mousse, parceque leur écorce est plus crevassée et qu'elle a eu plus de temps pour se multiplier. En réalité les mousses ne font aucun mal aux arbres, puisqu'il est prouvé qu'elles ne vivent pas à leurs dépens, qu'elles ne s'opposent pas à leur transpiration, et que le petit degré d'humidité qu'elles entretiennent sur leur écorce n'a presque pas d'inconvéniens. Il suffit de voir ces chênes séculaires végétant dans les vallées fertiles et humides pour en être convaincu; car ils sont couverts de mousses et n'annoncent pas moins la plus vigoureuse végétation. S'ils en portent plus que les hêtres voisins, c'est que ces derniers ont une écorce lisse qui ne permet pas aux graines des mousses de se fixer.

Malgré ce que je viens de dire, un cultivateur soigneux doit faire enlever, par principe de propreté, la mousse de dessus ses arbres fruitiers, soit avec un couteau émoussé, soit avec des petites étrilles un peu recourbées, soit avec le lait de chaux. *Voyez* au mot LICHEN.

Les genres de mousses cités au commencement de cet article, comme intéressant le plus particulièrement les cultivateurs, sont,

1° Les BRYS, dont les caractères consistent à avoir l'urne terminale.

Ils renferment principalement,

Le BRY APOCARPE, qui a l'urne sessile. Il se trouve sur les arbres à l'exposition du nord. C'est de lui dont les jardiniers ont le plus à se défendre lorsque leurs jardins sont humides et

●mbragés. Il ne s'élève pas à plus d'un pouce, mais forme des touffes très serrées.

Le BRY DES MURAILLES, qui a les feuilles terminées par un poil. Il croît sur les vieux murs, sur les pierres qui se décomposent et est extrêmement commun.

Le BRY A BALAIS, qui a plusieurs pédoncules réunis ; les feuilles unilatérales et recourbées. Il croît dans les bois, où il forme des touffes très denses. C'est une des plus grandes espèces de ce genre, la seule dont les agriculteurs puissent tirer parti pour faire du fumier. Dans le nord on s'en sert pour faire de petits balais de cheminée.

Le BRY ONDULÉ, qui a les pédoncules solitaires, les feuilles ondulées et écartées de la tige. Il est excessivement commun dans les bois humides, mais ne forme pas de touffes.

Le BRY COUSSINET, qui a les pédoncules recourbés et les feuilles terminées par une soie blanche. Il est extrêmement commun sur les murs, les vieux toits, principalement sur ceux de chaume, qu'il recouvre quelquefois presque totalement. On le reconnoît à ses touffes demi-sphériques qui augmentent chaque année en diamètre.

2° Les MNIES, dont les caractères consistent à avoir une urne terminale, comme le précédent, et de plus des rosettes ou globules au sommet de quelques individus, rosettes qu'on regarde comme les organes mâles.

Celles des espèces qu'il est utile de citer sont,

Le MNIE DES FONTAINES qui a la tige terminée par des rameaux radiés, l'urne globuleuse et turbinée. Il se trouve dans les eaux des fontaines superficielles, et y forme des touffes très épaisses dont on peut tirer parti pour faire du fumier, et qui sont destinées par la nature à élever le sol.

Le MNIE HYGROMÈTRE a les urnes pyriformes et pendantes. Il croît abondamment dans les terrains sablonneux et humides. On lui a donné le nom d'hygromètre, parceque, lorsque le temps est sec, ses pédoncules se redressent, et que, lorsqu'il est humide, ils se recourbent.

Le MNIE PURPURIN a la tige dichotome, les pédoncules rouges et sortant de la base des rameaux. Il est si abondant dans certains champs sablonneux, que ces champs paroissent tout rouges au printemps. Sa hauteur n'atteint jamais un pouce.

3° Les POLYTRICHES, qui offrent une gaîne monophylle, une urne terminale ou axillaire, qui devient anguleuse. Il n'y a parmi eux à citer que le POLYTRICHE COMMUN, qui a les tiges simples, prolifères, les urnes quadrangulaires et la touffe très velue, des rosettes solitaires et terminales sur quelques pieds. Il croît très abondamment dans les bois sablonneux et arides, et souvent couvre des espaces considérables. On ne peut en

tirer qu'un très médiocre parti pour les objets agricoles précités, mais il passe pour un puissant sudorifique.

4° Les FONTINALES, dont le caractère présente une gaîne écailleuse en godet; une urne sessile et axillaire. La plus commune
des espèces est la FONTINALE INCOMBUSTIB E, qui a les feuilles
aiguës et imbriquées sur trois rangées. Elle croît très abondamment dans les fontaines, autour des roues des moulins,
sur les pierres des torrents, dans tous les lieux où il y a de
l'ombre et de l'eau. Elle brûle très difficilement, à raison de sa
disposition à conserver de l'humidité. Souvent elle est assez
abondante pour mériter d'être recueillie et convertie en fumier.

5 Les SPHAIGNES, qui offrent une urne axillaire ou terminale
dépourvue de coiffe. La seule espèce à citer est la SPHAIGNE
DES MARAIS, dont les feuilles sont blanchâtres, très rapprochées et pointues; les têtes obtuses et les urnes brunes. Elle
croît dans les marais, où elle forme fréquemment des masses
de plus d'un pied d'épaisseur et d'une étendue considérable.
C'est une des plantes qui concourt le plus activement à la
formation de la tourbe, celle dont on peut se procurer facilement de plus grandes quantités pour faire de la litière; mais
elle a l'inconvénient de se réduire facilement en poudre lorsqu'elle est sèche, ce qui empêche qu'elle puisse servir à certains usages où les frottemens sont à craindre. Elle s'im-
bibe d'une si grande quantité d'eau qu'elle paroît toujours
plus saillante l'hiver que l'été au-dessus des marais, et qu'elle
perd plus de la moitié de son volume par la dessiccation.

Le propriétaire d'un marais, ou même d'une fosse qu'il ne
peut dessécher, n'a rien de mieux à faire que d'y introduire la
sphaigne pour en élever le sol. Il suffit pour cela, dans le
premier cas, d'en répandre çà et là de petites quantités à la
fin de l'hiver, c'est-à-dire lorsque les urnes sont prètes à s'ouvrir
et à répandre leurs semences. Dans le second cas, si les fosses
sont trop profondes, on en fera des bottes liées avec des rameaux d'aune, bottes qu'on jettera dedans, et où elles sur-
nageront, créeront de petites îles flottantes qui peu à peu
s'enfonceront et donneront moyen de planter d'autres herbes
et même des arbres.

6° Les HYPNES, dont les caractères consistent en une urne
axillaire, stipitée; les tiges le plus souvent rameuses.

C'est dans ce genre que se trouvent le plus grand nombre
d'espèces dont l'agriculture et les arts peuvent faire usage.
Il renferme les mousses proprement dites de beaucoup de personnes. Celles de ses espèces qu'il convient principalement de
citer sont,

L'HYPNE APLATI qui a les tiges très rameuses, imbriquées

des deux côtés de feuilles aiguës et luisantes. Il croît sur les vieux arbres, dans les bois et les vergers un peu humides, et est très commun.

L'HYPNE FOUGÈRE a les tiges pinnées; les feuilles frisées et les pédoncules forts longs. Il se trouve souvent en très grande abondance dans les bois humides sur la terre.

. L'HYPNE PROLIFÈRE a les tiges pinnées, aplaties; les feuilles petites et ternes. Il croît dans les bois au pied des arbres quelquefois très abondamment.

L'HYPNE POINTU a les rameaux pinnés; les feuilles imbriquées, luisantes, les supérieures rapprochées en pointe. Il est très commun dans les marais.

L'HYPNE PUR a les rameaux pinnés, cylindriques, luisans; les feuilles ovales et fortement imbriquées. C'est un des plus abondans parmi ceux qui croissent dans les bois, sur la terre et les racines des arbres.

L'HYPNE CUPRESSIFORME a les rameaux aplatis dans leur partie supérieure; les feuilles tournées d'un seul côté, crochues et terminées par un poil. Il est très commun dans les bois au pied des vieux arbres, contre le tronc desquels il monte souvent fort haut.

. L'HYPNE SQUARREUX a les feuilles ovales, lancéolées, recourbées. Il se trouve dans les prairies humides et les landes marécageuses. Il abonde dans les landes de Bordeaux, de la Sologne, etc.

L'HYPNE FOURGON a les tiges très rampantes; les feuilles ovales, mucronées et écartées de la tige. Il croît très communément dans les bois, sur la terre, au pied des arbres, sur le tronc desquels il monte.

. L'HYPNE TRIANGULAIRE a les rameaux courbés; les feuilles ovales, aiguës, très écartées. Il est un des plus communs dans les bois, les buissons, les prés secs, même ceux exposés au soleil. C'est lui qu'on accuse le plus particulièrement de manger les prairies naturelles et artificielles; c'est aussi lui dont on fait le plus fréquent emploi dans l'agriculture et les arts. Il est généralement très facile à récolter, au moyen d'un râteau, se dessèche rapidement et se conserve souple.

L'HYPNE SOYEUX a les tiges rampantes; les rameaux courts, réunis, d'un soyeux luisant. Il est un des plus communs sur le tronc des arbres, les pierres placées dans les lieux ombragés et humides. Il forme de charmans gazons, mais il est plus difficile à obtenir, en grande quantité, que le précédent, parceque presque toujours il faut y employer la main.

.. Telle est la courte énumération des mousses que je crois qu'il est le plus important aux cultivateurs de connoître. Je dis la courte, quoiqu'elle soit plus longue que je ne l'aurois voulu, parcequ'il y a plus de deux cents espèces de connues dans cette famille, et qu'elles sont presque toutes propres à l'Europe. (B.)

MOUT. Résultat de l'expression des fruits qui contiennent du mucoso-sucré uni à une certaine quantité d'eau, et principalement du raisin.

Tout moût abandonné à lui-même, à l'air libre, à une température au-dessus de celle de la glace, fermente et produit du vin.

Tout moût concentré par l'évaporation et débarrassé, au moyen de la chaux et de la clarification, des acides et des matières extractives qu'il contient, peut être transformé en sirop, même quelquefois en sucre.

Le raisiné n'est que le moût de raisin concentré et auquel on ajoute quelquefois des fruits, tels que des poires coupées par tranches. *Voyez* RAISINÉ.

On suspend la disposition du moût à fermenter, en l'imprégnant de gaz sulfureux. On appelle cette opération MUTAGE. *Voyez* ce mot.

Dans beaucoup de lieux on appelle vin doux le moût de raisin qui découle du pressoir. Il est souvent purgatif et indigeste. *Voyez* pour le surplus aux mots VIN, CIDRE, FERMENTATION, DISTILLATION, CANNE A SUCRE.

MOUTARDE, *Sinapis.* Genre de plantes de la tétradynamie siliqueuse et de la famille des crucifères qui, renferme une vingtaine d'espèces, dont trois sont dans le cas d'être mentionnées ici ; l'une à raison de son abondance dans les champs, et les deux autres parcequ'elles sont l'objet d'une culture de quelque importance pour certains pays.

La MOUTARDE DES CHAMPS a la racine annuelle ; la tige rameuse, glabre, haute d'un à deux pieds ; les feuilles alternes, larges, ridées, légèrement dentées, avec deux folioles écartées à leur base ; les fleurs jaunes, disposées en épi terminal ; les fruits anguleux, noueux et terminés par un prolongement aplati. Elle est extrêmement commune dans les champs où l'on cultive des céréales et cause souvent de grands dommages aux récoltes. Sa floraison a lieu pendant une partie de l'été. C'est elle que l'on connoît généralement sous le nom de *sanve* et que l'on confond quelquefois avec le RAIFORT RAPHANISTRE, souvent aussi abondant qu'elle dans les mêmes lieux. Les vaches et les moutons la mangent sans beaucoup l'aimer. Elle doit être proscrite par toute bonne agriculture, et cependant rien de plus commun que de voir des champs où elle est plus multipliée que le blé. C'est par le sarclage qu'on en débarrasse ordinairement les moissons ; mais ce moyen coûteux, nuisible aux produits des récoltes par le piétinement qui en est la suite, et insuffisant à tous égards, doit être abandonné. En effet, d'une part, il échappe toujours assez de pieds pour fournir des graines ; de l'autre, les graines que la charrue a enterrées à plus de trois pouces de profondeur ne germent que lorsque les labours subséquens les ramènent à la surface, de sorte que souvent, dans le système des jachères, quelques précautions qu'on prenne, les champs continuent à en être infestés. Ce n'est, en effet, que par des assolemens réguliers qu'on peut espérer de parvenir à la détruire complètement, c'est-à-dire en faisant succéder au blé des plantes qui demandent des binages d'été, telles que les pommes de terre, les haricots, les fèves ; et à ces dernières des prairies artificielles, puis des plantes étouffantes comme la vesce, le pois gris, etc. Bien entendu que la semence d'avoine, d'orge ou de blé qu'on emploiera ensuite pour recommencer la rotation sera bien purgée de graines de moutarde, ce qui est très facile, puisqu'elle passe dans les cribles les plus fins.

Il n'y a que le blé qui n'a pas été criblé, et aujourd'hui on l'emploie rarement ainsi, même dans les pays les plus misérables, qui contienne de la graine de moutarde. Le pain dans lequel il en entre acquiert un petit goût âcre et amer, mais qui n'est ni très désagréable ni très dangereux.

Cette graine est recherchée par tous les oiseaux granivores ; on en peut tirer par expression une huile analogue à celle de la navette et sur-tout fort bonne à brûler. Elle est moins propre que celle de l'espèce suivante à faire ce qu'on appelle de la moutarde.

Dans quelques cantons on mange les feuilles de cette plante, soit en salade, soit cuites comme les choux.

La MOUTARDE NOIRE a les racines annuelles ; les tiges rameuses, un peu velues, striées, hautes de deux à trois pieds ; les feuilles inférieures pétiolées, ailées, rudes au toucher, avec un lobe terminal assez grand, pointu et denté ; les fleurs jaunes, petites, disposées en épi lâche ; les siliques glabres et rapprochées de la tige. Elle croît dans les champs et les terrains incultes, et fleurit à la fin du printemps.

On cultive la moutarde noire, sous le nom de *senevé*, dans beaucoup d'endroits pour ses semences, qui, réduites en farine et mêlées avec des liquides, fournissent la moutarde dont on fait usage si fréquemment sur les tables. Toute la plante a une saveur âcre et brûlante, une odeur aromatique piquante, qualités qui se développent davantage dans les semences qui sont diurétiques, détersives, antiscorbutiques, sternutatoires et vésicatoires. On les emploie sur-tout très fréquemment, sous ce dernier rapport, dans les maladies où il faut dévier une humeur qui s'est portée sur un organe essentiel à la vie, ranimer les forces vitales, etc., parcequ'elles agissent plus promptement, plus efficacement. Lorsque ces vésicatoires, qui s'appellent *sinapismes*, deviennent permanens, on substitue à la moutarde la poudre de cantharide ou les pommades épipastiques.

Un terrain bien meuble et de bonne nature est nécessaire, pour obtenir des récoltes avantageuses de moutarde. Deux labours au moins doivent être donnés après l'hiver et coup sur coup à ce terrain. C'est entre ces deux labours qu'on le fume avec du fumier très consommé, parceque cette plante parcourt très rapidement les phases de sa végétation. On répand la graine tantôt à la volée et tantôt en rayons et fort clair. Dans le premier cas on se contente de donner un sarclage au semis ; dans le second on l'éclaircit et on lui donne deux binages. Si cette dernière méthode est plus coûteuse elle est aussi plus productive. On peut diminuer ses frais en employant la charrue, ou la houe, ou la râtissoire à biner. Je n'entrerai pas dans de plus grands détails relativement à ces cultures, attendu qu'elles ne diffèrent pas de celle de la NAVETTE et du COLSAT. *Voyez* ces mots.

Comme les fleurs de la moutarde se sont épanouies, sur chaque pied, à des époques différentes, on y trouve des siliques de tous les âges, et il se perdroit beaucoup de graines si on attendoit que les dernières fussent complètement mûres. On arrache donc les tiges, ou on les coupe, dès qu'elles sont devenues jaunes, et on les amoncelle, soit dans le champ en les couvrant de paille, soit dans une grange ou un grenier. Là les graines achèvent de se perfectionner, aussi ne faut-il les battre qu'un mois après la récolte. *Voyez* HUILE et GRAINES.

Les oiseaux granivores et les quadrupèdes rongeurs sont tous extrêmement avides de la graine de moutarde; ainsi on doit la garantir de leurs atteintes par tous les moyens possibles.

On bat la moutarde avec des baguettes et sur des toiles ; car le fléau écraseroit la graine. Cette graine, vannée, criblée, enfin rigoureusement privée de tout objet étranger, se conserve dans un grenier aéré et se remue de temps en temps, car elle craint beaucoup l'humidité. Plus elle est récente et meilleure elle est. Rarement on peut la conserver bonne pendant deux ans. Elle fournit, par expression, une huile peu différente de celle de la navette, et propre absolument aux mêmes usages ; mais rarement on en fabrique. La presque totalité de la graine de celle qui provient de la culture est employée à confectionner de la moutarde.

Pour transformer cette graine en moutarde, il y a deux méthodes que je vais successivement décrire pour l'instruction des campagnes, où généralement on ne les connoît pas.

Dans la première, on lave la graine à deux eaux et ensuite on l'amoncelle dans un vase pour la faire gonfler ; puis on la pile dans un mortier, ou on la broie sous une meule à ce destinée, en y ajoutant un peu de vinaige. Lorsque la pâte est bien fine on la passe au travers d'un tamis de crin pour la rendre encore plus fine et plus homogène. On la sale et on la conserve dans des vases de verre ou de faïence pour l'usage.

Dans la seconde, on moud la graine sèche, on la tamise sèche, et on la garde sèche, pour ne la réduire en pâte qu'à mesure du besoin.

Comme c'est l'écorce seule qui donne le goût piquant propre à la moutarde, plus elle est fine et jaune et moins elle est forte.

Nouvellement préparée, la moutarde est toujours amère. Il faut donc ne la consommer que huit à quinze jours après sa fabrication. Généralement elle se conserve mieux en pâte qu'en poudre, sur-tout lorsqu'elle est renfermée dans un vase bien clos et dans un lieu sec et frais.

Il est des fabricans de moutarde qui y mettent différens ingrédiens qui la rendent plus délicate, et dont ils font des secrets. Les moutardes de Naigeon à Dijon, de Maille à Paris, etc., sont célèbres.

Lorsqu'au lieu de vinaigre on met du moût dans la moutarde on la rend plus agréable, mais de moins de durée. On en fabrique beaucoup de cette manière dans le midi et l'ouest de la France.

La tige de la moutarde verte peut être donnée comme fourrage aux bestiaux ; sèche, elle sert à chauffer le four.

On peut faire entrer la moutarde en concurrence avec la navette dans un système régulier d'assolemens ; mais comme son emploi est borné, on est rarement dans le cas d'en semer de grandes quantités.

C'est toujours la graine la plus grosse et la plus nouvelle qu'il faut préférer pour semer.

La MOUTARDE BLANCHE a la racine annuelle, les tiges velues, rameuses, hautes d'un à deux pieds ; les feuilles pétiolées, ailées, avec un lobe terminal assez grand, dentelé ; les fleurs d'un jaune très pâle, disposées en épis lâches, les siliques velues, terminées par un bec oblique très long et aplati. Elle croît dans les champs et se cultive comme la précédente et pour les mêmes usages. La moutarde que fournit ses graines est blanche, plus douce et plus fine que la moutarde commune. On la préfère en Espagne et dans d'autres contrées méridionales de l'Europe. Ses graines sont plus grosses et d'un jaune clair. On a tenté d'en introduire la culture dans les environs de Paris, mais les essais qui ont eu lieu n'ont pas eu de suite. Cela est fâcheux, à mon avis, car je ne doute pas que si les habitans de Paris la connoissoient, ils la préfèreroient. (B.)

MOUTON. Quoique, dans l'usage, ce nom soit donné à toutes les bêtes à laine d'une manière générique, cependant il appartient spécialement au belier qu'on a privé de la faculté reproductive. J'ai exposé au mot CASTRATION la manière dont on faisoit d'un belier un mouton. Le but qu'on se propose est de disposer cet animal à s'engraisser et de procurer à sa chair une qualité qu'elle n'auroit pas, et de profiter de sa toison. Un belier pouvant suffire pour beaucoup de brebis, les mâles seroient trop nombreux si on ne prenoit le parti de faire des moutons de la plupart, parcequ'il en naît à peu près autant que de femelles.

La viande de ces animaux, quand elle est de bonne qualité, est en général fort recherchée. Dans les pays méridionaux, où la pénurie de fourrage ne permet pas de nourrir des vaches, et où par conséquent on n'a à manger ni bœuf, ni veau, il se consomme à proportion plus de moutons que dans les pays septentrionaux.

Les moutons n'exigent pas tous les soins qu'on doit donner aux brebis. Il suffit de les conduire aux champs avec les précautions ordinaires; ils n'ont pas besoin de fourrages très substantiels, ni de provende, quand ils ne servent qu'à fournir de l'engrais pour les terres; ce n'est que quelque temps avant qu'on les vende pour la boucherie, qu'on leur choisit des alimens et qu'on leur en donne une plus grande quantité. Communément en hiver ils vivent de paille et de foin; deux livres de ce dernier fourrage par jour sont une ration suffisante.

Il y a trois manières d'engraisser les moutons; une à l'herbe seulement, une autre, partie à l'herbe, partie au grain, et la troisième totalement au grain.

Le premier engraissement se fait en les tenant jour et nuit pendant quelque temps dans un bon pâturage. Souvent des moutons qui paissent dans les champs, après la récolte des grains, sont en automne en assez bon état pour être tués, ayant vécu des épis qu'ils ont ramassés, et des herbes qui croissent au milieu des moissons.

Quand la pâture dans les champs n'a pas assez de substance pour engraisser totalement les moutons, on les achève à l'étable, en leur faisant manger, soit de l'avoine, des fèveroles, etc., soit des tourteaux de graines huileuses, des pommes de terre, du regain de trèfle et de luzerne, etc.

Enfin, pour engraisser au grain seul, on garde des moutons dans des étables et on leur distribue, à différentes heures du jour, des grains qu'on entremêle d'un peu de fourrage;

c'est ce qu'on appelle *engrais de poture* ou *pouture*. Je pense qu'il vaudroit mieux dire *engraissement*, et réserver le mot *engrais* pour exprimer un des amendemens des terres.

Comme Paris est le pays qui consomme le plus de moutons engraissés, j'ai cru qu'on ne liroit pas sans quelque intérêt tous les renseignemens que je me suis procurés il y a plusieurs années sur les pays qui en fournissent à cette capitale, sur l'ordre de ces fournitures, sur les différences qu'il y a entre les moutons, à raison de la manière dont ils ont été châtrés, de celle dont ils ont été engraissés, de leur poids, de la qualité de leur chair, de la quantité et qualité de leur suif, de la qualité et de l'emploi de leurs peaux, et sur ce qu'on en consommoit annuellement à Paris en 1788. Je me servirai des anciens noms de pays, parcequ'il seroit très difficile d'adapter ceux des départemens. A l'époque où j'ai eu ces renseignemens, on ne connoissoit que les provinces et leurs subdivisions, et aujourd'hui il y a des départemens qui ne font qu'une partie de province; il y en a qui sont formés de deux parties de province; en sorte que je ne serois pas compris et qu'on ne pourroit avoir une idée claire de ce que je veux dire.

Après tout ce qui a rapport aux moutons, j'entrerai dans quelques détails sur les laines, considérées physiquement et économiquement. Je parlerai de la tonte, des qualités des laines, de la manière de les conserver, du dessuintage et lavage.

On engraisse des moutons pour Paris, en Flandre, dans le Hainaut, dans l'Artois, dans le pays reconquis, aux environs de Gravelines, dans le Santerre, et quelques autres cantons de la Picardie, dans le Vexin normand, dans le pays de Caux, le Cotentin, et autres endroits de Normandie, dans toute l'Isle-de-France, et sur-tout en Brie, en Beauce, dans le Hurepoix, en Sologne, dans le Perche, dans le Maine, dans la Touraine, dans le Poitou, où est le pays de Gâtine, en Anjou, aux environs de Cholet, dans le Berri, dans la Marche, dans le Bourbonnais, dans la Bourgogne, dans la Champagne, dans les environs de Langres, dans les Ardennes, en Alsace, dans la Lorraine allemande. Le Brabant, la Campine, le pays de Liège, la Souabe, le Palatinat, la Franconie, l'électorat d'Hanovre en fournissent aussi une grande quantité depuis que la consommation en est augmentée.

Le carême ayant été, jusqu'en 1774, un temps d'abstinence presque totale de viande dont on reprenoit l'usage à Pâques, on a regardé la fin de ce temps comme le commencement de l'année des boucheries. C'est de cette époque qu'on comptoit les marchés de bestiaux gras; elle me servira pour marquer l'ordre principal des fournitures. La Flandre, le Hainaut, l'Artois, le Brabant, toute la Normandie, le Maine, le Perche, l'Anjou, le Poitou, le Bourbonnais et les environs de Langres commençoient en même temps la fourniture, de manière qu'il arrivoit à Paris des moutons de Flandre dès la première semaine de carême, concurremment avec ceux de l'Artois, qui pouvoient entrer pour moitié dans la consommation du carême. Ces espèces venoient toujours tondues jusqu'à la fin de mai. Ceux du Brabant arrivoient depuis Pâques jusqu'à la fin de juin ; ceux du Hainaut et de l'Artois, de Pâques à la fin de juillet; ceux de la Normandie et du Cotentin, de Pâques en juillet en grande quantité, et de juillet en octobre en moindre nombre ; ceux de Cholet, de Pâques en juillet; et ceux du Maine et du Perche, de Pâques au mois d'octobre. Les moutons engraissés dans ces dernières provinces s'appellent *Alençon*, vraisemblablement parcequ'ils se vendent dans des foires ou marchés voisins de la ville d'Alençon.

Les envois du Bourbonnais, ceux du pays de Gâtine en Poitou et ceux des environs de Langres étoient peu considérables.

Le Berri faisoit passer à Paris ses moutons gras depuis le commencement de juin jusqu'à la fin d'octobre. Il en envoyoit de quatre sortes ; savoir, les moutons de *faux*, les boccagers, les valières et les barrois.

Il venoit des moutons des Ardennes en juillet, août, septembre, octobre, novembre et décembre.

Ceux de Hollande ne paroissoient qu'en août et septembre.

Paris recevoit en automne des moutons de Touraine, de Gravelines, du pays de Liège, du Brabant, de la Campine, et même ceux de la Souabe, envoyés par une compagnie établie à Schaffouse en Suisse.

Les moutons rassemblés en été dans la Brie, le Hurepoix et la Beauce, pour le parcage, sous le nom de moutons *beaucerons*, fournissoient la capitale pendant une partie de l'automne et pendant tout l'hiver.

Depuis janvier jusqu'après Pâques on tuoit dans les boucheries des moutons picards et du Santerre. Il faut comprendre dans ces moutons ceux qu'on engraisse aux environs de Beauvais.

Les envois du Vexin normand avoient lieu depuis novembre jusqu'à Pâques.

Des marchands de la Lorraine allemande alloient acheter dans les pays d'Aix-la-Chapelle, d'Hanovre, de Paderbonne, de Vetteravie, de Valdeck, des moutons maigres pour les engraisser. Cette branche de commerce étoit fondée sur la facilité qu'ils avoient de traiter avec les seigneurs, propriétaires de pâturages et de marais. Les décrets de l'assemblée nationale sur cet objet donnèrent beaucoup d'inquiétude aux bouchers de Paris, qui s'attendoient à voir tomber ce commerce, et qui ne savoient comment remplacer la quantité considérable de moutons qu'il leur fournissoit presque pendant toute l'année.

La Bourgogne envoyoit à Paris quelques troupes de moutons de temps en temps.

Le Hainaut et l'Artois, indépendamment de ce qu'ils fournissoient de Pâques en juillet, temps où ils en donnoient le plus, en envoyoient dans toutes les autres saisons en petite quantité.

Il est difficile d'apprécier la quantité respective de toutes ces contributions, parceque chaque année elles n'étoient pas tout-à-fait les mêmes; mais on peut assurer qu'en général Paris tiroit un tiers de ses moutons des pays qui l'environnent jusqu'à douze lieues de rayon; un tiers de la Lorraine allemande, de l'Alsace, des Ardennes, du Palatinat, de la Franconie, de la Souabe et de la Suisse; et un tiers de tous les autres pays désignés pris ensemble.

On consommoit dans les campagnes une grande quantité de brebis, même sans être engraissées. Les moutons, ayant plus de valeur, étoient conduits dans les villes, où cependant les brebis les meilleures étoient aussi envoyées. On croyoit qu'à Paris les brebis formoient le cinquième des bêtes à laine tuées dans les boucheries.

Tous ces animaux venoient aux marchés de Sceaux et de Poissy; ils y payoient des droits; il étoit défendu aux bouchers qui venoient les y acheter d'en entrer dans Paris sans un *laissez passer* des fermiers de Sceaux et de Poissy. Les moutons, pour se rendre à ces marchés, faisoient quatre à cinq lieues par jour, quelquefois six, suivant le besoin. On faisoit faire de plus petites journées aux moutons engraissés à l'étable, parceque, ayant été renfermés quelque temps sans sortir, ils n'avoient plus l'habitude de marcher.

Dans le temps où j'écrivois ces observations, il s'est élevé une question assez importante. On demandoit si, au lieu de contraindre les bouchers de Paris d'aller acheter leurs provisions à Sceaux et à Poissy, il ne valoit pas mieux leur permettre d'avoir de grands troupeaux, en propriété, dans les environs de Paris; on pensoit que ce seroit une ressource pour les temps où les marchés ne sont pas assez garnis. A ne consulter que la liberté du commerce, et la liberté individuelle, qui sont de droit naturel, il n'est pas douteux qu'on ne devroit présenter aux bouchers aucune entrave, et qu'il conviendroit qu'ils fussent maîtres d'acheter des moutons où ils voudroient, et quand ils voudroient; peut-être même le service en seroit-il mieux fait. Mais n'y auroit-il pas de grands inconvéniens pour les habitans de Paris, si leur approvisionnement dépendoit de gens qui, dans quelques circonstances, pourroient être intéressés à le diminuer, ou à le faire manquer, pour avoir occasion de renchérir la denrée. Les bouchers eux-mêmes ne courroient-ils pas risque d'être exposés injustement à l'animadversion des citoyens, lorsqu'une épizootie désastreuse ou une grande disette de fourrage diminueroit le nombre des animaux, et par conséquent forceroit d'augmenter le prix de la viande. Le gouvernement a pensé, sagement peut-être, qu'il ne devoit pas exposer une grande ville à l'avidité d'un petit nombre d'hommes qui, s'entendant bien et n'ayant pas de concurrens, pourroient priver ses habitans de viande. La révolution a détruit l'état des choses à cet égard, mais on l'a rétabli.

Les moutons qui viennent à Paris diffèrent,

1° Par la manière dont ils sont châtrés. Les moutons sont châtrés, ou par l'enlèvement des deux testicules, ou par le bistournage. *Voyez* CASTRATION. On les châtre par l'enlèvement des testicules en Flandre, en Artois, en Picardie, dans le Vexin normand, en Normandie, en Brie, en Beauce, en Sologne, dans le Perche, en Poitou, dans une partie du Bourbonnais, en Bourgogne, dans les Ardennes, dans le Brabant, dans le pays de Liège, en Hollande, etc. On les bistourne seulement en Touraine, en Anjou, dans le Berri, dans la Marche, dans quelques cantons du Bourbonnais, dans la Souabe, etc.

2° Par la manière dont ils sont engraissés, et par leur poids. Les moutons flamands sont élevés et engraissés dans la Flandre avec des féveroles et du trèfle. C'est la race que les Hollandais ont importée de l'Inde. Ces animaux pèsent de 60 à 80 livres.

Les artésiens, pour la plupart, sont engraissés comme les flamands. On en engraisse quelques uns à l'herbe. Leur poids est de 40 à 50 livres.

Ceux de Gravelines, qui s'engraissent dans les pâturages situés sur les bords de la mer, pèsent de 35 à 50 livres.

Les moutons engraissés dans le Vexin sont nés en Picardie, et sur-tout dans le Santerre; il y en a qui sont engraissés à l'herbe; la majeure partie est engraissée de pouture. Ils pèsent de quarante à cinquante livres. Les moutons de Beauvais y sont compris; ces sortes de moutons, pouturés, ne sont connus que sous le nom de *vexins*. On remarque que les moutons du Santerre prennent graisse plus facilement, tant de pouture qu'à l'herbe. Les autres picards s'engraissent plus difficilement, sur-tout à l'herbe.

Les moutons normands tous engraissés à l'herbe sont d'un poids différent, selon les cantons d'où ils viennent. Les cauchois pèsent de quarante à soixante livres ; les cotentins, de vingt-huit à trente quatre, et ceux des autres parties de la Normandie, de trente à quarante-cinq. Les cauchois ont la tête grosse et longue, les membres et la queue gros. Les cotentins ont le corps ramassé, les jambes et la tête rousses.

On ne peut regarder comme une sorte de moutons à part ceux qui arrivent à Paris des lieux qui n'en sont pas éloignés, tels que les moutons du Hurepoix, de la Brie, de la Beauce ; parceque c'est ordinairement un mélange de diverses sortes. Les fermiers les achètent par lots pour compléter leur parc. Les uns engraissent entièrement à l'herbe pendant le parcage, les autres, après le parcage, sont mis en pouture. Il y en a de grande, de moyenne et de petite taille ; beaucoup de sologuots sur-tout, la plus petite de toutes les races, facile à reconnoître, à sa tête rousse. On ne peut donc assigner aucun poids à ces sortes de moutons.

Des engraisseurs du Maine et du Perche vont acheter des moutons maigres à Douai, en Saumurois, et à Bressuire, en Poitou, pour les engraisser, au grain, dans leur pays ; ces moutons, en bon état, pèsent de vingt-six à trente-deux livres. On les vend et on les amène à Paris sous le nom de moutons *alencons*.

On n'engraisse, en Touraine, que les moutons du pays, qui sont petits, et du poids seulement de vingt à vingt-quatre livres ; on les engraisse à l'herbe.

Les moutons de Cholet, en Anjou, ont la tête et les pieds roux. Ils sont engraissés de pouture, et du poids de trente à quarante livres.

Le pays de Gâtine, en Poitou, engraisse au grain ; ses moutons pèsent de trente-six à quarante livres.

Il vient du Berri quatre sortes de moutons engraissés à l'herbe ; les moutons de faux, tous cornus, ayant la tête noire et blanche ; ils sont nés dans les montagnes d'Auvergne, dans la Marche et le Limousin ; leur poids est de trente à trente-quatre livres ; les barrois, pesant de vingt-quatre à trente ; les bocagers, pesant de vingt à vingt-quatre ; et les valières de vingt-quatre à trente livres. Les dénominations de bocagers et de valières viennent de ce que les uns paissent dans les bois et les autres dans les vallées.

Le Bourbonnais tire aussi des moutons de la Marche pour les engraisser au grain. Il en vend pour Lyon et pour Paris.

Une partie de ceux de Bourgogne est engraissée à l'herbe, et une autre partie au grain. Ils pèsent de vingt-quatre à vingt-huit livres.

Les environs de Langres engraissent au grain des moutons de la Bourgogne, qui pèsent de vingt à vingt-six livres,

Les moutons ardennois ont la tête rousse ; engraissés à l'herbe, ils pèsent de vingt-huit à trente livres.

Les brabançons pèsent de trente-cinq à quarante livres, et les liégeois de trente-six à quarante-cinq livres ; ils sont tous engraissés au grain ; on reconnoît les brabançons à leur toupet.

Les moutons hollandais qu'on engraisse à l'herbe pèsent de soixante à soixante-dix livres ; la longueur du chemin diminue peut-être de leur poids, car ils sont de l'espèce des moutons flamands.

Ceux de la Souabe, où on les engraisse aussi à l'herbe, pèsent de quarante-cinq à cinquante livres.

Enfin, les moutons de la Lorraine allemande, nés la plupart en Allemagne, y pâturent dans des marais et ensuite sont engraissés avec des tourteaux de navette, des pommes de terre, de l'orge, et d'autres grains, et du regain de luzerne.

En indiquant ici le poids des moutons, je n'ai pas prétendu les déterminer d'une manière précise, pour faire connoître leur différence à cet égard. Elle est bien considérable, puisqu'un mouton bocager ou du Berri pèse quelquefois vingt livres, tandis qu'un mouton flamand peut peser quatre-vingts livres. Dans un troupeau de bêtes de même taille, de même âge, et nourries de même, il y en a qui pèsent plus que les autres, parcequ'elles sont d'une constitution à profiter davantage. Aussi ai-je eu soin de donner de la latitude dans les poids des bêtes d'une même province.

3° *Par la qualité de leur chair.* De tous les moutons qui viennent à Paris, les meilleurs et les plus agréables au goût sont les cotentins, ceux des environs de Langres, les ardennois, les solognots quand ils sont châtrés par l'enlèvement des testicules, ceux du pays de Gâtine, les gravelinois, les lorrains-allemands pouturés, etc. Après eux, ce sont les autres moutons de Normandie ; puis les barrois, ceux du Berri. Les moins bons sont les moutons de faux, les valières, les cholets et quelques autres. Ces sortes de moutons ont la chair ferme et d'un mauvais goût, à cause de la manière dont ils sont châtrés ; il en est de même de toute autre espèce à laquelle on n'a point ôté les testicules.

Pour que la chair d'un mouton soit aussi bonne qu'il est possible, il faut plusieurs conditions ; 1° Qu'il n'ait que trois à quatre ans et pas davantage ; 2° qu'il ait été châtré par l'enlèvement des testicules ; 3° qu'il ait été soutenu de bonne nourriture jusqu'au moment où on l'a mis à l'engrais ; 4° qu'il ait été engraissé, ou à l'herbe fine substantielle et salée, telle que celle des bords de la mer, sur les côtes de la Normandie, etc., ou qu'il l'ait été de pouture avec des pois gris, de l'orge, des féveroles, de la luzerne, du trèfle, etc.

On croit qu'à nourriture égale les petits moutons sont meilleurs que les grands, et que ceux qui sont engraissés à l'herbe ont la chair plus tendre que s'ils avoient été engraissés de pouture.

La cause qui influe le plus sur la bonté de la viande est la castration par l'enlèvement des testicules. On ne conçoit pas pourquoi toutes les provinces ne châtrent pas leurs moutons de cette manière. Les bœufs bistournés sont plus forts que ceux auxquels on a enlevé les testicules ; voilà une raison sensible de l'usage de les bistourner dans les pays où l'on veut en obtenir beaucoup de travail. Mais qu'attend-on des moutons bistournés de plus que des moutons entièrement coupés ? Quand on les fait paître dans des lieux escarpés et montueux, ils sont, dit-on, plus en état de résister à la fatigue. Cette raison pourroit être admissible, si on ne conduisoit pas sur les montagnes autant de brebis que de moutons, qui ne sont pas plus foibles, même étant entièrement coupés. Je crois que la négligence et la crainte de ne pas réussir dans une opération très facile cependant a fait préférer, dans beaucoup de provinces, le bistournage. Les propriétaires de bêtes à laine les vendroient mieux pour les boucheries s'ils leur faisoient enlever les testicules.

A moins d'être connoisseur, on ne distingue pas facilement la chair d'un mouton engraissé à l'herbe de celle d'un mouton engraissé de pouture. Pour bien faire cette distinction, il faudroit comparer en même temps la viande de l'un et de l'autre, tué au même âge, élevé dans le même pays, et préparé de la même manière.

La chair de la brebis, quelque grasse qu'elle soit, est bien inférieure à celle du mouton. Elle n'a pas de goût, quoiqu'elle ne soit pas dure. Celle du belier a un goût sauvage et insupportable ; elle est toujours dure, excepté dans les beliers allemands, parcequ'on les tue jeunes.

J'ai dit plus haut qu'on châtroit des brebis pour en faire des moutonnes, et rendre leur chair meilleure. Il n'arrive point de moutonnes à Paris.

La chair d'un mouton gras se corrompt plus facilement en été que celle d'un mouton maigre. Parmi les moutons gras, on conserve mieux la chair de ceux qui sont engraissés de pouture. Le mouton excédé de fatigue se gâte très promptement.

Les fermiers et les engraisseurs de moutons connoissent le terme au-delà duquel on ne doit plus compter qu'ils puissent s'engraisser. Si on continuoit alors à les tenir dans un bon herbage, ou à leur donner à l'étable des alimens abondans et substantiels, ils perdroient de leur graisse et périroient. On peut regarder un mouton bien engraissé comme prêt à tomber malade. Par l'appât d'une nourriture agréable, on l'a engagé à en prendre plus qu'il n'en auroit pris s'il eût été aux champs abandonné dans des pâtures ordinaires. Les parties graisseuses du chyle s'épanchent dans le tissu cellulaire naturellement lâche. Mais quand cet épanchement est porté à certain degré, les fonctions de l'animal se trouvent gênées ; il seroit bientôt malade, et périroit si on ne saisissoit le moment pour le vendre et le tuer. Les volailles qu'on nourrit dans les épinettes sont dans le même cas. Ce terme est souvent indiqué par la diminution ou la perte de l'appétit des animaux.

Il est inutile de dire que la chair des bêtes à laine mortes de maladies, ou tuées étant attaquées de maladies, du claveau par exemple, n'est pas bonne.

On a peu à craindre que les bouchers de Paris en débitent dans cet état, parcequ'ils sont surveillés dans les marchés de Sceaux et de Poissy, et parcequ'ils tiennent à honneur de ne pas faire courir des risques à leurs concitoyens, et de bien servir leurs pratiques. C'est plutôt de la chair des moutons qui entre dans la ville par morceaux dont on a de justes sujets de se défier. La police ne sauroit être trop sévère sur ce point. Il seroit également utile de veiller de près les bouchers de campagne qui tuent impunément et vendent au public du mouton ou de la brebis attaqués de maladies capables de nuire aux hommes ; il est au moins certain que la chair de ces animaux ne doit pas faire un bon aliment.

Les marchands bouchers qui achètent des moutons gras pourroient à l'œil seul juger de leur poids ; mais ils les soulèvent, ils les tâtent à la croupe, aux reins et des deux côtés de la queue, et rarement ils se trompent, tant l'habitude contractée et soutenue par l'intérêt est propre à éclairer.

4° *Par la quantité et la qualité de leur suif.* Un des produits des moutons intéressant pour les bouchers et pour le public est le suif qu'on trouve dans certaines parties de leur corps. Ils en fournissent d'autant plus qu'ils ont été mieux engraissés. Un mouton de moyenne taille peut en donner cinq, six et sept livres. On en retire dix, douze et quinze quelquefois des grandes races, telles que celles des moutons flamands, cauchois et normands.

Plus le suif a de densité, plus il a de qualité. Le peu qu'on en trouve dans un mouton maigre rend moins à la fonte, parcequ'il a moins de compacité. Celui des moutons excédés de fatigue est le plus mauvais ; on l'appelle dans les boucheries *suif brûlé.* Il est tout décomposé, et entre en très grande partie dans les déchets.

À taille égale, un mouton engraissé de pouture a plus de suif que le mouton engraissé à l'herbe.

Les moutons qui s'engraissent facilement prennent en même temps chair et suif; mais quelques races, telles que celles des picards et des allemands, engraissés à l'herbe, prennent à proportion plus de chair que de suif. On reproche aux moutons dits *alençon* d'avoir à proportion plus de graisse que de chair. J'ai déjà observé que ces moutons étoient rarement bons à manger. Un mouton âgé de plus de quatre ans prend plus de chair et de suif que s'il étoit plus jeune. Ce motif engage beaucoup de personnes à n'engraisser des moutons qu'après quatre ans; mais ils sont moins tendres et moins agréables au goût.

5° *Par la qualité et l'emploi des peaux.* La qualité d'une peau consiste principalement dans la densité égale de son tissu. Les bouchers appellent *peaux creuses* celles dont la compacité ne se soutient pas dans toutes les parties, et *peaux franches* celles qui sont dans le cas contraire. Les moutons de Flandre et ceux d'Allemagne ont la peau creuse; les moutons du pays de Caux, de Faux, de Cholet, les bocagers du Berri ont la peau franche.

Si les peaux des grandes races, telles que celles de Flandre, d'Artois, de Hollande, de Gravelines, du pays de Liège, de Santerre, du Vexin, de Normandie, de Beauce, sont creuses, on les passe en chamois. On s'en sert pour faire des culottes, pour la bourrelerie, pour la basane, pour des tabliers de charrons, de carriers, etc. Si elles sont franches, on en fait des maroquins.

Avec les petites peaux on fait des passe-talons et des doublures de souliers de femme, et du petit chamois.

On passe en blanc des peaux avec leur laine, pour faire des housses de chevaux et pour des chancelières, espèces de boîtes dans lesquelles les hommes de cabinet mettent leurs pieds en hiver. On préfère pour cet usage les peaux des moutons allemands, et quelquefois celles des beaucerons.

Ce sont toujours les peaux les plus petites et les plus minces qu'on choisit pour le parchemin. Il faut qu'elles aient été séchées auparavant. Celles des bêtes à laine mortes chez les fermiers sont particulièrement destinées à cet emploi.

Les peaux des animaux qui ont été exposés à la pluie et au soleil ardent, immédiatement après avoir été tondus, sont tellement altérées qu'on n'en peut faire que de la colle. Le mouton cotentin, le normand et le cholet sont très sujets à cet inconvénient. On doit aussi faire peu de cas de la peau des moutons morts de la clavelée, ou attaqués d'une gale considérable.

Les peaux des moutons nés depuis le mois de juin jusqu'à la fin de décembre sont, à choses égales, les meilleures. Les animaux n'étant pas chargés de laine, leurs peaux se fortifient davantage, et acquièrent de la qualité.

J'ai su par un relevé des barrières de cinq années consécutives, depuis 1781 jusques et y compris 1785, qu'il étoit entré à Paris, année commune, 339,893 moutons, et 702,530 livres de viande de moutons tués hors de la ville, lesquelles réduites en moutons du poids de 30 livres font 20,417 moutons : ce nombre, ajouté au précédent, donne un total de 360,310 moutons, dont l'approvisionnement des hôpitaux faisoit partie. Depuis 1774, la consommation de Paris en moutons avoit beaucoup augmenté. A cette époque on permit à tous les bouchers de vendre de la viande en carême, tandis qu'auparavant l'Hôtel-Dieu seul en vendoit. Cette cause et l'inobservance des lois de l'église sur l'abstinence de la viande ont exigé qu'on en fît venir une plus grande quantité. Depuis ce temps la Lorraine allemande en a fourni 20,000 de plus par année.

Il ne m'a pas été possible d'évaluer ce qui a passé en contrebande, malgré toute la vigilance des employés.

Je passe maintenant à ce qui concerne les laines. Les moutons en fournissent plus que les brebis et les agneaux. Il ne sera pas déplacé de traiter ici cet article.

Des laines. Les laines, dans le commerce, se divisent en deux classes ; savoir, en *laines de toison* et en *laines mortes.* On entend par laines de toison, celles qui out été prises sur l'animal vivant, et par laines mortes, celles qui ont été prises sur l'animal mort. On donne le nom de laine *surge* ou en *suint* à la laine qui n'a pas encore passé par le lavage. Les laines de toison ou mortes diffèrent entre elles en raison de la couleur, de la finesse, de la longueur, de la force et du nerf. La couleur la plus ordinaire des laines est la blancheur. Suivant M. de Buffon, il y a en Espagne des moutons roux, et en Écosse des moutons jaunes. M. Maquart, médecin de Paris, dit avoir vu en Russie beaucoup de moutons noirs et de moutons roux. Il rapporte aussi qu'en Crimée il y en a à laine bleuâtre, qui est fort chère. Je connois des chèvres d'Angora à poil de cette couleur. En France, on ne conserve, dans les grands troupeaux, que le moins possible des bêtes à laine noires ou brunes, parceque la blancheur est la couleur la plus estimée. Dans les petites troupes, qui ne sont que de huit ou dix, on en entretient toujours une à laine noire, dont le mélange est utile au but qu'on se propose.

Il n'y a que les laines blanches qui reçoivent des couleurs vives par la teinture. Les laines jaunes, rousses, brunes, noirâtres ou noires ne sont employées dans les manufactures qu'à des ouvrages grossiers, ou pour les vêtemens des gens de la campagne, lorsqu'elles sont de mauvaise qualité ; mais celles qui sont fine servent pour des étoffes qui restent avec leur couleur naturelle sans passer à la teinture.

Les mèches de la laine sont composées de plusieurs filamens, qui se touchent les uns les autres par leurs extrémités. Chaque mèche forme dans la toison un flocon de laine séparé des autres par le bout.

Il y a des laines de différente longueur ; les plus courtes ont un pouce. On assure que les Anglais ont des moutons dont la laine a jusqu'à vingt deux pouces. Dans une expérience que nous avons faite et répétée à Rambouillet, la laine des bêtes espagnoles tenues trois ans sans être tondues avoit dix-huit pouces de longueur. Les laines fines sont toujours plus courtes que les laines grosses.

M. Daubenton a observé qu'il y avoit des filamens très fins dans toutes les laines, même dans les plus grosses, et que les filamens les plus gros se trouvent au bout des mèches. En examinant ces filamens dans un grand nombre de races de moutons, il a distingué différentes sortes de laine, qu'il a réduites à cinq dans l'ordre suivant : laines superfines, laines fines, laines moyennes, laines grosses, laines supergrosses.

La bonne laine doit être fine, douce, forte et élastique.

Pour savoir si elle est fine, il faut couper le bout d'une mèche sur l'épaule ; c'est à cet endroit que se trouve la plus fine.

Il suffit de toucher et de frotter entre les doigts un flocon de laine pour sentir si elle est douce et moelleuse.

Pour connoître si la laine est forte ou foible, on en prend des filamens et on les tend en les tenant des deux mains par les deux bouts. S'ils cassent au premier effort, c'est une preuve que la laine est foible ; plus ils résistent, plus la laine a de force.

Elle est élastique, si, lorsqu'on l'a serrée dans la main, elle se renfle autant qu'elle l'étoit avant d'avoir été comprimée.

Les laines mêlées de beaucoup de jarre sont les mauvaises. On appelle le *jarre*, ou *poil mort*, ou *poil de chien*, un poil mêlé avec de la laine et qui en diffère beaucoup ; il est dur et luisant ; il n'a pas la douceur de la laine, et il ne prend aucune teinture dans les manufactures. Une laine jarreuse ne peut servir qu'à des ouvrages grossiers ; plus il y a de jarre dans la laine, moins elle a de valeur.

Les laines anglaises et celles de Nord-Hollande sont longues et fines comparées avec les laines communes, car elles n'approchent pas de la finesse des mérinos ; celles du nord de la France, c'est-à-dire de Flandre, Picardie, Champagne, Ile-de-France, sont longues et grosses ; en avançant vers le midi elles se raccourcissent et s'affinent. Le Roussillon , l'Italie et l'Espagne eu ont de courtes et de la plus grande finesse.

Les Espagnols distinguent quatre sortes de laine sur la même bête.

Celle de la première qualité se trouve sur l'épine du dos , depuis le cou jusqu'à environ un demi-pied de la queue, en comprenant un tiers du corps ; le dessous du ventre et des épaules est aussi de première qualité. On appelle cette sorte de laine *floretta*.

Celle de la seconde couvre les flancs et s'étend depuis les cuisses jusques aux épaules , en avançant vers le cou.

La laine de la troisième qualité environne le cou et recouvre la croupe.

Enfin la laine de quatrième qualité occupe, 1° depuis la partie de devant du cou, jusques aux bas des pieds, en y comprenant une petite partie des épaules ; 2° les deux fesses jusqu'au bas des deux pieds de derrière. On appelle en espagnol cette laine *cayda*.

Des expériences que nous avons faites au jardin du Muséum d'histoire naturelle de Paris , en couvrant de toile pendant un an des moutons race de mérinos , prouvent que la laine, garantie des impressions de l'air extérieur , s'affine et devient plus blanche.

M. Daubenton , persuadé qu'il étoit important pour le commerçant et pour le manufacturier d'avoir un moyen de connoître précisément le degré de finesse ou de grosseur des laines , parceque ces degrés, même dans les extrêmes, varient beaucoup , a imaginé de soumettre toutes sortes de filamens de laine à un micromètre placé dans un microscope. Le micromètre représentoit un petit réseau ou un composé de mailles. Il n'y avoit qu'un dixième de ligne entre les deux côtés parallèles des carrés du micromètre dont se servoit M. Daubenton, et sa lentille grossissoit quatorze fois. Ayant reconnu par des observations répétées soigneusement que les gros filamens de vingt-neuf échantillons de laine superfine , apportés de diverses manufactures, occupoient rarement plus de deux carrés du micromètre , il a fixé le dernier terme des laines superfines à celles dont les plus gros filamens remplissent par leur largeur un carré de micromètre, et dont le diamètre est la soixante-dixième partie d'une ligne. La largeur des plus gros filamens de la laine la plus grossière occupoit jusqu'à six carrés du micromètre de M. Daubenton , qui valent la vingt-troisième partie d'une ligne.

Les plus gros filamens du jarre remplissoient jusqu'à onze carrés du micromètre , et leur grosseur par conséquent étoit la douzième partie d'une ligne. Il y a des jarres moins gros et même aussi fins que des filamens de laine superfine.

Entre les laines superfines, dont les filamens ont pour diamètre la soixante-dixième partie d'une ligne, et les plus grosses, dont les filamens ont pour diamètre la vingt-troisième partie d'une ligne, il y a des intermédiaires qui permettent de distinguer plusieurs sortes de laine et dans chaque sorte des degrés différens.

M. Daubenton ne propose pas aux propriétaires de troupeaux et aux bergers d'avoir des microscopes et des micromètres, qu'ils ne seroient en état ni de se procurer, ni d'employer; mais il croit que les commerçans et les grands manufacturiers doivent s'en servir. Il suffit pour les autres qu'ils aient des échantillons des cinq sortes de laines vérifiées au microscope. En appliquant de petits flocons de ces laines sur une étoffe noire, ils pourront leur comparer les laines dont ils désireront constater la qualité, ce qui peut leur être très utile pour les alliances des beliers avec les brebis.

Je n'ai considéré la laine que physiquement ; elle doit l'être sous les rapports économiques.

La toison des moutons flamands pèse de dix à douze livres ; la laine en est forte. On la peigne et on la file à Turcoin pour des chaînes d'étoffes.

Celle des moutons d'Artois ou de Gravelines pèse de neuf à dix livres. La laine est de même qualité et s'emploie au même usage.

Celle des moutons hollandais ou liégeois pèse aussi de neuf à dix livres; la laine en est grosse et sert pour l'habillement des troupes.

Celle des moutons cotentins pèse trois livres ; celle du Cauchois cinq livres. Sa laine entremêlée de quelques poils roux est employée à faire les draps de Châteauroux et des couvertures.

Celle des moutons du Vexin ou du Santerre pèse de six à huit livres. La laine en est belle ; on l'emploie pour la chaîne des pièces de tricot.

Celle des moutons de Faux, valières ou bocagers, pèse de trois à quatre livres. La majeure partie de la laine de ces moutons est *beige*, en terme de bonneterie, c'est-à-dire mêlée de blanc, noir et rouge. On s'en sert pour de grosses étoffes sans qu'il soit besoin de la teindre ; on s'en sert aussi pour des couvertures. Celle des moutons allemands souvent aussi est *beige* ; elle pèse de six à sept livres. La laine en est grosse ; on la peigne et on la file à Rosières en Santerre. Le fil vient à Paris, où une partie se met en teinture.

Celle des moutons cholets pèse quatre livres. La laine en

est commune ; on la destine au même emploi que la précédente.

Celle des moutons alençons, solognots, ardennois, pèse de deux à quatre livres. La laine des derniers est entremêlée de poils roux. Elle est pour les manufactures de couvertures.

Celle des moutons briards, champenois, bourbonnais et langrois, pèse de deux à quatre livres. La laine est propre à la bonneterie.

Celle des barrois, qui est de première qualité, pèse trois livres, et sert non seulement pour la bonneterie et pour les couvertures, mais encore pour faire des ratines.

Celle des moutons de Gâtine, quoique moins belle, s'emploie dans la bonneterie pour faire des ratines et pour faire de la serge de Mouy.

Les moutons alsaciens, lorrains, suisses et allemands, ont la laine forte et propre à être peignée.

La laine toute noire servoit pour la fabrication des habits de moines et sur-tout des capucins. Cet emploi ne pouvant plus avoir lieu dans la suite, on conservera moins de bêtes noires dans les troupeaux.

Il faut observer que les meilleures laines, toutes choses étant égales d'ailleurs, sont celles des toisons coupées en juin, époque où la laine a acquis sa maturité dans nos climats. On ne fait pas autant de cas de la laine des moutons tondus pendant qu'ils sont en pouture. Elle a moins de nerf et de propreté; car ces animaux, mangeant continuellement à des râteliers, font tomber entre les filamens de leur toison des débris de fleur ou de folioles des plantes que l'on leur donne. On a de la peine à en purifier entièrement la laine, qui n'est bonne que pour des matelas quand ce sont des bêtes communes.

La laine des moutons tués dans les boucheries, et enlevée des peaux par le moyen de la chaux, est bien inférieure à celle des bêtes tondues pendant qu'elles étoient vivantes. Il lui manque ce moelleux que donne le suint, qui nourrit les filamens pendant la vie de l'animal, et qui persiste dans la laine, quand on la lui a enlevée dans le temps que toutes ses fonctions étoient en activité. La chaux dont on se sert doit contribuer à rendre cette laine dure.

Les bouchers mettent en toison la laine des moutons qu'ils tuent depuis le premier octobre jusqu'aux temps ordinaires de la tonte ; mais on détache par poignées celle des animaux tués depuis la tonte jusqu'au premier octobre. Les grandes races alors n'en fournissent guère qu'une livre lavée, les moyennes races trois quarterons, et les petites races une demi-livre.

La tonte des troupeaux est une vraie moisson pour ceux qui en possèdent. C'est le plus beau produit qu'on en retire. Ce moment dans beaucoup de pays est une fête où l'on réunit les parens et les amis.

Dans les races communes, il y a des individus qui perdent une partie de leur toison avant l'époque de la tonte ; c'est ordinairement l'effet d'une maladie ou d'un affoiblissement causé par l'insuffisance ou la mauvaise qualité de la nourriture. Lorsque le troupeau paît au milieu des buissons, sa laine en s'allongeant s'arrache et se perd.

Il n'en est pas de même dans la race des mérinos, si les animaux sont bien nourris ; hors les cas de maladie, ils conservent leur laine, qui d'ailleurs est plus courte, jusqu'à trois ans, presque sans en perdre, comme nous en avons fait l'expérience bien des fois.

M. Daubenton s'est trompé lorsque, pour donner un signe certain de la nécessité de tondre chaque année, il a indiqué le moment où la nouvelle laine chasse l'ancienne ; il en a jugé d'après la repousse de la laine, aux parties dénudées par quelque cause que ce soit. Il est si vrai que le même brin de laine s'allonge d'une année à l'autre, que quand on n'a pas tondu un animal dans l'état d'agneau, lorsqu'on le tond étant antenois (à la deuxième année de sa vie), sa laine est moins fine que s'il l'eût été étant agneau ; car à mesure qu'on coupe la laine elle s'affine. Celle de l'agneau est moins fine que celle de l'antenois, etc.

Ce qui doit déterminer la tonte, c'est en général l'approche des chaleurs, pendant lesquelles les bêtes à laine souffrent du poids de leurs toisons. Si elles étoient attaquées d'une gale tellement abondante qu'il fallût traiter à la fois toute la surface de leur corps, il seroit nécesssaire de les tondre hors saison ordinaire. On doit dépouiller de leurs toisons des troupeaux qui transhument, avant leur départ pour les monta-tagnes. Le temps ne peut donc être le même pour tous les pays ni dans toutes les circonstances.

On tond les agneaux un peu plus tard que les brebis, tant pour donner à leur laine le temps de s'allonger que pour attendre les plus fortes chaleurs. Quelques économes cependant les font tondre avant les brebis, pour que la nouvelle laine repousse de bonne heure, et qu'ils puissent mieux résister aux intempéries de l'air quand ils les mettent au parc.

Deux motifs doivent engager à tondre les agneaux, sur-tout dans les troupeaux à laine fine. La première, parceque la laine de la seconde année devient plus fine ; la seconde, parceque en les tondant on les délivre des poux et des tignes qui les incommodent et les empêchent de profiter.

Il est d'usage d'enfermer quelques jours avant la tonte les
bêtes à laine, pour les échauffer et les faire suer. Cet usage
est pernicieux dans les pays où elles sont disposées à contracter la maladie du sang ou la cachexie. Dans le premier cas
on augmente trop la circulation du sang, et dans le second
on épuise l'animal par un effort trop considérable. Il est utile,
pour la bonté, de les tenir dans un état qui rende la laine
facile à couper; une chaleur modérée suffit. On en a peu
besoin, si l'on choisit un temps beau et chaud.

Le lavage individuel à dos est une pratique usitée dans
beaucoup de pays. Je la crois plus nuisible qu'utile. La laine
n'en devient pas plus fine : on la prive d'un suint qui lui
est nécessaire pour les lavages subséquens; les bêtes menacées
de cachexie en souffrent; on lave mal par ce moyen les toisons,
dont la laine est tassée.

M. Daubenton dit que pour bien tondre il faut coucher
l'animal sur une table et l'y attacher par les jambes de devant
et de derrière avec un cordon, et si c'est un belier, aussi par
les cornes, et que le tondeur peut être assis; il pense que dans
cette position ils sont l'un et l'autre plus à l'aise. Il se trompe,
la bête ainsi étendue n'est pas plus à l'aise que quand on lui
lie les quatre jambes; le tondeur assis et penché sur une table
se fatigue bien davantage; il est moins libre de ses mouvemens que quand il est debout, il tond bien moins d'animaux
en un jour. A la vérité celui qui tond sans être assis est obligé
de se courber beaucoup; mais bientôt il y est rompu. L'opération durant très peu de temps, l'animal qu'on lui présente,
les quatre pieds liés, n'est mal à l'aise tout au plus qu'une
demi-heure.

Un bon tondeur doit couper la laine le plus près possible
de la peau sans laisser de sillons ni sans blesser. Si malgré ses
attentions il fait quelques coupures, on y applique un peu de
charbon en poudre. Il peut tondre jusqu'à quarante ou cinquante bêtes par jour, et même plus, si ce sont des bêtes
communes; tandis qu'il ne tondroit que vingt ou vingt-quatre
brebis, ou quinze à vingt beliers mérinos, dont la laine est
serrée et abondante.

Quand toute la toison est coupée, on la plie, on la lie avec
de la paille, ou du jonc, ou de la ficelle, en plaçant au milieu la laine de dernière qualité, c'est-à-dire celle des têtes,
ventres, cuisses et pattes, à moins qu'on ne les mette à part.

Il est à désirer, pour l'intérêt des manufactures, qu'on ne
confonde pas la laine des bêtes mortes ou malades avec la
laine des bêtes vivantes et saines, parcequ'elle ne prend pas
aussi bien la teinture.

En attendant qu'on vende les laines qui sont coupées, on

doit les tenir dans un endroit qui ne soit exposé ni au soleil ni à l'humidité. La chaleur en diminueroit le poids, et l'humidité les altèreroit ; il faut aussi les mettre à l'abri de la poussière.

Les laines se conservent plus long-temps en suint que dégraissées. Il y a du profit pour le vendeur de les livrer aussitôt après la tonte , parcequ'elles perdent toujours de leur poids ; il y a aussi de l'avantage pour l'acheteur , parcequ'ayant plus de suint, elles se blanchissent mieux.

En les gardant long-temps elles peuvent être attaquées par les chenilles - teignes ; on donne ce nom à un genre d'insectes que bien des gens prennent pour des vers, quoiqu'ils aient des jambes comme les autres chenilles , tandis que les vers n'en ont point. Les papillons-teignes se trouvent dans les maisons où il y a des meubles ou des magasins de laine ; ils ont, dit M. Daubenton, à peu près trois lignes de longueur ; ils sont de couleur jaunâtre et luisante. On les voit voltiger depuis la fin d'avril jusqu'au commencement d'octobre, un peu plus tôt ou plus tard , suivant que la saison est plus ou moins chaude. Pendant tout ce temps les papillons - teignes pondent sur la laine de petits œufs que l'on aperçoit difficilement. C'est de ces œufs que sortent les chenilles qui rongent la laine. Elles éclosent pendant les mois d'octobre , de novembre et de décembre. Elles sont très petites , et prennent peu d'accroissement pendant tout ce temps, et même elles sont engourdies lorsqu'il fait de grands froids. Mais pendant le mois de mars et le commencement d'avril elles grandissent promptement ; c'est alors qu'elles coupent un grand nombre de filamens de laine pour se nourrir et se vêtir.

On connoît les chenilles-teignes quand on voit sur les toisons de laine ou dans d'autres endroits de petits fourreaux d'environ une ligne de diamètre, sur quatre ou cinq lignes de longueur et rarement six; ils sont un peu renflés dans le milieu et évasés par les deux bouts. Il y a dans chacun de ces fourreaux une chenille qui s'y tient à couvert, parcequ'elle n'est revêtue que d'une peau blanche , mince, transparente et délicate. La chenille-teigne avance un tiers de la longueur de son corps au dehors de son fourreau, par un bout ou par l'autre, car elle peut s'y retourner dans le milieu, à l'endroit où il est le plus large : elle peut aussi en sortir presque entièrement. Il n'y reste que la partie postérieure du corps et les deux jambes de derrière qui s'attachent au fourreau, de sorte que la chenille peut l'entraîner avec elle lorsqu'elle marche par le moyen de ses autres jambes. Elle n'a que le tiers de son corps au dehors du fourreau, lorsqu'elle coupe les filamens de la laine; elle se contourne en différens sens pour atteindre un plus grand nombre de ces filamens. Elle se nourrit

de la substance de la laine, et elle l'emploie aussi pour fermer
et pour agrandir son fourreau ; c'est pourquoi il est de même
couleur que la laine. On ne peut pas douter qu'il n'y ait eu
ou qu'il n'y ait encore des chenilles-teignes dans la laine,
lorsqu'on y voit de leurs excrémens, ou lorsqu'ils sont répandus au-dessous. Ces excrémens sont en petits grains arides
et anguleux, gris lorsque la laine est blanche, noirâtres lorsqu'elle est de cette couleur.

Lorsque les chenilles-teignes, c'est toujours M. Daubenton
qui parle, ont pris tout leur accroissement, la plupart quittent
les toisons pour se retirer dans de petits coins obscurs du magasin de laine, et s'y attachent par les deux bouts de leur
fourreau, ou se suspendent au plancher par un seul. Alors
elles ferment les deux ouvertures du fourreau et changent de
forme et de nom ; on leur donne celui de chrysalide. Elles
restent dans cet état pendant environ trois semaines ; ensuite
ces insectes percent le bout de leur enveloppe qui est le plus
près de leur tête, et ils sortent sous la figure d'un papillon.

Jusqu'à présent, ajoute-t-il, on n'a trouvé aucun moyen de
garantir entièrement la laine du dommage des chenilles-teignes; mais on peut l'éviter en partie. Faites enduire en blanc les
murs et plafonner le plancher du magasin où l'on garde les
laines, afin que les papillons-teignes qui se posent sur ces
murs et sur ce plafond soient plus apparens. Placez les laines
sur des claies qui soient soutenues à un pied au-dessus du
carrelage. Ayez un bâton terminé comme un fleuret à l'une
de ses extrémités par un bouton rembourré. Lorsque vous en-
trerez dans le magasin, vous frapperez avec le bâton sur les
laines et sous les claies pour faire sortir les papillons-teignes;
ils s'envoleront ; ils iront se poser sur les murs et sur le plafond, où il sera facile de les tuer en appliquant sur eux l'extrémité du bâton qui est rembourrée. En répétant souvent
cette recherche depuis le commencement d'avril jusqu'au commencement d'octobre, on détruit un grand nombre de papillons-teignes, on prévient leur ponte, ou on ne la laisse pas
achever, par conséquent il y a beaucoup moins de chenilles
rongeuses dans la laine. Un enfant est capable de la soigner
de cette manière.

La laine en suint étant moins sujette à être gâtée par les
teignes que celle qui a été dégraissée ou seulement lavée, si
l'on place dans un magasin des laines en suint quelques mauvaises toisons lavées, les papillons-teignes y feront sur celle-
ci leur ponte par préférence. Si l'on brûle ces toisons avant
que les chenilles en sortent pour prendre la forme de chry-
salides, on détruit les chenilles, et l'on empêche qu'elles ne

deviennent des papillons-teignes qui produiroient un grand nombre d'œufs.

On a prétendu que l'odeur du camphre et celle de l'esprit de térébenthine étoient des préservatifs pour la laine contre les teignes. Elles peuvent être détournées par ces odeurs, si elles trouvent à se placer sur des laines qui ne les aient pas; mais à leur défaut elles s'y accoutument et on n'en tire aucun avantage.

La vapeur du soufre fait périr les chenilles-teignes; mais il faut que cette vapeur soit concentrée dans un petit espace. Elle ne pourroit pas l'être dans un magasin de laines, d'ailleurs elle leur donneroit une mauvaise odeur; celle du camphre est aussi très désagréable. Il vaut mieux battre les laines dans les magasins, et tuer les papillons-teignes; aussi est-ce la méthode des fourreurs pour conserver les pelleteries; ils les battent et ils courent après les papillons-teignes dès qu'ils en aperçoivent.

Les chenilles-teignes ne peuvent pas percer le papier; ainsi la laine est en sûreté dans un cornet ou un sac de papier bien fermé. Mais ces chenilles passent à travers les mailles de la toile; elles y forment un petit trou rond en écartant les fils sans les couper.

Tout ce qui a rapport aux chenilles-teignes est extrait de M. Daubenton. *Voyez* TEIGNE.

Les laines, si elles sont surges ou en suint, se vendent à raison de leur qualité et du peu de déchet qu'elles éprouvent au lavage. Si elles sont lavées, c'est la qualité seule qui en détermine le prix.

En supposant que la laine fine du Roussillon fût vendue quinze sous en suint, elle se vendroit quarante-cinq sous bien lavée, parceque le déchet ordinaire est de deux tiers.

Les laines communes qui ne perdent que moitié de leur poids au lavage se vendent vingt à vingt-quatre sous lavées, quand elles en valent dix à douze non lavées.

Celles des mérinos qui perdent communément cinquante-quatre pour cent, si on les suppose vendues lavées neuf livres, doivent valoir en suint environ quatre livres.

Les fabricans et les commissionnaires achètent souvent les toisons sans les peser, lorsque l'habitude leur a fait connoître les poids, année commune, et les troupeaux.

Dans beaucoup de pays la laine des agneaux ne se vend pas séparément; on la comprend toujours dans le marché de celle des brebis.

En Beauce et dans une partie de la Picardie, on vend les toisons au cent, en donnant les quatre au cent et un tiers ou la totalité des toisons d'agneaux.

Le prix annuel des laines se règle aussi sur le besoin. On trouve quelquefois plus de difficulté à se défaire des laines fines que des laines communes, dont l'emploi est plus étendu. Ces dernières peuvent être à proportion plus chères que les premières.

En France, les laines du Roussillon, du Languedoc, celles du Berri, de la Sologne, etc., sont les plus estimées après celles des mérinos et des métis de deuxième, troisième et quatrième degrés, dont le nombre est maintenant considérable. On fait cas de celles de Maroc. Les laines anglaises plus longues et moins fines sont très recherchées. Il y a dans l'empire russe de belles laines que produisent les moutons de Crimée. On prise beaucoup les peaux mêlées de noir et de gris qui en viennent. La garniture d'un bonnet peut aller jusqu'à 100 liv. de notre monnoie, et la doublure d'un surtout jusqu'à 1000 liv. Les peaux noires à laine frisée des bêtes calmouques ont une grande valeur. Les plus chères et les plus curieuses de toutes sont celles des agneaux *mort-nés* d'Astracan, d'un noir satiné. Plus le poil en est ras et fin, plus elles ont de prix. M. Macquart a vu un dessus d'habit fait de ces peaux qui coûtoit 100 louis.

La vente des laines espagnoles se faisoit autrefois par des marchés pour un certain nombre d'années; les acheteurs obtenoient du crédit. Rien n'empêche que le même mode ne soit adopté en France : moyennant des baux de cinq, six ou neuf ans, un cultivateur et un fabricant seront assurés, l'un du débit de ses laines, et l'autre de l'acquisition de ces laines; il y aura des fabriques qui s'attacheront des troupeaux. Ce mode seroit préférable encore à l'entremise de commissionnaires ou courtiers, dont les profits se partageroient entre le cultivateur et le fabricant.

Jusqu'ici nous n'avons pas eu à nous louer des fabricans, qui ont abusé de l'ignorance, de la crédulité et de la crainte de perdre, qui tourmente toujours le cultivateur, pour acheter bien au-dessous de leur valeur ses laines de mérinos ou de métis. Les propriétaires plus éclairés et moins timides ont toujours vendu un peu plus avantageusement, quoique jamais leurs laines fines n'aient été payées au prix où elles devoient l'être. On a vu avec regret l'esprit mercantile l'emporter sur la considération de la justice et de l'intérêt national.

Pour employer les laines à la fabrication des étoffes, il faut leur enlever cette matière grasse dont elles sont imprégnées, c'est-à-dire le suint si abondant dans les mérinos. Cette opération ne se fait pas en grand en France, parcequ'il n'y a pas de lavoirs d'une étendue convenable. Les Espagnols, guidés par de puissans motifs, ont établi des usines dans lesquelles on peut laver chaque année une grande quantité de laine. Parmi nous des fabricans d'étoffe de drap et quelques marchands se sont attachés à laver, les uns la laine qu'ils consomment, les autres celle qu'ils achètent en suint pour la vendre blanche. Beaucoup d'essais ont été faits. D'abord on n'a pas réussi, ensuite on est parvenu à faire mieux, maintenant quelques personnes lavent très bien. Que le désuintage se fasse dans de vastes usines, comme en Espagne, ou que ce soit dans l'intérieur d'une fabrique ou chez un cultivateur, le travail est le même. Il suffira donc de poser des bases et de donner une idée succincte de l'opération.

On commence par séparer les diverses qualités de laines pour les dégraisser séparément. L'habitude apprend à les distinguer ; on étend chaque sorte sur des claies de bois, on les éparpille, on les bat avec des baguettes pour en faire sortir la poussière et ce qu'on peut d'ordures ; on ôte à la main les mèches feutrées, les pailles, le crottin ; on divise le reste avec une fourchette de fer, à doigts courts, écartés et recourbés.

Les toisons sont mises dans des cuviers, ou tonneaux, ou autres vaisseaux d'une capacité convenable. Un propriétaire de l'Aveyron conseille de les disposer la mèche en haut, comme elles sont sur le corps de l'animal, sur les foules ; on verse de l'eau jusqu'à ce que les vaisseaux soient remplis ; on l'échauffe à trente ou quarante degrés du thermomètre de Réaumur ; on laisse tremper dix-huit ou vingt-quatre heures. L'eau se charge de suint et elle devient le principal agent du dégraissage ; on en prend pour jeter dans des chaudières ; on la fait chauffer jusqu'à cinquante ou soixante degrés ; une chaleur moindre ne suffiroit pas, plus forte que soixante degrés, elle crisperoit la laine et la rendroit dure et cassante. Sans thermomètre on reconnoîtra le juste degré, c'est celui où l'on ne pourra tenir la main dans l'eau sans se brûler.

L'eau étant à ce point, on met de la laine dans la chaudière, peu à la fois, on la remue, ou plutôt on la soulève continuellement avec un bâton lisse et sans aucune aspérité, afin d'en écarter les mèches et de les faire pénétrer ; on ne la retourne pas, pour éviter qu'elle ne se cordonne. Quelques minutes après on la retire, soit avec les mains, soit avec une petite fourche ; on en remplit un panier qu'on tient un instant au-dessus de la chaudière pour l'égoutter et ne point perdre de suint. A mesure que l'eau du bain s'épuise on en apporte d'autre ; si elle devient bourbeuse on vide la chaudière toute entière pour recommencer à la renouveler avec de l'eau de suint. La laine tirée de la chaudière est portée à l'endroit où l'on doit la laver.

Il n'est point indifférent de laver dans telle ou telle eau ;

l'eau courante est la meilleure ; la plus mauvaise est celle de puits. Si on est obligé de s'en servir, il faut la tirer d'avance et l'exposer pendant quelques jours à l'air, ou bien la faire bouillir.

On met la laine dans des paniers qu'on plonge et replonge dans l'eau jusqu'à ce qu'elle sorte claire ; ou bien, si c'est en eau courante, on place deux paniers l'un au-dessus de l'autre : quand la laine de celui-ci paroît bien nettoyée, on la jette dans l'autre, où elle achève de se dépurer. Dans toute cette opération on ne la retourne pas, on se borne à la promener rapidement dans les paniers, à l'ouvrir le plus possible avec les mains ou avec un petit râteau. Quand elle surnage à la surface en forme de neige, et que l'eau qui en dégoutte n'est plus sale, elle est suffisamment lavée.

Il ne s'agit plus que de la sécher. On a conseillé de la passer à une presse, ou de la faire tordre dans une toile par deux hommes vigoureux. Ce moyen, sans nuire à la laine, en accélère la dessiccation et devient nécessaire si on lave quand la saison est avancée, parceque le soleil a peu de force : un seul jour de beau temps suffit ensuite. En été, on peut mettre sécher la laine, au sortir du lavoir, sur des claies ou sur des cailloux, ou même sur une pelouse bien balayée.

Dans plusieurs manufactures on donne un dernier degré à la laine venant d'Espagne ; on ajoute à l'eau du bain un tiers d'urine et quelques grains de potasse par livre d'eau ; le trempage pendant dix-huit ou vingt-quatre heures dispense de l'emploi de l'urine et de la potasse. La laine qu'on apporte d'Espagne n'est pas aussi complètement dégraissée qu'elle le seroit par le procédé qui précède : elle perd encore vingt pour cent ; d'où l'on doit conclure que ceux qui désuinteroient et laveroient de la manière que j'indique devroient la vendre vingt pour cent au-dessus du cours ordinaire des léonèses.

On trouvera dans une instruction que je suis chargé de rédiger, et dont je m'occupe, la description du beau lavoir d'Alfaro en Espagne, d'après les dessins de M. de Poiféré de Cere, qui en a pris les détails sur les lieux. (TES.)

MOUTON DE CACHEMIRE. On a donné ce nom à l'animal qui fournit la laine, ou mieux, le poil avec lequel on fait cette étoffe si fine connue sous le nom de cachemire, quoiqu'il ne soit rien moins que certain que ce soit un mouton, que tout porte même à croire que c'est une chèvre.

Je possède un échantillon brut de ce poil, qui constate que cet animal en a deux, l'un très long, gros et roide, l'autre très fin, court et crépu.

Il est très à désirer que cet animal soit introduit en Europe, où il s'acclimateroit probablement, puisqu'il vit exclusivement sur des montagnes qui sont couvertes de neige pendant une partie de l'année.

MOUTONNE. On donne quelquefois ce nom aux brebis, d'autres fois aux brebis châtrées par l'extraction de leurs ovaires.

MOUTURE. Cette opération consiste à séparer les différentes parties qui constituent le blé sans les altérer. Il faut pour produire le plus avantageusement cet effet, que la farine soit tiède au plus en sortant des meules; que le son soit large et parfaitement évidé, et qu'il ait la même couleur avant d'avoir été dérobé au grain.

Précis de différentes moutures pratiquées. On a tellement subdivisé la mouture qu'on a jeté beaucoup de confusion dans les idées à l'égard de cette opération; cependant il est possible de rapporter toutes les méthodes de moudre connues et pratiquées sous des dénominations différentes à deux espèces particulières; savoir, la mouture à blanc ou par économie, et la mouture septentrionale ou à la grosse. Par la première, il s'agit de moudre et de remoudre; il n'est question dans la seconde que d'un seul moulage : ainsi l'une est finie dès que le grain est broyé et que la farine sort d'entre les meules, tandis que l'opération de l'autre ne fait que commencer. Mais comme c'est du premier broiement que dépend la perfection de toutes les farines, on ne sauroit être trop attentif à le faire convenablement, cette opération préliminaire étant la plus essentielle du boulanger, puisque tous les efforts qu'il pourroit tenter pour rétablir dans la farine les qualités qu'une mouture défectueuse auroit pu lui faire perdre sont insuffisans, et qu'il y a entre un bon et un mauvais moulage autant de différence qu'il s'en trouve entre un blé d'élite et un blé inférieur; c'est donc de cette opération que dépend absolument le succès de son travail, et le moulin le mieux monté ne produira jamais que des résultats imparfaits, s'il n'est conduit par une main exercée au fait de la machine, qui sache en varier l'action et les effets.

Ce sont ces puissantes considérations qui m'ont fait avancer qu'à moins d'avoir des notions générales de meunerie, on ne pourra jamais retirer du grain la qualité et la quantité de farine qu'il renferme avec les moulins à bras les plus parfaits.

Mouture économique. C'est l'art de faire la plus belle farine, d'en tirer la plus grande quantité possible, d'écurer les sons sans les réduire en poudre, et de les séparer si exactement des produits, qu'il n'en reste pas la moindre parcelle.

Le blé parfaitement nettoyé par différens cribles, placé dans l'étage supérieur du moulin, arrivé à la trémie, passe ensuite sous les meules, et tombe dans un bluteau ou dodinage qui sépare la première farine. Les gruaux mêlés avec les sons se rendent dans une blûterie qui met à part les différens gruaux, les recoupettes et les sons.

La première mouture étant achevée, on reprend les gruaux et les recoupettes séparés, on les porte sous les meules pour en obtenir par plusieurs moutures différentes farines. Le restant n'est plus que le remoulage, la pellicule ou le petit son qui recouvroit les gruaux.

Ainsi, dans la mouture économique, chaque mouvement de la roue fait aller les cribles destinés à nettoyer les grains, les meules qui doivent les écraser, enfin les bluteaux qui séparent la farine d'avec les sons, ce qui produit une grande épargne de temps, de frais de transport et de main-d'œuvre, puisque ces différentes opérations s'exécutent de suite, dans le même endroit et par le même moteur.

Mouture en son gras. La mouture en son gras, dite de Melun, est celle qui se rapproche le plus de la mouture économique ; elle en diffère en ce qu'au lieu d'adapter au moulin deux bluteaux, on n'en met qu'un assez fin pour laisser passer la farine dite de blé ou fleur de farine. Ce qui reste est le son gras que le meunier renvoie au boulanger ; celui-ci le blute pour en séparer les sons d'avec les gruaux, qu'il renvoie moudre pour en obtenir la totalité de farine y contenue.

Cependant le boulanger éviteroit des embarras, des déchets et des frais, si, au lieu de bluter chez lui, il laissoit faire cette opération au moulin, où elle ne coûte presque rien. Le meunier a à sa disposition davantage de bluteaux, le lieu où il blute est mieux fermé ; enfin il y a des dépenses indispensables de main-d'œuvre pour bluter, sasser, peser, mesurer et transporter, qu'on peut réellement éviter sans aucun inconvénient.

Mouture à la grosse. Cette mouture, telle qu'elle est pratiquée à Paris et dans les environs, est encore la mouture économique, avec cette différence que le meunier renvoie la farine brute au boulanger, qui en fait la séparation chez lui à l'aide de bluteaux, et il envoie moudre les gruaux.

Mais on sent bien que cette méthode a encore plus d'inconvéniens que la mouture en son gras, et que le meunier ne peut pas juger aussi aisément la nature des produits, puisqu'au sortir de la huche ils sont pêle-mêle confondus ensemble.

Nous apprenons avec plaisir que les boulangers renoncent tous les jours à l'usage de bluter chez eux. Il est certain que, quelle que soit leur attention dans cette opération, elle sera mieux exécutée au moulin, et à moins de frais.

Mouture à la lyonnaise. Elle consiste à retirer la farine dite de blé par un premier broiement, ensuite, par la mouture des gruaux, la première et seconde farine ; mais au lieu de continuer la mouture, on mêle ce qui reste avec les gruaux bis et les sons, et on les remoud.

Cette mouture, loin d'être un raffinement de la mouture économique, comme on l'a prétendu, n'en est à bien dire que l'abus, puisqu'elle n'est bonne qu'à faire des farines bises; car si l'une consiste à produire la plus belle farine et à retirer tout ce qu'en renferment les grains sans mélange de son, l'autre tend à diviser les gruaux avec les sons et à les mêler avec la farine; si les produits sont plus considérables, ce n'est qu'aux dépens du son dont on fait passer une partie dans la farine

Mouture septentrionale. La mouture à la grosse des provinces, ou la mouture septentrionale, est, par une suite de l'empire des préjugés et de la routine, la mouture la plus universellement adoptée; elle diffère de la mouture économique en ce qu'on ne moud qu'une seule fois, et que la farine est renvoyée brute à celui à qui elle appartient. En employant un bluteau fort serré, il ne passe que la farine dite de blé; c'est ce qu'on nomme vulgairement mouture du riche : si le bluteau est plus clair, on retire avec la farine des gruaux les plus fins, et alors le produit porte le nom de mouture pour le bourgeois. Les autres gruaux sont employés à la composition du pain bis.

Il est inutile d'ajouter ici combien cette mouture, la mieux exécutée, est vicieuse, puisqu'au défaut de la mouture en son gras et à la grosse elle ajoute encore ceux de laisser dans les sons les petits gruaux, qui, étant remoulus, augmenteront la qualité et la quantité des farines.

Mouture méridionale. La mouture méridionale n'est autre chose que la mouture à la grosse des provinces, avec cette différence que la farine renvoyée brute est conservée ainsi pendant un certain temps sans être blutée; c'est ce qu'on appelle conserver la farine en rame.

Cette méthode, quelque préconisée qu'elle soit encore, n'en a pas moins tous les défauts de la mouture à la grosse des provinces; elle peut même exposer encore à d'autres inconvéniens : le son qui séjourne dans la farine peut lui faire perdre à la longue sa blancheur, d'ailleurs les mittes se mettent aisément dans le son.

Mouture des indigens. La mouture des pauvres, ou la mouture rustique, est à la mouture à la grosse des provinces ce que la mouture à la lyonnaise est à celle par économie. Il s'agit de moudre une seule fois et de bluter hors du moulin; mais on tient les meules fort serrées et les bluteaux bien ouverts, qui laissent passer tout d'un coup la farine, les gruaux et les recoupettes, excepté le gros son.

Quoique nous ayons fait sentir que c'étoit une erreur de présenter la mouture à la lyonnaise comme le modèle de la perfection de l'art, nous pensons que, s'il ne s'agissoit que de la farine destinée à la consommation de cette classe d'hommes d'autant plus respectable qu'elle est indigente et malheureuse, il faudroit la préférer à la mouture des pauvres, qu'on doit regarder comme l'enfance de la meunerie; encore cette méthode ne peut-elle être adoptée que dans un temps de disette.

De la préférence que l'on doit accorder à la mouture économique. La préférence que mérite la mouture économique sur les autres moutures, dont nous venons d'exposer très brièvement les procédés, n'est plus à présent un problème; on sait que par son moyen le setier de blé, mesure de Paris, composé de douze boisseaux et pesant 240 livres, donne 160 livres de farine blanche, 20 livres de farine bise, et 54 livres des différens sons; cela posé on voit que la mouture économique consiste à retirer beaucoup plus de farine blanche que de farine bise, tandis que la mouture à la grosse des provinces présente des résultats opposés.

Si le meunier le plus intelligent consent à ne retirer du meilleur blé moulu par la mouture la plus parfaite que les trois quarts en farine et le restant en son, quelle défiance ne doit-on pas avoir à l'égard de ces grands produits vantés par des enthousiastes comme les résultats de la perfection de l'art de moudre, et qui se trouvent être d'autant plus défectueux qu'ils s'éloignent davantage de ces proportions : aussi plusieurs auteurs, persuadés que c'étoit là le but de la mouture économique, se sont récriés contre ses effets, en la définissant l'art de faire manger le son avec la farine, lorsque c'est précisément tout le contraire.

En mouture il y a des limites où il convient de s'arrêter, autrement on court les risques de sacrifier la perfection, d'où dépend la valeur d'une matière, à une superfluité qui la déprise. La méthode de moudre par économie réunit assez d'avantages sans lui en attribuer encore plus qu'elle n'en a réellement; le blé est revêtu d'une écorce que l'on aura beau atténuer : les organes les moins exercés l'apercevront toujours dans la farine et dans le pain; elle y jouira continuellement de toutes ses propriétés; en un mot, il ne sera jamais au pouvoir de l'art d'assimiler le son à la farine. Joignons ici un tableau pour fixer les bases sur lesquelles portent les différens produits de la mouture économique.

État des produits en farine et en issues retirés, par la mouture économique, d'un setier de blé, mesure de Paris, du poids de 240 livres net.

Poids du setier de blé à 240 livres net. 240

Farine blanche.

Première, dite de blé. . . . . 92 ⎫
Deuxième, dite première de gruau. . . . . . . 46 ⎬ 160
Troisième, dite deuxième de gruau. . . . . . . 22 ⎭

Farine bise.

Quatrième, dite troisième de gruau. . . . . . . 12 ⎫ 20
Cinquième, dite de gruau. . . . . 8 ⎭

Issues.

Remoulages. . . . . 14 ⎫
Recoupes. 15 ⎬ 55
Sons. . . . . 26 ⎭
Déchet des moutures. 5

Poids égal du setier de blé. 240

Tels sont les résultats d'une mouture parfaite; il est physiquement impossible au meunier le plus habile d'aller au-delà de ces produits, sans nuire à la qualité de la farine et diminuer en même temps de sa valeur dans le commerce. Quand une fois nous sommes parvenus à faire bien, ne cherchons le mieux qu'avec circonspection, dans la crainte de tomber dans les excès que nous voulons éviter.

On sent combien le tableau des produits des autres moutures comparés entre eux seroit infidèle, puisque la mouture à la grosse varie infiniment, non seulement de département à département, mais même de ville à ville, de moulin à moulin. Les meules plus ou moins serrées les bluteaux plus ou moins ouverts donnent tantôt trop d'un produit, et tantôt n'en donnent pas assez; cependant nous ne croyons pas trop hasarder, en avançant qu'entre la mouture la plus parfaite et celle qui l'est le moins, il y a peut-être une différence de 20 à 30 livres de farine, sans compter un défaut encore plus essentiel, celui des produits de médiocre qualité.

Des avantages de la mouture économique. Quels que soient les détracteurs de la mouture économique, elle n'en a pas moins mérité les recherches des physiciens, la protection éclairée du gouvernement et des encouragemens honorables pour ceux qui se sont occupés de la répandre; nous déplorons bien sincèrement l'aveuglement où sont ceux qui, pouvant se

servir de cette mouture , continuent de donner la préférence
à la mouture à la grosse : c'est autant leurs intérêts que la
qualité et le bon marché du pain que nous considérons.

Une fois la mouture économique devenue la seule et unique
mouture pratiquée en France , le prix qui revient aux meuniers pour les frais de mouture et de transport ne seroit
plus aussi arbitraire, et les bons citoyens, qui soupirent depuis
long-temps après un règlement qui ordonne que cet objet soit
fixé en argent et non en grain , verroient enfin leurs vœux ac-
complis.

Nous ne saurions trop le répéter , un criblage dirigé
comme il convient , un excellent moulage répété plusieurs
fois, une bluterie bien montée, le tout mis en jeu par des
agens qui ne coûtent rien (l'air ou l'eau) , constituent essentiellement la mouture économique : or, les meilleures farines ,
dans quelque pays qu'elles se fassent et quels que soient les
grains d'où elles proviennent , seront toujours celles qui proviendront de cette méthode parfaitement exécutée. Quand
verrons-nous donc la routine céder à l'expérience et à ses résultats ?

Si la mouture économique rend jusqu'à un sixième ou un
septième de plus en farine , ce qu'elle a de plus étonnant encore , c'est qu'elle augmente les qualités spécifiques des produits, par exemple, les blés inférieurs , qui, à l'exception des
temps de disette , n'ont de débit qu'à la faveur du très bon
marché, pourroient donner, étant écrasés par cette méthode ,
une farine plus abondante et plus belle que celle des meilleurs
grains broyés dans des moulins défectueux.

Ajoutons aux avantages infinis que la mouture économique
est en état de procurer ceux de ne donner que dix livres de
farine bise sur cent de farine blanche , résultante d'un setier
de blé pesant deux cent quarante , et de pouvoir offrir par le
mélange de l'une et de l'autre un pain plus blanc, plus substantiel que celui qui proviendroit de la première farine ob-
tenue dans des moulins ordinaires ; il seroit même possible, dans
un temps de cherté, d'associer à ces farines celle du seigle
pour un tiers ou pour un quart, d'où résulteroit un pain aussi
blanc que le pain de froment pur moulu par des moutures
vicieuses. Cette association seroit même toujours nécessaire
pour les gens de la campagne, qui, ne cuisant que toutes les semaines et souvent tous les quinze jours, ont besoin que leur
pain se tienne frais long-temps.

Ce sont tous ces avantages que des procès-verbaux d'expériences et d'observations ont constatés de la manière la plus
positive, qui ont déterminé les grandes maisons de Paris à
adopter la mouture économique, et à faire convertir en farine,

aussitôt qu'elles le peuvent, tous les grains de leur approvisionnement.

Voilà ce que dans nos départemens les administrateurs des hôpitaux et des maisons de charité devroient imiter, eux qui n'ont ordinairement d'autre intérêt que l'amour du bien et la grande économie des établisssemens de bienfaisance qu'ils dirigent. Leur exemple suffiroit pour donner l'impulsion à l'activité générale.

Les moutures vicieuses sont souvent, dans les temps ordinaires, causes principales de la cherté du pain.

L'expérience ne prouve que trop souvent que le blé, soumis à la mouture, peut perdre de ses excellentes qualités par l'ignorance, la négligence du meunier et l'imperfection du moulage, et que la bluterie la mieux montée ne sauroit restituer à la farine les qualités qu'une mouture défectueuse lui aura enlevées.

Je l'ai dit souvent, et je ne saurois trop le répéter, les moutures vicieuses, dans les momens de cherté et de disette, sont un vrai fléau, et toujours l'impôt le plus onéreux qu'on puisse mettre sur le pauvre; elles concourent à rehausser le prix du pain autant que les années pluvieuses, les dégâts de la grêle et du vent et les différens accidens qui font maigrir, rouiller, noircir et germer les grains pendant et après leur végétation.

Dans la plupart de nos départemens où la meunerie est encore au berceau, il faut jusqu'à quatre setiers de blé, mesure de Paris, c'est-à-dire neuf cent soixante livres pour la subsistance d'un seul homme pendant son année, tandis que là où on connoît le procédé de remoudre les gruaux, deux setiers un tiers, au plus, suffisent pour fournir cinq cent-soixante livres de pain, et ce calcul est établi à raison d'une livre et demie de blé par jour, ce qui produit autant de pain de toutes farines.

Quelle épargne, si d'un bout à l'autre de l'empire on parvenoit à retirer des grains la totalité de farine qu'ils renferment! Il en résulteroit l'abondance dans les circonstances où l'on croiroit n'avoir que le nécessaire, et la suffisance quand il y auroit à craindre une disette. Enfin, et c'est là le vœu que nous ne cessons de former, les mauvaises années, les momens de cherté seroient moins à redouter.

Les blés qui servent à la consommation de Paris donnent, comme l'on sait, de très belles farines et en abondance. Ces mêmes blés transportés en Bretagne, par exemple, rendront une farine semblable à peine pour la qualité et quantité à celle des grains les plus médiocres, par le moyen de nos moulins économiques bien montés. Ainsi nous gâtons par notre entêtement les présens que la nature nous a livrés en bon état, et nous nous rendons coupables envers la société en refusant de mettre à profit les moyens qui nous sont offerts pour augmenter et améliorer la subsistance.

L'expérience journalière prouve qu'à prix égal de blé, le pain, dans la plupart des départemens, est toujours plus cher qu'à Paris, quoiqu'on devroit y éprouver un effet contraire, à cause des frais de manutention toujours plus considérables; or, nous ferons remarquer que dans ces endroits où le pain est le plus coûteux et le moins bon dans son espèce qu'il soit possible de fabriquer, les boulangers sont presque tous mal à l'aise.

Il existe quelques cantons aux extrémités de l'empire où la livre de blé vaut dans le moment où j'écris un sou six deniers, et le pain quatre sous. La preuve que cette effrayante disproportion dans les prix vient particulièrement des moutures vicieuses, c'est qu'on y a fait venir des farines de la Beauce les plus chères qu'on emploie à Paris, et quoique les frais de transport en aient presque doublé le prix d'achat, le pain est encore revenu à meilleur compte que celui des grains moulus sur les lieux, et assurément l'on auroit tort d'en conclure que le meunier fait un gain considérable.

Comment, en effet, peut-on se flatter de retirer par un seul moulage la totalité des farines que les grains renferment? Ces derniers étant composés de différentes parties plus ou moins dures, plus ou moins sèches, il faut bien nécessairement qu'il y en ait qui échappent à la première trituration, et ne se trouvent que grossièrement divisés, tandis que les autres seront réduites en poudre impalpable; d'ailleurs, il s'agit moins d'atténuer toutes les parties du grain que d'enlever la farine qui tient au son. Et il y a plus de différence entre un bon et un mauvais moulage qu'il n'en existe du blé de tête à un blé inférieur.

Ainsi, toutes les fois que le prix du pain ne sera pas en relation avec celui des grains, et qu'on aura la preuve que le boulanger n'a que le bénéfice ordinaire, on pourra attribuer cette circonstance au mauvais moulage, puisque la même mesure du même grain peut offrir un quart de différence en plus ou en moins, sans que le produit soit de meilleure qualité et que l'on puisse taxer de fraude le meunier. Ces inconvéniens n'auroient plus lieu s'il n'y avoit qu'une seule et même mouture, et que ce fût la mouture économique.

Sans la mouture économique, la taxe du pain sera toujours fautive. Si, dans les temps même d'abondance, il s'élève des murmures de la part du peuple et des boulangers par rapport au prix du pain, c'est que les essais qui servent de base à la taxe sont tantôt inférieurs aux produits et tantôt exagérés ; en sorte que, malgré les vues d'équité qui président à ces essais, la manière vicieuse dont on y procède, et les mauvaises moutures dont on se sert, donnent occasion à plusieurs abus, dont les principaux sont de nuire à la tranquillité et à la fortune d'une classe de citoyens l'une des plus utiles.

Dans les grands endroits, où il se trouve beaucoup de boulangers réunis, la concurrence met nécessairement le prix du pain à sa juste valeur, et toujours dans une relation intime avec les grains et la farine ; mais dans les petites villes et bourgs, où les bons effets de la concurrence sont absolument nuls, il faut bien taxer le pain pour l'avantage du peuple et le bénéfice légitime du boulanger : néanmoins, malgré l'attention la plus scrupuleuse et tous les soins apportés dans les essais qui doivent servir de base à la taxe du pain, on n'a que des données incertaines, puisque la quantité de farine blanche et de farine bise qu'on obtient par un seul moulage varie tous les jours, non seulement à cause de la qualité des grains, mais encore par rapport à la manière dont les meules sont montées, rhabillées et mûes. Le meunier peut, en les tenant très hautes ou très basses, en leur donnant un courant très lent ou très rapide, laisser de la farine dans le son et du son dans la farine, et enlever à dernière la faculté d'absorber autant d'eau au pétrin.

Mais la mouture économique ayant déterminé d'une manière invariable les produits en farine et en son qu'on retire d'une quantité de blé d'un poids et d'une mesure connue, on ne pourroit jamais se tromper sur les épreuves destinées à servir de base à la taxe du pain, sur-tout si le commerce des farines étoit établi ; et si le poids du sac ne varioit en aucun lieu, il n'y auroit plus qu'à estimer les frais de manutention et le bénéfice honnête du boulanger en raison des localités.

Sans la mouture économique et le commerce des farines, il ne faut pas espérer que le pain puisse jamais être par-tout dans sa juste valeur. Ainsi il arrivera que dans un endroit le peuple courra les risques de payer son pain trop cher, et qu'ailleurs le boulanger sera foulé : cette double considération n'est-elle pas assez importante pour mériter qu'on soit attentif au remède proposé ? (Par.)

MUAGE. *Voyez* MUTAGE.

MUCILAGE. Principe constituant de tous les végétaux qui se présente ordinairement sous la forme d'une matière liquide, épaisse, filante, d'une saveur fade. Il est principalement abondant dans la famille des malvacées.

Desséché, le mucilage ressemble à de la gomme impure, et il en diffère réellement fort peu, étant, ainsi qu'elle, composé de carbone, d'hydrogène et d'oxygène. Il brûle comme le sucre, l'amidon, etc., c'est-à-dire en se boursouflant et en se réduisant très difficilement en cendre, ce qui indique aussi de grands rapports avec ces substances.

L'eau dissout plus ou moins bien le mucilage et devient visqueuse. Il en est précipité par l'alcohol. L'acide nitrique le change en acide oxalique.

Les jeunes plantes contiennent plus de mucilage que les vieilles ; celles qui le changent en gomme, comme les cerisiers, les pêchers, les pruniers, les abricotiers et les amandiers, ne font pas exception à cette loi.

Il paroît que le mucilage joue un grand rôle dans la formation de la potasse, puisque ce sont les jeunes plantes qui fournissent le plus de ce sel, d'après les belles expériences de Th. de Saussure.

Ainsi que le sucre, l'amidon et la gomme, le mucilage nourrit beaucoup sous un petit volume. Il est d'un grand usage en médecine, comme émollient et adoucissant.

Les agriculteurs sont peu souvent dans le cas de porter leurs regards sur le mucilage, parcequ'il se confond presque dans toutes les plantes avec la sève ou avec la gomme. Je n'étendrai donc pas plus cet article. *Voyez* aux mots GOMME et SÈVE. (B.)

MUCILAGINEUX. *Voyez* l'article précédent. Les plantes qui sont le plus communément employées comme mucilagineuses dans la médecine vétérinaire sont les feuilles et les racines de mauve, de guimauve et la graine de lin. On en fait des décoctions et des cataplasmes. *Voyez* au mot EMOLLIENT

MUE. Chute annuelle d'une partie du poil des quadrupèdes et des plumes des volatiles.

Toujours la mue est une crise, mais qui est très légère, excepté dans les jeunes oiseaux auxquels elle occasionne souvent la mort. Les accidens qu'elle détermine sont plus graves dans les dindonneaux que dans les autres espèces. Une température chaude, des alimens substantiels, tels que des vers, de la viande hachée, donnés de loin en loin, sont des préservatifs presque toujours suivis de succès contre les accidens de la mue. Un régime fortifiant, c'est-à-dire du pain trempé dans du vin, produit d'excellens effets lorsque ces accidens commencent à se montrer. *Voyez* HYGIÈNE VÉTÉRINAIRE et MALADIE DES BESTIAUX ET DES OISEAUX DE BASSE-COUR.

MUFLE DE VEAU. *Voyez* l'article suivant.

MUFLIER, *Antirrhinum* Genre de plantes de la didynamie angiospermie et de la famille des personées auquel Linnæus avoit réuni les LINAIRES, qui en ont été distinguées par les botanistes modernes. *Voyez* au mot LINAIRE.

Ce genre, ainsi dédoublé, ne contient plus qu'une douzaine d'espèces, dont une seule est dans le cas d'être citée ici, c'est le MUFLIER DES JARDINS, qui a les racines vivaces et fusiformes; les tiges droites, rameuses, glabres, hautes de deux à trois pieds; les feuilles tantôt opposées, tantôt alternes, pétiolées, lancéolées, glabres, d'un vert foncé; les fleurs grandes, purpurines, avec un palais jaune, et disposées en épi terminal. Il croît naturellement dans toute l'Europe, dans les terrains secs et incultes, parmi les rochers, sur les vieux murs, et se cultive de toute ancienneté dans les jardins, qu'il orne pendant tout le temps qu'il est en fleurs, c'est-à-dire pendant les trois mois d'été. On le place dans les plates-bandes, en touffe épaisse, ou dans les jardins paysagers, dans tous les lieux secs et exposés au soleil. Par-tout il produit de bons effets vu de loin, et frappe ceux qui l'examinent de près par la singulière organisation de ses fleurs qui ressemblent réellement, comme son nom vulgaire de *mufle de veau* l'indique, à la partie antérieure de la tête d'un animal dont la bouche est fermée, mais peut s'ouvrir à volonté. On prolonge sa floraison jusqu'aux gelées, le coupant avant que ses graines soient arrivées à maturité, parcequ'il pousse de nouvelles tiges, dont le développement est également complet. Sa culture n'est pas difficile, ou mieux, il ne demande aucune culture autre que celle propre aux jardins en général. On le multiplie ou par le semis de sa graine au printemps, à une exposition un peu abritée, ou par le déchirement des vieux pieds. C'est ordinairement ce dernier moyen qu'on emploie comme plus rapide. Rarement la transplantation de cette plante manque lorsqu'on la fait en temps utile, et on peut être certain qu'au bout de deux ans les nouvelles pousses seront aussi belles que les anciennes. En général il est bon que ces touffes soient bien garnies de tiges pour qu'elles produisent tout leur effet; mais il ne faut pas non plus qu'elles soient trop grosses, on doit donc les régler à environ un pied de diamètre. D'ailleurs les principes de l'assolement exigent que tous les cinq à six ans on les change de place, et alors on doit les réduire à une ou deux tiges.

Toute terre, pourvu qu'elle ne soit pas marécageuse, et toute exposition, pourvu qu'elle ne soit pas perpétuellement ombragée, convient au muflier des jardins.

Cette plante fournit des variétés *à fleurs rouge pâle* de diverses nuances, *à fleurs blanches*, *à fleurs panachées de rouge et de blanc*, *à fleurs doubles et à feuilles rondes*, qu'on peut avantageusement marier avec elle pour les faire ressortir l'une par l'autre; cependant le type me paroît toujours préférable, c'est-à-dire les pieds dont les fleurs sont d'un rouge vif avec un palais jaune. On la dit vulnéraire. Les bestiaux n'y touchent pas.

J'ai décrit dans les Actes de la société d'histoire naturelle de Paris un MUFLIER TORTUEUX dont les fleurs sont semblables à celles du précédent, mais dont les tiges sont grimpantes et les feuilles linéaires. Il est originaire d'Italie, et peut être placé avec avantage dans les jardins paysagers contre les buissons des derniers rangs des massifs. (B.)

MUGHO. Nom spécifique d'un PIN. *Voyez* ce mot.

MUGUET DES BOIS. On donne vulgairement ce nom à l'ASPÉRULE ODORANTE. *Voyez* ce mot.

MUGUET, *Convallaria*. Genre de plantes de l'hexandrie monogynie et de la famille des liliacées, qui renferme une douzaine d'espèces dont deux se trouvent dans nos forêts, qu'elles embellissent, et se cultivent fréquemment dans nos jardins à raison de la bonne odeur de l'une et de l'élégance de l'autre.

Le MUGUET DE MAI, ou simplement le MUGUET, a les racines charnues, noueuses, traçantes, vivaces; les feuilles ordinairement au nombre de deux, radicales, engainantes, ovales, oblongues, lisses et luisantes; la tige semi-cylindrique, haute de cinq à six pouces; les fleurs blanches, presque globuleuses, disposées en épi peu garni et tournées d'un seul côté à l'extrémité des tiges; des fruits de la grosseur d'un pois et d'un rouge écarlate très brillant. Il croît naturellement dans toute l'Europe, principalement dans les vallées des bois dont le sol est léger. Il fleurit au printemps. L'odeur extrêmement suave de ses fleurs le fait rechercher des riches comme des pauvres. Cependant cette odeur a une grande action sur les nerfs, et peut occasionner des syncopes aux personnes délicates. On ne doit jamais sur tout en laisser des bouquets pendant la nuit dans les appartemens où on couche. Leur infusion dans l'esprit-de-vin ou dans l'eau est un très bon cordial, et, par son action sur les nerfs, convient dans les vertiges, l'apoplexie, les affections comateuses, l'épilepsie, la paralysie, etc. Cette infusion distillée s'appelle *aqua aurea* à raison de ses nombreuses propriétés. Réduites en poudre, elles excitent l'éternuement, et par suite l'évacuation des humeurs séreuses. Leur saveur est légèrement amère. On communique leur odeur à l'huile dans laquelle on les a fait infuser. L'extrait de ses feuilles passe pour un excellent incisif sudorifique. L'art en prépare une belle couleur verte en les faisant macérer avec la chaux. Les chèvres, les moutons, et sur-tout les chevaux les mangent; mais les vaches n'y touchent pas.

Le muguet se cultive difficilement dans les parterres, parcequ'il lui faut de l'ombre et de la fraîcheur, de sorte que ce n'est guère que dans les plates-bandes placées contre un mur exposé au nord qu'on peut le conserver. Il n'en est pas de même dans les jardins paysagers où il trouve par-tout, excepté sous les grands arbres, lorsque le sol n'est pas trop argileux, des localités qui lui conviennent sur le pourtour des massifs, entre les buissons des derniers rangs. C'est donc là qu'il faut le planter et le planter en abondance, car jamais il n'y en a de trop au gré des promeneurs qui aiment à en prendre des fleurs pour les porter à la maison. On le multiplie très facilement par ses racines, qui, comme je l'ai déjà dit, sont traçantes. Une seule, arrachée dans les bois, peut être coupée en dix à douze morceaux, et fournir, l'année suivante, autant de nouveaux pieds. Cette plantation doit être faite au commencement de l'automne immédiatement après que les feuilles se sont fanées. On pourroit bien aussi le multiplier par le semis de ses graines, mais peu de fleurs en donnent, et très peu de celles qui nouent arrivent à maturité. D'ailleurs ce moyen exigeroit une attente de trois ou quatre ans.

Il y a deux variétés de muguet qu'on cultive dans les jardins, l'un à fleurs blanches doubles, l'autre à fleurs rougeâtres doubles. Toutes deux sont plus fortes dans toutes leurs parties que le simple, et durent plus long-temps en fleurs, mais il m'a paru que leur odeur étoit moins suave.

Le MUGUET ANGULEUX, *Convallaria polygonatum*, Lin., a les racines traçantes, épaisses, noueuses; les tiges simples, anguleuses, recourbées vers leur sommet, hautes de douze à quinze pouces; les feuilles amplexicaules, ovales, oblongues, striées, glabres, unilatérales, glauques; les fleurs en cloche, opposées aux feuilles, solitaires ou géminées, pendantes et blanches; les fruits de la grosseur d'un pois et d'un bleu noirâtre. On le trouve très abondamment dans les bois, sur-tout dans ceux qui sont humides. Il fleurit à la fin du printemps. On le connoît généralement sous le nom de *grenouillet* et de *sceau de Salomon*. Tous les bestiaux en mangent les feuilles, mais les chevaux sur-tout en sont friands. Les cochons en aiment tant les racines, qu'ils ne quittent un canton où il s'en trouve que lorsqu'ils l'en ont complètement épuisé. C'est pour eux une extrêmement bonne nourriture. On les emploie en médecine comme vulnéraires et astringentes. Dans quelques pays ses jeunes pousses se mangent en guise d'asperge.

L'élégance de cette plante la rend propre à orner les bosquets des jardins paysagers, où elle trouve sa place sous les grands arbres des massifs, dont elle ne craint pas l'ombrage, comme celle dont il vient d'être question. Ses fleurs ont à peine de l'odeur. On la multiplie précisément comme le muguet. (TH.)

8.

31

MUID. Vase de bois fermé de tous côtés et dans lequel on met le vin, l'eau-de-vie, le vinaigre, l'huile et autres liquides. Il représente un cylindre bombé dans son milieu, et est composé de pièces de bois appelées douves, réunies par la pression de leurs côtés au moyen de cercles chassés avec force. Sa capacité et ses proportions varient infiniment selon les lieux. A Mâcon il est de 240 bouteilles; à Paris de 288; à Montpellier de 675, etc. La rareté des bois n'a pas encore permis de l'assujettir à une capacité uniforme comme les autres mesures. On le divise en demi-muid ou feuillette, en quart de muid ou demi-feuillette, en huitième de muid ou baril, à Paris et dans un grand nombre d'autres endroits; mais ces divisions changent en rapports et en noms dans quelques autres. On les appelle velte à Bordeaux.

La fabrication des muids ou tonneaux, car ces deux mots sont synonymes dans un grand nombre de cas, demande beaucoup d'habitude; elle ne doit pas être entreprise par les cultivateurs, parcequ'ils seroient certains de faire plus mal et plus chèrement que les tonneliers de profession. Il faut seulement qu'ils apprennent à distinguer les bons des mauvais. Les préceptes propres à les guider dans cette connoissance se trouveront à la suite du mot Vin. J'y renvoie le lecteur.

Presque tous les tonneaux sont faits avec le bois du chêne pédonculé, ou chêne blanc des bûcherons, parceque c'est le seul qui se fende longitudinalement en planches minces, qu'on appelle Mérain quand elles sont brutes, et Douves quand elles sont polies. Voyez ces deux mots. Le bois de châtaignier est cependant quelquefois employé, mais sa durée est bien moindre. Ce n'est jamais que pour renfermer des solides qu'on en construit en sapin et autres bois blancs, et alors ce ne sont point des douves, mais des planches sciées qui y sont employées.

Les tonneaux servent aux cultivateurs, non seulement à contenir le vin, mais lorsqu'ils sont vides, à renfermer, après avoir enlevé un de leurs fonds, une infinité d'objets, comme grains, grenailles, farines, son, cendres, etc., etc. Voyez au mot Tonneau. (B.)

MUID. Ancienne mesure de capacité qui, dans quelques endroits, étoit réelle, c'est-à-dire offroit la quantité de matière qui pouvoit entrer dans un muid, et dans d'autres étoit idéale et très variable. Ainsi à Paris un muid de blé contenoit 144 boisseaux, un muid d'avoine 288 boisseaux, un muid de charbon 320 boisseaux. Heureusement toutes ces irrégularités ont disparu. Voyez au mot Mesure.

MUID. Ancienne mesure de superficie en usage à Orléans. Voyez Mesure.

MULES TRAVERSINES. Médecine vétérinaire. On donne ce nom à des espèces de crevasses, d'où suinte une sérosité fétide, et qui sont situées sur le derrière du boulet du cheval. Il est rare qu'elles arrivent aux pieds de devant ; c'est sans doute à raison de leur position transversale qu'on les appelle *traversines*, *traversières*, etc.

Elles sont toujours douloureuses, et ne se guérissent pas facilement, attendu que le cheval en marchant meut, étend et plie successivement l'articulation, ce qui les ouvre et les irrite continuellement.

On les guérit, dans le commencement, en y appliquant des cataplasmes émolliens et adoucissans, et ensuite des dessiccatifs qu'on fait tomber avec la brosse. Quant aux mules traversines invétérées et de mauvaise qualité, on emploiera les remèdes indiqués aux mots Crevasse, Crapaudine. (R.)

MULET. L'âne accouplé avec la jument produit le mulet. On donne aussi le nom de mulet et plus communément de bardeau au produit de l'accouplement du cheval et de l'ânesse.

Les mulets sont un objet de commerce très important pour plusieurs parties de la France. Ils sont en général plus sobres que les chevaux, ils supportent plus facilement la faim, sont moins délicats sur la qualité des alimens, soutiennent mieux et plus long-temps la fatigue, ont le pied plus sûr, portent des poids plus considérables, sont moins maladifs, et vivent plus long-temps. Les mules sont achetées chez nous pour être employées, notamment en Italie et en Espagne, à former des attelages pour le carrosse et pour la litière ; elles font aussi de très bonnes montures, sur-tout pour les pays de montagnes, dans lesquels leur service est bien préférable à celui des chevaux. La France en fournissoit autrefois un grand nombre à ses colonies, et il paroît que les mulets résistent mieux que les chevaux à la grande chaleur.

Mais la dégénération des races de ces animaux en France a suivi celles des chevaux et des ânes ; on ne trouve plus guère que des mulets de petite taille et qui manquent de qualités ; aussi le commerce en est-il de beaucoup diminué, et malgré la facilité qu'il y a à élever des mulets, la promptitude de leur croissance, et l'assurance des débouchés en temps ordinaire, cette branche d'industrie devient chaque jour moins étendue et moins fructueuse. Le seul moyen de la relever et de la rendre aussi utile qu'elle peut l'être au propriétaire cultivateur, c'est de le bien pénétrer de cette vérité, que les qualités et la valeur des mulets qu'il se propose d'élever dépendent entièrement des qualités et de la valeur de l'âne étalon et des jumens mulassières qu'il emploie à cet effet.

C'est donc du choix de l'âne et de la jument et du perfectionnement de ces espèces que dépend la quotité des bénéfices qu'on peut espérer retirer de l'éducation des mulets. *Voy.* pour le choix des animaux à employer à ce genre de production les articles Ane, Cheval, Haras, etc. On trouvera aussi dans ces articles l'indication des moyens les plus convenables à employer pour élever les jeunes mulets ; ils sont en tout semblables à ceux qui doivent être mis en usage pour l'élève des jeunes chevaux.

Les mulets sont moins délicats à élever que les chevaux ; mais plus on leur donne de soins et plus on les nourrit bien, plus ils prennent de force et d'accroissement ; le muleton se soutient plus promptement sur ses pieds que le poulain et que l'ânon ; il est sevré naturellement par la jument dès l'âge de six à sept mois.

On a l'opinion dans plusieurs pays que les jumens qui ont produit des mulets sont incapables de faire des poulains ; cette opinion est sans fondement, et l'expérience a prouvé un grand nombre de fois que les jumens pouvoient faire successivement des mulets et des poulains. Dans le midi de la France les cultivateurs ont assez généralement la mauvaise habitude de vendre leurs mulets trop jeunes, comme ils le font pour leurs poulains ; non seulement ces animaux deviendroient beaucoup meilleurs s'ils prolongeoient leur séjour dans le lieu de leur naissance, et ils ne seroient pas exposés, avant d'avoir acquis une force suffisante, aux fatigues d'une route longue et pénible, qui en estropie ou bien en fait périr un grand nombre ; mais encore les cultivateurs trouveroient un bénéfice réel à attendre pour se défaire de ces animaux qu'ils eussent acquis toute leur force. (Sil.)

MULONS. On appelle ainsi, dans l'est de la France, les petits tas de foin ou de paille qu'on forme dans les prairies ou les champs, même dans les cours des fermes. Ce sont des meules en diminutif.

MULOT, *Mus sylvaticus*, Lin. Quadrupède du genre des rats, qui habite ordinairement les bois et les buissons, et auquel les cultivateurs attribuent, par suite d'une confusion de noms, les ravages que causent dans leurs champs et dans leurs greniers les Campagnols et les Souris (*voyez* ces mots), et autres espèces de la famille des rongeurs moins communes que ces deux-ci.

La grosseur du mulot surpasse celle du campagnol et de la souris. Sa tête est plus volumineuse que celle du rat. Il est d'un fauve noirâtre en dessus et d'un blanc grisâtre en dessous, avec une petite tache fauve sur la partie antérieure de la poitrine.

Quoique moins abondant que le campagnol, le mulot n'en est pas moins très commun dans certains cantons ; mais ces cantons ne sont jamais ou presque jamais les plaines à blé ; ils se trouvent dans les pays de montagnes, ou le voisinage des forêts. C'est de ces forêts qu'ils se répandent un peu avant la récolte et pendant les semailles, sur-tout celles du printemps, dans les champs, et qu'ils y dévorent autant de graines qu'ils peuvent. Après ces excursions ils retournent dans les bois, où ils trouvent abondamment des glands, des faînes, des noisettes et autres fruits dont ils font provision pour l'hiver. Leurs trous, qui sont ordinairement ceux des taupes, ou le dedans d'une racine pourrie, ou une fente de rocher, en sont toujours aussi remplis que possible. On a quelquefois trouvé plus d'un boisseau de ces graines dans un seul trou. C'est sur-tout aux plantations de bois qu'ils causent le plus de dommages.

Tout ce que j'ai dit, au reste, du Campagnol s'applique au mulot. Ils font aussi plusieurs portées et chaque fois huit à dix petits, cependant leur multiplication paroît moins rapide, parcequ'ils sont plus exposés à la dent ou au bec de leurs ennemis. Les moyens de les détruire sont absolument les mêmes. (B.)

MULTIPLICATION. Tout doit tendre à la multiplication dans une exploitation rurale, puisqu'elle n'a pour but que de remplacer perpétuellement ce qui se consomme ou se vend ; cependant cette multiplication doit être soumise à des règles, sans quoi elle mèneroit le propriétaire ou le fermier à sa perte. En effet, plus il a de bestiaux et plus il a de valeurs disponibles ; mais s'il n'a pas suffisamment de fourrages pour les nourrir ? Plus il a de blé et plus il fait d'argent ; mais si le blé s'avilit et qu'il ne puisse pas le vendre sans perte ? Plus il plante d'arbres et plus il augmente la valeur de son fonds ; mais si leur nombre nuit à ses récoltes de blé ou autres ? Je cite ces exemples, presque triviaux, pour faire sentir que tout doit être en rapport harmonique, et qu'il faut toujours combiner les avantages et les inconvéniens d'une opération avant de la commencer. En général un agriculteur qui veut tirer un grand parti de sa culture s'efforce de multiplier les objets dont la vente est la plus assurée dans le moment ; mais celui qui est prudent les varie de manière à ce que si l'un manque l'autre l'en dédommage. La vigne, par exemple, qui est un si excellent bien dans certaines années, conduit presque toujours à l'hôpital les petits propriétaires. Le blé même est quelquefois à charge à celui qui ne possède que cette denrée pour toute fortune.

MULTIPLICATION DES BESTIAUX. Nos pères, ayant

beaucoup de terres en friche, pouvoient augmenter le nombre de leurs bestiaux sans qu'il leur en coûtât ; aussi étoient-ils très riches sous ce rapport. Il en est de même encore aujourd'hui dans plusieurs parties de l'Asie et de l'Amérique. Mais les disettes fréquentes, suite de la guerre et de l'anarchie dans lesquelles ils vivo ent, et l'effet de l'intempérie des saisons sur le très petit nombre d'articles qui faisoient l'objet de leur culture, leur firent croire qu'il falloit défricher les pâturages, les bois, les marais, et tout mettre en blés ou autres céréales. Alors les bestiaux diminuèrent, et bientôt furent réduits à la quantité strictement nécessaire aux labours, aux charrois et à la consommation, même à moins.

Il y a une cinquantaine d'années que des hommes instruits s'aperçurent que le nombre des chevaux, des bœufs, des vaches, des moutons, etc., qui existoient en France, n'étoit pas proportionné aux besoins, et que de plus ils manquoient souvent de nourriture. Ils écrivirent, et des prairies artificielles, jusqu'alors presque inconnues, furent semées, et les bestiaux furent multipliés et améliorés. Aujourd'hui les cultivateurs éclairés sont trop convaincus de l'avantage qu'il y a pour eux d'augmenter le nombre de leurs bestiaux et de diminuer celui de leurs labours, pour qu'il soit nécessaire de les stimuler de nouveau. Il n'y a plus en effet que quelques cantons reculés où on se refuse encore à la culture des prairies artificielles ; et cette culture est le signe indubitable du retour aux bons principes.

Cet article pourroit être étendu ; mais comme il ne seroit qu'une répétition de ceux où il a été question des moyens de multiplier les bestiaux, je crois pouvoir me contenter de renvoyer le lecteur aux mots AMÉLIORATION DES BESTIAUX, CHEVAL, HARAS, ANE, MULET, BŒUF, VACHE, BREBIS, MOUTON, CHÈVRE, COCHON, et autres qui en dépendent, ainsi qu'à ceux PRAIRIES NATURELLES ET ARTIFICIELLES, LUZERNE, TRÈFLE, SAINFOIN, RAVE, CAROTTE, CHOU, etc. (B.)

MUOU. C'est le mulet dans le département du Var.

MUR. Pierres superposées les unes sur les autres dans une petite épaisseur par rapport à la longueur et à la hauteur, soit sans aucun intermède, soit avec celui de la terre commune, d'une argile sablonneuse, de la chaux, du plâtre, etc. Il y a aussi des murs de terre pure, ou de terre mêlée avec de la paille hachée, des poils d'animaux, etc. *Voyez* au mot PISÉ.

Les murs ont un grand nombre d'objets. Le premier et le plus important est de former l'enceinte et les subdivisions de l'habitation de l'homme et des animaux qu'il s'est assujettis. La seconde, de défendre les propriétés rurales et autres des atteintes des malfaiteurs et des animaux dévastateurs. La troisième, de servir d'abri aux objets les plus sensibles au froid ou au chaud.

La fabrication des murs est presque par-tout abandonnée dans les campagnes à une classe d'ouvriers qui manquent des premières notions de l'art des constructions ; aussi combien de maisons, combien de murs de simple clôture qui s'écroulent peu d'années après leur construction, au grand détriment de leurs propriétaires et du public ? Il est du plus grand intérêt des habitans des campagnes de surveiller la construction de leurs murs, soit sous le rapport de l'art, soit sous celui des matériaux qu'on y emploie ; et je les engage à étudier les ouvrages des architectes qui traitent de la manière de les établir d'une manière solide, et en même temps économique. On trouvera aussi des préceptes généraux sur cet objet dans plusieurs articles de cet ouvrage, tels que ceux CONSTRUCTIONS RURALES, MAISON, FERME, MORTIER, et autres relatifs à la bâtisse.

De toutes les espèces d'abris employés en agriculture, les murs sont les plus puissans, les plus durables, et les plus dispendieux. On ne les construit ordinairement qu'autour des jardins, des vergers, et autres terrains consacrés à des cultures particulières. Dans la grande agriculture on doit toujours préférer les haies vives, comme coûtant moins à établir et produisant un revenu. *Voyez* aux mots CLÔTURE, ENCLOS et HAIE.

La cause qui rend les murs supérieurs aux haies comme abri, c'est leur imperméabilité aux vents froids, et la faculté dont ils jouissent de réfléchir les rayons solaires. On peut, par leur seul moyen, accélérer et activer la végétation à un point incroyable, comme on le voit chaque année dans les pays septentrionaux. On doit donc fermer de murs les jardins dans le climat de Paris et autres plus au nord, et on peut s'en dispenser dans les parties méridionales de la France, et encore plus en Italie et en Espagne. Là les haies, comme donnant de la fraîcheur pendant l'été, sont préférables. (B.)

MURE. Fruit du MURIER.

MURIE. Les cultivateurs du Jura donnent ce nom à une inflammation des membranes du cerveau, maladie qui amène le délire et quelquefois conduit à la mort en peu de jours. Par confusion ce nom est aussi quelquefois appliqué aux inflammations du poumon ou de ses enveloppes. *Voyez* INFLAMMATION.

MURIER, *Morus.* Genre de plantes de la monœcie triandrie et de la famille des urticées, qui renferme une demi-douzaine d'arbres dont trois sont cultivés dans une partie de l'Europe, et dont une sur-tout mérite tous les soins des cultivateurs à raison des richesses qu'elle lui procure indirectement.

On en a séparé deux espèces ; le *mûrier à papier* et le *mûrier à teinture* pour former le genre BROUSSONNETIE. *Voyez* ce mot.

Tous les mûriers sont des arbres lactescens à feuilles alternes, pétiolées, simples, obliques, cordiformes, souvent irrégulièrement lobées et dentées, toujours accompagnées de stipules. Leurs chatons mâles et femelles sont solitaires et axillaires. Les premiers tombent dès que la fécondation est opérée, et les seconds lorsque les fruits sont mûrs. Ces fruits sont sucrés et généralement bons à manger.

Le MURIER BLANC s'élève à une hauteur moyenne ; a l'écorce épaisse, gercée et grise ; les branches éparses et nombreuses ; les feuilles presque lisses, d'un vert tendre, variant beaucoup dans la grandeur et la forme de leurs lobes lorsqu'elles en ont ; les fleurs verdâtres ; les fruits presque ronds, blanchâtres et de la grosseur du petit doigt. Il est originaire de la Chine et est cultivé en grand en Europe pour la nourriture des vers-à-soie et des bestiaux.

Il paroît démontré que les Chinois sont le premier peuple qui ait cultivé le mûrier et élevé le ver-à-soie ; de chez eux, sa culture a passé en Perse. Sous l'empereur Justinien, des moines apportèrent en Grèce les semences du mûrier, et ensuite les œufs de l'insecte qu'il nourrit. Environ vers l'an 1440, on commença à cultiver cet arbre en Sicile et en Italie ; et sous Charles VII, quelques pieds en furent transportés en France. Plusieurs seigneurs, qui avoient suivi Charles VIII dans les guerres d'Italie, en 1494, transportèrent de Sicile plusieurs pieds en Provence, et sur-tout dans le voisinage de Montélimart. On dit qu'on voit encore ces premiers arbres. Ce roi en fit distribuer dans les provinces, et il accorda une protection distinguée aux manufacturiers de soieries de Lyon et de Tours. Henri II travailla à multiplier les mûriers ; mais Henri IV, malgré les oppositions formelles de Sully, en établit des pépinières. Sous Louis XIII cette branche d'agriculture fut négligée. Colbert, qui faisoit consister la prospérité d'un état uniquement dans le commerce, comprit tout l'avantage qu'on pouvoit et qu'on devoit retirer du mûrier ; il rétablit les pépinières royales, fit distribuer les pieds qu'on en retiroit, et les fit planter forcément sur les terres des particuliers, aux frais de l'état. Ce procédé généreux, mais violent, parcequ'il attaquoit le droit de propriété, ne plut pas aux habitans de la campagne ; et de manière ou d'autre ces plantations périssoient chaque année : il fallut donc avoir recours à un moyen plus efficace et sur-tout moins arbitraire. On promit et on paya exac-

tement vingt-quatre sous par pied d'arbre qui subsisteroit trois
ans après la plantation, et ce moyen réussit. Ce fut ainsi que
la Provence, le Languedoc, le Vivarais, le Dauphiné, le
Lyonnais, la Gascogne, la Saintonge et la Tourraine furent
peuplés de mûriers. Sous Louis XV, des pépinières royales
furent établies dans le Berri, dans l'Angoûmois, l'Orléanais,
le Poitou, le Maine, la Bourgogne, la Champagne, la Franche-
Comté, etc., et les arbres en furent gratuitement distribués.
Telle a été en général la progression de la culture du mûrier.
Il faut cependant observer que de la Grèce et de l'Italie le
mûrier passa dans les provinces méridionales de France, et de là
dans le Piémont. Ces arbres furent négligés en France, il
fallut ensuite en retirer la graine du Piémont. Quoique cette
partie historique et très succincte soit étrangère au but de cet
ouvrage, j'ai pensé qu'elle feroit plaisir au lecteur.

Un grand nombre de variétés est la suite nécessaire de la
culture du mûrier, et parmi ces variétés celles à feuilles entières, les plus larges et les plus précoces, doivent être les plus
recherchées. Je n'entreprendrai pas d'établir ici une syno-
nymie complète de celles de ces variétés qui se trouvent en
France, attendu que leurs noms changent de village à village
et s'appliquent souvent à des variétés fort différentes. Cependant je dois citer celles dont M. Constant du Castelet a fait
mention dans son Traité sur les mûriers, imprimé en 1760 par
ordre des états de Provence.

Mûriers sauvages. Il y en a quatre espèces : la première
est celle qu'on appelle *feuille rose*. Ce mûrier porte un petit
fruit blanc, insipide ; sa feuille est rondelette, semblable à
celle du rosier, mais plus grande. La seconde est la *feuille
dorée*, elle est luisante et s'allonge sur le milieu ; le fruit en
est de couleur purpurine et petit. La troisième, la *reine bâtarde*, fruit noir ; feuille deux fois plus grande que celle de
la feuille rose, dentée à sa circonférence ; la dent de l'extrémité supérieure s'allonge plus que les autres. La quatrième est
appelée *femelle* ; l'arbre est épineux, il pousse son fruit avant
sa feuille qui a la forme d'un trèfle.

Mûriers greffés. La première est la *reine* à feuilles luisantes et plus grandes qu'aucune des sauvages ; son fruit est
de couleur cendrée. La seconde, la *grosse reine*, à feuilles
d'un vert foncé et à fruit noir. La troisième, la *feuille d'Espagne* ; cette espèce est extrêmement mate et grossière, feuilles
fort grandes ; fruit blanc et très allongé. La quatrième, la
feuille de flocs ; elle est d'un vert foncé, à peu près semblable
à la feuille d'Espagne, mais moins allongée ; elle est à bouquets sur ses tiges ; son fruit est très multiplié, et ne vient
jamais au point de maturité.

Ces définitions sont aussi exactes qu'elles peuvent l'être pour des variétés; mais sont-elles invariables ? c'est autre chose. J'ai vu ce que l'auteur appelle mûrier sauvage à feuilles roses donner des fruits noirs et assez gros ; et la même singularité a eu lieu sur celui qu'il nomme *feuille d'Espagne*. Les mûriers de la partie du Languedoc, où je me suis retiré, approchent beaucoup des espèces des environs d'Aix. J'ai comparé les uns aux autres, et cette comparaison m'a fait reconnoître beaucoup de variétés secondaires de ces espèces qui sont déjà elles-mêmes des variétés.

Outre ces variétés on en cultive au jardin de botanique à Paris deux autres fort remarquables, dont on a cru devoir en faire de véritables espèces. L'un porte le nom de MURIER D'ITALIE et a les rameaux courts et diffus ; les feuilles presque toujours lobées, un peu velues et plus obscures en dessous ; les fruits roses, très petits et très sucrés. Il se cultive en Italie. Il ne faut pas le confondre avec le mûrier à feuilles roses. L'autre, le MURIER DE CONSTANTINOPLE, est reconnoissable à son tronc rabougri et peu élevé, à ses branches grosses et courtes, à ses feuilles toujours entières, très luisantes et rapprochées en touffes, à ses chatons mâles fasciculés et à ses fruits solitaires et très blancs. On le trouve aux environs de Constantinople. C'est un véritable monstre, mais qui se propage toujours le même.

Le point essentiel dans la culture de cet arbre est de lui faire produire beaucoup de feuilles et de bonnes feuilles. Par bonnes feuilles, je n'entends pas les plus larges, ni les plus succulentes, mais celles dont les sucs nourriciers ont les qualités convenables à l'éducation du ver et à la beauté de la soie.

Le climat influe singulièrement sur la qualité de la feuille. Quoique le mûrier réussisse très bien depuis les bords de la Méditerranée jusqu'en Prusse, la feuille est abreuvée et nourrie par des sucs plus raffinés dans le midi que dans le nord ; en un mot, la feuille est plus soyeuse, et son principe soyeux moins noyé dans le véhicule aqueux. La rareté des pluies et la grande chaleur soutenue bonifient la sève de ces feuilles, comme celles des raisins, des abricots, des pêches, etc. ; enfin, celles de tous les arbres originaires des régions chaudes, telles que la Chine, la Perse, la Grèce, l'Arménie, etc. Il est certain que dans le nord, toutes circonstances égales, quant à la qualité de l'espèce de mûrier, les feuilles y seront plus amples, plus juteuses, plus vertes, parceque leur principe séveux est presque entièrement aqueux. Il en est de ces feuilles comme du vin ; il est, dans le nord, peu riche en esprit ardent et en partie sucrée qui se forme lors de la fermentation. La perfection des feuilles des mûriers du nord ne doit donc jamais égaler celle des mûriers du midi, et par conséquent la soie qu'on en retirera sera toûjours inférieure en qualité relativement à l'autre.

L'exposition. Lorsque la muriomanie s'est manifestée en France pendant le siècle dernier, on a planté des mûriers par-tout indistinctement. Or, si la distance éloignée des climats a une influence si décidée sur la qualité de la feuille, l'exposition au nord, ou au midi, au levant, ou au couchant, doit agir aussi, quoique d'une manière moins prononcée, sur les feuilles des arbres du même canton. J'ose dire que la feuille des arbres plantés au nord, ou de ceux qui ne reçoivent que foiblement les rayons du soleil, sera très aqueuse et peu nourrissante; que celle des arbres plantés au midi, ou au soleil levant jusqu'au soleil de trois ou quatre heures, et même de toute la journée, sera bien supérieure aux autres pour la qualité; il en est de même de celle dont les arbres sont plantés dans des endroits élevés et bien abrités en comparaison de celle des arbres qui se trouvent dans les bas-fonds, dans les vallons. D'ailleurs la feuille de ceux-ci est fort sujette à être tachée ou rouillée. Cet accident est encore très commun près des ruisseaux, près des rivières, d'où il s'élève des brouillards lorsque le vent du sud règne dans la partie supérieure de l'atmosphère, et le vent du nord dans l'inférieure; alors les gelées blanches produisent de terribles effets sur les jeunes pousses, sur les feuilles encore tendres; et si la saison des gelées blanches est passée, la condensation de l'humidité qui s'élève de la terre, et qui s'unit à celle de l'atmosphère, forme le brouillard qui surcharge d'humidité les feuilles déjà développées; le soleil survient tout à coup, sa chaleur vive frappe sur l'humidité des feuilles, et leur épiderme trop abreuvé, et dont les pores sont par conséquent distendus, est plus ou moins brûlé, suivant l'intensité de l'humidité et l'activité du soleil. Le parenchyme qui donne la couleur à l'épiderme est également altéré; cette feuille, ainsi viciée, ne peut plus servir à la nourriture du ver. Combien de cultivateurs ont planté une multitude de mûriers, sans faire aucune de ces observations! Qu'ils ne soient donc pas étonnés si leurs feuilles sont si souvent rouillées, et si leur récolte est entièrement perdue. C'est de la bonne qualité de la feuille, c'est de la bonne exposition de l'arbre, enfin c'est de la nature du sol que dépend la qualité plus ou moins supérieure de la soie.

Qualité du sol. Si on n'a pour but que la vigueur de la végétation de l'arbre, la grande abondance de belles et larges feuilles, je dirai, choisissez les meilleurs fonds, tels que celui des terres à lin, à chanvre; pourvu qu'ils aient une grande profondeur de bonne terre ; mais il en sera de ces feuilles comme des raisins, ou de tels autres fruits venus sur des sols semblables ; ils seront noyés d'eau, n'auront presque aucune partie sucrée, et leur grosseur, qui flattera l'œil, ne dédommagera pas du goût qui leur manquera. Les feuilles de pareils arbres sont peu nourrissantes ; le ver à qui on les donne est mou, lâche ; ses mues sont pénibles, et il est presque toujours dévoyé ; il consomme une plus grande quantité de feuilles, à moins que l'année ne soit très sèche ; alors la sève est un peu moins élaborée, mais elle ne l'est point encore assez.

Ce que je dis des arbres plantés dans un sol très substantiel s'applique bien mieux encore à ceux qui végètent sur un sol aquatique, marécageux ou humide ; la surabondance d'eau dans la feuille qu'on donne au ver est la chose la plus nuisible pour lui.

Les terrains aigres, ferrugineux, et tous ceux de ce genre qui ne permettent que difficilement l'extension des racines, ne sont pas propres aux plantations des mûriers ; cependant la feuille en seroit très bonne, mais en trop petite quantité.

Les coteaux de nature calcaire, les rochers qui se délitent d'eux-mêmes, et dont le grain est facilement converti en terre, sont les endroits à préférer pour la supériorité de la qualité de la feuille. Les racines de l'arbre s'étendent entre les scissures de ces rochers, y trouvent à la vérité peu de nourriture, mais elle y est parfaitement préparée. Si le sol est graveleux, sablonneux ; si à ces graviers et à ces sables il se trouve mêlé une certaine quantité de bonne terre, le mûrier y prospèrera, et sa feuille sera excellente. Dans un pareil terrain, les racines s'étendront au loin, au grand avantage de l'arbre. Cependant cette extension prodigieuse des racines presque sur la surface n'est pas ce que j'approuve le plus. J'aimerois mieux que le sol eût beaucoup de fond, et que les racines s'étendissent moins, parcequ'elles dévorent les récoltes voisines qu'on doit compter pour quelque chose, puisque celle du mûrier ne doit être qu'une récolte accessoire, à moins que le terrain ne soit pas propre à d'autres productions ; ce qui est fort rare. J'indiquerai dans la suite des moyens d'empêcher cette extension ruineuse.

L'on dit, et l'on ne cesse de répéter, que le mûrier vient par-tout ; cela est vrai, très vrai ; mais entre végéter et prospérer, et donner des feuilles convenables à la nourriture du ver, c'est très différent. Dans des cantons entiers, les vers-à-soie réussissent très rarement ; leur éducation est décriée, et la hache, mise au pied de l'arbre, n'attend pas qu'on ait examiné sérieusement si c'est sa faute ou celle du planteur ; j'ose affirmer que c'est presque toujours celle du dernier. Lors de la manie des mûriers, on s'extasioit ; le cri général étoit : *plantez des mûriers*, et on a poussé la folie jusqu'à sacrifier à cette culture des champs entiers qui donnoient le plus beau blé, même les terrains à chenevières et à luzerne. Je dis ce que j'ai vu, et j'ai observé en même temps que les éducations faites avec les magnifiques feuilles de ces beaux arbres qui végétoient dans ces fonds si substantiels manquoient presque toujours ; que les vers étoient mous, lâches, et les cocons de peu de valeur. La constitution de l'atmosphère contribue beaucoup à la réussite d'une bonne éducation ; mais la qualité de la feuille en est la base la plus solide. Quand même on auroit une saison à souhait, si la feuille est trop aqueuse, on n'aura jamais une belle récolte de cocons, parceque la majeure partie des vers périra peu à peu par la dyssenterie. Le sol et l'exposition constituent la bonne feuille. Les mûriers plantés sur les coteaux (toutes autres circonstances égales) l'emporteront toujours par la qualité de la feuille sur ceux de la plaine. Quant à la quantité des feuilles, elle dépend de l'espèce du mûrier et du sol.

Ce simple exposé démontre d'où dérive la supériorité des soies ; par exemple, de Nankin, d'Italie, de Piémont, de Provence, du Bas-Languedoc, du Vivarais, etc., sur celles du reste du royaume ; le soleil, dans ces premiers endroits, est plus actif, les pluies plus rares, la sève y est mieux élaborée, moins aqueuse, et ses principes plus rapprochés. Quoique les soies des provinces du centre ou du nord du royaume n'aient pas ce degré de supériorité, ni qu'elles puissent jamais l'acquérir, cependant on doit singulièrement s'attacher à la qualité de la feuille, et à choisir le sol qui donne la meilleure, puisqu'il n'en coûte pas plus de cultiver un bon arbre qu'un mauvais. Toutes les fois que l'on tend à la quantité, on manque toujours son but, et on obtient une soie de qualité médiocre.

Des semis. Pour faire de bons semis, il faut avoir de bonne graine, et une terre convenable pour la recevoir. Examinons séparément ces trois objets.

Choix de la graine. Peu de personnes apportent une attention scrupuleuse sur ce choix, parcequ'elles sont dans la persuasion que la greffe remédiera à tout. Je conviens qu'elle fait changer de nature à l'arbre, depuis le lieu de son insertion jusqu'à son sommet ; mais si la base en est foible et viciée dès sa naissance, la greffe ne la corrigera pas. La mauvaise graine donne de mauvaise pourrette, et une pourrette défectueuse produit rarement de beaux arbres, quelques soins qu'on lui donne. Admettons, si l'on veut, qu'il soit possible d'en tirer de bons arbres ; mais n'est-il pas prudent de choisir le parti le plus sûr, et d'abandonner celui qui n'est que simplement probable, sur-tout quand les petites attentions à avoir dans le choix de la graine coûtent si peu ?

Il convient de rejeter celle des arbres trop jeunes ou trop vieux, des arbres plantés en terrains gras ou humides, des arbres cariés, et rigoureusement celle des arbres à feuilles découpées, petites ou chiffonnées.

L'amateur choisira un des meilleurs arbres, c'est-à-dire celui qui réunira le plus grand nombre de bonnes qualités, et il ne le fera point effeuiller. La nature n'a rien fait en vain ; elle est admirable jusque dans les plus petits détails, et elle enchaîne toutes ses opérations les unes aux autres. La feuille est la mère nourrice du bourgeon qui doit pousser l'année suivante. Elle est la conservatrice de la fleur et du fruit, sur-tout de ceux du mûrier qui, ainsi qu'il a été dit, naissent de ses aisselles. La feuille est donc nécessaire à une belle floraison et à une belle fructification. On dira que les arbres effeuillés donnent des fruits dont les graines germent très bien. Cela est vrai : mais si l'on prend la peine d'examiner les fruits de l'arbre non effeuillé, on verra qu'ils sont plus gros et mieux nourris que ceux des arbres effeuillés. La graine suit les mêmes proportions. Que l'on regarde ces précautions comme minutieuses, j'y consens ; cependant, dans toutes les opérations d'agriculture, on doit travailler pour le mieux. Les fleuristes, pour de simples objets d'agrément, donnent à ce sujet de belles leçons aux cultivateurs.

Quand faut-il cueillir la graine ? La nature indique l'époque ; c'est lorsque le fruit tombe de lui-même. L'emboîtement par articulation de son pédoncule avec l'écorce de la branche ne reçoit plus les sucs nécessaires à son entretien, elle se dessèche, l'articulation se déboîte, le fruit tombe, et l'arbre a rempli sa première destination, qui est sa reproduction par la graine ; enfin le but de la nature est rempli. A cette époque, la graine est à coup sûr dans son état de perfection : on peut, si l'on veut, secouer légèrement les branches de l'arbre après avoir étendu des toiles au-dessous, ou se contenter de ramasser sur terre les fruits à mesure qu'ils sont tombés.

Les baies sont mucilagineuses et sucrées. Si on les amoncelle, elles fermentent, elles s'échauffent, et de la masse il s'exhale une odeur vineuse. Cette fermentation altère la graine ; afin d'éviter cette altération, imitons la nature qui dissémine ses fruits. Peu à peu le courant d'air et la chaleur enlèvent et font évaporer leur humidité ; enfin la pulpe desséchée se colle contre la graine, qu'elle préserve du contact extérieur de l'air, afin de la conserver. Tel est l'exemple qu'elle nous

donne, et que nous devons suivre. On doit, après chaque
cueillette de baies, les porter dans un lieu bien aéré et à
l'ombre, les séparer les unes des autres, et les laisser ainsi
jusqu'à ce que la pulpe soit bien desséchée : alors on les
serre dans des boîtes enveloppées dans du papier, en lieu
sec et fermé. Cette méthode n'est pas celle de tous les auteurs qui ont écrit sur ce sujet. Ils conseillent d'écraser la
pulpe avec les mains dans des vases remplis d'eau, de l'y
fortement agiter, afin d'en séparer la graine qui doit se précipiter au fond du vase. Alors on vide la partie supérieure
de l'eau, en inclinant le vase de manière que tous les débris
s'échappent avec l'eau, et que la graine reste au fond. Ensuite
on met de nouvelle eau, on répète la première opération, jusqu'à ce que la graine soit nette ; après cela, on l'écoule sur un
linge où elle finit de sécher. Pourquoi contrarier ainsi le vœu
de la nature, qui n'a pas rempli de pulpe ces baies pour
vous donner le plaisir de les pétrir.

Une autre méthode de conserver la graine, et qui n'est pas
à négliger, consiste à la mêler et à l'enfouir dans le sable :
elle y conserve mieux sa fraîcheur, et elle est à l'abri du contact immédiat de l'air. *Voyez* GERMOIR.

Quand doit-on semer ? Ici, comme dans tous les points
d'agriculture, une règle générale est abusive. Le moment des
semailles dépend de la saison et du climat. Relativement au
climat, il y a deux époques : dans les provinces méridionales,
telles que celles où l'on cultive les oliviers, et où les grenadiers forment les haies et les buissons, on peut et on doit
semer les graines aussitôt que la baie est bien mûre et desséchée ; c'est une année de gagnée, et la pourrette sera en état
d'être mise en pépinière après l'hiver.

Dans les provinces du centre et du nord, il convient de
semer dès qu'on ne craint plus les fortes gelées. Cependant,
lorsque la graine germe ou a germé, enfin lorsqu'elle est
encore tendre, si l'on prévoit des gelées tardives, il est indispensable de couvrir tout le semis avec de la paille longue, et de le laisser le moins qu'il sera possible enseveli
par dessous. Semer dans des caisses met à l'abri de ces inconvéniens, puisqu'on les transporte où l'on veut. La fin de février, les mois de mars ou d'avril, sont à peu près les époques
des semis, suivant les quatre climats de la France, que je distingue par climats à oliviers, par climats à grenadiers, à vignes
et sans vignes.

Comment doit-on semer ? Je répondrai à celui qui cherche
à perfectionner ses opérations : semez dans des caisses, don-
nez-leur dix à douze pouces de profondeur, une grandeur et
une largeur telles que deux hommes puissent les transporter

facilement d'un lieu à un autre, suivant les besoins relatifs aux climats; mais il vaut mieux, sous tous les rapports, semer en pleine terre.

La longueur des planches, des tables, ou le nombre des sillons, si on arrose par irrigation, est indifférente; elle doit être proportionnée à la quantité de semences. La largeur, au contraire, de ces planches, ne doit pas excéder trois pieds, afin de pouvoir sarcler avec facilité toutes les fois qu'il est nécessaire. Si l'on sème par sillons, la graine doit être jetée dans une raie faite sur la partie de l'ados à laquelle l'eau de la rigole ne monte pas, sans quoi elle germeroit mal. Les planches ou tables sont préférables à cette méthode, lorsqu'il est possible de les arroser à la main.

Chacun a sa manière de semer, et y attache une grande importance. Tout semis fait à la volée est mauvais, il ne laisse pas la facilité de sarcler et de soutenir commodément la terre autour des jeunes pieds. Il vaut beaucoup mieux tracer avec un bâton de petites rigoles de deux pouces de profondeur, les aligner au cordeau et les recouvrir de terre après le semis. La distance entre chaque raie sera de six pouces au moins, et huit à dix pouces laissent un espace bien suffisant.

On a porté le scrupule jusqu'à fixer la quantité de graines à répandre sur une étendue désignée. Semez par raies bien espacées, semez épais, et vous serez toujours à temps d'enlever les pieds surnuméraires. Il ne s'agit pas de porter les choses à l'extrême, un grain près de l'autre suffit; et si on étoit assuré que chaque semence levât et vînt bien, je dirois: placez ces semences à un pouce de distance les unes des autres, parceque c'est l'espace à laisser entre les pieds. Cette distance est peu observée par les pépiniéristes; ils conservent tout ce qui sort, et tout languit; chaque pied file, s'allonge sans prendre une consistance convenable, sur-tout si la graine a été semée à la volée ou dans des raies trop rapprochées.

Il y a deux sortes de sarclages essentiels; le premier est celui des plants surnuméraires, et le second, celui des mauvaises herbes à mesure qu'elles végètent: pendant le premier sarclage, la main gauche, les doigts étendus entre les jeunes plants, sert à maintenir la terre contre les plants qu'on laisse en place, et la droite sert à arracher les plants surnuméraires. Ce sarclage demande à être fait à plusieurs reprises un peu éloignées les unes des autres. On doit commencer par les endroits les plus fourrés, et éclaircir successivement jusqu'à ce que le meilleur pied reste, et soit éloigné de son voisin à la distance d'un pouce. Il convient d'arroser un peu après chaque sarclage, afin de serrer la terre contre les racines.

Quant au sarclage des herbes parasites, il est inutile de le

recommander ; personne n'ignore qu'il doit être multiplié suivant les besoins, et qu'une jeune plante dont la végétation est
plus lente que celle de la plante voisine est nécessairement
étouffée par elle.

Levée et plantation du semis. Le pépiniériste ouvre une tranchée de la largeur d'un fer de bêche dans un des coins du sol
où le semis a été fait, et de proche en proche il ne déterre
pas, mais il arrache la jeune pourrette ; cette manière de
travailler est on ne peut plus expéditive, mais on ne peut plus
mauvaise ; pivot, chevelus, racines latérales, tout est meurtri,
endommagé, écorché, brisé. Après cela, il rafraichit les racines, c'est-à-dire qu'il retranche les parties mutilées, et ne
laisse au pivot que trois à quatre pouces de longueur. Ensuite
il plante cette pourrette avec une cheville dans une terre défoncée et bien travaillée, jusqu'à la profondeur de huit à douze
pouces.

Cette méthode est à peu près générale dans toute la France ;
cependant je ne saurois l'approuver : elle suffit pour le pépiniériste, qui n'a d'autre but que de vendre des arbres ; mais
le véritable cultivateur qui désire la perfection, et sur-tout
qui craint que les racines latérales et superficielles du mûrier
ne détruisent sa récolte de blé ou d'autre culture, à plus de
trente pieds du tronc, opère d'une manière bien différente ;
il sait qu'on ne doit espérer aucune vraie réussite qu'en imi-
tant la nature, et il cherche à se conformer à ses lois et à ménager les ressources qu'elle présente à l'homme instruit. Sa
manipulation devient l'objet des épigrammes de ses voisins ;
mais, au-dessus de leurs faux raisonnemens, il ne craint pas
une petite augmentation de dépense dans la main-d'œuvre ;
enfin, la force, la beauté, le produit et la durée de ses arbres
justifient ses travaux.

Il a deux méthodes ; la première, de planter à demeure, à
mesure qu'il sort la pourrette du semis ; et la seconde, de
former une pépinière.

Dans l'endroit déterminé pour recevoir le plant à demeure,
une fosse carrée est ouverte à deux pieds de profondeur, sur
trois à quatre de largeur ; le fond même est travaillé par un
fort coup de bêche. S'il y a du gazon dans le voisinage, ou s'il
peut en transporter commodément, il s'en sert pour garnir le
fond de la fosse ; enfin, il plante sa pourrette et dispose ses
racines, ses chevelus, qu'il a conservés dans leur intégrité
avec autant de soin que l'amateur des vergers plante ses arbres fruitiers. Si le pivot, racine si essentielle, s'est allongé de
plus de deux pieds, il fait avec une cheville un trou assez
profond dans le milieu de la fosse pour le recevoir ; ensuite, à
mesure qu'il arrange les racines secondaires, il les enterre,

remplit la fosse, et observe qu'un terrain remué à deux pieds de profondeur doit ensuite se tasser de deux pouces. Si ce cultivateur habite un pays chaud, où il pleut rarement pendant l'été, il a soin, à deux ou trois pouces au-dessous de la surface du sol, d'étendre une couche de vannes de blé, ou d'orge, ou d'avoine, de la recouvrir de terre, afin d'empêcher la grande évaporation de l'humidité : enfin il ravale la tige à deux pouces. Si le champ où cette pourrette est plantée est soumis au parcours des troupeaux, il environne avec des broussailles piquantes l'espace de la fosse, et le jeune arbre est en sûreté.

Au moyen du procédé qui vient d'être décrit, et en le suivant dans tous ses points, on est assuré que le jeune arbre enfoncera son pivot, pendant les années suivantes, aussi profondément qu'il trouvera du fond ; que ses racines secondaires suivront la même direction ; enfin que ses racines latérales n'iront pas affamer les récoltes à la distance de dix toises, lorsque l'arbre aura acquis une certaine grosseur.

Si des circonstances ne permettent pas au cultivateur de suivre la première méthode, il fait défoncer le sol de la pépinière à deux pieds de profondeur. Lorsque la terre est toute préparée. il ouvre de petites fosses de douze à quinze pouces sur toute la longueur, il y plante la pourrette avec les mêmes soins indiqués ci-dessus, et ainsi de rang en rang, tirés au cordeau.

Le pépiniériste défonce la terre à la profondeur d'un fer de Bêche (*voyez* ce mot), c'est-à-dire à dix à douze pouces : il coupe le pivot de la plante, ne lui laisse que deux à trois pouces de longueur, coupe en grande partie les racines latérales, détruit la plus grande partie des chevelus qui l'embarrasseroient ; enfin, avec une cheville, il fait un trou dans cette terre, y plante la pourrette, et avec cette même cheville il serre la terre contre, c'est-à-dire que les racines restent en paquets. On dira que tous les pépiniéristes ne travaillent pas ainsi : je répondrai que sur cent il y en a plus de quatre-vingts qui opèrent à la hâte, et comme il a été dit. Mais, ajoutera-t-on, ils ont de beaux arbres : cette vigueur de végétation tient à la qualité et à la quantité d'engrais, et ces engrais sont déjà un grand vice de l'éducation de l'arbre ; ce qui sera bientôt prouvé.

Toute pourrette qui n'aura pas bien végété dans la première année du semis, par la négligence du cultivateur, doit être rejetée. Les pépiniéristes, pour ne rien perdre, la recèpent à fleur de terre, et laissent ce semis jusqu'à l'année d'après. On auroit tort de suivre cet exemple ; toute pourrette qui n'a pas au collet de la racine la grosseur d'une plume à écrire est

trop foible pour être replantée. C'est la raison pour laquelle
on ne doit négliger aucun soin dans le semis, et exciter la végétation par les engrais, les arrosemens, l'extirpation des
mauvaises herbes, et les petits labours multipliés.

Quant à la conduite du plant ainsi mis en rigole, *voyez à*
l'article PÉPINIÈRE.

Greffe. Le mûrier est susceptible de toutes les espèces de
GREFFE. (*Voyez* ce mot.) La greffe à écusson est aujourd'hui
la seule employée dans les pépinières. On greffe ainsi au bas de
la tige de l'année à six pouces au-dessus du sol. Si dans cette
partie la tige n'a pas au moins six lignes de diamètre, c'est-à-
dire dix-huit lignes de circonférence, elle est trop foible pour
recevoir l'écusson. Quelques particuliers laissent un pied de
tige au-dessus de l'écusson, afin que la sève étant partagée ne
se porte pas avec trop de force sur la greffe et ne la noie pas.
Ils laissent sur cette partie excédante épanouir quelques boutons ; ils les retranchent peu à peu à mesure que le jet de la
greffe se fortifie, et cette partie excédante de la tige sert de
tuteur au jet tendre de la greffe. Par cette petite précaution
on redresse le jet en l'assujettissant doucement et mollement
contre le tuteur ; et lorsque le jet est assez fort, on supprime
cette partie supérieure de la vieille tige qui devient inutile,
et on recouvre la plaie avec l'onguent de Saint-Fiacre. Cette manipulation me paroît tres avantageuse, sur-tout dans les cantons exposés aux coups de vents. On ne doit greffer que lorsque la sève commence à être en mouvement.

Il est rare, dans les provinces du midi et dans celles du centre,
que les greffes ne donnent pas d'un seul jet une belle tige. Si,
par un accident quelconque, la tige n'acquiert pas une hauteur convenable, il faudra la recéper avant la pousse de l'année
suivante à un pouce au-dessus de la greffe, et supprimer rigoureusement les boutons qui s'épanouiront en dessous, sans quoi
ils affameroient la partie de la greffe.

On peut également greffer à la seconde sève; mais la tige ne
s'élève jamais avant l'hiver à la hauteur nécessaire, qui est
celle de cinq à six pieds. De tels arbres seront utiles dans les
plantations en buissonniers, ou taillis, ou mûriers nains.

Si des circonstances quelconques n'ont pas permis de
greffer dans la pépinière, à la première ou à la seconde
pousse après le recépage de celle-ci, on peut laisser l'arbre
croître et se fortifier dans la pépinière jusqu'à ce qu'il ait acquis une grosseur convenable. Alors on le transplante à demeure, on arrête son tronc à cinq, six ou sept pieds de hauteur, et on lui laisse pousser pendant l'année suivante un certain nombre de branches. La trop grande quantité de ces
branches ne leur permettroit pas de prendre une grosseur

convenable; aussi, pendant le cours de l'été, on supprime les surnuméraires, on laisse les trois ou quatre, ou cinq au plus, les mieux disposées et les mieux venantes, et on les greffe *en flûte*, lorsque la sève est déjà bien en mouvement l'année d'après; la greffe à écusson reussiroit également, et seroit peut-être d'une plus facile exécution que l'autre pour le plus grand nombre des cultivateurs; celle en flûte demande plus de précision. Il vaut beaucoup mieux profiter des premières pousses ou bourgeons, lorsqu'ils sont assez forts, que de ravaler ces mêmes branches, à quelques boutons près, l'hiver suivant. Cependant, si des obstacles quelconques ont empêché de greffer, il faut en venir au ravalement; mais on a perdu une année, et on a mis la partie au-dessous de la greffe et le tronc même dans le cas de produire beaucoup plus de branches sauvageonnées. Je n'entrerai ici dans aucun détail sur la manipulation de ces greffes, sur les circonstances où elles doivent être faites. Ces répétitions deviendroient inutiles, puisque chaque objet est spécifié au mot GREFFE.

Cette transmutation d'une espèce dans une autre est bien précieuse, et l'admiration devient extrême lorsqu'on l'envisage dans toutes ses parties. C'est le moyen unique d'ennoblir des espèces chétives, de conserver et de perpétuer les bonnes; mais l'on doit faire attention que le mûrier, greffé d'une manière ou d'une autre, vit moins long-temps que le sauvageon. Il végète beaucoup plus vite et avec plus de force; il est donc naturel que son épuisement soit plus rapide. On doit encore observer que telle espèce de mûrier développe ses feuilles plus tard au printemps que telle autre; il ne faut donc pas que dans la base d'un arbre la sève soit encore engourdie, tandis qu'elle est en mouvement dans la partie supérieure, et ainsi tour à tour. Il faut donc une appropriation, une affinité entre les deux sujets.

Transplantation de l'arbre fait. Il est très facile de fixer la largeur et la profondeur des fosses pour les arbres que l'on achète chez les pépiniéristes, et qui sont plantés suivant la plus mauvaise des routines : six pieds en carré, deux pieds et demi de profondeur, voilà la loi, ou beaucoup moins si l'on veut; il y a de l'espace de reste, puisqu'on ne laisse autour du tronc que des racines de douze à quinze pouces de longueur. Un diamètre de trois à quatre pieds est donc suffisant. Tel est sur ce sujet l'avis de plusieurs écrivains. J'ose dire : proportionnez la grandeur et la profondeur des fosses à l'étendue et au volume des racines; mais comme on ne peut connoître quelles seront leurs proportions que lorsque l'arbre aura été tiré de la pépinière, on ne risque jamais rien de faire des fosses de trois pieds de profondeur, sur six à sept de largeur, et de les faire carrées et non pas rondes, parcequ'il y aura une plus grande masse de terre remuée.

Ceux qui veulent planter en automne doivent faire ouvrir les fosses dans l'été ; et dans l'automne pour les plantations de février ou de mars. Il est très avantageux que la terre du sol reçoive les influences de la lumière et de la chaleur du soleil ; que la terre jetée sur les bords y soit soumise sur une très grande superficie , ainsi qu'aux engrais météoriques. (*Voyez* le mot AMENDEMENT.) Si le sol est de médiocre qualité , s'il est caillouteux, rocailleux, la fosse doit être plus grande et plus étendue, en raison du peu de qualité du terrain. La terre végétale qui couvroit la superficie de la fosse demande à être rangée sur les bords, et celle du dessous jetée au-delà. Cette première terre plus remplie d'humus, mieux divisée , mieux travaillée que l'autre , servira à garnir les racines lors de la plantation.

Si la grandeur des fosses qui vient d'être indiquée, lorsqu'on y présentera les racines de l'arbre, comme il sera dit ci-après, n'est pas suffisante, on sera à temps alors d'élargir le trou dans tous les sens. Que de dépenses et de soins on auroit évités, si la pourrette sortant de la planche du semis avoit été plantée à demeure, greffée sur la place dans le temps, et travaillée chaque année suivant le besoin !

La distance d'un trou à un autre ne sauroit être fixée : elle dépend de la qualité du sol , du climat et de la destination de l'arbre.

Le mûrier est destiné à border les champs et les grands chemins, ou à couvrir un champ ; je parle du mûrier à plein vent. Le sol est bon , médiocre ou mauvais, sec ou humide. Six toises sont à peine suffisantes dans un bon fonds , où les arbres sont placés en lisière ; quatre dans le médiocre , et trois dans le mauvais.

On gagne beaucoup à transplanter de bonne heure, et on risque beaucoup à replanter tard , sur-tout dans les provinces du midi ; j'en ai déjà dit les raisons. Lorsque les feuilles sont tombées, la sève ne se porte plus aux branches ; cependant on voit encore sous l'écorce un suc épais, couleur de lait , qui suinte à la première incision ; et l'intérieur du tronc offre une eau limpide et rousse. Il faut attendre que la première soit rendue plus épaisse par quelque froid ou par le temps, et que la seconde ne soit plus sensible. Le mûrier, dit-on, est le plus prudent de tous les arbres, parcequ'il pousse fort tard ; c'est que sa végétation ne peut avoir lieu que lorsque la chaleur de l'atmosphère est à un certain point. Il est près d'un mois plus tôt feuillé dans le Bas-Languedoc , dans la Provence , etc. , que dans nos provinces du nord ; cependant il est presqu'aussitôt

défeuillé dans l'un et l'autre climat. Il est rare que dans le
nord des gelées se fassent sentir avant le mois de novembre,
et les gelées blanches sont très communes au midi vers cette
époque, sur-tout dans les cantons qui ont pour abri des chaînes
de montagnes. Cette crainte des premiers froids est un reste
d'habitude du pays originaire, qui est beaucoup plus chaud
que celui où il a été transplanté. Cette chute des feuilles annonce que quinze jours ou trois semaines après le cours des
différens fluides dans le tronc de l'arbre sera arrêté, et qu'on
pourra le transplanter. Cependant on remarquera encore
que le suc laiteux est visible, et qu'il ne le sera pas après
l'hiver; malgré cela, on ne court aucun risque de planter à la
fin de novembre.

Il y a une disproportion étonnante entre la grosseur et la
hauteur des arbres dans une pépinière. La cause se présente
d'elle-même. On a supposé qu'en levant le semis on a rejeté
tous les plants dont la grosseur n'excédoit pas une plume à
écrire. Les plants préférés ont donc tous à peu près la même
grosseur, et la différence qui se trouve alors entre eux, relativement à la grosseur, n'est pas en proportion à celle qui
subsistera lorsque le temps de la transplantation viendra.
En effet, on trouve dans une pépinière, au commencement
de la troisième année, quelques centaines de pieds propres à
être replantés; un tiers à la quatrième, un autre tiers à la cinquième, et ce qui reste est appelé *rebut de pépinière*. Ces différences démontrent (toutes circonstances égales) que les pour-
rettes dont on a le plus morcelé, écourté, châtré le pivot, les
racines et les chevelus, ont eu plus de peine à reprendre, à
pousser de nouvelles racines, de nouveaux chevelus, etc. Mais
si cette pourrette a été plantée avec les soins et les attentions
indiqués, on ne remarquera certainement pas cette différence
frappante de grosseur, et tous les arbres de la pépinière seront
en état d'être replantés à la troisième année, parceque leur
tronc aura au moins trois pouces de diamètre. Le pépiniériste ne
trouve pas son compte dans cette uniformité; il vend ses arbres
en détail, saison par saison; mais elle sera toute à l'avantage
du cultivateur qui se dispose à de grandes plantations.

On a le plus grand tort de planter des arbres dont la base du
tronc n'a que douze à dix-huit lignes de diamètre; comme les
canaux séveux sont encore peu serrés, il monte beaucoup de
sève, et ils poussent au sommet de fortes branches. On admire
leur végétation, sans observer que ces branches ne seront
bientôt plus proportionnées à la force du tronc, et qu'à la
seconde ou à la troisième année elles ne recevront pas une
quantité de sucs proportionnée à leurs besoins, qu'elles lan-
guiront, ou enfin qu'on sera forcé de les charger de plaies, en

les ravalant. En outre, ces arbres fluets demandent des tuteurs pour les soutenir, et c'est une augmentation de dépense. Les pépiniéristes ne tiendront pas ce langage, ils vous feront admirer la beauté de l'écorce, des feuilles, etc.; ils veulent vendre, voilà le point.

N'achetez et ne plantez donc que des arbres de fort calibre, ou de trois à quatre pouces de diamètre; cependant ne vous trompez pas en prenant des plants vieux en pépinière; vous les reconnoîtrez à leur écorce grisâtre et chargée d'écailles qui se détachent sans peine de l'épiderme. Lorsqu'on les étêtera, on verra une couleur brune régner presque sur toute la partie ligneuse, signe caractérisque de vétusté dans la pépinière.

Après avoir choisi l'arbre qu'il désire, l'acheteur le fait étêter dans la pépinière, et les ouvriers, armés d'une bêche ou d'une pioche, enlèvent la terre tout autour du tronc, et à la moins grande distance qu'ils peuvent, afin de ne pas endommager les racines de l'arbre voisin. Avec le tranchant de la bêche, ou avec la serpe, ils coupent les grosses racines, et lorsque, après avoir déraciné l'arbre, elles ont huit à dix pouces de longueur, ils croient avoir fait des merveilles. Peut-on, de bonne foi, dire que c'est bien travailler, et que la nature a pourvu l'arbre de fortes racines, pour donner au pépiniériste le plaisir de les mutiler?

Comme il a eu grand soin de couper le pivot, en transportant la pourrette du sol du semis dans celui de la pépinière, il n'est pas obligé de creuser profondément, puisqu'il ne doit rencontrer que des racines latérales, et presqu'à fleur de terre; c'est aussi ce qu'il demande: il a moins de peine, et il ménage les pieds voisins; après cela on est surpris de la longue et pénible reprise de l'arbre planté à demeure, et de la quantité de ceux qui meurent à la première ou à la seconde année? Pour moi, je n'y vois rien que de très naturel, et je suis même surpris qu'il n'en meure pas un plus grand nombre.

Le cultivateur raisonnable agit d'une manière toute opposée, il dit: je travaille pour moi, pour mes enfans; un petit surcroît de peine momentanée, et même de dépense, sera bientôt oublié; je jouirai plus vite, plus amplement, et je serai bien dédommagé. Il commence par ouvrir une tranchée de trois pieds de profondeur, un peu avant le fond de la pépinière, et il jette la terre par derrière, de sorte que le voilà libre de manœuvrer. Ensuite il attaque la pépinière par la partie la plus basse de la fosse, et il abat la terre du dessus. Dès qu'il trouve des racines, il les ménage, les range sur le côté, jusqu'à ce qu'enfin il soit parvenu à déraciner l'arbre tout entier. Si son pivot a pénétré au-delà de trois pieds, il creuse plus profondément dans cet endroit, et fait en sorte de l'en retirer tout entier. Ainsi les grosses et les petites racines, et tous les chevelus ne sont point endommagés. Les arbres enlevés de la fosse, et qu'il a eu soin d'éteter à la hauteur convenable avant l'opération, sont portés tout de suite près des trous destinés à les recevoir, et même il a soin de couvrir leurs racines avec de la paille, afin de les garantir du hâle, du soleil, du froid, etc. Voilà donc un arbre tout entier, et dont les racines ont toute leur étendue. Si la fosse qu'on lui a destinée n'a pas une largeur proportionnée aux racines, il augmente son diamètre suivant le besoin. La longueur du pivot va sans doute l'embarrasser, puisque je n'ai supposé la fosse creusée que de trois pieds de profondeur; le retranchera-t-il pour accélérer le travail? Non, sans doute; mais armé d'un grand pal ou aiguille de fer, il ouvrira dans le milieu, et avec cet instrument, un trou semblable à celui dans lequel on plante le saule ou le peuplier, etc., et il lui donnera un diamètre et une profondeur proportionnée à la longueur et à la grosseur du pivot. Il commencera ensuite par y placer le pivot, il le garnira de terre fine tout autour, et il agira de même pour l'extrémité de chaque greffe, afin de la forcer à piquer en terre, de manière que toutes les racines et chevelus une fois disposés imitent la forme d'un pain de sucre évasé par sa base. A mesure que chaque racine est mise en place, il l'assujettit avec la terre de la superficie de la fosse mise en réserve, et il finit par combler le trou, en disposant la terre en plan incliné, dont la partie la plus élevée est du côté du tronc; de cette manière, une petite rigole est toute formée autour de la fosse; elle reçoit les eaux pluviales, les rassemble et leur permet de s'insinuer entre la terre remuée et celle qui ne l'a pas été, et qui devient par-là plus perméable aux racines. Si, au contraire, les racines ont été écourtées, cette rigole autour de la fosse est inutile; il vaut mieux la pratiquer à un pied, et tout autour du tronc, afin que les racines soient abreuvées.

En travaillant de cette manière, on est assuré que les racines ne s'étendront pas horizontalement, et qu'elles ne parcourront pas une superficie prodigieuse entre deux terres, et on ne sera pas ensuite dans le cas de les mutiler avec la charrue lorsqu'on labourera ce champ.

On objectera que ces racines ne sont pas à cette profondeur dans la pépinière, qu'elles y sont plus horizontales; cela est vrai, lorsqu'on a supprimé le pivot de la pourrette; mais si on l'a ménagé, on verra très peu de racines latérales : le fait est aisé à vérifier. D'ailleurs, il faut que les racines mères soient plantées assez bas pour que la bêche ou tel autre instrument ne puisse y atteindre lorsque l'on travaillera le pied de l'arbre.

L'époque des racines latérales ne viendra toujours que trop tôt, lorsque celles qui pivotent ne pourront plus s'enfoncer, soit par la qualité du sol, soit par défaut de nourriture. Il est donc important d'éloigner, le plus que l'on peut, la poussée des racines latérales.

Les arbres plantés à la manière ordinaire, et qu'on a été-tés, poussent peu de racines, et souvent elles ne passent pas la largeur d'une fosse supposée d'un pied. Est-ce la faute de l'arbre? Non, mais celle du planteur. Avant que l'arbre commence à pousser des tiges et des racines, il faut qu'il se remette des plaies sans nombre dont on l'a surchargé à la tête, et au pied. Il faut que ces plaies se cicatrisent, qu'il s'y forme de nouveaux bourrelets, d'où naîtront les racines, tandis que l'arbre planté, ainsi qu'il a été dit, n'a d'autre travail que de faire adhérer ses racines à la terre, et à les y faire coller; enfin d'en attirer l'humidité séveuse. Encore une fois, comparez deux arbres voisins plantés, l'un suivant la méthode ordinaire, et l'autre auquel on aura laissé et racines et chevelus, et dirigez vos opérations d'après l'expérience.

Des auteurs ont conseillé, et cette méthode est suivie dans plusieurs cantons des Cévennes, de n'ouvrir les fosses qu'à la profondeur d'un pied et demi sur une toise de largeur, mais d'en ouvrir une nouvelle tout autour de la première, à la même profondeur, et sur douze à dix-huit pouces de largeur. Il est certain que, par ce travail, on facilite l'extension des racines, et lorsqu'on le continue jusqu'à ce que la dernière fosse touche la dernière de l'arbre voisin, toute la partie inférieure du champ est remplie de racines, et les arbres ont bien prospéré. Cependant il ne faut pas croire que toutes les racines soient à la profondeur d'un pied et demi, qui est celui de la fosse, et quand même elles y seroient, il y aura toujours un très grand nombre de racines latérales supérieures, et il augmentera beaucoup, dès que ces premières racines rencontreront celles de l'arbre voisin. Il faut que les racines vivent; il faut pourvoir à la subsistance des branches, etc. Les racines se porteront donc du côté où elles trouveront le plus de nourriture. Cette méthode est très coûteuse et très bonne, lorsqu'on n'a pas planté assez profondément, et lorsque les arbres sont à racines écourtées. D'ailleurs, je me récrierai toujours lorsque je verrai un bon champ à froment sacrifié à la culture du mûrier. J'accorde qu'on garnisse les lisières, et qu'on borde les grands chemins avec cet arbre plus lucratif que les ormeaux, que les frênes, etc.

Si le sol est de qualité médiocre, on fera très bien de garnir le fond de la fosse avec la gazonnée, avec du fumier bien consommé lorsqu'on le pourra; ces substances attireront les racines.

L'arbre une fois planté, il ne reste plus qu'à couvrir les coupures faites au sommet avec l'onguent de Saint-Fiacre, afin que l'écorce recouvre plus promptement les plaies, et que le hâle ne dessèche et n'endommage pas l'aubier. Tout le monde sait que ces coupures doivent être faites rez l'arbre, et qu'il ne doit y rester, ni chicots, ni irrégularités.

Je n'insisterai pas ici sur la nécessité de ne point enterrer la greffe en plantant l'arbre; c'est un axiome de culture qui n'est inconnu à aucun bon jardinier, et il sait en même temps que la terre s'affaisse d'un pouce par pied si elle est bonne, et beaucoup plus en raison de son peu de qualité. En conséquence, il a soin de proportionner la hauteur à raison de son tassement. Jamais greffe enterrée n'a produit un bel arbre, ni de longue durée; ses feuilles ont toujours une teinte pâle, un air souffrant; elles tombent très vite, et nuisent à la bonne éducation du ver-à-soie.

Les soins que demande la plantation des arbres à haute tige sont les mêmes pour les arbres nains, pour les taillis; la seule différence est dans la largeur de la fosse qui doit être proportionnée à l'étendue de toutes les racines.

On n'est point d'accord sur la hauteur qu'on doit laisser à la tige des arbres en plein vent. Les uns la veulent de cinq pieds, les autres de six à huit : il s'agit de s'entendre, et tous auront raison. Dans un champ maigre, que l'on sacrifie en entier aux mûriers, et dans lequel les troupeaux ne doivent pas entrer, une tige de cinq pieds est suffisante, parcequ'il faut plutôt consulter la facilité de la cueillette des feuilles que les récoltes que ce champ pourroit donner.

Si le sol est bon, s'il est tout planté en mûriers, et qu'on lui demande une récolte en grains, ce n'est pas trop de demander sept, huit à neuf pieds de tige, et beaucoup d'élévation dans les branches, afin que le soleil et l'air se portent librement sur les blés.

Si le sol est bon, et qu'il s'agisse de border un chemin, l'ordonnance établit que les branches seront élevées à la hauteur de quinze pieds, afin de ne pas gêner la voie publique; dès lors une tige de sept à huit pieds devient nécessaire. Mais fixer décidément ces différentes hauteurs, c'est induire en erreur. La règle la plus sûre est de proportionner la hauteur à la force du pied. Un tronc efflanqué exige un tuteur; malgré cela, il se tourmente sous la pesanteur de ses branches.

Je reviens à la manière dont le cultivateur éclairé enlève ses arbres de la pépinière qui, à coup sûr, ne ressemblera pas à celle des vendeurs d'arbres. Que fera-t-il des pieds dont le diamètre ne sera pas dans la proportion demandée ? Il les destinera à être plantés comme des arbres nains, ou en taillis, objets dont on va s'occuper.

Conduite. Si on a planté le mûrier à la fin de l'automne, on doit donner le premier labour en mars ; on en donne ensuite un tous les trois mois, et même plus souvent si on le peut : ce travail n'est jamais perdu. Dans les provinces du midi, on fera très bien de les arroser, une fois ou deux, dans les deux étés qui suivent la plantation, et sur-tout pendant le mois d'août, temps auquel la sécheresse se fait le plus sentir.

Durant la première année, cet arbre n'exige aucun travail particulier, sinon les labours dont on a parlé. Cependant on visite de temps en temps ses arbres, afin de supprimer les gourmands qui s'élancent quelquefois du milieu du tronc. Si, au contraire, dans le bas et sur la longueur de la tige, le mûrier pousse de petites branches fluettes, et en petite quantité, on peut les laisser jusqu'à la fin de l'automne : elles contribuent à la grosseur du tronc, et empêchent que la sève ne se porte avec trop de véhémence vers les bourgeons. Si, au sommet ou tête de l'arbre, au milieu des branches qui poussent, il en paroît une beaucoup plus forte et plus attirante que les voisines, on doit la retrancher proprement ; elle affame ses voisines et devient un véritable gourmand. Si, au contraire, plusieurs branches, d'égale force à peu près, couronnent la tête, il faut les laisser subsister et pousser à leur fantaisie. Ce n'est qu'à l'entrée de l'hiver, ou après qu'il est passé, qu'il convient de ne laisser que le nombre nécessaire de branches, par exemple, trois ou quatre au plus, et recouvrir les plaies avec l'onguent de Saint-Fiacre.

On a la mauvaise habitude de choisir, lorsqu'il s'agit de créer la tête, trois à quatre branches qui partent de la même hauteur sur le tronc : c'est-à-dire que leur disposition offre un cône renversé, ou la forme d'un entonnoir. On ne fait pas attention que le bourrelet, placé à l'insertion de la branche au tronc, établit un rebord tout autour ; que le sommet de ce tronc, souvent mal recouvert par l'écorce, pendant les deux à trois premières années, devient une espèce de réservoir où l'eau pluviale reste stationnaire, gèle, établit un chancre, d'où résulte une pourriture qui, dans la suite, gagnera insensiblement toute la partie du tronc, et pénètrera jusqu'aux racines. Telle est l'origine la plus commune de ces arbres caverneux, où il ne reste plus que l'écorce. Les chicots concourent également à produire cet effet. On auroit pu prévenir cet inconvénient en couvrant les coupures avec l'onguent de Saint-Fiacre, et en le renouvelant chaque année, jusqu'à ce que l'écorce ait entièrement cicatrisé la plaie. Qu'on ne s'y méprenne pas, l'écorce est à l'arbre ce que la peau est à l'homme ; elle seule se régénère ; mais le bois, mais la chair une fois détruits ne se régénèrent jamais, et la plaie seroit éternelle, si la peau ou l'écorce ne venoit à la fermer. Il vaut donc mieux sacrifier la symétrie, et laisser partir les branches d'une inégale hauteur. Alors il n'y a plus d'entonnoir proprement dit, les eaux pluviales ne sont plus retenues, ni rassemblées dans un même lieu ; enfin on ne craint plus l'effet des gelées, ni le croupissement des eaux. Un autre avantage de cette disposition des branches est de faciliter la monte sur l'arbre ; elles forment autant d'échelons.

Si le tronc est maigre et fluet, si les branches sont foibles, ce qui est très ordinaire sur de pareils troncs, on fera très bien, au commencement de la seconde année, de les ravaler à un demi-pied, ou à un pied, suivant leur force : si au contraire le tronc est fort, les branches vigoureuses et bien disposées, je ne vois pas la nécessité de les ravaler ; les bourgeons qu'elles pousseront à la seconde année formeront la tête de l'arbre. Cependant, si l'on prévoit que la sève doive trop se porter au sommet de ces branches vigoureuses, on peut les arrêter à peu près dans l'endroit où doivent sortir les derniers bourgeons, ou vers le bourgeon s'il est déjà formé. Je n'aime pas faire inutilement des plaies sur les arbres.

Le point essentiel d'où dépend la beauté et la prospérité de la tête de l'arbre est de conserver, à la seconde année, et dans toutes les suivantes, un équilibre parfait ; c'est-à-dire, faire en sorte que la sève se distribue également dans toutes les branches ; car si une branche se porte d'un côté, elle attirera bientôt à elle tout le courant de la sève, et les branches voisines, insensiblement appauvries, languissent et meurent. Cet effet a très souvent lieu, lorsque la bonne qualité de la terre, ou un fossé, ou un lieu plus humide que les autres, attirent les racines ; les branches suivent, pour l'ordinaire, la direction des racines. Si une branche est trop forte, et sa voisine trop foible, la première demande une taille longue, et la seconde une taille courte à un, deux ou trois yeux, suivant sa vigueur. Les jardiniers, qui sacrifient tout au coup d'œil, tiennent indifféremment toutes les branches à la même hauteur, et ils appellent cette opération *former une couronne*. Il ne s'agit pas ici d'une symétrie qui plaise aux ignorans, mais de la conservation de l'arbre. Les branches foibles ainsi tenues resteront toujours foibles, et les autres toujours trop vigoureuses. Le cultivateur instruit ravale ces dernières, afin de les obliger à pousser des bourgeons, qui se mettront ensuite en équilibre avec les autres branches ; et jusqu'à cette époque, les branches foibles acquerront une bonne consistance. De ces petits détails passons à l'examen de l'objet en grand.

Quand faut-il tailler ? Chaque pays suit la coutume qui est établie, et la majeure partie de ses habitans ne met pas seulement en problème s'il est possible et avantageux de s'écarter de cette routine. La taille du mûrier est fixée à trois époques, ou depuis la chute des feuilles jusqu'à la fin de l'hiver, ou après la récolte des feuilles, ou enfin un peu avant le renouvellement de la seconde sève. La taille pratiquée à l'une des deux dernières époques me paroît contrarier la loi de la nature.

On sait que la récolte des feuilles force la sève à refluer dans le corps de l'arbre, dans les branches, et que si cet arbre ne se hâtoit de repousser de nouvelles feuilles, ses canaux seroient engorgés au point que la sève s'y putréfieroit, et la mort ne tarderoit pas à être la suite de cette stagnation contre nature.

N'est-il donc pas évident que si l'on taille à cette époque, que si on supprime des mères-branches, ou une quantité assez considérable des branches du second ou du troisième ordre, la sève concentrée dans les racines, dans le tronc, dans les branches laissées sur l'arbre, s'y trouve en surabondance, et par conséquent elle est gênée dans sa circulation. En effet, l'arbre dépouillé de ses feuilles a perdu les poumons au moyen desquels il aspiroit, pendant la nuit, l'humidité et l'air atmosphérique, et, pendant le jour, rendoit à l'atmosphère l'humidité, l'air pur, et les sécrétions que la chaleur du soleil faisoit monter des racines aux feuilles.

L'expérience vient à l'appui de ces assertions. J'ai observé, soit en Italie, soit en Piémont, soit dans toutes les provinces du royaume où le mûrier est cultivé en grand, que le tronc de cet arbre, taillé à cette époque, étoit chargé de gouttières d'où suintoit une humeur épaisse, visqueuse, et ressemblant à de la sanie. On voit encore que cette humeur est plus tenace, plus consistante pendant les grandes chaleurs; qu'elle est plus fluide, plus abondante au renouvellement de deux sèves, et après les jours pluvieux; enfin qu'elle est moins âcre, moins caustique dans ces derniers cas que dans les premiers.

Si on examine séparément presque tous les gros mûriers du Bas-Languedoc, à peine en trouvera-t-on quelques uns exempts de cette caric, si ces arbres ne sont pas déjà caverneux.

Les cavités qu'on y rencontre, les excavations sont elles-mêmes des témoins qui attestent l'action des fluides viciés et sanieux, dont l'activité corrosive a successivement fait pourrir la partie ligneuse. Je conviens que ces cavités prennent quelquefois naissance au sommet du tronc, ainsi que je l'ai dit plus haut, qu'elles gagnent peu à peu jusqu'aux racines; mais on ne doit pas les confondre avec les gouttières sanieuses. Les Chicots (*voyez* ce mot), et la disposition de la naissance des branches en forme d'entonnoir, produisent les premières, et la taille d'été occasionne les secondes. Le mûrier taillé dans la saison convenable, et conformément aux lois de la nature, végète, pousse, subsiste, vieillit, et son tronc reste sain, sans cavité ni gouttière.

La taille, faite un peu avant le second renouvellement de la sève, a des suites aussi fâcheuses que la première, et elles sont encore plus multipliées.

Supposons, à cette époque, que la sève monte en masse estimée cent, que la masse des branches soit également de cent, n'est-il pas évident que si par la taille on supprime la trentième ou quarantième, ou cinquantième partie de l'arbre en branches, du premier ou du second ordre, le diamètre des canaux des branches restantes sur l'arbre ne sera plus en proportion de la masse de la sève. Cependant cette sève surabondante est forcée par l'action du soleil de monter des racines aux branches; mais ne pouvant y parvenir dans sa totalité, elle distend peu à peu le diamètre des vaisseaux, amincit la partie la plus foible de leur superficie, brise la résistance qui s'oppose vainement à son impétuosité, perce, corrode l'écorce; enfin se fait jour, à l'extérieur où elle produit un chancre, une gouttière qui ne se fermera plus. On peut encore observer que la gouttière s'établit par préférence sur la partie de l'écorce qui a été autrefois ou meurtrie par des coups, ou par des ligatures, lorsque l'arbre étoit jeune.

La carie est l'effet de deux tailles de l'été, et ce n'est pas le seul mal que la dernière produit. Si, depuis la dernière époque, la chaleur n'est pas active et soutenue, s'il survient une gelée précoce ou des rosées blanches pendant l'automne, elles attaquent les bourgeons nouveaux, encore tendres et herbacés. Ici finit leur végétation; ils périssent et se dessèchent sur pied. Si ce jeune bourgeon n'a pas eu le temps, avant le froid, de devenir ligneux, il ne résistera pas à la rigueur de la saison. Enfin, s'il est parvenu à l'état de bois parfait, il offrira à la vue une branche chiffonne qui déparera l'arbre, et absorbera en pure perte une partie de la sève pendant les années suivantes. Tel est le sort de presque toutes les pousses de mûrier taillé vers la seconde sève.

Il est difficile que cela ne soit pas; en effet, comment se persuader que la sève se portera plus facilement à former de nouvelles branches qu'à continuer sa route dans les vaisseaux déjà établis, et où elle circule librement depuis le retour de la chaleur. Les anciennes branches ont tout ce qu'il faut pour l'attirer ; garnies de feuilles, elles la pompent et l'épurent pour leur propre accroissement, et afin de servir de nourrice au bouton qui se forme à leur base, et qui ne se développera que l'année d'après.

Enfin la sève suit sa route naturelle, et aucun obstacle ne l'arrête dans sa course. L'humble bourgeon, au contraire, craint de paroître, prend à la dérobée quelque peu de la surabondance de la sève, végète languissamment, et à peine a-t-il la force, avant l'hiver, d'acquérir la consistance nécessaire à sa conservation. L'inspection seule des pousses démontre mieux ce que j'avance que tous les raisonnemens.

Cette taille tardive réussit cependant quelquefois dans nos provinces méridionales, lorsque la chaleur du reste de l'été et de l'automne est soutenue, et lorsque les gelées ou les rosées blanches sont tardives ; malgré cela, je ne saurois la conseiller.

La véritable et seule époque de la taille est indiquée par la nature. Les feuilles tombent, donc la végétation générale cesse, donc tous les boutons qui doivent former les bourgeons au printemps suivant ont acquis leur perfection. La taille faite huit à quinze jours après la chute complète des feuilles donne le temps à la plaie, non pas de se cicatriser, mais à l'écorce seulement, et au bois, de se durcir à la superficie, et de résister aux intempéries de la mauvaise saison qui approche. L'onguent de Saint-Fiacre appliqué sur les plaies un peu fortes est le meilleur préservatif.

Comment faut-il tailler, c'est-à-dire *comment faut-il former et entretenir la tête du mûrier ?* Tout arbre suit une loi constante dans la disposition de ses branches. L'arbre naturel qui n'est point contrarié par la main de l'homme pousse des branches suivant des angles réguliers. Les premiers angles des branches avec la tige sont de dix degrés, et annoncent son enfance. Cet arbre conserve sa grande force tant que les branches ne s'écartent pas du tronc par des angles de trente à quarante degrés ; il est alors dans l'âge de virilité. Cette vigueur commence à décroître par les angles de cinquante à soixante degrés ; l'arbre languit à soixante-dix ; à quatre-vingts il porte déjà l'empreinte fâcheuse de la caducité, et il meurt avant que ses branches soient parvenues à l'angle du quatre-vingt-dixième degré. Ces divisions ne sont point arbitraires. On les trouve écrites en caractères ineffaçables dans le grand livre de la nature, et c'est le seul que l'on doit lire pour apprendre à se conformer aux principes qu'elle dicte.

Il ne s'agit pas ici de l'arbre en espalier, c'est un arbre contre nature, mais de l'arbre ou du mûrier à plein vent. Quelques arbres toujours verts ne sont pas soumis à la loi dont

on vient de parler, puisque leurs branches sont naturellement
parallèles à l'horizon, et il seroit ridicule de vouloir les
rappeler à l'angle de quarante ou de trente degrés.

D'après cette loi immuable, le but de la taille du mûrier
est donc de conserver ou de faire prendre à ses branches la
direction qui les rapproche le plus de celle de la virilité de
l'arbre, c'est à-dire l'angle de quarante à quarante-cinq degrés.
L'expérience prouve que cette direction est la plus avantageuse, et qu'elle perpétue et ménage la force de l'arbre.

Si on laisse subsister la branche verticale, ou sommet de la
tige, la sève y afflue avec véhémence, le bois s'emporte, et
attire à lui la plus grande partie des sucs nourriciers, et finit
par appauvrir et dessécher les branches inférieures : tel est
l'arbre forestier. Toute branche perpendiculaire est au mûrier
ce que le GOURMAND (voyez ce mot) est à l'arbre fruitier en
espalier; c'est le destructeur de l'arbre, si on n'y remédie.

Si la taille est parallèle, suivant la coutume d'une grande
partie du Bas-Languedoc, on aura, pendant quelques années,
beaucoup de jeune bois, et par conséquent des feuilles larges
et bien nourries ; mais l'arbre s'épuise, et on est contraint à
revenir souvent à de fortes tailles.

Par le parallélisme des branches-mères, elles parviennent à
l'angle de quatre-vingt à quatre-vingt-dix degrés, signe de
décrépitude, ou tout au moins de souffrance. Prodigieusement
allongées et surchargées de bourgeons et de feuilles, elles s'in-
clinent vers la terre, languissent, et le peu de vigueur qui leur
reste se consume à pousser des branches chiffonnées.

Une nouvelle taille, dans ce cas, devient indispensable : on
sera bientôt forcé à recourir à une autre plus forte que les
précédentes ; l'arbre s'exténue et arrive à la complète décrépitude long-temps avant l'époque fixée par la nature.

Les mûriers, au contraire, dont toutes les branches auront
à peu près été dirigées sur des angles de quarante à cinquante
degrés, ne s'épuiseront pas en *bois gourmands* ; leur végétation
suivra une marche uniforme; le tronc s'élèvera et grossira en
raison de la force et de l'étendue de ses branches, de manière
que chaque partie restera en proportion avec le tout, et le tout
avec ses parties.

Dans la taille horizontale, au contraire, les mères-branches
sont peu nombreuses, et les branches perpendiculaires qu'elles
poussent très multipliées ; mais comme chaque nouvelle
branche en pousse de nouvelles sur le côté dès la seconde
année, ces dernières n'ayant plus ni assez de nourriture, ni
assez d'espace pour s'étendre, l'arbre appelle l'homme à son
secours ; il faut le couronner si on veut le rajeunir, ou être
sans cesse le fer à la main, ce qui l'épuise.

On a trop sacrifié à la facile cueillette de la feuille ; les têtes d'arbres sont aplaties en manière de parasol ; leurs branches s'étendent au loin, et l'on ne peut plus semer au-dessous que des grains pour fourrage, encore faut-il les moissonner, qu'ils soient ou ne soient pas au point convenable, avant la récolte de la feuille.

Le mûrier dont les branches seront à l'angle de quarante à cinquante degrés s'élèvera plus que le mûrier taillé parallèlement. Le nombre des branches du premier et du second ordre sera plus multiplié, et par conséquent la personne préposée à la récolte de la feuille trouvera un plus grand nombre de points d'appui contre lesquels elle assujettira son échelle ; dès-lors la facilité de la récolte des feuilles deviendra égale. Un mûrier livré à lui-même depuis le moment de sa plantation fourniroit plus de feuilles puisqu'il auroit plus de surface, et cet avantage est encore plus marqué sur celui dont les branches sont à l'angle de quarante à quarante-cinq degrés.

Ce parallélisme des mères-branches établit sûrement la cavité dont on a parlé, et où se rassemblent les eaux sur le pivot de l'arbre. En effet, je n'ai jamais vu aucun de ces gros mûriers qui ne fût caverneux ; c'est d'ailleurs occasionner la perte du tronc, qui ne peut plus servir à faire des douves de tonneaux, objet si cher et si précieux dans ces pays peu boisés. Ces fatales cavités sont très rares dans l'arbre sur lequel les branches ne partent pas toutes de la circonférence du sommet du tronc, mais dont la base est placée à quelque distance des unes aux autres. Dès-lors il n'y a plus de stagnation d'eau, d'accumulation de poussière ; dès-lors la transpiration n'est plus arrêtée dans cette partie ; ainsi il n'en résulte ni chancre, ni pourriture.

« Il est constant que la taille des mûriers a plutôt été établie, dans les différens cantons, d'après l'habitude que sur les principes de la végétation. En Espagne, dans le royaume de Valence, les cultivateurs font en sorte que les branches s'étendent le plus horizontalement qu'il est possible, afin de donner une plus grande facilité pour ramasser la feuille ; et s'il manque à l'arbre quelques unes de ces branches, ils en greffent, avec beaucoup de facilité, aux endroits où il convient qu'elles le soient. Les Valenciens prétendent que leur soie est plus fine, plus nette, plus légère que celle de Murcie, parceque les Murciens n'émondent leurs mûriers que de trois ans en trois ans ; cette méthode, à ce qu'ils prétendent, rend la feuille plus dure et plus filandreuse ; mais cette conséquence est fausse, car j'ai observé, ajoute M. Bowles, dans son Histoire naturelle d'Espagne, que les habitans du royaume de Grenade ne taillent jamais leurs mûriers, et qu'ils croient,

.toutefois, avec assez de fondement, que leur soie est la plus fine de l'Espagne. A la vérité les arbres de Grenade sont des mûriers noirs ; ceux de Valence et de Murcie sont des mûriers blancs ; et la graine de ver-à-soie de ces deux derniers endroits, transplantée en Galice, où il n'y a pas de mûriers noirs, n'y a pas réussi, tandis que celle de Grenade y a eu les plus heureux succès, parceque les vers s'y élèvent avec des feuilles homogènes à celles du pays. »

Il est clair que la taille particulière à chaque endroit tient à l'habitude et non aux principes. Je n'ai cessé de répéter qu'il n'y avoit aucune loi générale pour tous les pays ; cela est vrai, quant à ce qui concerne les époques de tailler, de semer, etc., qui sont soumises aux climats ; mais les lois de la végétation sont par-tout les mêmes, la nature n'a qu'une marche uniforme : elle ne doit donc jamais être violée dans aucun endroit.

D'après ce qui vient d'être dit dans cette section, sans considérer si telle ou telle taille contribue à la qualité de la feuille, et par conséquent à celle de la soie, mais en ne regardant l'arbre que comme arbre, on doit conclure que la taille horizontale amène plus promptement l'arbre vers sa décrépitude, nuit au tronc et occasionne une perte très considérable au sol recouvert par les branches. La taille dirigée vers l'angle de 45 degrés maintient l'arbre dans sa position naturelle ; il y a annuellement moins de bois à ôter, et la récolte du dessous n'est presque pas endommagée. Dans le premier cas, il faut que l'échelle du cueilleur soit promenée sur toute la longueur des branches qui sont très allongées, et parallèlement étendues ; dans le second, l'échelle ne sert presque que pour monter sur l'arbre, dont les branches sont tellement disposées que des unes aux autres on parvient facilement au sommet, et on cueille toute la feuille. On objectera que l'on court les risques de tomber de plus haut ; en ce cas, il faut donc détruire les cerisiers, et tels autres arbres qui sont aussi élevés que les mûriers. Je conviens que ces accidens sont funestes, terribles ; cependant ils ne sont jamais que la suite de l'imprudence du cueilleur. Le bois du mûrier est souple, peu cassant, dès que la branche a une certaine force. La suppression des mûriers à plein vent est le seul moyen de remédier à ces chutes ; cette idée n'est point aussi bizarre qu'elle le paroît au premier coup d'œil : c'est ce qu'il faut faire voir.

L'expérience a prouvé que la pourrette donnoit des feuilles plus précoces que les arbres à plein vent ; que des mûriers en buisson se feuilloient également plus vite, et la nécessité d'avoir des feuilles au moment que le ver-à-soie vient d'éclore a obligé de se pourvoir d'un certain nombre de pieds en buissonniers. Peu à peu de tels arbres ont servi à former des haies autour des champs, et on a trouvé que leurs feuilles étoient très utiles au premier et au second âge des vers. C'est de là sans doute qu'on est parvenu à l'idée de soumettre, en France, les arbres nains à une culture réglée ; elle n'est pas nouvelle aux Indes orientales, et, suivant le rapport de quelques voyageurs, c'est la plus commune. M. de Payan, d'Aubenas, est le premier qui l'a essayée en grand, et son exemple commence à gagner de proche en proche. Si on n'avoit pas à redouter le parcours des troupeaux, il seroit très avantageux de circonscrire les champs avec des haies semblables : outre les services essentiels que rend une haie, on auroit ici le bénéfice de la feuille ; et je réponds, d'après ma propre expérience, que chaque pied de mûrier, greffé par approche sur le pied voisin, cloroit plus sûrement une possession qu'un mur. Cette opération réuniroit l'utile à l'agréable. Revenons aux mûriers nains, et écoutons M. de Payan, dans une lettre adressée à M. Faujas de Saint-Fond, lettre que ce dernier a insérée dans son Histoire naturelle du Dauphiné.

« Les mûriers nains, connus depuis long-temps par quelques bordures cultivées à Bagnols en Languedoc, dans l'intention d'avoir de la feuille tendre et précoce, furent traités très en grand à Aubenas, où j'en fis faire des plantations immenses, il y a environ trente ans.

« Ces plantations, encouragées par le gouvernement, furent imitées de proche en proche, malgré l'opinion où l'on étoit que la mienne ne réussiroit jamais dans le mauvais sol où je l'avois établie.

« En effet, l'observation des anciens propriétaires des mêmes possessions, qui avoient essayé vainement depuis soixante ans d'y planter des arbres à plein vent, auroit dû me décourager, ou du moins m'engager à ne faire des essais qu'en petit ; mais j'avois reconnu déjà que le mûrier nain étoit d'un tempérament tout différent de celui qu'on élève en plein vent, et qu'il demandoit une culture d'un autre genre. Le succès répondit à mes espérances, et ma plantation n'a cessé, outre l'exemple qu'elle a donné, d'être de la plus grande utilité à tout le canton, où les habitans, ayant tous les mêmes besoins, et manquant souvent de bras et de feuilles, ont la ressource d'en trouver de toutes cueillies. J'ai toujours une grosse chambrée de vers-à-soie tardifs que je fais jeter si la feuille vient à manquer ; ce qui empêche bien des gens de jeter les leurs prêts à monter.

« Les adversaires des mûriers nains observèrent en vain qu'ils plantoient des arbres à plein vent pour leurs enfans, et que je plantois des nains pour moi ; le fait est que leurs arbres, plantés à quatre toises de distance, sont arrivés au *nec plus ultrà* plus tard, et n'ont pas autant duré que mes nains plantés à neuf pieds en tout sens, puisque les premiers plantés dans de très bons fonds sont sur leur déclin, et qu'il en est mort au moins un dixième; tandis que les nains que j'ai du même âge sont dans leur plus grand produit, et qu'il en est mort deux ou trois sur cent, sans compter qu'il est plus facile, comme on le verra, de renouveler ceux-ci en perdant tout au plus trois années de revenu.

« Ne pourroit-on pas observer que les mûriers en plein vent ne réussissent pas dans les mauvaises terres, par le peu de progrès qu'y font leurs racines, et que le grand essor que prennent celles-ci dans les meilleurs fonds produit un arbre vigoureux en apparence, mais dont la vie est courte, ainsi que la chose peut s'observer à Alais en Languedoc, où les plus beaux arbres périssent subitement, sans espoir de pouvoir les remplacer par d'autres.

« On m'alléguoit encore que les mûriers nains périroient dès que les racines s'entrelaceroient, et dès que les sels qui conviendroient aux mûriers seroient épuisés. J'appelai de cette décision, persuadé, par des expériences, que les racines du mûrier, ainsi que celles de la vigne, se rencontrent sans se nuire, et que l'arbre ne prend sa dénomination de nain que par le peu d'étendue de terre dont il jouit, ainsi que l'oranger qui croît en raison de sa caisse.

« Quant aux sels qu'on suppose épuisés lorsque l'arbre tend à sa fin, on ne fait pas attention qu'il a cela de commun avec tout ce qui périt de vétusté. Il vient à la fin un temps où l'abondance des sucs aux arbres, et le comestible aux animaux, sont une foible ressource pour empêcher les fibres charnues et ligneuses de se rapprocher et de s'oblitérer, au point que le sang, ainsi que la sève, circulent difficilement; enfin vient le terme qui avoisine la mort.

« On dira peut-être que l'expérience démontre qu'un arbre planté à la même place où un autre est mort périt bientôt; j'en conviens; mais ce n'est pas faute de sel, c'est parceque le mûrier ne peut subsister dès qu'il rencontre des parties cadavéreuses ou racines de son prédécesseur. Ainsi, on purge la terre de ces dernières, comme je le fais lorsque je renouvelle quelques parties de mes plantations qui sont bien plus belles que la première fois, tant par le choix des meilleures espèces que parceque j'ai fait fouiller la terre pour en extraire toutes les racines. Elle en est plus améliorée par les travaux, par les engrais, et mes nouvelles plantations produisent déjà un quart de plus que les premières qui étoient à une trop petite distance, et que j'ai placées en dernière détermination à neuf pieds en tout sens.

« On voit, avec surprise, des fonds produire annuellement autant qu'ils ont coûté d'achat, lorsqu'ils étoient de si petite valeur que le seigle y produisoit ordinairement deux, et rarement trois pour un : aussi ce domaine, qui portoit à peine 300 livres de rente quitte, produit tous les ans 14 à 1500 quintaux de feuilles, et jusqu'à 1000 quintaux de vin. L'on y voit avec plaisir une allée en treillage soutenu par quatre cents piliers en maçonnerie : cette avenue traverse mes plantations de mûriers.

« Les terres à seigle sont sans contredit celles qui conviennent le mieux aux mûriers ; le sacrifice est d'ailleurs bien moindre que dans celles à froment.

« La sétérée étant ici de six cents toises carrées, il y entre trente-sept mûriers à plein vent, qui, à quatre toises, ont chacun seize toises carrées. La même sétérée, étant plantée en mûriers nains, peut en contenir deux cent soixante-sept, à neuf pieds de distance, ce qui fait environ huit pour un.

« Il ne faut que cinq à six ans pour que les arbres nains soient dans un grand produit ; au lieu que le mûrier à plein vent, qui reste médiocre dans un mauvais fonds, sur-tout s'il y est établi en quinconce, ne parvient à son fort produit qu'à quinze ans.

« Lorsqu'on veut défricher le sol destiné à la plantation, l'on prépare convenablement la terre, en la cultivant à la bêche, à un pied et demi de profondeur : lorsque le quinconce est tracé, on fait le creux d'environ un pied ou quinze pouces, et l'on y plante le mûrier tout greffé. Si la plantation est destinée à être cultivée à bras d'homme, ce qui est le mieux, les arbres ne doivent avoir que quatre pieds d'élévation hors de terre. J'observerai que le travail à la main ne coûte en sus de celui fait au labourage que ce qu'il y a à économiser sur la cueillette de la feuille.

« Si l'on veut, au contraire, que la plantation puisse être cultivée à la charrue, les arbres doivent avoir six pieds hors de terre. Dans les deux cas, on préférera de greffer des espèces dont les jets montent droit, afin de ne pas gêner la culture ; les meilleures sont la feuille rose et la mûre blanche.

« La première culture doit se faire en hiver ; je préfère la bêche à tout autre instrument. Je paie six deniers par arbre, la moitié moins pour le binage qui se fait après avoir cueilli la feuille et nettoyé les arbres.

« Il m'en coûte environ six deniers pour cueillir chaque mûrier, qui produit ordinairement, dans un champ médiocre, dix à douze livres de feuilles, en sorte que, toute culture payée, il me reste environ cinq sous net par arbre ; ce qui fait soixante-six livres quinze sous par sétérée, produit ordinaire des prairies qui s'arrosent.

« La première année après la plantation, on recueille la feuille sans donner aucune figure à l'arbre; on laisse à la seconde quatre ou cinq jets de la longueur d'un pied, sans en cueillir la feuille au-dessous du coup de serpette, cueillant tout le reste. C'est sur ces quatre ou cinq jets que l'année suivante on laisse à chacun deux ou trois jets, et ainsi de suite, pour donner une figure régulière à l'arbre.

« Quand on s'aperçoit que les racines se rencontrent et que l'arbre maigrit, on réforme les mauvaises branches comme superflues, pour réduire l'arbre à une certaine aisance, qu'on entretient ou par des engrais ou par une bonne culture. Enfin, on le couronne ou on le rabaisse seulement, suivant que sa force l'exige, pour que la feuille ne soit ni trop vigoureuse, ni trop maigre. L'on y trouve l'année suivante à peu près autant de feuilles qu'avant que l'arbre fût couronné; il est, pour ainsi dire, rajeuni, et la feuille en est beaucoup plus belle et plus aisée à recueillir.

« Quand on ne veut pas cultiver inutilement le mûrier qui ne produit que peu les premières années, l'on peut semer sur le champ et avec choix, afin de ne pas nuire à l'arbre. Par exemple, la première année des pommes de terre, après avoir fumé le champ; ce qui est avantageux à l'arbre, qui tire sa portion de l'engrais. L'on arrache en octobre ces pommes de terre, dont la récolte paie au-delà des frais de culture. L'année suivante, on peut y semer de la VESCE (*voyez* ce mot) pour la couper en fourrage, sans attendre qu'elle graine, ce qui seroit préjudiciable au mûrier; immédiatement après avoir coupé ce fourrage, il faut donner une culture à la terre. L'on peut encore absolument semer SARRASIN ou blé noir (*voyez* ce mot), dont la paille servira à faire du fumier, tandis que le grain sera employé à nourrir les bestiaux, dont le fumier donnera un nouvel engrais propre à des pommes de terre, que l'on pourra semer dans les années suivantes.

« Il faudra cependant, après quelques années, renoncer à semer, à cause de l'ombrage des mûriers : j'en excepte cependant les années où l'on couronnera les arbres. Au reste, chaque espèce de terrain décide s'il est bon de se conduire ainsi ou autrement ; mais il ne faut absolument jamais semer aucune espèce de grain pour les laisser mûrir. *Voyez* ASSOLEMENT.

« Il est peu d'animaux qui ne soient friands de la feuille de mûrier; aussi doit-on faire cueillir celle des nains, comme très facile en automne, et la faire sécher. J'en nourris actuellement quatre-vingts brebis. »

Voilà donc la possibilité et le succès des mûriers nains démontrés en grand ; il s'agit actuellement de voir un si bel exemple se propager de proche en proche ; et lorsque ces arbres suppléeront en totalité les mûriers à plein vent, la vie, chaque année, sera conservée à des individus qui meurent de leur chute de dessus ces arbres, ou qui en restent estropiés. Ces arbres réunissent tous les avantages ; 1° des femmes, des enfans en ramassent la feuille sans peine, sans risque, et plus promptement que les plus habiles cueilleurs ne le feroient sur de grands arbres ; 2 le propriétaire est plutôt remboursé de ses avances, et tout le terrain est mis à profit ; 3° les mûriers nains greffés poussent aussi vite que la pourrette, ressource précieuse dans les pays chauds, où l'éducation des vers ne réussit qu'autant qu'elle est avancée ; 4° les nains réussissent où ceux à plein vent ne végètent qu'avec peine ; 5° Leur feuille est aussi bonne que celle des autres, mais il faut observer que les feuilles des plantations nouvelles doivent être données dans les premiers temps de l'éducation, et réserver celles des vieux pieds pour l'époque de la *frèze. Voyez* le mot VER-A-SOIE.

Des taillis. Il est possible de considérer cet arbre, abstraction faite de sa feuille, quoiqu'elle puisse être aussi facilement recueillie que celle du mûrier nain, et être presque aussi abondante : je n'envisage ici que les pays dénués de bois, ou les pays dont les vignes sont soutenues par des échalas, enfin les terrains montueux, rocailleux, dont on ne sauroit tirer presque aucun parti, et qu'il faut cependant garnir d'arbres, afin de conserver le sol qui se trouve au-dessous. La célérité avec laquelle le mûrier végète, son peu de délicatesse sur le choix du terrain, couvriront bientôt les frais des premiers travaux, et le cultivateur, dans le plus court espace de temps donné, peut voir une jolie verdure sur un lieu où il n'apercevoit autrefois que rochers. Je n'ai cessé, dans le cours de cet ouvrage, d'inviter et de presser les pères de famille, qui aiment leurs enfans, de planter des bois, parceque leur rareté est devenue extrême en France, et que le luxe amène insensiblement leur destruction totale. Ce que j'ai dit, je le répète, les taillis de mûriers équivaudront à ceux dont les p'ants sont de nature à être transformés en bois de charpente, etc.

J'insiste sur l'avantage des taillis de mûriers par plusieurs raisons : 1° une plus grande abondance de feuilles ; 2° relativement aux bois de chauffage ; 3° aux échalas ; 4° parceque leurs vastes souches et leurs racines superficielles empêcheront que les pluies d'orage n'entraînent le sol. C'est pour avoir mal à propos coupé tous les arbres dont étoit couverte cette longue chaine de montagnes qui traverse le Languedoc de l'est à l'ouest, qu'on n'y voit aujourd'hui que le rocher le plus sec et le plus aride ; il en est de même dans le reste de la France. *Consultez* le mot Défrichement.

Tous les arbres des pépinières qui ne pourront servir aux plantations de mûriers à plein vent ou nains seront utiles dans les taillis , à moins que le vice qui les fait rejeter ne dépende des racines. Dans ce cas c'est un arbre à jeter au feu. S'il est possible d'ouvrir une espèce de fosse dans les cavités , dans les scissures des rochers , on la fera pour recevoir cet arbre. Si le rocher ne présente que des scissures , il vaut mieux , avec une aiguille ou pic de fer , ouvrir un trou à une certaine profondeur , y planter une jeune pourrette avec son pivot ; enfin remplir de terre ce trou et couper la petite tige au niveau du sol , ce dernier une fois repris profitera beaucoup plus que l'autre , et ainsi de suite, et autant qu'on le pourra dans toutes les fentes des rochers. Mais , dira-t-on , ce seront des arbres perdus dont on n'ira pas recueillir la feuille ; je le veux bien : mais au moins ils serviront , en coupant le tiers des tiges tous les ans`, à nourrir un plus grand nombre de bestiaux, ou à donner en les coupant tous les cinq, six ou dix ans, du bois propre à faire des échalas , des cercles, du bois de chauffage, etc. ; à quoi ajoutez la terre végétale qui résultera de la chute de leurs feuilles.

L'entrée de ces taillis doit rigoureusement être défendue aux troupeaux, excepté pendant l'hiver, et encore faut-il que la feuille tombée ait eu le temps de se dessécher, parcequ'elle sert d'engrais. Ce n'est donc que depuis le mois de janvier jusqu'au commencement de mars ou d'avril, suivant le climat, que le parcours sera permis. Après les premières années , la brebis y trouvera une herbe fine et abondante. Je doute qu'il existe un genre de taillis dont l'accroissement soit plus prompt et de produit égal.

Des haies. Ce que je dis des taillis s'applique, absolument parlant, aux haies faites avec la pourrette ; mais la conduite n'en est pas la même. La végétation du mûrier est très active , et la sève se porte toujours au haut des branches ; dès-lors leurs pieds se dégarnissent. Il faut planter la pourrette à dix-huit pouces , et la recéper à deux yeux au-dessus du sol : ces deux yeux formeront deux branches ou tiges ; s'il n'en pousse qu'une seule on la recépera de nouveau à deux yeux après la chute des premières feuilles. Aussitôt qu'on le pourra on inclinera ces tiges encore molles vers l'horizon, c'est-à-dire au niveau et presque à fleur de terre : c'est de ces tiges que dépendra à l'avenir le fourré de la haie. De ces branches inclinées s'élanceront de nouveaux bourgeons, qu'on inclinera encore, en les forçant de former, les uns avec les autres, des losanges très allongés par les deux bouts , et même en les greffant par approche au point de leur réunion, ainsi qu'il a été dit au mot HAIE. Enfin on ne permettra jamais qu'aucune branche soit en ligne droite, parcequ'elle absorberoit peu à peu toute la sève des branches inférieures et deviendroit un arbre. Cet exemple est frappant dans les haies de mûriers dont les tiges sont droites; peu à peu le bas se dégarnit, le sommet se charge de branches, il faut recéper ces haies par le pied tous les cinq à six ans. Au contraire, en supprimant tout canal direct de la sève, c'est-à-dire en inclinant chaque branche, et encore mieux en la greffant par approche avec la plus voisine, on est assuré que cette haie subsistera très long-temps, sans avoir besoin d'être renouvelée. Les soins annuels qu'elle exige sont d'être taillée au ciseau, ou au croissant, ou à la serpette, après la tombée des feuilles et avant la sève du mois d'août : ces haies ne laissent pas de donner un assez bon nombre de fagots pour le four. Ceux qui veulent en cueillir la feuille pour la première et même la seconde époque de l'éducation du ver-à-soie peuvent conserver les pousses de la seconde sève, et les tailler aussitôt après que la feuille a été recueillie. Après la haie plantée en sureau, celle du mûrier est la plus tôt venue, et, si au lieu de pourrette on plante de vieux pieds, on en jouira complètement après la troisième ou quatrième année; mais celle-ci durera beaucoup moins, et sera plus difficile à conduire.

Ces haies ne demandent d'autre travail que celui qu'on donne au champ. S'il est possible de les travailler du côté opposé pendant la première et seconde année, on fera très bien, afin de les débarrasser des mauvaises herbes qui leur nuisent beaucoup dans le premier âge. Il sera impossible à tout animal, à la volaille même, de les traverser. La haie à tiges droites n'est utile que pour la feuille. *Voyez* HAIE.

Multiplication par boutures. Les boutures de mûrier ne réussissent qu'autant qu'elles sont dans un sol humide ou fréquemment arrosé. D'ailleurs les arbres qu'elles fournissent sont toujours foibles et de peu de durée. Une branche de l'année précédente avec un talon de bois de deux ans est celle qu'on doit préférer. C'est toujours en pépinière qu'on doit les faire. On les met en place lorsque le plant qui en provient a deux ou trois pouces de tour. *Voyez* au mot BOUTURE.

Multiplication par marcottes. Les marcottes de mûrier se font, en automne, après la chute des feuilles, avec du bois de l'année ou de deux ans au plus. Lorsqu'elles sont dans un sol frais elles s'enracinent dans le cours de l'année suivante, mais le plus communément elles sont deux ans en terre avant que d'être propres à la transplantation. On n'emploie guère cette voie que dans les pépinières des pays où on ne cultive

pas le mûrier en grand, parceque les produits qu'elle donne
sont de beaucoup inférieures à ceux qui sont le résultat du
semis des graines. Si on vouloit en faire usage pour des plantations étendues, il faudroit couper plusieurs vieux pieds rez
terre et coucher les nombreux rejetons qu'ils pousseroient,
faire enfin une MÈRE. *Voyez* ce mot. Je ne m'étendrai pas
davantage sur cet article.

Cueillette des feuilles. Il n'y a, à proprement parler, point
d'âge fixe. La première cueillette dépend de la force de l'arbre ; si sa tête n'est pas déjà bien formée, il est clair qu'en
ramassant la feuille on détruira un grand nombre d'yeux ou
boutons qui auroient, dans l'année ou dans les suivantes,
fourni les bourgeons nécessaires à la forme de la tête. Il est
donc plus prudent de ne pas accélérer une jouissance qui devient préjudiciable. La troisième ou la quatrième année après
la plantation sont en général les époques auxquelles ou commence à cueillir. Comme ces jeunes arbres seront les premiers
feuillés, c'est par eux que doit commencer la récolte, afin de
leur donner le temps de faire des pousses longues, bien nourries, et devenues ligneuses avant la chute des feuilles. Si la
nécessité oblige de lever la feuille très tard, on doit au moins
commencer par ceux-ci l'année suivante, afin de leur donner
le temps de se remettre. La feuille des jeunes arbres est en
général trop aqueuse, pas assez nourrissante, et indigeste. Elle
ressemble en ce point à celle des mûriers plantés dans des
fonds bas et humides.

De la manière de cueillir la feuille dépend la conservation
de la tête et la prospérité de l'arbre. L'on doit prendre la petite branche d'une main, et glisser l'autre de bas en haut. Si,
au contraire, on prend de haut en bas, l'effort de la main fait
sauter les yeux ou boutons, et souvent leur rupture entraîne
une partie de l'écorce, de manière que l'on voit sur la branche
plaie sur plaie. On a déjà dit que toute éducation de ver suppose que l'on a une certaine quantité de mûriers nains, ou en
espalier, ou en taillis, afin d'avoir de bonne heure une feuille
nouvelle et tendre. Si, pour avoir plus tôt fait, on arrache le
petit bouquet des feuilles qui se présente, on détruit entièrement les bourgeons à venir ; et la sève, trouvant une issue libre
dans ceux qui restent au sommet, s'y porte avec violence, et
il ne repousse plus d'yeux dans la partie inférieure de ses branches, ce qui oblige à les ravaler beaucoup plus souvent qu'on
ne le devroit ; d'où résulte l'épuisement rapide de l'espalier,
du nain ou des taillis. Le cueilleur doit prendre feuille à feuille, et même laisser les deux les plus élevées du bouquet, afin
que celles-ci aient le prolongement de l'œil en bourgeon.

Les cueilleurs de feuilles ont ordinairement un bâton de

quatre à six pieds de longueur, armé d'un petit crochet de fer dans le bout. Il est inconcevable à combien de cueilleurs ce malheureux instrument a coûté la vie. A peine en équilibre sur une branche, ils veulent avoir les feuilles d'une branche supérieure; ils la tirent avec leur crochet. Si elle est d'un certain volume, il faut de la force pour l'amener; souvent celle de l'ouvrier n'est pas suffisante, l'élasticité de la branche entraîne l'ouvrier, il perd l'équilibre et tombe. Si la branche cède, elle se casse, et la tête de l'arbre est défigurée. Tout cela tient à la négligence et à la paresse de l'ouvrier, qui, pour ne pas avoir la peine de descendre de l'arbre et de changer son échelle de place, abîme un arbre et court le risque de perdre la vie en tombant. Il est donc indispensable, pour bien opérer, d'avoir des Echelles proportionnées à la hauteur de l'arbre. *Voyez* ce mot.

Doit-on chaque année cueillir la feuille? Presque tous les cultivateurs l'assurent de la manière la plus positive. C'est, dans plusieurs cas, la plus grande des erreurs. En effet, voit-on périr les arbres que l'on a eus de trop après l'éducation des vers, ou que l'on n'a pas pu louer? Il y a plus; j'ose dire que dans plusieurs circonstances on ne doit pas la cueillir. Par exemple, si la feuille a été attaquée par la rouille, l'arbre souffre déjà assez sans augmenter son malêtre. Si la feuille est jaune, languissante, c'est encore une preuve que l'arbre souffre. Dans ce dernier cas, des labours et des engrais répareront la foiblesse de l'arbre, si son mal tient à l'épuisement. La nature, en créant les arbres, les a tous destinés à la nourriture d'une ou de plusieurs espèces d'insectes; mais il est très extraordinairement rare que leur nombre en soit assez multiplié pour dépouiller ces arbres de toute leur verdure. Votre travail outrepasse la règle ordinaire établie par la nature, et un arbre n'est jamais aussi beau l'année d'après que lorsque les insectes ont peu ravagé ses feuilles; d'où l'on doit nécessairement conclure que le mûrier n'exige pas, comme chose essentielle, d'être effeuillé chaque année. Effeuille-t-on le chêne, l'ormeau, etc.? Nous forçons donc la nature, nos besoins de luxe l'exigent; mais c'est aux dépens de l'arbre. Un mûrier qui ne sera jamais taillé vivra beaucoup plus longuement que celui qui est effeuillé chaque année; il aura un tronc plus sain, et il sera moins sujet aux maladies.

A mesure que le cueilleur effeuille un arbre, il doit séparer les mûres, et les jeter de côté. Ce point est essentiel *Voyez* Ver-a-soie.

Aussitôt que les charges de feuilles sont arrivées au logis, on doit vider les sacs, les étendre dans un lieu bien aéré, finir de séparer rigoureusement les fruits qu'on jette dans la basse-cour pour la nourriture de la volaille. Si les feuilles restent amoncelées, pressées, serrées, elles s'échauffent, fermentent, et causent aux vers des maladies dangereuses.

Lorsque l'on fait tant que de cueillir la feuille, il faut en dépouiller l'arbre complètement. Si on en laisse par-ci par-là, ou des branches sans les y cueillir, la sève suit sans peine son cours ordinaire ; elle se porte toute de ce côté, et ne nourrit plus qu'imparfaitement la partie effeuillée. C'est un des points les plus essentiels dans la cueillette de la feuille.

Si, dans le temps de l'éducation des vers-à-soie, il survient de longues pluies, on sait combien cette feuille mouillée leur est nuisible, et quelle peine on a pour l'étendre, pour la remuer, dans la crainte qu'elle ne s'échauffe, enfin pour la faire sécher. On a proposé un expédient qui n'est pas à négliger, et très facile, si on a un certain nombre de mûriers nains. Il consiste à se procurer des toiles d'une certaine étendue, par exemple, des toiles semblables à celles que l'on étend sur le sol lorsqu'on abat les olives. Au moyen de plusieurs piquets et des cordes nécessaires, on en fait des tentes que l'on place sur un certain nombre de mûriers. Lorsque ceux-ci sont cueillis, on dresse la tente sur d'autres, et ainsi successivement pendant les jours que la pluie tombe. Il y a certainement moins d'embarras à élever et changer ces tentes qu'à sécher la feuille ; et on a beau la sécher avec le plus grand soin, elle reste toujours de qualité inférieure pour la nourriture du ver (1).

_____

(1) Je suis étonné qu'on n'offre jamais que des feuilles coupées et fanées aux vers-à-soie. Outre les inconvéniens de la dépense de la cueille et ceux qui sont rapportés par Rozier, il y a chaque jour une perte considérable produite par la dessiccation des dernières attaquées, par l'altération que les excrémens des vers qui sont malades font éprouver à celles sur lesquelles ils tombent. De plus, il est prouvé que les feuilles en se fanant laissent dégager une partie du gaz acide carbonique contenu dans leur parenchyme, ce qui doit souvent être cause des mortalités qu'on éprouve dans les magnauderies qui manquent de courant d'air. Je voudrois qu'on substituât aux feuilles coupées des rameaux garni de feuilles dont le gros bout plongeroit, à travers de trous exactement de leur diamètre, dans une auge de six pouces de profondeur, couverte d'une planche et presque pleine d'eau. Cette idée n'est pas le simple résultat de la théorie, attendu que j'ai élevé ainsi des milliers de chenilles de toutes les espèces et même des vers-à-soie, afin d'en obtenir l'insecte parfait pour ma collection. Je gardois ainsi quinze jours et même plus, en état de végétation, des branches d'arbres qui eussent été impropres à mon but deux ou trois heures après leur coupe. C'est en s'écartant le moins possible de la nature qu'on peut espérer une réussite plus certaine dans toutes les opérations qui ont l'éducation des animaux pour objet ; or, par le moyen que je propose, les vers-à-soie seroient dans une situation semblable à celle où ils se trouvent dans leur pays natal. *Voyez* VER-A-SOIE.

Dans cette pratique, ainsi que dans les cas ordinaires, il me semble que la bonne manière de conduire les mûriers est de les tenir en TÊTARDS

Émondage. Émonder, n'est pas tailler ; mais c'est, d'après la cueillette, supprimer tous les bois morts, les chicots, les ergots, le bout des branches cassées, réparer les déchirures, et tout au plus enlever quelques petites branches chiffonnes qui nuiroient à l'accroissement des bourgeons, ou qui leur feroient prendre une mauvaise direction. C'est encore le cas (pour le mûrier seulement) de supprimer les gourmands inutiles, ou de leur donner une direction qui tende à former la tête de l'arbre. Cette opération doit avoir lieu aussitôt après la récolte des feuilles, et la taille, après leur chute naturelle, enfin, lorsque l'arbre n'est plus en sève.

On ne fait pas assez attention aux onglets, aux bouts de branches, aux chicots, lorsque l'on taille les mûriers ; et on peut dire, à la lettre, qu'ils sont taillés à la serpe. Rarement la plaie est rasée près du tronc, près de la branche, et la partie excédante, raboteuse, chargée d'esquilles, ne peut être recouverte par l'écorce ; le bois pourrit, la pourriture gagne l'intérieur de la branche du tronc, etc. : le tout a tenu dans le commencement à un Chicot (*voyez* ce mot). C'est le cas, pendant l'émondage, de réparer les défauts ou négligences de la taille.

Quoique, à proprement parler, on ne doive pas tailler en émondant, on peut cependant, si l'on voit des pousses s'emporter et ne garder aucune proportion avec les branches voisines, les arrêter, afin que, poussant des branches latérales, elles n'aient plus la même impétuosité de sève favorisée par le canal direct. On peut encore, si la sève se porte visiblement plus d'un coté, ou dans une partie de l'arbre que de l'autre, travailler à mettre le tout en équilibre, ou par le raccourcissement, ou par la soustraction de quelques branches. C'est toujours la faute de celui qui a taillé l'arbre dans le temps, si

---

(*Voyez* ce mot), à un pied de terre s'ils sont dans un enclos, ou à quatre à six pieds s'ils sont dans un lieu ouvert aux bestiaux, pour en couper les rameaux en totalité tous les ans ou tous les deux ans. Sans doute les troncs seront retardés dans leur croissance, se carieront dans l'intérieur ; mais il ne s'agit pas ici d'avoir du bois d'un fort échantillon et propre au service de la menuiserie, mais des feuilles, et par-là on en auroit davantage et de plus belles. Les osiers qu'on coupe aussi tous les ans subsistent pendant cinquante ans, et leur bois est plus tendre et par conséquent plus susceptible d'altération que celui du mûrier. La circonstance la plus défavorable pour la coupe des branches des mûriers en têtard, c'est que ceux qui seroient les derniers tondus ne feroient peut-être pas toujours, à raison de la sécheresse du sol et du climat des départemens méridionaux, de secondes pousses de printemps, et que la pousse d'automne n'offriroit que des rameaux foibles. Dans ce cas, on attendroit la troisième année pour les couper. Je ne fais qu'indiquer ce qui auroit besoin de longs développemens ; mais une note n'est pas un traité. (B).

on est obligé, lors de l'émondage, de recourir à cet expédient. L'arbre vient d'éprouver une forte crise par la soustraction des feuilles ; il ne faut pas encore l'augmenter par une nouvelle taille. Tout paysan se donne pour émondeur, pour tailleur du mûrier : on pourroit dire qu'ils le deviennent par miracle, ou plutôt ils sont et seront toujours les bourreaux des arbres. Une routine sans principe les guide ; et lorsqu'ils ont enlevé une grande quantité de mères-branches, ils disent : voilà un arbre bien dégagé, et on admire leur travail. Le propriétaire et l'ouvrier en savent autant l'un que l'autre.

Maladies. L'éducation des mûriers est une des causes qui influent le plus sur leur dépérissement. On hâte, on presse leur végétation en branches, en feuilles, et leur épuisement en est accéléré. Il l'est bien plus par la cueillette des feuilles qui arrêtent presque tout à coup la respiration de l'arbre par les FEUILLES (*voyez* ce mot) ; et cette suppression opère un reflux de la matière de la transpiration dans la sève, ce qui la vicieroit complètement si elle n'avoit pas encore un peu sa sortie par les branches, et sur-tout par les bourgeons. La greffe accélère encore les pousses ; l'arbre cesse d'être naturel, il devient *civilisé*, et sa *civilisation* est l'origine de ses infirmités. La taille charge le tronc et les grosses branches d'une multitude de plaies qu'on n'a pas le soin de recouvrir avec l'onguent de Saint-Fiacre, afin d'empêcher le contact de l'air avec la partie ligneuse, et afin de faciliter la formation du bourrelet ou cicatrice à l'endroit où l'écorce a été coupée. Après la taille restent les onglets, les chicots, etc. ; ils se dessèchent, se pourrissent, et la pourriture gagne le centre de la branche mère ou du tronc. Ajoutez à toutes ces mauvaises manipulations la taille générale faite après la récolte des feuilles, et vous aurez un abrégé des maux produits par la main de l'homme, auxquels on doit principalement ajouter l'écoulement sanieux du chancre formé par le reflux d'humeur, et par une sève corrompue, ou du moins qui se corrompt en suintant par la plaie. Il y auroit lieu de croire que la sève ascendante ne monte plus par la plaie, mais que cette plaie retient la sève descendante.

La toile et la brûlure des feuilles sont des maladies accidentelles et passagères, mais dont les arbres se ressentent quelquefois l'année d'après. *Voyez* BRULURE.

Souvent les feuilles du mûrier, au milieu du printemps ou de l'été, jaunissent, tombent, et l'arbre meurt en peu de jours. Cette maladie, plus commune aux jeunes arbres qu'aux vieux, est produite par deux causes très opposées. La première tient à une transpiration arrêtée subitement, qui cause une espèce d'apoplexie à l'arbre. Si on déchausse son pied, on trouve les racines flétries, mais entières. J'ai vu deux fois cet exemple, lorsqu'il règne des vents froids et violens. Peut-être ce que j'appelle ici transpiration arrêtée n'est-il qu'une évaporation trop rapide de cette transpiration, qui augmente l'intensité du froid. Quoi qu'il en soit, à peine a-t-on eu le temps de s'apercevoir que l'arbre est malade, que la mort survient aussitôt. *Voyez* JAUNISSE.

Plusieurs écrivains parlent d'une espèce de maladie épidémique qui fait périr tous les arbres d'une plantation les uns après les autres. Je n'ai jamais été dans le cas d'examiner ce fait.

Tout a son terme, et la vieillesse nous conduit pas à pas à la mort. On peut cependant retarder ce moment de destruction complète du mûrier. On a proposé de couronner cet arbre, et on suit généralement cette méthode. Il en résulte que l'arbre est rajeuni pour quelque temps; qu'il s'épuise à donner de nouvelles branches; qu'il faut venir à les ravaler peu d'années après; enfin mettre la cognée au pied de l'arbre. Le couronnement complet est au mûrier ce que les grandes saignées sont aux vieillards; elles les remettent de leur maladie pour leur en occasionner une plus forte, l'épuisement. Il vaut beaucoup mieux s'y prendre plus long-temps d'avance, ravaler petit à petit les mères-branches, à la fin de chaque année supprimer la plus foible; mais jamais deux dans la même année, s'il est possible de faire autrement.

Le point auquel on peut ravaler les grosses branches est indiqué par elles; c'est l'endroit où elles cessent d'être saines et tant soit peu au-dessous. Ceux qui aiment la symétrie ravalent toutes les branches à la même hauteur, comme si toutes les branches étoient également défectueuses au même niveau; il s'agit ici de la longévité de l'arbre et rien de plus. Sur la partie qui reste des mères-branches, on doit également ravaler les petites suivant leur force et leur santé. Il vaut mieux revenir à l'opération l'année d'après que de trop mutiler l'arbre en une seule fois.

Le remède palliatif ou corroborant consiste dans les fréquens labours tout autour de l'arbre, et à une certaine distance du tronc. On ne doit pas épargner les engrais; les placer près de l'arbre est un abus; l'origine des grosses racines est trop dure, trop coriace, elles absorbent trop peu les principes de la sève; il vaut mieux ouvrir une fosse à une toise et demie du tronc, sur une largeur et une profondeur d'un pied; y enterrer du fumier déjà bien consommé, et le recouvrir de terre. Cette opération doit être faite à l'entrée de l'hiver, afin que l'eau des pluies de cette saison délave cet engrais et en entraîne les principes aux racines placées en dessous et à celles de la cirférence. On a recommandé dans les papiers publics de déchausser les vieux mûriers qui périssent pièce à pièce. Je ne vois dans cette opération qu'un fort labour donné à l'arbre lorsqu'on jette la terre dans la fosse. La nature n'a pas établi les racines pour être découvertes ; c'est donc le recreusement qui a agi comme labour et non autrement. Si la maladie provient de la stagnation des eaux près des racines, le seul moyen est d'ouvrir de larges et profondes fosses pour les y attirer et en débarrasser les racines. Si cet expédient ne suffit pas, on doit renoncer à planter des mûriers dans un sol qui leur convient si peu.

Le rabougrissement est encore une maladie du mûrier. Elle dépend presque toujours de la manière dont l'arbre a été planté, dont il a été conduit, et quelquefois du terrain. Dans cet état, il semble rentrer en lui-même ; ses pousses sont mesquines, maigres, fluettes, et avec toutes les marques de la misère ; son écorce écailleuse, raboteuse. On aura beau faire et beau travailler au pied, lui donner des engrais, s'il est depuis long-temps en cet état, c'est un arbre à arracher et à jeter au feu.

Choix des feuilles. Ce problème n'est pas encore résolu, et ne le sera peut-être jamais. Il en est de la qualité de la soie comme de celle des laines, des vins, etc. ; elles tiennent au climat, au sol et à l'espèce qui se plaît plus dans un lieu que dans un autre. On sent combien cette vérité fondamentale offre de modification, de divisions et de sous-divisions à l'infini. Les raisins de Malaga, de Madère, etc., donneront-ils la même qualité de vin, transportés en Hongrie ou en Provence ; enfin, les plus belles soies d'Espagne, de France, seront-elles jamais comparables à celles de Chine, de Perse, etc. ? J'admets, si l'on veut, que dans quelques cantons d'Espagne, de France, et par les soins les plus assidus et les plus multipliés, on parvienne à avoir quelque peu de soie égale en beauté à celle de Perse. On citera cet exemple comme un modèle d'encouragement, et on fera très bien, parceque chaque particulier doit perfectionner, autant qu'il lui est possible, la beauté, et par conséquent porter à un plus haut prix la valeur intrinsèque de ses récoltes ; mais j'ose dire affirmativement que la différence sera toujours très grande entre la soie du Languedoc, de Provence, etc., et celle de la Bourgogne, de la Champagne, etc.

Admettons encore que l'on parvienne par-tout à avoir des soies de qualité supérieure ; je demande pour qui sera le bénéfice le plus clair ? Il sera pour celui qui fait filer, et non pour le petit particulier qui lui vend ses cocons. Ceux qui font métier de la filature ressemblent aux COMMISSIONNAIRES.

Voyez ce mot. Le petit particulier porte chez eux les cocons, et ces entrepreneurs lui disent : Dans un mois ou deux vous serez payés, lorsque le prix des cocons sera établi. Or ce prix, c'est entre eux qu'ils le fixent, et bien entendu que ce n'est pas à leur désavantage. Il en résulte que le petit particulier qui a livré de très beaux cocons n'est pas plus payé que celui qui a donné des cocons moins beaux et plus médiocres. L'époque de la foire de Beaucaire est celle où le prix des soies est fixé, et cette taxe devient à peu près celle de toute la France ; si elle varie ensuite, cela tient au prix plus ou moins fort des soies étrangères, ou aux spéculations de quelques gros financiers. Comme le nombre des particuliers qui ne font pas filer est trois ou quatre fois plus considérable que celui des personnes qui font filer, il importe donc fort peu aux premiers que leur soie ait une qualité très supérieure, et il est de leur intérêt d'avoir le plus grand nombre possible de bons cocons et bien pesans. Ceci posé, voyons quelle espèce de mûrier procure la soie la plus fine, et quelle espèce donne plus de soie de qualité.

Il est de fait que le mûrier planté dans un sol léger, substantiel, est naturellement sec ; que celui qui est planté dans un sol rocailleux, pierreux, et qui a du fond ; que le mûrier qui croît sur le rocher calcaire, et dont les racines pénètrent dans les scissures, fournissent une feuille moins abondante en sucs, moins noyée, mais que ses principes en sont mieux assimilés, et ses parties nutritives plus élaborées.

Les mûriers, au contraire, qui végètent dans un sol qui a beaucoup de fond de terre végétale, qui fournit un excellent champ à blé, lin, ou à chanvre, donnent une feuille plus large, plus épaisse, plus aqueuse. On ne peut mieux comparer la qualité de ces feuilles qu'à celle du vin que l'on retire des vignes qui y sont plantées ; le ver trouve sur ces feuilles une ample nourriture, mais une nourriture plus grossière.

Il est rare, dans les années pluvieuses, de voir la soie de belle qualité, toutes circonstances égales, parceque la feuille est trop remplie d'eau de végétation. Dès-lors ses sucs sont mal élaborés, etc. Il en est ainsi du vin. Quelle sera donc habituellement la soie des vers nourris avec la feuille de l'arbre planté dans un bas fond, dans un terrain aquatique, ou dont la couche inférieure est de l'argile ? A coup sûr elle aura peu de qualité, et rarement, et très rarement les vers seront exempts de ces maladies qui en détruisent la moitié.

La même distinction opérée par le sol, le climat, etc., l'est également par la greffe. Il est constant qu'un mûrier sauvageon, c'est-à-dire qui n'a pas été greffé, à feuille rose et bonne, est plus près de la nature, et par conséquent plus assimilée à la nourriture du ver que la feuille du mûrier greffé; et l'arbre sauvageon vit beaucoup plus long-temps que l'autre. Ce qui a fait donner la préférence au greffé est la beauté de la feuille et la facilité de la cueillir. Elle est constamment plus ample, jamais découpée; il en faut moins, et un seul homme en ramasse plus dans un jour que dans deux sur le sauvageon. Plusieurs écrivains, d'après le témoignage d'un auteur, ont élevé jusqu'aux nues les avantages du mûrier greffé; mais ils n'ont pas fait attention que cet auteur avoit ses vues lorsqu'il vantoit le mûrier greffé. Il falloit se débarrasser de ses vastes pépinières.

Je ne donne l'exclusion ni au sauvageon, ni au mûrier greffé. Ces deux espèces, au contraire, sont à cultiver avec soin, relativement au climat et au but qu'on se propose. Si on plante des mûriers pour en louer la feuille, il est clair qu'il est plus avantageux au propriétaire d'avoir des mûriers greffés; la beauté de la feuille et sa quantité frapperont celui qui loue, et il paiera chèrement : si, au contraire, le propriétaire se propose de faire filer; s'il a un plus grand bénéfice en préparant de la soie de qualité superfine; si le climat et le sol secondent ses vues, c'est le cas de planter des sauvageons à feuilles roses. Les uns ont donc eu raison de vanter les mûriers greffés, et les autres ceux qui ne l'étoient pas.

Propriétés médicinales. Les fruits mûrs apaisent la toux et favorisent l'expectoration. Le suc exprimé et passé à travers un linge, donné en gargarisme, calme l'inflammation des amygdales et du voile du palais. Le suc exprimé des fruits ne diffère pas du sirop de mûres; mais comme on ne peut pas le conserver aussi long-temps qu'on le désire, on est réduit à le faire cuire avec du sucre, jusqu'à consistance de sirop; on le prescrit depuis demi-once jusqu'à deux onces, seul, ou en solution dans cinq onces d'eau.

On a regardé la feuille du mûrier comme vulnéraire, appliquée sur une coupure aussitôt qu'elle est faite; elle a soustrait la plaie au contact de l'air atmosphérique : voilà tout son mérite.

Propriétés économiques. L'écorce de mûrier préparée comme le lin donne de la filasse; cette propriété étoit connue très anciennement, et cependant les papiers publics viennent d'annoncer cette propriété comme une découverte nouvelle. Ecoutons parler Olivier de Serres, sieur de Pradel, dans son Théâtre d'agriculture, ouvrage précieux, et qu'on lit trop peu.

« Le revenu du meurier blanc ne consiste pas seulement en la feuille, pour en avoir la soie, mais aussi en l'escorce pour en faire des toiles grosses, moyennes, fines et déliées, comme l'on voudra ; par lesquelles commodités se manifeste le meurier blanc être la plante la plus riche et d'usage plus exquis, dont encore ayons eu coignoissance. De la feuille du meurier, de son utilité, de son emploi, de la manière d'en retirer la soie, a été ci-devant discouru au long : ici ce sera de l'escorce des branches de tel arbre, dont je vous représenterai la faculté, puisqu'il a pleu au Roi de commander de donner au public l'invention de la convertir en cordages, toiles, selon les épreuves que j'en ai présentées à sa Majesté. . . . . Ainsi m'en a-t-il prins, touchant la coignoissance de la faculté de l'escorce du meurier blanc. Car pour sa facile séparation d'avec son bois, estant en sève, en ayant fait faire des cordes, à l'imitation de celles de l'escorce de tillet (tilleul), qu'on façonne en France, mesmes au Louvre en Parisis, et mises sécher au haut de ma maison, furent par le vent jetées dans le fossé, puis retirées de l'eau boueuse, y ayant séjourné quelques jours, et lavées en eau claire; après des torses et séchées, je vis paroître la teille ou poil, matière de la toile, comme soie ou fin lin; je fis battre ces escorces-là à coup de massues pour en séparer le dessus, qui, s'en allant en poussière laissa la matière douce et molle, laquelle broyée, sérancée, peignée, se rendit propre à être filée, et ensuite à être tissue, et réduite en toile. Plus de trente ans auparavant j'avois employé l'escorce des tendres jetons de meuriers blancs à lier des entes à écusson, au lieu de chanvre, dont communément on se sert en délectable mesnage.

« Voilà la première espreuve de la valeur de l'escorce du meurier blanc, lequel accident rédigé en art n'est à douter de tirer bon service au grand profit de son possesseur. Plusieurs plantes et arbres rendent aussi du poil; mais les unes en donnent petite quantité, ou de qualité foible; il n'est pas ainsi du meurier blanc, dont l'abondance du branchage, la facilité de l'escorcement, la bonté du poil, procédant d'icelui, rendent ce mesnage très assuré : voire avec fort petite dépense, le père de famille retirera infinies commodités de ce riche arbre, duquel la valeur, non cognue de nos ancestres, a demeuré enterrée jusqu'à présent, comme par les yeux de l'entendement, il le reconnoîtra encore mieux par les expériences. Mais afin qu'on puisse rendre de durée à ce mesnage, c'est-à-dire, tirer du meurier l'escorce sans l'offenser ; ceci sera noté : que pour le bien de la soie il est nécessaire d'esmunder, d'eslaguer, d'étester les meuriers, incontinent après en avoir cueilli la feuille, pour la nourriture des vers, selon, toutes fois, distinctions requises. Les branches provenant de telles coupes serviront à notre invention ; parcequ'estant lors en sève (comme en autre point, ne faut jamais mettre la serpe aux arbres), très facilement s'escorceront elles, et ce sera faire profit d'une chose

perdue : car aussi bien les faudroit jeter au feu, mesmes toutes
despouillées d'escorce, ne laisseront bien d'y servir ; si mieux
l'on aime, au préalable, les employer en cloisons de jardins,
vignes, etc., où tel branchage est très propre pour ses durs
piquetons, étant sec et de long service pour la durée, ne pourrissant de long-temps : d'où finalement retiré pour dernière
utilité, et bruslé à la cuisine.

« Et parceque les diverses qualités des branches diversifient
la valeur des escorces, dont les plus fines procèdent des tendres
summités des arbres, les grossières des grosses branches en-
durcies, les moyennes, de celles qui tiennent l'entre-deux,
lorsque l'on taillera les arbres, soit en les esmundant, esla-
gant, ou étestant, le branchage en sera assorti, mettant à part,
en faisceaux, chacune sorte, afin que sans confus meslange,
toutes les escorces soient retirées et maniées selon leurs particulières propriétés. Sans délais, les escorces seront séparées
de leurs branches employant la fleur de la sève, qui passe
tost, sans laquelle on ne peut ouvrer en cet endroit, et ayant
embotelé les escorces, chacune des trois sortes à part, l'on
les tiendra dans l'eau claire ou trouble, comme s'accordera,
trois ou quatre jours, plus ou moins, selon leurs qualités et les
lieux où l'on est, dont les essais limiteront le terme. Mais en
quelque part qu'on soit, moins veulent tremper dans l'eau les
minces et tendres escorces, que les grosses et fortes : retirées
de l'eau à l'approche du soir, seront estendues sur l'herbe de
la prairie, pour y demeurer toute la nuit, afin d'y boire les
rosées du matin ; puis devant que le soleil frappe, seront
amoncelées jusqu'au retour de la vespérée ; lors remises au
serein, de là retirées du soleil comme dessus, continuant cela
dix ou douze jours à la manière des lins, et en somme, jusqu'à
ce que cognoitrez la matière estre suffisamment rouie, par
l'espreuve qu'en ferés, desséchant et battant une poignée de
chacune de ces trois sortes d'escorces, remettant au serein
celles qui ne seront pas assés appareillées, et en retirant les
autres comme le recognoitrés à l'œil. »

Un autre emploi de l'écorce du mûrier, c'est pour faire du
papier. Il y a lieu d'être étonné que, d'après l'expérience des
Chinois et des Japonais qui tirent tout celui qu'ils fabriquent
des diverses espèces de ce genre et les essais faits en France,
essais dont le résultat a été si satisfaisant, on n'en voie nulle
part de fabrique. *Voyez* BROUSSONNETTE.

Le fruit du mûrier engraisse très promptement la volaille,
les cochons, et les feuilles, rassemblées après leur chute et
mises à sécher, sont dévorées par les troupeaux : c'est pour eux
une excellente nourriture d'hiver.

Le bois des taillis est employé utilement, comme perches à

soutenir des treillages; comme tuteurs pour les arbres : celui du tronc et des grosses branches, fendu et scié en planches d'un à deux pouces d'épaisseur, sert à la fabrication des vaisseaux vinaires qui contiennent depuis 1200 jusqu'à 3000 bouteilles et plus. Ce bois est encore avantageux pour les vins blancs, il leur communique un petit goût agréable et approchant de celui que l'on appelle *violette*. Dans les pays de vignobles à Echalas (*voyez* ce mot), long ou court, on apprécie le bois du mûrier. Il dure infiniment plus que tous les bois blancs, moins que le chêne, à la vérité, mais autant que celui des taillis de châtaignier, sur-tout si on a la précaution de l'écorcer.

Propriétés d'agrément. Le mûrier devient un arbre très précieux dans les provinces méridionales pour les décorations des jardins, puisque la charmille, le hêtre ne sauroient y croître sans être largement arrosés, et l'eau y est trop rare pour être consommée en objets de pur agrément. Le mûrier craint peu la sécheresse, ses branches se prêtent volontiers à la forme qu'on veut leur donner; et si on sait les conduire, si on sait à propos les incliner, et supprimer le canal direct de la sève, on peut en faire des berceaux agréables, et des palissades, semblables à celles des charmilles, et dont les feuilles seront d'un vert plus gai.

Le mûrier noir à gros fruits, à larges feuilles, ou mûrier vulgairement appelé *espagne*, pousse peu en branches; on le taille sans peine à la manière des orangers, et sa tête arrondie produit un joli effet. Quant aux palissades et tonnelles, elles demandent à être traitées, ainsi qu'il a été dit au mot Haie : si on veut se hâter de jouir, si on laisse pousser perpendiculairement de longs rameaux, la palissade et tonnelle seront bientôt formées et couvertes; mais la sève emportera ses branches, et toutes celles de l'intérieur se dessècheront. Le grand point, le point unique, est de tirer toutes ses branches près la ligne horizontale, et conserver cette direction aux bourgeons qui en proviendront. Lorsque l'une ou l'autre est formée, on la taille ou avec le croissant, ou avec les ciseaux nommés forces; on ne doit point cueillir la feuille sur ces palissades ni sur ces tonnelles. (R.)

Le MURIER NOIR s'élève un peu plus que le précédent, avec la variété à fruit violet ou noirâtre duquel il faut bien se garder de le confondre. Ses branches sont nombreuses et diffuses; ses feuilles rudes au toucher, d'un vert noir, et fort larges; ses fruits ovales, gros comme le doigt, noirs à l'extérieur et remplis d'un suc rouge. Il est originaire d'Italie, et fleurit comme le précédent au commencement de l'été. On le cultive principalement pour ses fruits dans toute l'Europe

méridionale. Comme il est plus souvent dioïque que monoïque, et qu'on ne conserve que les pieds femelles, il porte rarement des graines, ce qui est un avantage réel lorsqu'on mange
ses fruits. Les gelées l'affectent dans sa jeunesse. Il pousse plus
lentement dans la climat de Paris que dans ceux qui sont
plus méridionaux, et ses fruits y sont moins doux ; cependant, quand il est placé dans un bon sol et à une exposition
chaude, il vient bien et fournit un manger agréable. On le
plante ordinairement autour des maisons, dans les cours, où
il est plus abrité et plus défendu contre les pillages des hommes et des oiseaux. Il produit assez jeune et vit long-temps.
La quantité de ses fruits est quelquefois prodigieuse. On les
cueille à mesure qu'ils mûrissent, et cette cueille dure plus
d'un mois ; cependant ils ne jouissent qu'un instant de toute
leur bonté, c'est celui où ils se détachent naturellement,
ou par l'effet d'une foible secousse. Plus tôt ils sont plus
acerbes, plus tard ils ont fermenté. Leur goût est un acide
foible et sucré. On les regarde comme nourissans et rafraîchissans. Tous les bestiaux et les volailles les aiment avec
passion. On en fait un sirop propre à calmer la toux et à
apaiser les inflammations de la gorge. Mises en certaine
quantité dans un tonneau avec de l'eau, il s'y établit bientôt
une fermentation qui donne du vin, avec lequel on peut fabriquer de l'eau-de-vie et du vinaigre ; mais ce vin dure peu,
il devient promptement acide, à moins qu'on ne le mette en
bouteille dans un lieu frais, et alors il ne prend point de corps.

Je ne sache point qu'on tire parti des mûres sous ce rapport dans aucunes parties de la France.

Le bois du mûrier noir ressemble beaucoup à celui du mûrier
blanc, mais il est moins compacte, puisqu'il ne pèse que quarante une livres quatorze onces sept gros par pied cube, tandis
que ce dernier pèse quarante-trois livres treize onces trois
gros.

On multiplie rarement le mûrier noir de graines, par la
raison mentionnée plus haut ; mais comme les besoins du commerce ne sont pas très étendus, on en obtient suffisamment,
pour y satisfaire, par les rejetons, les marcottes et les boutures.
Les marcottes se font en automne, après la chute des feuilles,
et les boutures au printemps, lorsqu'il n'y a plus de froids à
craindre. Les unes et les autres prennent ordinairement racine
la première année, et peuvent être relevées au printemps suivant. Elles doivent être couvertes pendant le fort de l'hiver,
car elles sont très sensibles aux gelées. Pour plus de sûreté,
il convient, dans le climat de Paris, de faire les boutures dans
des pots sur couche et sous châssis. Des arrosemens fréquens
mais modérés leur sont nécessaires, sur-tout pendant les cha-

leurs; et à cette même époque elles doivent être abritées, vers le milieu du jour, des rayons du soleil.

La transplantation des mûriers noirs doit se faire au printemps, et être suivie de quelques arrosemens si la saison est sèche. Il sera prudent d'empailler l'hiver les jeunes pieds pendant les deux ou trois premières années, après quoi ils ne demanderont plus d'autres soins qu'un binage chaque hiver.

La feuille du mûrier noir est mangée par les vers-à-soie et peut être substituée à celle du mûrier blanc, mais on prétend qu'elle donne une soie plus grossière; d'ailleurs les vers-à-soie, quand ils sont jeunes, ne s'en accommodent pas volentiers.

On connoît plusieurs variétés de cet arbre fondées sur des différences de port, de feuilles, et sur-tout de fruits. Les meilleures sont celles qui donnent les fruits les plus gros et les plus noirs. Ces variétés sont en général peu saillantes, et n'ont point été aussi étudiées que celles du mûrier blanc.

Le MURIER ROUGE est un arbre de plus de quarante pieds dans son pays natal où je l'ai observé. Son écorce est noirâtre; ses branches nombreuses; ses feuilles grandes, rudes au toucher, rarement lobées, noirâtres en dessus, blanchâtres en dessous; ses fruits sont ovales et rouges. Il croît dans les bons fonds des forêts de l'Amérique septentrionale. On le cultive depuis quelque temps dans les jardins paysagers, où il figure fort bien, à raison de la largeur et de la couleur de ses feuilles. La différence qui existe entre lui et le mûrier noir est peu considérable. Ses fruits sont plus acides et plus agréables à mon goût que ceux de ce dernier. Tantôt il est dioïque, tantôt monoïque. On le multiplie de graines, de marcottes, et sans doute de boutures, comme les précédens. Il ne craint point les gelées du climat de Paris. Son bois ne paroît pas beaucoup différer de celui des autres; mais comme il vient beaucoup plus grand et toujours plus droit, on peut employer ce bois plus fréquemment à des ouvrages de charpente ou de menuiserie (B.)

MUROT. Tas de pierres provenant de l'épierrement des champs dans le département des Vosges.

MUSARAIGNE, *Sorex*. Genre de quadrupèdes de la famille des rongeurs, qui se rapproche infiniment des rats, et qui renferme plusieurs espèces dont deux se trouvent en France.

La plus commune de ces espèces est à peu près de la grosseur de la souris, mais s'en distingue fort aisément à la longueur de son museau, à la petitesse de ses yeux, et à l'odeur forte qu'elle répand. Elle vit ordinairement dans les bois, mais se réfugie très fréquemment dans les maisons pendant l'hiver. C'est principalement d'insectes morts dont elle se

nourrit, de sorte que les dommages qu'elle cause sont fort peu
considérables. Aussi n'est-ce pas comme l'ennemi des cultivateurs que je la signale, c'est parcequ'on l'a mal à propos accusée
de faire naître par sa morsure une maladie qui enlève souvent
beaucoup de chevaux ; maladie à laquelle on a donné son
nom. *Voyez* au mot CHARBON. (B.)

MUSCADIER, *Myristica*. Linn. Arbre étranger très célèbre de la deuxième ou troisième grandeur, qui croît naturellement aux Moluques, principalement dans les îles de Banda,
et qui donne la noix muscade si connue dans le commerce et
dans l'usage des épiceries. Cet arbre est de la famille des
LAURIERS ; il appartient à un genre du même nom qui, jusqu'à
M. de Lamarck, avoit été très mal décrit par tous les botanistes. Ce savant professeur, dans un mémoire inséré parmi
ceux de l'académie des sciences en 1788, et dont nous avons
donné un extrait à l'article MUSCADIER du *Nouveau Dictionnaire d'Histoire naturelle*, après avoir rectifié les erreurs de
ses prédécesseurs sur le muscadier, en a développé avec précision les caractères génériques et spécifiques.

En 1781, M. de Sonnerat avoit communiqué quelques
branches sèches de cet arbre à M. de Lamarck. Celui-ci, en
les examinant, reconnut que ce que Linnæus fils venoit de
publier dans son supplément sur les fleurs du muscadier présentoit des erreurs évidentes. Il désira faire mieux connoître
ce genre de plantes, l'un des plus intéressants qu'offre le règne
végétal. Pour n'avoir et pour ne laisser aucun doute à cet
égard, il falloit se procurer les éclaircissements nécessaires,
et observer de nouveau le muscadier, sinon dans les pays où
il croît, au moins sur un ou plusieurs échantillons frais envoyés de l'un de ces pays. M. de Lamarck écrivit dans cette
vue à M. Ceré, directeur du jardin botanique de l'Ile-de-
France, et le pria de lui envoyer des branches de muscadier
munies de fructifications en bon état. Il ne fut point trompé
dans son attente. M. Ceré lui fit passer plusieurs branches de
cet arbre, les unes en fleurs, les autres garnies de fruits bien
conservés, et il joignit à son envoi des observations précieuses
qu'il avoit faites sur les lieux mêmes, et parmi lesquelles il
y en avoit une très importante, et qui a été confirmée depuis
par tous les botanistes. M. Ceré a observé le premier que les
fleurs du *muscadier aromatique* et des autres espèces qu'il
nomme *muscadiers sauvages*, sont unisexuelles et dioïques,
c'est-à-dire que les fleurs des muscadiers ne sont point hermaphrodites, mais mâles ou femelles ; les fleurs mâles venant
sur un individu et les fleurs femelles sur un autre. On verra
tout à l'heure combien cette observation est intéressante, et
le rapport immédiat qu'elle a avec la culture du muscadier,

à laquelle elle a fait faire depuis peu de grands progrès. M. Ceré est le même botaniste à qui M. Poivre, à son départ de l'Ile-de-France, confia la direction du magnifique jardin de *Montplaisir*, dans lequel cet illustre intendant avoit naturalisé les arbres à épiceries qu'il venoit de conquérir sur les Hollandais. J'ai donné à l'article GIROFLIER une notice historique de cette espèce de conquête, et de l'introduction successive de ces arbres dans nos colonies des deux Indes.

Le MUSCADIER AROMATIQUE, *Myristica aromatica*, Linn., est un bel arbre qui s'élève communément à trente pieds, et qui se fait remarquer par la disposition de ses branches et par la verdure de son feuillage. Quand il croît avec vigueur, il présente une tête arrondie et très touffue, qui lui donne l'apparence d'un de nos plus beaux orangers. Son tronc est droit et garni circulairement de branches disposées quatre et cinq ensemble, ou verticillées, écartées les unes des autres; ces branches, qui ont des ramifications alternes, s'étendent beaucoup et presque horizontalement. L'écorce qui revêt le tronc est d'un brun jaunâtre au dehors, blanche et pleine de sucs intérieurement, assez unie, peu épaisse; celle des jeunes rameaux est luisante et d'un beau vert. Les feuilles sont ovales, lancéolées, très entières, fort lisses, et soutenues par des pétioles; leur surface est marquée de nervures latérales, obliques, simples, et presque parallèles, qui partent à droite et à gauche de la côte moyenne : la surface supérieure est d'un beau vert, l'inférieure est d'un vert blanchâtre. Ces feuilles varient de forme et de grandeur sur le même arbre; leur longueur ordinaire est de deux pouces et demi à six ou sept pouces, et leur largeur d'un pouce et demi à trois pouces; leur pétiole est long de cinq à six lignes.

Les fleurs naissent en petits corymbes aux aisselles des feuilles le long des petits rameaux; elles sont petites, jaunâtres, pédonculées et pendantes. Dans les individus mâles, les pédoncules communs soutiennent deux à sept fleurs, qui ont chacune leur pédoncule propre, avec une bractée à son sommet. Dans les individus femelles, il y a quelques pédoncules simples qui n'ont qu'une fleur; mais la plupart en portent deux ou trois un peu plus courtes que les fleurs mâles attachées à des pédoncules propres, munies aussi d'une bractée placée à la base du calice. Chaque fleur mâle a un calice d'une seule pièce, charnu, coloré, fait en cloche, et découpé à son sommet en trois segmens. Ce calice entoure et contient douze étamines réunies par leurs filets et leurs anthères, en forme de colonne. Les filets, qui sont très courts et occupent le tiers inférieur de la colonne, et les anthères, qui sont linéaires, forment un corps cylindrique, sillonné par vingt-quatre lignes longitudinales. Dans les fleurs femelles, on voit un calice à peu près semblable à celui des fleurs mâles, et un ovaire marqué d'un côté d'une raie, dépourvu de style et couronné par deux stigmates sessiles, courts, épais, séparés par un sillon qui se prolonge un peu plus d'un côté que de l'autre.

Le fruit est un drupe à peu près rond, lisse et d'un vert blanchâtre ; il a environ deux pouces et demi de diamètre. Son enveloppe extérieure, ou *brou*, s'ouvre par le haut en deux valves charnues et épaisses d'environ six lignes ; la chair en est blanche et filandreuse ; elle contient un suc très astringent. En s'ouvrant, ce brou laisse apercevoir la noix revêtue de son macis. Le *macis* est d'un rouge écarlate fort vif ; il revêt la noix en la comprimant et la sillonnant par ses lanières. Cette seconde enveloppe, qui a l'apparence de la corne, jaunit en vieillissant, et devient cassante à mesure qu'elle se dessèche. La noix se compose d'une coque et d'une semence ou amande. La *coque* a une demi-ligne d'épaisseur ; elle est dure, brune ou noirâtre à l'extérieur, et grisâtre en dedans ; elle renferme la semence, et c'est cette semence qu'on connoît dans le commerce sous le nom de *muscade*. Elle est grosse, arrondie ou ovale oblongue, et recouverte d'une peau qui est roussâtre vers le bout inférieur, et piquetée de points rouges vers son sommet. La chair de cette semence est ferme, huileuse, très odorante, et parsemée de veines rameuses et irrégulières. Le germe ou l'embryon est comme caché au gros bout de l'amande, c'est-à-dire à celui qui tient au pédoncule : cet embryon est fort petit, aplati, blanc, et revêtu de ses deux petites feuilles séminales.

Le muscadier aromatique est toujours vert, et il n'éprouve qu'une effeuillaison successive qui est presque insensible. Il porte en toute saison des fleurs et des fruits de différens âges. Il est impossible de distinguer l'individu mâle de l'individu femelle à l'inspection de la feuille, et même au port de l'arbre ; pour les reconnoître, il faut les voir l'un et l'autre en fleurs. Il y a des muscadiers qui donnent des noix rondes et longues, et d'autres qui les donnent toutes rondes ; cet arbre commence à rapporter à l'âge de sept ou huit ans. Il est plus avantageux de planter la noix muscade nue qu'avec sa coque, parcequ'elle germe beaucoup plus vite, comme en trente ou quarante jours, et parceque les vers n'ont pas le temps de la dévorer. Au moment de la germination, la radicule pousse la première ; elle sort du gros bout de la noix, c'est-à-dire de celui auquel étoit attaché le pédoncule ; elle se développe à la manière de celle du gland, et pointe en terre. Quand elle a sept ou huit pouces d'accroissement et de longueur, la plantule s'élève alors immédiatement au-dessus de la radicule ;

elle offre d'abord deux petites feuilles séminales, et entre elles un sommet d'un rouge de sang. Bientôt cette tige a atteint cinq ou six pouces de hauteur ; alors elle a l'air d'une asperge naissante, excepté qu'elle est d'un brun foncé et luisant. La noix reste à nourrir l'une et l'autre (la radicule et la jeune tige) quelquefois une année entière.

On cultive depuis trente ou quarante ans le muscadier aux Îles-de-France et de la Réunion ; mais il n'y est pas, à beaucoup près, aussi multiplié que le giroflier. Quoiqu'il soit assez fort et vigoureux, on n'a pas pu jusqu'à présent en former de grandes plantations, soit parceque sa végétation est très lente, soit parceque sa nature semble s'opposer à sa prompte multiplication, en ne produisant qu'un très petit nombre d'arbre féconds. Parmi les noix muscades qu'on sème et qui germent très bien, il se trouve toujours beaucoup plus d'individus mâles que de femelles, ce qui est un grand obstacle à la propagation de cet arbre. Comme le sexe des individus ne peut être reconnu, ainsi que je l'ai dit, avant la fleuraison, il est impossible de faire un triage des jeunes plants pour supprimer l'excédant des mâles et ne conserver que les femelles. C'est un inconvénient dans cette culture : car quel moyen employer pour ne pas se trouver surchargé, au bout de quelques années, d'arbres superflus auxquels on auroit donné à pure perte tous ses soins ? Il semble qu'en plantant des boutures prises sur les pieds femelles, ou qu'en marcottant leurs branches, il seroit peut-être aisé de les multiplier davantage et sans crainte d'erreur. Ces deux moyens ont en effet été tentés ; j'ignore quel en a été le succès. Mais un moyen plus ingénieux et plus sûr pour assurer cette propagation est celui qu'a imaginé M. Joseph Hubert, habitant d'une de ces îles, et cultivateur très éclairé. Ne pouvant deviner le secret de la nature, il a tâché de la faire dévier de sa marche, et il a pris le parti de greffer le muscadier femelle sur tous les jeunes muscadiers dont le sexe ne pouvoit lui être connu, conservant à chacun deux ou trois branches, une qu'il abandonnoit à la nature, et les autres pour recevoir la greffe. Il s'est ainsi procuré d'une manière certaine plus de trente mille pieds de muscadiers femelles, dont plusieurs se sont trouvés réunir les deux sexes. Outre la multiplication des individus productifs, cette opération présente encore l'avantage d'assurer leur rapport, en plaçant à côté les unes des autres, et sur le même pied, une branche mâle et une ou plusieurs branches femelles. Les Hollandais avoient observé depuis long-temps que la plupart des muscadiers des Moluques, quoique indigènes à ces îles, étoient stériles ; mais ils n'en avoient point connu la cause, et ils n'avoient trouvé aucun moyen de les rendre tous productifs.

C'est à la sagacité et aux recherches de M. Hubert que nos colonies devront la multiplication de cet arbre précieux ; car on le cultive aussi depuis quelques années dans la Guiane française.

N'ayant point l'expérience de cette culture, et ne connoissant point de guide sûr d'après lequel je puisse en parler, je m'abstiendrai d'entrer dans aucun détail sur les méthodes suivies aux Moluques ou ailleurs, parceque je ne pourrois pas en garantir la certitude. Valentini dit (*lett.* 25ᵉ *de l'Inde litteraire*) que les muscadiers demandent une terre humide ; qu'ils veulent être placés à l'ombre d'autres arbres qui les défendent des grandes chaleurs ; que le temps de leur transplantation est celui des pluies ; qu'il faut leur conserver leur pivot en les transplantant, et les placer à quarante pieds de distance, en mettant entre eux un arbre qui porte ombre. Il ajoute que ces arbres ont besoin d'air et d'un peu de soleil dans leur jeunesse, et que, lorsqu'ils sont un peu hauts, on doit en couper les branches inférieures de manière à pouvoir se promener sous les autres. Enfin il assure que les muscadiers fleurissent et fructifient au bout de cinq, six, sept, huit, dix ou douze ans, suivant les variétés, et que, dès qu'ils ont commencé à rapporter, ils ont toujours des fruits verts, et presque toujours des fleurs.

Le bois du muscadier est blanc, poreux, filandreux, d'une extrême légèreté. On peut en faire de petits meubles. Il n'a aucune odeur.

En incisant l'écorce de cet arbre, en tranchant une branche, ou en détachant une feuille, il en sort un suc visqueux assez abondant, d'un rouge pâle, et qui teint le linge d'une manière durable.

Les feuilles vertes répandent une légère odeur de muscade lorsqu'on les froisse ; mais sèches et écrasées dans le creux de la main, elles ont l'odeur de celles du *ravensara* à s'y tromper.

Le fruit, comme l'observent Valentini, Rumphe et M. Ceré, ne parvient à l'état de maturité qu'environ neuf mois après l'épanouissement de la fleur qui le produit. Il ressemble alors à une gouyave blanche ou à une pêche-brugnon de grosseur moyenne. Son brou a la chair d'une saveur si âcre et si astringente qu'on ne sauroit le manger cru et sans apprêt. On le confit, ou en fait des compotes et de la marmelade. L'emploi de la muscade est suffisamment connu ainsi que ses qualités. On en fait un plus grand usage dans les cuisines qu'en médecine ; cependant l'huile essentielle qu'on en retire, et dont les Chinois font un grand cas, est très utile lorsqu'on veut faire des onctions sur les membres paralysés.

Aux Moluques, selon Valentini, la dessiccation des noix se

fait en les exposant à la fumée peu après la récolte, et en les chaulant. On prend de l'eau salée dans laquelle on jette de la chaux vive et tamisée, jusqu'à ce que le mélange soit assez épais. On plonge ensuite dans ce lait de chaux des corbeilles pleines de noix; ensuite on les jette en tas dans le magasin, et on les laisse égoutter. Cette opération les préserve de la moisissure et de la pourriture, et ne leur communique aucune mauvaise qualité. Il est essentiel de leur donner de l'air dans l'endroit où on les tient enfermées, et de ne pas les comprimer, parcequ'elles s'échauffent aisément.

Le macis, dit le même auteur, a un parfum très agréable, que quelques personnes préfèrent à celui même de la muscade. On doit le détacher dès que le fruit s'ouvre, et le faire sécher au soleil. Si on le laisse trop long-temps dans le fruit, il brunit, il noircit même, et il est alors sujet à se moisir et à être piqué des vers. Pour extraire l'huile des noix, on choisit celles qui ont été brisées : on les torréfie, on les pile, on les fait chauffer dans cet état une seconde fois, on les met après dans une toile forte et claire, et on les soumet à la presse. L'huile de macis s'obtient de la même manière.

Dans le petit nombre d'espèces connues que renferme le genre *muscadier*, il en est une autre qui donne un produit utile, c'est le MUSCADIER PORTE-SUIF, *Myristica sebifera*, Lam. Quoique Aublet et après lui Jussieu aient fait un genre particulier de cet arbre, sous le nom de *virola*, il n'en a pas moins, soit dans la fleur, soit dans le fruit, tous les caractères essentiels du muscadier. On le trouve à la Guiane. Il s'élève jusqu'à cinquante et soixante pieds, et il est d'une grosseur proportionnée. On tire de ses graines un suif jaunâtre avec lequel on fait des chandelles dans le pays. Pour cet effet, on sépare les graines de leur coque, en passant un rouleau dessus, après les avoir fait sécher au soleil, ensuite on les vanne; et, lorsqu'elles ont été nettoyées, on les pile et on les réduit en pâte que l'on jette dans de l'eau bouillante pour en séparer le suif, qui se ramasse à la surface, et s'y durcit quand l'eau est refroidie. Enfin on le fond encore séparément, et on le passe à travers d'un tamis. Ce suif est âcre, et ne doit pas être appliqué extérieurement sur les plaies et les ulcères, parcequ'il y cause de l'inflammation.

Il seroit avantageux d'introduire cet arbre dans les Antilles. (D.)

MUSCARDINE. Maladie des vers-à-soie qui en fait mourir de grandes quantités. Elle est caractérisée, après la mort de l'animal, par le durcissement de son corps, par la couleur rougeâtre qu'il prend, par une sorte de moisissure qui le couvre.

Les vers morts de cette maladie pourroient se conserver des siècles dans un lieu sec.

On a dit que la muscardine étoit contagieuse, mais c'est une erreur. Ses causes n'en sont pas connues. L'air constamment renouvelé et une extrême propreté sont les moyens les plus efficaces pour diminuer ses ravages. *Voyez* au mot VER-A-SOIE.

MUSCARI. Espèce de JACINTHE. *Voyez* ce mot.

MUSCAT. Variété de raisin. *Voyez* VIGNE.

MUSEROLE. Réunion de lanières de cuir avec laquelle on tient fermée la bouche des chiens pour les empêcher de mordre ou de manger le gibier. Elle ne diffère de la bride que par le cercle qu'elle offre antérieurement, cercle qui est sa partie la plus essentielle.

On fait aussi des museroles en grillage, c'est-à-dire qu'on attache au cercle, qui, dans ce cas, ne serre pas autant les mâchoires, un grillage de fil de fer de la forme et de la grosseur du museau.

MUSSE. Trouée dans une HAIE.

MUTAGE et MUTISME. Pratique qui consiste à introduire dans du moût (suc de raisin) du gaz sulfureux pour l'empêcher de fermenter, et qui a principalement lieu dans le vignoble de Bordeaux et autres voisins.

Jusqu'à présent le vin muet a uniquement servi à couper les vins pour les adoucir ; mais aujourd'hui on a droit d'espérer que son usage s'étendra à la fabrication du sirop de sucre, par la nécessité d'arrêter la fermentation du moût lorsqu'on fait cette opération en grand. Déjà M. Laroche a employé ce moyen à Bergerac, et c'est ce qui a rendu, dit-on, ses sirops si différens de ceux fabriqués ailleurs.

Ordinairement on mute en faisant brûler trois à quatre mèches soufrées dans un tonneau, en y introduisant le moût jusqu'à moitié, et en remuant pendant quelque temps ce moût soit avec un bâton, soit en roulant ce tonneau. Ensuite on remplit ce tonneau, et on laisse reposer pendant quelques jours. Un abondant dépôt a lieu. On décante le moût, et on recommence l'opération une et même deux fois, quand la liqueur n'est pas claire.

La théorie du mutage n'est pas encore très bien connue, mais il est probable qu'elle est basée sur la propriété qu'a le gaz sulfureux, 1° d'absorber l'oxygène, sans lequel il n'y a pas de fermentation ; 2° de faire précipiter le mucilage qui concourt si puissamment à la faire naître. Cette question sera éclaircie aux mots VIN et SIROP.

La manière ordinaire de muter est très longue et très imparfaite. Il seroit bien plus expéditif de faire brûler du soufre sur un réchaud, de recevoir la vapeur dans une caisse de bois dont la capacité seroit connue, et ensuite de l'introduire dans le tonneau au moyen d'un soufflet ou autrement. (B.)

MYOSOTE, *Myosotis*. Genre de plantes de la pentandrie monogynie, et de la famille des borraginées, qui renferme une vingtaine d'espèces, dont trois sont assez communes en France pour être mentionnées ici.

L'une, la MYOSOTE DES MARAIS, *Myosotis scorpioides*, Lin., a les racines vivaces, les tiges rarement rameuses; les feuilles alternes, lancéolées, obtuses, glabres ou velues; les fleurs bleu clair avec le fond jaune, disposées en corymbe terminal, et les semences lisses. Elle croît très abondamment sur le bord des étangs, des rivières, dans les marais, et fleurit au milieu du printemps. Les deux couleurs de ses fleurs, toutes deux amies de l'œil, et cependant fort opposées, lui donnent un aspect des plus agréables. On ne peut les voir sans dire, quelles jolies fleurs! Ces fleurs n'ont aucune odeur et durent peu; mais elles se succèdent pendant long-temps, sur-tout lorsque les bestiaux, qui aiment assez cette plante, ont brouté les premières tiges, parcequ'il pousse des rejetons latéraux qui fleurissent à leur tour. On n'en fait aucun usage; cependant elle peut et même doit entrer dans la composition des jardins paysagers, où elle produira beaucoup d'effet, pendant sa floraison, sur le bord des ruisseaux, des lacs et autres eaux. On peut la multiplier de ses graines ou de plant enraciné. Elle fournit beaucoup de rejetons et couvre rapidement un espace où on en a placé quelques pieds.

La MYOSOTE DES CHAMPS a les racines annuelles; les tiges très rameuses, très velues; les feuilles ovales, oblongues, toujours velues; les fleurs bleues et jaunes à leur centre; les fruits glabres. Elle est extrêmement commune dans certains cantons, dans les champs sablonneux, sur les jachères, etc. Les bestiaux, et sur-tout les moutons la mangent. Son abondance doit nuire souvent aux récoltes; cependant je n'ai jamais entendu les agriculteurs s'en plaindre. Elle varie en grandeur depuis six lignes jusqu'à un pied et plus.

La MYOSOTE LAPULE a les racines annuelles; les tiges hérissées, rameuses à leur sommet, et hautes d'un pied et plus; les feuilles lancéolées et hérissées; les fleurs bleues, très petites et disposées en épis à l'extrémité des rameaux. Elle croît dans les terrains stériles, sur les rochers, les vieux murs : je l'ai vue souvent couvrir entièrement certains lieux. Là on auroit pu facilement en tirer parti pour augmenter la masse des fumiers. (B.)

MYROBOLAN, espèce de PRUNIER D'AMÉRIQUE. *Voyez* ce mot.

MYRTE, *Myrtus*. Genre de plantes de l'icosandrie monogynie, et de la famille des myrtoïdes, qui renferme une trentaine d'espèces, dont deux doivent être mentionnées ici à raison de leur importance agricole.

Le MYRTE COMMUN, ou simplement le MYRTE, est un arbre de troisième grandeur, dont l'écorce est d'un gris brun, les rameaux opposés, les feuilles opposées ou ternées, sessiles, ovales, aiguës, glabres, coriaces, stipulées, parsemées de points transparens, persistantes, odorantes; les fleurs pédonculées, axillaires, solitaires, blanches ou rougeâtres, et les fruits d'un pourpre noirâtre. Il offre un grand nombre de variétés dont il sera fait mention plus bas. Celui dont il est ici question croît naturellement dans les parties méridionales de l'Europe; il se cultive fréquemment dans les jardins, à raison de la beauté de son port, de l'agréable odeur de ses feuilles: c'est l'arbre de Vénus, à laquelle il étoit jadis consacré. Les gelées de nos départemens septentrionaux, même du climat de Paris ne permettent pas de l'y tenir en pleine terre pendant l'hiver. Il fleurit en été; sa pousse est très rapide lorsqu'il a de la chaleur et de l'humidité. Sur les bords de la Méditeranée on en fait des tonnelles peu agréables, parceque toute leur verdure est en dehors, et des palissades qui sont du plus bel aspect, parcequ'on peut les garnir également dans toute leur étendue, ses branches étant très flexibles et ses feuilles très nombreuses. On doit tondre les unes et les autres chaque année, pour empêcher qu'elles ne s'épaississent trop promptement, quoique cette opération diminue considérablement la production des fleurs qui ne naissent que sur le bois de l'année précédente. Dans le nord on tient presque tous les myrtes en boules ou en buissons, qu'on taille régulièrement chaque année.

La durée des myrtes se prolonge beaucoup. On en cite dans les parties méridionales de l'Italie, en Sicile et ailleurs, qui ont plusieurs siècles constatés; mais ils perdent la plupart de leurs agrémens en vieillissant. Leur bois est très dur, et peut s'employer avantageusement dans la marqueterie, l'ébénisterie et le tour. Leur écorce, leurs feuilles, leurs fleurs et leurs fruits sont astringens à un haut degré, plus même, dit-on, que les parties correspondantes du chêne; aussi les emploie-t-on généralement au tannage des cuirs dans les pays où ils croissent naturellement. Leurs feuilles qui, comme je l'ai déjà dit, sont toujours vertes et d'une agréable odeur, ont, comme on peut bien le penser, une saveur austère; leurs fleurs ont la même odeur et la même saveur; leurs fruits sont sans odeur, mais avec la même saveur. Les unes et les autres s'emploient fréquemment en médecine, comme astringentes. On en tire une eau distillée ; on en fait un extrait qu'on trouve chez les apothicaires ; le dernier sous le nom de *myrtille*. Les fruits sont très recherchés par les merles et les grives, à la chair desquels ils donnent une saveur très délicate. Olivier, de l'institut, rapporte que sur la côte de Syrie il en a vu deux variétés, une à fruits rouges, et l'autre à fruits blancs, et de la grosseur des cerises, tous deux d'un excellent goût, et qu'on cultive généralement comme arbre à fruit.

La culture des myrtes, dans les pays chauds, exige fort peu de soin ; dans les pays froids il faut, comme je l'ai déjà dit, les tenir en pot ou en caisse, pour pouvoir les rentrer dans l'orangerie pendant l'hiver : ils demandent une terre substantielle et de fréquens arrosemens en été. On ne leur donne de nouvelle terre que tous les deux ou trois ans, et on ne les change que lorsque toute la capacité du pot ou de la caisse où ils se trouvent est complètement remplie par leurs racines. Pendant l'hiver on doit avoir attention de les tenir toujours propres ; c'est-à-dire de les débarrasser de leurs feuilles moisies ou de leurs branches flétries ; du reste ils sont peu délicats sur la place qu'on leur destine ; la plus éloignée de la lumière leur suffit.

Si on vouloit mettre des myrtes en pleine terre dans le climat de Paris, il faudroit les palissader contre un mur exposé au midi, et les couvrir d'une grande épaisseur de litière ou de feuilles sèches ; encore si l'hiver étoit rude, y auroit-il lieu de craindre qu'ils mourussent.

La multiplication des myrtes a rarement lieu par leurs graines, attendu que cette voie est très longue. On préfère partout les marcottes et les boutures qui s'enracinent et donnent quelquefois des fleurs dans l'année. C'est au milieu de l'été et avec les jets les plus vigoureux de la même année qu'on doit faire les unes et les autres. Les boutures réussissent bien plus certainement dans le climat de Paris, si on enterre le pot où elles ont été faites sur une couche à châssis. Il leur faut, dans les premiers temps sur-tout, de fréquens arrosemens. Ce n'est qu'au printemps suivant qu'on doit les repiquer isolément dans de petits pots qu'on mettra encore pendant quelques jours sur une couche pour assurer leur reprise, et qu'ensuite on placera, le reste de l'été, contre un mur exposé au midi. Dès la seconde ou troisième année, au plus tard, ces myrtes peuvent déjà servir à la décoration, et soit qu'on les tienne en buisson, soit qu'on les fasse monter en tige et qu'on les taille en boule, en pyramide, en girandole ou autrement, ils produiront d'agréables effets.

Les variétés les plus connues du myrte commun sont,

Le *myrte à larges feuilles et à longs pédoncules*, c'est le *myrte romain* des jardiniers. Il double souvent.

Le *myrte de Tarente* ou *à feuilles ovales*, ou *à feuilles de buis*. Ses rameaux sont courts et ses feuilles souvent disposées en croix. Il fleurit tard. Il a une sous-variété *à feuilles bordées de blanc*, et une autre *à feuilles maculées*.

Le *myrte d'Italie* a les feuilles petites, pointues et les rameaux relevés. Ses baies sont quelquefois blanches et ses feuilles quelquefois bordées de blanc.

Le *myrte bétique* ou *à feuilles d'oranger* a les feuilles ovales, lancéolées, ramassées au sommet des rameaux.

Le *myrte de la Belgique* a les feuilles très nombreuses, petites, avec la nervure mitoyenne rougeâtre en dessous. Il présente quelquefois des fleurs doubles.

Le *myrte à feuilles de romarin* ou *de thym* a les feuilles presque linéaires, terminées par une pointe aiguë. Ses fleurs sont petites et tardives. Ses feuilles se panachent quelquefois.

Le *myrte de Portugal* a les feuilles lancéolées, ovales, pointues et les fleurs extrêmement petites. Ces fleurs sont souvent doubles.

On voit par cette nomenclature, que je pourrois encore étendre, que les variétés de myrtes diffèrent assez les unes des autres pour pouvoir être prises pour des espèces distinctes par quelqu'un qui ne seroit pas prévenu. Toutes ont des avantages particuliers, qu'il seroit trop long de développer ici, eu égard à leur peu d'importance.

Le MYRTE PIMENT est un grand arbre dont les feuilles sont alternes, lancéolées, semblables à celles du laurier, et les fleurs disposées en grappes axillaires et terminales. Il croît principalement à la Jamaïque, et fournit à cette île une branche considérable de commerce, au moyen de ses fruits, qui, desséchés, sont employés en Europe, sous le nom de *toute épice* ou *poivre de la Jamaïque*, à l'assaisonnement des mets. Comme c'est sur les montagnes, au milieu des rochers, qu'il vient le mieux, il est un moyen de culture pour des terres qui ne peuvent produire les autres denrées coloniales. Au reste, sa culture ne consiste presque qu'à relever les pieds que les oiseaux, qui aiment beaucoup ses fruits mûrs, ont semés çà et là, à les planter en quinconce et à les biner une ou deux fois par an pendant leurs premières années. Ils fleurissent en été, et on récolte leurs fruits un peu avant leur maturité. La seule préparation qu'on leur donne est de les parfaitement faire dessécher au soleil et de les purger de toute immondice. Arrivés en Angleterre ces fruits sont dispersés dans toute l'Europe, èt une partie, réduite en poudre en Hollande , est vendue sous le nom de poudre de *clous de girofle.* Une autre partie, soumise à la distillation *per descensum* , fournit une huile essentielle également vendue sous le nom d'*huile de clous de girofle.*

Cet arbre ne se cultive en Europe que dans les serres chaudes, même il s'y conserve fort difficilement et n'y fleurit jamais. (B.)

MYRTILLE. Espèce d'AIRELLE.

FIN DU TOME HUITIÈME.

www.ingramcontent.com/pod-product-compliance
Lightning Source LLC
Chambersburg PA
CBHW031347210326
41599CB00019B/2677